Windkraftanlagen

Wir danken den folgenden Unternehmen für die Unterstützung bei der Herausgabe dieser Ausgabe:

August Friedberg GmbH
EMD Deutschland GbR
ENERCON GmbH
ESM Energie- und Schwingungstechnik Mitsch GmbH
Hailo-Werk
Hottinger Baldwin Messtechnik GmbH
juwi Wind GmbH
Key Wind Energy GmbH
REpower Systems SE
SIMPACK AG

Bitte beachten Sie die Informationen am Ende des Buches.

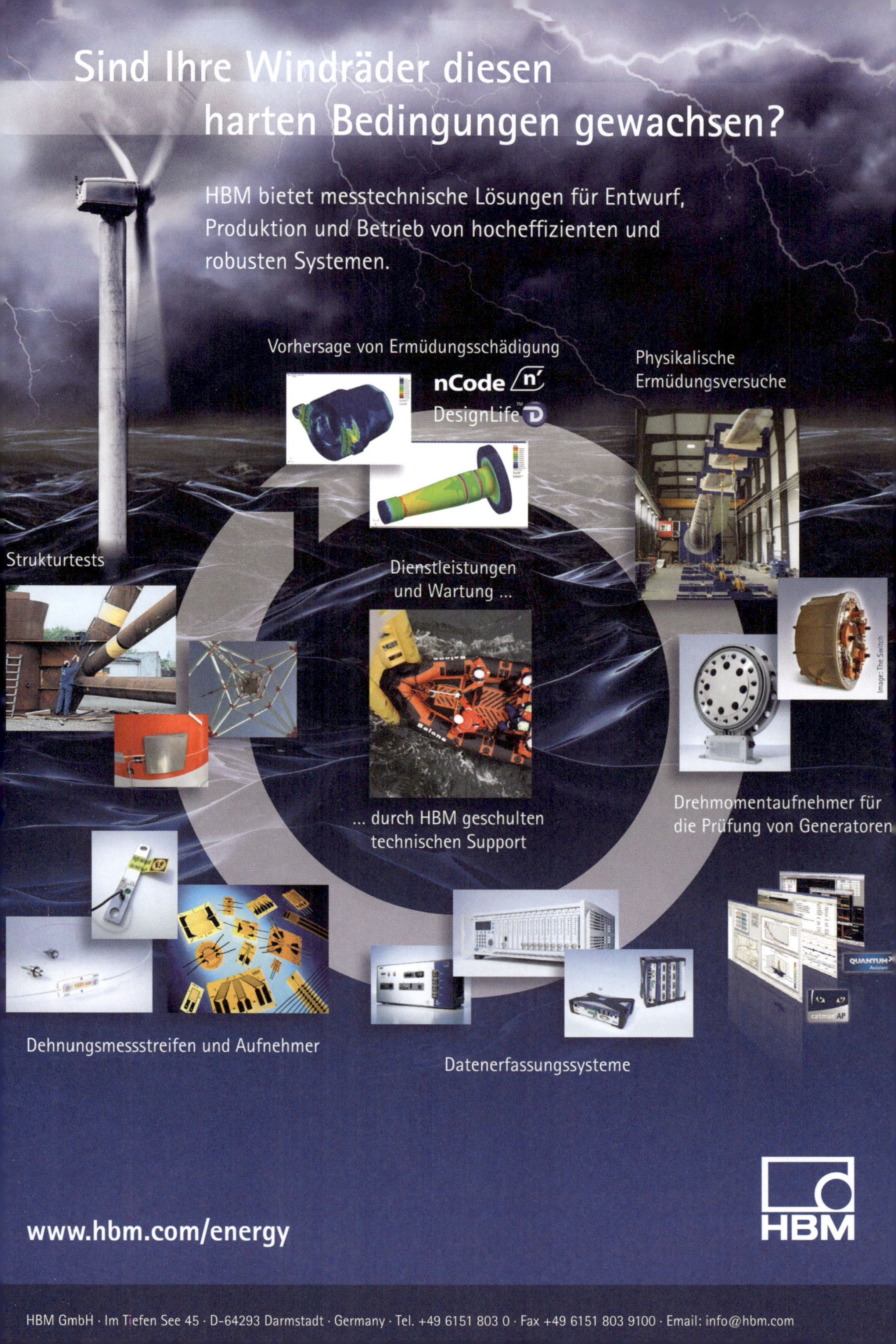

Sind Ihre Windräder diesen harten Bedingungen gewachsen?
HBM bietet messtechnische Lösungen für Entwurf, Produktion und Betrieb von hocheffizienten und robusten Systemen.
Vorhersage von Ermüdungsschädigung
nCode
DesignLife
Physikalische Ermüdungsversuche
Strukturtests
Dienstleistungen und Wartung ...
... durch HBM geschulten technischen Support
Drehmomentaufnehmer für die Prüfung von Generatoren
Image: The Switch
Dehnungsmessstreifen und Aufnehmer
Datenerfassungssysteme
www.hbm.com/energy
HBM
HBM GmbH · Im Tiefen See 45 · D-64293 Darmstadt · Germany · Tel. +49 6151 803 0 · Fax +49 6151 803 9100 · Email: info@hbm.com

Robert Gasch • Jochen Twele (Hrsg.)

Windkraftanlagen

Grundlagen, Entwurf, Planung und Betrieb

8., überarbeitete Auflage

Herausgeber:

Prof. Dr.-Ing. Robert Gasch	Technische Universität Berlin
Prof. Dr.-Ing. Jochen Twele	HTW Berlin

Verfasser:

Dr.-Ing. P. Bade	
Dipl.-Ing. W. Conrad	SUZLON Energy GmbH
Prof. Dr.-Ing. R. Gasch	TU Berlin
Dr.-Ing. C. Heilmann	BerlinWind GmbH
Dr.-Ing. K. Kaiser	Aero- & Structural Dynamics
Dr.-Ing. R. Kortenkamp	SUZLON Energy GmbH
Prof. Dr. Dipl.-Ing. M. Kühn	Universität Oldenburg
Dipl.-Ing. W. Langreder	SUZLON Energy A/S
Dipl.-Ing. J. Liersch	Key Wind Energy GmbH
Dr.-Ing. J. Maurer	SFE GmbH
Dipl.-Ing. K. Ohde	RETC GmbH
Prof. Dr.-Ing. A. Reuter	Universität Hannover
Dipl.-Ing. M. Schubert	REpower Systems AG
Prof. Dr. A. Stoffel	FH Köln
Dipl.-Ing. B. Sundermann	GE Wind GmbH
Prof. Dr.-Ing. J. Twele	HTW Berlin

Springer Vieweg

Herausgeber
Robert Gasch
Technische Universität Berlin

Jochen Twele
HTW Berlin

Prof. Dr.-Ing. Robert Gasch (Jahrgang 1936) trat nach seiner Tätigkeit in der Industrie im Jahre 1972 seine Professur am Institut für Luft- und Raumfahrt an der TU Berlin an. Zu seinem Fachgebiet gehörten u. a. Strukturdynamik, Rotordynamik und Schienenfahrzeugdynamik.1984 initiierte er die Vorlesung „Windkraftanlagen" und machte sie zu einem festen Bestandteil des Lehrangebotes. Die vielen Forschungsarbeiten auf den Gebieten Dynamik und Windkraftanlagen fanden ihren Niederschlag in mehreren Lehrbüchern. Zahlreiche Absolventen von Professor Gasch sind heute in verantwortungsvollen Positionen der Windkraftindustrie zu finden.

Prof. Dr.-Ing. Jochen Twele (Jahrgang 1958) studierte Maschinenbau an der TU Berlin und arbeitet seit 1981 zusammen mit Professor Gasch am Thema der Windenergie. Er war seit Beginn im Jahre 1984 an der Lehrveranstaltung „Windkraftanlagen" beteiligt und engagierte sich in der Lehre auch während seiner langjährigen Berufstätigkeit in der Windkraftindustrie. Im Jahr 2000 übernahm er die Vorlesung an der TU Berlin von Professor Gasch im Rahmen eines Lehrauftrags. Im November 2005 wurde er auf einen Lehrstuhl im Studiengang „Regenerative Energiesysteme" an der HTW Berlin berufen.

ISBN 978-3-8348-2562-9

Die Deutsche Nationalbibliothek verzeichnet diese Publikation in der Deutschen Nationalbibliografie; detaillierte bibliografische Daten sind im Internet über http://dnb.d-nb.de abrufbar.

Springer Vieweg

Lektorat: Thomas Zipsner, Ellen Klabunde

Gedruckt auf säurefreiem und chlorfrei gebleichtem Papier

Springer Vieweg ist eine Marke von Springer DE. Springer DE ist Teil der Fachverlagsgruppe Springer Science+Business Media.
www.springer-vieweg.de

Vorwort zur achten Auflage

1991 erschien die erste Auflage der „Windkraftanlagen“. Damals musste sich unser Betreuer vom Teubner-Verlag, Herr Dr. Schlembach, noch fragen lassen „Wer kauft und liest denn so was?“ Mit dem im gleichen Jahr verabschiedeten ersten Einspeisegesetz für Regenerative Energien startete indessen die rasante Entwicklung der Windkraftbranche. Schon Anfang 1993 war die zweite Auflage und 1996 die dritte notwendig.

Eine starke Überarbeitung war für die 4. Auflage nötig, die aber lange auf sich warten ließ. Denn die Verfasser waren inzwischen alle in der Industrie tätig und konnten nur noch in Nachtarbeit die notwendigen Korrekturen, Erweiterungen und Anpassungen an den aktuellen Stand durchführen. Die Kapitel wurden neu sortiert, viele komplett überarbeitet und einige neue angefügt, z.B. das Offshore-Kapitel.

Für die weiteren Auflagen wurden vor allem die Kapitel 1, 3, 4, 7, 14 fortgeschrieben, aktualisiert oder erweitert. Als externe Berater und Lektoren unterstützten uns dabei Jørgen Højstrup, Karsten Burges, Christian Melzer und Jan Hanno Carstens, sowie Martin Kühl, bei der Umschlaggestaltung.

Christoph Heilmann und die beiden Herausgeber koordinierten wieder von Berlin aus die Arbeiten. Für die vorliegende 8. Auflage las René Kamieth mit kritischem Auge sämtliche Kapitel und korrigierte größere und kleinere Unstimmigkeiten und Fehler. Unseren Co-Autoren danken wir für ihre Mitwirkung. Frau Heike Müller, die über viele Jahre das Layout von Text, Tabellen, Formeln und Bildern übernahm, hat nun diesen wichtigen Aufgabenbereich an Nikola Gericke überreicht. Peter Bade sichtete als "erster kritischer Leser" das Gesamtmanuskript noch einmal vor der Drucklegung.

Den Sponsoren, die mit ihren Anzeigen helfen, den Preis des Buches für Studierende niedrig zu halten, danken wir sehr. Dem Lektorat Maschinenbau des Vieweg+Teubner Verlags und unserem Betreuer Herrn Zipsner danken wir für die bewährte und unbürokratische Zusammenarbeit.

Die schwarz-gelbe Koalition nahm nach der nuklearen Katastrophe von Fukushima im März 2011 die Verlängerung der Laufzeiten der Atomkraftwerke bis 2035 zurück. Nun gilt – von Feinheiten abgesehen – wieder der Ausstiegsplan von Rot-Grün von 2002, nach dem das letzte AKW im Jahr 2022 abgeschaltet werden soll. Das ist natürlich dem Ausbau der Regenerativen Energien förderlich, die im Jahr 2011 mit einem Anteil von 20% an der Stromerzeugung gleich hinter der Braunkohlestromerzeugung mit 25% folgten.

Darüber hinaus geschah jedoch nichts. Das führte zu allseitiger großer Unsicherheit. Der Netzausbau stagniert. Den ersten Offshorewindparks in der Nordsee fehlt der Anschluss an Land. Dänemark hat 2005 die Netze wieder zurück in Staatshand genommen. Es zeigt, wie man unaufgeregt mit einem Windstromanteil im Netz von 25% und einem Stromanteil aus Kraft-Wärme-Kopplung von 50% im Netz fertig wird und den Netzausbau unter Zustimmung der Bevölkerung vorantreibt.

Da von der Politik in Berlin keine langfristigen, rechtlich bindenden und finanziell klaren Vorgaben für die Regionalisierung der Stromerzeugung z.B. über die Stadtwerke geschaffen wurden, die mit Gasturbinen kurzfristig die Lücken füllen könnten, falls Sonne und Wind fehlen, herrscht Planungsunsicherheit bei allen: den großen Stromerzeugern, den Netzbetreibern , den Kommunen und Investoren, ja selbst bei den Häuslebauern, die gerne aufs Dach eine Photovoltaik-Anlage setzen würden. Einzig die Verstromer von Kohle profitieren durch den Zeitgewinn von dieser Nicht-Regelung.

Wie sich das alles zurechtrückt, werden wir erleben. Die Windkraftbranche ist, nicht zuletzt wegen der starken Exportorientierung, einigermaßen optimistisch.

Berlin, Herbst 2012

Die Herausgeber

Kapitel und Autoren

Kapitel 0	Fragebogen 87	Max Frisch
Kapitel 1	Einleitung	Prof. Dr.-Ing. R. Gasch, Prof. Dr.-Ing. J. Twele Dipl.-Ing. K. Ohde
Kapitel 2	Aus der Geschichte der Windräder	Prof. Dr.-Ing. R. Gasch, Dipl.-Ing. M. Schubert
Kapitel 3	Konstruktiver Aufbau von Windkraftanlagen	Prof. Dr.-Ing. J. Twele, Dr.-Ing. C. Heilmann, Dipl.-Ing. M. Schubert
Kapitel 4	Der Wind	Dipl.-Ing. W. Langreder, Dr.-Ing. P. Bade
Kapitel 5	Auslegung von Windturbinen nach Betz und Schmitz	Prof. Dr.-Ing. R. Gasch, Dr.-Ing. J. Maurer, Dr.-Ing. C. Heilmann
Kapitel 6	Kennfeldberechnung und Teillastverhalten	Dr.-Ing. J. Maurer, Dr.-Ing. K. Kaiser, Dr.-Ing. C. Heilmann
Kapitel 7	Modellgesetze und Ähnlichkeitsregeln	Prof. Dr.-Ing. R. Gasch
Kapitel 8	Strukturdynamik	Prof. Dr. Dipl.-Ing. M. Kühn, Prof. Dr.-Ing. R. Gasch, Dipl.-Ing. B. Sundermann
Kapitel 9	Richtlinien und Nachweisverfahren	Prof. Dr.-Ing. A. Reuter

Kapitel 10	Windpumpsysteme	Dr.-Ing. P. Bade, Prof. Dr.-Ing. J. Twele, Dr.-Ing. R. Kortenkamp
Kapitel 11	Grundlagen der Stromerzeugung für Windkraftanlagen	Dipl.-Ing. W. Conrad, Prof. Dr.-Ing. R. Gasch
Kapitel 12	Steuerung, Regelung und Betriebsführung von Windkraftanlagen	Dipl.-Ing. W. Conrad, Prof. Dr.-Ing. R. Gasch, Prof. Dr. A. Stoffel
Kapitel 13	Anlagenkonzepte	Dipl.-Ing. W. Conrad, Prof. Dr.-Ing. R. Gasch
Kapitel 14	Betrieb von Windkraftanlagen im elektrischen Verbundnetz	Prof. Dr.-Ing. J. Twele, Dr.-Ing. C. Heilmann
Kapitel 15	Planung, Betrieb und Wirtschaftlichkeit von Windkraftanlagen	Prof. Dr.-Ing. J. Twele, Dipl.-Ing. J. Liersch
Kapitel 16	Offshore-Windparks	Prof. Dr. Dipl.-Ing. M. Kühn

Inhalt

Fragebogen 87

Anstelle eines Vorwortes drucken wir hier die 25 Fragen, die der am 4. April 1991 verstorbene Schweizer Schriftsteller und Architekt Max Frisch am 29. Juni 1987 anlässlich der Verleihung der Ehrendoktorwürde der TU Berlin stellte. Für die Druckerlaubnis bedanken wir uns herzlich.

FRAGE 1:

Sind Sie sicher, dass die Erhaltung des Menschengeschlechts, wenn Sie und alle Ihre Bekannten nicht mehr sind, Sie wirklich interessiert?

FRAGE 2:

Und wenn ja: Warum handeln Sie nicht anders als bisher?

FRAGE 3:

Was hat die menschliche Gesellschaft mehr verändert: eine Französische Revolution oder eine technische Erfindung, Elektronik zum Beispiel?

FRAGE 4:

Wenn Sie bedenken, was wir der technologischen Hochrüstung heute alles verdanken, allein zum Beispiel auf dem Sektor der Küchengeräte etc., finden Sie, man soll den Technologen jedenfalls dankbar sein und also auch den Verteidigungsministern, die Ihnen für Ihre Forschung unsere Steuern zur Verfügung stellen?

FRAGE 5:

Was möchten Sie als Laie nächstens erfunden haben? (Stichworte genügen.)

FRAGE 6:

Können Sie sich eine menschliche Existenz (das heißt: die Erste Welt) überhaupt noch vorstellen ohne Computer?

FRAGE 7:

Und wenn ja: packt Sie bei dieser Vorstellung das bare Grausen oder eher eine Nostalgie oder überhaupt nichts, was der Computer nicht packt?

FRAGE 8:

Welche Geräte sind in kurzer Zeit, seit Sie leben, auf den Markt gekommen, ohne dass seit Menschengedenken je ein Bedürfnis danach bestanden hätte (nennen Sie die Geräte ohne Angaben der Herstellerfirma), und warum kaufen Sie die Geräte:

a: zwecks Wirtschaftswachstum?

b: weil Sie an Reklame glauben?

FRAGE 9:

Die Saurier überlebten 250 Millionen Jahre; wie stellen Sie sich ein Wirtschaftswachstum über 250 Millionen Jahre vor? (Stichworte genügen.)

FRAGE 10:

Wenn ein Technologe sich als apolitisch betrachtet, weil es ihm wurscht ist, welche Macht-Inhaber seine technologischen Erfindungen sich zunutze machen, was halten Sie von demselben?

FRAGE 11:

Gesetzt den Fall, Sie bejahen unsere vorhandene Gesellschaft, weil eine bessere nirgendwo verwirklicht ist: Finden Sie, dass in einem Zeitalter der Sachzwänge, auf die sich die Regierenden allemal berufen, Regierungen überhaupt noch nötig sind?

FRAGE 12:

Wenn ein Zeitgenosse zwar von Laser-Strahlen schon gehört hat, aber keine Ahnung hat, was ein Laser-Strahl ist, Hand aufs Herz: Können Sie als Wissenschaftler die Ansichten solcher Laien und deren politische Kundgebungen ernstnehmen?

FRAGE 13:

Glauben Sie an eine Gelehrten-Republik?

FRAGE 14:

Wann hat Technologie begonnen, unsere menschliche Existenz nicht mehr zu erleichtern (was ursprünglich der Zweck von Geräten ist), sondern eine außer-menschliche Herrschaft über uns zu errichten und die Natur, die sie unterwirft, uns zu entwenden?

FRAGE 15:

Halten Sie die Technomanie für irreversibel? - Gesetzt den Fall, dass die Katastrophe vermeidbar sein sollte.

FRAGE 16:

Können Sie sich eine Gesellschaft vorstellen, wo der Wissenschaftler haftbar ist für Verbrechen, die erst dank seiner Erfindung möglich geworden sind, eine Theokratie zum Beispiel?

FRAGE 17:

Gesetzt den Fall, Sie bejahen nicht nur die vorhandene Gesellschaft, sondern Sie antworten mit Tränengas, wenn jemand sie in Frage stellt: fürchten Sie nicht, dass der Mensch ohne große Utopie unweigerlich verdummt, oder fühlen Sie sich grad deswegen so postmodernwohl?

FRAGE 18:

Wie stehen Sie heute, angesichts der technischen Machbarkeit der Apokalypse, zu der biblischen Metapher mit dem verbotenen Apfel vom Baum der Erkenntnis:

a) glauben Sie an die Freiheit der Forschung?
b) halten Sie es mit dem Papst, der dem Galilei verbietet, dass die Erde sich um die Sonne drehe?

FRAGE 19:

Wenn es Ihnen um die Erfindung eines Gerätes geht, das öffentliches Lügen unmöglich macht: Wen können Sie sich als Geldgeber für Ihre kühne Forschung denken?

FRAGE 20:

Was möchten Sie nicht erfunden haben?

FRAGE 21:

Kommt es vor, dass eine technologische Erfindung, wenn sie einmal zur Ausführung gelangt ist, sich einer Anwendung verweigert, die nicht der Sinnesart ihrer Erfinder entspricht?

FRAGE 22:

Können Sie sich denken, dass der menschliche Geist, den wir schulen, im Grund auf Selbstvernichtung der Spezies angelegt ist?

FRAGE 23:

Was, außer Wunschdenken, spricht dagegen?

FRAGE 24:

Wissen Sie, was Sie zum Forschen treibt?

FRAGE 25:

Glauben Sie als Wissenschaftler an eine mündige Technologie, das heißt: an technische Forschung im Rahmen einer UNIVERSITAS HUMANITATIS, zu deutsch: glauben Sie an eine Technische Universität in Berlin?

1 Einleitung

1.1 Windenergie im Jahr 2012

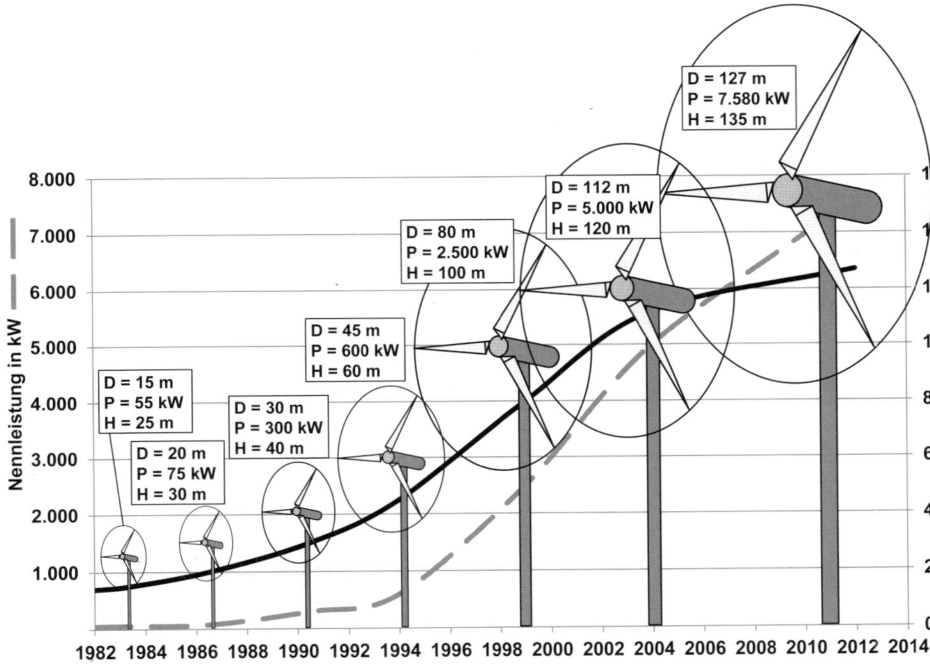

Bild 1-1 Größe und Leistung von in Serie gebauten Windkraftanlagen

Bild 1-1 lässt das schnelle Wachstum von in Serie hergestellten Windkraftanlagen in Durchmesser und Leistung erkennen. Betrug 1983 der Durchmesser der typischen Anlage 15 m und die Leistung des Generators 55 kW, stehen schon im Jahr 2005 Anlagen mit D = 90 m und P = 2.500 kW als ausgereifte Serienmaschinen zur Verfügung. Anlagen mit einem Durchmesser von 125 m und einer Leistung von 5.000 kW sind bereits On- und Offshore installiert. Entwicklungen für weitere Leistungssteigerungen in den Bereich von 6.000 bis 10.000 kW sind in Arbeit. Die Verfügbarkeit der Serienanlagen beträgt 97 % und mehr. Kurz: eine ausgereifte Technik mit einem enormen Größenwachstum wurde innerhalb eines kurzen Zeitraumes entwickelt und findet ihren Einsatz.

In Schleswig-Holstein kam im Jahr 2011 ca. 46 % des dort verbrauchten Stromes aus den Windkraftanlagen. Im Binnenland Sachsen-Anhalt waren es im gleichen Jahr sogar 48 %. Zum ersten Mal übertraf in Deutschland 2004 die Stromproduktion aus Windkraft (4,1 %) die aus Wasserkraft (3,6 %) und stellt somit den größten Beitrag der erneuerbaren Energiequellen am Stromaufkommen. Mit gut 20 % Deckungsbeitrag in 2011 für den Stromverbrauch in Deutschland haben die erneuerbaren Energiequellen, allen voran die Windenergie, längst ihr ehemaliges Nischendasein verlassen [1, 2].

Etwa 101.100 Menschen arbeiteten 2011 in Deutschland in der Windkraftbranche. Während andere Industriezweige Personal entließen, wurden diese Arbeitsplätze seit 1995 neu geschaffen [12].

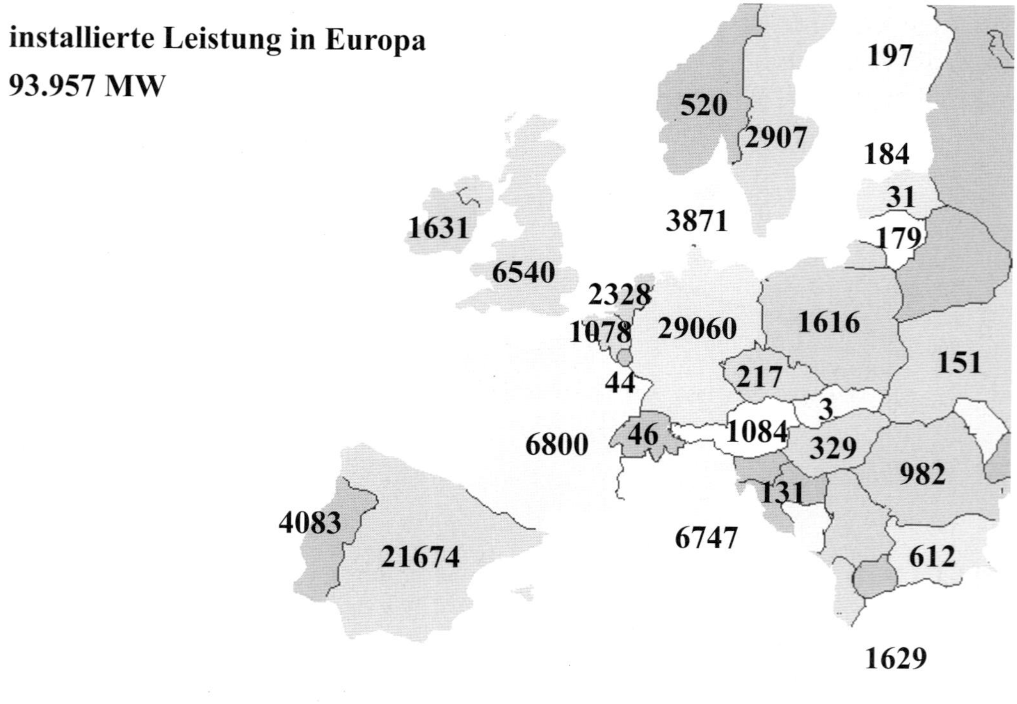

Bild 1-2 Installierte Leistung von Windkraftanlagen in Europa Ende des Jahres 2011 [3]

Interessant ist die Europakarte, Bild 1-2 [3], mit der länderweise eingetragenen installierten Leistung der Windkraftanlagen. Länder mit einem Einspeisegesetz, das das Monopol der Großkonzerne bei der Stromerzeugung einschränkte, öffneten einen Markt, den Ingenieure und Kaufleute zur Entwicklung neuer Technologien zu nutzen wussten.

Dänemark (erstes Einspeisegesetz 1981), Deutschland (1991) und Spanien (1993) decken schon heute einen nennenswerten Teil ihres Strombedarfs aus Windenergie. Sie begründeten eine Wachstumsbranche und übernahmen weltweit die Technologieführung. In den vergangenen Jahren haben andere europäische Länder beim Ausbau der Windenergie jedoch deutlich aufgeholt. Obwohl der Schwerpunkt der Neuaufstellungen von Windkraftanlagen nach wie vor in Spanien und Deutschland liegt, haben andere europäische Länder im Zubau stark nachgezogen. Insgesamt wurden 10.738 MW in Europa im Jahr 2009 installiert. Europa war jedoch nicht mehr, wie in den Vorjahren, der größte Markt für die Windenergie, sondern wurde von Amerika (11.433 MW) und Asien (14.991 MW) überflügelt. Für den weiteren Ausbau in den kommenden fünf Jahren wird mit einem steilen Anstieg von 160.000 MW auf 450.000 MW weltweit installierter Windkraftkapazität gerechnet [4].

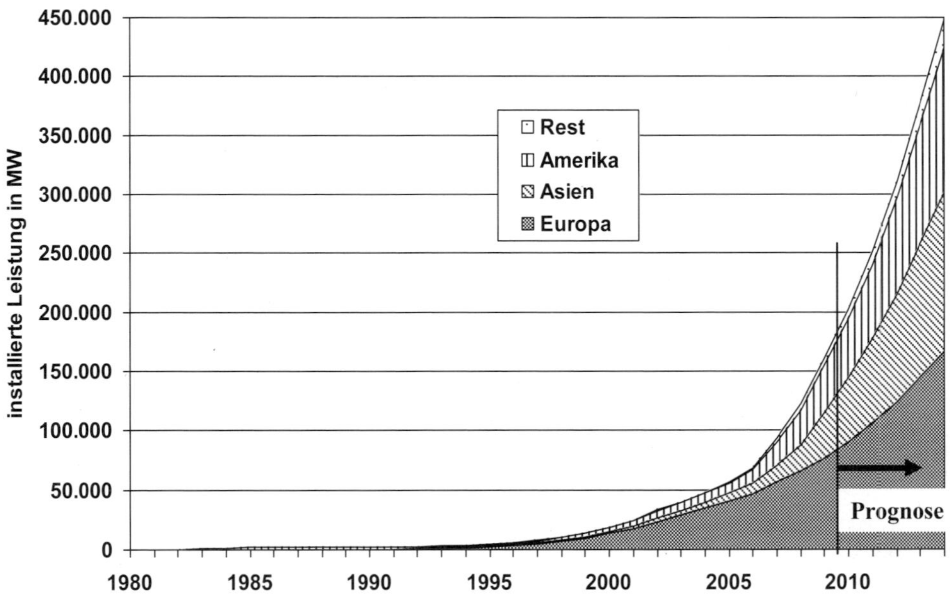

Bild 1-3 Weltweit installierte Leistung von Windkraftanlagen [4]

1.2 Energie- und Strombedarf

Bild 1-4 zeigt den Anstieg der Weltbevölkerung und des Stromverbrauchs über die letzten hundert Jahre. Noch immer stammen 75 % des Primärenergiebedarfs der Menschheit aus den fossilen Quellen Kohle, Öl und Gas, Bild 1-5, die verbrannt gewaltige Schadstoffmengen freisetzen. Längst sind die Folgen für Umwelt und Klima für uns sichtbar und spürbar.

Auch die Strom- und Energieerzeugung mit Atomkraftwerken ist höchst problematisch. Nach mehr als 40 Jahren Betrieb dieser Anlagen ist weltweit nirgendwo das Entsorgungsproblem für den radioaktiven Müll zufriedenstellend gelöst. Die Kernschmelzen in den Atomkraftwerken Harrisburg (USA 1979), Tschernobyl (Ukraine, 1986) oder auch das Desaster in der britischen Wiederaufbereitungsanlage Sellafield, wo 2005 etwa 200 kg Plutonium (!) unkontrolliert ausflossen, zeigen, „what can happen, will!“.

Der Super-GAU in den Reaktoren des Atomkraftwerks Fukushima im März 2011 ließ die Regierung Merkel eine 180-Grad-Wende vollziehen. Die im Herbst 2010 verfügte Verlängerung der Laufzeiten der Atomkraftwerke z.T. bis 2035 wurde zurückgenommen und im Wesentlichen der Ausstiegsplan der Rot-Grünen Regierung von 2002 wieder in Kraft gesetzt. Nach ihm geht das letzte Atomkraftwerk 2022 vom Netz.

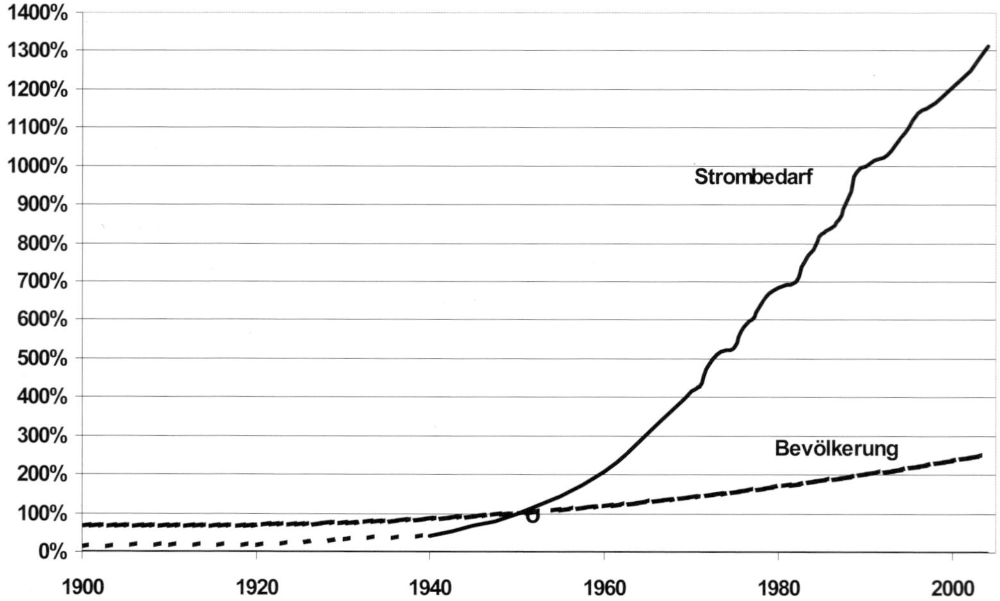

Bild 1-4 Entwicklung von Bevölkerungszahl und Stromverbrauch; 1950 entspricht 100%; Bevölkerung damals 2,55 Mrd., jährlicher Stromverbrauch 1,2 10^{12} kWh [5]

Atomkraftwerke bieten zudem ein ideales Ziel für Terroranschläge, wie den vom 11. September 2001 in New York auf das World Trade Center. Politik und Betreiber der Atomkraftwerke spielen dieses neue Risiko völlig herunter.

Tabelle 1.1 zeigt den Pro-Kopf-Verbrauch und das Wachstum von Bevölkerung und Stromverbrauch in verschiedenen Ländern. Zweierlei ist daran zu erkennen. Zum einen widerlegt die Tabelle die früher oft gehörte These: der Stromverbrauch steigt mit dem Lebensstandard einer Industrienation. Die USA, Deutschland und Dänemark haben nahezu gleichen Lebensstandard. Der Stromverbrauch je Einwohner steht indessen im Verhältnis

12,9	zu	6,8	zu	6,2
USA		D		DK

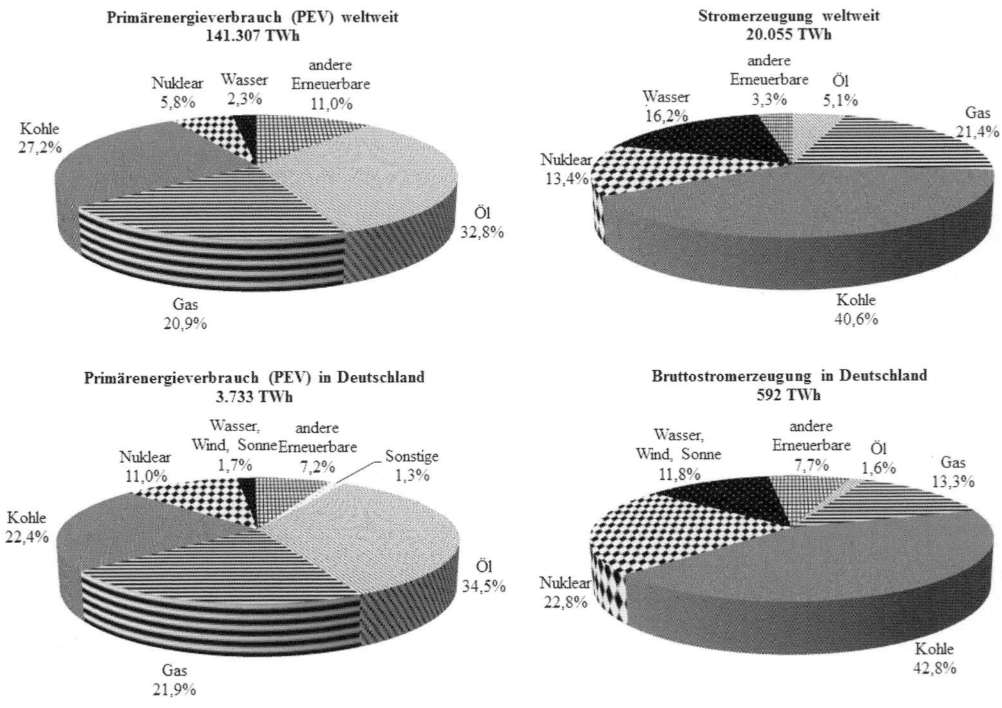

Bild 1-5 Primärenergieverbrauch/TPES (links) und Stromerzeugung (rechts) und seine Sektorierung nach Energieträgern im Jahr 2009, weltweit (oben) [6] und in Deutschland (unten) [7]

Was effizientere Energienutzung an Einsparung möglich macht, wird deutlich sichtbar. Und umgekehrt: die USA mit 4,6 % der Weltbevölkerung erzeugen 24 % der Treibhausgase, die das Weltklima bedrohen. Die BRD mit 1,3 % der Weltbevölkerung und 3,4 % der Treibhausgaserzeugung steht vergleichsweise günstig dar. Allein die Nutzung der regenerativen Energien hat im Jahr 2010 bei uns einen Treibhausgasausstoß von 120 Mio. t vermieden, der insgesamt 960 Mio. t betrug - gut 12 t pro Kopf. Das ist eine Reduktion um 12,5 %, die hilft die Kyoto-Absprachen einzuhalten [2, 17].

Zum andern zeigt Tabelle 1.1, dass die Motive für den Einsatz erneuerbarer Energien in den Industrieländern ganz andere sind als in den Schwellenländern Indien, Brasilien, China. In den *Industrieländern*, deren Bevölkerung kaum mehr wächst, reicht der bestehende Kraftwerkspark im Prinzip zur Versorgung der Bevölkerung aus. Er ist aber alt, arbeitet deshalb mit nur mäßigen Wirkungsgraden, veralteter Sicherheitstechnik (AKW) und verursacht durch die Verwendung fossiler Brennstoffe einen gewaltigen CO_2-Ausstoß.

Tabelle 1.1 Elektrizitätsverbrauch in einigen repräsentativen Ländern [6]

Land	Einwohner (2009)	Stromverbrauch (2009)	Durchschnittlicher Verbrauch/ Einwohner	Bevölkerungszuwachs	Entwicklung Stromverbrauch (2004 - 2009)
	Mio.	TWh/a	kWh/ Einwohner	% p.a.	%
DK	5,5	34,5	6.248	0,55	-2,8
D	81,9	555,2	6.781	-0,29	5,6
USA	307,5	3.961,6	12.884	0,97	-0,1
China	1.331,5	3.503,4	2.631	0,44	107,8
Indien	1.155,4	689,5	597	1,35	65,2

Dessen Reduktion und der Wunsch, weniger abhängig von Öl und Gas aus politisch instabilen Zonen zu werden, sind die Hauptmotive für die Stromerzeugung aus Wind, Wasser und Sonne. Diese stark dezentrale Erzeugung bietet zudem wenig Angriffsfläche für Terrorattacken.

Die Motive der bevölkerungsreichen *Schwellenländer* sind andere: das niedrige Ausgangsniveau im Pro-Kopf-Verbrauch, das nun schon mehr als ein Jahrzehnt währende rasante Wirtschaftswachstum von jährlich 6 bis 9 % sowie die noch immer steigende

Bevölkerungszahl wecken einen solchen Hunger nach besserer Elektrizitätsversorgung, dass jede Art der Stromgenerierung recht ist – sei sie fossil, nuklear oder regenerativ.

Da die Industrieländer für die Schwellenländer schon immer Vorbild waren, ist es wichtig, dass sie mit Entwicklung und Einsatz der regenerativen Energien vorauseilen. Denn wenn in China und Indien der heutige Energiemix der Industrieländer fortgesetzt wird, werden Klimaerwärmung und Umweltzerstörung rapide weiter zunehmen.

Die Tabelle 1.2 gibt die Treibhausemission in g CO_2-Äquivalenz über den Lebensweg der verschiedenen Stromerzeugungssysteme an. Im Lebensweg ist auch der Aufwand für die Herstellung, z.B. von Windturbinen und die Verschrottung enthalten.

Die Stromproduktion aus Gülle-Biogas erhält eine umfangreiche Gutschrift, weil das dabei aus der Gülle entstehende und höchst umweltschädliche Methan beseitigt wird. Ansonsten spricht diese normierte Darstellung für sich selbst. Nur die Atomstromherstellung, die 4 mg hoch radioaktiven Mülls je produzierte Kilowattstunde hinterlässt, passt nicht in dieses Schema.

Tabelle 1.2 Treibhausgasemissionen verschiedener Stromerzeugungssysteme entlang des Lebenswegs [18]

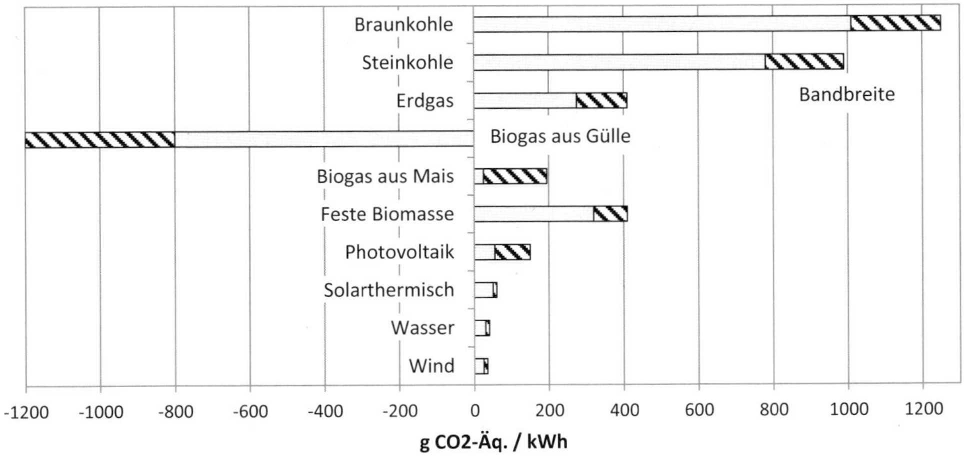

Je schneller die Umstellung auf die regenerativen Energien Wind, Sonne, Wasser, Biomasse usw. erfolgt, umso höher sind die Chancen, die Klimaveränderung wieder zu stabilisieren.

Im dicht besiedelten Westeuropa spielt der Flächen- oder Landschaftsverbrauch bei der Stromerzeugung eine wichtige Rolle. Tabelle 1.3 gibt eine kleine Übersicht.

Beim Braunkohlestrom wurde die Kraftwerksleistung auf die (aktiv bearbeitete) Tagebaufläche bezogen. In Deutschland ist eine Fläche von der Größe des Saargebietes durch den Braunkohletagebau verwüstet. Bei Wasserkraftwerken ist die Bezugsfläche das Stauseeareal. Bei der Windkraft wurde sich der Einfachheit wegen auf die Rotorfläche bezogen, die gewöhnlich deutlich größer ist als die genutzte Bodenfläche (Fundament, Zuwegung etc.).

Interessant ist auch, wie schnell die Energie, die zum Bau von regenerativen Stromerzeugungsanlagen eingesetzt werden musste, wieder durch den Betrieb der Anlage zurück gewonnen wird, Tabelle 1.4.

Verglichen mit der traditionellen zentralen, fossilen oder nuklearen Stromerzeugung schafft die dezentrale Erzeugung mehr Stellen und mehr lokale Beschäftigung je produzierter Kilowattstunde.

Tabelle 1.3 Stromerzeugung je Quadratmeter Fläche - Landverbrauch

	Standort	Daten	spezif. Leistung
Wasserkraft	• Itaipu, 1985 (Brasilien)	12.600 MW H = 200 m	6 W/m²
	• Spiez, 1986 (Schweiz)	23 MW H = 65 m	87 W/m² (je m² Wasserfläche)
Braunkohle	• Schkopau, 1996 (Deutschland)	1.000 MW	8 W/m²
	• Schwarze Pumpe, 1998 (Deutschland)	1.600 MW	16 W/m²
	• Buschhaus, 1985 (Deutschland)	380 MW	31 W/m² (je m² Abbaufläche)
Windkraft	• Deutschland	$v_{Wind} = 4{,}5 - 6{,}0$ m/s	50 - 120 W/m² (je m² Rotorfläche; die Fundamentfläche ist zehnmal kleiner)

Tabelle 1.4 Energieamortisationszeit von verschiedenen regenerativen Elektrizitätsquellen [11]

Wind			Sonne (PV)			Wasser		
4,5 m/s	5,5 m/s	6,5 m/s	mono	multi	amorph	groß	klein	mikro
6 - 20	4 - 13	2 - 8	28 - 55	19 - 38	14 - 28	5 - 6	8 - 9	9 - 11
Amortisation (in Monaten)								

Auf die circa 101.100 Arbeitsplätze in der Windkraftbranche im Jahr 2011 wurde vorn schon hingewiesen. Insgesamt wird die Zahl der in Deutschland Beschäftigten im Bereich der regenerativen Energien 2011 mit 381.600 angegeben [12].

Von größter wirtschaftlicher Bedeutung sind natürlich die Stromerzeugungskosten (€/kWh) und ihre Aufteilung auf die Sektoren

Investition (Kapitalkosten) - Treibstoffe - Instandhaltung und Wartung.

Bild 1-6 gibt eine Übersicht über diese Kosten bei neu erstellten Kraftwerken. Interessant ist, dass die Kostenstruktur bei Wind- und Atomkraftwerken ähnlich ist: hohe Anfangsinvestitionen, geringe laufende Kosten. Ist ein Kraftwerk erst einmal bezahlt - das ist nach 7 bis 12 Jahren gewöhnlich der Fall - steigen die Gewinne, weil die Belastungen (Kapitalkosten) aus der Anfangsinvestition entfallen. Auch wenn die Instandhaltungskosten mit den Jahren ansteigen, hat der Betreiber größtes Interesse daran, die Anlage möglichst lange in Betrieb zu halten – daher die Diskussion um die Restlaufzeiten der Atomkraftwerke aus den 1970er Jahren.

Offshore-Windkraftanlagen: Anfang der 90er Jahre stellten die Dänen zum ersten Mal zur Probe Windkraftanlagen vor der Ostseeküste im Meer auf (Vindeby 1991). Die knapper werdenden guten Stellplätze an Land, die sinkende Akzeptanz bei der Bevölkerung, dort wo die Anlagen zu dicht stehen, vor allem aber die günstigen Windverhältnisse über dem Meer sprechen für Offshore. Die verglichen mit an Land aufgestellten Maschinen viel höheren Fundamentierungs- und Netzanschlusskosten, sowie die zur Zeit noch schwer kalkulierbaren Wartungskosten sprechen dagegen.

Das Diagramm Bild 1-7 stammt aus dem Jahr 2000 [14]. Lediglich die Werte wurden auf € umgestellt. Damals existierten noch keine kommerziell betriebenen großen Offshore-Windparks. Die spezifischen Investitionskosten der großen Offshore–Parks Horns Rev (2002) und Nysted (2004), mit 160 MW bzw. 165 MW, wurden nachträglich in das Diagramm eingetragen. Man erkennt, dass trotz der sehr viel höheren Investitionskosten die Stromerzeugungskosten mit ca. 0,06 €/kWh ähnlich denen an Land bei den geringeren mittleren Windgeschwindigkeiten von 6 bis 7 m/s in Nabenhöhe sind. Allerdings fehlen heute noch die Langzeiterfahrungen mit Wartung und Instandhaltung.

1.3 Energiepolitische Instrumente der Regierungen

Das Kyoto-Protokoll stellte den ersten Anlauf dar, durch ein internationales Abkommen den CO_2-Ausstoß zu limitieren, der das Klima so drastisch verändert. Die Nutzung der regenerativen Energien ist der Weg, die hohe Energie- und Stromnachfrage zu befriedigen, ohne die Umwelt zu zerstören. Bild 1-8 zeigt die Shell-Prognose von 1998 für die Energieerzeugung dieser Erde bis 2040 [15].

Nach dieser Einschätzung stammen im Jahr 2010 schon 13 % des Primärenergiebedarfs aus regenerativen Quellen mit stark steigender Tendenz. Die Gültigkeit dieser Prognose belegen die Daten in Bild 1-5.

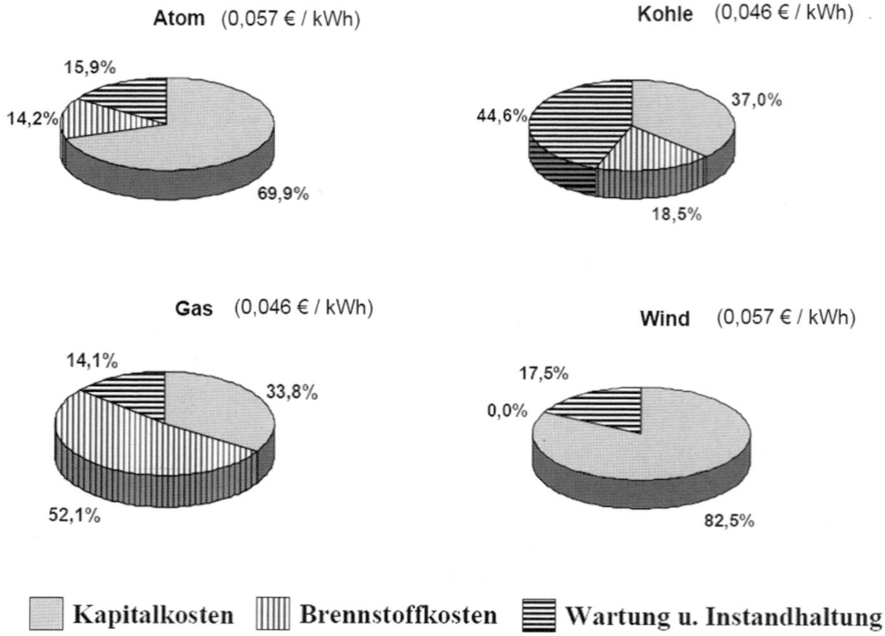

Bild 1-6 Übersicht über die Kosten neu erstellter Kraftwerke [13, 19]

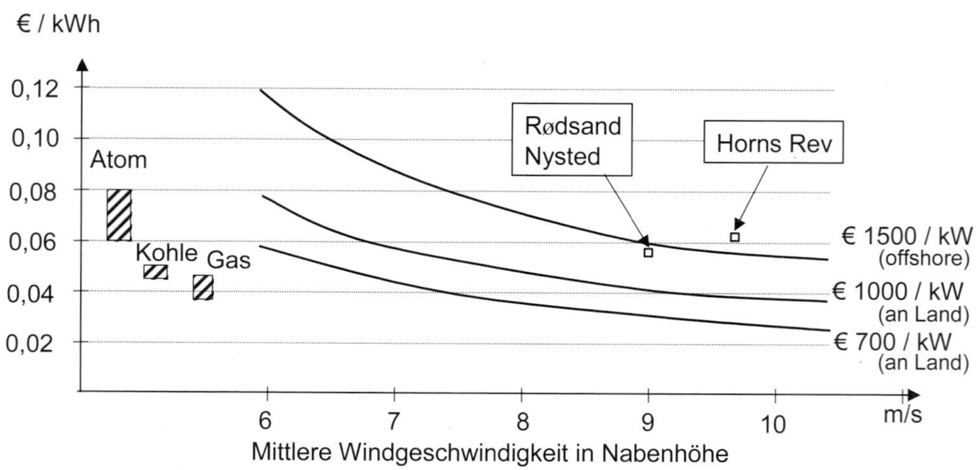

Bild 1-7 Stromerzeugungskosten in Abhängigkeit von Errichtungskosten (Euro je installiertes kW) und der mittleren Windgeschwindigkeit [14]

Um die Nutzung der regenerativen Energien voranzutreiben, ist *politischer Wille* in der Energiegesetzgebung nötig. Prinzipiell hat der Staat eine ganze Reihe von Möglichkeiten und Instrumenten in der Hand, z.B.

- Förderprogramme für Forschung und Entwicklung
- Förderprogramme für den Bau von Prototypen und Demonstrationsanlagen
- Übernahme eines Teils der Investitionskosten
- Garantierter Preis für jede ins Netz eingespeiste Kilowattstunde
- Billige Kredite für die Investitionen
- Steuerbegünstigungen
- u.a.m.

Alle diese Instrumente können bei der Markterschließung hilfreich sein. Indessen ist *Planungssicherheit*, die dem Investor erlaubt, Kosten und Erträge über die Lebensdauer von 20 Jahren einer Anlage abzuschätzen, das Allerwichtigste.

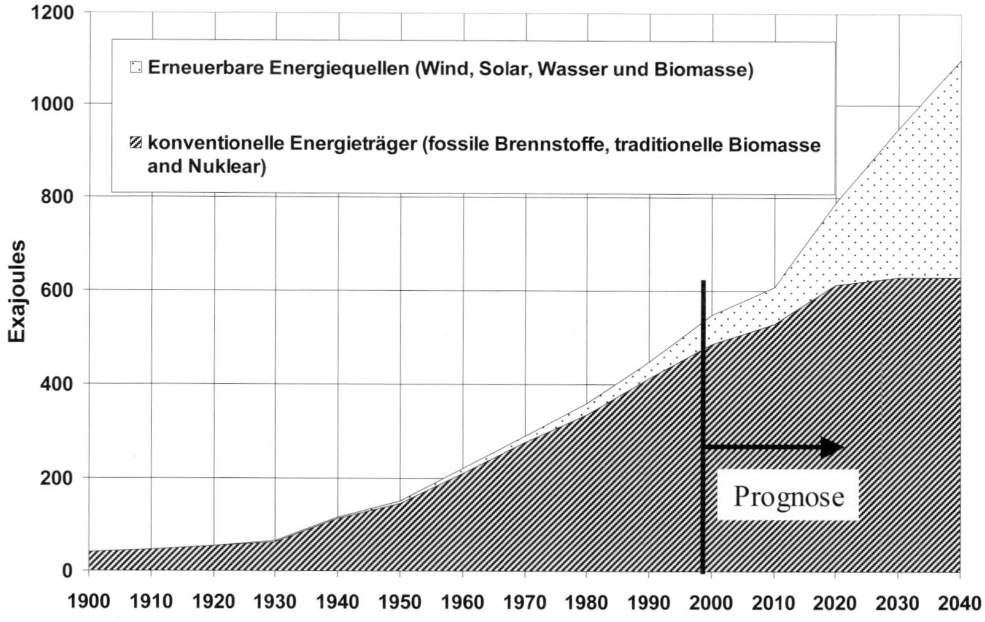

Bild 1-8 Prognose über die Befriedigung des Energiebedarfs der Erde [15]

Dänemark (erstes Einspeisegesetz 1981), Deutschland (1991) und Spanien (1993) initiierten, wie bereits erwähnt, einen Markt für die erneuerbaren Energien, indem jedem, der Strom ins Netz einspeisen wollte, ein *fester Preis je kWh* über eine Reihe von Jahren garantiert wurde. Das gab privaten Investoren Planungssicherheit. Gleichzeitig wurde mit dieser Regelung das bisherige Monopol der großen Energieerzeuger unterlaufen. Da der regenerativ erzeugte „grüne" Strom zudem Vorfahrt hat und immer vom Netzbetreiber abgenommen werden muss, heißt das auch, dass dementsprechend „schwarzer" Strom nicht erzeugt und der Schadstoffausstoß insgesamt reduziert wird – um 20 % in Deutschland im Jahr 2011 wie oben schon erwähnt.

Länder wie England und bislang auch Frankreich (bis 2002) arbeiteten mit einer *Quotenregelung*: So und so viel Prozent des Kraftwerkneubaus müssen regenerativ arbeiten. Der Erfolg war mäßig bis null. Das ist allerdings auch der Grund, warum die großen deutschen Stromkonzerne mit dieser Regelung liebäugeln. Dann bleibt auch der regenerative Zubau in ihrer Hand.

In den Ländern mit erfolgreichem Ausbau der Windenergie (Dänemark, Deutschland, Spanien) werden inzwischen Größenordnungen der eingespeisten Leistung in Relation zur Netzlast erreicht, die in besonders stark betroffenen Regionen eine Netzverstärkung notwendig machen. Dies gilt vor allem für die norddeutschen Küstengebiete, die zukünftig auch den in Offshore-Windparks erzeugten Strom aufnehmen sollen. Der Bedarf an Regelleistung zum Ausgleich zwischen Erzeugung und Last lässt sich durch die Verwendung von Prognoseinstrumenten zur Vorhersage der eingespeisten Windenergie erheblich reduzieren. Mit steigendem Anteil von Windstrom im Netz werden andere Grundlastkraftwerke wie z.B. die Atomkraftwerke verdrängt und mehr schnell regelbare Kraftwerke wie Pumpspeicherwerke oder Gas- und Dampfkraftwerke (GuD) benötigt. Sie können im Minutenbereich geregelt werden. Die Liberalisierung des Strommarktes in der EU verstärkt diesen Bedarf, weil für den Netzbetreiber nicht geplante Handelsströme die Vorhersage der Netzbelastung zusätzlich erschweren.

Die Energiespeicherung in Zeiten des Überangebotes, z.B. aus Windkraft- und Kernkraftanlagen (Grundlastmaschinen), erfolgt hauptsächlich in Pumpspeicherwerken. Mit der Inbetriebnahme von Goldisthal (1.060 MW, 2003) steht in Deutschland eine Leistung von 5.700 MW zu Verfügung, die innerhalb von wenigen Minuten von Verbrauch (Pumpen) auf Produktion (Stromerzeugung) umgeschaltet werden kann. Diese steht als „Regelleistung" zur Netzstabilisierung bereit.

In Deutschland, wo bereits erhebliche Anteile Strom aus Windenergie durch das elektrische Netz transportiert werden, ist eine Verstärkung des Netzes in stark beanspruchten Gegenden notwendig. In einer Studie zum Netzausbau (2005) werden 850 km neue Hochspannungsleitungen bis zum Jahr 2020 (das sind ca. 2,5 % des bestehenden Übertragungsnetzes) ausgewiesen [16].

Mit steigenden Rohstoffpreisen für fossile Energieträger, dem Wegfall von Subventionen der fossilen Energieträger (Steinkohlesubvention) und der bereits begonnenen Berücksichtigung externer Kosten (CO_2-Emissionshandel) wird in Zukunft der Preis für den Strom aus erneuerbaren Energiequellen marktwirtschaftlich die günstigste Alternative sein, allen voran der Windstrom.

1.4 Technologische Entwicklung

Die folgenden Begriffspaare stecken das Spannungsfeld ab, in dem sich die Diskussion um die Entwicklung der Windkraftanlagen in den letzten 20 Jahren vollzog:

3-Flügler	2-Flügler
feste Drehzahl	variable, windgeführte Drehzahl
Pitch-Control (mit Blattwinkelverstellung)	Stall-Control (ohne Blattwinkelverstellung)
Asynchrongenerator	Synchrongenerator
Synchrongenerator permanent erregt	Synchrongenerator fremderregt
Getriebe	Direktantrieb ohne Getriebe
Glas- und Kohlefaserblätter	Metall- und Holzblätter
Hydraulische Aktoren	Elektrische Aktoren
Direkte Netzeinspeisung	Einspeisung über AC-DC-AC-Konverter

Bis Anfang der 90er Jahre dominierten auf dem Markt die Maschinen dänischen Typs, die mit einem Asynchrongenerator direkt ins Netz einspeisen. Der AS-Generator hält praktisch die Drehzahl fest, weil er sich an die Netzfrequenz von 50 Hz klammert. Diese Anlagen sind einfach und robust, da sie keine Blattwinkelverstellung benötigen. Die Tip-Spoiler, Bild 1-9, sichern fliehkraft-ausgelöst gegen Überdrehen, zum Beispiel bei plötzlichem Netzausfall.

Mitte der 90er Jahre drängten in den Megawatt-Bereich die drehzahlvariablen, windgeführten Anlagen mit Blattwinkelverstellung. Zunächst mit direkt getriebenem hochpoligem Synchrongenerator (kein Getriebe) ausgerüstet, wird dessen Drehstrom variabler Frequenz über einen AC-DC-AC-Umrichter auf 50 Hz umgeformt ins Netz gespeist, Bild 1-10. Sehr bald (1996) wurde auch der (doppelt gespeiste) Asynchrongenerator mit Umrichtertechnik drehzahlvariabel betrieben, Bild 1-11. Da man hier das Getriebe beibehielt, hatte das kleinere und leichtere Generatoren zur Folge. Weil die drehzahlvariablen Anlagen leichter den örtlichen und zeitlichen Bedingungen des Windes anzupassen sind, haben sie sich im Leistungsbereich 2 MW und mehr völlig durchgesetzt.

Längst haben die Windkraftanlagenhersteller durch stetige Weiterentwicklung der Maschinen den Rotordurchmesserbereich von 80 bis 100 Metern erreicht, an dem in den 80er Jahren die Luft- und Raumfahrt-Industrie (MOD1, MOD2, Growian, Monopteros, usw.) scheiterte.

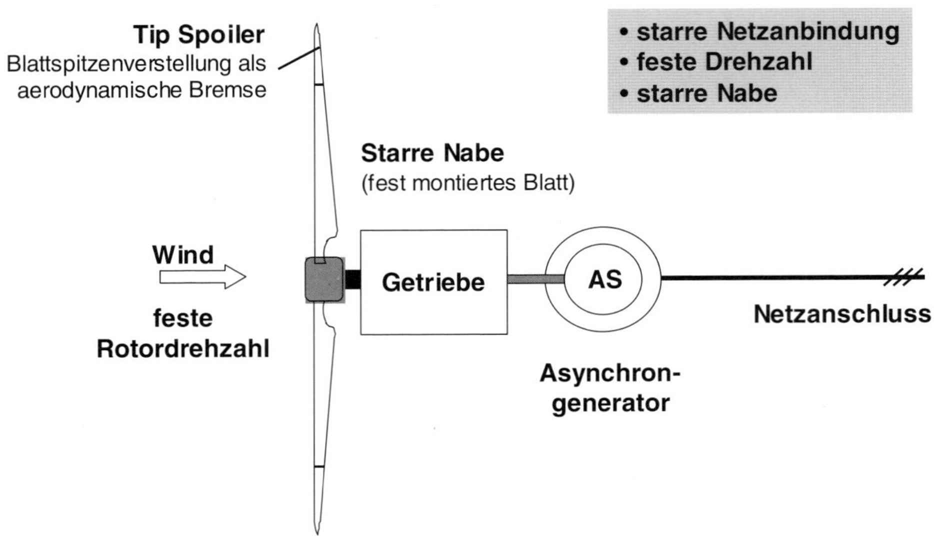

Bild 1-9 Dänische Windkraftanlage, die mit AS-Generator und fester Drehzahl direkt ins Netz einspeist

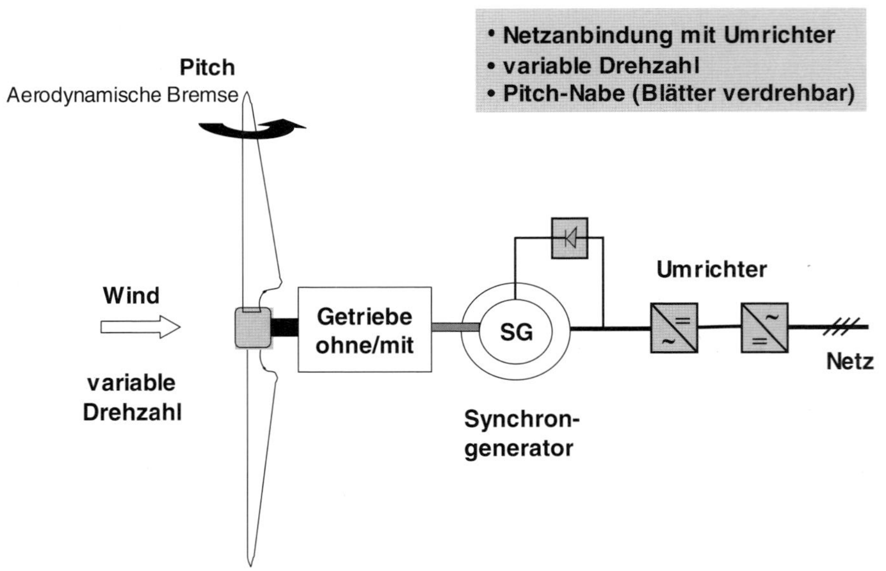

Bild 1-10 Drehzahlvariable Anlage mit Blattwinkelverstellung, direkt getriebenem Synchrongenerator und AC-DC-AC-Umrichter auf 50 Hz

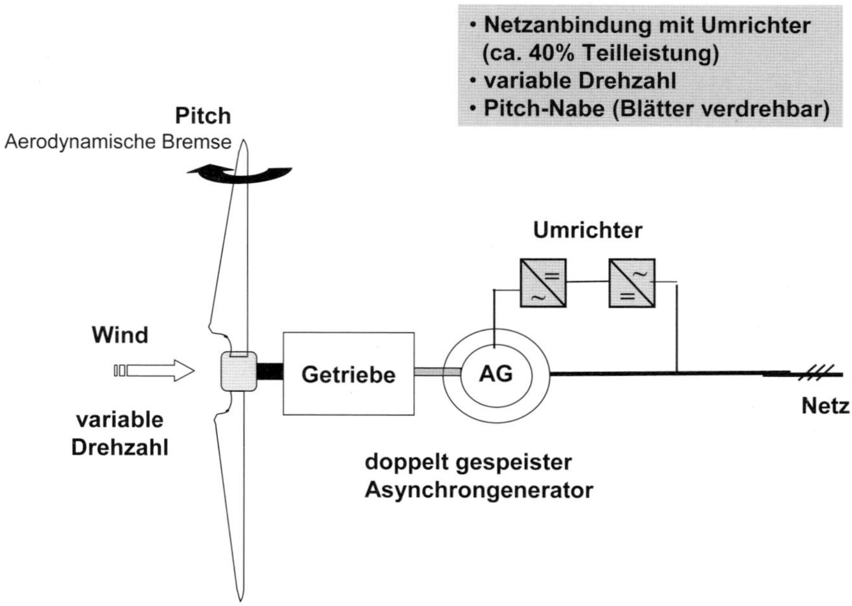

Bild 1-11 Drehzahlvariable Anlage mit Blattwinkelverstellung, doppelt gespeister Asynchrongenerator

Die physikalischen und die ingenieurwissenschaftlichen Grundlagen und Methoden, die hinter dieser so erfolgreichen Entwicklung der letzten 20 Jahre stehen, werden in den folgenden Abschnitten dieses Buches dem Leser systematisch vermittelt. Das jeweils notwendige Grundwissen aus den einzelnen Fachrichtungen wird in komprimierter Form vorangestellt.

Literatur

[1] Deutsches Windenergie Institut: *Status der Windenergienutzung in Deutschland - Stand 31.12.2011*, Januar 2012

[2] Bundesministerium für Umwelt, Naturschutz und Reaktorsicherheit: *Entwicklung der erneuerbaren Energien in Deutschland im Jahr 2011*, März 2012

[3] European Wind Energy Association: *Wind in power – 2011 European Statistics*, Februar 2012

[4] BTM Consult ApS: *International Wind Energy Development – World Market Update 2009*, März 2010

[5] UNDP: *Human Development Report*, 2004

[6] IEA: *Key World Energy Statistics*, 2011

[7] Bundesministerium für Wirtschaft und Technologie: *Energiedaten*, Januar 2012

[8] Hinsch, C.; Rehfeldt, K.: *Die Windenergie in verschiedenen Energiemärkten*; DEWI Magazin Nr. 11, Aug. 1997

[9] Strauß, K.: *Kraftwerkstechnik*, Springer Verlag Berlin, 3. Auflage, 1997

[10] Heitmann H.G.: *Praxis der Kraftwerks-Chemie*, Vulkan Verlag Essen, 1997

[11] Quaschning, V.: *Energieaufwand zur Herstellung regenerativer Anlagen*, 2002

[12] Bundesministerium für Umwelt, Naturschutz und Reaktorsicherheit: *Bruttobeschäftigung durch erneuerbare Energien in Deutschland im Jahr 2011*, 14. März 2012

[13] EWEA: *Wind Energy – The Facts*, 2004

[14] EWEA: *G8*, 2001-2

[15] Shell: 1998

[16] Deutsche Energieagentur (dena): *Energiewirtschaftliche Planung für die Netzintegration von Windenergie in Deutschland an Land und Offshore bis zum Jahr 2020*, Berlin 2005

[17] Umweltbundesamt: *Nationale Trendtabellen für die deutsche Berichterstattung atmosphärischer Emissionen seit 1990*, 15. April 2011

[18] VDI nachrichten Nr. 26/27, 1. Juli 2011

[19] Financial Times, 1. Februar 2012

2 Aus der Geschichte der Windräder

2.1 Windräder mit vertikaler Achse

Die ersten Maschinen zur Nutzung der Windenergie wurden nach Meinung der Historiker im Orient eingesetzt. Hammurabi soll schon 1700 v. Chr. mit Windrädern die Ebenen Mesopotamiens bewässert haben [1]. Eine recht frühe Nutzung der Windkraft in Afghanistan ist urkundlich belegt: Schriften des 7. Jh. n. Chr. bekunden, dass dort der Beruf des Mühlenbauers hohes Ansehen genoss [1]. Noch heute kann man im Iran und in Afghanistan Ruinen dieser seit Jahrhunderten betriebenen Windmühlen sehen (Bild 2-1).

Bild 2-1 Windmühle mit vertikaler Achse aus Afghanistan; Zustand 1977, [2]

Diese ältesten Windräder der Welt hatten eine vertikale Drehachse. Daran waren geflochtene Matten befestigt, die dem Wind einen Luftwiderstand entgegensetzten und daher vom Wind "mitgenommen" wurden. Bei den persischen Windrädern wurde durch Abschattung der einen Rotorhälfte mit einer Mauer eine Asymmetrie erzeugt, die die Widerstandskraft zum Antrieb des Rotors nutzbar macht (Bild 2-2 a).

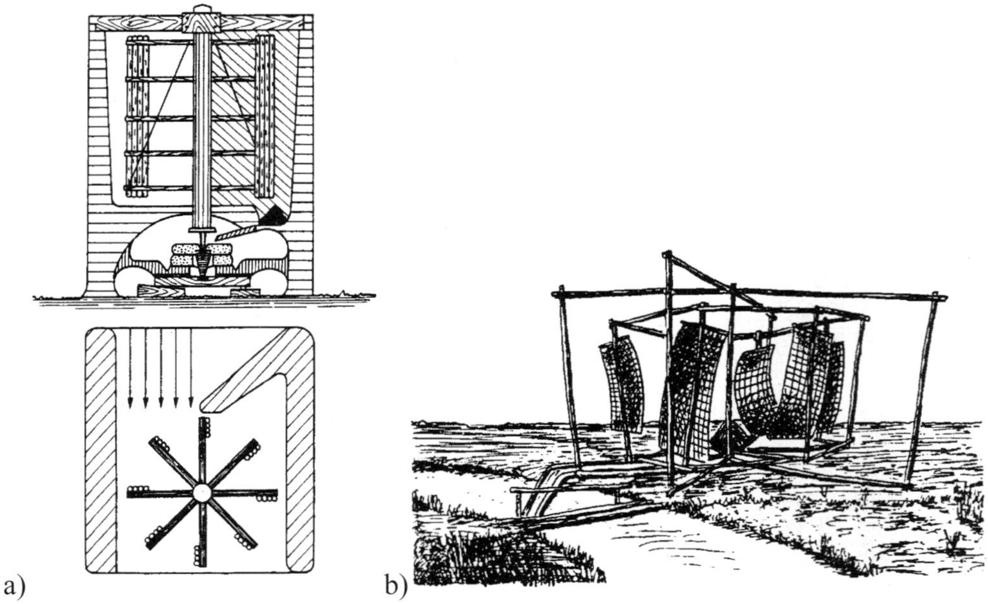

Bild 2-2 a: Persische Windmühle, [3], b: Chinesisches Windrad mit umklappenden Flügeln, [4]

Bei den ebenfalls sehr alten chinesischen Windrädern wird eine solche Asymmetrie durch Wegklappen der Segelmatten auf ihrem "Rückweg" (dem Wind entgegen) erzeugt (Bild 2-2 b). Diese chinesischen Widerstandsläufer sind etwa seit 1000 n. Chr. bekannt und hatten wie die persischen eine vertikale Drehachse mit geflochtenen Matten als "Segel". Im Gegensatz zu der persischen Variante hatten sie jedoch den für Windräder mit vertikaler Achse eigentlich typischen Vorteil, dass sie den Wind unabhängig von seiner Richtung nutzen konnten.

Die konstruktive Einfachheit dieser Bauform lässt Bild 2-3a erkennen, das eine spätere Variante des Vertikalachsers mit umklappenden Flügeln darstellt: Der Mahlstein kann ohne Umlenkung der Drehbewegung und ohne zwischengeschaltetes Getriebe direkt an der senkrechten Antriebswelle befestigt werden. Die moderneren Windmühlen mit horizontaler Achse, wie z.B. die schneller laufenden Holländerwindmühlen, erfordern nicht nur für die Umlenkung und Untersetzung der Drehbewegung von der horizontalen auf die vertikale Achse, sondern auch für die aufwendigere Lagerung der schnellen und schweren horizontalen Welle eine erheblich weiterentwickelte Konstruktion.

Auch das Windrad von Veranzio (Bild 2-3b) gehört - wie das Schalenkreuzanemometer (Bild 2-19a), mit dem es verwandt ist - in die Kategorie der langsam laufenden Widerstandsläufer, deren Funktionsweise in Abschnitt 2.3.2 noch genauer analysiert werden wird.

Von der Einfachheit der vertikalen Achsanordnung profitieren aber auch der Savonius-Rotor (1924, Bild 2-4a) und der Darrieus-Rotor (1929, Bild 2-4b), die aber als späte "abendländische" Varianten des Vertikalachsprinzips den Auftrieb teilweise bzw. ausschließlich als Antriebskraft nutzen. Wir kommen in Abschnitt 2.3.3 darauf zurück.

a)

b)

Bild 2-3 Spätere Bauformen von "Vertikalachsern": a) mit umklappenden Flügeln, Frankreich 1719, [2]; b) mit Widerstandskörpern, Italien um 1600, [4]

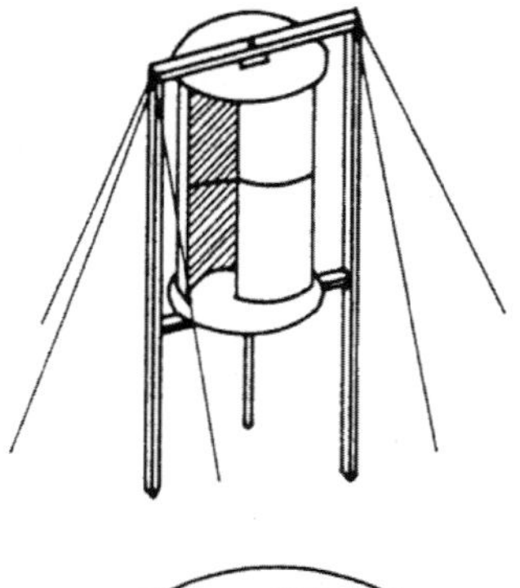

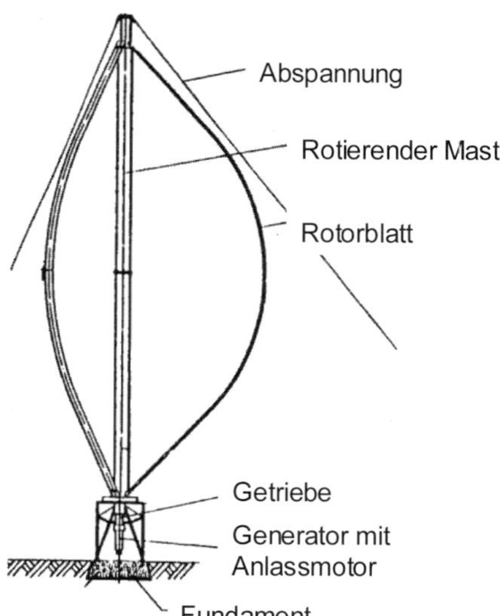

Bild 2-4a Savoniusrotor, [5]

Bild 2-4b Darrieusrotor, [6]

2.2 Windräder mit horizontaler Achse

2.2.1 Von der Bockwindmühle zur Westernmill

Im Abendland wurde - sehr viel später - ein ganz anderer Windmühlentyp entwickelt, als der morgenländische "Vertikalachser". Auffälliges Unterscheidungsmerkmal ist der Rotor mit horizontaler Achse, dessen Flügel sich wie bei einem Flugzeugpropeller in einer Ebene senkrecht zum Wind drehen. Hier muss also ein anderes Antriebsprinzip wirken, als der Luftwiderstand der Flügelflächen bei den Widerstandsläufern.

Erst Anfang dieses Jahrhunderts wurde der Auftrieb von umströmten Flügelprofilen, die treibende Kraft von Windrädern mit horizontaler Achse, theoretisch beschrieben. Mühlenbauer früherer Jahrhunderte behalfen sich wahrscheinlich mit der Vorstellung, dass sich das Flügelrad wie eine Schraube ("Luftschraube") durch die vorbeiströmende Luft windet.

Die älteste Bauform der auftriebsnutzenden "Horizontalachser" ist die Bockwindmühle. Im 12. Jh. taucht sie als Abbildung in einem englischen Gebetbuch auf (Bild 2-5a) und sie wird zu dieser Zeit auch in den Statuten der französischen Stadt Arles (Provence) erwähnt. Von England und Frankreich breitet sie sich neben dem Wasserrad als wichtigste Antriebsmaschine über Holland, Deutschland (13. Jh.) und Polen nach Russland (14. Jh.) aus. Es ist unter den Historikern umstritten, wer sie erfand und wo sie herstammt. Es scheint jedoch Einigkeit darüber zu bestehen, dass "die Kreuzfahrer die Windmühle nicht, wie früher angenommen, in Syrien kennen gelernt, sondern ihrerseits dort hingebracht haben." [13].

Die Bockwindmühle besteht aus einem kastenförmigen Mühlenhaus, das drehbar um einen Zapfen auf einem Bock gelagert ist (Bild 2-5b). Es kann dadurch zusammen mit dem Flügelrad über einen Steert in den Wind gedreht werden. Die Hauptwelle mit dem Flügelrad liegt fast horizontal. Ein Kammrad treibt über das Stockgetriebe die senkrechte Welle zum Mühlstein an. Erst im 19. Jh. wurde sie auch mit zwei Kammrädern für zwei Mahlgänge ausgerüstet. Die Bockwindmühle ließ sich ausschließlich als Mühle, also zum Mahlen einsetzen. In Holland, wo schon im 15. Jh. großes wirtschaftliches Interesse an der Landgewinnung durch die Entwässerung von Poldern bestand, wurden erste Anstrengungen unternommen, die Windenergie auch zum Antrieb von Pumpen zu nutzen. Dazu musste die Bockwindmühle so modifiziert werden, dass die aus dem Wind gewonnene Antriebsenergie an die unter der "Mühle" gelegene Pumpe weitergegeben werden konnte. Ergebnis war die Wippmühle, die etwa 300 Jahre nach den ersten urkundlich belegten Bockwindmühlen - speziell für Entwässerungsaufgaben - zum Einsatz kam.

Bei der Wippmühle ist nur das Getriebe im drehbaren Mühlenhaus untergebracht, während die eigentliche "Maschine" (z.B. ein Schöpfrad) unter den pyramidenartig

Bild 2-5a Abbildung einer Bockwindmühle in einem englischen Gebetbuch des 12. Jh., [2]

verkleideten Bock versetzt worden ist. Dazu musste die Antriebswelle durch den Bock hindurchgeführt werden (Bild 2-6) - eine wahre Kunst der Zimmermannszunft!

Später wurden auch Kornmühlen nach diesem Prinzip gebaut, weil das Mahlwerk zu ebener Erde den Vorteil hat, dass keine schweren Lasten (wie Mühlsteine und Getreidesäcke) nach oben ins Mühlenhaus befördert werden müssen.

In Südeuropa hat sich die Bockwindmühle nicht durchsetzen können. Dort war ein anderer Mühlentypus sehr verbreitet: die Turmwindmühle. Die ersten Windräder dieser Art, die sehr früh auch schon zur Bewässerung genutzt wurden, sind im 13. Jahrhundert nachgewiesen [1]. Charakteristisch für den älteren Mittelmeertypus sind das zylindrisch gemauerte Mühlenhaus, die anfänglich meist starre, mit Stroh gedeckte Dachhaube und der acht- oder mehrflügelige Segelrotor (Bild 2-7). Spätere Varianten, vor allem in Südfrankreich, hatten eine drehbare Dachhaube aus Holz und den von der Bockwindmühle bekannten Vierblattholzrotor.

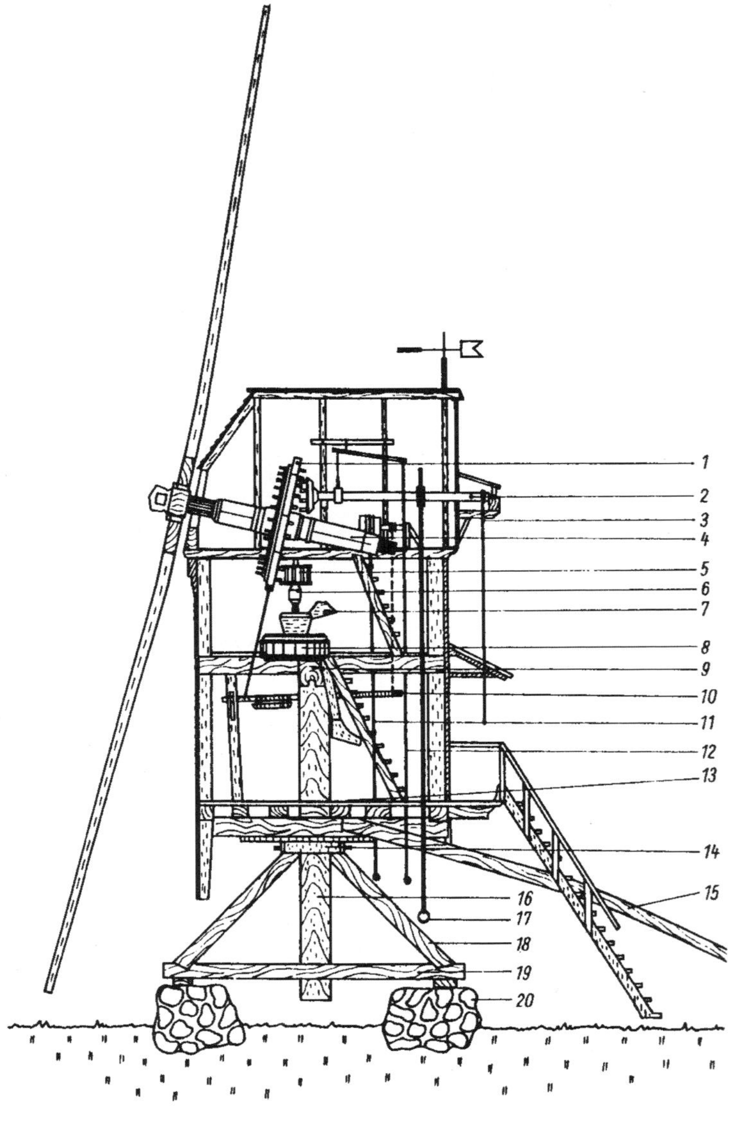

Bild 2-5b Konstruktiver Aufbau einer Bockwindmühle, [3]

1 Kammrad mit Bremse; *2* Welle für Sackaufzug; *3* Handaufzug; *4* Flügelwelle; *5* Stockgetriebe; *6* Spindel; *7* Einfülltrichter; *8* Mahlsteine; *9* Mehlbalken; *10* Bremshebel; *11* Bremsseil; *12* Aufzugbetätigung; *13* Mehlboden; *14* Sattel; *15* Steert; *16* Hausbaum; *17* Sackaufzug; *18* Standfinken; *19* Kreuzschwelle; *20* Fundament

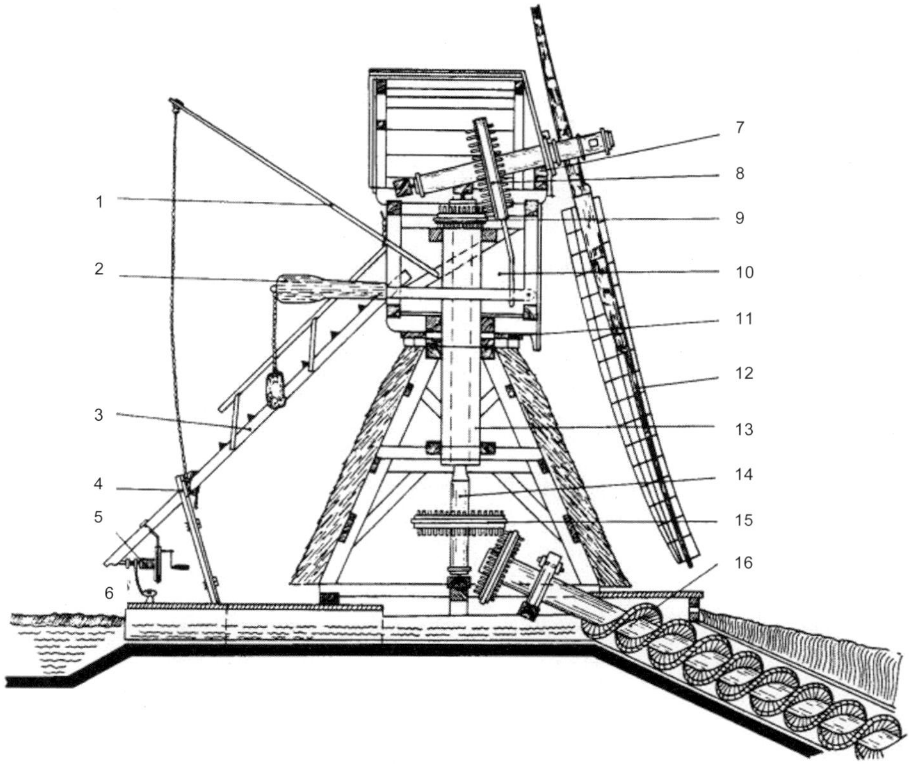

Bild 2-6 Konstruktiver Aufbau einer Wippmühle, [7]

1 Wippboom; *2* Kniepboom; *3* Steert; *4* Schrick; *5* Steertwinde; *6* Kroipfähle; *7* Katzenstein; *8* Kammrad; *9* Bunkel; *10* Oberhaus; *11* Gleitring; *12* Flügel; *13* Kocher; *14* Triebwelle, *15* Spillrad, *16* Wasserschnecke

Die drehbare Dachhaube ist das Hauptcharakteristikum der Holländerwindmühle, die ab dem 16. Jh. zum Einsatz kam. Sie ist eine Weiterentwicklung der Turmwindmühle, da sich die leichtere Holzkonstruktion des achteckigen Turms auf den feuchten, marschigen Böden Hollands leichter aufbauen ließ, als die klobige Steinkonstruktion der Turmwindmühle (Bild 2-8). In Holland wurden diese Mühlen - oft in sogenannten Mühlengängen "hintereinander geschaltet" - hauptsächlich zur Polderentwässerung eingesetzt, während sie im übrigen Europa vorwiegend zum Kornmahlen genutzt wurden.

In den Niederlanden erlebte die Windenergienutzung im 17. und 18. Jh. mit der Holländermühle, die zu Zehntausenden gebaut wurde, eine Blütezeit.

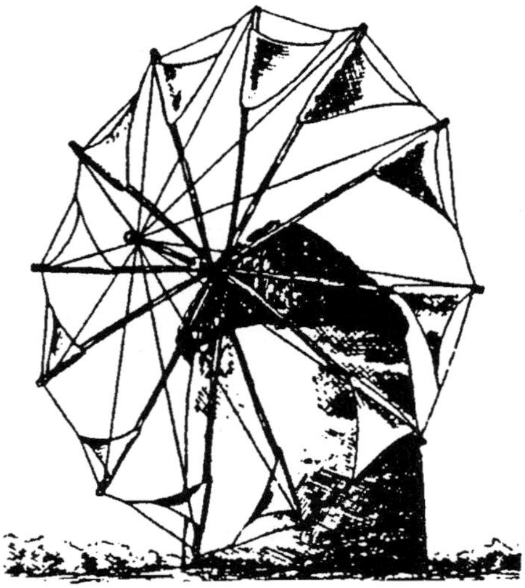

Bild 2-7 Mittelmeer-Typ Segelwindmühle als frühe Form der Turmwindmühle, [8]

Die hohen "Stückzahlen" führten zu einer für die Zeit ungewöhnlichen Standardisierung der Bauart: Selbst in Varianten, wie der Galeriewindmühle mit dem oft mehrstöckig gemauerten Sockel (Bild 2-9), lässt sich der Grundtyp der Holländerwindmühle mühelos wiedererkennen.

Eine etwas exotischere Entwicklung ist die Paltrockmühle aus dem 17. Jh., die zeigt, wie universell die Windkraft als Antriebskraft genutzt werden kann. Bei diesem Mühlentyp ist das ganze Mühlenhaus (mit allen Arbeitsmaschinen - z. B. einem Sägewerk) auf einem Drehkranz gelagert (Bild 2-11).

Der letzte Typ in der Reihe der historischen Windräder ist das amerikanische Windrad, das um die Mitte des 19. Jahrhunderts entwickelt wurde. Die "Westernmill" wurde hauptsächlich für die Trink- und Tränkwasserversorgung in Nordamerika aber auch für die Wasserversorgung der Lokomotiven der den Westen erschließenden neuen Eisenbahnen eingesetzt. Charakteristisch für diesen Windmühlentyp ist die über einem Gitterturm thronende Flügelrosette aus etwa zwanzig Blechschaufeln mit einem Durchmesser von 3 bis 5 m. Sie treibt über ein Hubgestänge eine Kolbenpumpe an (Bild 2-10).

Sie ist der erste Windmühlentyp, bei dem die Windrichtungsnachführung und die Sturmsicherung automatisch gesteuert wird (siehe hierzu Kap. 12). So ist die Westernmill noch heute ein "modernes" System, das technisch weitgehend unverändert zu zehntausenden in Australien, Argentinien und den USA eingesetzt wird.

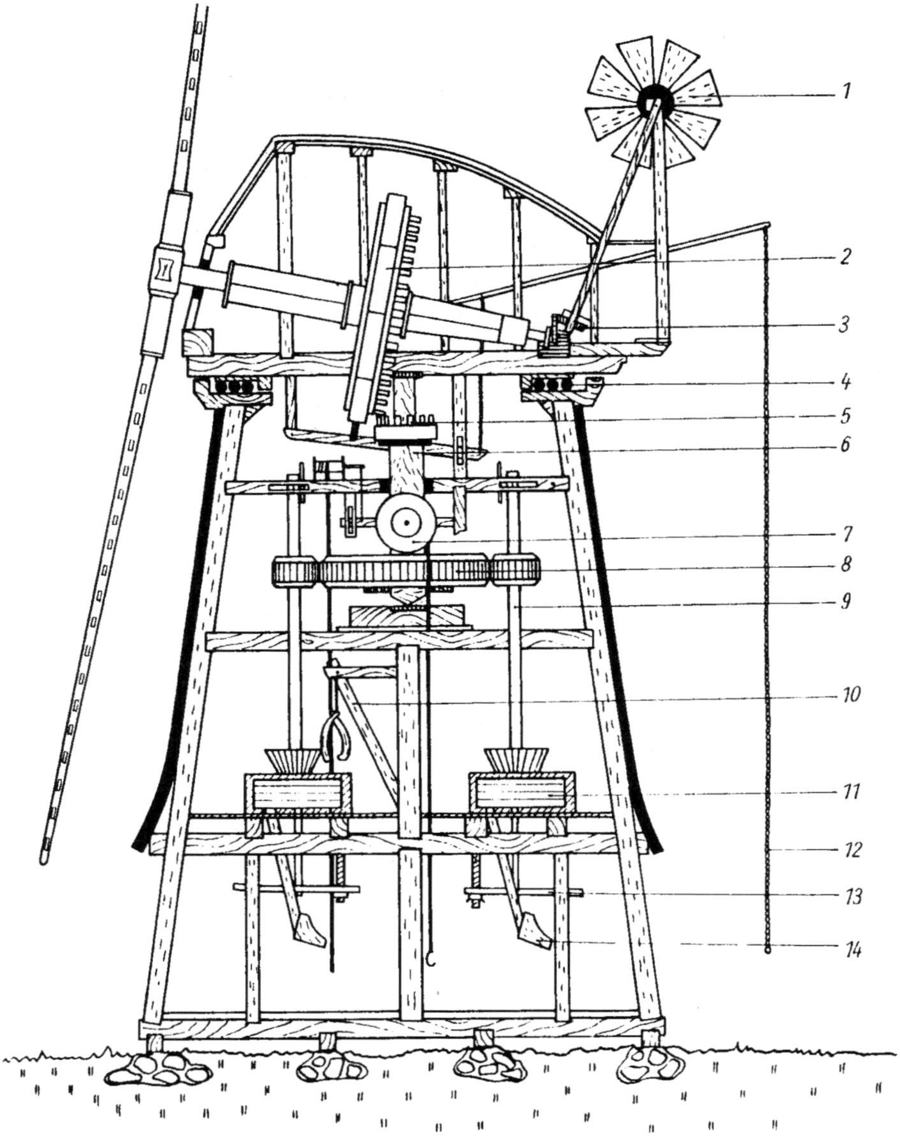

Bild 2-8 Konstruktiver Aufbau einer Holländerwindmühle, [3]

1 Windrose; *2* Kammrad mit Bremse; *3* Getriebe für Haubenverdrehung; *4* Drehrollen; *5* Bunkler oder Kronrad; *6* Königswelle; *7* Sackaufzug; *8* Stirnrad; *9* Spindel mit Spindelrad; *10* Steinkran; *11* Mahleinrichtung mit Trichter; *12* Bremskette; *13* Steinverstelleinrichtung; *14* Mehltrichter

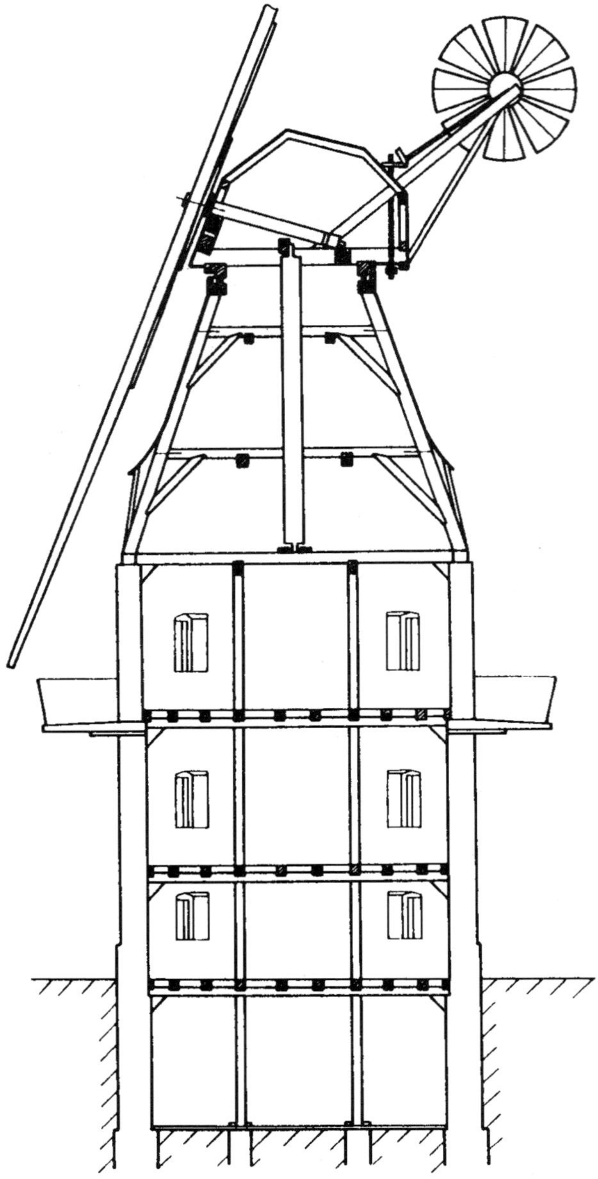

Bild 2-9 Bauplan einer Galeriewindmühle, [9]

Bild 2-10 Westernmills als Windpumpsysteme, [10]

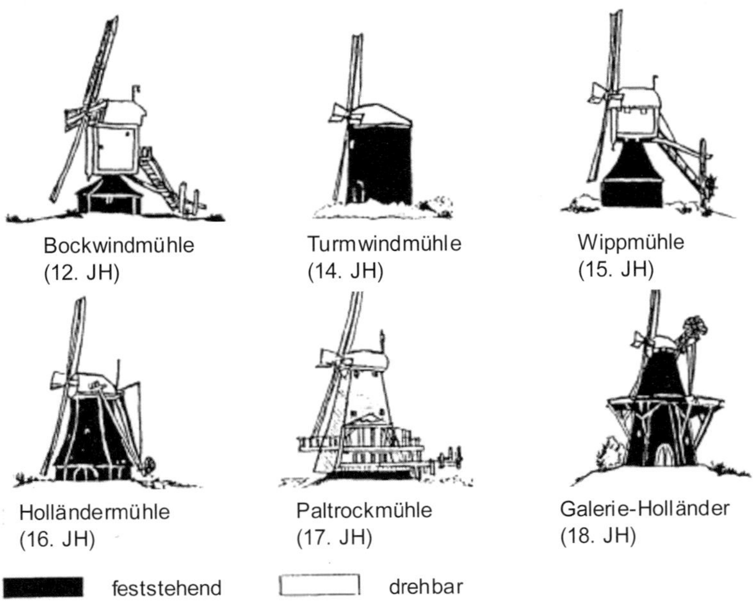

Bild 2-11 Übersicht über Bauformen der historischen Windmühlen mit horizontaler Achse, nach [11]

2.2.2 Technische Neuerungen

Im Gegensatz zu den modernen Windkraftanlagen mussten die alten Windmühlen ständig von einem Müller betreut werden, der nicht nur für das Mahlen, sondern auch für den sicheren Betrieb der Mühle verantwortlich war. Zur Bedienung der Mühle gehörten hauptsächlich zwei Aufgaben: das Nachführen des Flügelrades in den Wind und die Leistungsregelung durch richtiges Bespannen der Flügel und rechtzeitiges Abbremsen bei aufkommendem Sturm. Erst die Westernmill bedurfte keines "Maschinisten" mehr.

Zum Ausrichten in den Wind wurde die Windmühle zunächst vom Müller oder seinem Esel am sogenannten Steert in den Wind gezogen. Später wurden Winden an den Steert montiert, mit denen man den Steert an Pflöcke heranziehen konnte, die kreisförmig um die Mühle in den Boden gelassen waren (Bild 2-6).

Noch später wurde die Winde durch eine kleine Flügelrosette angetrieben, die quer zum großen Flügelrad stand und daher immer dann Wind bekam, wenn dieser die Mühle schräg anblies. Diese Automatisierung ließ sich bei den Holländermühlen natürlich erheblich leichter realisieren, weil die Rosette direkt an die Dachhaube montiert werden konnte (seit ca. 1750, Bild 2-12).

Sehr viel kritischer war für den Müller die Anpassung der Leistungsaufnahme seiner Windmühle an die gerade herrschenden Windverhältnisse. Dazu konnte der Lattenrost der Windmühlenflügel verschieden stark mit Segeltüchern abgedeckt werden. Brenzlig wurde es aber vor allem dann, wenn der Müller den Wind unterschätzt hatte und plötzlich eine starke Brise oder gar Sturm aufzog und die Mühle durchzugehen drohte. Dann musste er die Mühle möglichst schnell anhalten, um die Segel zu reffen. Dazu diente eine Backenbremse auf dem Kammrad, die mit hölzernen Bremsbacken auf dem ebenfalls hölzernen Rad bremste. Durch die entstehende Reibungswärme sind damals viele Mühlen abgebrannt, wenn der Müller zu spät die Bremse zog.

Eine entscheidende Erleichterung für den Müller waren die Jalousienflügel (ab 17. Jh.) die durch einfache Verstellung eines Hebels geregelt werden konnten (Bild 2-12). Mit ihnen ließ sich die Mühle auch bei Sturm noch abbremsen, weil die Jalousien im Betrieb aus dem Mühlenhaus heraus vollständig geöffnet werden konnten, sodass der Wind durch die Flügel hindurchblies.

Eine für den Wirkungsgrad des Windrades wesentliche Entdeckung war die Verwindung der Flügel. Diese Neuerung hat John Smeaton erforscht, der 1759 der Royal Society in England die Ergebnisse seiner Windradexperimente vorstellte [1]. Mit einem klug ausgedachten Versuchsstand (Bild 2-13), der die heute üblichen Windkanäle ersetzte, überprüfte er die zu seiner Zeit geltenden Regeln des Windmühlenbaus und verbesserte sie. Von ihm stammt die Empfehlung, die Flügel so auszurichten, dass sie an der Radnabe 18° und an der Flügelspitze 7° aus der Radebene gedreht sind.

Bild 2-12 Triebwerk einer großen Getreidemühle mit Rosettenwindnachführung und Jalousienflügeln, [10]

Auch erkannte er, dass bei gegebenem Durchmesser die Vergrößerung der Segelfläche über eine bestimmte Größe hinaus keine weitere Leistungssteigerung erbringt.

Von den damaligen englischen und holländischen Windmühlen bestimmte Smeaton die Leistung und die Schnelllaufzahl - das Verhältnis von Umfangsgeschwindigkeit der Flügelspitze und Windgeschwindigkeit: Sie lag zwischen 2,2 und 4,3.

Mit der Entwicklung der Westernmill im 19. Jahrhundert begann eine ganz neue Phase in der Windenergienutzung: Sie spiegelt die Industrialisierung in der Geschichte der Windenergienutzung wider.

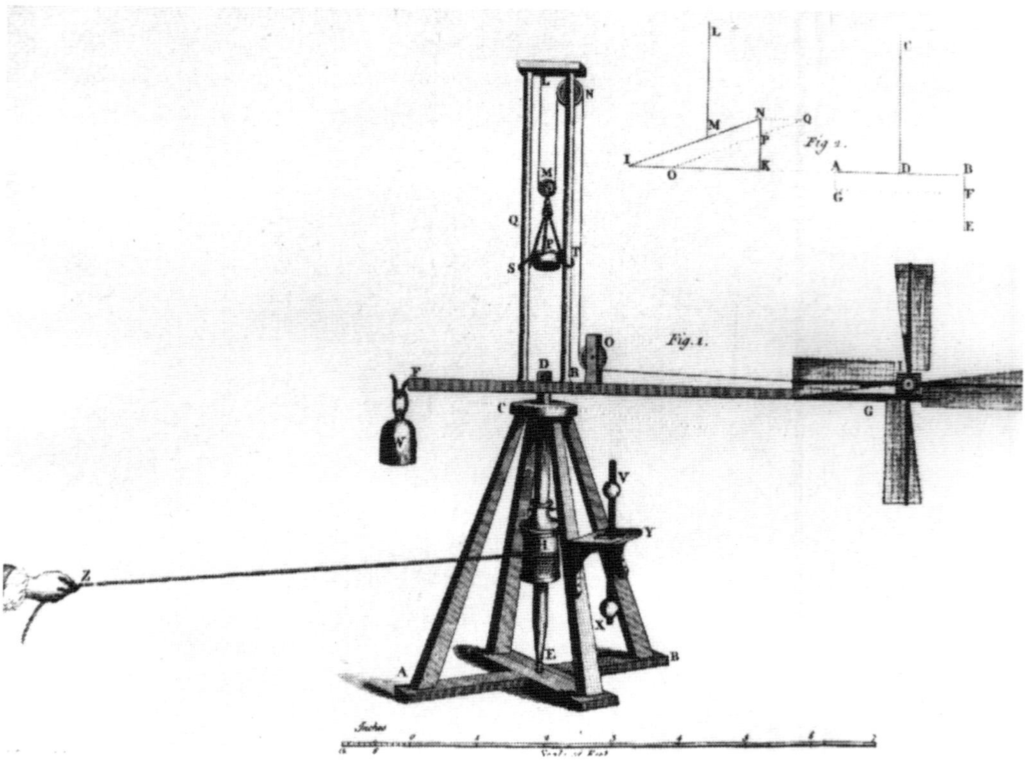

Bild 2-13 Versuchsstand Smeatons zur Vermessung der Leistungscharakteristik von Windmühlenrotoren, [12]

Die Westernmill war nicht nur das erste industriell in Serie und vollständig aus Metall gefertigte Windrad: sie war auch die erste Windkraftanlage, die vollautomatisch und ohne jede Betreuung betrieben werden konnte: Windnachführung und Sturmsicherung werden durch ein raffiniertes System von Windfahnen geregelt (siehe auch Kapitel 12), wodurch die Anlagen völlig autonom auf den riesigen Weideflächen einzusetzen waren. Natürlich lag es nahe, die „vollautomatische“ Westernmill auch zur Stromerzeugung einzusetzen, was ab 1890 in USA dann auch versucht wurde [20].

Paul LaCour, Professor an der Askov-Hochschule in Dänemark, war derjenige, der ab 1891 systematisch die Möglichkeiten der Nutzung der Windenergie zur Stromerzeugung untersuchte - und sofort erkannte, dass die Westernmill wegen ihrer Langsamläufigkeit dafür wenig geeignet ist. Er entwickelte ein sehr perfektes sich selbst regulierendes 4-flügliges Windrad zur Gleichstromerzeugung für Einzelgehöfte. Während des ersten Weltkrieges (1914-18) liefen in Dänemark mehr als 250 Anlagen seiner Bauart. Über mehr als 50 Jahre wurden LaCour-Maschinen gefertigt (Bild 2-14) [21].

Bild 2-14 Paul LaCours erste Windkraftanlage zur Gleichstromerzeugung in Askov, Jütland, 1891, [21]

2.2.3 Beginn u. Ende des Zeitalters der Windkraftnutzung im Abendland

Vom 12. bis zum beginnenden 19. Jahrhundert stellten Wasser- und Windkraft die einzigen relevanten Quellen für mechanische Energie dar. Braudel schreibt hierzu:

"Mit dem 11., 12. und 13. Jahrhundert erlebte das Abendland seine erste mechanische Revolution. Wobei wir unter 'Revolution' die Gesamtheit der Veränderungen verstehen, die durch die Zunahme der Wasser- und Windmühlen ausgelöst wurde. Obwohl sich die Leistung dieser 'Primärantriebe' in bescheidenen Grenzen hält (zwischen 2 und 5 PS bei einem Wasserrad, 5 bis höchstens 10 PS bei einer Windmühle), stellten sie in einer Welt mit schlechter Energieversorgung doch einen beträchtlichen Kraftzuwachs dar und spielten für die erste Wachstumsphase Europas eine entscheidende Rolle" [13].

Im 19. Jahrhundert begannen Dampfmaschinen und Verbrennungsmotoren Wind- und Wasserräder abzulösen. Wie langsam sich aber die zweite mechanische Revolution auf dem Gebiet der Antriebsmaschinen vollzog, zeigt die Gewerbestatistik des Deutschen Reichs aus dem Jahr 1895 [7], die

18.362 Windmotoren
54.529 Wassermotoren
58.530 Dampfmaschinen
21.350 Verbrennungskraftmaschinen u.a.

aufweist. 130 Jahre nach der Erfindung der Dampfmaschine waren noch die Hälfte der Antriebsaggregate "traditioneller" Herkunft!

2.2.4 Die Zeit nach dem ersten Weltkrieg bis Ende der 60er Jahre

Nach dem ersten Weltkrieg (1914-18) setzte eine Welle der wissenschaftlichen Durchdringung des Windturbinenbaus ein - unter anderem gestützt auf die Erfahrung mit der Propellerauslegung für Militär- und Zivilflugzeuge.

1920 wandte Betz die „Theorie der aktiven Ebene" (actuator disc theory) auf Windturbinen an und kam zu dem Schluss, dass man dem Wind maximal 59% seiner kinetischen Energie entziehen kann [18]. Das hatte vor ihm schon Lanchester in England erkannt [19]. Betz aber ging weiter. 1926 verknüpfte er diese Überlegungen aus dem Impuls- und Energiesatz mit der Tragflügeltheorie (Blattelement-Impuls-Theorie) was zu einfachen Auslegungsregeln für die Blattgeometrie von optimal gebauten Windrädern führte. Mit leichten Modifikationen benutzen wir noch heute diese von Betz entwickelten Grundlagen der Windturbinenauslegung.

Mit dem neuen turbinentheoretischen Hintergrund entstanden vielversprechende Ansätze eines modernen Windturbinenbaus z. B. in Frankreich, Deutschland (Bilau, Kleinhenz-MAN, Honeff u. a.) und Russland (Sabinin, Yurieff u. a.). Auf der Krim bei Jalta wurde von 1931 bis 1942 die WIME D-30-Anlage betrieben, die 30 m Durchmesser und ca. 100 kW hatte [23]. Sie speiste in ein kleines 20 MW Netz.

Doch die Eröffnung des zweiten Weltkriegs durch Nazideutschland brachte diese Ansätze schnell zum Erliegen. Nur in den USA ging auch während des Krieges die Windturbinenentwicklung weiter. Der Ingenieur Palmer C. Putnam entwickelte dort zusammen mit dem Wasserturbinenhersteller Smith eine netzeinspeisende Großanlage (D = 53 m; 1250 kW) an deren Konzipierung namhafte Wissenschaftler mitwirkten (Bild 2-15d). Sie ging 1941 in Betrieb und lief bis 1945. Durch individuelle Schlaggelenke an den Flügelwurzeln wurden Flügel und Welle von Biegemomenten entlastet, vgl. Bild 3-17. Mit etwa 1000 Betriebsstunden war sie für eine Testanlage dieses Durchmessers recht erfolgreich. Gleichwohl ergab die betriebswirtschaftliche Bilanz, dass die Stromerzeugungskosten ca. 50% höher lagen als die der konventionellen Generierung, sodass die von Putnam geplanten Verbesserungen des Konzeptes nicht mehr realisiert wurden.

Mit dem Wiederaufbau des zerstörten Europas nach dem zweiten Weltkrieg und dem Bewusstsein, dass die Kohlevorräte allmählich schwinden, wuchs in den 50er Jahren erneut das Interesse an der Nutzung der Windenergie. Über die „Organisation for European Economic Cooperation (OEEC), Working Group 2, trafen sich Experten aus

a) Gedser-Anlage
(200 kW, D = 24 m, DK 1957)

b) TVIND-Anlage
(2000 kW, D = 54 m, DK 1977)

c) Hütter-Anlage
(100 kW, D = 34 m, D 1958)

d) Smith-Putnam-Anlage
(1250 kW, D = 53 m, USA 1941)

Bild 2-15 Historische Windkraftanlagen - Prototypen

England (Golding), Dänemark (Juul), Deutschland (Hütter), Frankreich (Vadot?) u. a., um Erfahrungen im Windturbinenbau auszutauschen.

Hütter verfolgte in Deutschland mit der „Studiengesellschaft Windkraft e.V." ein sehr modernes Konzept, das 1958 in den Bau der W34 (D = 34 m, 100 kW) mündete. Sie hatte Glasfaserflügel, Pitch-Regulierung über Elektrohydraulik und erzeugte über einen Synchrongenerator Strom mit 50 Hz (Bild 2-15c). Über eine Pendelnabe wurde die Dynamik dieses 2-flügeligen Rotors gedämpft. Mit sehr vielen Unterbrechungen lief sie bis 1968.

Johannes Juul in Dänemark verfolgte eine ganz andere Linie. Sein Ziel war ein einfaches robustes Konzept zur Netzeinspeisung. Er hatte bei Paul LaCour in Askov „Windelektriker" gelernt. Später wurde er Chef des Netzausbaus (Linjemester) des sjaeländischen Elektrizitätsversorgungsunternehmens SEAS. Mit SEAS baute er die berühmte Gedser-Anlage (D = 24 m, 200 kW) Bild 2-15a, die von 1957 bis 1962 viele tausend Betriebsstunden ins Netz einspeiste.

Sein elektrisches Konzept war genial: Ein Asynchrondrehstrommotor wurde vom Propeller in den übersynchronen Drehzahlbereich gedrückt und so - ohne jeden Synchronisierungsaufwand - zum Generator. Der baulich simple Rotor (Sperrholzprofile auf einem abgespannten Stahlholm) war aerodynamisch jedoch so geschickt ausgelegt, dass bei Starkwind die Strömung abriss und rein passiv eine Leistungsbegrenzung einsetzte. Die als Bremspaddel ausfahrbare fliehkraftgesteuerte Blattspitze trat nur bei Netzausfall in Aktion.

Anfang der 60er Jahre kam jedoch das billige Öl aus dem vorderen Orient nach Europa. Wie Juuls eigene Rechnung zeigte, war winderzeugter Strom zu teuer, um mit dem fossil erzeugten konkurrieren zu können. Das führte zum Abbruch des erneuten Aufbruchs.

2.2.5 Die Renaissance der Windenergie nach 1980

Mit den beiden Ölpreisschocks von 1973 und 1978 setzte erneut das Nachdenken über die künftige Energieversorgung ein. Selbst Juuls Gedser-Anlage wurde 1977 noch einmal wiederbelebt und zu Forschungszwecken erneut in den Netzbetrieb genommen.

Allerdings begann die Renaissance der Windenergie mit einer gewaltigen Pleite. Mit staatlicher Förderung wurden in den USA, Deutschland, Schweden und einigen anderen Ländern riesige Windkraftanlagen von der Luft- und Raumfahrtbranche entwickelt, Bild 2-16. Fast alle scheiterten nach wenigen hundert Betriebsstunden an technischen Schwierigkeiten: zu früh, zu groß, zu teuer.

Eine Ausnahme war die Maglarp-Anlage, WTS-3 (D = 78 m, 3000 kW), die über 20.000 Betriebsstunden ins Netz einspeiste, sowie die von „Amateuren" gebaute Tvind-Anlage, Bild 2-15b, die noch heute läuft, wenn auch nur mit zwei Dritteln ihrer Auslegungsleistung.

Erfolgreich hingegen waren Anfang der 80er Jahre die kleinen dänischen Landmaschinenhersteller (Vestas, Bonus, Nordtank, Windworld usw.), die Anlagen von 12 m bis 15 m Rotordurchmesser in Serien nach Juuls Konzept mit einer Asynchronmaschine ausgerüstet bauten. Die Flügel dieser Maschinen waren jedoch - an Hütter angelehnt - in Glasfasertechnik gefertigt. Mit einer Leistung von 30, 55 oder 75 kW waren sie technisch wie ökonomisch erfolgreich, weil eine angemessene Einspeisevergütung vom Staat festgeschrieben und garantiert wurde. Es entstand ein erster kleiner Markt. Heute, nach gut 20 Jahren stetiger Weiterentwicklung der Anlagen sind diese „Kleinhersteller“ im Rotordurchmesserbereich von 80 m bis 100 m angelangt, in dem damals die Großindustrie scheiterte.

2.3 Die Physik der Windenergienutzung

2.3.1 Windleistung

Die Leistung, die im Wind steckt, der mit der Geschwindigkeit v die Fläche A durchströmt, beträgt

$$P_{\text{Wind}} = \frac{1}{2} \rho A v^3 \tag{2.1}$$

Sie ist proportional der Luftdichte ρ, der durchströmten Fläche A und der dritten Potenz der Geschwindigkeit v. Die dritte Potenz der Windgeschwindigkeit kann man sich dadurch plausibel machen, dass man die im Wind enthaltene Leistung P_{Wind} als kinetische Energie

$$E = \frac{1}{2} \cdot m \cdot v^2 \tag{2.2}$$

der Luftmasse versteht, die in einer bestimmten Zeit die Fläche A durchströmt. Da dieser Luftdurchsatz

$$\dot{m} = A\rho \frac{\mathrm{dx}}{\mathrm{dt}} = A \rho v \tag{2.3}$$

selbst noch der Geschwindigkeit proportional ist (Bild 2-17), ergibt sich für die Leistung (Energie pro Zeiteinheit):

$$P_{\text{Wind}} = \dot{E} = \frac{1}{2} \cdot \dot{m} \cdot v^2 = \frac{1}{2} \rho A v^3 \tag{2.4}$$

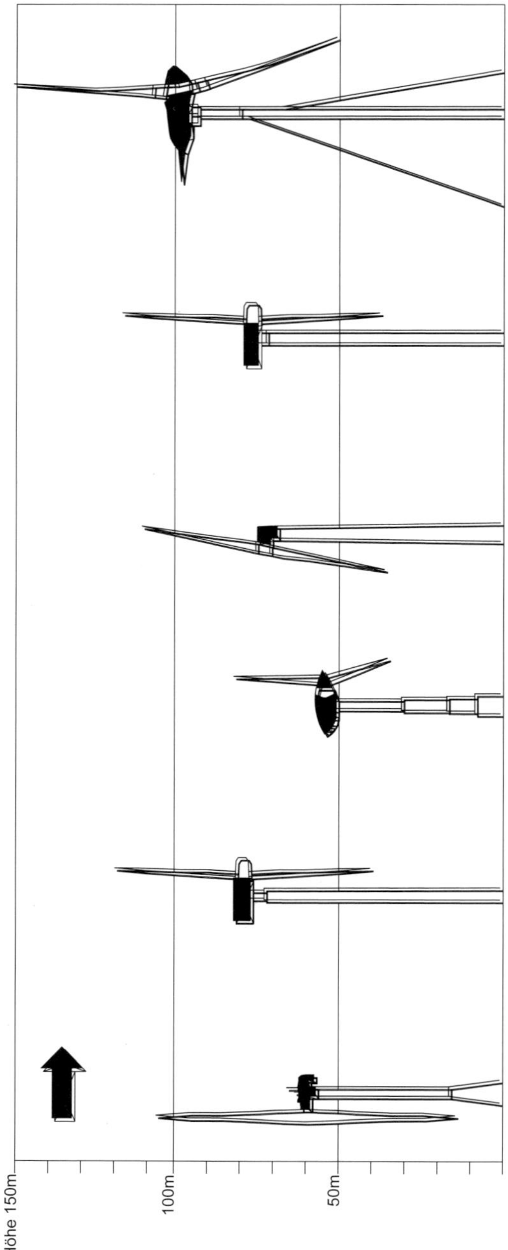

TYP	MOD-2	WTS-4	TVIND	WTS-75	WTS-3	GROWIAN
Rotordurchmesser	91 m	78 m	54 m	75 m	78 m	100 m
Nennleistung	2.500 kW	4.000 kW	2.000 kW	2.000 kW	3.000 kW	3.000 kW
Baujahr	1980	1982	1976	1982	1982	1982
Hersteller	Boeing Eng. & Constr. USA	Karlskronavarvet S	Tvind Skolerne DK	Ka Me Wa S	Karlskronavarvet S	MAN D
Stückzahl	5	1	1	1	1	1
Standorte 1.	Goldendale, Washington	Medicine Bow, Wyoming	Ulfborg	Näsudden (Gotland) S	Maglarp, Nähe Trelleborg S	Kaiser-Wilhelm-Koog D
2.	Goldendale, Washington					
3.	Goldendale, Washington					
4.	Medicine Bow, Wyoming					
5.	Solano, San Francisco					

Bild 2-16 Die Multi-Megawatt Klasse Anfang der 1980er Jahre, [24]

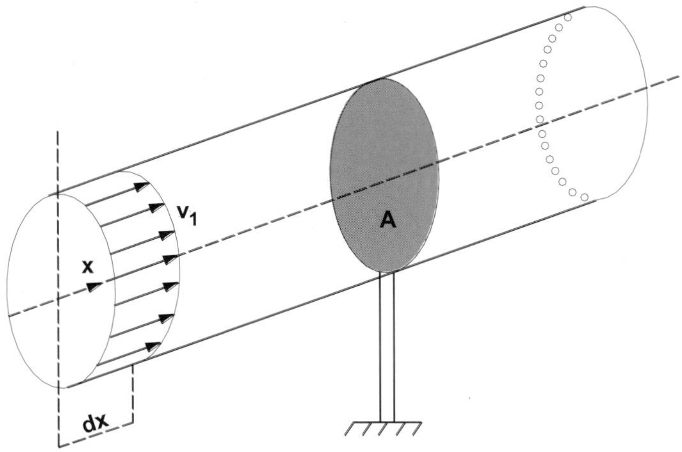

Bild 2-17 Massendurchsatz einer durchströmten Fläche *A*

Die Leistung des Windes wird durch Abbremsung der Luftmassen in die mechanische Energie des Windrotors umgewandelt. Sie kann dem Wind durch ein Windrad jedoch nicht vollständig entzogen werden, denn das hieße, die Luftmassen in der durchströmten (Rotor-)fläche *A* vollständig abzubremsen, wodurch die Querschnittsfläche für nachfolgende Luftmassen "verstopft" wäre.

Da eine Durchströmung der Fläche ohne jede Luftabbremsung dem Wind natürlich genauso wenig Leistung entzieht, muss es zwischen diesen beiden Extremen ein Optimum der Windenergieausnutzung durch Abbremsung geben.

Betz [14] und Lanchester [19] fanden heraus, dass bei der frei fahrenden (unummantelten) Windturbine die Energieausbeute dann am höchsten ist, wenn die ursprüngliche Windgeschwindigkeit v_1 auf $v_3 = {}^1/_3 \cdot v_1$ hinter dem Rad abgebremst wird. In der Radebene herrscht dann die Geschwindigkeit $v_2 = {}^2/_3 \cdot v_1$ (Bild 2-18). In diesem Fall, dem Fall der theoretisch maximalen Leistungsentnahme, beträgt der Ertrag

$$P_{\text{Betz}} = \frac{1}{2}\,\rho A v^3\, c_{P.Betz} \tag{2.5}$$

wobei der Leistungsbeiwert $c_{\text{P.Betz}} = {}^{16}/_{27} = 0{,}59$ ist. Im günstigsten Fall der völlig verlustfrei angenommenen Leistungsentnahme lässt sich also nur 59 % der Windleistung nutzen.

Praktische Leistungsbeiwerte c_{P} sind geringer. Bei widerstandsnutzenden Anlagen liegt er unter $c_{\text{P}} = 0{,}2$ bei auftriebsnutzenden Anlagen mit guten Flügelprofilen können sie bis zu $c_{\text{P}} = 0{,}5$ betragen. Eine ausführliche Diskussion der Betzschen Theorie findet sich in Kapitel 5.

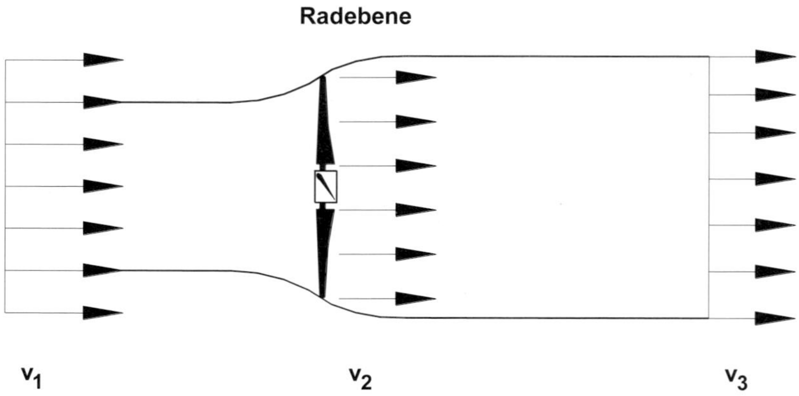

Bild 2-18 Aufweitung der Stromlinien infolge Abbremsung der Strömung durch den Rotor einer Windturbine

2.3.2 Widerstandsläufer

Der Widerstandsläufer "lebt" von der Kraft, die entsteht, wenn eine Fläche f quer zum Wind steht (Bild 2-19). Die als (Luft-)Widerstandskraft bezeichnete Kraft

$$W = c_W \cdot \frac{\rho}{2} \cdot f \cdot v^2 \tag{2.6}$$

ist proportional zu dieser Fläche f, zur Luftdichte ρ und zum Quadrat der Windgeschwindigkeit.

In dieser Form lässt sich die Widerstandskraft auch für andere umströmte Körper angeben, wobei f die Projektionsfläche des Körpers auf die Ebene quer zum Wind bezeichnet. Der Widerstandsbeiwert c_W als Proportionalitätskonstante gibt dann die "aerodynamische Güte" des Körpers an, da er umso kleiner ist, je geringer der Luftwiderstand des Körpers (Bild 2-19).

Drehmoment, Drehzahl und Leistung der frühen persischen (oder chinesischen) Windräder mit vertikaler Achse, welche das Widerstandsprinzip nutzten, lassen sich leicht abschätzen, wenn man vereinfachend annimmt, dass das in Bild 2-20b skizzierte Ersatzsystem das gleiche Drehmoment liefert, wie das tatsächliche Rad in Bild 2-20a. (Im Ersatzsystem wird das Kommen und Gehen und die Wirkung des voraus- bzw. nacheilenden Flügels einfach ignoriert).

Die auf die Platte wirkende Anströmgeschwindigkeit $c = v - u$ setzt sich hier aus der Windgeschwindigkeit v und der Umfangsgeschwindigkeit $u = \Omega \cdot R_M$ der Widerstandsfläche f an einem mittleren Radius R_M zusammen.

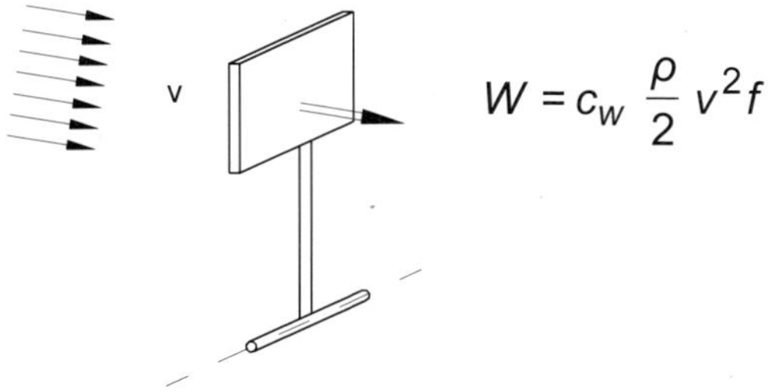

C_W	**Körper**
1,11	Kreisplatte
1,10	Quadratplatte
	Halbkugel offen
0,33	$\rightarrow \subset$
1,33	$\rightarrow \supset$

Bild 2-19 Nutzung des Luftwiderstandes als Antriebskraft

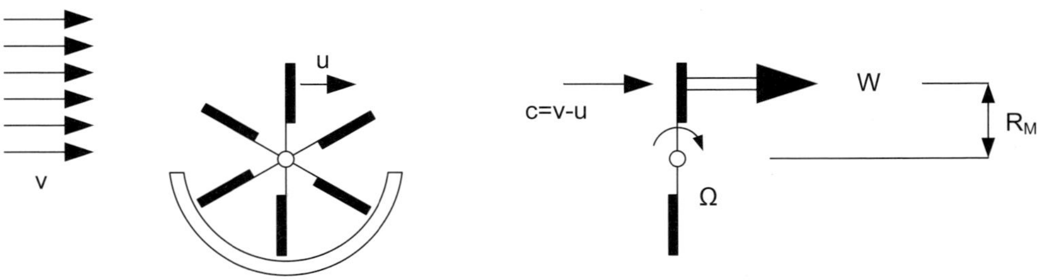

Bild 2-20a Prinzip des persischen Windrades **Bild 2-20b** Vereinfachtes Modell

Für die Widerstandskraft gilt daher:

$$W = c_W \cdot \frac{\rho}{2} \cdot f \cdot c^2 = c_W \cdot \frac{\rho}{2} \cdot f \cdot (v-u)^2 \tag{2.7}$$

Die gemittelte - in Wirklichkeit leicht pulsierende - Antriebsleistung beträgt dann

$$\begin{aligned} P &= W \cdot u \\ &= \frac{\rho}{2} \cdot f \cdot v^3 \cdot \left\{ c_W \cdot \left(1 - \frac{u}{v}\right)^2 \cdot \frac{u}{v} \right\} \\ &= \frac{\rho}{2} \cdot f \cdot v^3 \cdot c_P \end{aligned} \tag{2.8}$$

Die Antriebsleistung ist - wie die im Wind enthaltene Leistung - der Fläche und der dritten Potenz der Windgeschwindigkeit v proportional[1]. In der geschweiften Klammer steht der Leistungsbeiwert c_P (aerodynamischer Wirkungsgrad). Er gibt an, welcher Anteil der im Wind enthaltenen Leistung in mechanische Leistung umgesetzt wird. Dieser Beiwert, der kleiner als der von Betz angegebene Maximalwert $c_{P.Betz} = 0{,}59$ sein muss, hängt vom Verhältnis der Umfangsgeschwindigkeit $u = \Omega \cdot R_M$ zur Windgeschwindigkeit v ab, welches wir als Schnelllaufzahl $\lambda = u/v$ eingeführt hatten.[2]

Für vorgegebene Windgeschwindigkeiten v gibt das Diagramm $c_P(\lambda) = c_P(\Omega \cdot R_M/v)$ an, welcher Anteil der im Wind enthaltenen Leistung $\rho/2 \cdot f \cdot v^3$ in Abhängigkeit von der Umfangsgeschwindigkeit u bzw. der "Drehzahl" Ω genutzt werden kann.

In Bild 2-21 ist ein solches Diagramm dargestellt. Im Stillstand ($\lambda = 0$) wird keine Leistung geliefert, ebenso wenig wie im Leerlauf ($\lambda = \lambda_{leer} = 1$), wobei sich die Widerstandsfläche mit einer Umfangsgeschwindigkeit bewegt, die gerade so groß ist, wie die Windgeschwindigkeit. Dazwischen erreicht der Leistungsbeiwert bei $\lambda_{opt} \approx 0{,}33$ seinen Bestwert von $c_{P.max} \approx 0{,}16$. Ganze 16% der im Wind vorhandenen Energie lassen sich also in mechanische Energie umsetzen.

Noch schlechter sieht die Leistungsausbeute beim Schalenkreuz aus: Hier muss die Schale auf dem "Rückweg" gegen die Anströmgeschwindigkeit $c = v + u$ bewegt werden, was zusätzliche Verluste bringt (Bild 2-22).

Der aerodynamische Wirkungsgrad dieses Windrades soll mit den gleichen Vereinfachungen überschlagen werden: Mit der antreibenden Widerstandskraft

$$W_A = c_W \cdot \frac{\rho}{2} \cdot f \cdot c^2 = 1{,}33 \cdot \frac{\rho}{2} \cdot f \cdot (v-u)^2 \tag{2.9}$$

und der bremsenden Widerstandskraft

$$W_B = 0{,}33 \cdot \frac{\rho}{2} \cdot f \cdot (v+u)^2 \tag{2.10}$$

erhält man die Leistung zu

$$P = (W_A - W_B) \cdot u = \frac{\rho}{2} \cdot f \cdot v^3 \cdot \left\{\lambda \cdot \left(1 - 3{,}32 \cdot \lambda + \lambda^2\right)\right\}. \tag{2.11}$$

---

[1] Als Bezugsfläche wird üblicherweise nicht - wie in dieser vereinfachten Abschätzung - die Widerstandsfläche f, sondern die durchströmte Rotorfläche F betrachtet. Das wäre in diesem Fall z.B. die Rotorhöhe multipliziert mit dem halben, nicht abgeschatteten Rotordurchmesser. Das ermittelte $c_p(\lambda)$ wird dann noch kleiner und zwar um den Faktor f/F.

[2] Bei Horizontalachsrotoren, die in diesem Buch hauptsächlich behandelt werden, ist die Schnelllaufzahl als Verhältnis von Umfangsgeschwindigkeit an der Rotorspitze zu ungestörter Anströmwindgeschwindigkeit definiert.

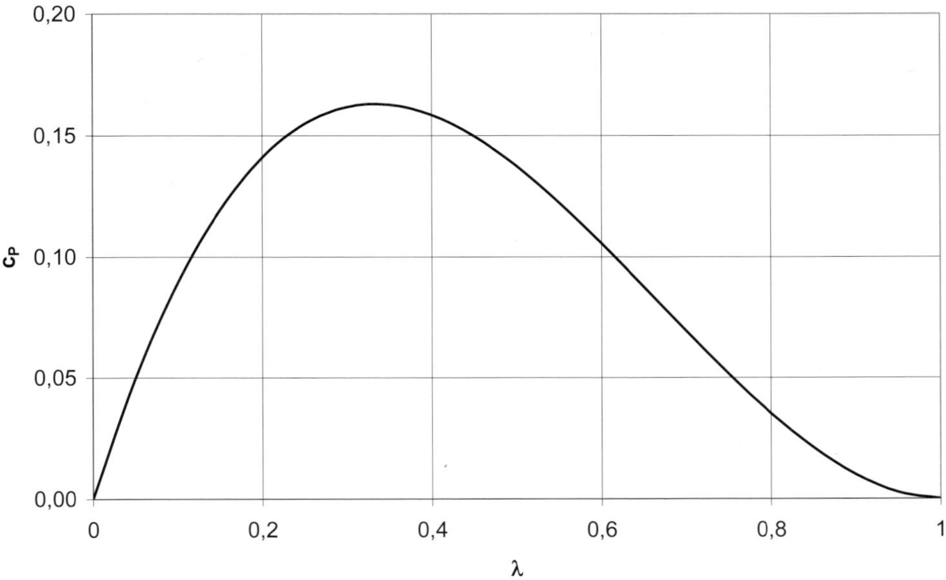

Bild 2-21 Leistungsbeiwert als Funktion der Schnelllaufzahl $\lambda = \Omega \cdot R_M/v$ der persischen Windmühle (Näherung)

In den geschweiften Klammern steht wieder der Leistungsbeiwert $c_P(\lambda)$, dessen Maximum von $c_{P.max} \approx 0{,}08$ ($\lambda_{opt} = 0{,}16$) noch geringer ist, als beim persischen Windrad (Bild 2-23). Deshalb setzt man diesen Typ von Windrad auch nicht zur Energiegewinnung ein. Es wird nur im Leerlaufbetrieb als Windgeschwindigkeitsmessgerät verwendet (siehe auch Kap. 4). Die Leerlaufschnelllaufzahl $\lambda_{leer} \approx 0{,}34$ gibt mit $\lambda = \Omega \cdot R_M/v = 2 \cdot \pi \cdot R_M \cdot n/v$ unmittelbar den "Eichfaktor" zwischen Drehzahl n und Windgeschwindigkeit v an:

$$\mathrm{v} = \Omega \cdot \left(\frac{R_M}{\lambda_{Leer}}\right) = 2 \cdot \pi \cdot \left(\frac{R_M}{\lambda_{Leer}}\right) \cdot n\,. \qquad (2.12)$$

Der überschlägig ermittelte Wert $\lambda_{Leer} \approx 0{,}34$ stimmt übrigens recht gut mit Messungen überein [16].

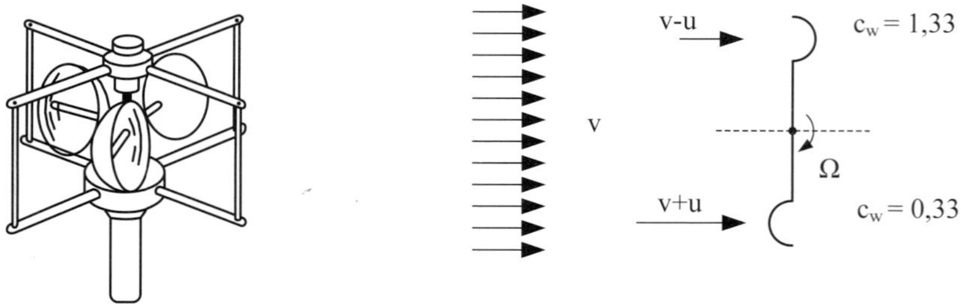

Bild 2-22 a) Schalenkreuzanemometer b) Ersatzmodell

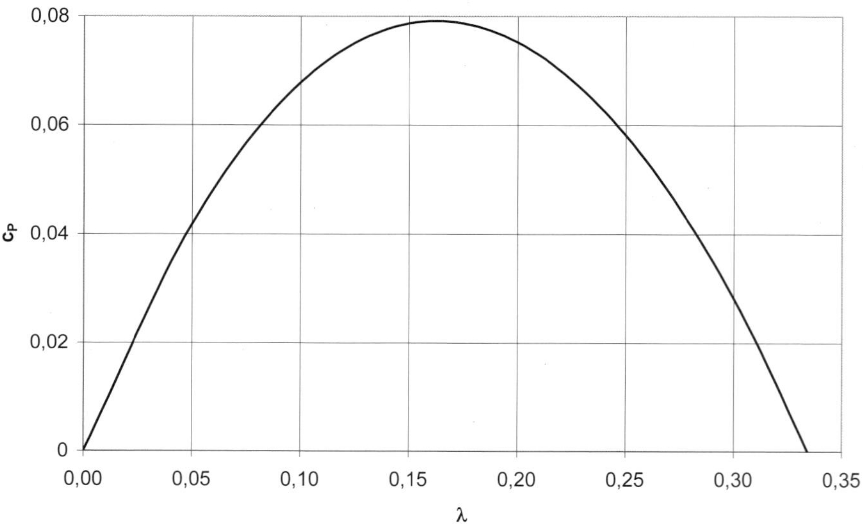

Bild 2-23 Leistungsbeiwert als Funktion der Schnelllaufzahl eines Schalenkreuzanemometers (Näherung)

2.3.3 Auftriebsnutzende Windräder

Bei vielen Körpern, wie den Tragflügelprofilen oder auch der schräg angestellten Platte, hat die aus der Anströmung des Körpers resultierende Kraft nicht nur eine Widerstandskomponente W in Richtung der Anströmung, sondern auch eine senkrecht zur ihr gerichtete Komponente (Bild 2-24): die Auftriebskraft

$$A = c_{\mathrm{A}} \cdot \frac{\rho}{2} \cdot f \cdot v^2 \tag{2.13}$$

Wie die Widerstandskraft ist sie proportional zur Fläche $f = t \cdot b$ und dem Staudruck $\frac{\rho}{2} \cdot v^2$.

Die an einem Tragflügel entstehende Auftriebskraft greift etwa ein Viertel der Flügeltiefe t hinter der Flügelnase an, solange die Anstellwinkel klein sind. Wie in Bild 2-24 erkennbar, ist der Auftriebsbeiwert c_A - und damit auch die Auftriebskraft - im Bereich kleiner Anstellwinkel (bis etwa $\alpha_A = 10^\circ$) diesem direkt proportional:

$$A = c_A \cdot (\alpha_A) \cdot \frac{\rho}{2} \cdot f \cdot v^2 \qquad \text{mit } c_A \cdot (\alpha_A) \approx c_A' \cdot \alpha_A \qquad (2.14)$$

$$\text{für } \alpha_A < 0{,}1745 \; (\hat{=} 10^\circ).$$

Im Fall der idealisierten dünnen, sich unendlich lang erstreckenden Rechteckplatte ist $c_A' = 2 \cdot \pi$. Praktische Werte liegen mit $c_A' \approx 5{,}5$ etwas niedriger. Natürlich tritt auch eine Widerstandskraft W auf, die aber bei guten aerodynamischen Profilen im Bereich kleiner Anstellwinkel sehr gering ist ($c_W = {}^1/_{20} \cdot c_A$ bis ${}^1/_{100} \cdot c_A$). Erst jenseits von $\alpha_A = 15^\circ$ beginnt sie allmählich größer zu werden (Bild 2-24).

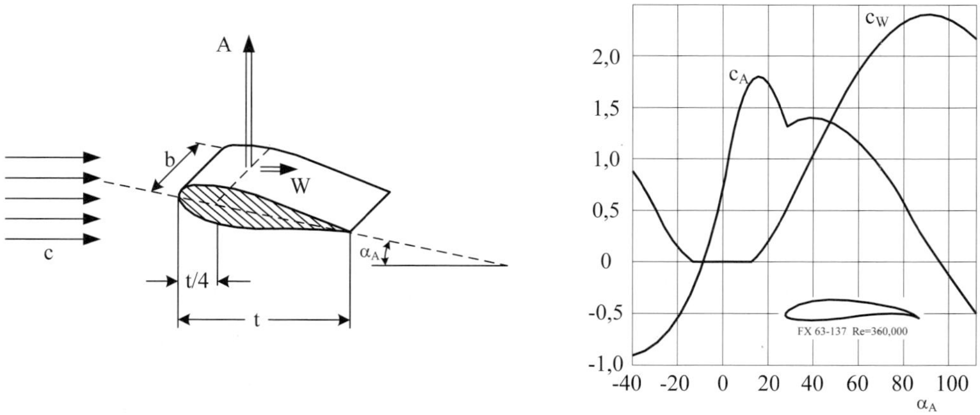

Bild 2-24 Auftriebskraft A und Widerstandskraft W am Tragflügel und deren Beiwerte c_A bzw. c_W als Funktion des Anstellwinkels α_A

Die Auftriebskraft wird von den auftriebsnutzenden Windrädern als Antriebskraft genutzt. Um den Unterschied zu dem im vorangegangenen Abschnitt diskutierten Widerstandsläufer besonders herauszuarbeiten, wird dieses Prinzip am Beispiel des Darrieus-Rotors erläutert, weil er als Auftriebsläufer die eigentlich für Widerstandsläufer typische vertikale Achse hat (Bild 2-25; vergl. Bild 2-4b). Die Schnelllaufzahl, d.h. das Verhältnis der Umfangsgeschwindigkeit zur Windgeschwindigkeit ist beim Darrieus-Rotor wesentlich höher als bei den zuvor diskutierten Widerstandsläufern (wo sie maximal $\lambda_{max} = 1$ betragen kann). Dadurch werden die beiden betrachteten Tragflächen in Bild 2-25 fast von vorne angeströmt. Die Auftriebskraft A ist um ein Vielfaches größer als die Widerstandskraft und damit die relevante Kraft für den Antrieb des Rotors. Sie steht definitionsgemäß senkrecht zur Anströmung des Rotorblattes und erzeugt über den Hebel h das erforderliche Antriebsmoment.

Alle "Horizontalachser" wie die Bockwindmühle, die Holländermühle oder auch die mittelmeerländische Segelwindmühle werden durch das Auftriebsprinzip bewegt (Bild 2-26). Die Leistungsbeiwerte, die sie erreichten, lagen im Bereich $c_{P.max} \approx 0{,}25$ - also deutlich höher, als bei den Widerstandsläufern. Moderne "Horizontalachser" mit guten Flügelprofilen (die geringe Widerstandsbeiwerte aufweisen) erreichen Leistungsbeiwerte bis zu $c_{P.max} = 0{,}5$. Dem von Betz errechneten Grenzwert von $c_{P.Betz} = {}^{16}/_{27} = 0{,}59$ kommen sie also schon recht nahe.

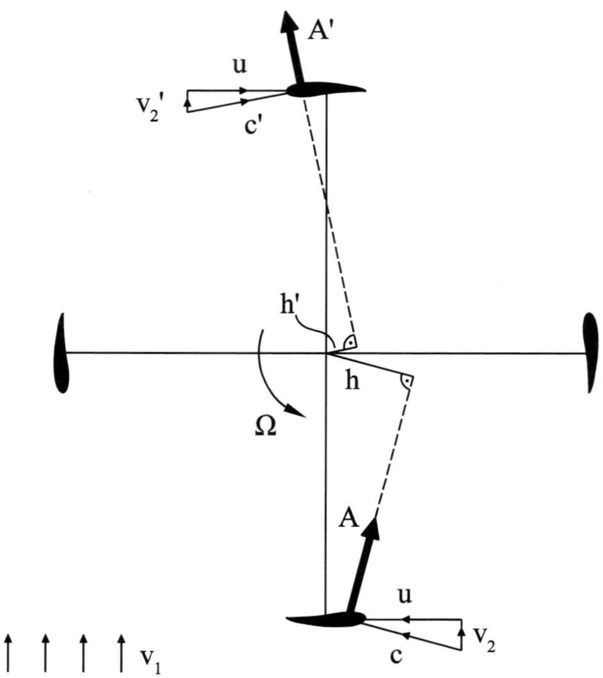

Bild 2-25 Antriebsprinzip des Darrieusrotors

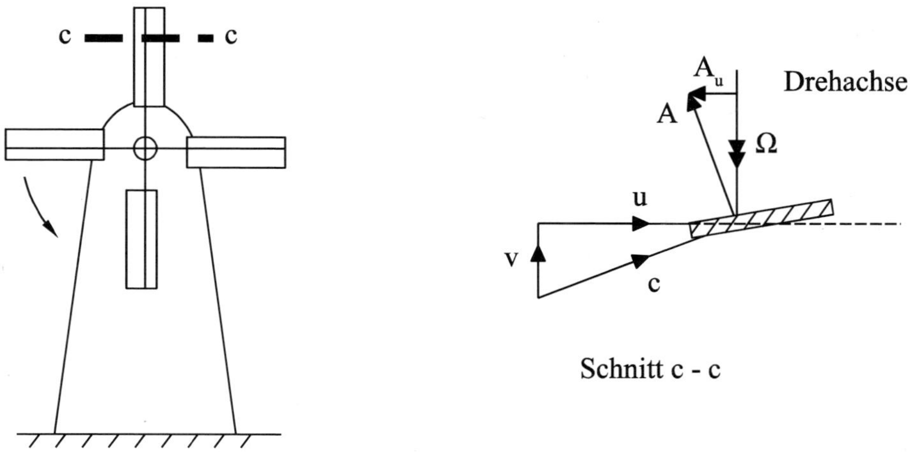

Bild 2-26 Nutzung der Umfangskomponente A_u der Auftriebskraft A als Antrieb für Windräder mit horizontaler Achse

2.3.4 Vergleich von Widerstands- und Auftriebsläufer

Die auf Betz zurückgehende Überlegung über die dem Wind maximal entziehbare Leistung von 59% lässt völlig offen, wie diese Leistungsentnahme in der Radebene der Windturbine (Bild 2-18) erfolgt. Aus der Sicht dieser Betrachtungen ist der frühe morgenländische Widerstandsläufer zur Windenergieausnutzung genauso gut geeignet, wie der spätere abendländische Auftriebsläufer.

Erst bei näherem Hinsehen wird deutlich, wieso Smeaton schon 1759 Leistungsbeiwerte von $c_{P.max}$ = 0,28 bei holländischen Windmühlen messen konnte und heute durch die Verwendung von modernen Hochauftriebsprofilen Leistungsbeiwerte von $c_{P.max}$ = 0,50 durchaus realisierbar sind, wogegen die kleine rechnerische Abschätzung von Abschnitt 2.3.2 zeigte, dass bei Widerstandsläufern die c_P-Werte maximal bei 0,16 liegen. Was ist der Grund für die bessere Ausbeute der Auftriebsläufer?

Die Ursache liegt in der Größe der Luftkräfte, die mit der gleichen Flügelfläche f erreichbar ist. Zwar sind die Luftkraftbeiwerte $c_{W.max}$ und $c_{A.max}$ etwa von gleicher Größe (Bild 2-27), aber in der Anströmgeschwindigkeit c unterscheiden sich die beiden Prinzipien fundamental: Beim Widerstandsläufer ist die Anströmgeschwindigkeit $c = v - u = v \cdot (1-\lambda)$ immer kleiner als die Windgeschwindigkeit, weil sie um die Umfangsgeschwindigkeit reduziert wird. Beim Auftriebsläufer ergibt sich die Anströmgeschwindigkeit $c = \left(v^2 + u^2\right)^{1/2} = v^2 \cdot \left(1 + \lambda^2\right)^{1/2}$ aus geometrischer Addition von Windgeschwindigkeit v und Umfangsgeschwindigkeit u: sie ist also stets größer als die Windgeschwindigkeit. Je nach Schnelllaufzahl λ beträgt sie ein Vielfaches der Windgeschwindigkeit.

Widerstandsläufer	Auftriebsläufer
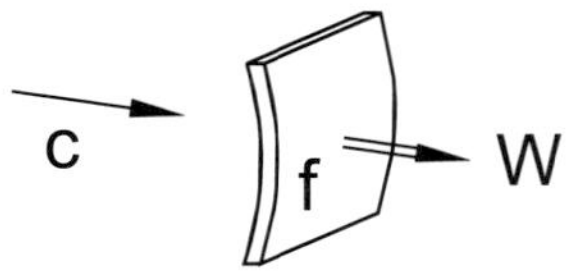	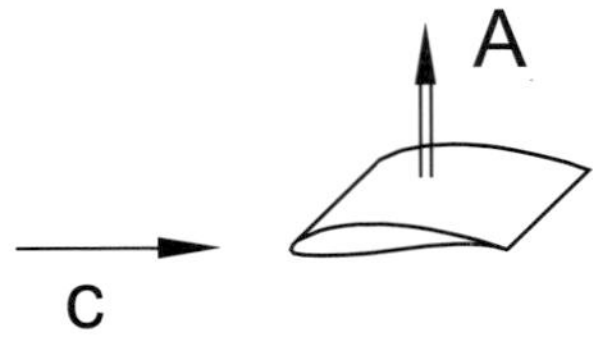
$W = \frac{\rho}{2} \cdot c^2 \cdot f \cdot c_W$	$A = \frac{\rho}{2} \cdot c^2 \cdot f \cdot c_A$
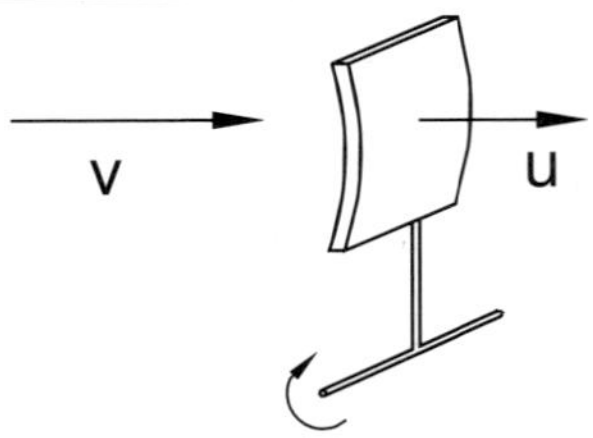	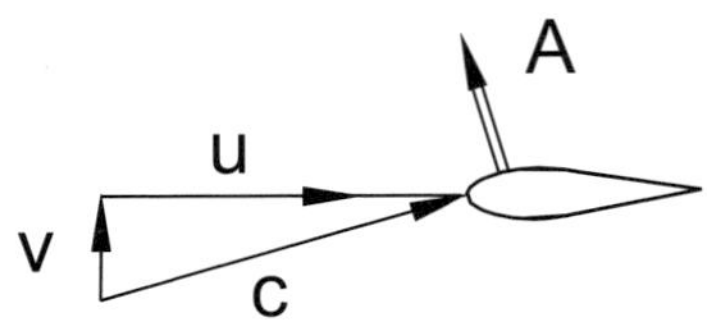
$c = v - u = v \cdot (1 - \lambda)$	$c = \sqrt{v^2 + u^2} = v \cdot \sqrt{1 + \lambda^2}$
$\lambda < 1$	$\lambda = 1$ bis 15

gewölbte Platte (10%)		NACA 4415	
$c_{W\max} \approx 1{,}2$	$c_{A\max} \approx 1{,}2$	$c_{W\max} \approx 1{,}2$	$c_{A\max} \approx 1{,}4$

$$\text{Schnelllaufzahl } \lambda = \frac{\text{Umfangsgeschwindigkeit}}{\text{Windgeschwindigkeit}}$$

Bild 2-27 Vergleich von Widerstands- und Auftriebsläufern

Die Größe der Luftkraft – in die die Anströmgeschwindigkeit quadratisch eingeht – beträgt bei gleichem Flächeneinsatz *f* also bei Auftriebsläufern ein Vielfaches verglichen mit den Widerstandsläufern. Die Luftkräfte, die sich nach dem Widerstandsprinzip in der "aktiven Radebene" (Bild 2-18) realisieren lassen, sind einfach zu gering, um auch nur annähernd in die Nähe einer Leistungsausbeute von 59% zu kommen. Dass auch die Auftriebsläufer nicht ganz an diesen Idealwert herankommen, hängt damit zusammen, dass die Betrachtungen von Betz und Glauert einige Verluste außer Acht lassen, die in der realen Strömung von Relevanz sind (siehe Kap. 5).

Erstaunlich bleibt die Tatsache, dass das Auftriebsprinzip, auf dem alle Windräder mit horizontaler Achse - von der Bockwindmühle bis zur Westernmill - beruhen, 700 Jahre lang klug und effizient genutzt wurde, ohne im Sinne einer technisch-physikalischen Theorie geklärt zu sein. Noch 1889 schreibt Otto Lilienthal zu Recht: "Die technischen Handbücher weisen jedoch über diese Art von Luftwiderstand (Anm.: Lilienthals Begriff für Auftrieb und Luftkräfte allgemein) solche Formeln auf, welche großenteils aus theoretischen Betrachtungen hervorgegangen sind und auf Voraussetzungen basieren, welche in Wirklichkeit nicht erfüllt werden können."

Die Vorstellungen der Physiker vom Strömungsmechanismus des Auftriebs waren falsch (z.B. Newton 1726 und Rayleigh 1876, Bild 2-28). Lilienthals Abschätzungen anhand des Vogelfluges und seine daraufhin durchgeführten Experimente zeigten, wie groß die Auftriebskräfte von ebenen und gewölbten Platten bei kleinem Anstellwinkel wirklich sind.

Erst 1907 - lange nach Lilienthals Gleitflügen und vier Jahre nach den ersten erfolgreichen Motorflügen der Gebr. Wright - hat Joukowski mit Hilfe der Potenzialtheorie eine theoretisch hinreichende Erklärung für den Erfolg der Praktiker, Windmühlen- und Flugzeugbauer, gefunden.

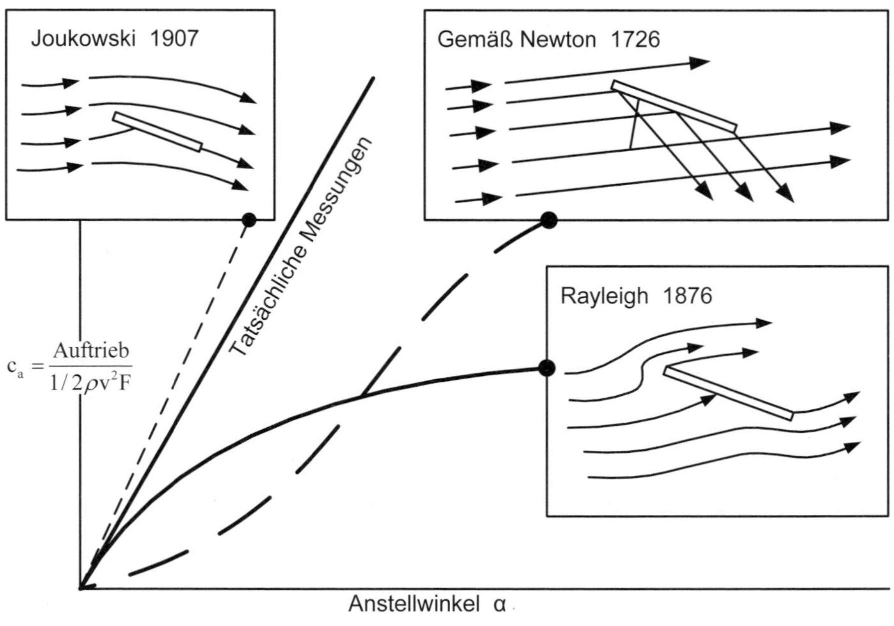

Bild 2-28 Historische Theorien des aerodynamischen Auftriebs, [17]

Literatur

[1] Golding, E.W.: *The Generation of Electricity by Windpower*, Auflage 1955; Reprint with additional material, E.&F.N. Spon Ltd., London 1976

[2] Rieseberg, H.J.: *Mühlen in Berlin*, Medusa Verlagsges., Berlin-Wien 1983

[3] Bennert, W. und Werner, U.-J.: *Windenergie*, VEB Verlag Technik, Berlin 1989

[4] König, F.v.: *Windenergie in praktischer Nutzung,* Udo Pfriemer Verlag, München 1976

[5] Le Gouriérès, D.: *Wind Power Plants, Theory and Design*, Pergamon Press GmbH, Frankfurt 1982

[6] Dornier: Firmenprospekt

[7] Mager, J.: *Mühlenflügel und Wasserrad,* VEB-Fachbuchverlag; Leipzig 1986

[8] natur: *Im Windschatten der Anderen*, Heft 1/85

[9] Herzberg, H. und Rieseberg, H.J.: *Mühlen und Müller in Berlin,* Werner-Verlag, Düsseldorf 1987

[10] Reynolds, J.: *Windmills and Watermills,* Hugh Evelyn, London1974

[11] Prospekt des Internationalen Wind- und Wassermühlenmuseums Gifhorn

[12] Varchmin, J. und Radkau, J.: *Kraft, Energie und Arbeit*, Rowohlt Taschenbuch Verlag, Reinbek 1981

[13] Braudel, F.: *Sozialgeschichte des 15. bis 18. Jahrhunderts; Band 1: Der Alltag*, Deutsche Ausgabe, Kindler-Verlag, München 1985 und Büchergilde Gutenberg, Ffm

[14] Betz, A.: *Windenergie und ihre Ausnutzung durch Windmühlen*, Vandenhoekk and Rupprecht, Göttingen 1926

[15] Glauert, H.: *Windmills and Fans*, Durand,W.F. "Aerodynamic Therory 4" (1935)

[16] Schrenck: *Über die Trägheitsfehler des Schalenkreuzanemometers bei schwankender Windstärke*, Zeitschrift technische Physik Nr.10 (1929), Seite 57-66

[17] Allen, J.E.: *Aerodynamik - eine allgemeine moderne Darstellung*, H. Reich Verlag, München 1970

[18] Betz, A.: *Das Maximum der theoretisch möglichen Ausnutzung des Windes durch Windmotoren*, Zeitschrift f. d. gesamte Turbinenwesen, V.17, Sept. 1920

[19] Lanchester, F.W.: *A Contribution to the theory of propulsion and the screw propeller*, Trans. Inst. Naval Arch., Vol. LVII, 1915

[20] Hills, R.L.: *Power from the Wind – A history of windmill technology*, Cambridge University Press, 1996

[21] Petersen, F., Thorndahl, J. et al.: *Som vinden blaeser*, ISBN 87-89292-14-6, Elmuseet, 1993

[22] Thorndahl, J.: *Danske elproducerende vindmoeller 1892 – 1962*, ISBN 87-89292-36-7 Elmuseet, 1996

[23] Hau, E.: *Windkraftanlagen*, 2. Auflage, Kap. 1 und 2, Springer Verlag Berlin, 1996

[24] Zelck, G.: *Windenergienutzung*, 1985

[25] Poul la Cour Foundation: *Wind Power – The Danish Way*, ISBN 978-87-993188-0-3, Dänemark, 2009

[26] Heymann, M.: *Die Geschichte der Windenergienutzung 1890-1990*, Campus-Verlag Frankfurt/New York, 1995, ISBN 3-593-35278-8

3 Konstruktiver Aufbau von Windkraftanlagen

Windkraftanlagen sind Energiewandler. Unabhängig von Anwendung, Bauform oder konstruktivem Aufbau ist allen Windkraftanlagen die Wandlung der kinetischen Energie der bewegten Luftmasse in mechanische Rotationsenergie gemeinsam. Wie bereits in Kapitel 2 dargestellt, können hierbei zwei unterschiedliche *aerodynamische Prinzipien*, Auftrieb oder Widerstand, genutzt werden, s. Bild 3-1. Widerstandsläufer haben, wie gezeigt, bescheidene Wirkungsgrade und spielen für heutige technische Anwendungen keine Rolle, außer für Anemometer. In der Gruppe der Auftriebsläufer ist das vorrangigste Unterscheidungsmerkmal die *Ausrichtung der Rotorwelle*. Anlagen mit vertikaler Achse haben zwar den Vorteil, dass sie keine Windrichtungsnachführung benötigen, konnten sich für größere Anlagen aber dennoch aufgrund anderer Nachteile (unruhige Dynamik, schwacher Wind in Bodennähe) nirgends durchsetzen. Die Vertikalachser sind aus historischen Gründen in Kapitel 2 dargestellt, sie werden hier nicht weiter behandelt. Der an Darrieusrotoren interessierte Leser wird auf Kapitel 13 der dritten Auflage dieses Buches verwiesen. Wir werden uns in den weiteren Ausführungen ausschließlich mit den Horizontalachs-Windkraftanlagen befassen. Bild 3-1 fasst Merkmale von Windkraftanlagen in einer Typologie zusammen. *Bauformen und konstruktiver Aufbau* sind stark von der jeweiligen Anwendung geprägt. Wir unterscheiden:

- Direkter mechanischer Einsatz: Antrieb von Mahl-, Säge-, Hammer- oder Presswerken
- Wandlung in hydraulische Energie: Wasserpumpen
- Wandlung in thermische Energie: Heizung und Kühlung
- Wandlung in elektrische Energie: Einspeisung in elektrische Netze, netzunabhängiger Betrieb mit Batteriespeicher oder Aufbau eigenständiger Netze z. B. mit Diesel-Stand-by oder Photovoltaik

Da die bedeutendste Anwendung moderner Windkraftanlagen die *Erzeugung von elektrischer Energie* ist, konzentrieren sich hierauf die weiteren Ausführungen dieses Kapitels.

Eine der ältesten Serienanlagen zur Netzeinspeisung von Strom ist die in Bild 3-2 dargestellte Vestas V-15 mit einer Nennleistung von 55 kW, die bereits Anfang der 80er Jahre in größeren Stückzahlen gebaut wurde. An dieser Anlage lassen sich bereits alle auch heute noch wesentlichen *Komponenten von netzeinspeisenden Windkraftanlagen* zeigen:

- Rotor mit Rotorblättern, aerodynamischer Bremse und Nabe,
- Triebstrang mit Rotorwelle, -lagern, Bremse, Getriebe und Generator,

- Windrichtungsnachführung mit Azimutlager und -antrieb zwischen Gondel und Turm,
- Turm und Fundament sowie
- elektrische Komponenten für Steuerung und Netzaufschaltung.

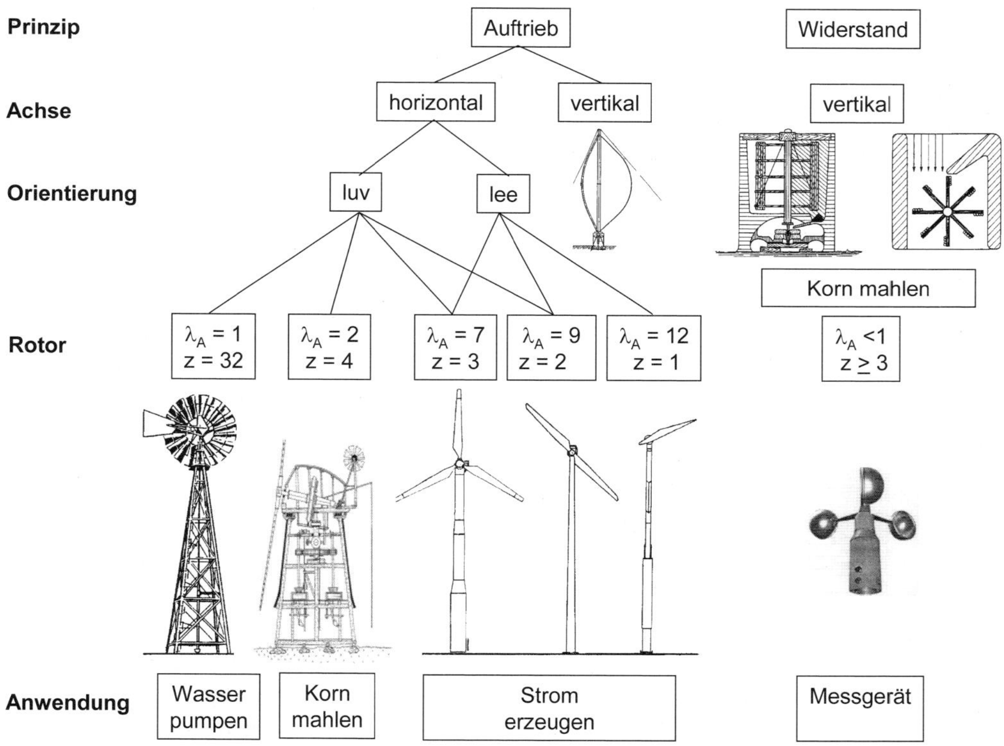

Bild 3-1 Typologie und typische Anwendungen

3.1 Rotor

Das Herzstück einer Windkraftanlage ist der Rotor zur Wandlung der Windenergie in mechanische Rotationsenergie. In diesem Abschnitt werden allgemeine Merkmale des Rotors behandelt wie die Stellung zum Turm, Schnelllaufzahl bzw. Drehzahl und Blattzahl.

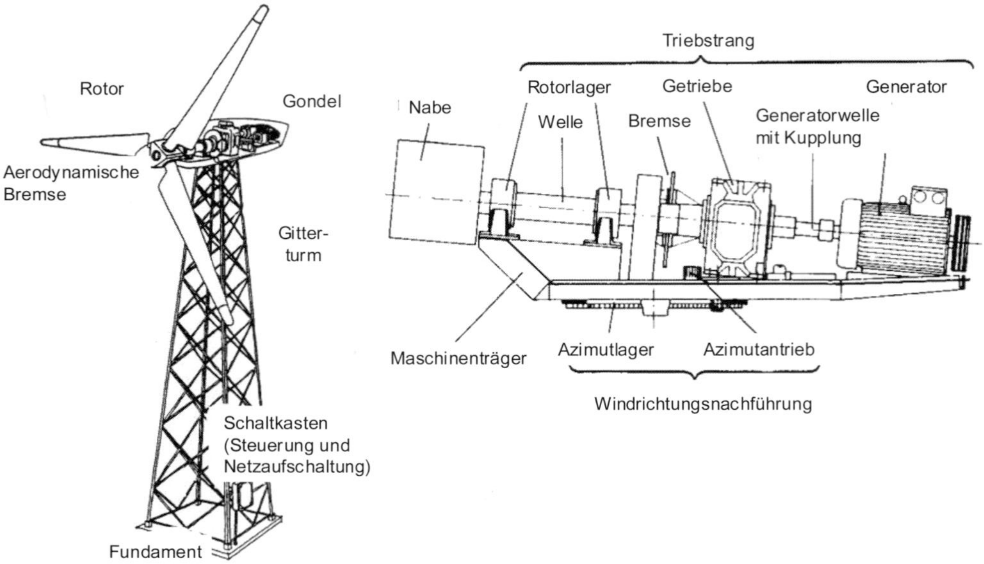

Bild 3-2 Vestas V15, Gesamtansicht und Maschinenträger [1]

Horizontalachser unterscheiden sich in der Stellung des Rotors zum Turm. Heute dominieren den Markt *Luvläufer*, Bild 3-1, bei denen der Rotor in Windrichtung vor dem Turm läuft (up wind rotor). *Leeläufer* (down wind rotor) haben den für Genehmigung und Akzeptanz der Windkraftanlage gewichtigen Nachteil, dass der periodische Gang des Rotorblatts durch die verwirbelte Strömung im Turmnachlauf ("Turmschatten") eine zusätzliche Lärmquelle ist. Weil zudem die auf den Rotor wirkenden Luftkräfte im Turmschatten immer kurzzeitig zusammenbrechen, wird ein Leeläufer zusätzlich höheren Wechselbeanspruchungen ausgesetzt.

Vorteilhaft am Prinzip der *leeseitigen Rotoranordnung* ist es, dass eine passive Windnachführung prinzipiell möglich ist, was allerdings nur bei kleinen Anlagen ausgenutzt wird. Auch einige ehemalige Großanlagen, wie z.B. GROWIAN [2] oder die WTS-3 [3, 4], wurden als Leeläufer (mit aktiver Windnachführung; siehe Abschn. 3.3) gebaut, weil bei luvseitiger Anordnung die elastischen und/oder gelenkig aufgehängten Rotorblätter bei einer Böe in den Turm bzw. seine Abspannungen schlagen könnten.

Die *Rotordrehzahl n* gehört zu den wichtigsten Auslegungsparametern für eine Windkraftanlage. Die Leistung des Rotors

$$P = M \cdot \Omega = M \cdot 2 \cdot \pi \cdot n \tag{3.1}$$

ergibt sich aus dem Produkt von Rotordrehmoment M und Rotorwinkelgeschwindigkeit Ω. Rotordrehzahl und Windgeschwindigkeit sind verknüpft über die *Schnelllaufzahl*

$$\lambda = 2 \cdot \pi \cdot n \cdot R/v_1 = \Omega \cdot R/v_1 = \mathrm{u}/\mathrm{v}_1 \quad , \tag{3.2}$$

welche das Verhältnis von Blattspitzengeschwindigkeit u zur ungestörten Windgeschwindigkeit v_1 darstellt. Die Schnelllaufzahl ist der bedeutendste Parameter für die aerodynamische Auslegung der Rotorblätter (s. Kap. 5). Bei gleicher Leistung ergibt sich, dass Langsamläufer (mit Auslegungsschnelllaufzahl $\lambda_A \approx 1$, z. B. Westernmill mit Kolbenpumpe, Bilder 3-1 und 3-3) ein hohes Drehmoment bei niedriger Drehzahl liefern. Netzgekoppelte Windkraftanlagen hingegen werden mit einer Schnelllaufzahl $\lambda_A = 5...8$ ausgelegt und liefern bei niedrigen Drehmomenten höhere Drehzahlen für die Generatoren.

Windkraftanlagen, die mit *konstanter Drehzahl* betrieben werden, haben wegen $\lambda \sim n/v_1$ eine mit steigender Windgeschwindigkeit sinkende Schnelllaufzahl. Sie können daher den bei der aerodynamischen Auslegung zugrundegelegten „optimalen" Wert λ_A nur für eine einzige Windgeschwindigkeit realisieren. Dagegen können *drehzahlvariabel* betriebene Windkraftanlagen bei richtiger Anpassung der angetriebenen "Last" in einem weiten Bereich von Windgeschwindigkeiten mit der Schnelllaufzahl λ_A gefahren werden, die für die aerodynamische Optimierung der Rotorblätter zugrundegelegt wurde. Der drehzahlvariable Betrieb ist daher für die Effizienz des Rotors vorteilhaft, erfordert aber z. B. für die frequenzkonstante Netzeinspeisung mit 50 Hz einen erheblichen Aufwand für die elektrischen Konverter (AC-DC-AC), s. Kapitel 11, 12 und 13.

Windkraftanlagen mit *niedrigen Auslegungsschnelllaufzahlen* erzeugen ein hohes Anlaufmoment, erfordern eine hohe Flächenbelegung auf der Rotorkreisfläche (Bild 3-3; vgl. Kap. 5) und bewirken einen hohen Rotorschub auf den Turm bei langsam laufender Anlage, weswegen bei längerem Stillstand der Rotor aus dem Wind gedreht werden sollte, s. Kap. 12. Windturbinen mit *hohen Auslegungsschnelllaufzahlen* kommen mit wenigen, schlanken Flügeln aus, brauchen jedoch unter Umständen zum Erreichen der günstigen Profilanströmung eine Anlaufhilfe (motorisches Hochfahren der Stall-Anlage oder Pitch-Verstellung). Windkraftanlagen mit $\lambda_A > 9$, Bild 3-3, werden nicht mehr gebaut, weil die störende Schallabstrahlung des Rotors etwa in fünfter Potenz mit der Blattspitzengeschwindigkeit verknüpft ist. Aus diesem Grund sollte die maximale Blattspitzengeschwindigkeit 80 bis 90 m/s nicht überschreiten. Bild 3-4 zeigt die maximalen Blattspitzengeschwindigkeiten von Serien-Anlagen. Die Werte sind in zwei Gruppen unterteilt, Anlagen mit Leistungsbegrenzung durch Stall bzw. durch Pitch-Regelung (s.u.). Erstere weisen aufgrund höherer Geräuschentwicklung der abgelösten Strömung bei Stall-Anlagen tendenziell niedrigere maximale Blattspitzengeschwindigkeiten auf.

Indirekt verknüpft mit der Schnelllaufzahl ist die *Blattzahl des Rotors* (Bild 3-1). Westernmills, die wegen ihrer niedrigen Schnelllaufzahl eine hohe Flächenbelegung der Rotorkreisfläche benötigen, werden meist mit zwanzig bis dreißig Rotorblättern gebaut, die aus einfachen Blechschaufeln gefertigt sind. Schnellläufige Rotoren für stromerzeugende Windkraftanlagen werden in der Mehrzahl mit drei Flügeln gebaut, die für eine gute Leistungsausbeute aus aerodynamisch hochwertigen Profilen gefertigt werden müssen (vgl. Kap. 5). Für eine möglichst geringe Flügelzahl spricht der hohe Kostenanteil des Rotors an den Gesamtkosten der Anlage, bei einem Dreiblatt-Rotor sind es etwa 20...25%. Die meisten MW-Anlagen der ersten Generation wurden daher mit Zweiblattrotoren gebaut, s. Bild 2-15, c, d und Bild 2-16 GROWIAN, vgl. [2...5].

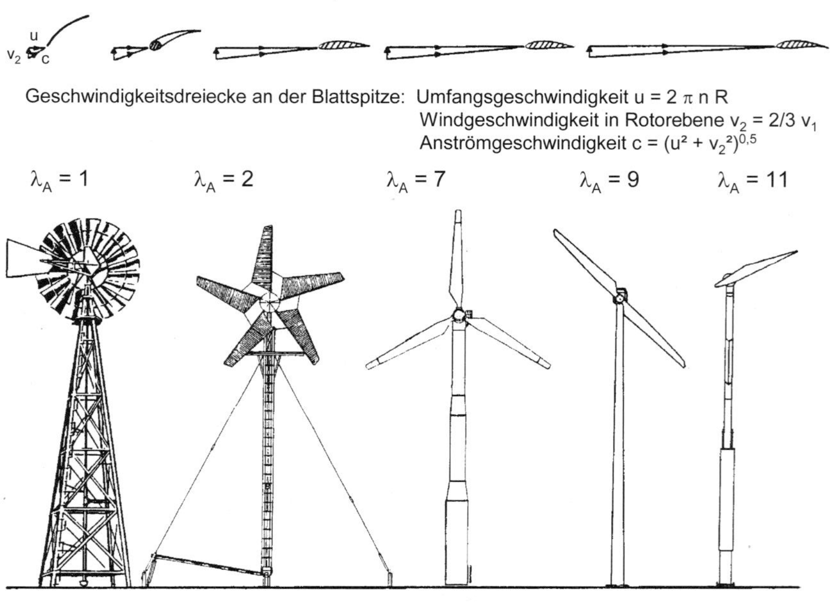

Bild 3-3 Bauformen, Geschwindigkeitsdreiecke, Schnelllaufzahlen

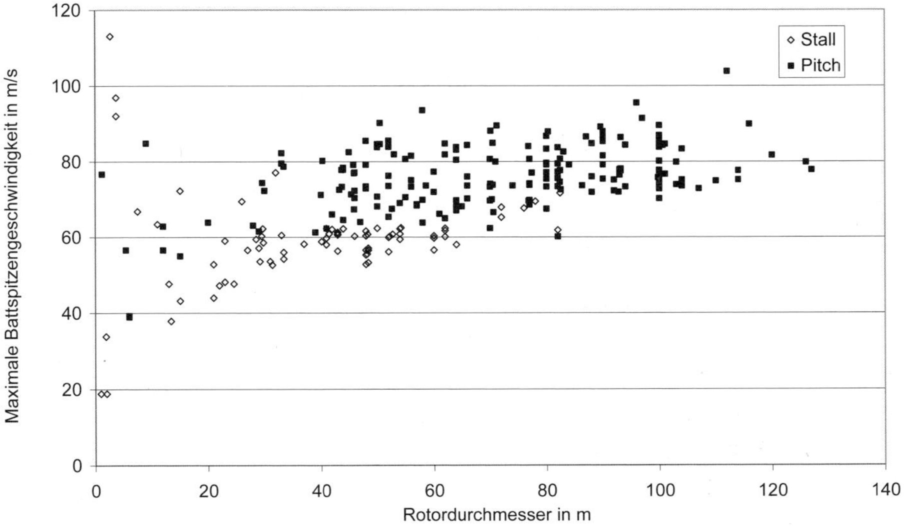

Bild 3-4 Maximale Blattspitzengeschwindigkeit für dreiflügelige Stall- und Pitch-Anlagen

Wegen der gleichmäßigeren Verteilung der Massen- und Luftkräfte über die Rotorkreisfläche sind *Dreiblattrotoren* allerdings dynamisch ruhiger, was eine geringere Belastung aller Komponenten bewirkt. Beim Zweiblattrotor hängt die Nickeigenfrequenz von Gondel und Turm von der Flügelstellung ab. Stehen die Flügel vertikal ist die Nickeigenfrequenz niedriger als bei horizontaler Flügelstellung. Das macht die Dynamik sehr unruhig (parameter-erregtes System).

Der Dreiblattrotor ist derjenige, der mit der geringsten Blattzahl im dynamischen Sinne scheibenförmig und deswegen laufruhig ist. Auch im optischen Sinne läuft der Dreiblattrotor ruhig, der Zweiblattrotor hingegen optisch "unrund".

Eine physikalische begründete Vorzugsrichtung für die *Drehrichtung des Rotors* gibt es nicht. Eine stillschweigende Konvention hat jedoch dazu geführt, dass Rotoren von der Anströmung aus gesehen im Uhrzeigersinn rotieren. Wenn alle Windturbinen eines Windparks den gleichen Drehsinn aufweisen, ist der optische Eindruck angenehmer.

Neben der Hauptfunktion der Energiewandlung ist ein *sicherer Betrieb* des Rotors der Windkraftanlage zu gewährleisten. Dies hat wegen der Steigerung der Windleistung mit der dritten Potenz der Windgeschwindigkeit zum einen zur Folge, dass die Leistungsaufnahme begrenzbar sein muss. Zum anderen ist das Gesamtsystem so zu konzipieren, dass weder unzulässige Belastungen, noch unzulässig hohe Schwingungen oder Überdrehzahlen auftreten, s. Kap. 8 bzw. 12.

Für die *Leistungsbegrenzung* werden zwei unterschiedliche aerodynamische Konzepte genutzt. Das einfachere Konzept, das bereits Anfang der 80er Jahre in Dänemark eingesetzt wurde, begrenzt die Leistung durch *Strömungsabriss* (Stall-Effekt) am Rotorblatt, s. Bild 3-5 (vgl. Kap. 12). Der Rotor läuft mit nahezu konstanter Drehzahl, d.h. Umfangsgeschwindigkeit u, weil der verwendete Asynchrongenerator die Windturbine fest an die Netzfrequenz bindet. Bei hohen Windgeschwindigkeiten v wird daher der Anstellwinkel α_A zwischen Profilsehne und Anströmgeschwindigkeit c so groß, dass die Strömung der Profilgeometrie nicht mehr folgen kann und sich auf der Saugseite des Profils ablöst. Dieses Prinzip der Leistungsbegrenzung weist eine gewisse Trägheit auf, so dass der Zeitpunkt der Strömungsablösung nicht exakt vorgegeben werden kann. Bei kurzzeitigen Böen kommt es daher zu Drehmomentspitzen im Antriebsstrang, vgl. Gl. 3.1. Um diese Effekte zu verringern, wird bei einigen Anlagen größerer Leistung (> 1 MW) der Stall-Effekt absichtlich durch eine Verstellung des Rotorblattes erzeugt (aktive Stall-Regelung). Die Vorderkante des Rotorblattes, Anströmkante oder auch Nase genannt, wird hierbei aus dem Wind gedreht (engl.: pitch to stall).

Das zweite verwendete Konzept der Leistungsbegrenzung beruht ebenfalls auf einer Verstellung des Rotorblattes um seine Längsachse, wobei jedoch die *Nase des Rotorblattes in den Wind gedreht* wird, d.h. Richtung Fahnenstellung, engl.: pitch to feather, s. Bild 3-6.

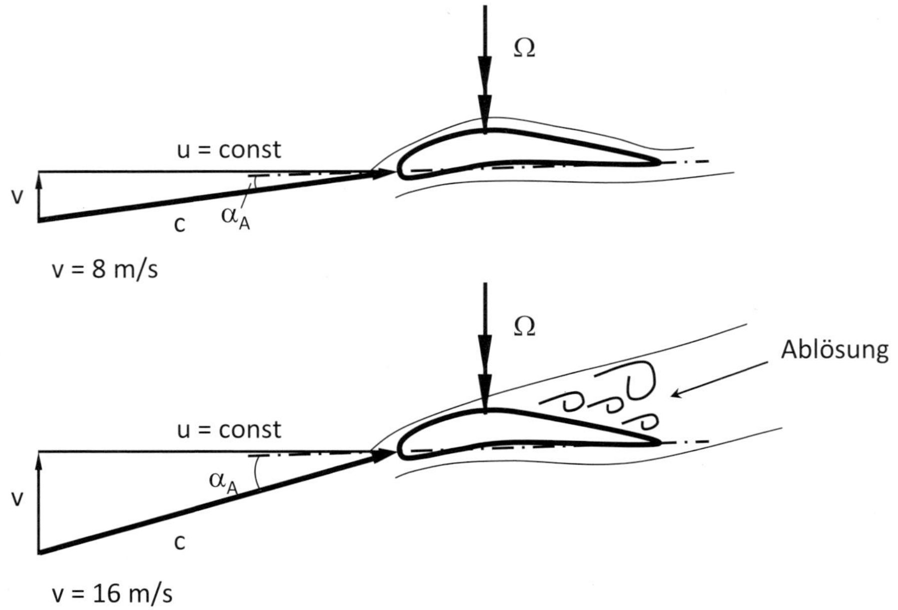

Bild 3-5 Prinzipdarstellung des Stall-Effekts, Einsetzen ab Nennleistung

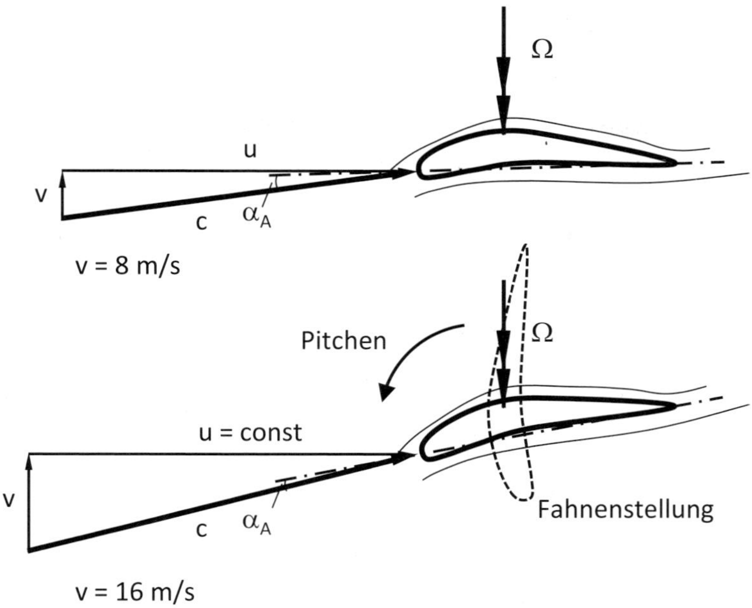

Bild 3-6 Prinzipdarstellung des Pitchens in Richtung Fahnenstellung ab Nennleistung

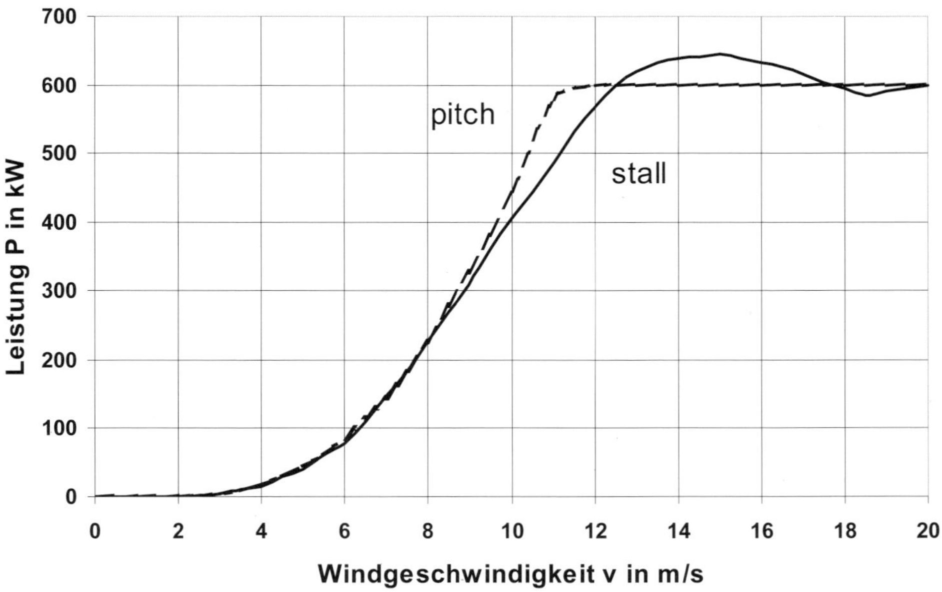

Bild 3-7 Leistungskurven für Stall- und Pitch-Regelung zweier 600 kW-Anlagen, nach Daten aus Prüfberichten, zitiert z.B. in [24]

Durch Verdrehen des Rotorblattes wird der Anstellwinkel α_A zwischen Profilsehne und Anströmgeschwindigkeit c so reduziert, dass der Auftrieb begrenzt wird, und damit die Leistung sowie die Belastung (v.a. Schub). Die Leistungsregelung ist gleichmäßiger als bei aktiver Stall-Regelung, weil die Strömung immer am Rotorblatt anliegt, jedoch sind größere Verstellwinkel erforderlich.

Bild 3-7 zeigt den Vergleich zweier typischer Leistungskurven, die aus den beiden Prinzipien der Leistungsbegrenzung resultieren. Beide Möglichkeiten der Blattwinkelverstellung – Drehen auf Strömungsabriss bzw. Drehen auf Fahne - werden in Kapitel 6 und 12 eingehender diskutiert.

3.1.1 Rotorblatt

Der Aufbau eines Rotorblatts ist durch die verwendeten Flügelprofile, durch die äußere und innere Geometrie sowie durch die eingesetzten Materialien bestimmt.

Wie im Kap. 5 noch näher erläutert wird, sind je nach Auslegungsschnelllaufzahl unterschiedliche Anforderungen an die *Güte des Flügelprofils* zu stellen. Westernmills (Bild 3-3, links) verwenden das Profil einer gewölbten Platte, während bei den stromerzeugenden Windkraftanlagen Hochauftriebsprofile mit einem sehr günstigen Verhältnis von Auftriebs- und Widerstandsbeiwert, d.h. hohe Gleitzahl, eingesetzt werden. Sehr gebräuchlich sind z.B. Profile aus der NACA-44 und NACA-63-Serie, inzwischen auch speziell für Windkraftanlagen entwickelte Profile, s. Bild 3-8.

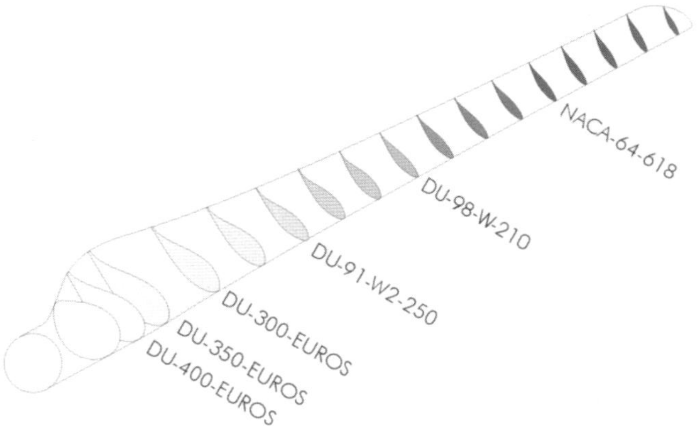

Bild 3-8 Verteilung von Profilen über der Rotorblattlängsachse (Fa. Euros)

Vor allem im Bereich der Blattspitze spielt eine hohe Gleitzahl eine vorrangige Rolle, welche dünne Profile erfordert. Wegen hoher Anströmgeschwindigkeit reicht eine kurze Profiltiefe. Im Innenbereich sind wegen niedrigerer Umfangsgeschwindigkeit die lokale Schnelllaufzahl und die Anströmgeschwindigkeit deutlich niedriger. Dies erfordert hier für gleich große Auftriebskräfte größere Profiltiefen, vgl. Gl. 5.17, und ermöglicht den Einsatz sehr viel dickerer Profile als im Außenbereich, vgl. Kap. 5. Den Festigkeitsanforderungen kommt dies entgegen, da an der Blattwurzel die größten Belastungen auftreten. Somit werden meist unterschiedliche Profile im Außen- bzw. Innenbereich eingesetzt. Bild 3-8 zeigt eine typische Verteilung von unterschiedlichen Profilgeometrien über die Rotorblattlängsachse.

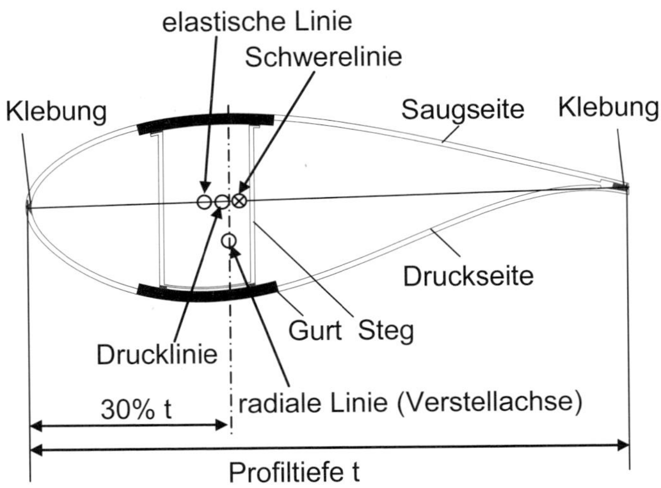

Bild 3-9 Vier Linien im Flügelschnitt für die Flügelberechnung

Für die *Flügelberechnung* (Statik, Schwingungen, Flattern usw.) ist die Lage von vier über die Flügellänge laufenden Linien von großer Bedeutung, Bild 3-9:

- Die *radiale Linie* ist die Drehachse der Blattwinkelverstellung, bzw. die Senkrechte durch die Flanschmitte auf die Maschinenachse
- Die *elastische Linie* ist die Lage des Schubmittelpunktes der tragenden Konstruktion (etwa der Schwerpunkt des Hauptträgers). Von hier aus zählt man die elastischen Verformungen der Schlag- und Schwenkbewegungen und die Torsionsverdrillung des Flügelschnittes.
- Die *Schwerelinie* stellt die Angriffspunkte der Trägheits- und Gewichtskräfte dar.
- Die *Drucklinie* besteht aus den Angriffspunkten der Auftriebs- und Widerstandskräfte; sie befindet sich bei anliegender Strömung etwa bei 30% der

Flügeltiefe. Tritt z.B. jenseits der Nennwindgeschwindigkeit der Stall-Effekt ein, so verschiebt sich die Lage der Drucklinie, was zu Schwingungen im Rotorblatt führen kann (Stall-Flattern). Diese lassen sich durch einen flüssigkeitsgefüllten Schwingungsdämpfer in der Blattspitze mindern. Damit sich bei eintretendem Stall-Effekt die Strömung entlang einer definierten Linie auf dem Rotorblatt ablöst und dabei nicht wandert, sind bei einigen Stall-Anlagen Wirbelgeneratoren (stall-strips) auf der Profiloberfläche angebracht.

Aus der erforderlichen Profilgüte folgen unmittelbar Bedingungen an das Herstellungsverfahren und das *Material für das Rotorblatt*. Das einfache Profil der langsamläufigen Westernmills, Bild 3-3 links, wird mit gebogenen Stahlblechen realisiert.

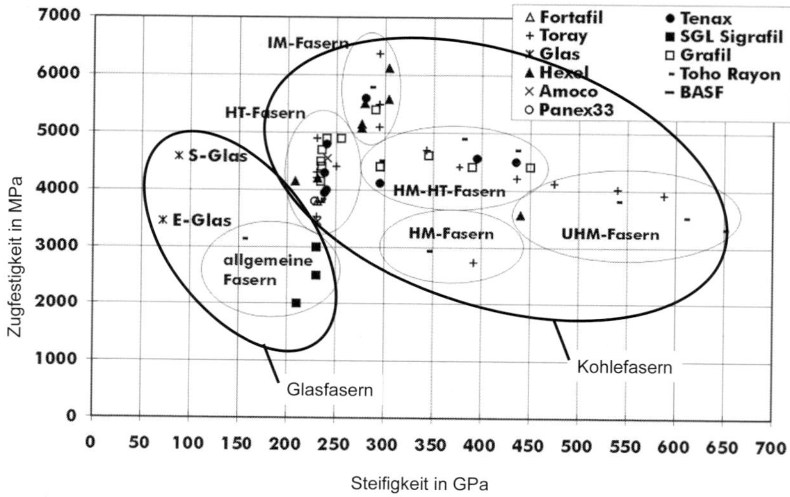

Bild 3-10 Festigkeitswerte von Glas- und Kohlefasern (Fa. EUROS)

Bei Rotorblättern von schnelllaufenden stromerzeugenden Windkraftanlagen, Bild 3-3 mitte und rechts, sind die Anforderungen an die Profile sehr viel höher. Die Profile der Schnellläufer werden überwiegend aus glasfaser- und neuerdings auch kohlefaserverstärkten Kunststoffen, GFK bzw. CFK, laminiert. Kohlefasern sind zwar teurer, weisen aber gemäß Bild 3-10 eine bis zu dreifach höhere statische Festigkeit auf, darüber hinaus auch tendenziell höhere Dauerfestigkeiten und sind daher ideal für Leichtbautechnik. Die separaten Flügelformen für Saug- und Druckseite (Bild 3-11)) werden mit Fasergelegen (rovings) ausgekleidet und anschließend mit Polyester- oder Epoxydharz getränkt. Dies erfolgt heutzutage meist zur Reduzierung der Gesundheitsbelastung der Arbeiter, zur Verhinderung von festigkeitsmindernden Lufteinschlüssen und zum definierteren Materialeinsatz im Vakuum-Verfahren. Nach dem Absaugen der Luft unter der Abdichtfolie wird das Harz gezielt in die Form gepumpt. Manche Fasergelege sind vorgetränkt, sogenannte „Pre-pregs“. Einige Hersteller verwenden die sogenannte Sandwich-Bauweise, bei der zwischen dem äußeren und inneren Fasergelege eine Balsaholzschicht liegt. Durch definierte Erwärmung wird dann das Harz ausgehärtet, schließlich die Flügelhälften zusammengeklebt. Die form- und festigkeitsgebenden Profilschalen der GFK-Flügel werden ausgeschäumt und/oder durch GFK-Stege zusätzlich versteift (Bild 3-9).

Außen wird das Blatt mit wetter- und UV-beständigem Coating beschichtet. Erosionsschutzfolien werden zur Vermeidung von Materialabtrag an die Blattvorderkanten geklebt und müssen bei Verschleiß getauscht werden. Auf den Flügeln applizierte Strömungselemente, wie z.B. Vortex-Generatoren, sorgen im Betrieb für definierte Strömungszustände und -führung trotz der mit dem Rotorumlauf und der Zeit schwankenden Windgeschwindigkeiten.

Die Krafteinleitung vom GFK-Rotorblatt in den Metallflansch an der Nabe ist ein kniffliges Problem (Bild 3-12). Für die Verschraubung an der Nabe werden entweder Hülsen für Stehbolzen in die Blattwurzel des Rotorblattes einlaminiert oder die sogenannte „IKEA-Verschraubung" mit einem Querbolzen verwendet. Zur Verringerung der Schwächung des Flügelmaterials werden z. T. die Längsbolzen inner- und außerhalb geführt.

Bild 3-11 Flügelfertigung, separate Formen für Saug- und Druckseite, vordere Form: Tränkung des Laminats mit Epoxydharz durch Vakuum-Verfahren (Fa. NOI)

Ein weiteres konstruktives Detail, dem besondere Aufmerksamkeit geschenkt werden muss, ist die *verstellbare Blattspitze* stall-geregelter Rotoren, die bei Überdrehzahl als aerodynamische Bremse fliehkraftgesteuert ausfährt (vgl. Bild 3-2). Durch eine Kulissen-Führung wird über einen Führungsholm die Verdrehung der Blattspitze quer zur Anströmung erreicht (Bild 3-13). Da die verstellbare Blattspitze sich am Außenradius befindet, ist die wirksame Kreisringfläche sehr groß, entsprechend die Bremskraft und das Bremsmoment.

Bild 3-12 Blattanschlüsse: links mit Querbolzen als „IKEA-Verschraubung“ (Fa. Bonus), rechts einlaminierte Hülsen für Stehbolzen (Fa. Vestas)

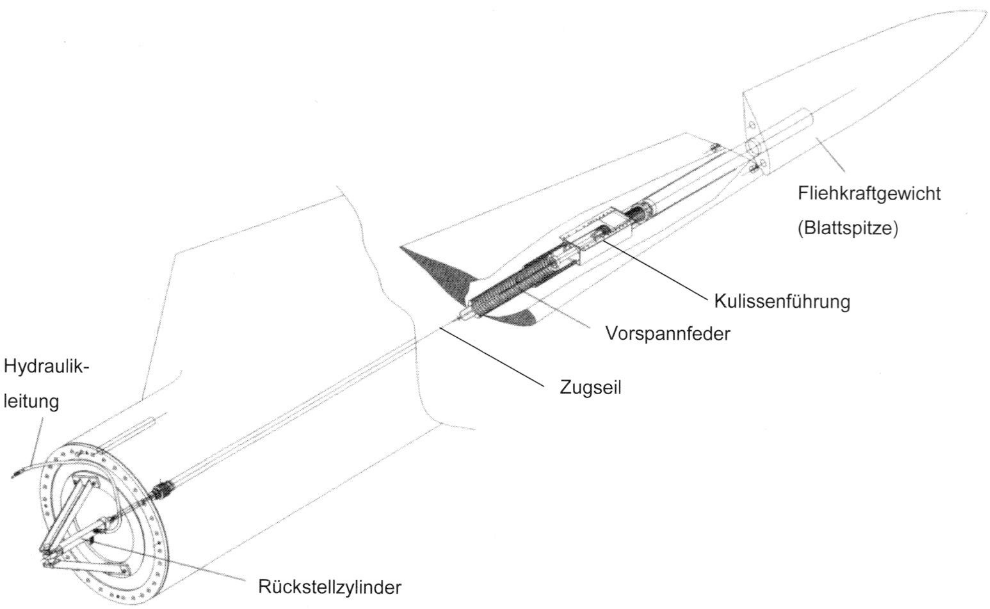

Bild 3-13 Rotorblatt mit verdrehbarer Blattspitze (Fa. LM, aus [6])

Vor allem bei Rotorblättern für die MW-Klasse ist auf Leichtbau zu achten. Eine reine Vergrößerung von Rotorblättern mithilfe der Ähnlichkeitsgesetze, s. Kap. 7 würde bei großen Flügeln zu Festigkeitsproblemen durch hohe Biegespannungen führen, die aus dem hohen Eigengewicht des Blattes resultieren. Denn nach den Ähnlichkeitsregeln steigt das Flügelgewicht mit der dritten Potenz des Radius. Bild 3-14 zeigt die Massen von produzierten Rotorblättern in Abhängigkeit vom Rotordurchmesser. Die Regressionskurve steigt statt mit dem Exponenten 3 näherungsweise nur mit 2,2. Dies ist vor allem dem Leichtbau zu danken. Weiterhin ist ersichtlich, dass die Verwendung von Epoxyd- statt Polyesterharz einen Gewichtsvorteil mit sich bringt.

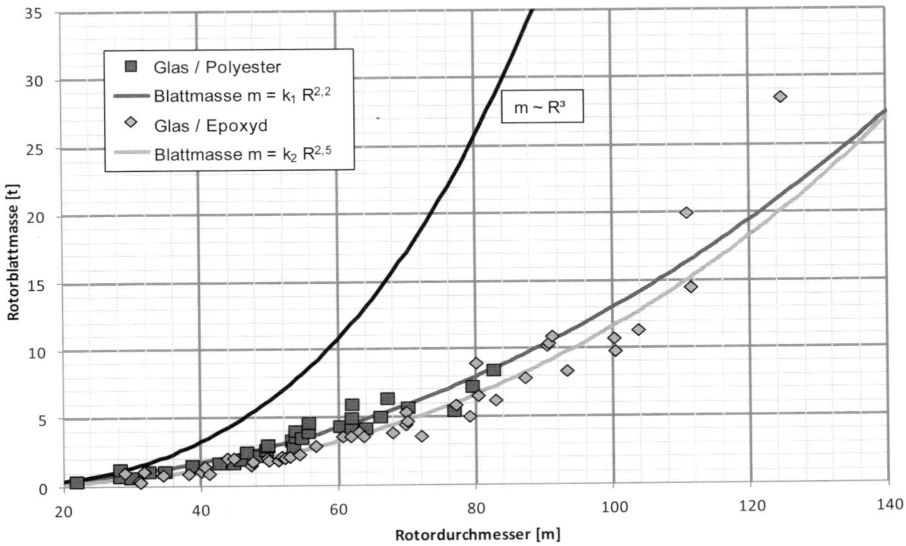

Bild 3-14 Rotorblattmasse in Abhängigkeit vom Rotordurchmesser und Werkstoff (Fa. Euros)

3.1.2 Nabe

Die konstruktive Gestaltung der Nabe und der Blattbefestigung bietet eine Vielzahl von Möglichkeiten. Die meisten wurden in den 80er Jahren an Prototypen unterschiedlicher Baugrößen getestet. Im Folgenden werden diese konstruktiven Varianten vorgestellt, auch wenn bei Serienanlagen fast ausschließlich *starre Naben* (Bild 3-15 und 3-23) zum Einsatz kommen. Es ist nicht auszuschließen, dass bei zukünftigen Entwicklungen andere Bauformen wieder in Betracht kommen, die Belastungen und damit erforderliches Baugewicht reduzieren.

Bild 3-15 Starre Nabe eines Dreiblattrotors (Foto: Fa. Zollern)

Bild 3-17 gibt einen Überblick über Nabenbauformen sowie die daraus zu erzielende Entlastung von Blattwurzel und Rotorwelle. Das Rotorblatt kann *starr oder gelenkig* („schlagend") befestigt werden, s. Bild 3-16. Eine spezielle Bauform ermöglicht der Zweiblattrotor, dessen Doppelblatt als Ganzes *pendelnd* in der Nabe verankert ist. Alle drei Bauformen können zur Leistungs- und Drehzahlbegrenzung mit einer reglergeführten Bewegung um die Blattlängsachse („Pitchen") kombiniert werden. Die theoretisch mögliche Bewegung um die dritte Achse am Blattanschluss, die Schwenkachse (Bild 3-16), wird in der Praxis nicht realisiert. Stattdessen werden zum Auffangen von Wechsellasten (Drehmomentstöße) in dieser Richtung oft zusätzliche Komponenten (spezielle Kupplungen, drehelastische Getriebeaufhängung) in den Triebstrang eingebaut.

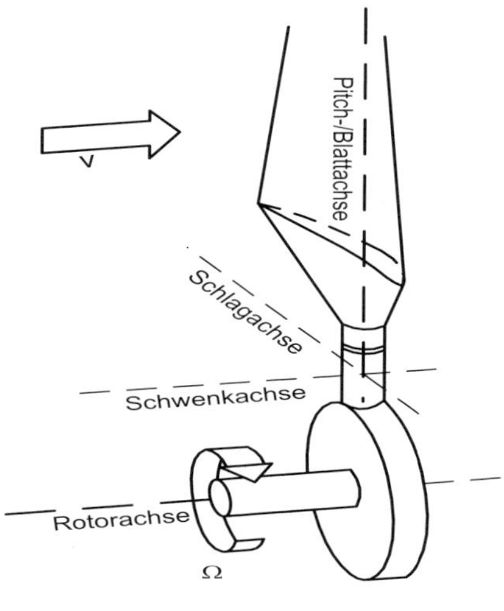

Bild 3-16 Bezeichnung der Achsen am Blattflansch

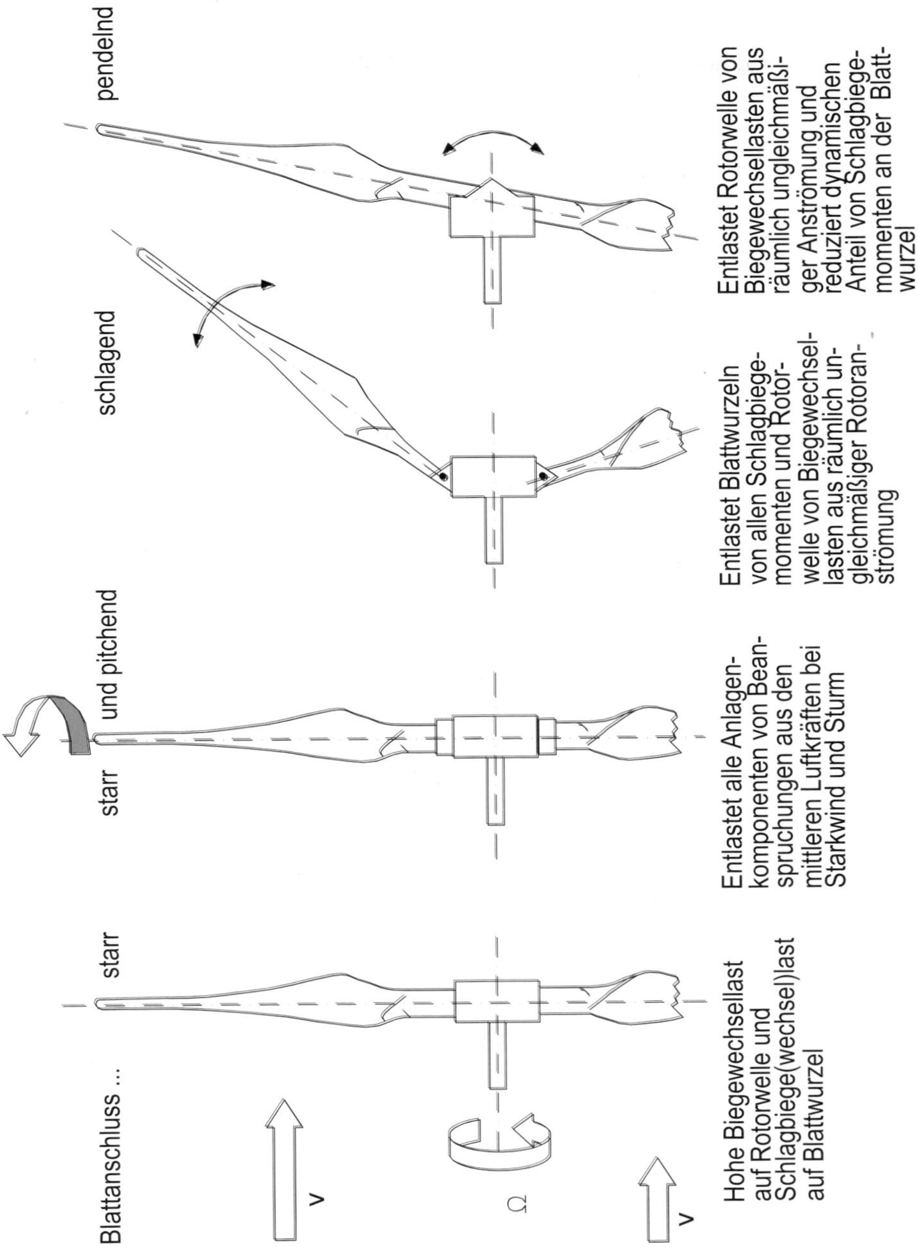

Bild 3-17 Nabenbauformen

Der *Schlaggelenkrotor* war ein typisches Merkmal der leeläufigen SÜDWIND 1237 (Bild 3-18) und der Smith-Putnam-Anlage aus den 1940er Jahren. Das Schlaggelenk an jedem Rotorblatt entlastet Rotorwelle und Blattwurzel von allen Beanspruchungen durch Biegung um die Schlagachse. Solche Biegebeanspruchungen entstehen durch den Winddruck auf das Blatt (Schub) sowie den Turmnachlauf beim Leeläufer, weiterhin auch durch räumliche Ungleichmäßigkeiten in der Windanströmung (Bild 3-19). Bei starr an der Nabe eingespannten Flügeln verursacht allein schon das Höhenprofil des Windes eine ungleichmäßige Anströmung über der Rotorkreisfläche, was eine Verschiebung des Kraftzentrums aus dem Rotormittelpunkt bewirkt, und damit auch eine Biegebeanspruchung der Rotorwelle. Diese wird durch Schlaggelenke ebenfalls vermieden.

Bild 3-18 SÜDWIND 1237, Leeläufer mit Schlaggelenkrotor

Im Produktionsbetrieb entsteht am Rotorblatt ein Gleichgewicht zwischen Fliehkräften F_Z und Schubkraft F_S (Bild 3-20). Der sich frei einstellende Schlagwinkel begrenzt sich im Normalbetrieb von selbst auf Werte unter 10°. Höhere Schlagwinkel stellen sich nur ein, wenn die Fliehkräfte wegen geringer Rotordrehzahl zu klein sind, d.h. kurz vor dem Stillstand der Anlage. Um das Anlaufen der Anlage zu ermöglichen, müssen daher Zusatzeinrichtungen angebracht werden wie z.B. Aufrichtfedern (SÜDWIND, Bild 3-18), Anschläge, Synchronisiergestänge oder hydraulische Komponenten. Diese Bauteile sind aufwendig und setzen dem Prinzip des Schlaggelenkrotors teilweise Baugrenzen [7].

Das Schlaggelenk entlastet weiterhin die Blattwurzel von Biegebeanspruchungen um die Profilsehne, wo das Widerstandsmoment wegen der schlanken Profilquerschnitte nur gering ist. Das ermöglicht eine Gewichtsreduzierung des Rotorblatts um max. 75%. Bei Anlagen mit starrer Nabe kann man sich den beim Schlaggelenkrotor genutzten Effekt der teilweisen Kompensation von Schub und Zentrifugalkräften zumindest im Auslegungsbetriebspunkt der Anlage zunutze machen, indem der Rotor mit einem festen Schlagwinkel gebaut wird, der Konuswinkel genannt wird.

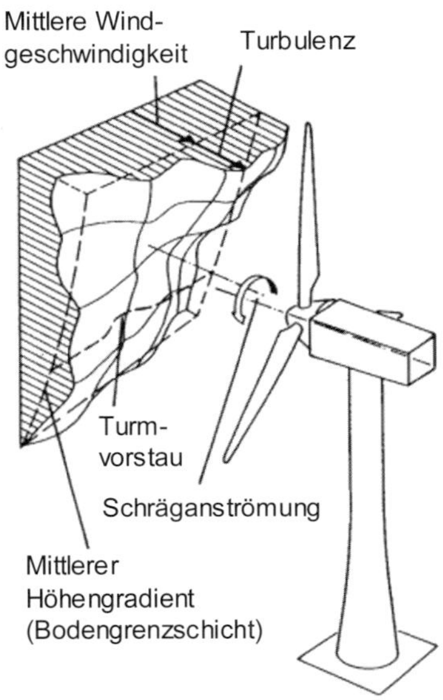

Bild 3-19 Räumliche Ungleichmäßigkeit der Anströmung, nach [6]

Eine speziell auf Zweiblattrotoren zugeschnittene Entwicklung ist die *Pendelnabe* (Bild 3-17 und 3-21). Sie kann Belastungen aus der räumlichen Ungleichmäßigkeit des Windes reduzieren, wobei hier im Wesentlichen die Rotorwelle von entsprechenden Biegebeanspruchungen entlastet wird. An den Rotorblattwurzeln wird lediglich der dynamische Anteil vom Schlag-Biegemoment verringert. Das Bauprinzip der Pendelnabe ist besonders bei leeläufigen Großanlagen, z.B. GROWIAN (Bild 3-21) und WTS-3, zum Einsatz gekommen, bei denen sich die Bodengrenzschicht wegen der großen Anlagenabmessungen besonders stark in einer ungleichmäßigen Anströmung des jeweils unteren und oberen Blattes bemerkbar macht. Diese Asymmetrie wird bei Leeläufern noch verstärkt, wenn das jeweils untere Blatt durch den Turmschatten streicht.

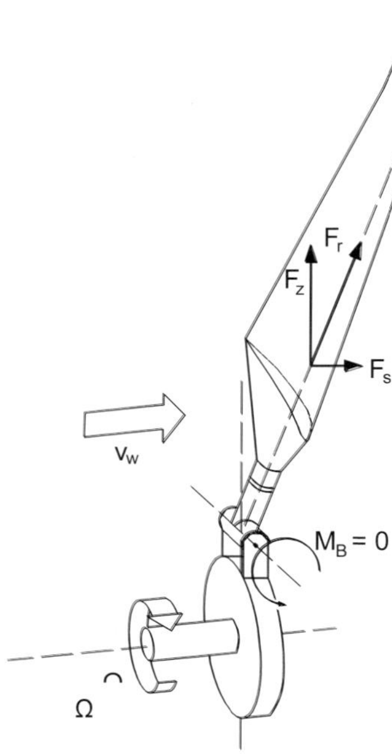

Bild 3-20 Kräftegleichgewicht am Schlaggelenkrotor

Die Wirkung der Pendelnabe kann noch verbessert werden, wenn an die Pendelbewegung eine Pitchverstellung der Blätter gekoppelt ist. Das wurde z.B. bei der Maglarp-Anlage (WTS-3, Bild 2-16) realisiert. Die Kopplung der Pendel- mit der Pitchbewegung, in Anlehnung an ein entsprechendes Prinzip im Hubschrauberbau δ_3-Kopplung genannt, ist auch bei den Naben der Einblattrotoren üblich. Ihr konstruktiver Aufbau ist der Pendelnabe ähnlich, vom physikalischen Prinzip aber eine Kombination aus *Schlag- und Pitchnabe*. Wie Bild 3-22 zeigt, ist eine solche komplexe Nabe beim Einblattrotor durch eine kardanische Aufhängung relativ einfach aufzubauen. Andererseits ist dies wegen der dynamischen Besonderheiten dieses Konzepts auch eine zwingende Notwendigkeit [8, 9].

Dem Rotorblatt an der Nabe einen zusätzlichen Freiheitsgrad zu geben, zielt hauptsächlich auf die Reduktion der Belastungen des gesamten Antriebsstrangs ab. Andererseits sind derartige Konstruktionen wegen der großen Massen und Lasten bei Anlagen im MW-Bereich kostspielig und störanfällig. Abgesehen von Forschungsanlagen und Prototypen werden in der Praxis daher bislang ausschließlich *starre Naben* verwendet (Bild 3-15 und 3-23). Zu unterscheiden ist lediglich zwischen Naben, mit festem Blatteinbauwinkel (Stall) und Naben für drehbare Rotorblätter, d.h. variable Blattwinkel (Pitch und Active-stall, siehe Kap. 12, Bild 12-13).

Das Gewicht der Naben steigt stark mit der Baugröße der Anlagen. Die Herstellung für Multimegawatt-Anlagen ist aufgrund der Größe nur in wenigen Gießerein möglich. Als Werkstoff verwendet wird vor allem Sphäroguss nach EN-GJS-400-18U-LT mit garantierten Dehnungswerten bei unterschiedlichen Wandstärken und auch bei tiefen Temperaturen. Die spezifisch günstigsten Massenwerte erreichen Kugelnaben, sie haben jedoch festigkeitsmäßig Nachteile. Manche Naben werden mit Extendern ausgeführt, um mit gleichem Blatt und gleicher Nabe einen größeren Rotordurchmesser zu erzielen. Bei belastungsoptimierter und materialsparender Auslegung mit FEM-Programmen ergeben sich topologisch optimierte Nabenformen, Kap. 9, Bild 9-9.

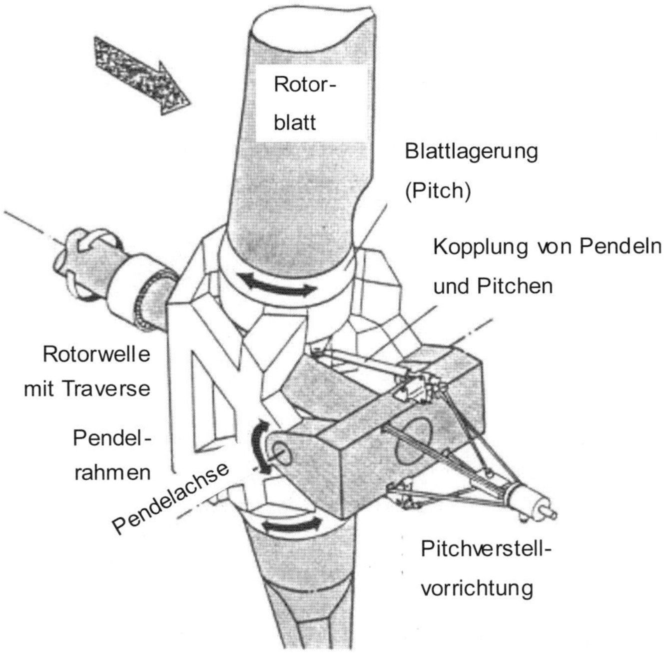

Bild 3-21 Pendelnabe des leeläufigen GROWIAN [26]

Durch das *Pitchen*, d.h. Verdrehen des Rotorblatts um seine Längsachse (vgl. Bilder 3-16, 3-17 und 3-22), werden der Blattwinkel und damit der Anstellwinkel sowie die antreibenden Luftkräfte verändert. Das Pitchen wirkt also, wie zu Bild 3-6 und 3-7 erwähnt, auf die Leistungsabgabe des Rotors und kann daher zur Regelung und Begrenzung der Leistungsabgabe von Windkraftanlagen genutzt werden. Das Drehen des Blattes „in den Wind“, in die sogenannte Fahnenstellung, bewirkt jedoch nicht nur eine Verringerung der Antriebskräfte, sondern reduziert alle Kräfte am Rotorblatt und damit auch die aus ihnen resultierenden Belastungen, vgl. Kap. 6 und 8. Durch Pitchen Richtung Fahne wird demnach eine Reduktion der quasi-statischen Beanspruchung aus den mittleren Luftkräften bei Starkwind und Sturm erzielt. Die Realisierung der Blattwinkelverstellung wird im folgenden Abschnitt erläutert.

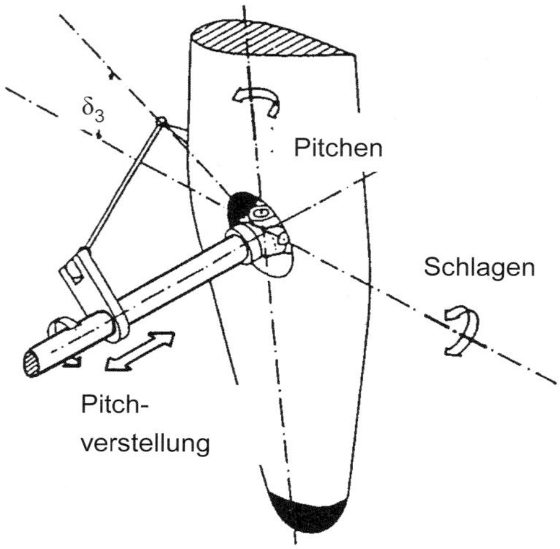

Bild 3-22 Schlag-Pitch-Nabe der FLAIR mit Kardangelenk, nach [8]

Bild 3-23 350 kW-Anlage in integrierter Triebstrangbauweise mit starrer Nabe (Fa. Suzlon)

3.1.3 Blattwinkelverstellung

Unabhängig davon, ob das Rotorblatt in Fahnenrichtung (Verringerung des Auftriebs) oder in den Strömungsabriss (Aktiv-Stall) verdreht werden soll, muss einiger Aufwand getrieben werden, um die Verdrehung zu ermöglichen, den notwendigen Antrieb zu gestalten und eine genaue Positionierung der Rotorblätter zu gewährleisten.

Die Blattlager, Bild 3-24, nehmen die Fliehkräfte aus den Rotorblattmassen auf, übertragen Biegemomente aus dem Blattgewicht sowie Kräfte aus dem Antriebsmoment und dem Schub. Zum Einsatz kommen Wälzlager, z.B. ein- oder zweireihige Vierpunktlager.

Für den *Antrieb der Blattwinkelverstellung* stehen mechanische, hydraulische oder elektrische Systeme zur Verfügung. Egal welche Antriebsart genutzt wird, es ist im Normalbetrieb eine synchrone Verstellung aller drei Rotorblätter um den gleichen Pitchwinkel sicherzustellen, da es sonst zu einer ungleichmäßigen Luftkraftverteilung am Rotor und zu aerodynamischer Unwucht kommt. Eine synchrone Verstellung der Rotorblätter kann entweder durch eine zentrale Antriebseinheit erreicht werden, die alle drei Rotorblätter synchronisiert verstellt (z.B. Adler 25 oder E-32) oder durch einen Pitch-Regler, der die individuellen Rotorblattpositionen erfasst und abgleicht.

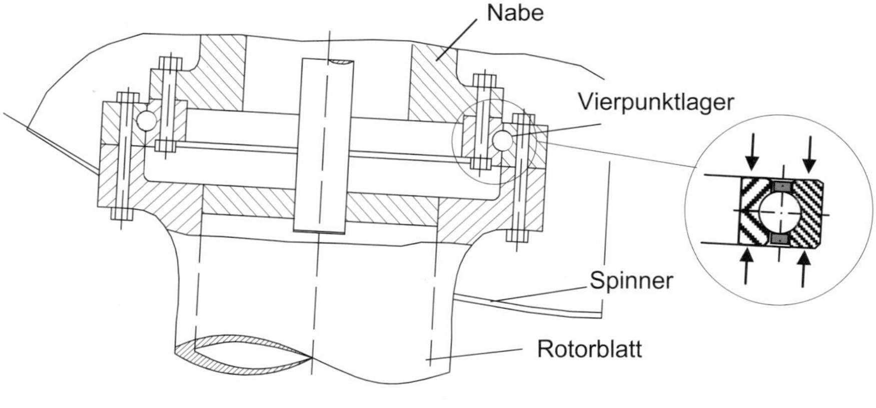

Bild 3-24 Schnitt durch ein Blattlager mit Vierpunktlager (Fa. INA)

Neuerdings werden aufwändige Regelsysteme für Multi-MW-Anlagen entwickelt oder schon eingesetzt, bei denen die Belastungen der einzelnen Rotorblätter an ihre individuelle Pitch-Regelung zurückgekoppelt wird. Dies soll eine relativ starke Reduzierung der dynamischen Lasten bewirken.

Darüber hinaus muss die Rotorblattverstellung als *„fail-safe"-System* ausgelegt werden. Da die Rotorblattverstellung oft als eines der beiden Sicherheitssysteme fungiert, ist zu gewährleisten, dass auch bei Ausfall jeglicher Energieversorgung noch eine

Verstellung der Rotorblätter erfolgen kann, z. B. durch mechanische, hydraulische oder elektrische Notsysteme. Bei gefährlichen Betriebszuständen (z.B. Überdrehzahl oder Schwingungen) werden die Rotorblätter dadurch automatisch in die Fahnenstellung gedreht.

Der Einsatz mechanischer Systeme zur Blattverstellung kommt vorrangig bei Maschinen kleiner Leistung (< 100 kW) in Frage. Es wird sowohl die Fliehkraft aus dem Blatteigengewicht als auch aus zusätzlichen Fliehgewichten genutzt. Bild 3-25 zeigt den Aufbau einer *mechanischen Blattwinkelverstellung mit zusätzlichen Fliehgewichten*. Die Fliehgewichte sind so angeordnet, dass ein Drehmoment (Propellermoment) um die Blattachse entsteht, dem eine definiert vorgespannte Feder entgegenwirkt. Da die auslösenden Fliehkräfte aus den rotierenden Massen der Fliehgewichte stammen, ist die Anforderung„fail-safe" immer erfüllt. Der Rotor ist ohne Hilfsenergie gegen Überdrehzahlen geschützt.

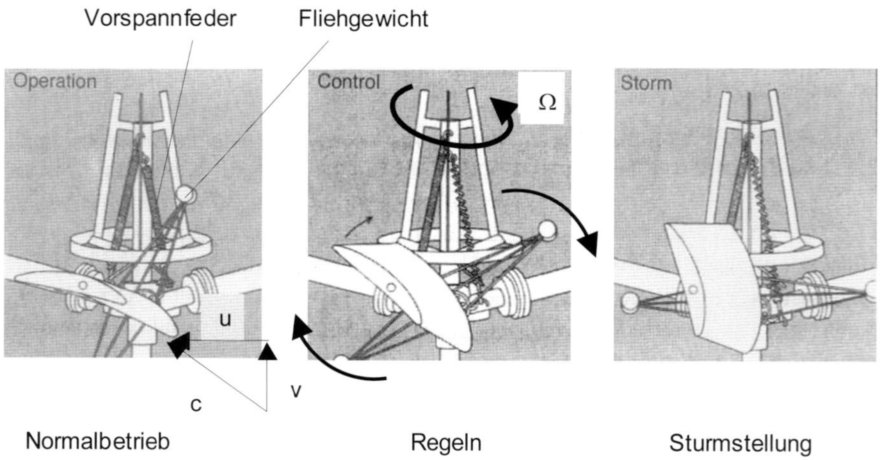

Bild 3-25 Brümmer-Nabe mit Blattverstellung durch Fliehgewichte (Fa. Brümmer)

Hydraulische Blattwinkelverstellungen werden im Leistungsbereich ab 300 kW eingesetzt. Bild 3-26 zeigt eine zentrale hydraulische Blattwinkelverstellung, die über eine Schubstange die Verstellbewegung auf die drei Rotorblätter überträgt. Auch als Blattwinkelverstellung mit individuellen Einheiten für jedes Rotorblatt werden hydraulische Antriebe verwendet (SÜDWIND S.46, Vestas V80 2 MW). Schwachstellen sind hierbei die Übertragung von Hydraulikdruck vom stehenden in das rotierende System mittels Drehdurchführung sowie die Dichtigkeit der Hydraulik im rotierenden System. Das Back-up-System für die Erfüllung der Anforderung „fail-safe" besteht aus hydraulischen Druckspeichern, die sich in der Nabe befinden. Leckagen oder Havarien im Hydrauliksystem haben auch ökologisch unangenehme Folgen für das Erdreich im

Umkreis der Anlage, so dass derartige Antriebe zusätzliche Sicherheitsmaßnahmen erfordern.

Elektrische Antriebe für die Rotorblattverstellung sind das am häufigsten verwendete Prinzip. Vor allem für große Maschinen (> 500 kW) vertrauen fast alle Hersteller dieser Lösung. Zentrale Verstellvorrichtungen sind wegen der notwendigen Kräfte und des begrenzten Platzes nicht mehr realisierbar. Die Verstellung der drei Rotorblätter wird daher über drei einzelne Getriebemotoren bewerkstelligt (Bild 3-27). Für Rotorblätter im Leistungsbereich >500 kW liegen die Verstellgeschwindigkeiten im Bereich von 5° bis 10° pro Sekunde. Die Getriebemotoren müssen daher sehr hohe Übersetzungsverhältnisse aufweisen und haben meist vielstufige Planetengetriebe oder Schneckentriebe.

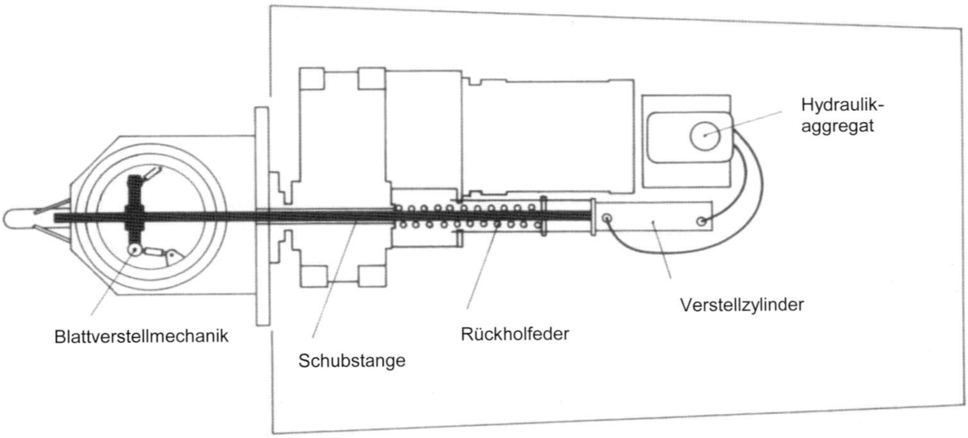

Bild 3-26 Windmaster-Anlage - Zentrale hydraulische Blattwinkelverstellung mit Schubstange [6]

Für die genaue *Positionierung der Rotorblätter* dienen Winkelgeber oder andere Sensoren, die Ist-Größen an den Pitch-Regler liefern. Dieser rotiert oft mit der Nabe, um keine Störungen bei der Übertragung vom stehenden in das rotierende System zu riskieren. Für das fail-safe-System werden bei elektrischen Antrieben meist mitrotierende Akkumulatoren verwendet. Diese sind jedoch nicht wartungsfrei und haben nur eine Lebensdauer von einigen Jahren. Eine Alternative sind zunehmend hochaufladbare Kondensatoren (Super-Caps). Denn die gespeicherte Energie muss lediglich für *eine vollständige Verstellung* des Blattes in die Parkposition (Fahnenstellung) ausreichen. Ein weiterer Vorteil der drei individuellen Pitchantriebe besteht darin, dass bei einer Notabschaltung selbst beim Ausfall eines der Pitch-Antriebe die beiden verbleibenden die Anlage weiterhin zuverlässig vor Überdrehzahl schützen und den Rotor zum Stillstand bringen.

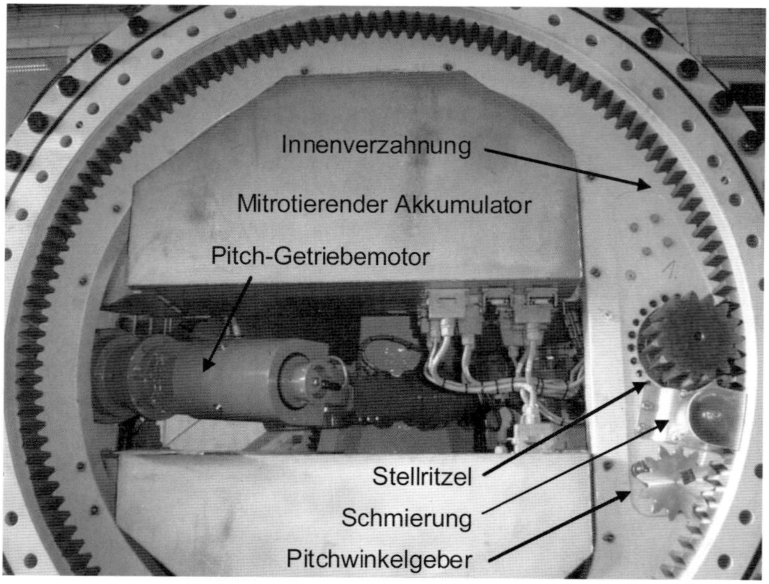

Bild 3-27 Nabe einer 1,5 MW Pitch-Anlage mit elektrischen Getriebemotoren (Fa. REpower)

3.2 Triebstrang

3.2.1 Aufbau

Bei der *Anordnung der Komponenten im Triebstrang* gibt es eine Fülle von Möglichkeiten (Bild 3-28). Betrachtet man die Entwicklung bei Serienmaschinen seit Anfang der 80er Jahre, so lässt sich kein klares Bild eines „Königswegs" erkennen. Die Konstrukteure der führenden Hersteller folgen unterschiedlichen Philosophien. Selbst in der Produktpalette einzelner Hersteller sind zahlreiche Konzeptwechsel zu finden. Grundsätzlich unterscheidet man zwischen

- *integrierter Bauform*, bei der mehrere Funktionen in einzelnen Komponenten zusammengefasst sind
- *aufgelöster Bauform,* bei der alle Komponenten auf dem Maschinenträger einzeln befestigt werden
- *teilintegrierter Bauform* als Mischform.

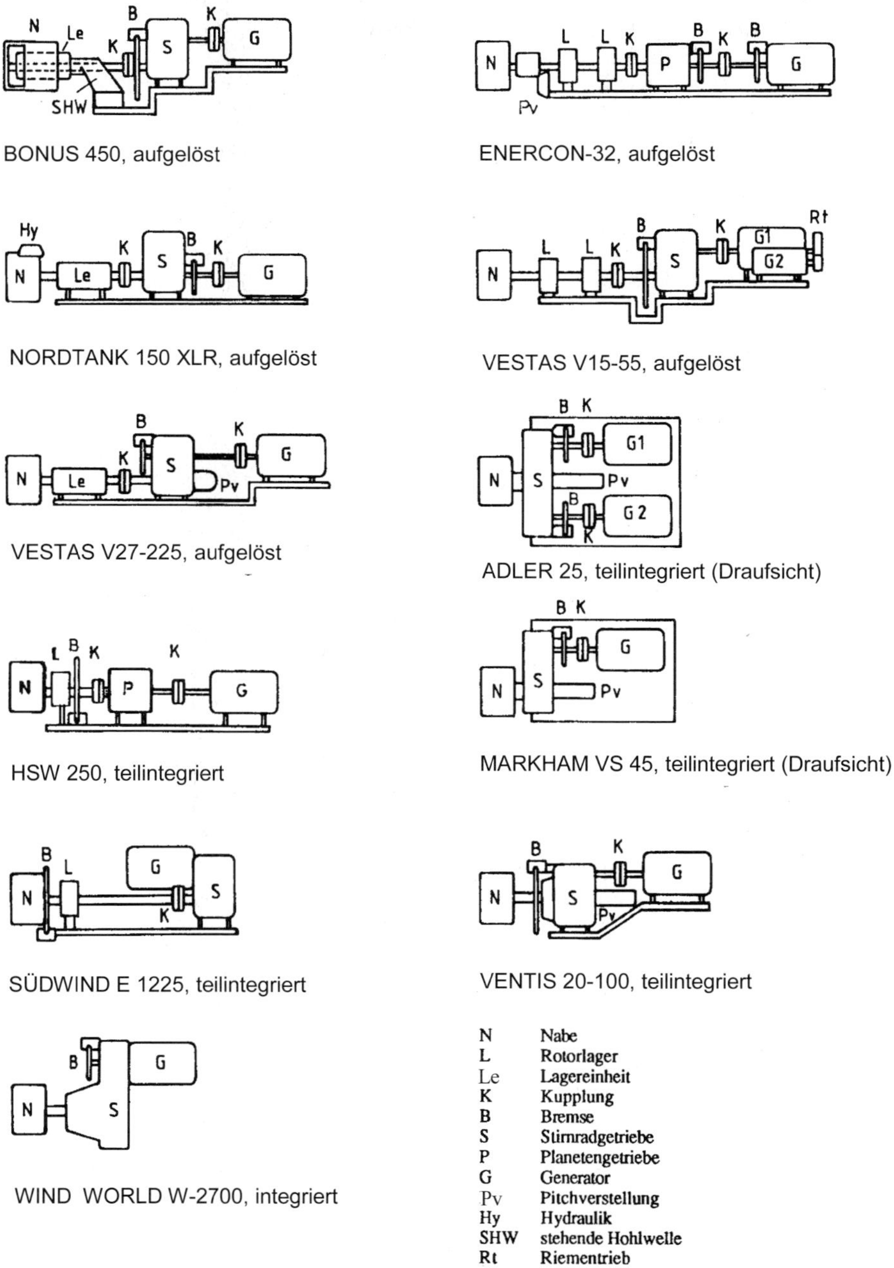

Bild 3-28 Prinzipdarstellung verschiedener Triebstrangkonzepte

Anfang der 1990er vertrauten die meisten dänischen Hersteller der *aufgelösten Bauform* mit eigenständiger Lagereinheit für den Rotor sowie separat aufgestelltem Getriebe und Generator, s. Bild 3-2 und 3-29. Vorteil dieser Variante ist die Zugänglichkeit aller Bauteile und die Möglichkeit des Getriebewechsels ohne Demontage des gesamten Maschinenträgers. Nachteilig sind mögliche Schäden, die aus Fluchtungs- und anderen Montagefehlern resultieren, weil sie Zusatzbelastungen und beschleunigten Verschleiß bewirken.

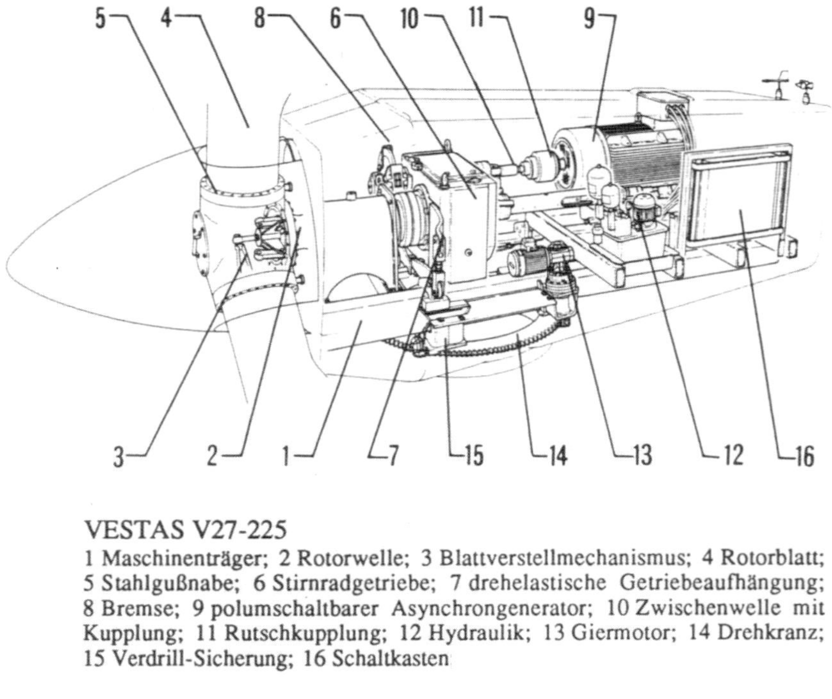

Bild 3-29 Aufgelöste Bauform der V27-225 von 1992 (Fa. Vestas)

Am anderen Ende des Spektrums konstruktiver Lösungen steht die integrierte Bauform, bei der Rotorlagerung, Getriebe und Generator zu einem Block zusammengefasst werden. Die Bilder 3-23, 3-30, 3-31 und 3-33 zeigen Beispiele für derartige Maschinen. Nachteilig ist, dass das Getriebe eine Sonderanfertigung ist, weil es die Rotorlagerung mit entsprechend hohen eingeleiteten Kräften aufnimmt und dass es nicht gewechselt werden kann, ohne den gesamten Maschinenträger zu demontieren. Von Vorteil aber sind die kompakten Abmessungen bei Transport und Montage.

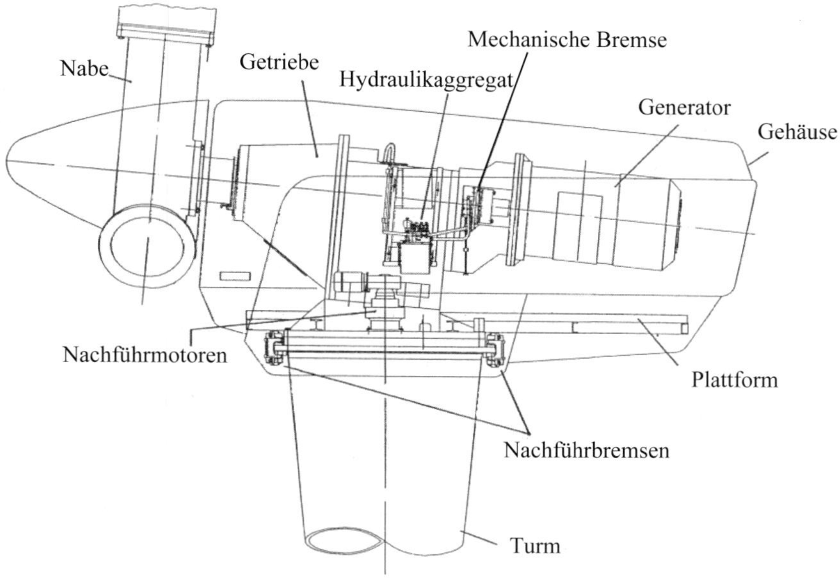

Bild 3-30 Integrierte Bauform des Triebstrangs der N 3127 (Fa. SÜDWIND, 1996)

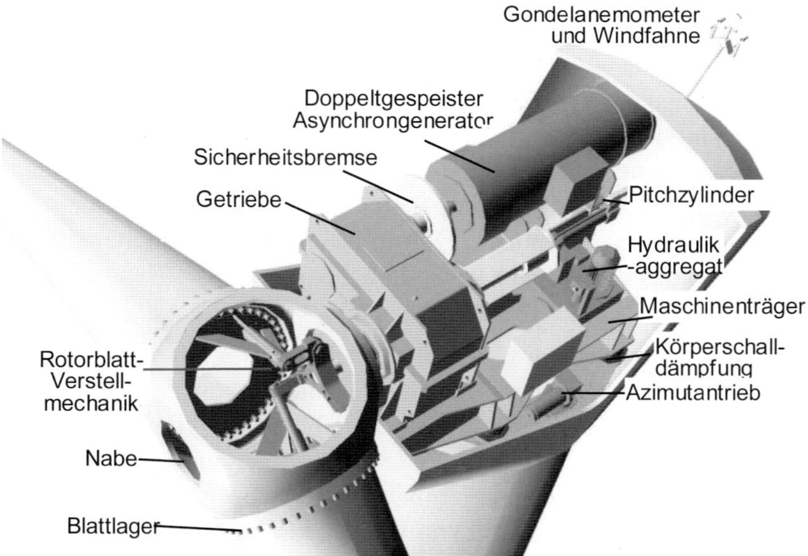

Bild 3-31 Integrierte Bauform des Triebstrangs der D4 (Fa. DeWind)

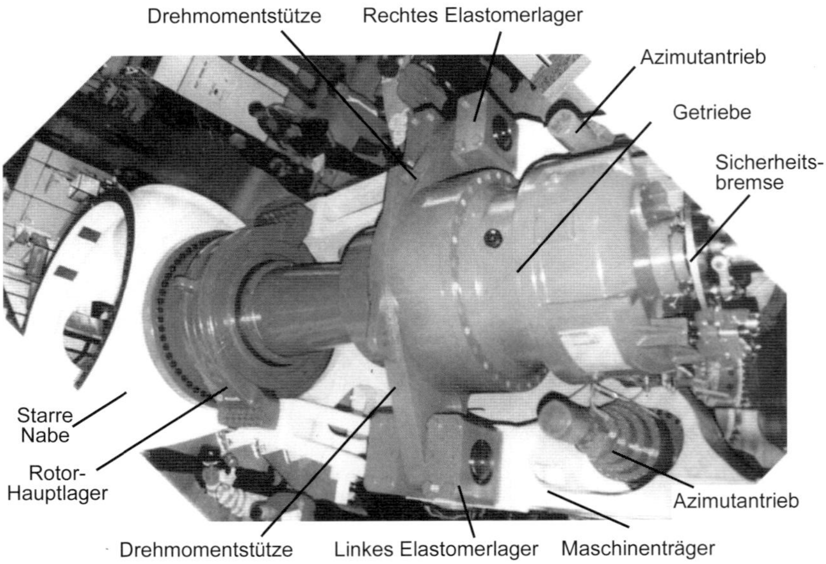

Bild 3-32 Teilintegrierte Bauform der N-60 mit Dreipunkt-Lagerung (Fa. Nordex)

Als Mischform haben sich *teilintegrierte Triebstränge* ab Mitte der 1990er Jahre in der 500-600 kW Klasse durchgesetzt. Nahezu alle Hersteller verwendeten die sogenannte *Drei-Punkt-Lagerung* (Bild 3-32). Ein vorderes Rotorlager übernimmt einen Großteil der Gewichtslasten des Rotors sowie den axialen Rotorschub. Ein zweites separates Lager entfällt, die Kräfte werden von der Rotorwelle über eine Klemm-Verbindung (hydraulischer oder mechanischer Spannsatz) direkt in die langsam laufende Eingangswelle des Getriebes eingeleitet. Die weitere Abstützung findet über zwei gummigelagerte Aufhängepunkte (Elastomer- oder Schwingmetalllagerung) der Drehmomentstützen des Getriebegehäuses statt.

Für die Wahl des Triebstrangaufbaus spielt die Art der Leistungsbegrenzung keine Rolle. Sowohl bei Stall- als auch bei Pitch-Maschinen sind alle Varianten zu finden. Analysiert man die verschiedenen Konzepte in Hinblick auf ihre zeitliche Entwicklung, lässt sich eine bunte Mischung Anfang der 1990er Jahre mit einer gewissen Verdichtung zu teilintegrierten Konzepten Mitte der 1990er Jahre beobachten. Aktuelle Tendenzen zeigen jedoch wieder eine größere Vielfalt. So hat sich z. B. Vestas nach langen Jahren mit dem Modellwechsel von V-80 (2 MW) auf V-90 (3 MW) von einem teilintegrierten auf ein integriertes Konzept umgestellt (Bild 3-33). REpower Systems hingegen beschreitet den umgekehrten Weg und stellt bei der Entwicklung der 5M (5 MW) von teilintegrierter auf die aufgelöste Bauform um (Bild 3-34). Die Rotorwelle ist hier zweifach gelagert, wodurch das Getriebe entlastet wird und ein Getriebewechsel ohne Rotordemontage möglich ist.

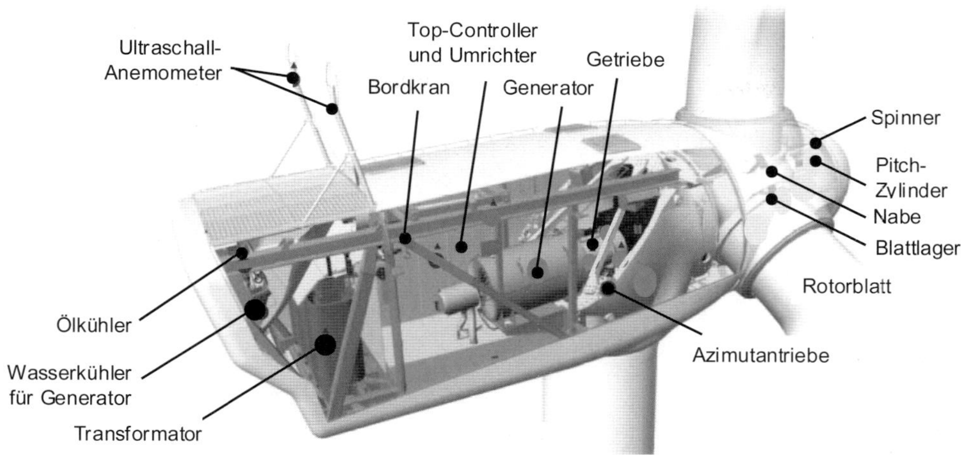

Bild 3-33 Integrierte Bauform der V-90, $D = 90$ m, $P = 3$ MW (Fa. Vestas, 2003)

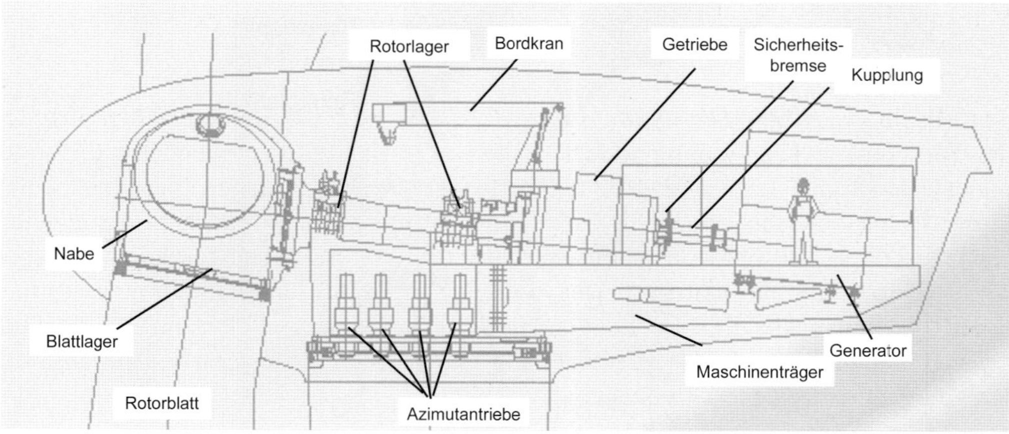

Bild 3-34 Aufgelöste Bauform der 5M, $D = 126$ m, $P = 5$ MW (Fa. REpower, 2004)

Ein völlig anderes Triebstrangkonzept haben getriebelose Anlagen. 1992 stellte Enercon (A. Wobben) erstmalig mit der E-40 (Durchmesser 40 m, Leistung 500 kW) eine solche Maschine vor. Durch den großen Durchmesser des direkt getriebenen, hochpoligen Generators ist die Umfangsgeschwindigkeit im Luftspalt groß genug, so dass kein Getriebe notwendig wird. Dieser Maschinentyp baut sehr kurz, Nabe und Generator sind direkt verbunden und gemeinsam auf dem konischen Achszapfen gelagert, Bild 3-35. Enercon hat dieses Konzept in seiner Baureihe bis zum Durchmesser von

126m (E-126) konsequent beibehalten. Diese Maschinen bauen zwar schwer, zeichnen sich aber durch höchste Verfügbarkeiten aus.

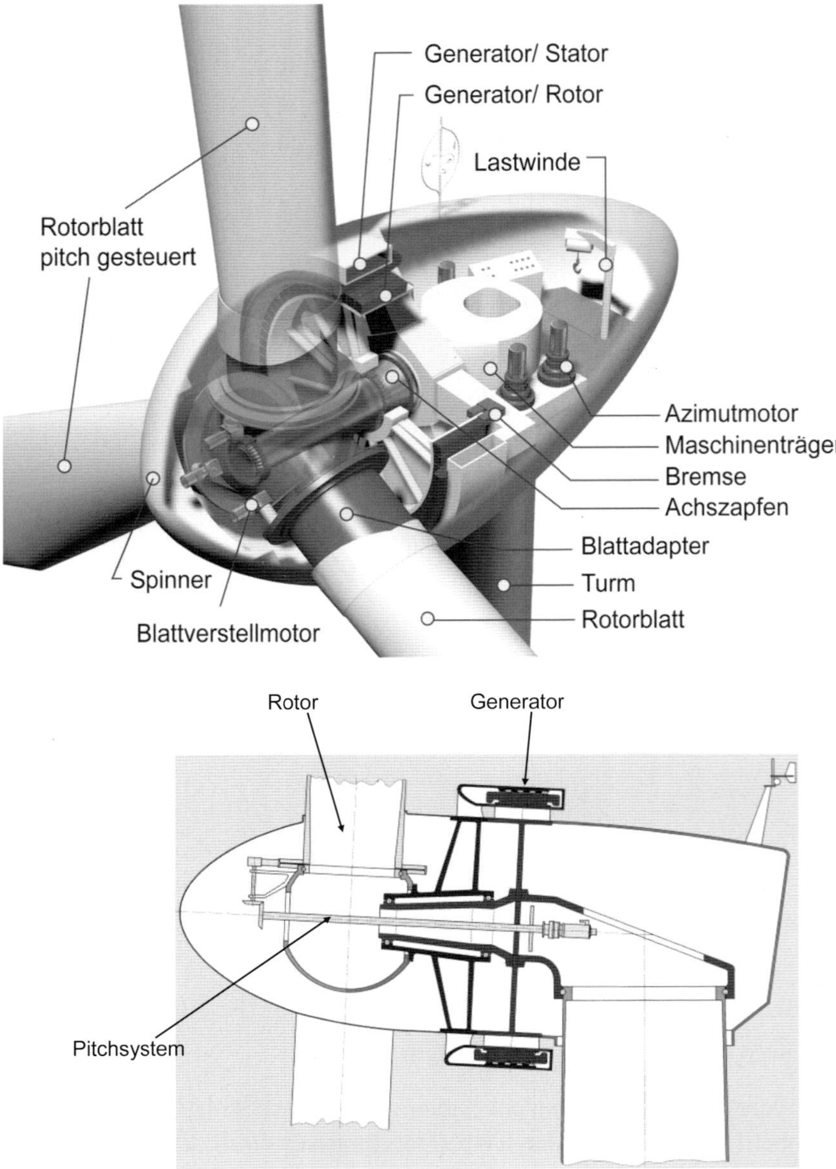

Bild 3-35 Integrierte Bauform mit Direktantrieb (getriebelos): Oben: ENERCON E-66, 2 MW, D = 70 m (fremderregter Synchrongenerator), unten: Vensys - Goldwind, 1,2 MW, D = 62 m (permanent erregter Synchrongenerator)

Bild 3-35 unten zeigt im Schnitt die von F. Klinger (FH Saarbrücken) entwickelte Vensys-Anlage, die heute von Goldwind in China mit 1,5 MW, D = 70 bis 80m, in hoher Stückzahl gebaut wird. Der Generator ist permanent erregt, was verglichen mit fremderregten Generatoren das Gewicht um etwa 25% reduziert. Diese und weitere Triebstranganordnungen direkt getriebener Anlagen zeigt Bild 3-36 schematisch.

Grundsätzlich ist zwischen der Zwei-Lageranordnung des Triebstrangs zu unterscheiden (z. B. Enercon, Vensys) und der Ein-Lageranordnung. Sie verwendet ein einziges doppelreihiges Kegelrollenlager großen Durchmessers, das nicht nur Radial- und Axialkräfte aufnimmt, sondern auch noch Momente. Die Multibrid, Bild 3-37, und die Harakosan-Anlage, Bild 3-36 e) sind Beispiele für den Einsatz dieser Momentenlager.

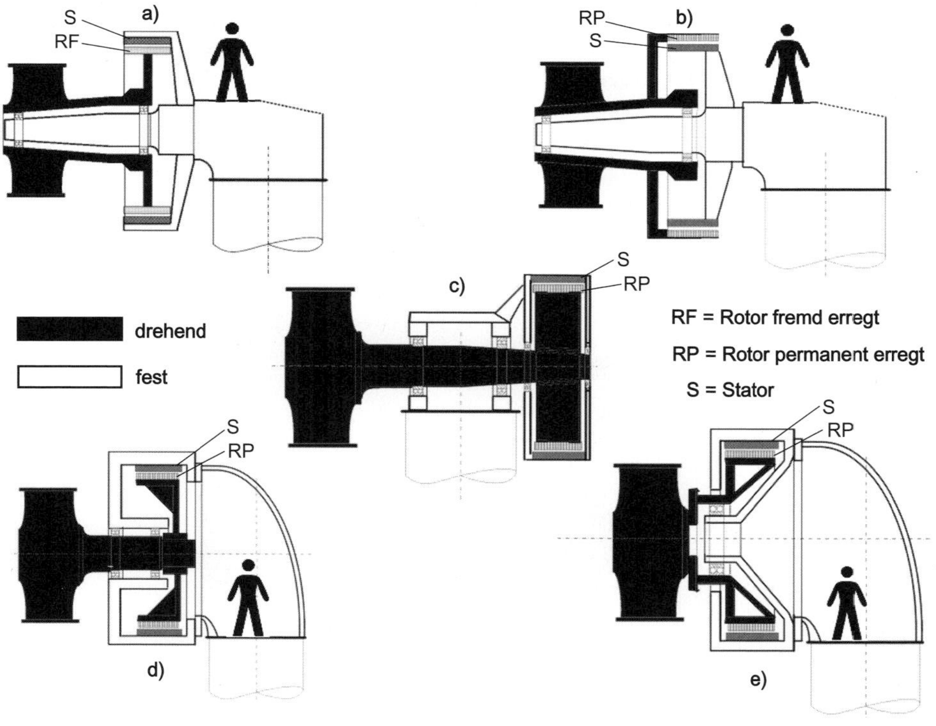

Bild 3-36 Triebstrangaufbau bei Direktantrieb in Anlehnung an a) Enercon, b) Vensys, c) Scanwind/GE (Aufsteckgenerator mit Drehmomentstütze), d) Switch, e) Harakosan

Eine Mischform im Aufbau des Maschinenträgers stellen die Anlagen der finnischen Firma WinWind Oy und die Multibrid M5000 der Firma Multibrid GmbH (vormals Prokon Nord) dar (Bild 3-37). Es wird bei letzterer ein vielpoliger mittelschnelldrehender Generator mit ca. 150 min^{-1} verwendet, so dass die sonst üblichen Stirnradstufen des Getriebes entfallen. Es entsteht ein äußerst kompaktes Maschinenhaus mit Gewichtsvorteilen sowohl gegenüber den gebräuchlichen Konzepten mit als auch denen ohne Getriebe.

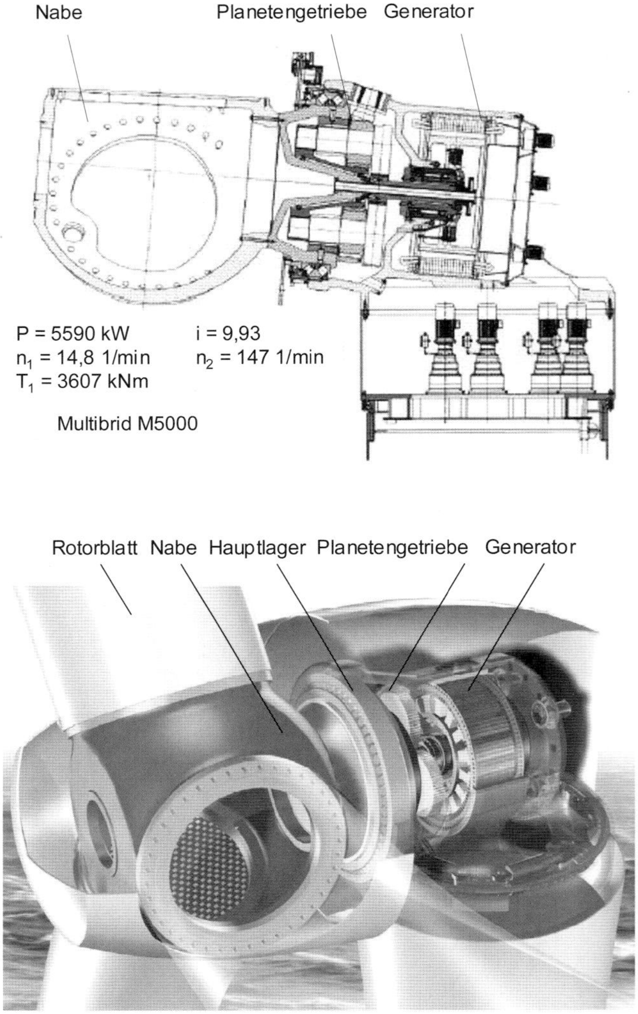

Bild 3-37 Multibrid M5000, D = 116 m, P = 5 MW (Fa. Multibrid GmbH /Prokon Nord, 2004)

Die verwendeten *Maschinenträger* werden entweder als Guss- oder als Schweißkonstruktion ausgeführt (Bild 3-38). Bei MW-Maschinen ist der Maschinenträger oft geteilt, weil die Bauteilabmessungen und Massen dies aus fertigungstechnischen Gründen erfordern. Wenn die Bauteilmassen der Gussteile von Multi-MW-Maschinen (Naben, Gehäuse, Maschinenträger) bis zu 100 t erreichen, sind die Kapazitätsgrenzen von Gießereien weitgehend erreicht.

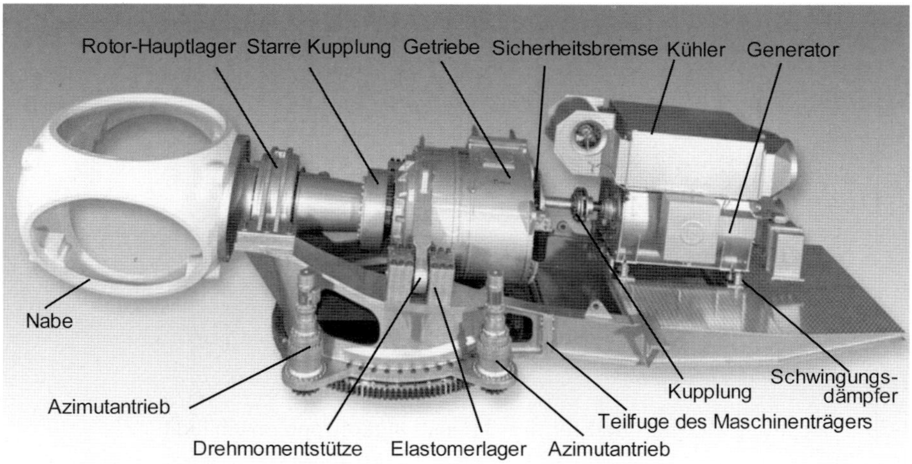

Bild 3-38 Teilintegrierte Bauform mit geteiltem Maschinenträger als Gusskonstruktion und Dreipunkt-Lagerung des Triebstrangs der D8 (Fa. DeWind, 2002)

Bild 3-39 zeigt den Triebstrangwirkungsgrad (inklusive Umrichter) für drei unterschiedliche Triebstrangkonzepte, getriebeloser, langsam drehender Generator sowie mit Getriebe und schnell, bzw. mittelschnell drehendem Generator. Es ist offensichtlich, dass im Bereich der häufigen niedrigen Windgeschwindigkeiten das Konzept mit Direktantrieb den höchsten Wirkungsgrad hat, was den Ertrag erhöht.

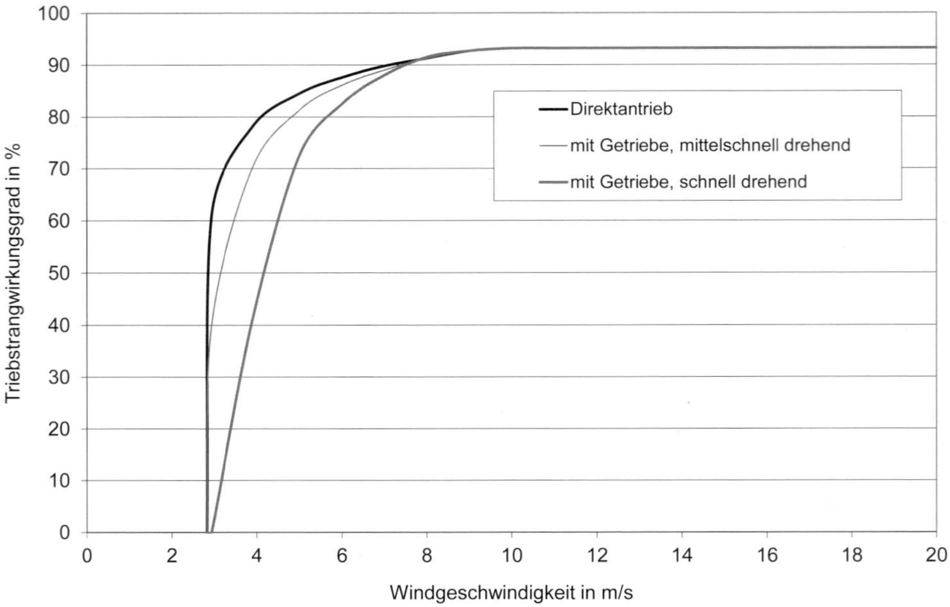

Bild 3-39 Triebstrangwirkungsgrad für drei Triebstrangkonzepte, nach [31]

3.2.2 Getriebe

Vorbemerkung

Das Getriebe wandelt die Drehzahl zwischen Rotor und Arbeitsmaschine und damit gleichzeitig das Drehmoment ($P = M \cdot 2 \cdot \pi \cdot n$). Schon bei den Bockwindmühlen wurde mit Hilfe des Stockgetriebes die Leistung vom langsam drehenden Rotor auf die schneller drehende Spindel zum Mahlsteinantrieb übertragen (vgl. Bild 2-5 b). Die Baugröße der Maschine bestimmt das notwenige Übersetzungsverhältnis. Da die Schnelllaufzahlen und die maximalen Blattspitzengeschwindigkeiten mehr oder weniger festliegen (vgl. Abschnitt 3.1), ergeben sich die Drehzahlen der Rotoren aus der Baugröße zwangsläufig und liegen meist viel niedriger als die der Arbeitsmaschine. Bei Generatoren folgen die Drehzahlen in erster Linie aus der Netzfrequenz und der Polzahl insbesondere bei starr netzgekoppeltem Asynchrongenerator. Bei anderen Arbeitsmaschinen resultieren sie aus dem Drehzahlbereich bester Wirkungsgrade, da das Gesamtsystem ja eine möglichst große Effizienz aufweisen soll.

Tabelle 3.1 Drehzahlwandler bei Windkraftanlagen

Baugruppe	Stirnrad-getriebe	Planetenrad-getriebe	Kegelrad-getriebe	Riementrieb	Kettentrieb	Hydrodynami-scher Wandler (Kupplung)
Schema	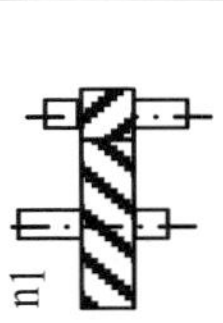	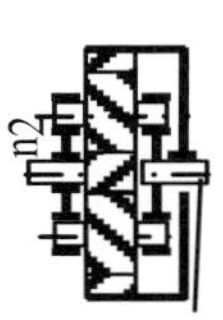		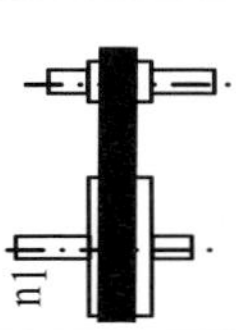	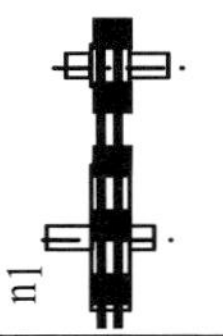	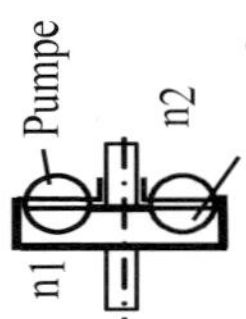
Übersetzungs-verhältnis bei WKA-Nutzung	$i = n_{an}:n_{ab}$ $\leq 1:5$	$\leq 1:7$	$\leq 1:5$	$\leq 1:3$	$\leq 1:5$	beliebig
Prinzip	Formschluss	Formschluss	Formschluss	Reibschluss	Formschluss	Leistungsüber-tragung hydraulisch
Anwendungs-gebiet	Alle Einsatzgebiete	Stromerzeugung ab 500 kW	Windpump-system	Windpump-system, dän. Konzept	Historische Pumpenanlage, Eigenbau	Prototypen mit Synchronge-nerator
Überlast-sicherung	nein, extern vorzusehen	nein, extern vorzusehen	nein, extern vorzusehen	ja, Schlupf, Durchrutschen	nein, extern vorzusehen	ja, Schlupf durch Flüssigkeit
Geräuschent-wicklung	hoch	niedriger	hoch	niedrig	hoch	niedrig
Wirkungsgrad	hoch	am höchsten	mittel	mittel	niedrig	im Bestpunkt hoch
Bemerkung	Bei kleineren Anlagen kostengünstig	Bei Großanlagen kostengünstig	90°-Winkel zwischen den Wellen	Schlupf reduziert Wirkungsgrad	nur für niedrige Drehzahlen	schlechte Teil-lastwirkungs-grade

In Tabelle 3.1 sind neben Getrieben auch andere *Drehzahlwandler* aufgeführt. Das Winkelgetriebe ist bei Windpumpsystemen nötig, um die Achsrichtung von horizontal auf vertikal zu ändern. Mittels Riementrieb erfolgt dann die Optimierung der Lastanpassung zwischen Kreiselpumpe und Windturbine, s. Kap. 10. Frühe Anlagen nach dem dänischen Konzept mit starrer Netzkopplung besaßen zwei Generatoren mit hinter dem Getriebe angeordnetem Riementrieb zur Leistungsübertragung auf den Schwachwindgenerator. Dieses Konzept ist heutzutage jedoch von einem polumschaltbaren Generator abgelöst (vgl. Bild 13-2). Kettentriebe sind aufgrund der geringen Turmgeschwindigkeiten nur in historischen Anlagen zu finden, z.B. in der Gedser-Anlage, s. Kap. 2.

Hydrodynamische Wandler und Strömungskupplungen wurden um 1980 verschiedentlich in den großen Versuchsanlagen (MOD-0A, WTS-3 und WWG-0600) eingesetzt, um Lastspitzen und „Stöße“ im Synchrongenerator (z.B. aus Turmschatten-Flügel-Interaktion und Triebstrangschwingungen) zu dämpfen. Dem Vorteil des Schlupfes durch das Fluid liegt der Nachteil von geringen Teillastwirkungsgraden und zusätzlich zu kühlenden Ölmengen gegenüber. Die Drehzahl-Entkopplung von Generator und Netz durch die AC-DC-AC-Stromrichter hat sie bei Anlagenkonzepten mit variabler Drehzahl überflüssig gemacht. Aufgrund von technischen Weiterentwicklungen der hydrodynamischen Wandler werden sie in neuen Windkraftanlagen mit „drehzahlweichem“ Rotor bei relativ konstanter Generatordrehzahl wieder eingesetzt (D8, Fa. DEwind).

Im Gegensatz zu üblichen technischen Anwendungen variieren bei Windkraftanlagen Lasten und Betriebszustände stark [10]. Dies bedeutet in Verbindung mit einzuhaltenden Schallleistungspegeln große Anforderungen an Verzahnung, Lagerung und Schmierung.

Tabelle 3.2 Erforderliches Übersetzungsverhältnis beim Betrieb einer Stall-Windkraftanlage (u_{Tip} = 70 m/s) dänischen Typs mit vierpoligem AS-Generator

Rotordurchmesser D in m	20	40	60	80
n_{Rotor} in min^{-1}	66,8	33,4	22,3	16,7
$n_{Generator}$ in min^{-1}	1500 (Schlupf unberücksichtigt)			
Übersetzung i	22,4	44,9	67,3	89,8
Leistung in kW (circa)	100	600	1300	2300

Die Baugröße eines Getriebes wird durch das notwendige *Übersetzungsverhältnis* zwischen Rotor und Generatorwelle bestimmt. Es ergibt sich aus der Rotordrehzahl (zu berechnen aus dem Rotordurchmesser bei festliegender maximaler Blattspitzengeschwindigkeit) und der Generatordrehzahl. Gehen wir von einer dänischen Stall-Anlage mit einem vierpoligen Asynchrongenerator aus, so beträgt die Generatordrehzahl annähernd 1500 min^{-1} (geringfügig über 1500 min^{-1}, abhängig vom Schlupf des

Generators). Die übliche maximale Blattspitzengeschwindigkeit liegt nach Bild 3-4 bei 70 m/s. Aus diesen Werten folgt das notwendige Übersetzungsverhältnis in Tabelle 3.2. Diese hohen Übersetzungen lassen sich nur durch mehrstufige Zahnrad-Getriebe realisieren, weil gleichzeitig hohe Leistungen zu übertragen sind.

Bei *Stirnradgetrieben* kämmen zwei achsparallel liegende Zahnräder ineinander (Tabelle 3.1 und 3.4). Fertigungstechnisch aufwendigere Schrägverzahnungen, bei denen stets zwei Zähne im Eingriff sind, haben sich durchgesetzt wegen der geringeren Geräuschentwicklung auf der Zahnflanke und höherer Lebensdauer aufgrund einer verbesserten Lastverteilung [11]. Mit zunehmendem Übersetzungsverhältnis steigt der erforderliche Achsabstand. Waren Stirnradgetriebe bei Kleinanlagen bis 500 kW noch kostengünstig einsetzbar (Bild 3-40), ist bei Großanlagen die Verwendung von mindestens einer *Planetenstufe* üblich wegen der bei gleicher Übersetzung geringeren Abmessungen, Kosten und Geräusche. Der Vergleich von Abmessungen, Gewicht und Kosten für eine 2,5 MW- Anlage in Tabelle 3.3 zeigt die Überlegenheit der mehrstufigen Planetengetriebe. In Tabelle 3.4 sind Stirnrad- und Planetengetriebe charakterisiert.

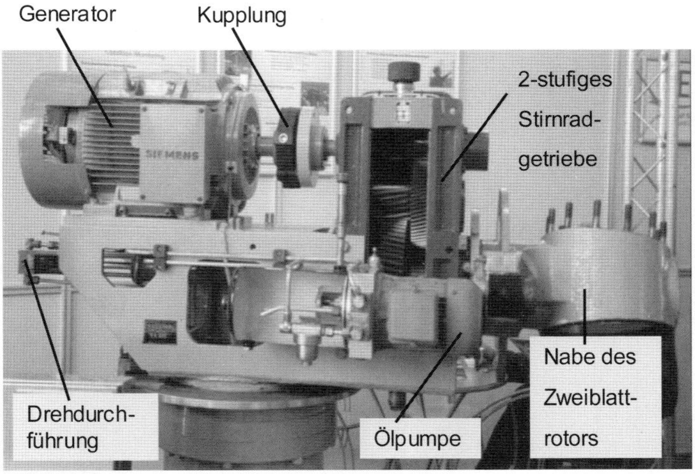

Bild 3-40 Kleinanlage (zweiflügeliger Leeläufer) mit zweistufigem, schrägverzahnten Stirnradgetriebe

In der Regel wird die Eingangsstufe des Getriebes als *Planetengetriebe* mit Hohlwelle ausgeführt, s. Bild 3-39 und 3-40. Dies erlaubt, die Drehdurchführung zur Nabe für Hydraulik, Elektrik und Elektronik zu realisieren. Planetengetriebe zeichnen sich dadurch aus, dass die drei (oder mehr) konzentrisch um das Sonnenrad angeordneten Planetenräder sowohl in diesem als auch im innenverzahnten Hohlrad kämmen [11...13]. Die Planetenräder sitzen auf einem umlaufenden oder feststehenden Planetenträger (Steg), s. Tabelle 3.4. Das Übersetzungsverhältnis *i* ist leicht verschieden, je nachdem, ob das Hohlrad oder der Steg festgesetzt ist, s. Bilder 3-41, 3-42 und 3-43.

Tabelle 3.3 Vergleich von Getriebebauarten für eine 2,5 MW-Anlage mit Übersetzungsverhältnis 1:60, nach [18] aus [6]

Stufenanzahl und Konfiguration	**Schema und Abmessungen**	**Masse in t**	**Relative Kosten in %**
2 Stufen: Stirnrad	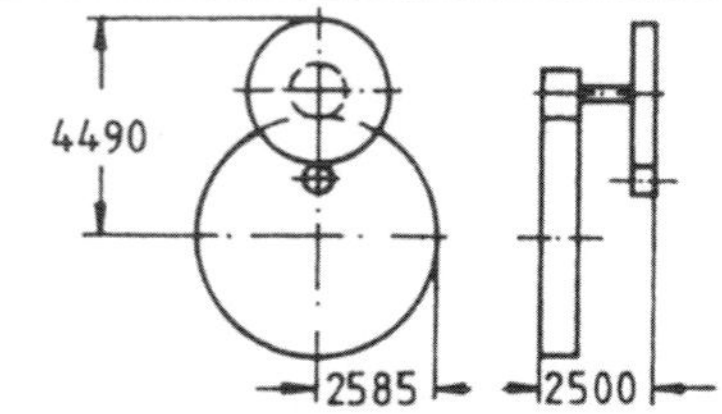	70	180
3 Stufen: Stirnrad	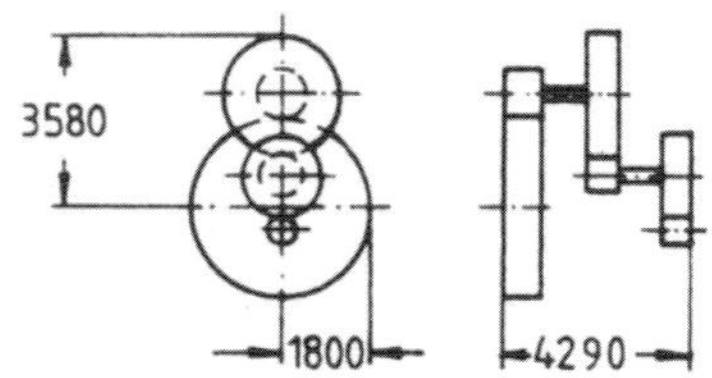	77	164
2 Stufen: 1 Planeten 1 Stirnrad	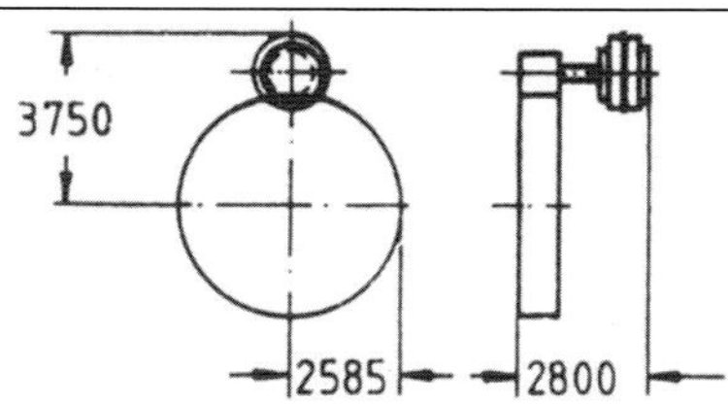	41	169
3 Stufen: 2 Planeten 1 Stirnrad	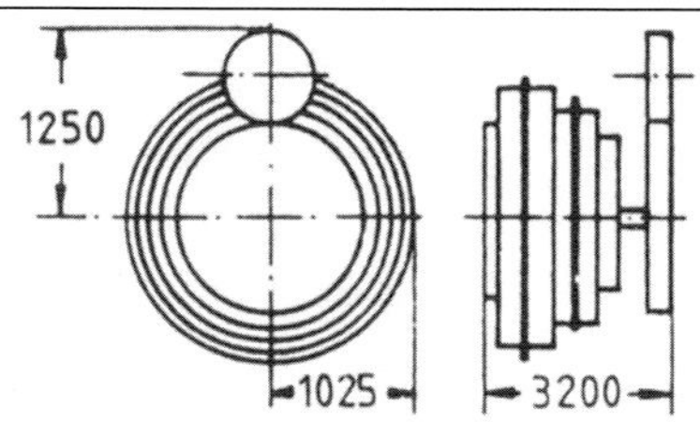	17	110
3-Stufen: Planeten	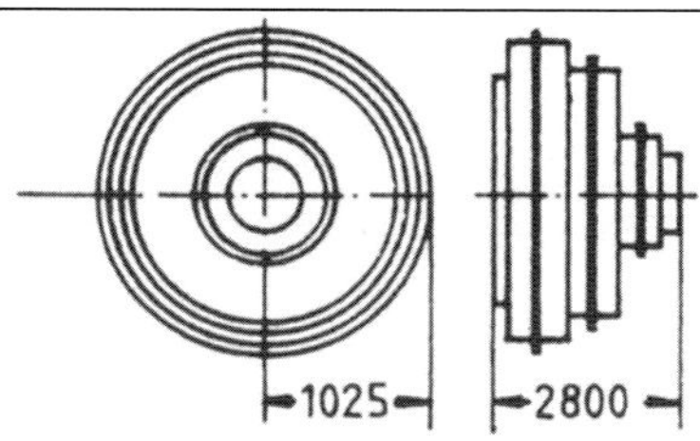	11	100

Dreht das Hohlrad und der Steg steht still, gilt für das Übersetzungsverhältnis

$$i = -n_{Sonne} / n_{HR} = -r_{HR} / r_{Sonne}$$

Etwas komplizierter werden die Verhältnisse, wenn das Hohlrad steht und der Steg dreht. Wie sich aus Bild 3-43, wegen gleicher Länge der Strecken AA_1 und BB_1, ableiten lässt, gilt dann:

$$i = n_{Sonne} / n_{Steg} = 1 + r_{HR} / r_{Sonne}$$

Vorteilhaft ist bei Planetengetrieben die Aufteilung der Umfangskraft auf mehrere Planeten, bei dreien auf F/3 unter 120° an der Sonne und unter 180° am Planeten. Die Bauform mit umlaufendem Hohlrad ist zwar konstruktiv komplizierter, überträgt aber weniger Körperschall auf das Gehäuse als die Variante mit stehendem Hohlrad [14].

Natürlich sollte das Getriebe 20 Jahre problemlos arbeiten, leicht sein, wenig Bauvolumen beanspruchen, einen geringen Geräuschpegel besitzen (v. a. ohne tonhaltige Anteile), Havarien überleben und zudem wartungsfreundlich sein [u.a. 15]. Weiterhin ist die notwendige Schmierung unter den vielfältigsten Betriebszuständen zu gewährleisten, auch bei niedrigsten Drehzahlen (Anlaufen, Trudelbetrieb) [10].

Diese recht widersprüchlichen Forderungen verlangen beim Entwurf einen erheblichen Aufwand bei der Berechnung von Statik, Dynamik, Festigkeit und Lebensdauer [15...17, 30]. Dieser steigt permanent aufgrund der gewonnenen Betriebserfahrungen und kann nur noch durch aufwändige numerische Berechnungen geleistet werden.

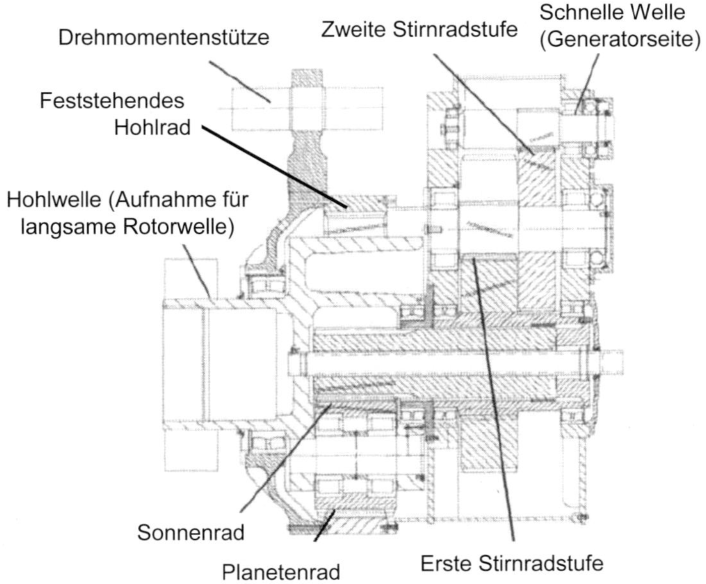

Bild 3-41 Dreistufiges Getriebe für Windkraftanlagen mit stehendem Hohlrad (Fa. Metso)

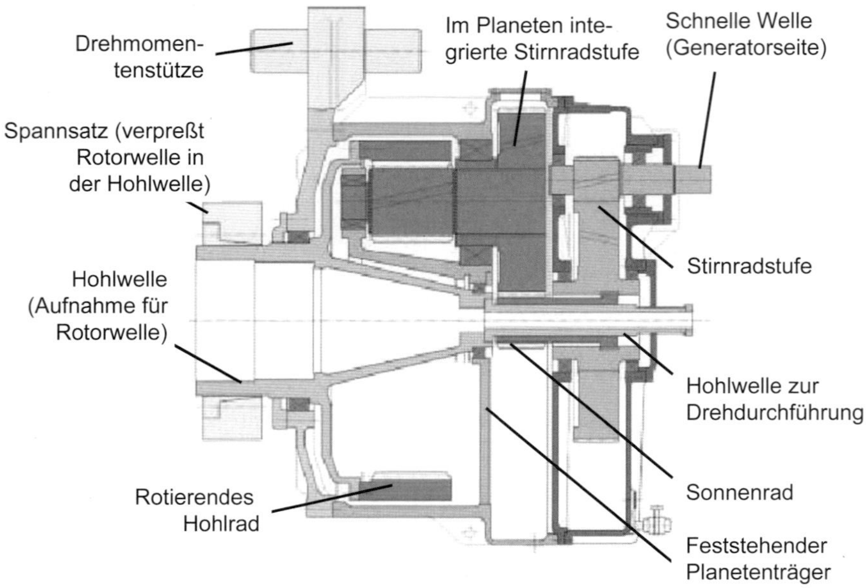

Bild 3-42 Dreistufiges Getriebe für Windkraftanlagen mit umlaufendem Hohlrad (Fa. Renk)

3.2.3 Kupplungen und Bremsen

Die Kupplung zwischen Hauptwelle und Getriebe ist wegen der enormen Drehmomente eine *starre Kupplung*. Bei der Dreipunktlagerung z.B. wird die Hauptwelle getriebeseitig eingeschrumpft oder wegen der besseren Lösbarkeit mechanisch hoch verspannt (Bild 3-42). Auf der hochtourigen Abtriebsseite genügt eine relativ schlanke Welle, um das Drehmoment zum Generator zu übertragen. Da aber zwischen Getriebe- und Generatorwelle Fluchtungsfehler auftreten können und zudem häufig auch der Generator auf schwingungs- und geräuschisolierenden Elastomerfüßen steht, muss die Kopplung dieser Wellen *elastisch* sein. Daher wird diese Kupplung zwar drehsteif, aber biegeelastisch ausgeführt (Lamellen, Scheiben oder Stahlbolzen in Gummiaugen), Bild 3-44. Zum Schutz von Getriebe und Generator besitzt die Kupplung auf der schnellen Welle oft eine Überlastsicherung (Rutschkupplung oder Scherbolzen).

Die Zertifizierungs-Richtlinien des Germanischen Lloyd [15] schreiben zwei unabhängige *Bremssysteme* vor. Mindestens eines davon muss aerodynamisch wirken. Bei Stall-Anlagen wird dies über verdrehbare Blattspitzen (Bilder 3-2 und 3-13) und bei Pitch-Anlagen durch die Verdrehung des gesamten Rotorblattes erfüllt (s. Kap. 3.1). Als zweites Bremssystem sind mechanische Scheibenbremsen üblich. Bei kleineren Anlagen (< 600 kW) sind Scheibenbremsen auf der langsamen Hauptwelle (Bild 3-38) oder auf der schnellen Seite des Getriebes gebräuchlich. Der Vorteil der

Bremsung auf der langsamen Seite ist, dass das Getriebe im Bremsvorgang nicht belastet wird. Mit zunehmender Baugröße der Windkraftanlage steigen allerdings die Bremsmomente stark an und damit die erforderliche Größe der Bremsscheibe. Eine der größten Serien-Anlagen mit einer mechanischen Scheibenbremse auf der langsamen Seite ist die TW-600 des ehemaligen Herstellers Tacke (jetzt GE Wind).

Üblich sind bei Serien-Anlagen mit Nennleistung größer 500 kW Scheibenbremsen, die auf der schnellen Welle arbeiten (Bild 3-45, sowie 3-31 bis 3-35). Für eine Notfallbremsung muss die mechanische Bremse so dimensioniert sein, dass der Rotor aus voller Last in den Stillstand gebremst werden kann. Im normalen Betrieb dient die mechanische Bremse jedoch lediglich als Feststellbremse. Für normale Bremsungen (keine Notfallbremsung) wird immer erst die aerodynamische Bremse aktiviert, und die mechanische Bremse bei geringem Restmoment zur Stillsetzung des Rotors betätigt.

Tabelle 3.4 Vergleich von Stirnrad- und Planetengetriebe

Bauart	**Stirnradgetriebe**	**Planetengetriebe**
Schema	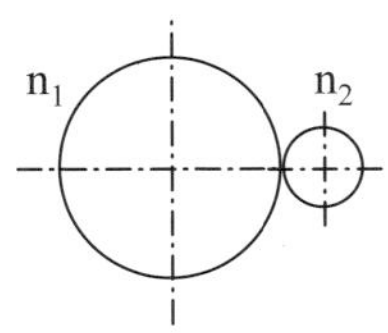	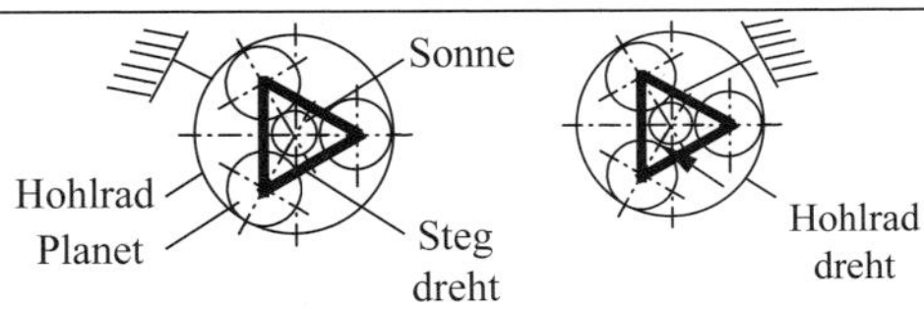 Hohlrad fest Steg fest
Übersetzung	$\leq$ 1:5	$\leq$ 1:7
Kraft je Eingriff	*F*	*F*/3 (bei 3 Planeten)
Zahneingriffsfrequenz	$1 \cdot n$	$3 \cdot n$
Gewicht	hoch	niedrig
Abmessungen	groß	klein
Geräuschentwicklung	hoch	niedrig
Wirkungsgrad	ca. 98% je Stufe	ca. 99% je Stufe
Kosten	< 500 kW günstig	> 500 kW mind. 1 Planetenstufe günstig

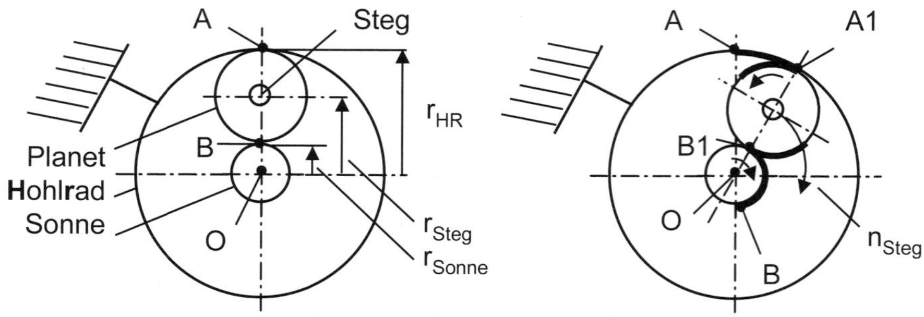

Bild 3-43 Kinematik des Abrollens beim festen Hohlrad und drehendem Steg der Planeten

Bei Windkraftanlagen mit Einzelblattverstellung kann die mechanische Bremse prinzipiell entfallen, da das aerodynamische Bremssystem wegen autonomer Antriebe redundant ist. Die Verstellung eines einzelnen Blattes reicht aus, um den Rotor aus voller Last komplett zu bremsen. Für Wartungsarbeiten sind eine mechanische Feststellbremse und zusätzlich eine Arretierung z. B. mit Sicherungsbolzen vorhanden. Diese mechanische Arretierung ist aus Gründen der Arbeitssicherheit bei allen Anlagen zu benutzen, wenn Personal am Rotor oder in der Rotornabe arbeitet.

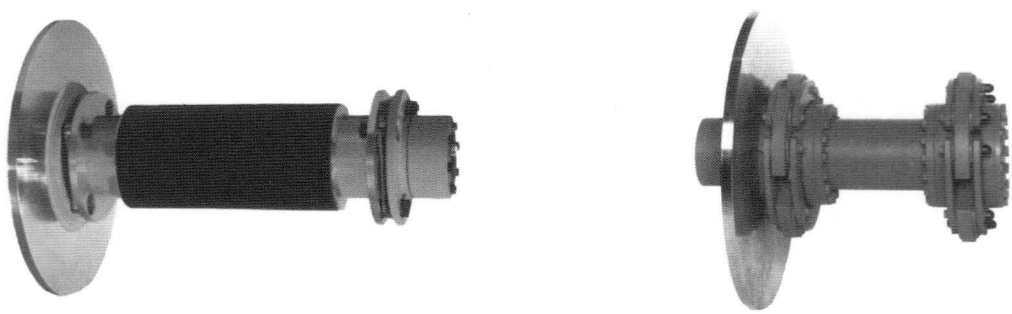

Bild 3-44 Hochtourige Wellen mit Bremsscheibe und zwei Kupplungen, links: kriechstromisoliert, rechts: elastische GKG-Kupplung (Fa. Winergy)

3.2.4 Generatoren

Eine genaue Beschreibung der Generatoren und ihrer elektrischen Eigenschaften befindet sich in Kapitel 11. An dieser Stelle sollen die Bauarten nur soweit beschrieben werden, wie es für den konstruktiven Aufbau des Triebstrangs relevant ist. Von Bedeutung ist in erster Linie die Polzahl, aus der die geforderten Betriebsdrehzahlen resultieren. Dies beantwortet dann die Frage, ob ein Getriebe notwendig ist oder nicht. Bei netzgeführten Asynchron-Generatoren, die in stall-geregelten Anlagen zum Einsatz kommen, sind 4-, 6- oder 8-polige Bauarten gebräuchlich. Die im Generatorbetrieb aus der 50 Hz Netzfrequenz folgende übersynchrone Drehzahl liegt je nach Schlupf etwas über 1500, 1000 bzw. 750 min^{-1}. Die geeigneten Getriebebauarten und deren Übersetzungen wurden bereits in Kapitel 3.2.2 aufgeführt.

Bild 3-45 Scheibenbremse an der schnellen Welle eines Getriebes (Fa. Svenborg)

Bei doppelt-gespeisten Asynchron-Generatoren, die mit variabler Drehzahl arbeiten, liegen die Drehzahlverhältnisse ähnlich. Nur langsam drehende vielpolige Ringgeneratoren (fremderregte oder permanenterregte Synchron-Generatoren) machen das Getriebe verzichtbar, s. Bild 3-30.

Eine Mischform stellt der mittelschnellläufige Generator der Multibrid M5000 dar, der bei mäßig hoher Polzahl mittels anderthalb Planetenstufen auf eine Drehzahl von ca. 150 min^{-1} angetrieben wird (Bild 3-38).

Je größer die Generatorleistung und je höher der Strombelag in der Maschine, desto mehr muss gekühlt werden, damit die zulässigen Wicklungstemperaturen von ca. 150°C nicht überschritten werden, vgl. Abschnitt 7.2. Bei Getriebeanlagen setzt man bei Leistungen von mehr als 1 MW eine drehzahl-unabhängige Fremdkühlung ein, sei es als Luft-Luft- oder als Luft-Wasserkühlung. Auch die Wassermantelkühlung wird bis ca. 2,5 MW genutzt, Bild 3-48. Bei den direktgetriebenen Ringgeneratoren geht man von der passiven Luftkühlung (Vensys, 1,5 MW) zur aktiven (Vensis 2,5 MW) und bei noch höheren Leistungen zur Luft-Wasserkühlung über.

Bei Generatoren größerer Leistung (> 1 MW) kommt die Wirksamkeit der Luftkühlung an ihre Grenzen, so dass auch wassergekühlte Maschinen eingesetzt werden. In jedem Fall ist man aufgrund von Korrosions-Problemen bei kleinen Anlagen aus den 1980er Jahren (Aeroman) von innengekühlten Maschinen abgekommen und verwendet ausschließlich außengekühlte Generatoren. Aufgrund seiner Größe kann der Ringgenerator der getriebelosen Anlagen (Bild 3-30) mit Luft gekühlt werden, wobei jedoch die Geräuschentwicklung im engen Spalt zwischen Generator-Stator und -Rotor zu minimieren ist.

3.3 Hilfsaggregate und sonstige Einrichtungen

3.3.1 Windrichtungsnachführung

Die *Ausrichtung des Rotors* in den Wind war schon bei den historischen Anlagen mit einigem Aufwand verknüpft. Erst Mitte des 18. Jh. gelang durch die Rosette eine Automatisierung der bis dahin mühevollen Aufgabe des Müllers, den Rotor über einen langen Ausleger (Steert) den wechselnden Windrichtungen nachzuführen (vgl. Kap. 2). Auch heute noch gehört die Windnachführung zu den "nicht trivialen" Funktionselementen einer Windkraftanlage.

Für die Windnachführung von Horizontalachsanlagen können als *passive* Systeme selbständiger Nachlauf von Leeläufern und Windfahnen bei Luvläufern unterschieden werden, als *aktive* Systeme z.B. Seitenrad und Giermotoren (auch Azimutmotoren genannt).

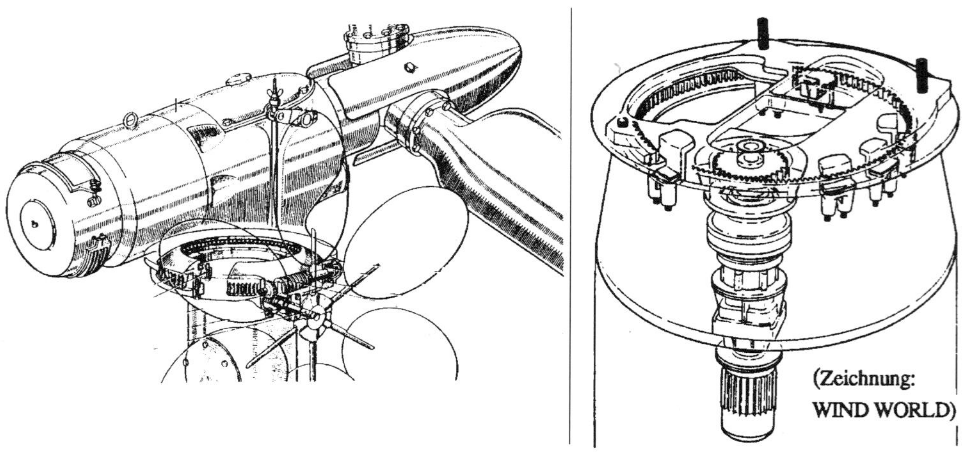

Bild 3-46 links: WKA mit Rosette zur Windnachführung (Fa. Allgaier) [19];
rechts: Azimutlager mit Azimutantrieb und -bremsen (Fa. WIND WORLD)

Wie in Abschnitt 3.1 schon ausgeführt, eignen sich Rotoren in Lee zum Turm zur *passiven Windnachführung durch selbständigen Nachlauf*, weil der "Winddruck" auf den Rotorkreis bei Schräganströmung des Rotors ein Giermoment um die Turmachse verursacht, das den Rotor wie eine Windfahne ausrichtet. Bei Schnellläufern mit geringer Flächenbelegung der Rotorkreisfläche funktioniert dieses Prinzip allerdings nur bei laufendem Rotor, weswegen für den Stillstand entweder die Gondelseitenwand zwischen Turm und Rotor als "Windfahne" wirken (SÜDWIND; Bild 3-18) oder aber ein aktives Hilfsaggregat installiert sein muss.

Die *Windfahne* für eine passive Windnachführung luvläufiger Rotoren gehört zu den Konstruktionsmerkmalen der Westernmill, s. Bild 3-1 und Kap. 12. Sie wird als simples Funktionsprinzip, das ohne externe Steuerung auskommt, auch bei anderen Kleinanlagen (vor allem Batterielader) gerne eingesetzt.

Passive Windnachführungen müssen so dimensioniert werden, dass die Gondel plötzlichen Windrichtungsänderungen nicht mit zu schnellen Gierbewegungen folgt. Denn dann ist die Anlage starken Zusatzbelastungen aus Kreiselkräften ausgesetzt. Bei den Zwei- und Einblattrotoren kommt zusätzlich noch eine starke dynamische Beanspruchung durch das mit dem Blattumlauf veränderliche Trägheitsmoment gegen diese Gierbewegung hinzu. Passive Nachführsysteme kommen daher im Allgemeinen nur bei Anlagen bis zu ca. 10 m Rotordurchmesser zum Einsatz.

A*ktive Nachführsysteme*, bei denen die Gondel durch einen Antrieb gegenüber dem Turm verdreht wird, werden sowohl bei Luv- als auch bei Leeläufern verwendet. Der Antrieb kann wie bei den alten Holländer-Windmühlen durch eine quer zum Wind angebrachte *Rosette* erfolgen und kommt dann ohne Fremdenergie aus. Das Drehmoment dieses kleinen "Hilfsrotors" wird über ein Schneckengetriebe mit hoher Übersetzung (bis zu 4000) an den Drehkranz am Turmanschluss übertragen (Bild 3-46).

Weiter verbreitet ist die Windnachführung durch einen oder mehrere elektrische oder auch hydraulische *Azimutmotoren***.** Der Azimutantrieb wird durch eine kleine Windfahne auf der Gondel (Bild 3-32) angesteuert und wirkt mit einer Stirnradverzahnung auf einen großen Drehkranz am Turmanschluss (Bilder 3-46 rechts, sowie 3-47). Da diese Verzahnung nicht spielfrei ausgeführt werden kann, würde eine durch Windrichtungsschwankungen hin- und her schlagende Gondel die Zahnflanken stark verschleißen, was zu verhindern ist. Deshalb wird die Gondel durch Bremsen fixiert, welche nur während der Nachführbewegung freigegeben werden, oft ergänzt um alternativ oder zusätzlich ständig wirkende Friktionsbremsen, gegen die die Nachführmotoren arbeiten müssen. Weiterhin ist beim Einsatz mehrerer Azimutmotoren möglich, diese zur Fixierung der Gondel gegeneinander „elektrisch zu verspannen". Bei großen Anlagen (>1 MW) werden bis zu 8 Motoren verwendet.

Bei der Auslegung ist darüber hinaus zu beachten, dass Drehschwingungen der Gondel auf den Turm als Torsionsschwingungen übertragen werden (vgl. Kap. 8). Die Ankopplung hängt aber davon ab, ob der Azimutantrieb geblockt und festgebremst ist, oder für ein Manöver freigegeben.

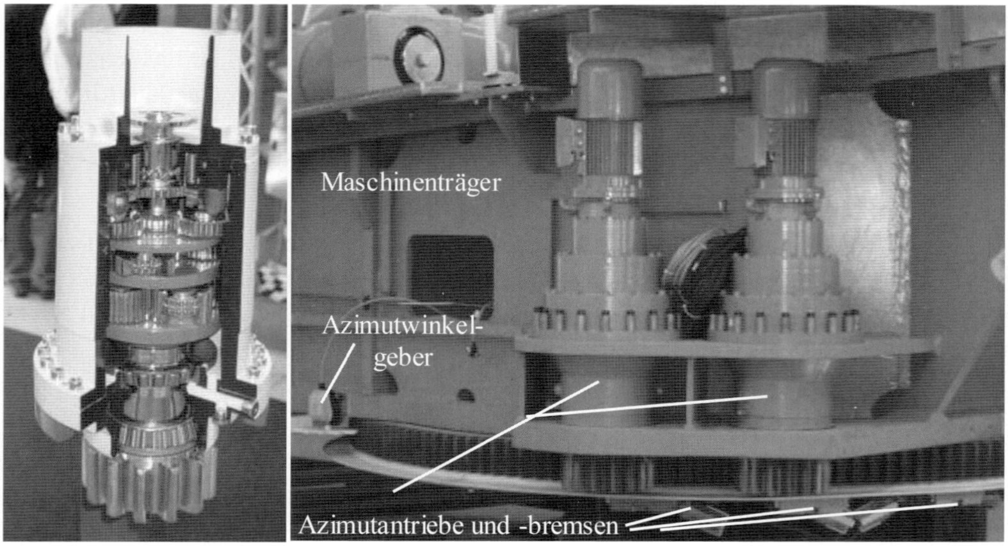

Bild 3-47 links: Aufgeschnittener Azimutantrieb mit mehrstufigem Planetengetriebe (Fa. Liebherr); rechts: Azimutantrieb, -bremsen und -winkelgeber, (Fa. REpower)

3.3.2 Kühlung und Heizung

Die thermischen Betriebsbedingungen von Windkraftanlagen können sich in einem breiten Bereich bewegen. In der Gondel entstehen durch die Verlustwärme von Getriebe und Generator schnell Temperaturen, die den zulässigen Betriebsbereich einzelner Bauteile nicht übersteigen sollten, insbesondere den der empfindlichen Elektronik. Zur gezielten Wärmeabfuhr werden daher spezielle Lüftersysteme dimensioniert, die einen geführten Luftstrom erzeugen. Besondere Beachtung ist hierbei der Minimierung von Geräuschentwicklung und Luftschallübertragung zu schenken.

Neben der Gondelkühlung existieren meist noch separate Kühlaggregate für einzelne Komponenten, z.B. Getriebe und Generator (Bild 3-34, 3-36). Da das zulässige Temperaturniveau im Generator höher ist als im Getriebe, kann ein kombinierter Öl-Wasser-Kühlkreislauf verwendet werden, Bild 3-48. Der Wasser-Luft-Kühler befindet sich dann oft außerhalb der Gondel, so dass diese, z.B. für offshore, vollständig gekapselt und klimatisiert werden kann. Eine Überhitzung des Getriebeöls zerstört sehr schnell Additive, was die Schmiereigenschaften verschlechtert und die Getriebelebensdauer erheblich verkürzt.

Im Winter herrschen an vielen Standorten Umgebungsbedingungen mit Temperaturen deutlich unter 0°C. Nach längerem Stillstand ist das Anlaufen der Windkraftanlage aufgrund des kalten, zähen Öls im Getriebe erheblich erschwert. Um einen besseren Anlauf und eine sichere Schmierung der Triebteile zu erreichen, werden daher Heizungen für das Getriebeöl eingesetzt. Außerdem darf die Temperatur in den Schaltschränken nicht zu niedrig werden. Eine Kapselung der Anlage durch Verschließeinrichtungen für die Lüftungsöffnungen ist auch hier sinnvoll, die jedoch die Maschinenkühlung im Sommer nicht behindern dürfen.

Weiterhin kommen auch *Rotorblatt-Heizungen* zum Einsatz, die der Verschlechterung der aerodynamischen Eigenschaften durch Eisansatz am Flügel, der Gefahr großer Massenunwuchten am Rotor sowie des negativen Einflusses von Kondenswasser im Flügel entgegenwirken. Die Rotorblatt-Heizungen werden entweder elektrisch mit Heizgelegen im Laminat des Rotorblattes oder durch Einblasen von Heißluft in das Flügelinnere ausgeführt.

Nicht zuletzt sind in kalten Klimazonen auch beheizte Gondelanemometer und -windfahnen einzusetzen. Ein eingefrorenes Anemometer bewirkt u.a. Ertragsausfall, da die Steuerung die Anlage trotz ausreichendem Wind nicht einschaltet. Eine festgefrorene Windfahne zeigt je nach Stellung eine scheinbare permanente Schräganströmung des Rotors, die zu ständigen Gondelnachführungen führt oder aber konstante Windrichtung trotz Schräganströmung, was beides zu Havarien führen kann, siehe z.B. [20].

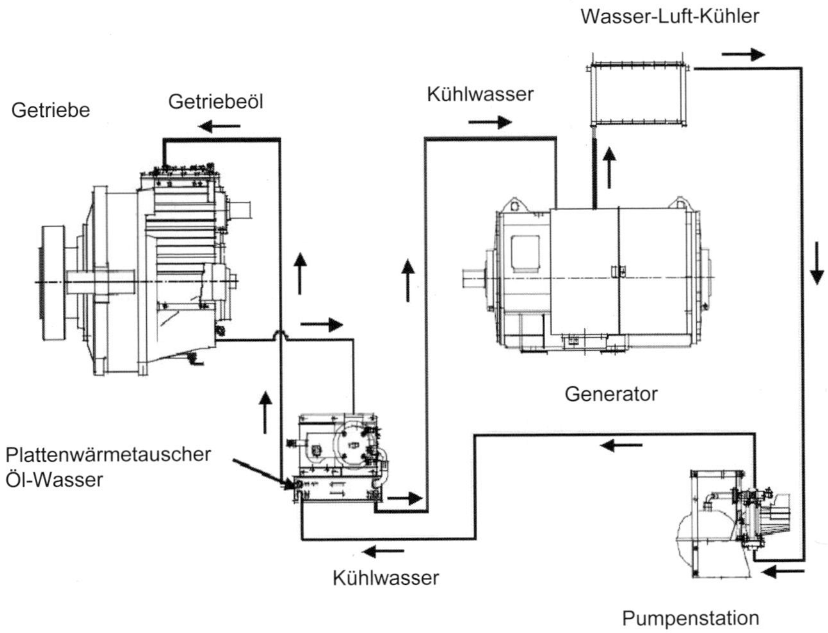

Bild 3-48 Kombinierter Öl-Wasser-Kühlkreislauf für Getriebe und Generator (Fa. Nordex)

3.3.3 Blitzschutz

Windkraftanlagen sind aufgrund ihrer Bauhöhe und der exponierten Standorte besonders durch Blitzeinschlag gefährdet. Daher sind Richtlinien für das Blitzschutzsystem entwickelt worden, z.B. die IEC 61400-24, vgl. Tabelle 9.1. Statistisch gesehen trifft nur ca. alle 10 Jahre ein Blitz eine WKA [21, 22], in exponierten Mittelgebirgslagen Deutschlands aber weitaus häufiger. Blitzeinschläge treten häufig an der höchsten Stelle, d.h. im Bereich der Blattspitze auf, bei MW-Anlagen gibt es aber auch Aufwärtsblitze von der Anlage in die Wolke hinein.

Für das gezielte Einfangen der Blitze tragen Rotorblätter an der Spitze so genannte Rezeptoren. Dies sind ca. 5 cm große runde Metallscheiben, die in die Oberfläche des Blattes an der Spitze eingearbeitet sind. Andere Hersteller sehen eine Reihe von Rezeptoren entlang des Blattes vor oder eine Aluminium-Blattspitze sowie -vorder- und -hinterkante. Das Ableiten der hohen Ströme (bis zu 100 kA) erfolgt z. B. im Inneren des Rotorblattes durch metallische Leiter. Kurzzeitig verdampfendes Kondensationswasser würde sonst u. U. ein Aufplatzen des Rotorblattes zur Folge haben. Viele Blatthersteller bauen im Bereich der Blattwurzel Registrierkarten ein, die abgeführte Blitzströme aufzeichnen und eine nachträgliche Analyse von Blitzeinschlägen ermöglichen. So kann auf eventuelle Schäden im Rotorblatt geschlossen werden.

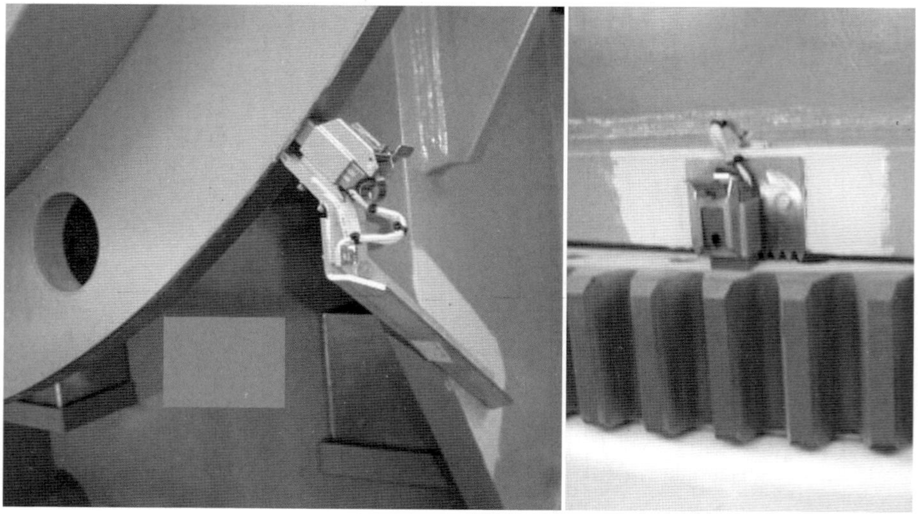

Bild 3-49 Komponenten des Blitzableitungssystems zur Überbrückung der Lager, links: Schleifkontakt an der Hauptwelle, rechts: am Azimutlager (Fa. REpower)

Um die gesamte Windkraftanlage vor Blitzschäden zu schützen, müssen die hohen Ströme gezielt weiter abgeführt werden. Besondere Schwierigkeiten treten bei der Überbrückung von Lagern auf, da durch die hohen Ströme sonst die Gefahr des

Punktverschweißens von Wälzkörper und Lauffläche auftritt. Als Schutz verwendet man Funkenstrecken, die an einer definierten Stelle ein freies Überschlagen der Blitzströme erzeugen sollen oder Schleifer mit Kohlebürsten, s. Bild 3-49. Die erste Hürde ergibt sich am Blattlager, sofern es sich um eine Pitch-Anlage mit Blattwinkelverstellung handelt. Die zweite Überleitung muss das Rotorhauptlager schützen und befindet sich zwischen Nabe und Maschinenträger. Die dritte Überleitung überbrückt das Turmkopflager und leitet den Strom vom Maschinenträger zum Turm ab. Bild 3-50 zeigt die verschiedenen Blitzschutzzonen (BSZ). In BSZ0 sind Direkteinschläge möglich (Rotor, Gondeldach mit Sensorik, Freileitungen). Im Turm werden die gleichen Maßnahmen zur Blitzableitung bis zum Erdungsanker eingesetzt wie im Gebäudebereich. Elektronische Bauteile, Steuerung, Schalteinrichtungen, Trafos, etc. erhalten einen zusätzlichen Blitzschutz.

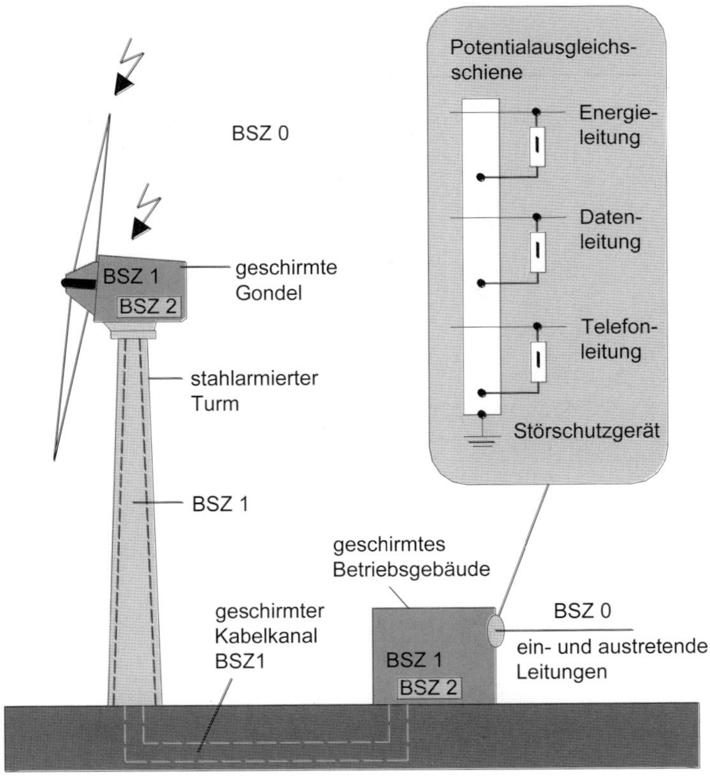

Bild 3-50 Blitzschutzzonen (BSZ) an einer Windkraftanlage [21]

Da nur ca. 30% der Schäden aus Direkteinschlägen kommen, 60% aus Blitzeinschlägen in Versorgungsleitungen (Strom und Telekommunikation), ist ein umfassendes Gesamtkonzept zum normgerechten Blitzschutz notwendig [21]. Regelmäßige Prüfungen des Erdungswiderstands sind im Betrieb erforderlich, um die Funktionsfähigkeit des Blitzschutzsystems vom Rotorblatt bis in die Erde sicherzustellen.

3.3.4 Hebezeuge

Um Werkzeuge oder kleinere Ersatzteile in die Gondel zu bringen, haben Windkraftanlagen in der Regel Seilwinden. Für das Manövrieren von Gegenständen in der Gondel gibt es oft Gondelkräne als Schwenkkräne (Bild 3-30, Bild 3-35) oder als Brückenkräne, die längs in der Gondel verfahren werden können (Bild 3-34). Für den Austausch größerer Komponenten sind Mobilkräne notwendig, wie sie auch zur Montage der Windkraftanlagen eingesetzt werden. Für die Aufstellung im Offshore-Bereich werden oft größere Gondelkräne vorgesehen, da der Einsatz externer Kräne mit hohen Kosten verbunden wäre. Bild 3-51 zeigt einen derartigen Gondelkran, mit dem ganze Baugruppen (Rotorlagerung, Getriebe, Generator) gewechselt werden können.

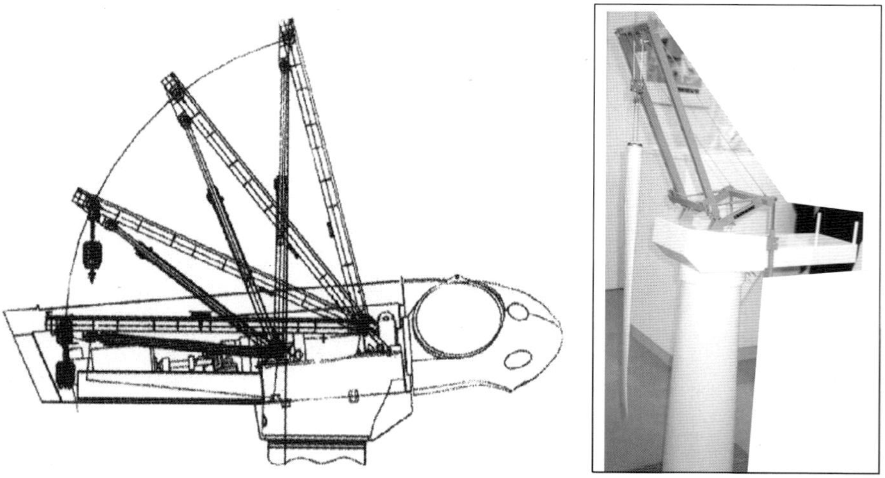

Bild 3-51 links: Gondel mit Hilfskran GE 3.6 (Fa. GE Wind); rechts: Modell (Fa. Liebherr)

3.3.5 Sensorik

Die Betriebsführung der Windkraftanlage (s. Kap. 12) benötigt zahlreiche Betriebs- und Umgebungsdaten. Daher befinden sich unterschiedlichste Sensoren in und auf der Gondel der Windkraftanlage.

Folgende Größen müssen laufend erfasst werden:

- Windgeschwindigkeit und -richtung (Bild 3-31)
- Drehzahl des Rotors und des Generators (Bild 3-52)
- Temperaturen (Umgebung, Lager, Getriebe, Generator, Gondel)
- Öldruck (Getriebe, Kühlkreisläufe, Pitchhydraulik)
- Pitch- und Azimutwinkel (Bilder 3-27 und 3-47)
- Elektrische Größen (Spannungen, Ströme, Phasenlage)
- Vibrationen und Gondelschwingung (z.B. Beschleunigungsgeber, Bild 3-52, sowie Näherungssensor für Notabschaltung)

Die Ausführung der einzelnen Sensoren sowie ihre Anbringung sind von Anlage zu Anlage sehr verschieden.

Es wird teilweise stark diskutiert, ob mehr Sensoren nur zusätzliche Elemente sind, die durch Ausfall und Fehlmeldung erhöhte Stillstandszeiten und Ertragsausfall bewirken, oder ob sie durch vermiedene Schäden (und Folgeschäden) sehr schnell ihre Zusatzkosten wieder einspielen. Die Betriebserfahrungen ergeben teilweise Komponentenlebensdauern, insbesondere z.B. bei Getrieben, von wenigen Jahren [23], was für den Betreiber aber auch dessen Versicherungen kostenmäßig ein Problem ist.

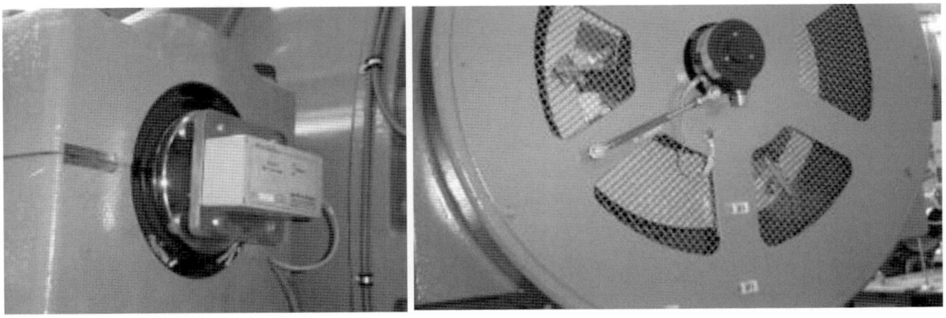

Bild 3-52 Beschleunigungssensor (horizontal u. vertikal, Fa. Mita Teknik) am Getriebelager und Drehzahlsensor am Generatorheck einer WKA (Fa. REpower)

Der Getriebewechsel benötigt meist die Rotordemontage, und Havarien haben meist Folgeschäden an anderen Komponenten. Aber nicht nur die hohen Reparaturkosten schlagen zu Buche, sondern auch der Ertragsausfall durch die Stillstandszeiten bis zur Reparatur, oft verlängert wegen schlechter Witterung und Erreichbarkeit. Daher etabliert sich mit steigender Anlagengröße gerade auch im Hinblick auf die eingeschränkte Zugänglichkeit von Offshore-Anlagen (s. Kap. 16) eine deutlich verstärkte Instrumentierung mit Sensorik, z.B. für Condition-Monitoring-Systeme (CMS). Diese dienen zur Zustandsüberwachung von Lager und Getriebe mittels Frequenzanalyse der auftretenden Schwingungen und sind für den Einsatz zu zertifizieren [24]. Per Fernüberwachung ist dann ein rechtzeitiges Entdecken von entstehenden Schädigungen möglich, wodurch Reparaturzeitpunkte besser geplant und vor allem Havarien mit kostenintensiven Folgeschäden vermieden werden. Insbesondere offshore ist auch aus versicherungstechnischen Gründen eine verstärkte Lastüberwachung (Wind, Wellen, Eis, etc.) notwendig. Zur Vermeidung von Schäden ist trotz der Überwachungssensorik weiterhin eine regelmäßige Inspektion der Windkraftanlage wichtig. Denn einige Schadensursachen - wie z. B. unnötige Zusatzbelastungen durch massenbedingte oder aerodynamische Rotorunwuchten [25] sowie Fluchtungsfehler im Triebstrang - sind nicht mit heute üblichen CMS, sondern erst durch gesonderte Messungen ermittelbar.

3.4 Turm und Fundament

3.4.1 Turm

Von Horizontalachs-Windkraftanlagen sind *Turm und Gründung* die bautechnischen Komponenten, deren Bedeutung vom Maschinenbauer oft unterschätzt wird. Andererseits war die Standfestigkeit der Windkraftanlagen das erste, was von behördlicher Seite für deren Genehmigung nachgewiesen werden musste, wodurch der mit der

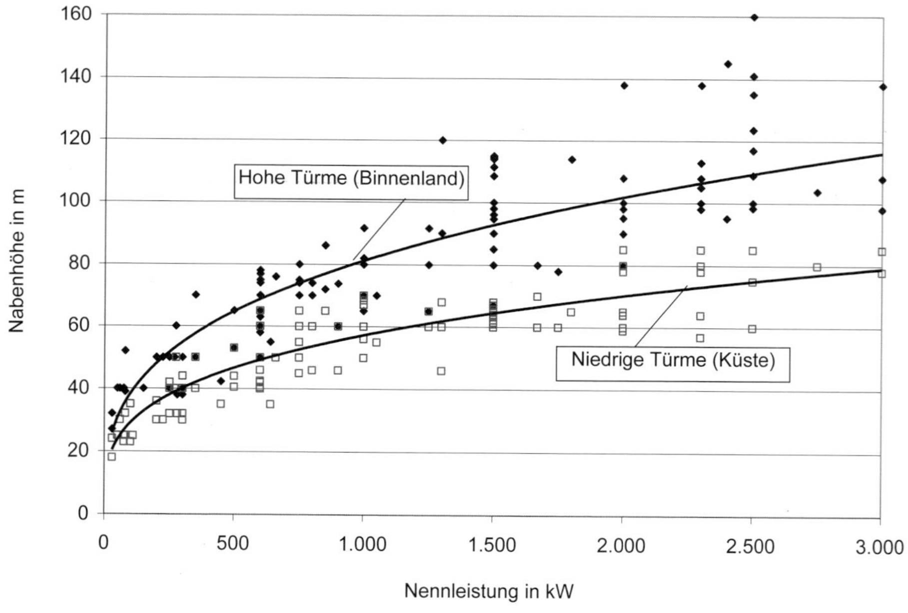

Bild 3-53 Nabenhöhe in Abhängigkeit von der Nennleistung

Zusammenstellung der Prüfunterlagen geplagte Hersteller zu einer intensiven Auseinandersetzung mit seinem "Bauwerk" gezwungen war. Mindestens ebenso wichtig wie die statische Standfestigkeit der Windkraftanlage ist allerdings auch das dynamische Verhalten des *Turms*, die Betriebsfestigkeit (s. Kap. 8 und 9).

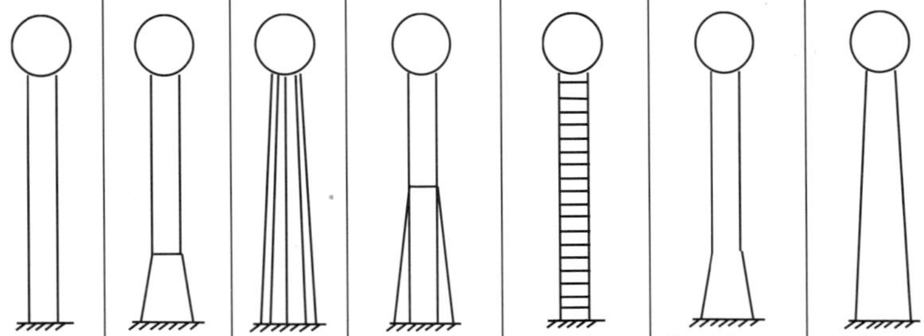

Material:	Stahl				Beton		
Anlage: **WKA-60-II** Rotor: 3-Blatt, ∅ 60 m Rotordrehzahl: $n = 23\ min^{-1}$ = 0,3833 Hz Blattfrequenz: 3 x n = 1,15 Hz Kopfmasse: 207 t Nabenhöhe: 50 m	zylin- drisch	unten konisch	Gitter- turm	G.t. abge- spannt	Fertig- bauweise	Ort-Beton	Ort- Beton
1. Biegeeigenfrequenz $f_{eigen.1}$ [Hz] $f_{eigen.1} / n$ [p]	0,55 1,44	0,56 1,46	0,55 1,44	0,55 1,44	0,65 1,70	0,96 2,50	0,96 2,50
∅ oben [m] ∅ unten [m] Wandstärke [mm]	3,50 3,50 gestuft 35–20	3,20 7,50 20	3,10 4,30 20	2,70 2,70 20	3,50 3,50 gestuft 520/250	3,30 5,40 300	3,50 8,10 300
Turmmasse [t]	114	90	87	63 + Spann- seile	430	455	540
Kosten für tragende Struktur [%]	230	185	175	200	100	115 (schlaff) 160 (Spann-)	135 (schlaff) 185 (Spann-)

Bild 3-54 Verschiedene Turmauslegungen für die WKA-60, nach [26]

Darüber hinaus spielt der Turm aus mehrerlei Gründen auch für die *Wirtschaftlichkeit* der Windkraftanlage eine entscheidende Rolle: Mit 15 bis 20% hat er bereits einen erheblichen Anteil an den Kosten für die komplette Anlage ab Werk. Außerdem ist er maßgeblich für *Kosten von Transport und Montage* verantwortlich. Auf der anderen

Seite werden auch die Einnahmen aus den Energieerträgen stark von den Türmen, oder genauer gesagt von den *Nabenhöhen* bestimmt. Da die Windgeschwindigkeit mit der Höhe steigt und Nabenhöhen außerhalb der turbulenten Bodengrenzschicht höhere Energieerträge bringen (vgl. Kap. 4), ist die Wahl der geeigneten Turmhöhe für jeden Standort individuell zu treffen. Um die Auswahl und Zertifizierung zu vereinfachen, bieten die Hersteller daher jede Anlage mit mehreren gestuften Nabenhöhen an. So kann jeweils das beste Kosten/Nutzen-Verhältnis erreicht werden.

An der Küste (kleine Rauhigkeitslänge, geringere Turbulenzintensitäten) kommen aufgrund der schnell mit der Höhe zunehmenden Windgeschwindigkeit in der Regel niedrige Türme zur Anwendung, s. Bild 3-53. Im Binnenland (größere Rauigkeitslänge, höhere Turbulenzintensitäten) werden wegen der größeren Bodengrenzschicht hohe Türme verwendet. Das Verhältnis Nabenhöhe zu Rotordurchmesser bewegt sich für die Küsten-Anlagen im Bereich von 1,0 bis 1,4 und für Binnenland-Anlagen von 1,2 bis 1,8. Die höheren Werte gelten für Anlagen mit geringerer Nennleistung (ca. 300 kW) die niedrigeren Werte für Anlagen im MW-Bereich.

Strukturell wird zwischen

- weicher und
- steifer Turmauslegung

unterschieden (s. Campbell-Diagramme in. Kap. 8). Bei *steifen Türmen* liegt die erste Biegeeigenfrequenz des Turms oberhalb der schwingungsanregenden Rotordrehzahl n, d.h. der Umlauffrequenz. Bei *weichen Türmen* liegt dagegen die erste Biegeeigenfrequenz des Turms unterhalb der Umlauffrequenz für den Nennbetrieb der Anlage, so dass die Turmresonanz beim Hochfahren der Anlage "kontrolliert" zu durchlaufen ist, ohne dass das System sich aufschwingt.

In Bild 3-54 liegt beispielsweise für alle Turmvarianten der WKA-60 die Rotordrehzahl unter, die Blattfrequenz (Umlauffrequenz × Blattzahl) jedoch oberhalb der ersten Biegeeigenfrequenz. Auch ist für alle Varianten mit Stahlturm die zweite Biegeeigenfrequenz sehr nah an der Blattfrequenz von 1,15 Hz, daher wurde die WKA-60 mit Betonturm gebaut. Besonders knifflig ist die dynamische Auslegung von drehzahlvariabel betriebenen Anlagen, s. Kap. 8. Bei kleinen und mittleren Anlagen (< 500 kW) sind die Türme meist steif ausgelegt, während man bei großen Anlagen fast immer zur weichen Turmauslegung greift, um Material und somit Kosten einzusparen.

Konstruktiv wird zwischen

- freitragenden Türmen und
- abgespannten Masten

unterschieden.

Freitragende Türme haben eine hohe Nick- und Torsionssteifigkeit, erfordern allerdings einen hohen Materialeinsatz, wenn sie biegesteif gebaut werden sollen. *Gitter-*

türme kommen für eine steife Turmauslegung mit dem geringsten Material aus: im Vergleich zu einem steifen Rohrturm mit etwa der Hälfte, s. Bild 3-54. Zudem haben sie wegen der vielen Fügestellen eine höhere Eigendämpfung als entsprechende Stahlrohrtürme. Gittertürme waren daher bei den dänischen Anlagen der ersten Generation häufig zu finden, wurden später jedoch aus optischen Gründen (Landschaftsbild) und auch aus Kostengründen seltener gebaut. Die Fertigung lässt sich nicht so weitgehend automatisieren wie bei Stahlrohrtürmen, die auf Drei-Rollen-Biegebänken und mit Schweißautomaten gefertigt werden (Bild 3-55, oben). Daher ist der Lohnkostenanteil bei Gittertürmen viel höher als bei Stahlrohrtürmen. In Ländern mit einer anderen Struktur der Fertigungskosten (niedrige Lohnkosten im Verhältnis zu den Materialkosten) sind Gittertürme jedoch verbreitet. Auch die Westernmills werden nach wie vor mit Gittertürmen gebaut. Jedoch kommen für MW-Anlagen im Binnenland bei sehr großen Nabenhöhen (> 100 m) Gittertürme inzwischen wieder in Betracht (Bild 3-55 unten). Der spezifische Massenvorteil macht sich wirtschaftlich vorteilhaft bemerkbar, und ein Baukastensystem für verschiedene Turmhöhen senkt die Zertifizierungskosten. Durch die Montage der Turmsegmente vor Ort entfallen weiterhin die Transportbeschränkungen für den maximalen Turmdurchmesser (Durchfahrtshöhen, Kurvenradien).

Rohrtürme werden mit rundem oder auch vieleckigem Querschnitt gebaut. Der Rotorschub hat am Turmfuß den Hebelarm der gesamten Nabenhöhe. Die sich nach oben hin verjüngende Geometrie wird der Verteilung der Biegemomente gerecht. Außerdem können am Turmfuß größere (Material sparende) Turmdurchmesser ohne Störung der Aerodynamik des Rotors realisiert werden.

Der Turmfußdurchmesser stößt jedoch bei Anlagen der MW-Klasse an die Grenzen der Transportmöglichkeiten. Brückendurchfahrten sind üblicherweise mit 4,0 bis 4,2 m limitiert. Der Turmfußdurchmesser einer 2 MW Vestas V-80 beträgt beispielsweise beim 80 m-Turm genau 4,0 m. Rohrtürme werden überwiegend aus *Stahl* gebaut. Es kommen auch *Schleuderbetontürme* zum Einsatz, die günstiger in der Herstellung sind, wegen ihres deutlich höheren Gewichts aber Mehrkosten bei Transport und Montage verursachen können.

Um Transport und Montage zu vereinfachen, gibt es die Alternative, mit einer Kletterschalung *Betontürme in Ort-Beton* herzustellen (Bild 3-56). Problematisch ist allerdings die Qualitätskontrolle. Wird in 100 m Höhe bei niedrigen Temperaturen im Winter betoniert, muss besondere Sorgfalt gewährleistet werden. Daher bietet z. B. ENERCON als weitere Alternative einen Beton-Turm an, der aus vorgefertigten Segmenten aufgebaut wird. Dieses Verfahren ist vor allem bei Großserien günstig, jedoch bei kleinen Serien deutlich teurer als Ort-Beton. Betontürme haben eine bessere Strukturdämpfung als Stahltürme, benötigen jedoch Zuganker mit Stahlseilen, um den Beton vorzuspannen, der Zugkräfte nur bedingt aufnehmen kann.

Bild 3-55 oben: Fertigung von Stahlrohrturmsegmenten: links: Blechbiegen auf Drei-Rollen-Biegebank, rechts: Zusammenschweißen
unten: FL 2500 in Laasow mit 160m-Gitterturm: links: Montage der unteren Turmsegmente, rechts: fertig montierte Anlage (Fa. Seeba, W2E, Fuhrländer)

Um die Vorteile beider Materialien zu verbinden, gibt es *Hybrid-Türme*, die im unteren Bereich betoniert sind, im oberen Abschnitt wird ein Stahlrohrsegment aufgesetzt. So kann auch das Transportproblem für das unterste, breiteste Turmsegment vermieden werden. Bild 3-57 zeigt einen Hybrid-Turm mit nur kurzem Betonsockel. Zum Verspannen von Beton- und Stahlrohrteil hat er innen offen liegende Zuganker, die eine Spannungskontrolle und ein Nachspannen einfach möglich machen.

Bild 3-56 Turm aus Ort-Beton mit Kletterschalung (Fa. Pfleiderer)

Bild 3-57 Hybrid-Turm (Fa. GE Wind)

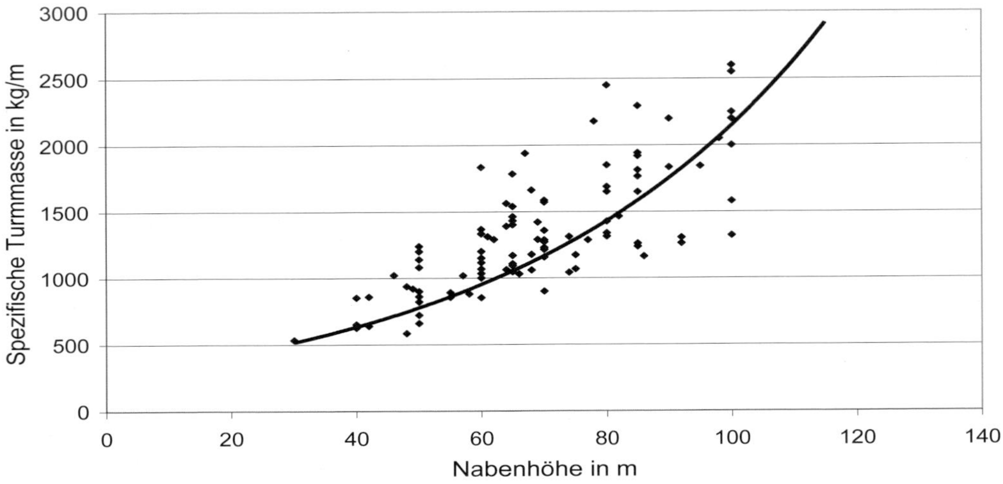

Bild 3-58 Spezifische Turmmassen von Stahltürmen in Abhängigkeit von der Nabenhöhe, nach [27]

Bild 3-58 zeigt eine Zusammenstellung von typischen *spezifischen Turmmassen* in Abhängigkeit von der Nabenhöhe für unterschiedliche Bauarten von freistehenden Türmen. Die erforderlichen Turmmassen steigen entsprechend der Strukturbelastung (vgl. Kap. 8) in etwa quadratisch mit der Nabenhöhe. Die große Streuung der Werte ist typ- und herstellerbedingt.

Abgespannte Masten sind besonders bei kleineren Anlagen, z.B. Aerosmart 5 (Bild 3-59a) oder SÜDWIND 1237 (Bild 3-18), sehr verbreitet, weil sie leicht sind und sich gut für einen Aufbau der Anlage mit Jütbaum und Winde – d.h. ohne Kranhilfe – eignen (Bild 3-60, rechts). Dadurch können Kosten bei Transport und Montage deutlich reduziert werden. Abgespannte Masten benötigen eine definierte Spannung in den Seilen, die regelmäßig kontrolliert werden muss. Eine interessante Variante der abgespannten Masten ist für Kleinanlagen entwickelt worden, die bei mobilen Container-Hybridsystemen (Wind-Solar-Diesel-Batterie o.ä.) eingesetzt werden (Bild 3-59b). Hier geschehen die Mastbefestigung und auch die Abspannung am Container, so dass die Aufstellung keine Fundamentierung und Bodenverankerung erfordert.

Sonderbauformen für Kleinanlagen, die ebenfalls auf ein leichtes Aufrichten und Ablassen von der Windturbine zielen, sind der A-Mast (Bild 3-60) oder der dreibeinige Turm. Er kommt aufgrund seiner großen Standfläche ohne Beton-Fundament aus und wird nur durch Erdnägel im Grund verankert.

Bild 3-59 a) Abgespannter Rohrmast (Aerosmart 5), b) mobiles Hybridsystem (Terracon Energiecontainer)

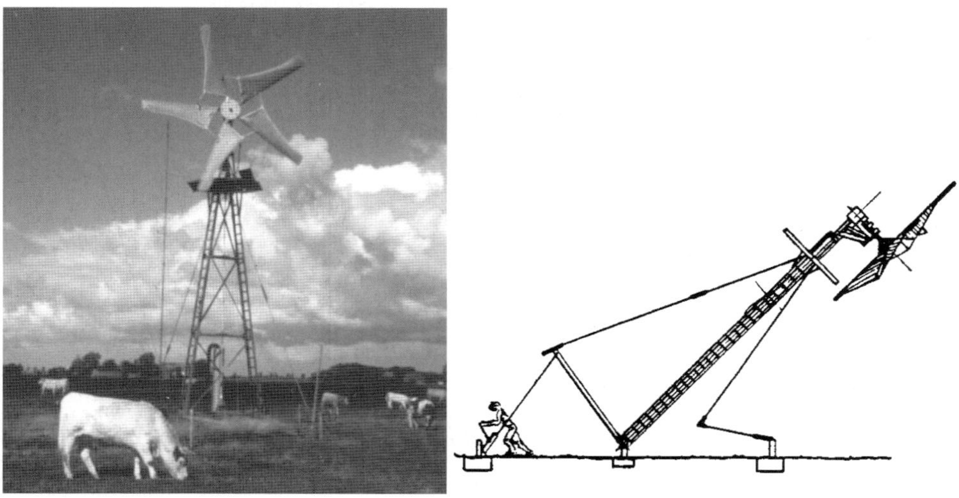

Bild 3-60 Segelwindpumpe mit abgespanntem A-Mast, Errichtung mit Jütbaum und Winde

3.4.2 Fundament

Als Gründung haben Windkraftanlagen in der Regel *Blockfundamente* aus Beton, s. Bild 3-61. Das zentrale Flachfundament von freistehenden Türmen verhindert ein Kippen der Anlage (Berechnung gegen klaffende Fuge). Dagegen sichert in der aufgelösten Bauweise der Fundamente bei abgespannten Masten (Bild 3-59, 3-60 und 3-62) das Mastfundament vor Einsinken der Anlage aufgrund des Eigengewichts der Anlage und der Vertikalkomponenten der Abspannkräfte. Die Abspannfundamente nehmen die Zugkräfte der Seile auf. Bei den aufgelösten Fundamenten von Gittertürmen ergibt sich eine Kombination dieser Belastungsgrößen.

Eine wichtige Grundlage für die Dimensionierung von Flachfundamenten ist die *Erstellung eines Bodengutachtens*. Hiermit wird standortbezogen nachgewiesen, dass die Belastung die Tragfähigkeit des Untergrunds nicht überschreitet. Bei besonders weichem Untergrund (z.B. Marschboden an der Nordsee-Küste) sind unter Umständen zusätzlich aufwendige Pfahlgründungen erforderlich. Bild 3-61 zeigt ein typisches Flachfundament während der Bauphase. Zu beachten ist, dass vor dem Betonieren auch die Kabeldurchführung und Erdung installiert ist. Ein Fundament für eine 600 kW-Anlage enthält neben ca. 165 m^3 Beton zusätzlich ca. 25 t Stahlarmierung.

Bild 3-61 Flachfundament

Bild 3-62 Abspannungsfundament für Stahlrohrmast

3.5 Fertigung

Üblicherweise werden die Maschinengondeln komplett in der Werkshalle vormontiert und als ganze Einheit zum Errichtungsort der Windkraftanlage gebracht. Während der Vormontage in der Werkshalle sind zum Bewegen der einzelnen Komponenten (Maschinenträger, Getriebe, Generator, usw.) unterschiedliche Krankapazitäten erforderlich. Zum Teil werden Brückenkräne oder einzelne Schwenkkräne an den Montageplätzen eingesetzt. Bild 3-63 zeigt einen Blick in eine Werkshalle von ENERCON. Die maximale Krankapazität wird zum Verladen der fertigen Gondel benötigt, meist als Brückenkran. Bild 3-64 gibt eine Übersicht über Gondelgewichte einzelner Baugrößen. Der Vergleich mit den nach Ähnlichkeitsgesetzen hochskalierten Massen einer 500 kW-Anlage zeigt, dass mit zunehmender Baugröße stärker auf Gewichtsreduzierung durch Leichtbau geachtet wird.

Bei kleineren Windkraftanlagen können Nabe und Gondel schon vor dem Transport verschraubt werden, Naben für die MW-Klasse sind jedoch so groß und schwer, dass sie separat transportiert werden. An der Errichtungsstelle werden die Nabe und die drei Blätter als Rotor am Boden vormontiert und in luftiger Höhe angeflanscht (siehe Bild 3-57). Nichtsdestotrotz gibt es vor der Auslieferung meist einen Funktionstest des Gesamtsystems auf einem Prüfstand, um das einwandfreie Zusammenspiel von Sensorik, Triebstrang, Pitchsystem und Windrichtungsnachführung sowie Regelung und Leistungselektronik zu prüfen.

Bild 3-63 Werkshalle zur Gondelmontage der Fa. ENERCON

Die *Fertigungstiefe* ist je nach Hersteller sehr verschieden und lässt sich in die zwei Unternehmensphilosophien der hohen bzw. niedrigen Fertigungstiefe unterscheiden, s. Tabelle 3.5. Bei kleineren Herstellern mit geringem Marktanteil herrscht eher die

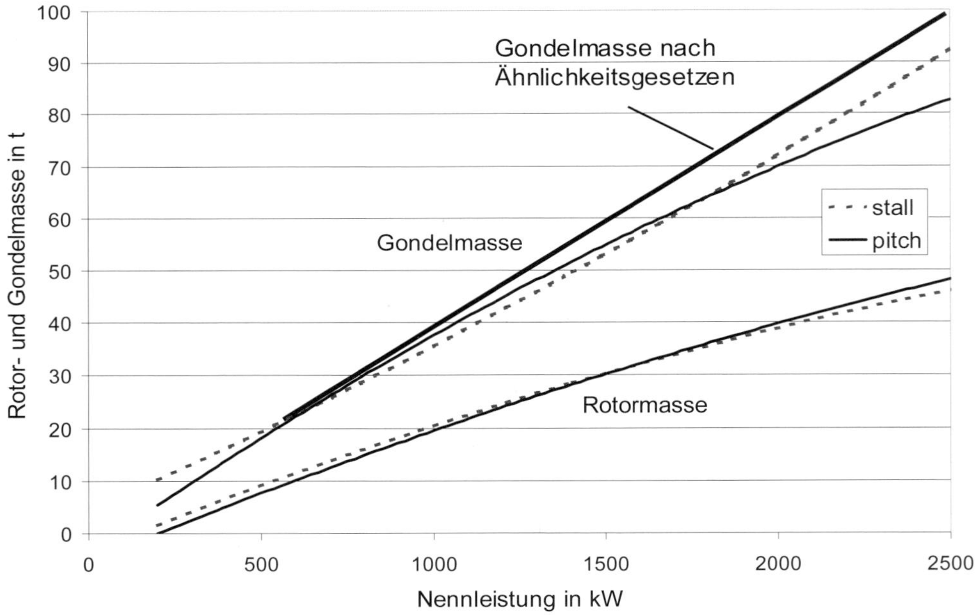

Bild 3-64 Rotor- und Gondelmassen in Abhängigkeit der Baugröße

geringe Fertigungstiefe vor, mit zunehmender Größe der Unternehmen und höheren Marktanteilen steigt die Fertigungstiefe. Eine Besonderheit ergibt sich im Bereich der Multi-MW-Anlagen. Da in der Regel die Hersteller auch bei großer Fertigungstiefe nicht über eigene Gießereien verfügen, kann es hier zu Engpässen kommen. Bei Bauteilen, die in einem Abguss mit bis zu 100 t Masse gefertigt werden, gibt es nur wenige Gießereien, die dies leisten können. Daher bauen derzeit viele stark gewachsene Hersteller eigene Gießereien auf, um auch z. B. im Offshore-Geschäft mit engen Zeitfenstern für den Anlagenaufbau Termintreue zu halten.

Tabelle 3.5 Vergleich von hoher und niedriger Fertigungstiefe

Hohe Fertigungstiefe		**Niedrige Fertigungstiefe**	
Vorteil	Nachteil	Vorteil	Nachteil
Geringe Abhängigkeit von Lieferanten	Großer Kapitalbedarf	Geringer Kapitalbedarf	Abhängigkeit von Lieferanten in Preis, Qualität und Termintreue
Hohe Wertschöpfung	Hohes Risiko bei schwankender Kapazitätsauslastung	Hohe Flexibilität	Geringe Wertschöpfung
Einfachere Qualitätssicherung		Lizenzfertigung mit lokalen Lieferanten	

3.6 Daten von Windkraftanlagen

Dieser Abschnitt widmet sich der vergleichenden Darstellung von Kenndaten unterschiedlicher Windkraftanlagen. Die Datenbasis beinhaltet ca. 300 netzeinspeisende Anlagentypen mit einer Nennleistung von mehr als 30 kW, die in den letzten 10 Jahren in Deutschland als Serienanlagen angeboten wurden [27]. Die grafische Darstellung geschieht in den Abbildungen weitestgehend über der Nennleistung bzw. dem Rotordurchmesser, da diese zwei Parameter vorrangige Merkmale einer Windkraftanlage sind.

Die *Baugröße* hat sich in den letzten 30 Jahren in rasantem Tempo entwickelt, wie bereits in Kap. 1 einführend erläutert. Bild 3-65 zeigt das Größenwachstum netzeinspeisender Windkraftanlagen in diesem Zeitraum. Eine Steigerung der Nennleistung der Anlagen um etwa den Faktor 10 je Dekade in den ersten 20 Jahren ist eine für den Maschinenbau außergewöhnliche Ingenieurleistung. Derartige Entwicklungsschübe sind in der Vergangenheit allenfalls in der Computer- und Informationstechnologie zu finden. Der Rotordurchmesser hat sich seit Anfang der 1980er Jahre innerhalb von 20 Jahren etwa um den Faktor 8, die Nabenhöhe um den Faktor 5 vergrößert. Von 2003 bis 2012 stieg die Nennleistung nur um weitere 50% auf 7,5 MW (ENERCON E-126), die Nabenhöhe um 28% auf 160 m (Fuhrländer FL2500, Bild 3-55) und der Rotordurchmesser um 20% auf 150 m (6 MW-Prototyp Alstom Hailade 150).

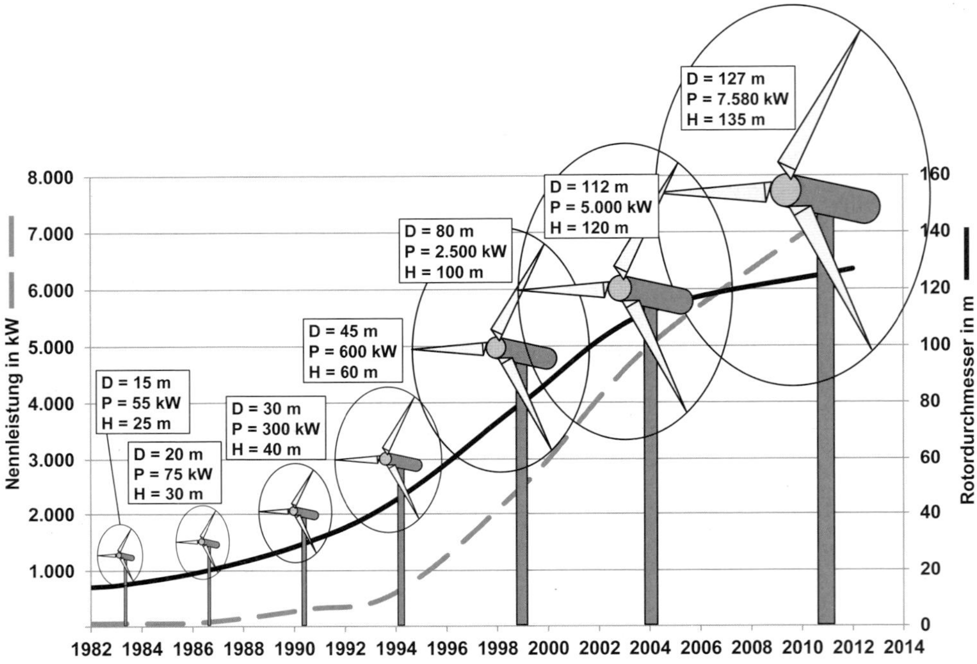

Bild 3-65 Entwicklung der Baugrößen Rotordurchmesser und Nennleistung (vgl. Bild 1-1)

Bei der Betrachtung der Nennleistung über dem Rotordurchmesser in Bild 3-66 kommen standortspezifische Einflussgrößen mit ins Spiel. Die Anlage soll bei der Windgeschwindigkeit maximaler Energiedichte (vgl. Kap. 4) nahe an ihrem Bestpunkt arbeiten. Anlagen für Küstenstandorte mit höherer mittlerer Windgeschwindigkeit können die gleiche Nennleistung mit einer kleineren Rotorfläche erreichen, was sich in einer größeren *Flächenleistung* (Verhältnis von Nennleistung des Generators zur Rotorfläche) von bis zu 570 W/m^2, obere Grenzkurve, widerspiegelt. Die untere Grenzkurve für 290 W/m^2 entspricht einer Auslegung für das windschwächere Binnenland mit größerem Rotor. Beispielsweise besitzt die 2-MW-Anlage der Fa. REpower Systems AG als „Binnenland-Variante" MM92 eine Flächenleistung von ca. 300 W/m^2, während sie bei der „Küsten-Variante" MM70 wegen des kleineren Rotors um ca. 520 W/m^2 liegt, vergleiche auch Abschnitte 15.2.4 und 15.2.5.

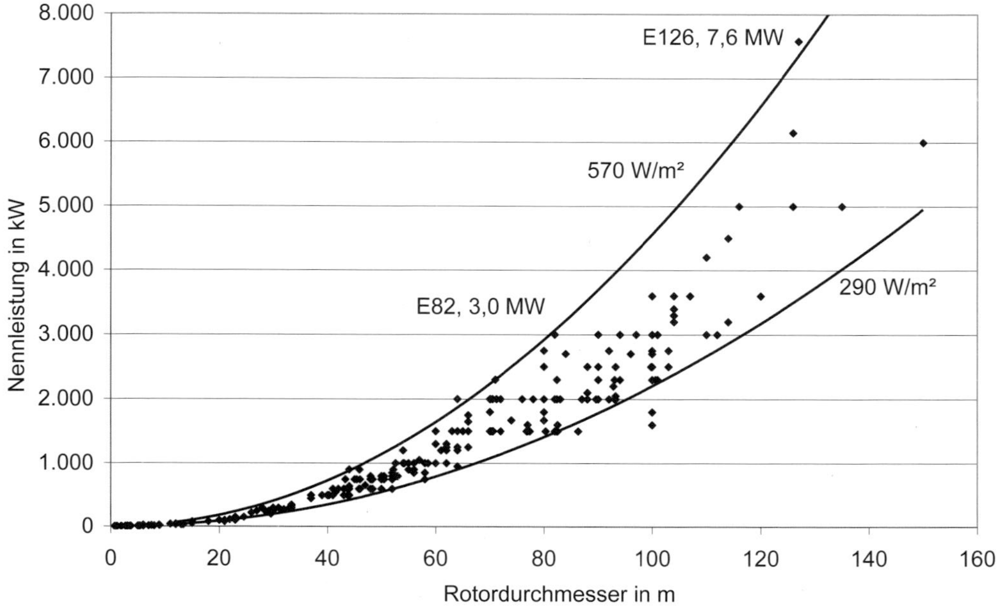

Bild 3-66 Nennleistung in Abhängigkeit vom Rotordurchmesser

Ein weiteres Anlagen-Charakteristikum, das sich vorrangig mit der zunehmenden Baugröße verändert hat, sind die gestiegenen *Massen* von Rotor und Gondel wie sie in Bild 3-64 gezeigt wurden. Wie bereits erläutert, konnte durch Leichtbau gegenüber den nach den Ähnlichkeitsgesetzen berechneten Werten eine Verringerung der erforderlichen Masse erzielt werden. Darüber hinaus zeigt Bild 3-67 die *flächenspezifischen Gondelmassen*, d.h. Gondelmasse bezogen auf die Kreisfläche des Rotors. Durch eine zeitliche Auflösung der Daten gewinnt die Grafik an Aussagekraft, denn die Steigung der Regressionsgerade nimmt mit den Jahren deutlich ab. Dies führt zu dem Schluss, dass die trotz steigender Anlagengröße erzielten spezifischen Gewichtseinsparungen auf gewonnenes Know-how bei der Entwicklung und Verfeinerung der (computer-unterstützten) Dimensionierungs-Methoden zurück zu führen sind. Die breite Streuung der Werte liegt daran, dass, wie erwähnt, für Anlagen gleicher Nennleistung desselben Herstellers oft eine Küstenvariante mit kleinerem und eine Binnenlandvariante mit größerem Rotordurchmesser angeboten wird.

Die erhöhte *Leistungsdichte* der Anlagen zeigt sich in Bild 3-68, der Darstellung des spezifischen Drehmoments, d.h. übertragenes Drehmoment bezogen auf die Gondelmasse. Das Drehmoment ist aus Nennleistung und Maximaldrehzahl berechnet und steigt nicht nur durch zunehmende Nennleistungen, sondern auch durch die abnehmende Drehzahl wegen der etwa konstanten maximalen Blattspitzengeschwindigkeit.

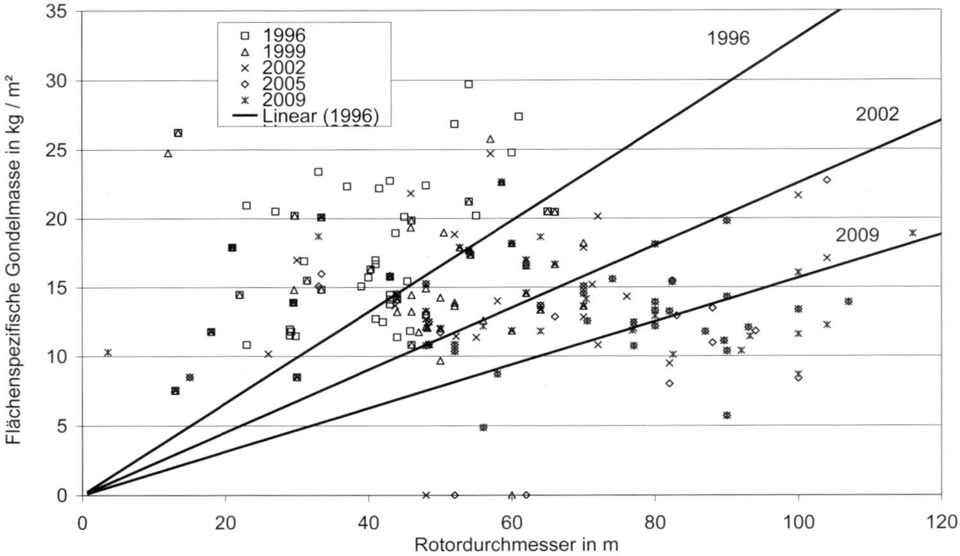

Bild 3-67 Flächenspezifische Gondelmasse in Abhängigkeit vom Rotordurchmesser

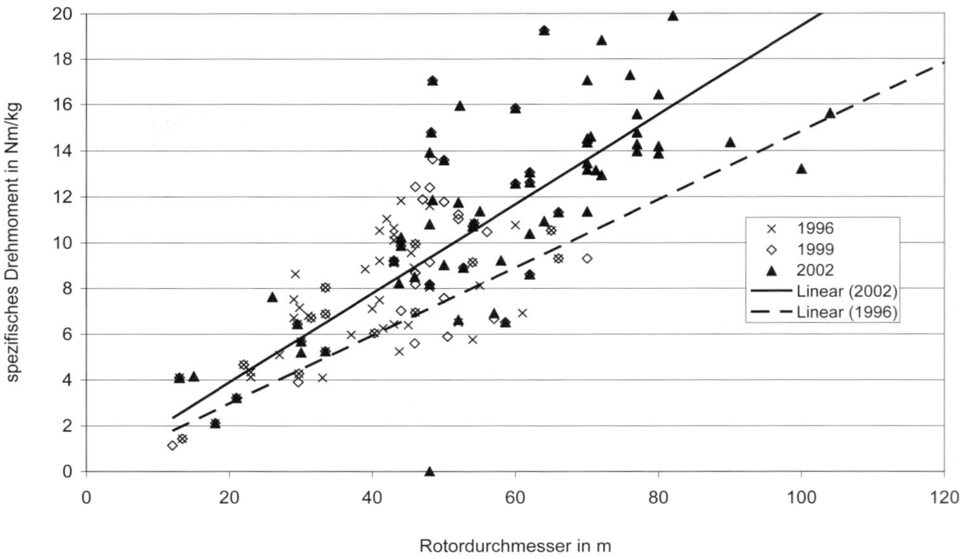

Bild 3-68 Spezifisches Drehmoment in Abhängigkeit vom Rotordurchmesser

Im Laufe der Jahre lässt sich eine deutliche Steigerung des spezifischen Drehmoments beobachten, von Werten im Bereich 5-10 Nm/kg im Jahr 1996 auf 15-20 Nm/kg bei MW-Anlagen in 2002. Auch liegt die Regressionsgerade für dieses Jahr deutlich höher. Dies zeigt, dass die Auslastung der Werkstoffe immer näher an die zulässigen Belastungsgrenzen gerückt ist bzw. festigkeitsoptimierte Bauweisen und auch neue Werkstoffe eingesetzt werden. Auch kompaktere Generatoren und Getriebe aufgrund von z.B. effektiverer Kühlung und besserer Leistungselektronik bewirken eine erhöhte Leistungsdichte. Die Anlagen werden also spezifisch gesehen leichter und kostengünstiger.

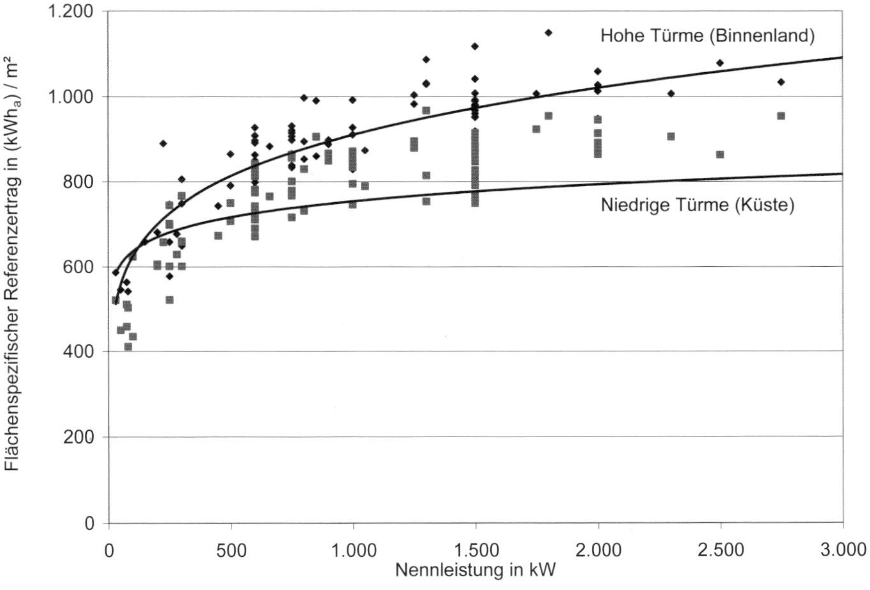

Bild 3-69 Flächenspezifischer Referenzertrag in Abhängigkeit von der Nennleistung

Um Vergleichswerte für die eigentlich standortabhängigen *Erträge der Anlagen* zu erzeugen, wird der so genannte *Referenzertrag* berechnet. Dieser ergibt sich aus den Windbedingungen, die im Erneuerbare Energien Gesetz vom April 2000 wie folgt definiert sind [28]:

- Mittlere Windgeschwindigkeit in 30 m Höhe: 5,5 m/s
- Rauigkeitslänge z_0: 0,1 m
- Häufigkeits-Verteilung nach Rayleigh-Funktion: $k = 2$

Der Gesetzgeber hat so einen mittleren fiktiven Durchschnittsstandort als Vergleichsbasis festgelegt, der in etwa 1700 Volllaststunden pro Jahr aufweist. Das trifft z.B. für mittelmäßige Standorte in Brandenburg zu. Bild 3-69 zeigt, dass über die Jahre – respektive Baugröße – eine Steigerung des auf die Rotorfläche bezogenen Referenzertrags um mehr als 50% von Werten um 600 kWh_a/m^2 auf ca. 1000 kWh_a/m^2 realisiert wurde. Die Streuung ist einerseits anlagentyp- bzw. herstellerbedingt, andererseits resultiert sie modellbezogen aus den unterschiedlichen angebotenen Nabenhöhen (vgl. Abschnitt 3.4). Die Steigerung ist hauptsächlich auf die Vergrößerung der Nabenhöhen und damit den Anlagenbetrieb bei besseren Windkonditionen zurückzuführen.

Die Betrachtung des maximalen Anlagenwirkungsgrads $c_{P.max}$ aus den vermessenen Leistungskurven zeigt eine breite Streuung der Werte und eine nur leicht steigende Tendenz, s. Bild 3-70. Dies ist darauf zurückzuführen, dass Windkraftanlagen einen breiten Betriebsbereich besitzen und daher die Hersteller bei der Optimierung der Gesamtmaschine auf einen breiten Wirkungsgradverlauf achten. Dieser ist insbesondere im Binnenland für einen hohen Jahresertrag erforderlich, um einerseits häufigen Schwachwind gut zu nutzen, andererseits auch beim seltener auftretenden Starkwind ($P \sim v^3$!) hohe Erträge zu erzielen.

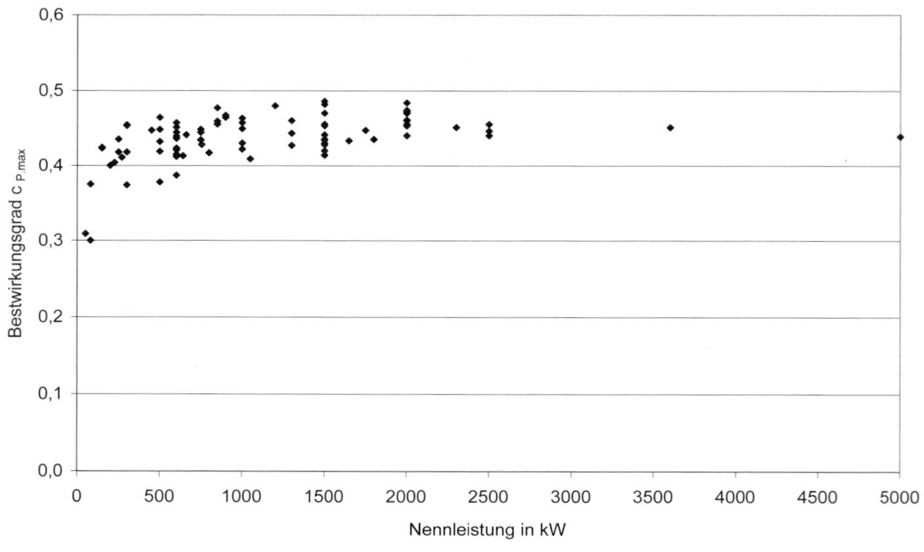

Bild 3-70 Maximaler Anlagenwirkungsgrad $c_{P.max}$ der WKA in Abhängigkeit von der Nennleistung (aus Leistungskurvenvermessung)

Eine abschließende Betrachtung der angebotenen Windkraftanlagen, differenziert nach den beiden klassischen Verfahren der Leistungsbegrenzung Stall und Pitch, zeigt

Bild 3-71. Es ergibt sich eine klare Tendenz im Angebot von mehrheitlich Stallgeregelten Anlagen Anfang und Mitte der 1990er Jahre zu Pitch-geregelten Anlagen bei späteren Anlagenentwicklungen in der MW-Klasse. Bei den neu installierten Anlagen geht in Deutschland die Anzahl der Stall-Anlagen (ohne Blattwinkelverstellung) u.a. aufgrund der strengen Netzanschlussregelungen (s. Kap. 14) gegen Null. So sind z.B. im ersten Halbjahr 2005 nur Pitch-Anlagen aufgestellt worden, davon 10% mit Active-Stall-Regelung.

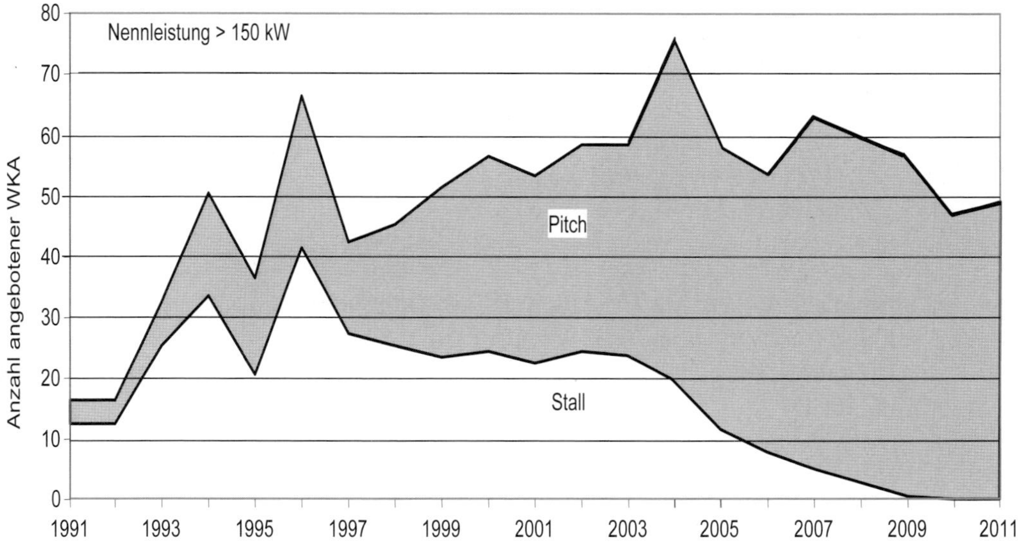

Bild 3-71 Entwicklung der Anzahl angebotener Stall- und Pitch-Anlagen in Deutschland, nach [27]

In anderen Ländern, mit unterschiedlichen Marktsituationen sowie begrenzten Transport- und Montagebedingungen, sind die robusten und lang erprobten Stall-Anlagen weiterhin sehr gefragt. Bei Kleinanlagen indessen gibt es eine Reihe von Maschinen, die elektronisch über den Generator bei Starkwind die Drehzahl limitieren. Dadurch wird bei Starkwind auch die Leistungsaufnahme stall-begrenzt.

Literatur

[1] Herstellerangaben Vestas, 1991

[2] Körber, F., Besel G. (MAN), Reinhold H. (HEW): *Messprogramm an der 3MW-Windkraftanlage GROWIAN*, Bericht zum Forschungsvorhaben 03E-4512-A des BMFT, München, Hamburg 1988

[3] laut Mitteilung von Sydkraft; Malmö (S) 1991

[4] N.N.: *What we have learnt about wind power at Maglarp and Näsudden*, Statens energieverk, Stockholm (S) 1990

[5] Wachsmuth, R. (MBB*): Rotorblatt in Faserverbundbauweise für Windkraftanlage AEOLUS II*, Bericht zum Forschungsvorhaben 032-8819-A/B des BMFT im Statusreport Windenergie 1990, KFA Jülich (Hrsg.) 1990

[6] Hau, E.: *Windkraftanlagen - Grundlagen, Technik, Einsatz, Wirtschaftlichkeit*, Springer-Verlag, Berlin, Heidelberg, New York 1988 / 2003

[7] Maurer, J.: *Windturbinen mit Schlaggelenkrotoren, Baugrenzen und dynamisches Verhalten*, Dissertation an der TU Berlin; VDI Berichte, Reihe 11, Nr. 173, Düsseldorf 1992

[8] Wortmann, F.X. (Institut für Aerodynamik und Gasdynamik der Uni Stuttgart): *Neue Wege zur Windenergie*, Sonderdruck aus der DFG-Reihe: Forschung in der Bundesrepublik Deutschland - Beispiel, Kritik, Vorschläge, Verlag Chemie, Weinheim 1983

[9] Person, M.: *Zur Dynamik von Windturbinen mit Gelenkflügeln - Stabilität und erzwungene Schwingungen von Ein- und Mehrflüglern*, Dissertation am Institut für Luft- und Raumfahrt der TU Berlin, VDI Fortschritt-Berichte Reihe 11, Nr. 104, Düsseldorf 1988

[10] Franke, J.B.: *Erarbeitung eines Konzeptes zur Berechnung der Lebensdauer von Getriebeverzahnungen unter Berücksichtigung der Betriebszustände von Windenergieanlagen*, TU Berlin/Germanischer Lloyd WindEnergie GmbH, 2004

[11] DUBBEL, Beitz W. und Küttner K.-H.: *Taschenbuch für den Ingenieur*, Springer-Verlag Berlin, Heidelberg, New York, 2002

[12] Deutsches Institut für Normung: *DIN 3990, Tragfähigkeitsberechnung von Stirnrädern*, Beuth-Verlag, Berlin, 1987

[13] International Organization of Standardisation (ISO): *Calculation of load capacity of spur and helical gears*, ISO 6336, Genf, 1996

[14] Boiger, P.: *Die Aerogear-Baureihe soll für mehr Sicherheit und Ruhe bei Getrieben sorgen*, Windkraft Journal, 2002

[15] Germanischer Lloyd WindEnergie GmbH: *Richtlinien für die Zertifizierung von Windkraftanlagen I...IV*, Hamburg 1993 bis 2003

[16] Haibach, E.: *Betriebsfestigkeit, Verfahren und Daten zur Bauteilberechnung*, VDI-Verlag, 1989

[17] Schlecht, B., Schulze, T., Demtröder, J.: *Modelle zur Triebstrangsimulation von Multi-Megawatt Windenergieanlagen*, Tagungsband Dresdener Maschinenelemente Kolloquium 2003, S. 351-362, Verlagsgruppe Mainz, Aachen, 2003

[18] Thörnblad, P.: *Gears for Wind Power Plants*, 2nd Int. Symposium on Wind Energy Systems, Amsterdam, 1978

[19] N.N.: *Betriebsanleitung für die Allgaier Windkraftanlage System Dr. Hütter, Type WE 10/G6*, Uhingen

[20] Institut für Solare Energieversorgungstechnik e. V. (ISET): *EU-Projekt NEW ICETOOL* (deutsches Teilprojekt), http://www.iset.uni-kassel.de/icetool/

[21] BINE Informationsdienst: *Blitzschutz für Windenergieanlagen*, Projektinfo 12/00, Fachinformationszentrum Karlsruhe, http://bine.info

[22] Fördergesellschaft Windenergie e.V. und Bundesministerium für Wirtschaft und Technologie (Hrsg.): *Blitzschutz von Windenergieanlagen*, Abschlussbericht, BMWi-Forschungsvorhaben 0329732, Juli 2000

[23] Deutsches Windenergie-Institut (DEWI): *Studie zur aktuellen Kostensituation 2002 der Windenergienutzung in Deutschland*, Wilhelmshaven 2002

[24] Germanischer Lloyd WindEnergie GmbH: *Richtlinie für die Zertifizierung von Condition Monitoring Systemen für Windenergieanlagen*, Ausgabe 2003

[25] Heilmann, C., Liersch, J., Melsheimer, M.: *Rotorunwuchten sind vermeidbar*, Sonne Wind und Wärme 4/2006

[26] Huß, G. (MAN): *Modifizierung des Anlagenkonzepts WKA-60 im Hinblick auf eine Leistungssteigerung, Landaufstellung und eine Verbesserung der Wirtschaftlichkeit*, Bericht zum Forschungsvorhaben 032-8824-A des BMFT im Statusreport Windenergie 1990, KFA Jülich (Hrsg.) 1990

[27] Bundesverband WindEnergie e.V., BWE Service GmbH (Hrsg.): *Windenergie 2005 Marktübersicht*, sowie ältere Auflagen ab 1996

[28] *Erneuerbare-Energien-Gesetz (EEG)* der Bundesregierung, 2000, 2003, 2004 http://www.erneuerbare-energien.de/

[29] Körber, F.: *Baureife Unterlagen für GROWIAN*, Schlussbericht zum Forschungsvorhaben des BMFT, München, 1979

[30] Giger, U.: *Neuer Ansatz für sehr große Windkraftgetriebe,* Windkraft Journal 5/2007

[31] Vath, A.: *Antriebskonzepte für Offshore-Windenergieanlagen,* special Antriebstechnik, S1/2012

4 Der Wind

4.1 Entstehung des Windes

4.1.1 Globale Windsysteme

Die Erdatmosphäre kann als Wärmekraftmaschine betrachtet werden, in der Luftmassen infolge thermisch bedingter Potentialunterschiede transportiert werden. Der Energielieferant für diese Wärmekraftmaschine ist die Sonne. Wasser ist hierbei der wichtigste Energieträger, da es sowohl als Dampf wie auch in Tröpfchenform und als Kristalleis in der Atmosphäre vorkommt, und damit maßgeblich durch seine Latentwärme beim Übergang von einer Phase in die andere das Wettergeschehen beeinflusst. Infolge der Kugelform der Erde nimmt die Gesamteinstrahlung der Sonne nach den Polen hin ab. Demzufolge besteht im Äquatorbereich ein Energieüberschuss in der Atmosphäre und in den Polbereichen ein Defizit. Zum Ausgleich wird Wärme durch die Luftmassen der Erde vom Äquator in den südlichen bzw. nördlichen Teil der Hemisphäre transportiert. Dies geschieht durch den Luftmassenaustausch der Globalen Windsysteme.

Zusätzlich trägt die Erddrehung (Corioliskraft) zur Ausrichtung der globalen Winde bei. Die globalen Windsysteme sind in Bild 4-1 dargestellt.

In jeder Hemisphäre lassen sich drei verschiedene Bereiche identifizieren: die tropischen, gemäßigten und polaren Breiten. Die tropischen Breiten zu beiden Seiten des Äquators werden von dem äquatorialen Tiefdruckgürtel, der sogenannten Kalmenzone, und dem subtropischen Hochdruckgürtel begrenzt. Dieser auch Rossbreiten genannte Bereich verläuft entlang des 30. Breitengrades. Innerhalb dieser Zone bildet sich die Hadley-Zirkulation aus: Heiße tropische Luftmassen steigen am Äquator auf und strömen in den höheren Schichten polwärts, wobei die Strömung durch die Erdrotation nach Osten abgelenkt wird. In etwa 30° Breite erfolgt dann eine großräumige Absinkbewegung, und die Luft fließt in den unteren Schichten der Atmosphäre als Passat äquatorwärts zurück. Beide Passatströmungen treffen sich in der innertropischen Konvergenz, womit sich die Hadley-Zirkulation schließt.

Die gemäßigten Zonen werden polwärts von der subpolaren Tiefdruckrinne entlang des 60. Breitengrades begrenzt. Innerhalb der gemäßigten Zone dominieren zyklonale Westwinde. Die polare Zone wird von dem großräumig über dem Polgebiet lagernden kalten Tiefdruckgebiet mit einer östlichen Luftströmung dominiert.

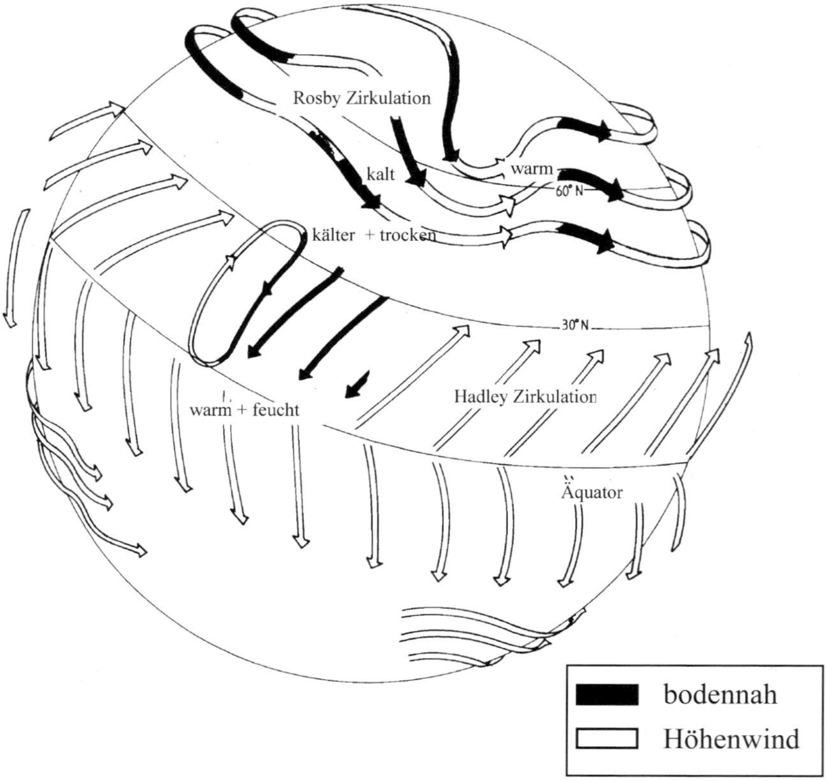

Bild 4-1 Globale Winde [2]

4.1.2 Geostrophischer Wind

In großer Höhe ist die Luftströmung unbeeinflusst von der Bodenreibung. Diese ungestörte Strömung wird als geostrophischer Wind bezeichnet. Geostrophischer Wind stellt sich ein, wenn die Gradientkraft und Corioliskraft im Gleichgewicht sind (Bild 4-2). Die Gradientkraft ergibt sich aus den Druckunterschieden in der Atmosphäre und ist immer zum tiefen Luftdruck hin gerichtet. Eine Luftmasse, die sich z.B. auf einem Meridian infolge von Druckdifferenzen nach Norden bewegt, erfährt durch die Corioliskraft eine Ablenkung nach rechts und bei Bewegung von Nord nach Süd eine solche nach links. Somit kann sich ein Gleichgewicht zwischen beiden Kräften nur dann einstellen, wenn der geostrophische Wind genau entlang der Isobaren weht. Der geostrophische Wind ist so gerichtet, dass auf der Nordhalbkugel der tiefe Luftdruck in Strömungsrichtung gesehen links und der hohe Luftdruck rechts liegt. Auf der Südhalbkugel liegt der tiefe Luftdruck rechts, der hohe Luftdruck links, da hier die Corioliskraft umgekehrt wirkt.

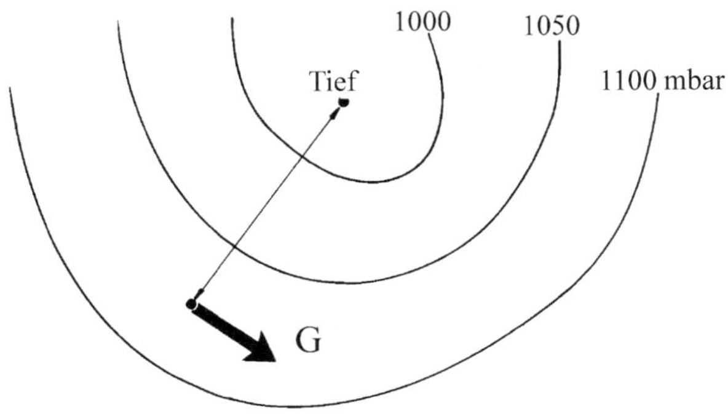

Bild 4-2 Geostrophischer Wind G (auf der Nordhalbkugel) [2]

Der geostrophische Wind, der oft dem mit Radiosonden gemessenen Wind oberhalb der Grenzschicht entspricht, kann aus dem Druckgradienten über dem Gebiet berechnet werden. Für die weitere Vorgehensweise wird auf die Literatur verwiesen, z.B. [5].

4.1.3 Lokale Winde

Neben den oben besprochenen globalen Ausgleichswinden bilden sich auch lokal Winde aus, die ebenfalls durch Potenzialunterschiede verursacht werden. Der treibende Motor sind hier wiederum Temperaturunterschiede. Die wichtigsten dieser lokalen Winde sind die See-Land- und die Berg-Tal-Zirkulation.

See-Land-Zirkulation

Bei der See-Land-Zirkulation handelt es sich um ein tagesperiodisches Windsystem, das sich bei ungestörter Strahlungswetterlage an den Meeresküsten, in abgeschwächter Form auch am Ufer größerer Binnenseen aufgrund unterschiedlicher Temperaturen von Festland und Wasser ausbildet. Tagsüber erwärmt sich das Land stärker als die Wasseroberfläche. In den ebenfalls unterschiedlich temperierten Luftmassen darüber entsteht ein Druckgefälle vom Meer zum Land (in der Höhe vom Land zum Meer), das eine landeinwärts gerichtete, kühle und feuchte Strömung (Seewind) zur Folge hat (Bild 4-3). Vom späten Nachmittag an stellen sich wegen der rascheren Abkühlung des Festlandes gegenüber dem Meer umgekehrte Verhältnisse ein. Es entsteht ein Druckgefälle vom Land zum Meer (in der Höhe vom Meer zum Land). Als Folge weht ein seewärts gerichteter, durch die Bodenreibung etwas schwächerer Landwind.

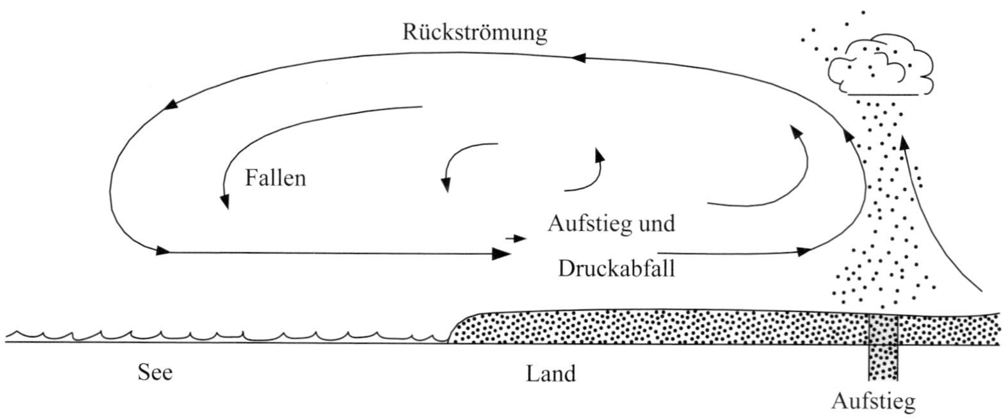

Bild 4-3 Entstehung von See- und Landbrise, Beispiel Tag [2]

Berg-Tal-Zirkulation

Im Gebirge bilden sich ebenfalls thermische Zirkulationen aus, bei denen zwei Strömungssysteme – das der Hangwinde und das der Berg- und Talwinde – zusammenwirken bzw. sich überlagern. Vorbedingung für eine gut ausgebildete Zirkulation ist eine strahlungsintensive Hochdruckwetterlage, bei der großräumige Windströmungen keinen störenden Einfluss haben. Nach dem Sonnenaufgang setzt infolge starker Erwärmung der besonnten Berghänge und des damit verbundenen thermischen Auftriebes der hangnahen Luft der Hangaufwind ein. Dieser wird im Laufe des Vormittags vom Talwind, einer talaufwärts gerichteten Strömung abgelöst. Durch diese Strömung wird die an den Hängen aufsteigende Luft von unten her ersetzt. Umgekehrt kühlt sich während der Nacht die hangnahe Luft infolge der Abkühlung des Bodens stärker ab als die Luft auf gleicher Höhe in freier Atmosphäre. Dadurch entwickeln sich unter dem Einfluss der Schwerkraft kalte Hangabwinde, die nach dem Zusammenströmen im Talgrund dort den zum Talausgang gerichteten Bergwind erzeugen (Bild 4-4)

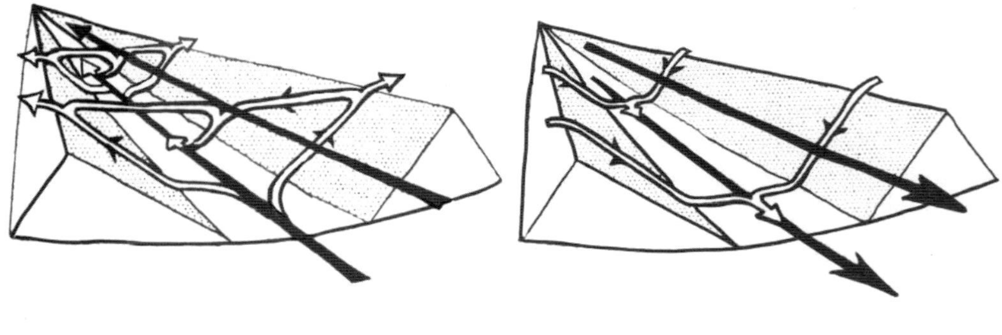

Bild 4-4 links: mittags: Hangaufwind, Talwind; rechts: nachts: Hangabwind, Bergwind [10]

4.2 Atmosphärische Grenzschicht

Die untere Schicht der Atmosphäre besteht aus einer turbulenten Schicht. Man nennt diesen untersten Bereich der Atmosphäre atmosphärische Grenzschicht. Die Luftströmung in dieser Schicht unterliegt dem Einfluss der Reibung am Boden, der Oberflächenkontur und -gliederung sowie der vertikalen Verteilung von Temperatur und Druck. Mit zunehmender Höhe nimmt der Einfluss der Bodenreibung ab, und die Windgeschwindigkeit nimmt zu. Die geostrophischen Winde oberhalb der Grenzschicht sind von der Bodenreibung unbeeinflusst, Bild 4-5.

Zwischen den von der Bodenrauigkeit unbeeinflussten Luftbewegungen des geostrophischen Windes und dem Boden existiert somit eine Schicht starker Variation der Windgeschwindigkeiten über der Vertikalen. Die Bodenrauigkeit entzieht der Luftströmung Energie. Dadurch entsteht ein vertikaler Windgeschwindigkeitsgradient, der wiederum zu einem turbulenten Impuls- und Massenaustausch mit den höheren Luftschichten führt.

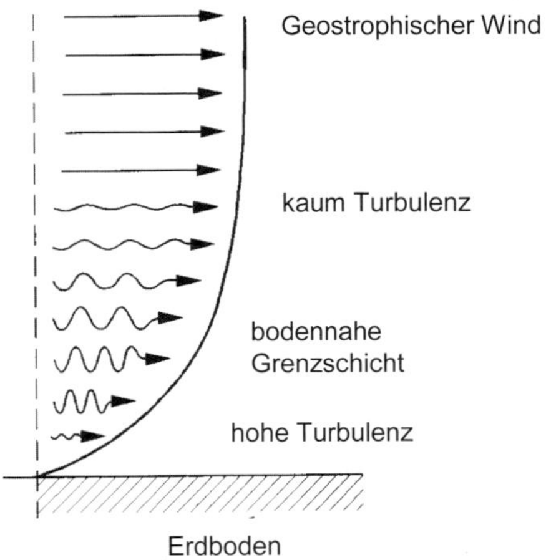

Bild 4-5 Schematische Darstellung der atmosphärischen Grenzschicht

Windkraftanlagen arbeiten nun gerade in dieser atmosphärischen Grenzschicht. Die Intensität der Luftströmung und ihre besonderen Eigenschaften bestimmen den Grad der Energienutzung und die Belastungen, denen die Windkraftanlage ausgesetzt ist. Je nach Rauigkeit, vertikaler Temperaturschichtung und Windgeschwindigkeit ist die atmosphärische Grenzschicht unterschiedlich hoch. In klaren Nächten erstreckt sie sich ca. 100 m über dem Boden, an warmen Sommertagen bei niedrigen Windgeschwindigkeiten bis zu mehr als 2 km. Als Mittelwert kann eine Höhe von 1000 m angenommen werden.

4.2.1 Bodennahe Grenzschicht

Die Luftschicht direkt über dem Erdboden wird *bodennahe Grenzschicht* oder Prandtl-Schicht genannt. Die Höhe der *bodennahen Grenzschicht* wird häufig als fixer Prozentsatz (etwa 10%) der atmosphärischen Grenzschichthöhe angegeben. Tatsächlich aber variiert die Höhe der bodennahen Grenzschicht in Abhängigkeit u.a. vom Temperaturprofil.

Der Verlauf der Windgeschwindigkeit in Abhängigkeit von der Höhe wird als vertikales Profil bezeichnet. Will man den Energieertrag einer Windkraftanlage bei gegebener Nabenhöhe ermitteln, ist die Kenntnis des vertikalen Profils sehr wichtig. Weiterhin erzeugt das Windprofil besondere Lasten auf den Rotor und die Gesamtkonstruktion. Neben der Oberflächenrauigkeit, der Bebauung und der Topographie hängt die Änderung der Windgeschwindigkeit mit der Höhe auch vom vertikalen Temperaturprofil ab. Der *vertikale Temperaturverlauf* wird in drei Kategorien gegliedert (Bild 4-6).

Bei *labiler* Schichtung ist die bodennahe Luft wärmer als die darüber liegende. Diese Situation ist typisch für Sommermonate, wenn die Sonne den Boden stark erwärmt. In Folge der Erwärmung steigt die bodennahe Luft auf, da durch die Erwärmung die Luftdichte geringer ist als in den darüber liegenden Schichten. Dadurch kommt es zu einem starken vertikalen Massenaustausch. Damit einher geht eine erhöhte Turbulenz. Die verstärkte vertikale Vermischung bei labilen Bedingungen führt also zu einem geringen Windgeschwindigkeitszuwachs mit zunehmender Höhe.

Bei *stabiler* Schichtung ist die Temperatur am Boden niedriger als in den darüber liegenden Schichten. Diese Situation ist typisch für den Winter, wenn der Boden stark auskühlt. Durch die höhere Luftdichte der bodennahen Schichten im Vergleich zu den darüber liegenden stellt sich ein stabiles Gleichgewicht ein. Dies führt zu einem geringen vertikalen Massenaustausch – Turbulenz wird unterdrückt. Dadurch werden die vertikalen Geschwindigkeitsgradienten nicht ausgeglichen, was gleichbedeutend ist mit starken Windgeschwindigkeitsänderungen in der Vertikalen. Bei stabilen Bedingungen werden in manchen Fällen außerdem signifikante Änderungen der Windrichtung mit der Höhe beobachtet.

Bei *neutraler* Schichtung liegt weder eine Erwärmung noch eine Abkühlung der bodennahen Schicht und damit ein adiabates Temperaturprofil vor. Die Lufttemperatur verringert sich circa um 1°C pro 100 m Höhenzuwachs. Diese Situation tritt häufig bei hohen Windgeschwindigkeiten auf. Das vertikale Windprofil unterliegt somit nur noch dem Einfluss von Reibung an der Oberfläche und ist nicht mehr abhängig von der durch thermische Kräfte verursachten Durchmischung.

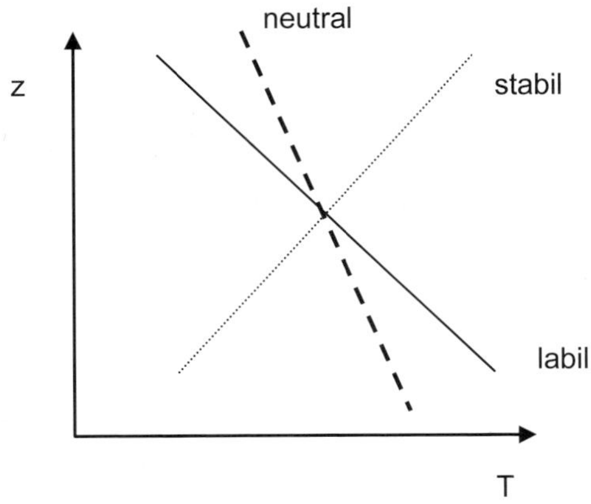

Bild 4-6 Vertikale Temperaturprofile: Änderung der Temperatur T mit der Höhe z

Den Einfluss der Temperaturschichtung auf die vertikale Verteilung der Windgeschwindigkeit zeigt Bild 4-10.

4.2.2 Höhenprofil des Windes

Bei *neutraler Schichtung* und idealisierter absolut ebener und unbegrenzter Landschaft mit einheitlicher Oberflächenrauigkeit kann man die Zunahme der Windgeschwindigkeit v (in den IEC-Richtlinien mit Großbuchstaben V bezeichnet) mit der Höhe z in der bodennahen Grenzschicht analytisch beschreiben.

Das mittlere Windprofil wird manchmal durch das Potenzgesetz nach Hellmann beschrieben:

$$\frac{v(z_1)}{v(z_2)} = \left(\frac{z_1}{z_2}\right)^{\alpha} \qquad (4.1)$$

$v(z_1)$ und $v(z_2)$ sind die Windgeschwindigkeiten auf den Höhen z_1 und z_2. Der Höhenexponent α liegt für normale Bedingungen bei 0,14 [1]. Der Höhenexponent α ist aber abhängig von der Höhe z, der Rauigkeit, der atmosphärischen Schichtung und der Geländestruktur. Deshalb ist ein gemessener Höhenexponent nur für den jeweiligen Standort und die jeweiligen Messhöhen z_1 und z_2 gültig. Eine Anwendung des gemessenen Höhenexponenten auf andere Höhen ist nicht zulässig. Die Gleichung 4.1 ist also nur bedingt von Nutzen.

Eine physikalisch begründete Beschreibung des vertikalen Verlaufs der mittleren Windgeschwindigkeiten bei neutraler Schichtung liefert die Gleichung für das logarithmische Windprofil, die den Einfluss der Bodenrauigkeit mit berücksichtigt:

$$v(z) = \frac{u_*}{\kappa} \ln\left(\frac{z}{z_0}\right) \tag{4.2}$$

Das logarithmische Profil hängt somit von mehreren Größen ab: der Schubspannungsgeschwindigkeit u_*, der Höhe über Boden z, der Rauigkeitslänge z_0 und der Kármánkonstante κ, für die üblicherweise der Wert $\kappa \approx 0{,}4$ angesetzt wird.

Kennt man die Rauigkeitslänge z_0, lässt sich durch zweimalige Anwendung der Gl. 4.2 die praktisch nützliche Form Gl. 4.3 gewinnen:

$$v_2(z_2) = v_1(z_1) \cdot \frac{\ln\left(\frac{z_2}{z_0}\right)}{\ln\left(\frac{z_1}{z_0}\right)} \tag{4.3}$$

Sie erlaubt, aus der in Höhe z_1 (Messmast) gemessenen Geschwindigkeit v_1 auf die Windgeschwindigkeit v_2 in Höhe z_2 (z.B. Nabenhöhe) zu schließen, sofern die Rauigkeitslänge z_0 bekannt ist. Anhaltswerte für z_0 finden sich in Tabelle 4.1. Die Rauigkeitslänge z_0 ist ein Maß für die Oberflächenbeschaffenheit des Bodens. Den Einfluss von z_0 auf das Höhenprofil zeigt Bild 4-7.

Tabelle 4.1 Rauigkeitslängen z_0 für verschiedene Geländetypen

Geländetyp	**z_0 in m**
Ruhige Wasserflächen	0,0001 - 0,001
Ackerland	0,03
Heide mit wenigen Büschen und Bäumen	0,1
Wald	0,3 - 1,6
Vorort, flache Bebauung	1,5
Stadtkerne	2

Hat man z.B. einen Messmast errichtet, der in mehreren Höhen die Windgeschwindigkeit des Höhenprofils aufzeichnet, lässt sich auch die Rauigkeitslänge z_0 selbst für dessen nächste Umgebung ermitteln. Wir gehen von zwei Messwerten $v_1(z_1)$ und $v_2(z_2)$ aus. Mit $\ln(z_1/z_0) = \ln z_1 - \ln z_0$ schreibt sich Gl. 4.3 um in

$$\frac{v_2}{\ln z_2 - \ln z_0} = \frac{v_1}{\ln z_1 - \ln z_0} \tag{4.4}$$

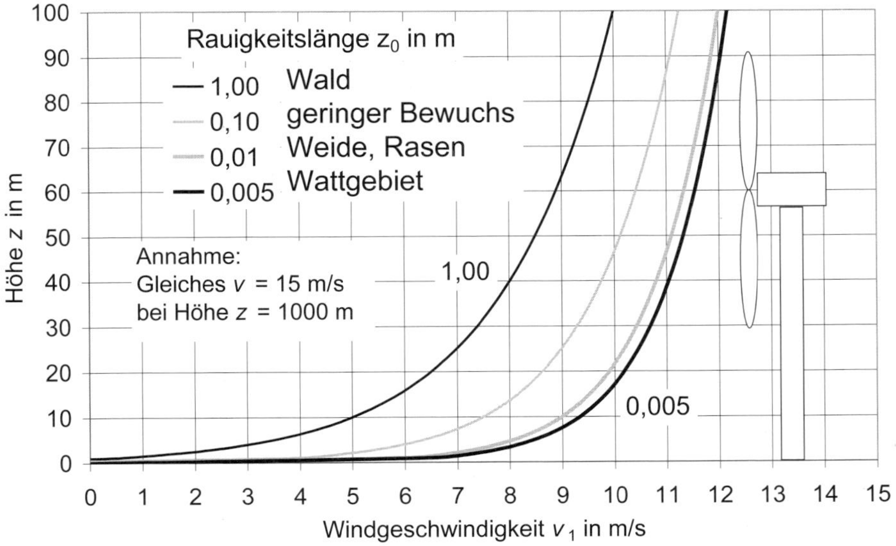

Bild 4-7 Vertikales Höhenprofil bei unterschiedlichen Rauigkeitslängen z_0, „geostrophischer Wind" 15 m/s

Die grafische Interpretation dieser Gleichung (Strahlensatz) zeigt Bild 4-8. Die (Näherungs-) Gerade durch die beiden Messpunkte liefert die Höhe z_0, in der die Windgeschwindigkeit v gerade Null wird. Daher macht dieses Bild auch die Bedeutung der Rauigkeitslänge physikalisch klar. In Bild 4-7 ist dieser Beginn der Windprofilkurven mit z_0 bei $v = 0$ m/s nur zu erahnen. Die Vertikalachse ist zu grob skaliert.

Wendet man dieses Vorgehen zur Rauigkeitsermittlung an, muss die Höhendifferenz zwischen den beiden Anemometern hinreichend groß sein, z.B. 20 m und 40 m über Grund [38]. Oft misst man auch mit drei oder vier Anemometern an Messmasten bis 80 m Höhe. Dann hat man entsprechend mehr Punkte auf der „Geraden" von Bild 4-8.

Für Windparkplanungen sind die Rauigkeitsverhältnisse über mehrere km² einzuschätzen, denn Rauigkeitssprünge im Gelände wirken sich in Nachbarbereiche aus, Bild 4-9. Für diese großflächigen Betrachtungen stützt man sich auf die Geländebeschreibungen (z.B. Begehung, Oberflächenkartierung, Satellitenbilder) und schätzt die Rauigkeiten danach ein.

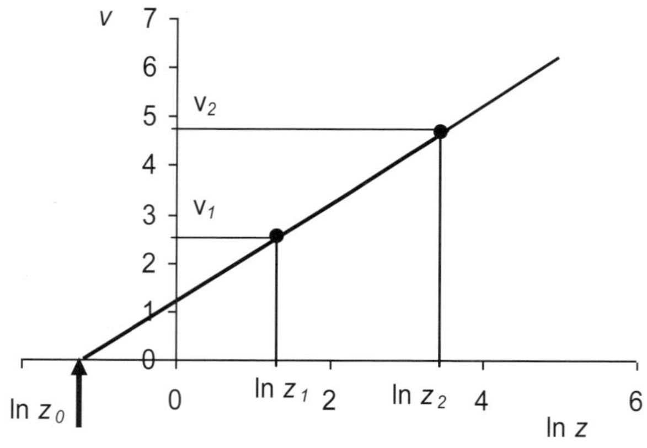

Bild 4-8 Bestimmung der Rauigkeitslänge z_0 aus der Messung in zwei Höhen z_1 und z_2

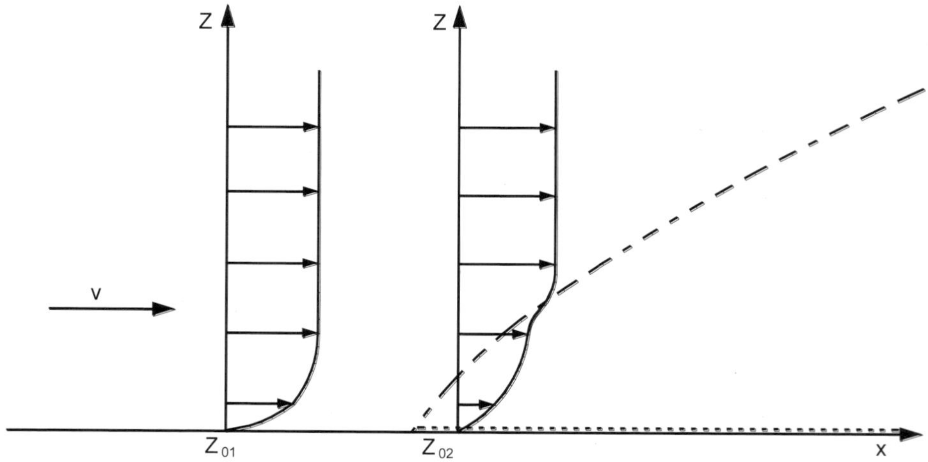

Bild 4-9 Einfluss eines Rauigkeitswechsels auf das Höhenprofil - Übergangsbereich

Offshore ist die Oberflächenrauigkeit bestimmt durch den herrschenden Seegang. Je nach Windgeschwindigkeit, ihrer Einwirkungsdauer und der Windrichtung bildet sich der Seegang aus, dessen charakteristische Wellenhöhen und -längen praktisch die Rauhigkeit der Meeresoberfläche ausmachen. Neue Untersuchungen deuten darauf hin, dass das Windprofil offshore weitaus deutlicher von der atmosphärischen Schichtung als von der Rauigkeit abhängt [15], da die Oberflächenrauigkeit offshore insgesamt sehr niedrig ist.

Die oben beschriebenen Gleichungen sind alleine bei *neutraler Schichtung*, ebener Fläche und einheitlicher Rauigkeit in der bodennahen Grenzschicht gültig. Bei abweichenden vertikalen Temperaturprofilen ergeben sich unterschiedliche vertikale Massen- und Wärmetransporte, die sich in unterschiedlichen Turbulenzen, Windprofilen und damit Gradienten der Windgeschwindigkeit äußern.

Eine erweiterte Beschreibung der mittleren Windgeschwindigkeit in Abhängigkeit von der Höhe ergibt sich aus dem logarithmischen Windprofil mit einem Korrekturterm, der die atmosphärische Schichtung infolge des vertikalen Temperaturverlaufs einbezieht.

$$v(z) = \frac{u^*}{\kappa}\left(\ln\left(\frac{z}{z_0}\right) - \Psi\left(\frac{z}{L}\right)\right) \tag{4.5}$$

Die empirische Stabilitätsfunktion Ψ korrigiert den Einfluss der Temperaturschichtung. Ψ ist positiv bei *labiler* und negativ bei *stabiler* Schichtung und natürlich null bei *neutraler* Schichtung.

Der Parameter L ist die sogenannte Monin-Obukhov-Länge und beschreibt den vertikalen Massenaustausch aus dem Verhältnis von Reibungskräften und Auftriebskräften, die Dimension ist eine Länge [31]. Die Monin-Obukhov-Länge lässt sich durch Messungen direkt oder indirekt bestimmen. Eine direkte Messung ist zum Beispiel mit dem Ultraschallanemometer (siehe Abschnitt 4.3.2) oder durch Messung der Temperaturdifferenz zwischen zwei verschiedenen Höhen möglich. Für erste Abschätzungen eignet sich aber auch die tabellarische Zusammenstellung der Monin-Obukhov-Längen in der TA-Luft von 2002 [32] in Abhängigkeit von der Rauigkeitslänge z_0 und dem Stabilitätszustand der Atmosphäre.

Bild 4-10 zeigt den Einfluss der atmosphärischen Schichtung auf das Windprofil. Die Windgeschwindigkeiten wurden auf eine Messhöhe von 30 m normalisiert.

Das logarithmische Windprofil wurde für unendlich flaches und ebenes Gelände formuliert. Die Auswirkungen der Bodenkontur - der Topographie - auf das Profil und damit auf die in der Rotorebene vorhandenen Windgeschwindigkeiten können sehr erheblich sein und lassen sich nur begrenzt durch strömungsmechanische Ansätze erfassen. Insbesondere für steiles Gelände sowie bei starker atmosphärischer Schichtung können Windprofile trotz großen numerischen Aufwandes nur unzulänglich dargestellt werden.

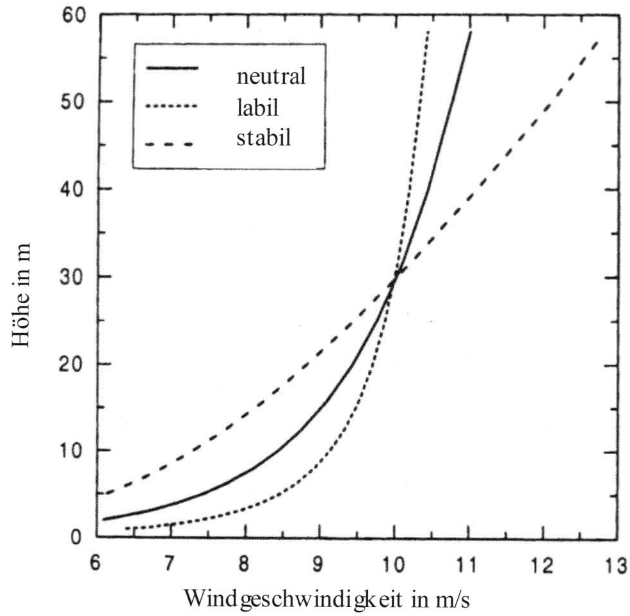

Bild 4-10 Vertikales Windprofil in Abhängigkeit von der atmosphärischen Stabilität [1]

Geländeformationen führen zu einer Verformung des Profils. In der Regel kommt es zu einer Beschleunigung auf Hügel- bzw. Bergspitzen, Bild 4-11. Das Profil wird steiler. In Abhängigkeit von der Rauigkeit des Geländes fällt das Profil auf der Kuppe unterschiedlich aus. Bei sehr starken Steigungen bzw. Gefällen im Gelände mit Neigungen größer als 30% kommt es auf der windabgewandten Seite zu Ablösungen der Strömung. Innerhalb der turbulenten Ablöseblase hat das Windfeld eine ausgeprägt intermittierte Struktur. Das Ausmaß der Ablöseblase hängt von der Steigung und der Krümmung der Erhebung, dem Temperaturprofil sowie der Rauigkeit ab. Im Extremfall kann es zu einer Abnahme der Windgeschwindigkeit mit zunehmender Höhe kommen.

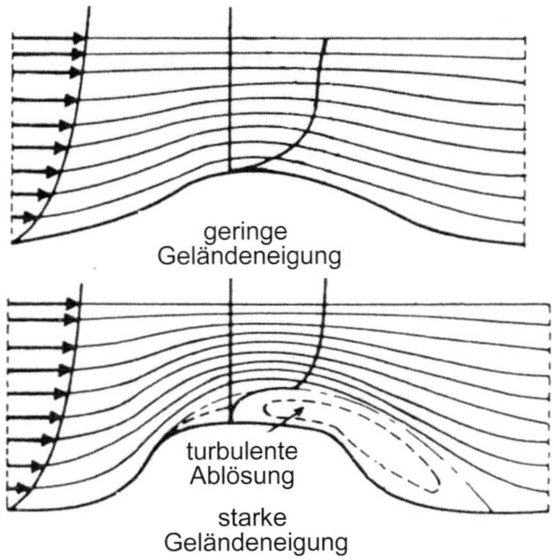

Bild 4-11 Einfluss von Topographie und Rauigkeit auf das vertikale Windgeschwindigkeitsprofil [9]

Neben der Form und der Oberflächenbeschaffenheit des Geländes beeinflussen auch Hindernisse wie z.B. Häuser oder Wälder die Anströmwindgeschwindigkeit. Bild 4-12 zeigt die prozentuale Reduktion der Windgeschwindigkeit als Folge der Abschattung durch ein zweidimensionales Gebilde. In der schraffierten Zone ist die Abschattung stark abhängig von der detaillierten Geometrie des Hindernisses.

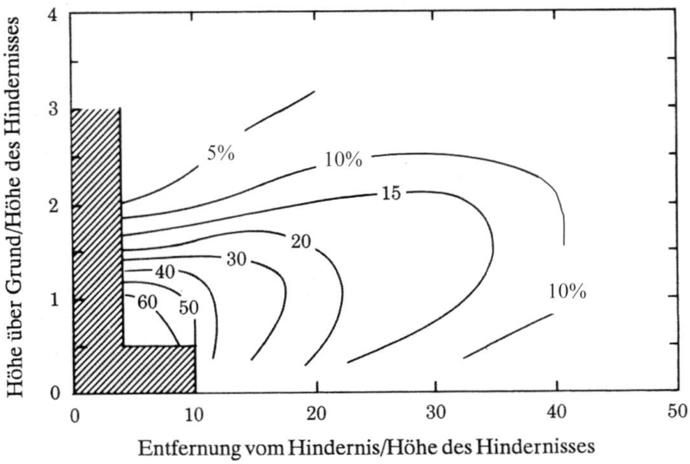

Bild 4-12 Prozentuale Reduktion der Windgeschwindigkeit hinter Hindernissen [5]

Oberhalb der bodennahen Grenzschicht (Prandtl-Schicht) schließt sich die Ekman-Schicht an. Hier wird das Windprofil zusätzlich von der Corioliskraft geprägt. Folgender analytischer Ausdruck beschreibt das Windprofil [16].

$$v(z) = u_g \sqrt{(1 - 2e^{-\gamma z}) \cdot \cos(\gamma z) + e^{-2\gamma z}} \tag{4.6}$$

u_g steht hier für den Betrag des geostrophischen Windes. Hierbei wird angenommen, dass der den vertikalen turbulenten Massenaustausch beschreibende Koeffizient γ konstant ist. Damit ist γ eine von der Oberflächenrauigkeit und der atmosphärischen Schichtung abhängige Größe, die nur durch Messungen abzuschätzen ist. Daher enthält auch die obige Gleichung eine Unsicherheit bezüglich des vertikalen Windprofils. Für große Höhen erweist sie sich trotzdem geeigneter als die Gl. 4.3.

4.2.3 Turbulenzintensität

Die Schwankungen der Windgeschwindigkeiten in der Atmosphäre gehören zu Prozessen mit Zeitintervallen von weniger als 1 Sekunde bis zu einigen Tagen und räumlichen Strukturen von einigen Millimetern bis zu mehreren Kilometern (Bild 4-13 und 4-23).

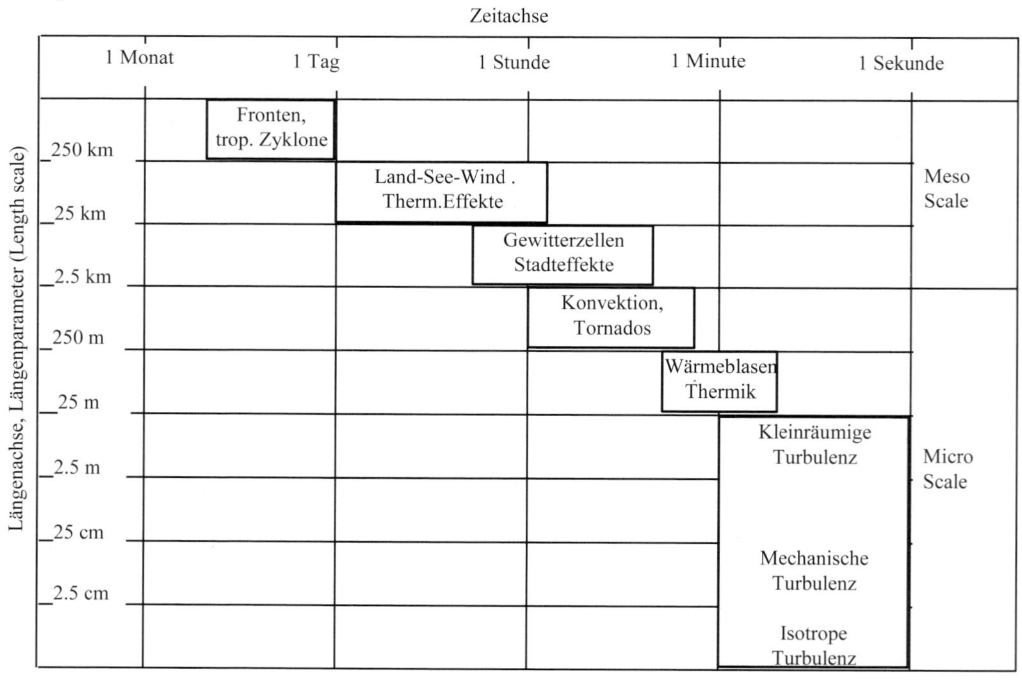

Bild 4-13 Räumliche und zeitliche Größenordnung atmosphärischer Phänomene [16]

Aus den tageszeitlichen, synoptischen und saisonalen Schwankungen zusammen mit der mittleren Windgeschwindigkeit eines Standortes lassen sich die zu erwartenden Energieerträge ermitteln. Die Kenntnis der Turbulenz und der Böigkeit ist in erster Linie für die Lastberechnungen der Anlage notwendig.

Das Fluktuieren des Windes lässt sich durch die mittlere Windgeschwindigkeit $\bar{v}$ im betrachteten Zeitintervall (meist 10 min) und die Turbulenzintensität (grob) beschreiben, Bild 4-14.

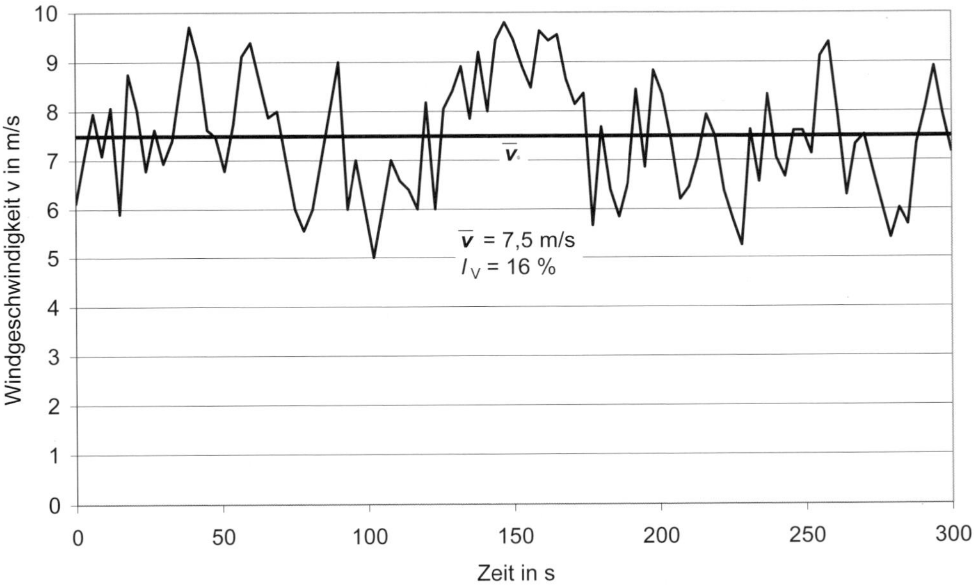

Bild 4-14 Turbulenter Wind und mittlere Windgeschwindigkeit $\bar{v}$

Die mittlere Geschwindigkeit im Messzeitraum T ist

$$\bar{v} = \frac{1}{T}\int_0^T v(t)dt \ . \qquad (4.7)$$

Der quadratische Mittelwert der Abweichungen vom Mittelwert gibt ein Maß für die „Unruhe“ (Varianz)

$$\overline{v^2} = \frac{1}{T}\int_0^T \left(v(t) - \bar{v}\right)^2 dt \ . \qquad (4.8)$$

Die Wurzel hieraus, die die gleiche Dimension wie $\bar{v}$ hat, ist die Standardabweichung σ_V. Ins Verhältnis zum mittleren Wind $\bar{v}$ gesetzt ergibt sich aus ihr die Turbulenzintensität I_V

$$I_V = \frac{\sigma_v}{\bar{v}} = \frac{\sqrt{\overline{v^2}}}{\bar{v}} \quad . \tag{4.9}$$

Grob gesehen sind die turbulenten Fluktuationen Gauß-verteilt mit der Standardabweichung σ_V um den Mittelwert, vgl. Bild 4-30. Aber selbstverständlich sind Extremböen wie die 50-Jahres-Bö so nicht erfasst.

Die Turbulenzintensität liegt in einem Bereich von 0,05 bis 0,4. Die große Bandbreite des Wertes I_V erklärt sich aus den natürlichen Schwankungen aber auch aus den unterschiedlichen Mittlungszeiträumen der Messungen und eventuell aus dem Zeitverhalten der Sensoren.

Es gibt zwei wesentliche *Ursachen atmosphärischer Turbulenz*: mechanisch und thermisch induzierte Turbulenz. Mechanische Turbulenz wird durch die vertikale Scherung der Windgeschwindigkeit verursacht. Sie hängt von der durch großräumige Druckgradienten verursachten Windströmung sowie von der Rauigkeit des Bodens ab. Für die strömungsmechanisch verursachte Turbulenzintensität I_V kann unter *neutralen* Bedingungen im flachen Gelände folgende Beziehung angenommen werden:

$$I_v = 1 / \left(\ln\left(\frac{z}{z_0} \right) \right) . \tag{4.10}$$

Thermische Turbulenz wird durch Wärmekonvektion verursacht und hängt in erster Linie von der Temperaturdifferenz zwischen Erdoberfläche und den darüber liegenden Luftmassen ab.

Messungen haben gezeigt, dass die Turbulenzintensität mit zunehmender Windgeschwindigkeit abnimmt, Bild 4-15 und [26, 39]. Bei niedrigen Windgeschwindigkeiten hängt die Turbulenzintensität stark von der atmosphärischen Stabilität ab.

Über der Meeresoberfläche gelten diese Zusammenhänge nicht, da hier die Windströmung durch die von ihr verursachte Wellenbildung sich sozusagen ihre Rauigkeit selbst schafft. Für die Rauigkeitsbildung über dem Meer ist nicht nur die herrschende Windgeschwindigkeit (Bild 4-16), sondern auch die Dauer ihrer Einwirkung auf die Meeresoberfläche maßgeblich - es entstehen zeitabhängige Rauigkeiten. In der Regel nimmt die Rauigkeit genauso wie die Wellenhöhe mit wachsender Windgeschwindigkeit zu.

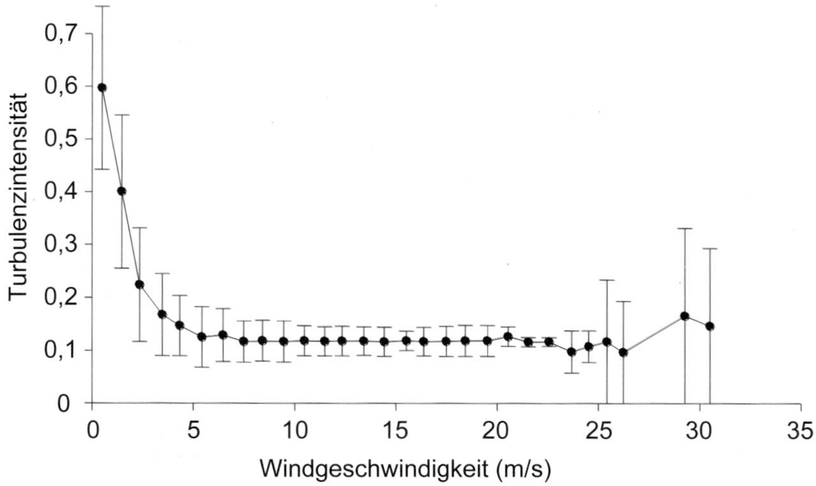

Bild 4-15 Turbulenzintensität I_V versus Windgeschwindigkeit - Beispiel einer Messung an Land (Onshore)

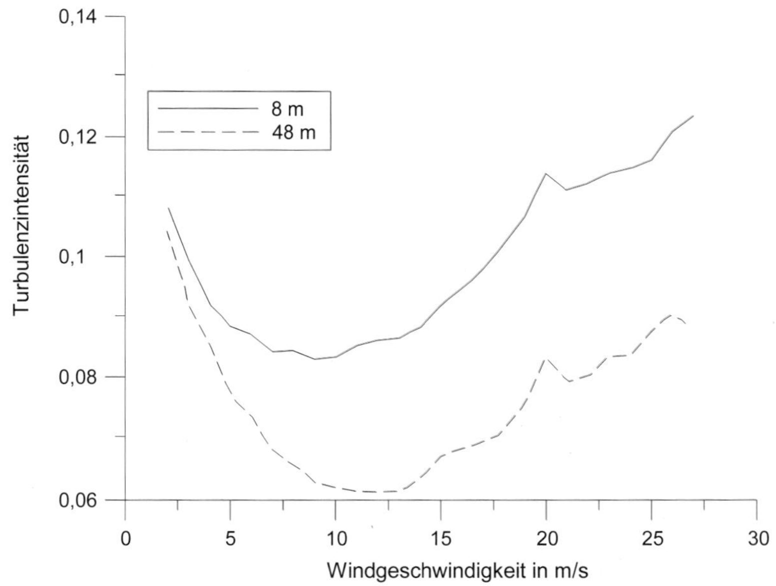

Bild 4-16 Turbulenzintensität I_V versus Windgeschwindigkeit – Beispiel einer Messung Offshore für zwei verschiedene Messhöhen [26]

4.2.4 Darstellung der gemessenen Windgeschwindigkeiten im Zeitbereich durch Häufigkeitsverteilung und Verteilungsfunktionen

Als Grundlage für die Ermittlung von Jahresenergieerträgen aber auch für die Abschätzung der Belastungsgrößen werden die Windgeschwindigkeiten zumeist im 10-Minuten-Mittel - in seltenen Fällen im 1-Minuten- oder 1-Stunden-Mittel - gemessen. Zusätzlich wird die Windrichtung mit Hilfe einer Windfahne für den gesamten Messzeitraum erfasst und beide Werte in Zeitreihen aufgezeichnet.

Neben den 10-Minuten-Mittelwerten können auch Maximal- und Minimalwerte sowie Standardabweichung des Intervalls im Datenlogger als Messreihe abgelegt werden, vgl. Bild 4-30.

Die Zeitreihen sollten insbesondere für die Energieertragsberechnung eines Standorts lang genug sein. Da die Windgeschwindigkeit je nach Klimazone starken jahreszeitlichen Schwankungen unterliegt, sollte die Messung also ein ganzzahliges Vielfaches eines Jahres umfassen.

Untersuchungen haben gezeigt, dass der Jahres-Energiegehalt des Windes um ±25% schwanken kann [5]. So zeigt Bild 4-17 die 5-Jahres-Mittelwerte über einen Zeitraum von 100 Jahren. Der Energiegehalt des Windes wurde auf das 100-Jahres-Mittel normalisiert. Die Schwankungen sind deutlich zu sehen.

Die Langzeitmessreihen wird man einerseits sorgfältig aufbewahren („am besten auf CD im Tresor“) für eventuelle spätere Wiederbenutzung, andererseits wird man sie statistisch weiterverarbeiten.

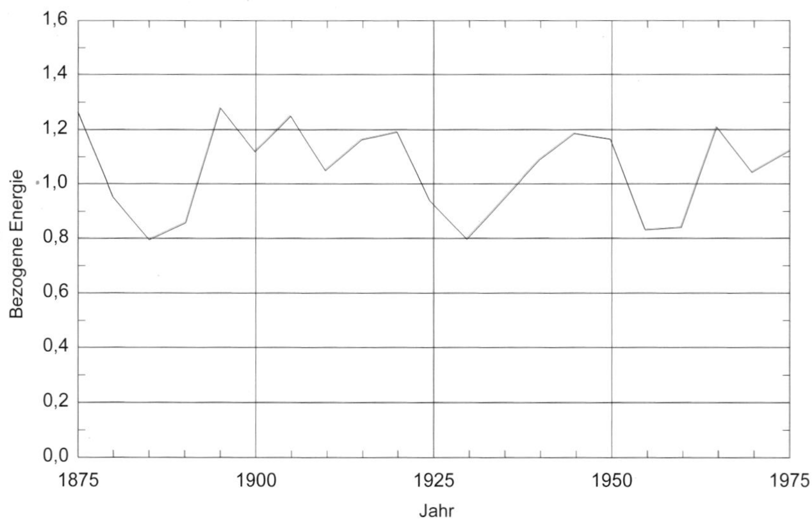

Bild 4-17 Bezogene mittlere Windenergie für aufeinander folgende 5-Jahres-Perioden in Dänemark [5]

Häufigkeitsverteilung - Histogramm der Windgeschwindigkeiten

Für die Bemessung von Windkraftanlagen sowie für die Beurteilung der zu erwartenden Energieerträge sind Zeitreihen, möglicherweise aus mehrjährigen Messungen mit tausenden von Einzelmesswerten äußerst unpraktisch. Eine Möglichkeit der komprimierten Darstellung der Windbedingungen ist die Erzeugung einer Häufigkeitsverteilung der Windgeschwindigkeit. Hier werden die Windgeschwindigkeiten klassenweise sortiert und aufsummiert (Bild 4-18). Man ermittelt also, über wie viele Zeitanteile der Gesamtzeit die jeweilige Windgeschwindigkeit herrschte, wobei für die einzelnen Windgeschwindigkeiten in der Regel eine Klassenbreite Δv_i von 1 m/s gewählt wird.

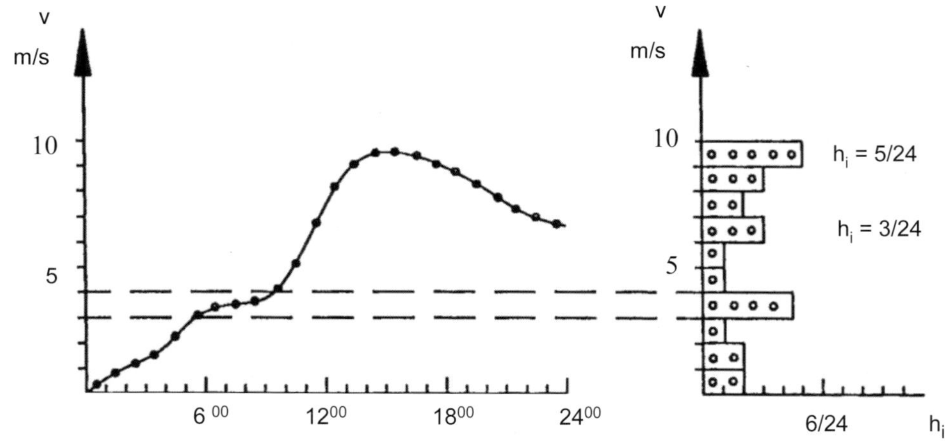

Bild 4-18 Zeitreihe eines aus Stundenmitteln aufgebauten Tagesganges (links) und das dazugehörige Histogramm der relativen Häufigkeiten h_i des Tages

Der Wert $h_i = t_i / T$ ist die relative Häufigkeit (Stunden je 24 Stunden in Bild 4-18) jeder Windgeschwindigkeitsklasse v_i, d.h. der Zeitanteil t_i an der Gesamtzeit T, in der die Windgeschwindigkeit der jeweiligen Klasse weht. Die Summe der relativen Häufigkeiten muss natürlich 1 ergeben bzw. 100%. Eine so erstellte Häufigkeitsverteilung aus dem Tauernwindpark mit der Klassenbreite von 1 m/s zeigt Bild 4-21b. Wie in Abschnitt 4.3 gezeigt wird, kann mit diesem Histogramm der Windgeschwindigkeiten und einer vorliegenden Leistungskurve der zu erwartende Energieertrag abgeschätzt werden, vgl. Bild 4-25.

Verteilungsfunktionen für die Windgeschwindigkeiten

Gerne presst man die gemessene Häufigkeitsverteilung in das mathematische Korsett der Weibull-Verteilung, die mit 2 Parametern recht anpassungsfähig ist. Ihre Verteilungsdichtefunktion lautet:

$$h_W(v) = \frac{k}{A}\left(\frac{v}{A}\right)^{k-1} \exp\left(-\left(\frac{v}{A}\right)^k\right) . \tag{4.11}$$

A ist hierbei ein Maß für die die Zeitreihe charakterisierende Windgeschwindigkeit und hat auch deren Dimension (m/s). Der Faktor k hingegen beschreibt die Form der Verteilung – er variiert zwischen 1 bis 4 – und ist bezeichnend für gewisse Windklimate:

$k \approx 1$ arktische Region

$k \approx 2$ Station in Mitteleuropa

$k \approx 3 \ldots 4$ Passatwindregionen

Geringe Schwankungen um den Mittelwert $\bar{v}$ ergeben ein großes k, große Schwankungen ein kleines k, s. Bild 4-19.

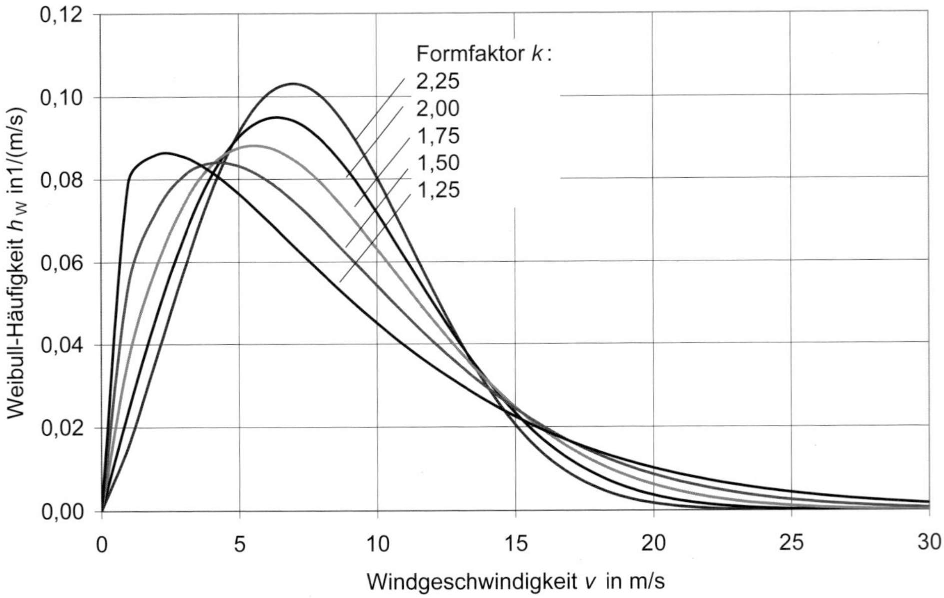

Bild 4-19 Beispiel Weibull-Verteilung für verschiedene k-Faktoren bei konstanter mittlerer Windgeschwindigkeit 8 m/s

In Tabelle 4.2 finden sich für einige Orte in Deutschland die Weibull-Faktoren A und k sowie die mittlere Windgeschwindigkeit $\bar{v}$.

Zwischen den Weibull-Parametern A und k und der mittleren Windgeschwindigkeit $\bar{v}$ gilt näherungsweise [33]:

$$\bar{v} \approx A\left(0{,}568 + \frac{0{,}434}{k}\right)^{1/k} \tag{4.12}$$

Tabelle 4.2 Weibull-Parameter an einigen Orten in Deutschland in 10 m Höhe, nach [36]

Standort	***k***	***A* in m/s**	**$\bar{v}$ in m/s**
Helgoland	2,13	8,0	7,1
Hamburg	1,87	4,6	4,1
Hannover	1,78	4,1	3,7
Wasserkuppe	1,98	6,8	6,0

Beide Parameter *A* und *k* sind höhenabhängig, wie Bild 4-20 zeigt.

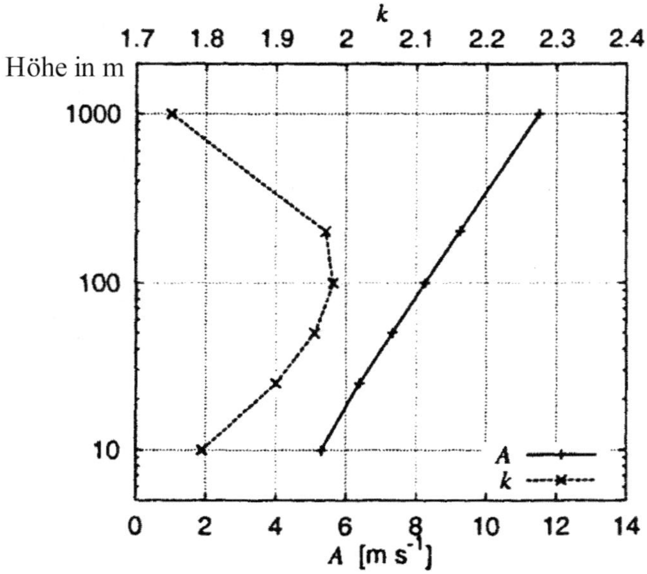

Bild 4-20 Änderung der Weibull-Faktoren mit der Höhe [1]

Im Sonderfall $k = 2$ vereinfacht sich die Weibull-Funktion auf die Rayleigh-Verteilungsdichte

$$h_R(v) = \frac{\pi}{2}\frac{v}{(\bar{v})^2}\exp\left(-\frac{\pi}{4}\left(\frac{v}{\bar{v}}\right)^2\right) \tag{4.13}$$

Sie ist besonders anschaulich, da sie nur einen Parameter enthält: die mittlere Windgeschwindigkeit $\bar{v}$, z.B. das Jahresmittel, Bild 4-21 (a). Für viele Standorte ist $\bar{v}$ in etwa bekannt. Den Ertragsberechnungen in den Prospekten der Hersteller von Windkraftanlagen liegt gewöhnlich die Annahme eines Rayleigh-verteilten Windes zugrunde.

Bild 4-21 (b) zeigt die an die Messungen angepassten Verteilungsfunktionen nach Weibull und Rayleigh, die Abweichungen zwischen Messung und analytischer Betrachtung sind beträchtlich.

Will man die analytischen Näherungen für die Ertragsberechnung benutzen, sollte deren Anpassungsresultat folgende Kriterien erfüllen:

- Die gerechnete Windenergie in der analytischen Verteilung und in der beobachteten Verteilung (Histogramm, s. Abschn. 4.3.1) sollten angenähert gleich sein,
- die Häufigkeiten von Geschwindigkeitsereignissen größer als der beobachtete Mittelwert sollten gleich sein,
- die Häufigkeitssumme sollte als Prüfsumme immer 1,00 ergeben, anderenfalls sind die relativen Häufigkeiten mit der Klassenbreite der Windgeschwindigkeit (z.B. 0,5 m/s) zu gewichten.

Die energie-maximalen Klassen sollten möglichst richtig wiedergegeben werden. Die Anpassung der Weibull-Parameter an das gemessene Histogramm kann man mit der Methode der kleinsten Fehlerquadrate vornehmen, unter Umständen nach zweimaligem Logarithmieren [7, 34].

Anmerkung: Wandelt man eine gemessene Häufigkeitsverteilung, Bild 4-18 und 4-21, (diskrete Darstellung) in eine Verteilungsfunktion $h(v)$ um (kontinuierliche Darstellung) oder umgekehrt, ist zu beachten, dass $h_i = h(v)\,dv \approx h(v_i)\,\Delta v_i$ gilt. Denn die Verteilungsfunktionen haben die Dimension 1/(m/s). Je nach Klassierungsbreite Δv_i entstehen andere h_i-Werte der relativen Häufigkeit: je größer die Klassenbreite in einer Verteilungsfunktion, umso mehr Ereignisse liegen in ihr, $h_i = t_i / T$.

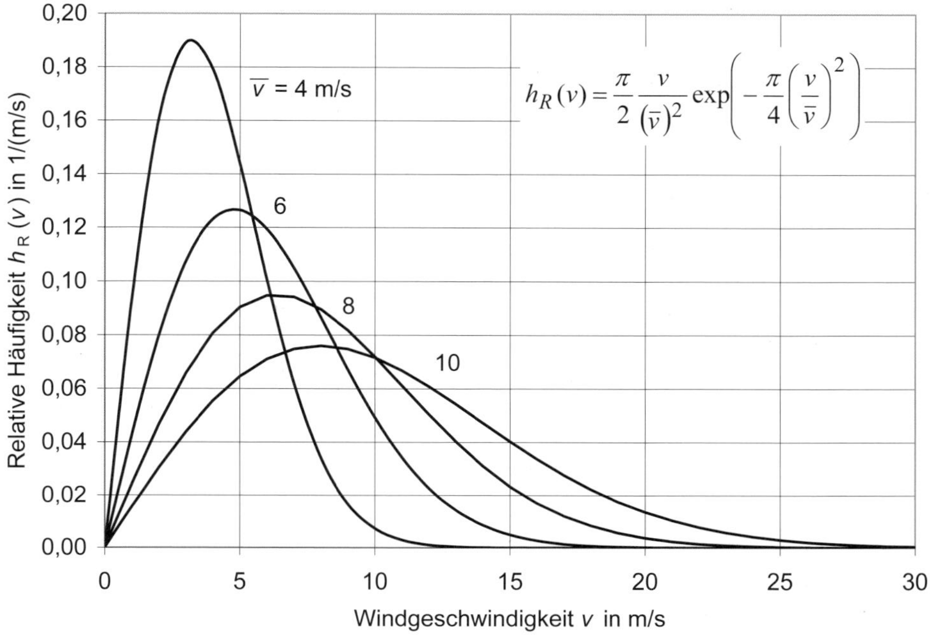

a)

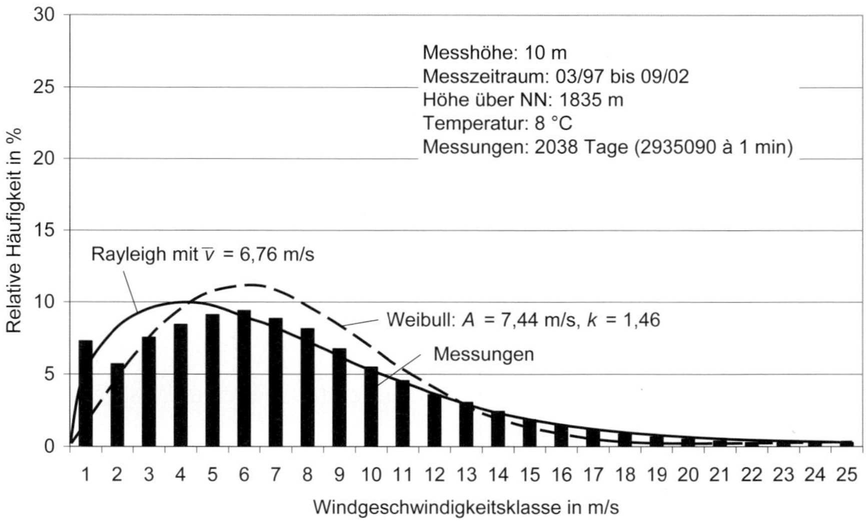

b)

Bild 4-21 a) Häufigkeitsverteilungen nach Rayleigh für verschiedene mittlere Windgeschwindigkeiten, b) Messungen im Tauernwindpark - Histogramm und Häufigkeitsfunktionen nach Weibull und Rayleigh [www.tauernwindpark.com]

Histogramme können durch eine zweiparametrige Weibull-Verteilung gut beschrieben werden. Allerdings werden extreme Windgeschwindigkeiten, wie die 50-Jahres-Bö, bei Messungen über wenige Jahre nicht erfasst. Daher müssen sie separat dargestellt werden, s. Kap. 9. Die analytischen Verteilungsfunktionen stellen den Flautenbereich nicht dar, da sie stets mit der Häufigkeit h ($v = 0$ m/s) = 0 beginnen.

Häufigkeiten, die kleiner sind als 1%, d.h. 10-Minuten-Mittelwerte, die nur mehrere hundert Mal im Jahr auftreten, lassen sich im Allgemeinen nicht durch die Weibull-Verteilung schätzen. Deshalb führt man Flautenstatistiken separat, soweit sie benötigt werden (Windpump- und Inselsysteme).

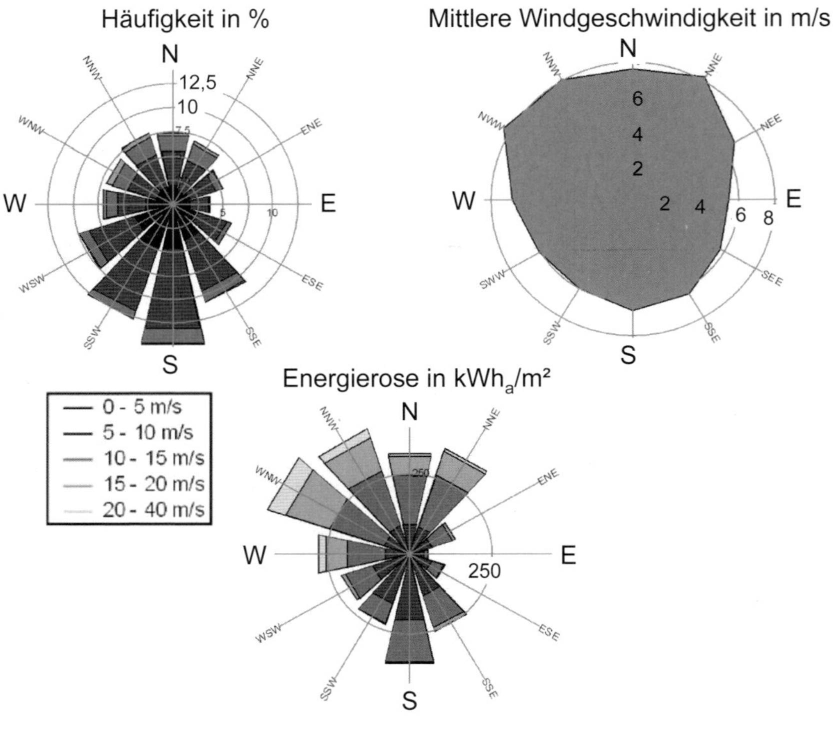

Bild 4-22 Windrosen: Häufigkeitsrose, Windrose der mittleren Windgeschwindigkeit sowie Energierose

Für die Entwicklung von Windparks mit mehr als einer Windturbine ist die Kenntnis der Häufigkeitsverteilung des Windes für verschiedene Windrichtungen wichtig, um durch geschickte Aufstellung Abschattungen der einzelnen Windturbinen untereinander zu reduzieren (s. Abschnitt 4.3.5). Deshalb wird diese Information sektorenweise in Form von Windrosen präsentiert, s. Bild 4-22. Es muss dabei zwischen Windgeschwindigkeits-, Häufigkeits- und Energierosen unterschieden werden.

In der *Windgeschwindigkeitsrose* sind die mittleren Windgeschwindigkeiten jeweils richtungsabhängig in Sektoren dargestellt. In diesem Beispiel ist die mittlere Windgeschwindigkeit aus NNE und WNW am größten, während sie aus Osten am geringsten ist. Die *Häufigkeitsrose der Windrichtung* zeigt hingegen eine klare Dominanz der südlichen Richtungen. Da die Energie jedoch proportional zur dritten Potenz der Windgeschwindigkeit steigt, die südlichen Windrichtungen aber eine relativ niedrige mittlere Windgeschwindigkeit aufweisen, liefern in der *Energierose* die nordwestlichen Sektoren die meiste Energie. Diese Betrachtungen dienen zur Findung des optimalen Windpark-Layouts, bei dem es u.a. zu verhindern gilt, dass Energie durch starke gegenseitige Abschattungen der Anlagen verloren geht, Bild 4-28.

4.2.5 Spektrale Darstellung des Windes

Die Beschreibung des Windes durch Histogramme und Verteilungsfunktionen ist für die Ertragsberechnung hinreichend. Doch die Information über das zeitliche Geschehen geht verloren.

Schwingungsvorgänge, dynamische Beanspruchungen von Blättern, Turm und Triebstrang spielen sich im Bereich von 0,1 Hz bis ca. 30 Hz ab. In ihren Eigenfrequenzen reagiert die Struktur besonders sensibel und nervös. Für diesen Bereich – rechts im Bild 4-23 – ist die *spektrale Darstellung* besonders geeignet. Mit Hilfe der Fast-Fourier-Transformation bildet man aus den Zeitschrieben die so genannte spektrale Leistungsdichte S (power spectral density). Sie gibt den Teilbeitrag jeder einzelnen Frequenz f (in Hz) zum quadratischen Mittelwert (Varianz), Gl. 4.8, an,

$$\overline{v^2} = \int_0^\infty S(f)df \ , \tag{4.14}$$

bzw. zur Standardabweichung $\sigma_v = \sqrt{\overline{v^2}}$. S(f) hat die Dimension (m/s)^2/Hz.

Auch zur Herstellung „synthetischer Winde“ für die digitale Simulation ist die spektrale Darstellung besonders geeignet, Abschnitt 8.3.

Zwei spektrale Darstellungen des Windes werden besonders häufig verwendet. Das Kaimal-Spektrum wurde empirisch aus Windmessungen ermittelt.

$$\text{Kaimal-Spektrum} \quad S_v(f) = \sigma_v^2 \frac{4 L_{1v} / \bar{v}}{(1 + 6 f L_{1v} / \bar{v})^{5/3}} \tag{4.15}$$

Hierbei werden die Längenparameter der Turbulenz L_{1v} und L_{2v} (length scales, Bild 4-13) je nach verwendeten Richtlinien etwas unterschiedlich vorgegeben. Das zweite, das Kármán-Spektrum, beschreibt die Turbulenz in Windkanälen und Röhren sehr gut, wird aber auch zur Darstellung des Windes gerne benutzt. Denn es erlaubt, die Korrelation zu Nachbarorten (z.B. Nabe – Flügelmitte) leicht zu formulieren.

von-Kármán-Spektrum $$S_v(f) = \sigma_v^2 \frac{4 L_{2v} / \bar{v}}{(1 + 70{,}8 (f L_{2v} / \bar{v})^2)^{5/6}} \tag{4.16}$$

In der Regel werden Leistungsspektren über der Frequenz aufgetragen – siehe auch Bild 4-23 und 4-24. In Bild 4-23 ist das Leistungsspektrum auch in seiner Zeitabhängigkeit aufgetragen, wodurch ein Bezug zu Bild 4-13 hergestellt wird.

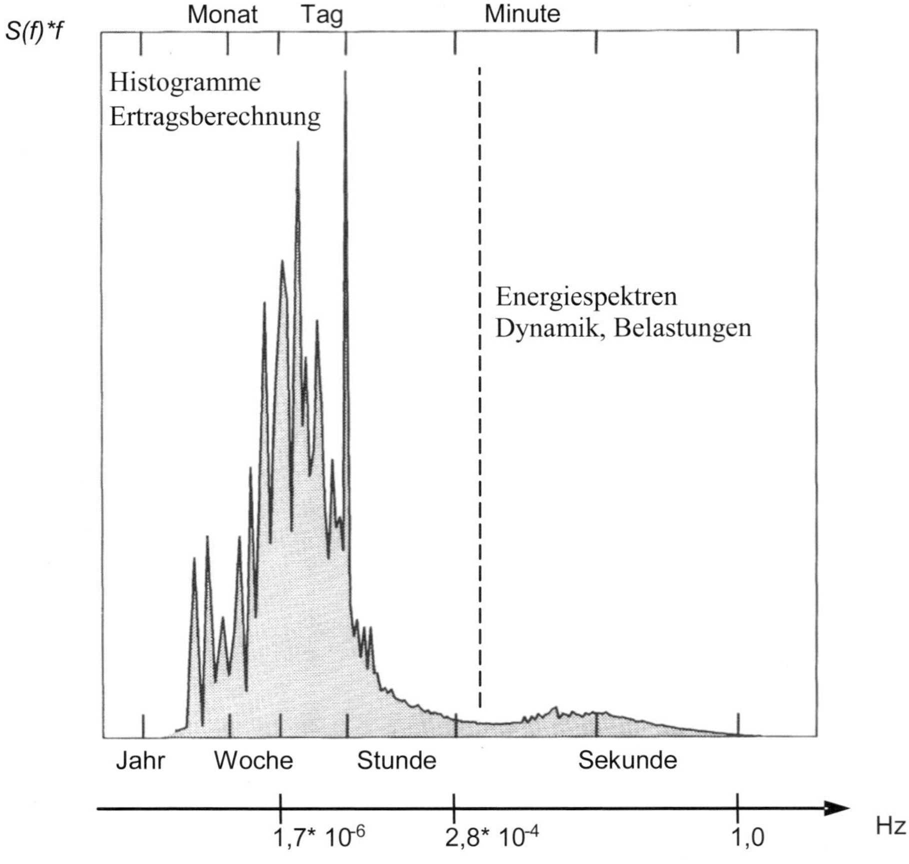

Bild 4-23 Leistungsspektrum der Windgeschwindigkeit aus einer kontinuierlichen Messung über flachem, homogenem Gelände [11]

Das Leistungsspektrum von Bild 4-23 wurde aus einer Zeitreihe von einem Jahr mit einer Aufzeichnungsfrequenz von 8 Hz ermittelt. Die Schwankungen im Minuten- und Sekundenbereich (rechts im Bild) stammen aus der atmosphärischen Turbulenz. Den Peak bei 1 Tag verursacht der 24-Stunden-Zyklus des Tagesganges am Standort. Die Maxima im Spektrum bei einigen Tagen spiegeln Großwetterereignisse wie den Durchzug von atlantischen Tiefdruckgebieten wider.

Bild 4-24 zeigt beispielhaft Spektren im flachen Gelände für die drei Schichtungszustände der Atmosphäre, siehe Abschnitt 4.2.1. Die Fläche unter der Kurve ist proportional zur Varianz. Unter neutralen Bedingungen wird das Spektrum von einem breiten Maximum dominiert. Bei höheren Frequenzen fällt es mit $f^{-5/3}$ ab. Niedrige Frequenzen sind meist durch hohe Variationen und eine große Unsicherheit gekennzeichnet. Wie in 4.2.2 erläutert, hat das Temperaturprofil einen starken Einfluss auf den vertikalen Massenaustausch und damit auf die Turbulenz. Das Bild zeigt die starke Zunahme von Turbulenz bei labiler Schichtung (Monin-Obukhov-Länge L = -30 m), während stabile Schichtung Turbulenz unterdrückt.

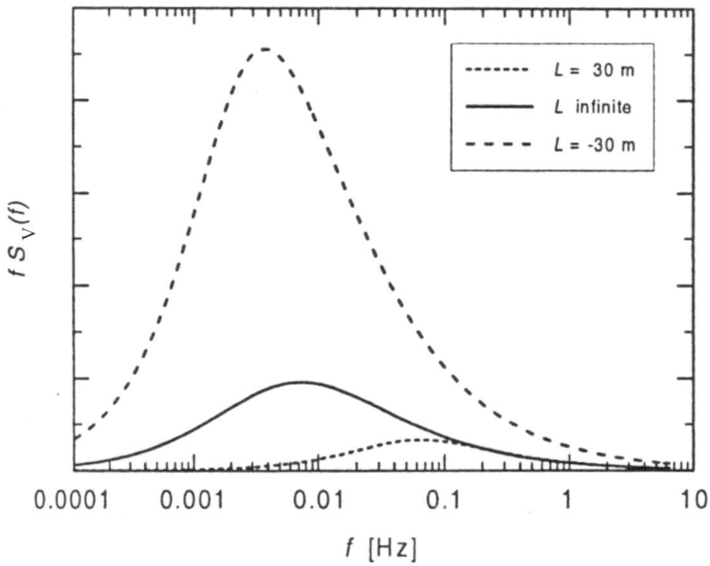

Bild 4-24 Modell-Spektren der longitudinalen Geschwindigkeitskomponente 50 m über Boden im flachen Gelände für neutrale (L unendlich), stabile (L = 30 m) und labile (L = - 30 m) Bedingungen, L steht für die Monin-Obukhov-Länge [1]

Bisher wurde nur die longitudinale Turbulenz betrachtet, sie dominiert in flachem Gelände, ist aber tatsächlich dreidimensional (kinetische Energien im Verhältnis 1,0 : 0,8 : 0,5 für die longitudinale, laterale und vertikale Richtung). Im komplexen Gelände wird die laterale Komponente durch Umverteilung so stark wie die longitudinale (1,0 : 1,0 : 0,8), [19].

Kreuzspektren und Kohärenz-Funktionen

Die oben erläuterten Turbulenzspektren beschreiben die zeitlichen Schwankungen der turbulenten Komponenten an einem Punkt der vom Rotor der Windkraftanlage überstrichenen Fläche. Da aber die Flügel der Windturbine ein turbulentes Feld durchstreichen, ist die Betrachtung der Spektren an einem Punkt nicht ausreichend. Die räumliche Änderung in lateraler und vertikaler Richtung ist ebenfalls wichtig, weil die räumliche Änderung durch den rotierenden Flügel „aufgesammelt" wird (s. Abschnitt 8.1).

Um diese Effekte widerzuspiegeln, muss die spektrale Beschreibung der Turbulenz erweitert werden durch die Kreuzkorrelation der turbulenten Fluktuationen zweier in lateraler und vertikaler Richtung getrennter Punkte. Diese Größe nimmt offensichtlich mit zunehmender Distanz Δr der beiden zu betrachtenden Punkte voneinander ab. Weiterhin ist die Korrelation niedriger für hochfrequente Änderungen als für niederfrequente Änderungen. Ein Maß für den Zusammenhang der turbulenten Schwankungen zwischen zwei Punkten „1" und „2" auf der Rotorebene ist die Kohärenz. Die Kohärenz $Coh(\Delta r, f)$ wird in Abhängigkeit der Frequenzspektren und des Abstandes beschrieben und ist definiert als:

$$Coh(\Delta r, f) = \frac{|S_{12}(f)|}{\sqrt{S_{11}(f) S_{22}(f)}} \tag{4.17}$$

wobei S_{12} (f) für das Kreuzspektrum zweier Punkte mit dem Abstand Δr, und S_{11} (f) und S_{22} (f) für die Autospektren der jeweiligen Punkte stehen. Mehr zur Spektral- und Kohärenzanalyse in [35, 37].

4.3 Ermittlung von Leistung, Ertrag und Belastungsgrößen

Mit der Messung der Windgeschwindigkeit sowie den hieraus abgeleiteten Histogrammen bzw. Verteilungsfunktionen lässt sich mit Hilfe einer Leistungskennlinie einer Windkraftanlage eine Abschätzung des Energieertrages durchführen. Da das Windangebot von Jahr zu Jahr jedoch stark schwankt (s. Bild 4-17), muss stets die Repräsentativität des Messzeitraums überprüft werden, um langfristige Aussagen treffen zu können. Dies geschieht z.B. durch vergleichende Auswertung von Winddaten benachbarter meteorologischer Messstationen (auch z.B. Flughäfen), für die Langzeitmessungen dokumentiert sind.

Für die Abschätzung des Energieertrages eines Windparks müssen zusätzlich Abschattungs- und Störeffekte am Standort selbst sowie durch benachbarte Windturbinen berücksichtigt werden. Hinzu kommen dann im Betriebszeitraum natürlich noch Ausfallzeiten der Windkraftanlage durch Störungen, Reparaturen und Wartung, die den realen gegenüber dem in der ersten Planung ermittelten rechnerischen Energieertrag weiter mindern, s. Kap. 15.

4.3.1 Ertragsabschätzung mit Hilfe der Histogramme von Windgeschwindigkeit und Turbinenleistung

Diskretisiert man die Turbinenleistung $P(v)$ auf die Klassenbreite des gemessenen Windhistogramms, Bild 4-25, dann ergibt sich der Teilbeitrag E_{i} jeder Klasse i zur Gesamtenergie E_{ges} aus

$$E_{\mathrm{i}} = h_{\mathrm{i}} \cdot P_{\mathrm{i}} \cdot T\,, \tag{4.18}$$

wobei $h_{\mathrm{i}} = t_{\mathrm{i}}/T$ aus dem relativen Zeitanteil an der Gesamtzeit T folgt, Bild 4-18. Durch Aufsummieren der einzelnen Klassenerträge erhält man schließlich den Gesamtertrag für den Zeitraum T

$$E_{\mathrm{ges}} = \sum E_{\mathrm{i}} = T \sum h_{\mathrm{i}} \cdot P_{\mathrm{i}} \tag{4.19}$$

Liegt die Wind-Verteilungsdichte als Weibull- oder Rayleigh-Funktion $h_{\mathrm{W}}(v)$ oder $h_{\mathrm{R}}(\mathrm{v})$ vor, beträgt die relative Häufigkeit der Klasse $h_{\mathrm{i}} = h(\mathrm{v_i})\,\Delta v_{\mathrm{i}}$ siehe Anmerkung in Abschnitt 4.2.4.

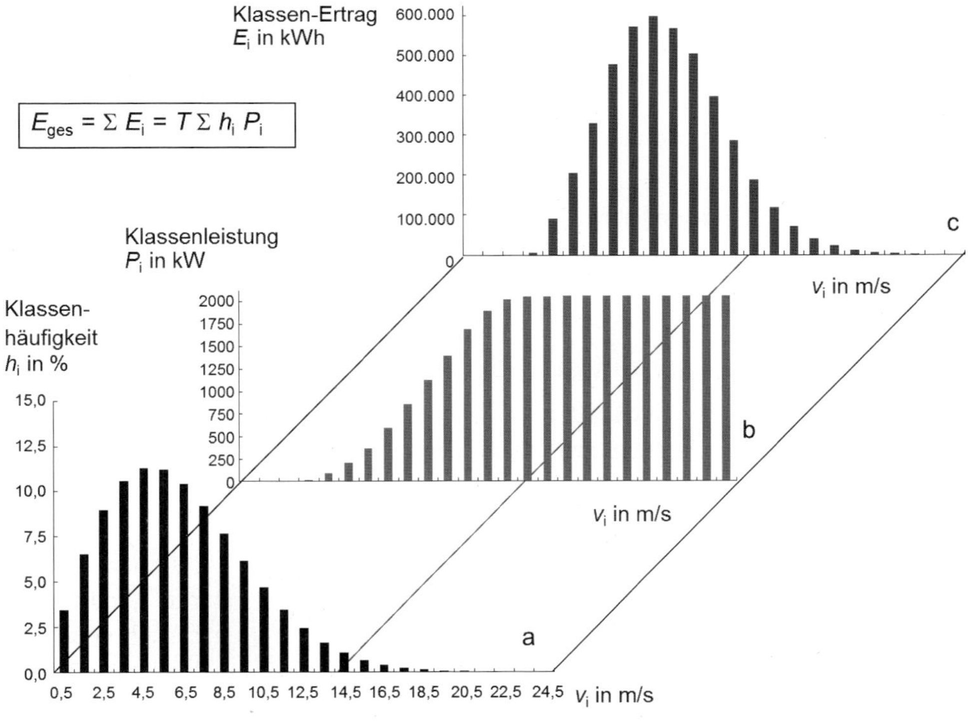

Bild 4-25 Ermittlung des Ertrages in kWh (c) für den Zeitraum T aus dem Windhistogramm (a) und der Leistungskennlinie (b)

4.3.2 Ertragsermittlung aus Verteilungsfunktion und Leistungskennlinie

Liegen *beide*, die Windgeschwindigkeitsverteilung $h(v)$ – hier in 1/(m/s) einzusetzen – und die Leistungskurve $P(v)$ analytisch vor, ist der Ertrag in Analogie zu Gl. 4.19 aus dem Integral

$$E = T\int_{0}^{\infty} h(v)\cdot P(v)\,dv \tag{4.20}$$

zu berechnen. In praxi läuft das aber letztlich doch auf eine numerische Integration (Summenbildung, s. o.) hinaus, denn die Turbinenkennlinien werden vermessen (s. Bild 4-26) und für die Integration bereichsweise durch Geradenabschnitte angenähert.

Ergebnisse der Abschätzung des Jahresertrages je m² Rotorfläche in Abhängigkeit der mittleren Jahreswindgeschwindigkeit in Nabenhöhe (Rayleigh-Verteilung) für moderne drehzahlvariable Windkraftanlagen finden sich in den Bildern 15-21 bis 15-24.

In der Regel werden Leistungskurven für eine Luftdichte von 1,225 kg/m³ angegeben. Bei der Berechnung des Energieertrages am Standort muss berücksichtigt werden, dass die Leistung proportional zur Luftdichte ist. Diese ist wiederum nach der idealen Gasgleichung abhängig von der Temperatur sowie dem atmosphärischen Luftdruck. Mit zunehmender Temperatur (Tropen) sinkt die Luftdichte, ebenso mit der Höhe des Standorts über dem Meeresspiegel (barometrische Höhenformel).

Bei der Ertragsberechnung einer einzeln stehenden Windkraftanlage wirft man die Klassenbeiträge aller Himmelsrichtungen in einen Topf, Bild 4-25. Plant man aber einen Windpark, führt man das eben beschriebene Ertragskalkül sektorenweise durch, Bild 4-22, und berücksichtigt wechselseitige Abschattungen.

4.3.3 Vermessung der Leistungskurve

Die Leistungskurve einer Windkraftanlage ist eine Kurve, die anzeigt, wie hoch die abgegebene elektrische Leistung in Abhängigkeit von der Windgeschwindigkeit ist. Leistungskurven werden entweder rechnerisch aus den Entwurfsdaten für Rotor und Antriebsstrang oder durch Messungen im realen Windfeld ermittelt. Die gemessene Leistungskurve ergibt sich aus der gleichzeitigen Messung der Windgeschwindigkeit auf Nabenhöhe und der erzeugten Leistung (Bild 4-26). Der Mittlungszeitraum liegt üblicherweise bei 10 Minuten [4]. Hierbei wird angenommen, dass die gemessene mittlere Windgeschwindigkeit am Messmast der Windgeschwindigkeit auf Nabenhöhe an der Position der Windturbine entspricht. Um dies zu gewährleisten, sollte der Abstand zwischen Messmast und Windturbine nicht zu groß sein. Allerdings sollte der Mast auch nicht zu dicht an der Windturbine stehen, da sonst die gemessene Windgeschwindigkeit von Staueffekten der Windkraftanlage beeinträchtigt wird. Deshalb wird die Windgeschwindigkeitsmessung in einem Abstand von 2 bis 4 Rotordurchmessern vor der Anlage durchgeführt.

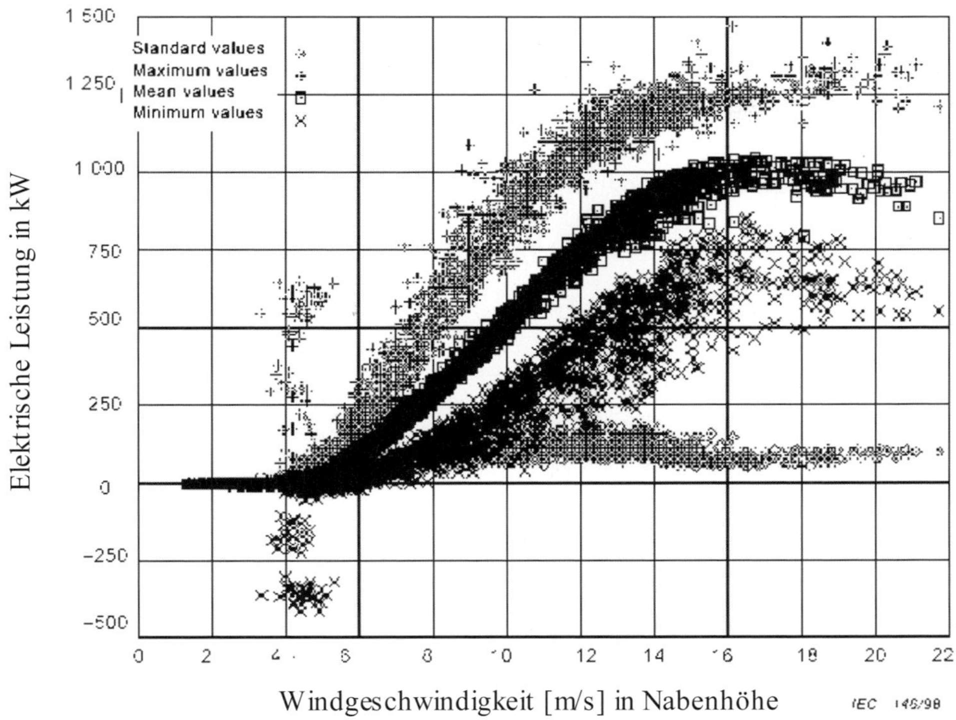

Bild 4-26 Beispiel einer Leistungskurvenvermessung, 10minütige Mittelwerte und Standardabweichung sowie 1-Sekunden-Minimal- und -Maximalwerte [4]

An dieser Stelle muss daran erinnert werden, dass selbst geringe Messfehler in der Windgeschwindigkeit große Auswirkungen auf die Leistungsbestimmung haben: Bei einem Messfehler von 3 Prozent weicht die Leistung im Wind um 27 Prozent ab.

Leistungskurven von Windkraftanlagen sind eine wichtige Planungsgrundlage für die Projektierung und Aufstellung. Sie gehören zum Leistungsumfang der Anlagenhersteller.

Die Annahme, dass die Windgeschwindigkeit in Nabenhöhe am Messmast identisch mit der Windgeschwindigkeit an der Position der Windturbine ist, gilt nur bedingt in einem „idealen“ flachen Gelände ohne Hindernisse. Windturbinen werden jedoch häufig in komplexerem Gelände errichtet. Erfüllt das Gelände die Anforderungen nicht, so ist eine Standortkalibrierung notwendig. Bei dieser wird vor der Errichtung der Windkraftanlage ein zweiter Messmast an der Position der zukünftigen Anlage errichtet. Genauere Angaben zum Verfahren sind in der internationalen Richtlinie IEC 61400-12 „Wind Turbine Performance Testing” [4] oder in den nationalen Richtlinien der FGW [18] zu finden.

Da das Verhalten der Windturbine stark von geländebedingten Größen wie Turbulenz, Schräganströmung und Höhengradient abhängt, ist die Anwendung einer in flachem Gelände zertifizierten Leistungskennlinie mit Unsicherheiten behaftet.

Bild 4-27 zeigt beispielhaft den Einfluss von Turbulenzintensität auf die Leistungskurve. Der untere Bereich der Leistungskurve wird annähernd durch eine kubische Funktion beschrieben. Dadurch ergibt sich bei der Mittelwertbildung ein positiver Zuwachs der Leistung. Umgekehrt kommt es im Bereich nahe der Nennleistung zu einem negativen Beitrag durch die Mittelwertbildung, weil die Krümmung der Leistungskurve negativ ist.

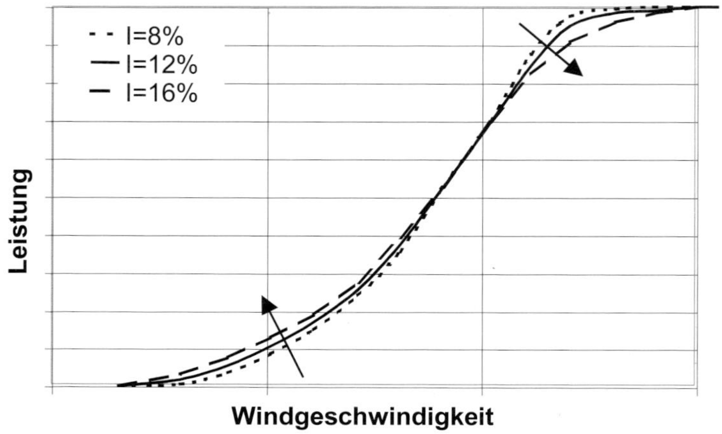

Bild 4-27 Auswirkung von Turbulenzintensität *I* auf die Leistungskurve [27]

4.3.4 Ertragsabschätzung eines Windparks

Da die Windturbine der freien Strömung Energie entzieht, ist der Nachlauf der Windturbine durch eine reduzierte Windgeschwindigkeit aber auch durch eine erhöhte Turbulenz charakterisiert. Eine Windturbine, die sich im Nachlauf einer oder mehrerer anderer befindet, wird deswegen weniger elektrische Energie produzieren und außerdem eine größere mechanische Belastung erfahren, als eine frei angeströmte Windturbine, Bild 4-28.

Vereinfacht betrachtet ist der Nachlauf direkt hinter der Windturbine ein Bereich reduzierter Windgeschwindigkeiten mit einem etwas größeren Radius als der des Rotors. Die Geschwindigkeitsabnahme ist an den Schubbeiwert gekoppelt, da dieser die Impulsänderung der freien Strömung durch die Windturbine beschreibt.

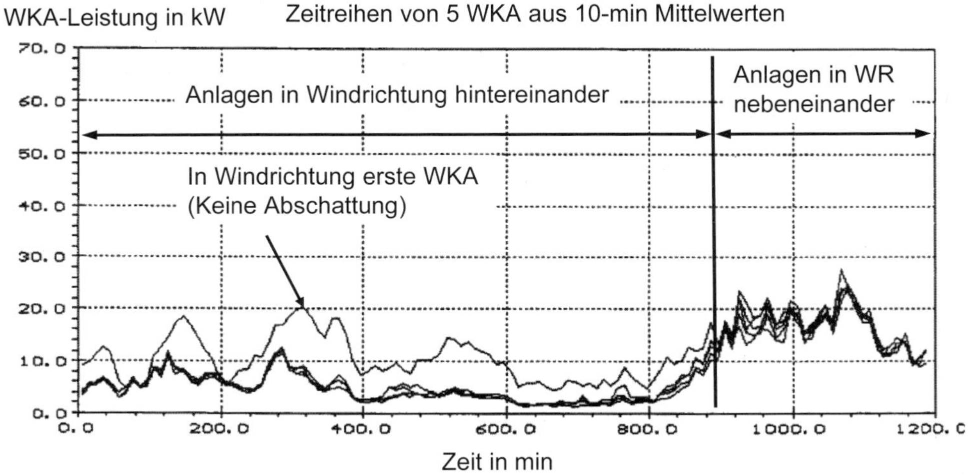

Bild 4-28 Leistungsreduktion durch Abschattungen in einem Windpark mit fünf Windkraftanlagen [Universität Oldenburg]

Der Geschwindigkeitsunterschied zwischen freier Strömung und Nachlauf sowie die sich vom Rotor ablösenden Wirbel führen zu einer Erhöhung der Turbulenz hinter dem Rotor. Diese sorgt für einen Ausgleich zwischen Nachlauf und freier Strömung. Der Durchmesser des Nachlaufes vergrößert sich durch die sich zum Zentrum des Nachlaufes wie auch nach außen hin ausbreitende Zone der Durchmischung, Bild 4-29. Dadurch verringert sich der Geschwindigkeitsunterschied während sich gleichzeitig der Nachlauf ausdehnt bis sich die Geschwindigkeit im Nachlauf der freien Strömung wieder angepasst hat. Das Maß der Durchmischung hängt allerdings auch von der Umgebungsturbulenz ab.

Das Nachlauf-Modell PARK [24] berechnet die Verluste durch den Nachlauf auf der Basis der Windrichtungsverteilung in Bezug auf die Position der Windturbinen sowie der Schubbeiwertskurve. Da dieses Model jedoch nur 2-dimensional ist, ergeben sich zahlreiche Beschränkungen. So können die Beschleunigungen des Windes, die durch das Gelände verursacht werden, nicht berechnet werden. Im Gegensatz zu früheren Versionen ermöglicht WAsP 7 [14] (und höhere Versionen) die Berechnung des Windparkwirkungsgrades auch für verschiedene Windturbinen mit unterschiedlichen Nabenhöhen, Rotordurchmessern und Leistungskurven.

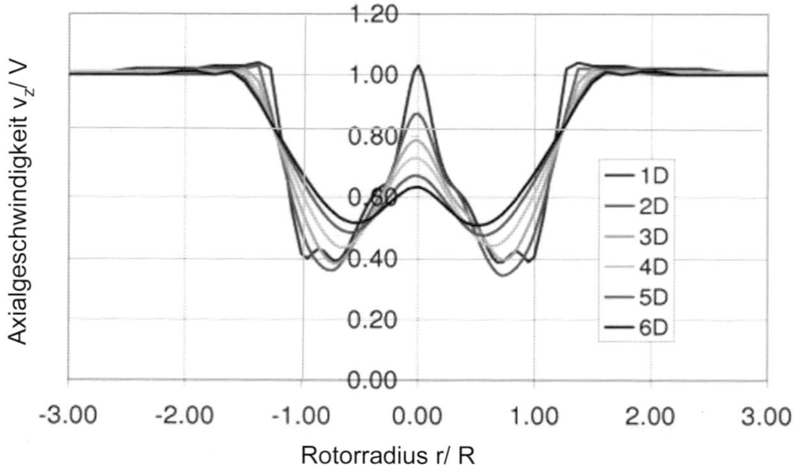

Bild 4-29 Entwicklung des Nachlaufs in verschiedenen Abständen ausgedrückt als Vielfaches des Rotordurchmessers *D* hinter dem Rotor [29]

4.3.5 Wind- und Standorteinfluss auf Anlagenbelastung

Extreme Windgeschwindigkeiten

Wie in 4.2.4 erläutert, führt die Weibull-Verteilung im Allgemeinen zu einer guten Übereinstimmung mit der Häufigkeitsverteilung gemessener Winddaten. Die Verteilung von Extremwindgeschwindigkeiten folgt jedoch anderen statistischen Gesetzen und lässt sich nicht durch die Weibull-Verteilung abbilden. Extreme Winde werden häufig als die n-Jahres-Windgeschwindigkeit ausgedrückt, d.h. der 10-Minuten-Mittelwert, der im Durchschnitt einmal in einer Periode von n Jahren überschritten wird. Für die Auslegung einer Windkraftanlage interessiert der 50-Jahres-Wind, siehe Tabelle 9.2. Es zeigt sich, dass diese Extremwindgeschwindigkeiten sehr gut durch die doppelt-exponentielle Gumbel-Verteilung beschrieben werden können.

$$F(V) = e^{\left(-\exp(-\alpha(V-\beta))\right)} \tag{4.21}$$

$F(V)$ ist hierbei die kumulierte Wahrscheinlichkeit, dass die mittlere Windgeschwindigkeit V überschritten wird. Für die weitere Bearbeitung dieser speziellen Fragestellung sei auf die entsprechende Literatur verwiesen [1].

In der Praxis sind die extremen meteorologischen Randbedingungen eines Standortes für die Ermittlung der Belastungsgrößen der Windkraftanlage und für die Klassifizierung des Standortes von großer Wichtigkeit, s. Tabelle 9.2 (vgl. IEC 61400-1).

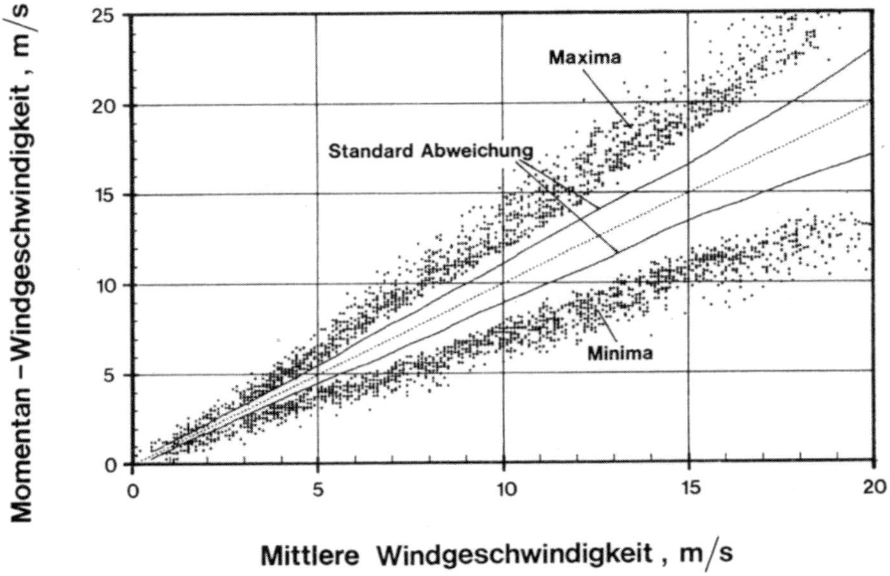

a)

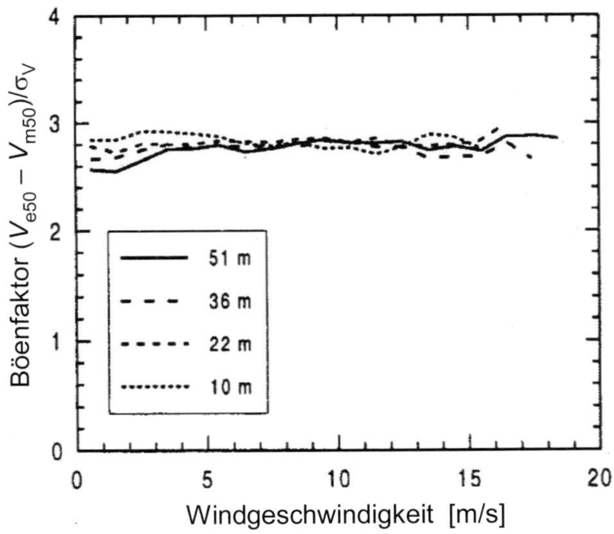

b)

Bild 4-30 a) Minima, Maxima und Standardabweichungen der Windgeschwindigkeit aufgetragen über dem 10-min-Mittelwert [33], b) Böenfaktor bei verschiedenen Windgeschwindigkeiten auf verschiedenen Messhöhen [1]

Zwischen der maximalen Böengeschwindigkeit und dem im Zeitraum der Betrachtung auftretenden maximalen 10-min-Mittelwert besteht ein enger Zusammenhang über die Standardabweichung σ_v, wie ein Blick auf Bild 4-30a zeigt. Diese Messungen an der Westküste Dänemarks in 20 m Höhe umfassten etwa 1500 10-min-Mittelwerte [33].

Die 3-sek-50-Jahres-Bö V_{e50} wird deshalb mit dem auftretenden maximalen 10-min-Mittelwert V_{m50} aus Tabelle 9.2 (vgl. IEC 61400-1) und der geschätzten Turbulenzintensität I_v ermittelt

$$V_{e50} = V_{m50}(1 + 2{,}8\, I_v)\,, \tag{4.22}$$

wobei an $I_v = \sigma_v / \bar{v}$ erinnert wird, Gl. 4.9. Der Wert 2,8 in der Gleichung wurde für verschiedene Höhen experimentell bestätigt, s. Bild 4-30 b), man bezeichnet ihn als Böenfaktor.

In den Richtlinien des Germanischen Lloyd 2003 [20] und DIBt 2004 [21] finden sich ähnliche oder gleiche Empfehlungen für die Böenerfassung.

Auswirkungen der Turbulenz

Die Beschreibung der Turbulenz durch die Turbulenzintensität wurde bereits in Abschnitt 4.2.3 behandelt. Sie wurde dort als Verhältnis aus Standardabweichung und der mittleren Windgeschwindigkeit des Mittlungszeitraumes (meist 10 Minuten) definiert. Wie in Bild 4-15 gezeigt, ist dieser Wert von der Windgeschwindigkeit abhängig. Diese Abhängigkeit ist in den IEC-Richtlinien [19] und in den neuen Richtlinien des Germanischen Lloyd [20] entsprechend berücksichtigt.

Turbulenzen sind neben dem Eigengewicht der Blätter die Hauptursache von Materialermüdung. Sie beanspruchen das gesamte Blatt und insbesondere die Blattwurzel auf Biegewechsellasten. Das turbulente Windfeld verursacht weiterhin eine wechselnde Torsion des Triebstrangs. Zusätzlich wird der Turm auf wechselnden Schub beansprucht (Bild 4-31).

Bild 4-32 zeigt als Beispiel die Betriebslasten an der Blattwurzel in Schlagrichtung als Funktion der Windgeschwindigkeit für zwei verschiedene Turbulenzintensitäten.

Hohe Turbulenzintensitäten können unter anderem durch Hindernisse (z.B. nahe Gebäude), Oberflächenrauigkeiten (z.B. starke Vegetation) und Geländeneigungen verursacht werden. Entsprechend ihrer Ursache werden diese Turbulenzen auch als Umgebungsturbulenz bezeichnet.

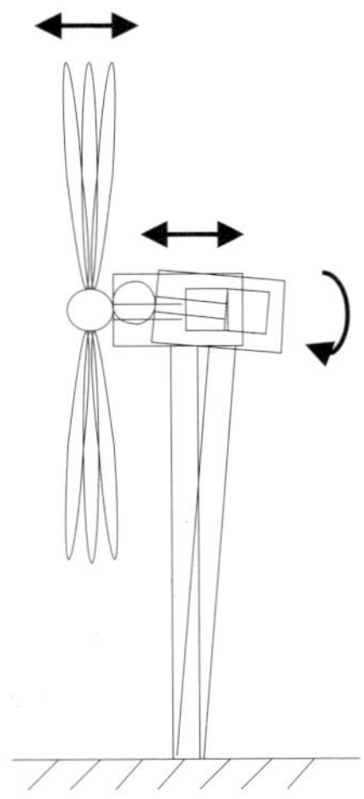

Bild 4-31 Belastungen durch Turbulenzen

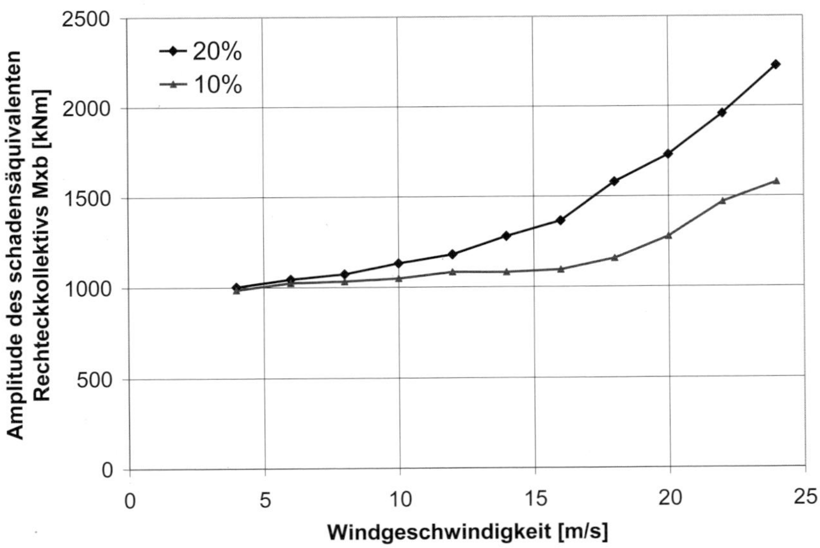

Bild 4-32 Betriebslasten der Blattwurzel einer 1,25 MW-Anlage für zwei Turbulenzintensitäten [22]

Hohe Turbulenzintensitäten können aber auch durch ein enges Windpark-Layout erzeugt werden, entsprechend spricht man von durch den Nachlauf benachbarter Anlagen induzierter Turbulenzintensität.

Bei der Planung muss also sichergestellt werden, dass die Summe von Umgebungsturbulenz und der durch den Nachlauf benachbarter Anlagen generierten Turbulenzintensität nicht die in der Zertifizierung angenommenen Grenzwerte überschreitet, da es sonst zu einer verkürzten Lebensdauer kommen kann. Bild 4-33 zeigt die zusätzliche induzierte Turbulenzintensität im Nachlauf I_W in Abhängigkeit vom Abstand zweier Windturbinen ausgedrückt als Vielfaches des Rotordurchmessers. Diese Ergebnisse basieren auf Messungen an vier verschiedenen Standorten. Die Abbildung zeigt eine Überschreitung der z.B. in der DIBt angenommenen 20% Turbulenzintensität bei Abständen kleiner 4 Rotordurchmesser allein durch die zusätzlich induzierte Turbulenz! Natürlich muss bei einer genaueren Betrachtung die Windrichtungsverteilung am Standort einbezogen werden.

An dieser Stelle sei angemerkt, dass die Umgebungsturbulenz und die Turbulenz im Nachlauf durch ihre unterschiedlichen Größenordnungen (length scales) unterschiedliche Auswirkungen auf die Windturbine haben. Während die longitudinale Größenordnung von Umgebungsturbulenz zwischen 600 und 1000 m liegt, ist demgegenüber die longitudinale Größenordnung des Nachlaufs sehr viel geringer und liegt bei circa 1 bis 2 Rotordurchmessern. Und schließlich muss berücksichtigt werden, dass zwar die Turbulenzintensität im Nachlauf höher ist, andererseits die Strömungsgeschwindigkeit und damit deren Energie deutlich abgenommen hat.

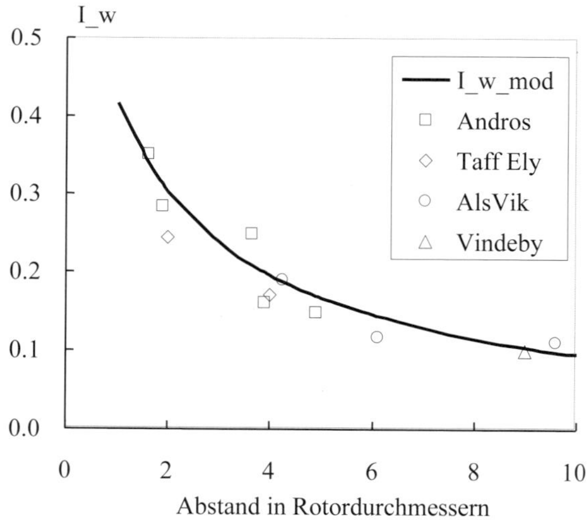

Bild 4-33 Zusätzlich induzierte Turbulenzintensität I_W hinter Windkraftanlagen [23]

Die mittlere Windgeschwindigkeit am Standort ist für die auftretenden Lasten maßgeblich, die Turbulenzintensität ein Maß für die Häufigkeit von Lastwechseln. Beide Größen müssen demnach bei der Windparkplanung - dem Windparklayout - gleichermaßen berücksichtigt werden. Für Lastberechnungen ist die Standardabweichung σ_v von größerer Aussagekraft als die Turbulenzintensität.

Zuverlässige Daten über Windgeschwindigkeiten und Turbulenzintensität sind am ehesten durch Messung am Planungsstandort zu erlangen. Darüber hinaus stehen weitere Planungswerkzeuge wie z.B. WAsP Engineering (Wind Atlas Analysis and Application Programme) [14] zur Verfügung, durch die sowohl die Topographie als auch die Oberflächenrauigkeiten in die Berechnung miteinbezogen werden können.

Wirkung von Schräganströmung

Hanglagen führen nicht nur zu einem vom logarithmischen Profil abweichenden Höhenprofil sondern auch zu einer Abweichung der Anströmung aus der Horizontalen. Die Blätter sind damit einem ständig wechselnden Anströmwinkel ausgesetzt, der zu erhöhten Betriebsfestigkeitslasten an der Blattwurzel führt. Zusätzlich wird die Rotorwelle auf Biegung beansprucht (Bild 4-34).

Bei der Zertifizierung entsprechend der IEC 61400 und den Richtlinien des Germanischen Lloyd wird ein Schräganströmwinkel von 8° als Grundlage für die Lastberechnungen angenommen. Die Schräganströmung als Abweichung von der Horizontalen folgt dem Neigungswinkel des Geländes. Der Einfluss des Geländes nimmt mit wachsender Höhe über dem Boden ab. Insbesondere in komplexem Gelände, direkt an Abbruchkanten und Kliffs, kann der Grenzwert von 8° schnell überschritten werden, ist aber häufig durch ein geeignetes Positionieren der Anlagen ohne nennenswerte Energieeinbußen minimierbar.

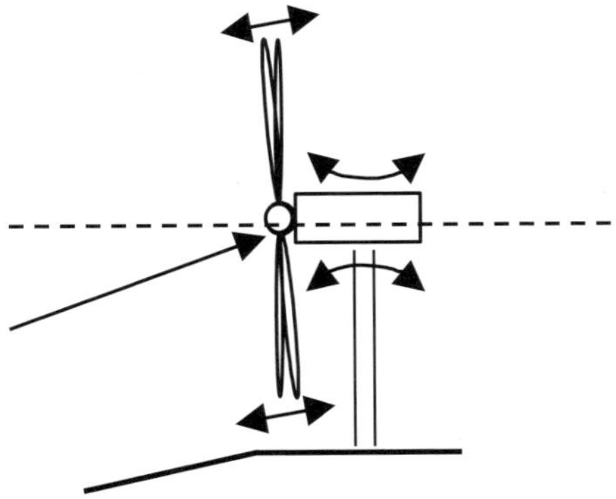

Bild 4-34 Belastungen durch vertikale Schräganströmung

Eine Messung der vertikalen Schräganströmung erfordert den Einsatz eines Ultraschallanemometers auf Nabenhöhe, da drei Komponenten zu erfassen sind. Auch hier erlauben Windpark-Planungsprogramme wie z.B. WAsP Engineering eine Abschätzung der Schräganströmung.

Einfluss des Gradienten der Windgeschwindigkeit

Unter dem Gradienten versteht man den Windgeschwindigkeitsunterschied zwischen der Ober- und Unterkante des Rotors. Dieser Unterschied kann wahlweise als Geschwindigkeitsänderung pro Höhenmeter oder als Höhenexponent entsprechend dem Potenzgesetz angegeben werden (Gl. 4.1).

Gradienten führen zu einer Wechselbelastung der Blätter, da das Blatt bei jeder Umdrehung durch die unterschiedliche Windgeschwindigkeit einen anderen Anströmwinkel erfährt. Dadurch kommt es zu erhöhten Betriebslasten. Auch hier wird zusätzlich die Rotorwelle vermehrt auf Biegung beansprucht (Bild 4-35).

Bei der Zertifizierung entsprechend der IEC und den Richtlinien des Germanischen Lloyd wird für Gl. 4.1 ein Höhenexponent von 0,2 als Grundlage für die Lastberechnungen angenommen.

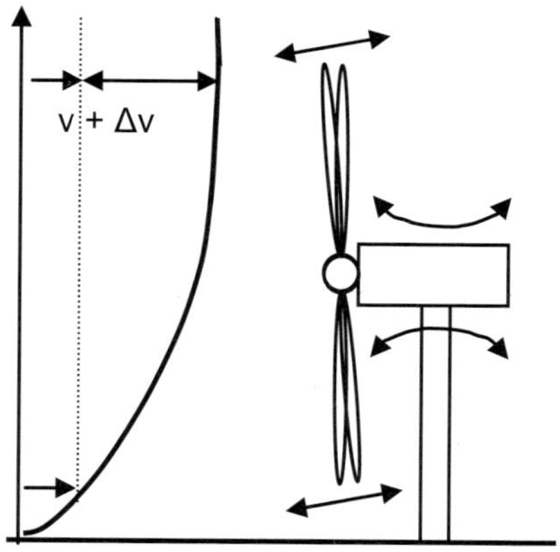

Bild 4-35 Belastungen durch Gradienten

Am Standort kann der Gradient durch 4 Phänomene beeinflusst werden:

- Geländeneigung

Starke Beschleunigung an Hängen kann zu Abweichungen vom logarithmischen Windprofil führen. Bei sanften Steigungen kann der Zuwachs der Windgeschwindigkeit mit der Höhe abnehmen, in manchen Fällen nimmt der Wind mit der Höhe nicht zu, so dass der Gradient auf Null zurückgeht.

Diese Situation kann hinsichtlich der Wirtschaftlichkeit eines Projektes vorteilhaft sein, da keine großen Nabenhöhen zur Ertragssteigerung erforderlich sind. Ist der Abhang jedoch so steil, dass es zu einer turbulenten Ablösung der Strömung kommt, kann es zu einer starken Deformierung des Windgeschwindigkeitsprofils kommen, so dass Bereiche der Rotorfläche sogar negative Gradienten erfahren können (Bild 4-11). In anderen Bereichen der Rotorfläche kann es zur gleichen Zeit zu sehr großen Gradienten kommen (Bild 4-36).

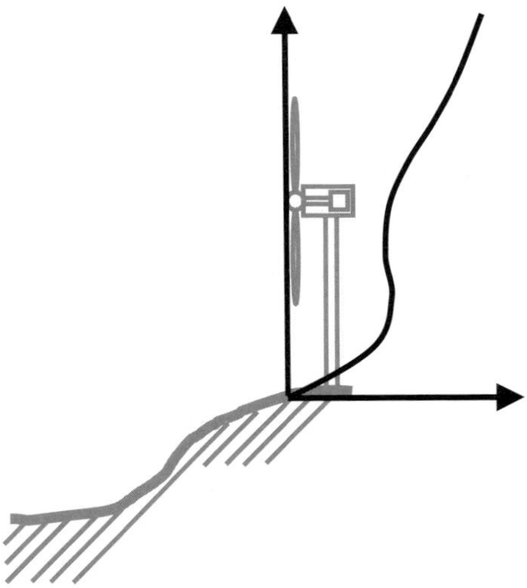

Bild 4-36 Windprofil bei großer Geländeneigung

- Hindernisse

Stehen Windturbinen dicht hinter großen Hindernissen wie zum Beispiel einem Wald, kann die Windgeschwindigkeit an der Unterkante des Rotors stark abgebremst sein. Wie stark der Wind abgebremst wird, hängt von den Dimensionen des Hindernisses, seiner sogenannten Porösität und dem Abstand der Anlage zum Hindernis ab. Es kann zu Abweichungen vom logarithmischen Windprofil kommen (Bild 4-37).

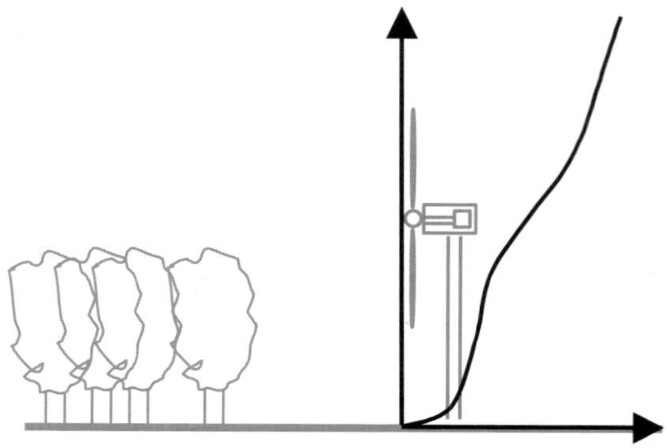

Bild 4-37 Windprofil hinter Hindernissen

- Geringer Abstand zwischen Windturbinen

Wie bereits erläutert, führt der trichterförmige Nachlauf einer Windturbine zu einer zusätzlichen, hohen Turbulenz, vgl. Bild 4-29. Darüber hinaus ist der Nachlauf durch eine wesentlich niedrigere Windgeschwindigkeit als die Umgebung geprägt, da ja ein Teil der kinetischen Energie von der Windturbine umgesetzt worden ist.

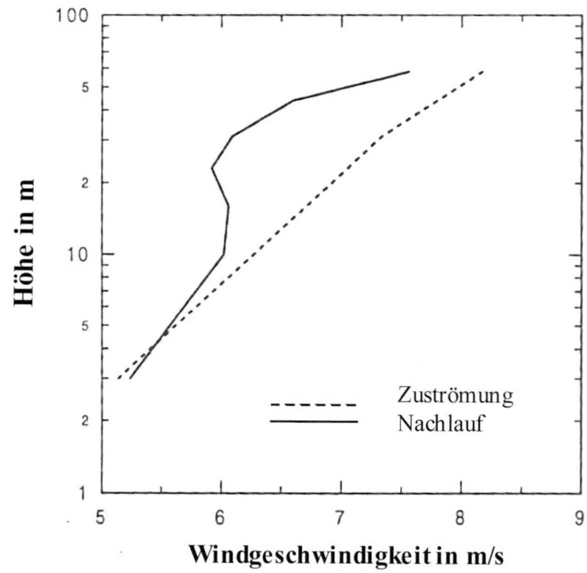

Bild 4-38 Windprofil vor einer Windturbine und im Nachlauf 5,3 Rotordurchmesser hinter der Windturbine [1]

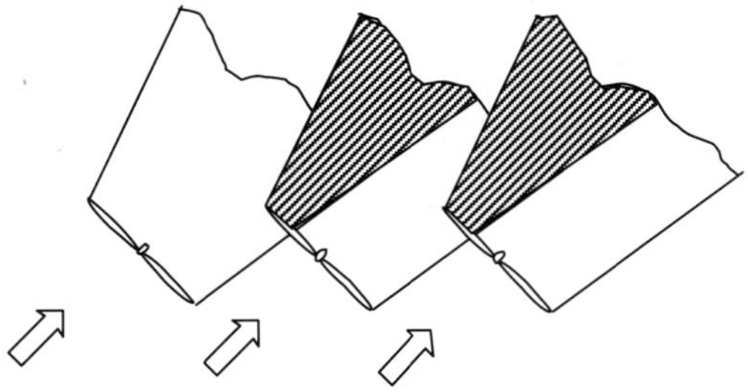

Bild 4-39 Teilabschattung durch Nachlauf

Man spricht von einem Geschwindigkeitsdefizit im Nachlauf. Der Einfluss eines Nachlaufs auf das vertikale Windprofil ist in Bild 4-38 dargestellt. Die gestrichelte Linie zeigt das Profil vor der Windturbine, die durchgezogenen Linie das Profil 5,3 Rotordurchmesser hinter der Windturbine. Das deformierte Windprofil weist deutlich Bereiche mit negativen Gradienten aber auch Bereiche mit sehr großen Gradienten auf.

Der ungünstigste Fall für die Beanspruchung der Turbinenblätter eines Rotors ist nicht die totale Abschattung sondern die Teilabschattung des Rotors (Bild 4-39). In dieser Situation erfährt der Rotor nicht nur einen vertikalen sondern auch einen horizontalen Gradienten bei gleichzeitig erhöhter Turbulenz.

- Atmosphärische Stabilität

Bei unterschiedlichen vertikalen Temperaturprofilen werden – wie bereits in Abschnitt 4.2.2 erläutert – unterschiedliche vertikale Windgeschwindigkeitsprofile ausgebildet. Somit können sich in unterschiedlich hohen Luftschichten stark voneinander abweichende Windgeschwindigkeiten ausbilden. Wie Bild 4-10 deutlich zeigt, nimmt daher der Gradient der Windgeschwindigkeit mit zunehmender Stabilität zu (gestrichelte Linie).

In den ersten drei geschilderten Fällen (Einfluss durch Geländeneigung, Hindernisse oder Turbinenabstand), kann also durch geeignete Positionierung und/oder Nabenhöhe der Windturbinen eine Überschreitung der zulässigen mechanischen Beanspruchung durch zu große Gradienten vermieden werden.

Der Gradient an einem Standort ist durch Messungen der Windgeschwindigkeit auf verschiedenen Messhöhen zu bestimmen. Problematisch hierbei ist jedoch, dass der gemessene Gradient zwischen zwei Messhöhen eine Funktion der Höhe ist und sich deswegen nicht ohne weiteres auf andere Höhen übertragen lässt. Ein zwischen 10 und 30 m ermittelter Gradient ist also am gleichen Standort nicht identisch mit dem Gradienten zwischen 30 und 50 m. Verfügbare Software wie das bereits erwähnte WAsP kann durch die Einbeziehung von Geländeeigenschaften und bei ausreichender Qualität der Daten eine präzisere Bestimmung des Gradienten ermöglichen. Darüber hinaus stehen weitere Programme wie z.B. WAsP Engineering zur Berechnung des Gradienten zur Verfügung. Beide Programme können jedoch nicht direkt den Einfluss der atmosphärischen Stabilität berechnen.

4.4 Windmessung und Auswertung

Größe, zeitlicher Verlauf und Richtung des Windes sind die wichtigsten Parameter für die Berechnung des zu erwartenden Energieertrages – also für die quantitative Bewertung der Eignung eines Standortes – aber auch für die Entscheidung darüber, welche der angebotenen Windkraftanlagen besonders geeignet ist.

Da die von der Windturbine erzeugte Leistung proportional zur dritten Potenz der Windgeschwindigkeit ist, sind möglichst genaue Ermittlungen über die herrschenden Windverhältnisse an einem Standort erforderlich. Ein Fehler von 10% in der Erfassung der Windgeschwindigkeit zieht (u. U.) einen Fehler von bis zu 33% in der Leistungsaussage nach sich. Auch für die Ermittlung der mechanischen Lasten und Beanspruchungen ist eine möglichst genaue Kenntnis der Windgeschwindigkeiten wichtig.

An Windmessgeräte, Sensoren und an die Einrichtungen zur Aufzeichnung der Messdaten werden hohe Anforderungen gestellt. Neben den Ansprüchen an die Genauigkeit des Windgeschwindigkeitssensors muss die Instrumentierung äußerst robust sein, um über längere Zeiträume ohne Wartung Daten aufnehmen zu können. Weiterhin sind Fehlmessungen durch falsche Installation und Sensorvereisung zu vermeiden. Im Allgemeinen haben sich mechanische Windgeschwindigkeitssensoren wie das *Schalenkreuzanemometer* bewährt. Ihre Einsatzgrenzen und Fehlermöglichkeiten sind weitgehend bekannt, daher sollten sie u.a. vor und möglichst auch nach der Messkampagne kalibriert werden.

Sensoren ohne bewegliche Teile wie zum Beispiel das *Ultraschallanemometer* wurden bis heute eher selten eingesetzt, da sie zum einen teurer als die mechanischen Geräte und zum anderen wegen ihrer prinzipiell komplexeren Funktionsweise störanfälliger und für Langzeitmessungen weniger geeignet sind. Allerdings misst das Ultraschallanemometer alle drei Komponenten v_x, v_y und v_z des Windvektors

$$v_{Vektor}(t) = \sqrt{v_x^2(t) + v_y^2(t) + v_z^2(t)} \,. \tag{4.23}$$

Die Anströmrichtung spielt dabei keine Rolle.

Da eine Windkraftanlage die vertikale Komponente v_z, die z.B. am Hang auftritt, nicht in Leistung umsetzen kann, ist für den Energieertrag nur v_{horiz} nutzbar

$$v_{horiz}(t) = \sqrt{v_x^2(t) + v_y^2(t)} \,. \tag{4.24}$$

Das *Schalenkreuzanemometer* misst $v_{horiz}(t)$ direkt, kann aber die Vertikalkomponente v_z nicht richtig erfassen.

Propelleranemometer messen, mit einer Windfahne ausgerüstet, ebenfalls die Horizontalkomponente $v_{\text{horiz}}(t)$, sie werden allerdings nur noch wenig benutzt. Sie messen jedoch die Windrichtung mit, die beim Schalenkreuzanemometer separat zu erfassen ist. Daraus resultiert jedoch auch ihr Problem: Die Windfahne lässt den Propeller „schwänzeln", was die Windmessung verfälscht.

4.4.1 Schalenkreuzanemometer

Internationale Normen nach IEC [4] und IEA [3] verweisen auf das Schalenkreuzanemometer als geeignetsten Sensor zur Messung von Windgeschwindigkeiten, Bild 4-40 und 2-22. Das Schalenkreuzanemometer ist ein kleines Windrad mit vertikaler Drehachse. Um die vertikale Welle sind jeweils an einem Hebelarm schalenförmige Widerstandsflächen angeordnet. Hierbei sind zunehmend Kegelschalen statt Kugelschalen in der Anwendung, da sie eine schärfere Ablösekante für die Strömung aufweisen.

Anemometer erzeugen ein analoges oder digitales Signal, das proportional zur Windgeschwindigkeit ist. Entweder wird durch die Rotation mittels eines Tachogenerators eine Spannung erzeugt, die proportional zur Drehzahl und damit der Windgeschwindigkeit ist, oder es werden Impulse pro Umdrehung erzeugt. Diese Impulse werden über ein bestimmtes Zeitintervall gezählt und ergeben so ein Maß für die Windgeschwindigkeit.

Eine weitere Besonderheit von Schalenkreuzanemometern ist die sogenannte Weglänge (response length): Diese ergibt sich aus der Trägheit des rotierenden Schalenkreuzes bei rascher Änderung der Anströmgeschwindigkeit des Windes. Lässt man gedanklich die Windgeschwindigkeit von v_0 auf $v_0 + \Delta v$ ansteigen, so folgt das Schalenkreuzanemometer diesem Sprung mit einer *e*-Funktion (Verzögerung 1. Ordnung).

Mehrere Methoden erlauben die Bestimmung der Weglänge [13]. Bei dem Windtunnelverfahren wird die Beschleunigung nach Freigabe eines Anemometers bei konstanter Windgeschwindigkeit gemessen. Da die Drehzahlzunahme aber sehr schnell erfolgt, ist eine hochauflösende und schnelle Messtechnik erforderlich. Eine weitere Möglichkeit der Ermittlung der Weglänge ist der Vergleich des zu vermessenden Anemometers mit einem hochauflösenden Ultraschallanemometer.

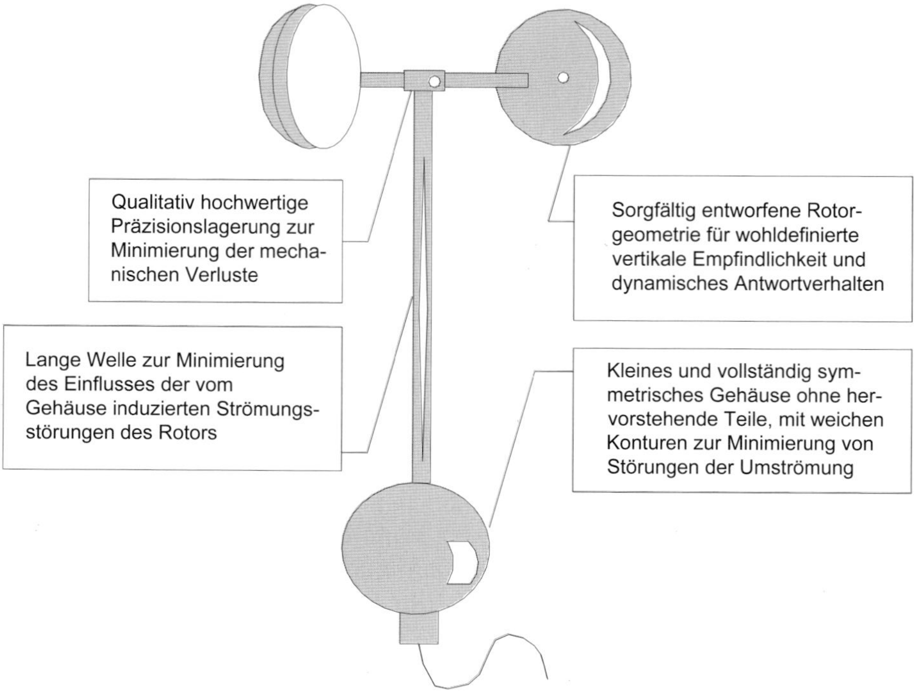

Bild 4-40 Schalenkreuzanemometer [3]

4.4.2 Ultraschallanemometer

Ultraschallanemometer wurden für die Erforschung turbulenter Felder in der bodennahen Grenzschicht entwickelt. Bis zu drei Paar Sonotroden (Lautsprecher-Mikrofon-Kombinationen) sind in der Weise angeordnet, dass die Strömung in den drei Raumkoordinaten erfasst werden kann. Ultraschallimpulse von 100 kHz bewegen sich mit Schallgeschwindigkeit c zwischen den Sonotroden mit Abstand s. Die Windgeschwindigkeitskomponente in der Richtung des Sondenpaares überlagert sich dem Schall und führt zu verschiedenen Laufzeiten für Hinweg (t_1) und Rückweg (t_2).

$$t_1 = \frac{s}{c+v} \quad \text{und} \quad t_2 = \frac{s}{c-v} \tag{4.25}$$

Diese Gleichungen lassen sich so auflösen, dass die Windgeschwindigkeit v in Richtung des Sondenpaares einfach zu ermitteln ist.

$$v = \frac{s}{2} \cdot \left(\frac{1}{t_1} - \frac{1}{t_2} \right) \tag{4.26}$$

Vorteilhaft ist, dass die Berechnung der Windgeschwindigkeit von der Schallgeschwindigkeit unabhängig ist, da diese mit Luftdichte und -feuchte variiert.

Bei einer dreiachsigen Anordnung von drei Sensorenpaaren sind Geschwindigkeitsmessungen in allen drei Achsen möglich, Bild 4-41.

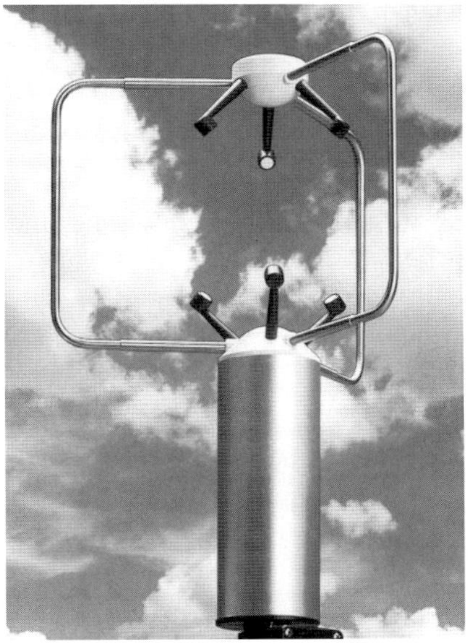

Bild 4-41 Ultraschallanemometer

Ein dem Ultraschallanemometer inhärentes Problem ist die Ablenkung der Strömung zum einen um den Sensorkopf herum, zum anderen durch die Sensorarme, so dass in den Windsektoren der Sensorenarme die Messungen ungenau sind. Deshalb kann der Einsatz des Ultraschallanemometers zur Messung langer Zeitreihen der Windgeschwindigkeit mit Ungenauigkeiten behaftet sein. Weiterhin ist zu beachten, dass die piezo-elektrischen Sensoren altern. Außerdem ist ihr Verhalten temperaturabhängig.

4.4.3 SODAR

Beim SODAR handelt es sich um ein dem Radar- oder Echolotprinzip verwandtes Fernerkundungsverfahren zur Sondierung der atmosphärischen Grenzschicht, Bild 4-42. Die Abkürzung SODAR steht für **SO**nic **D**etecting **A**nd **R**anging. Die SODAR-Technik kann hauptsächlich zur Aufnahme vertikaler Windprofile eingesetzt werden.

Das SODAR sendet kurze, scharf gebündelte Schallsignale im hörbaren Bereich aus. Dieses Signal wird an Luftschichtgrenzen unterschiedlicher Brechzahl infolge von Temperatur- und Feuchtigkeitsdifferenzen reflektiert, die sich entsprechend der Windgeschwindigkeit fortbewegen [8]. Die Frequenz des zurückgestreuten Signals ist gegenüber dem emittierten Signal durch den Dopplereffekt verschoben. Stehen Sender und Empfänger am gleichen Ort, so spricht man von einem monostatischen SODAR. Die gemessene Dopplerverschiebung ist proportional zur Geschwindigkeit der Windkomponente in Strahlrichtung der Sendeantenne. Werden mehrere Antennen oder Sender verwendet, von denen jeder in eine andere Richtung zeigt, kann ein dreidimensionaler Windvektor gemessen werden. Meistens werden die Sender so angeordnet, dass ein phasenverschobenes Signal ermöglicht wird (phased array), sodass das Verhalten von mehreren in verschiedene Richtungen weisenden Antennen simuliert werden kann.

Aus den unterschiedlichen Laufzeiten zwischen Sender und Streuvolumen-Empfänger können so Messungen parallel auf verschiedenen Höhen erfolgen und somit ein vertikales Windprofil erfasst werden. Im Gegensatz zum Schalenkreuzanemometer, das sich auf eine Punktmessung beschränkt, misst das SODAR die Windgeschwindigkeit eines bestimmten Luftvolumens.

Um Höhen zwischen 20 und 150 m zu erfassen, werden sogenannte Mini-SODARs verwendet. Ihr Frequenzbereich liegt zwischen 4 und 6 kHz. Sie können eine Höhenauflösung zwischen 5 und 10 m erreichen.

Der Hauptvorteil des SODARs liegt in der Möglichkeit auch in größeren Höhen, in denen der Einsatz eines Messmastes zu teuer wäre, Windgeschwindigkeiten und Profile messen zu können. Insbesondere in stark strukturiertem Gelände, wo zum Beispiel ein Wald in Hauptwindrichtung liegt, ermöglicht das SODAR einen Vergleich zwischen Messung und Berechnung des Windprofils. Berücksichtigt werden muss allerdings, dass es bei stabilen Wetterlagen aufgrund der geringen Schichtung nur zu einer geringen Streuung kommt und keine verwertbaren Messsignale erzielt werden. Weiterhin nimmt die Qualität des Signals (signal to noise ratio) mit zunehmender Höhe ab, so dass eine Zuordnung der Messsignale zur Höhe über Grund schwieriger wird. Installation und Ausrichtung der SODAR-Geräte, die Auswertung und Interpretation von SODAR-Messungen erfordern daher große Erfahrung und Routine.

Da das SODAR im Gegensatz zum Schalenkreuzanemometer einen hohen elektrischen Leistungsbedarf hat, kann sich insbesondere an entlegenen Standorten die Stromversorgung als Problem erweisen. Zudem ist die Qualität stark abhängig von Störungen der Messungen durch Hindernisse in der Nähe der Antennen, da diese die Signale stören und streuen können. Da die Messsignale des SODARs im hörbaren Bereich liegen, sind die Messungen anfällig gegen Hintergrundgeräusche wie Kuhglocken, Vogelzwitschern, Froschquaken, Meeresrauschen, und anderes.

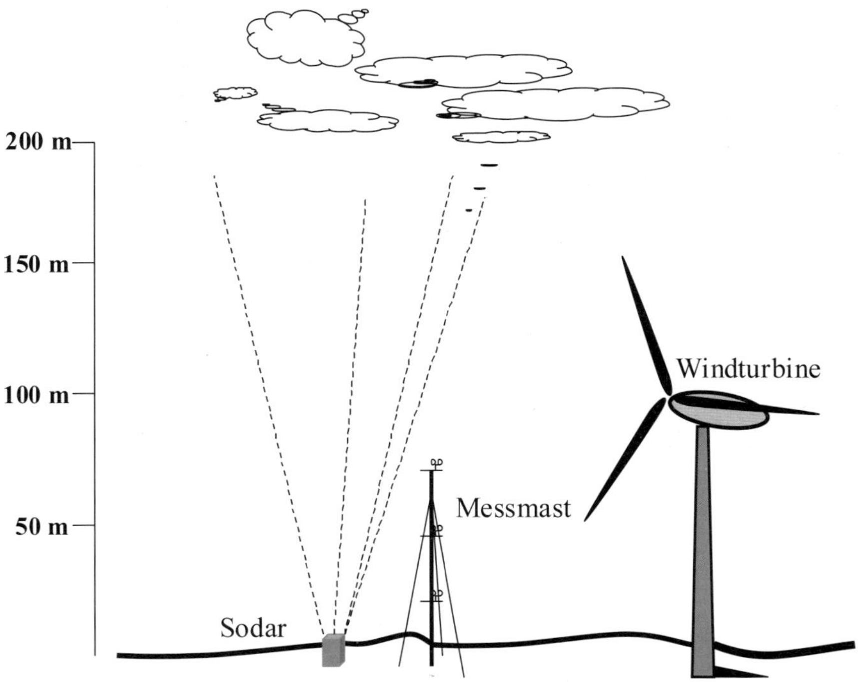

Bild 4-42 Einsatzschema eines SODARs

Beim Einsatz des SODARs sollte nicht vergessen werden, dass ein über einen kurzen Zeitraum gemessenes Profil nur eine bestimmte atmosphärische Schichtung widerspiegelt. Insgesamt gestaltet sich die Messung einer mittleren Windgeschwindigkeit mit der gewünschten Präzision als schwierig. Das SODAR sollte somit nur in Zusammenhang mit konventionellen Windsensoren, die auf einem Messmast angeordnet sind, zur ergänzenden Untersuchung des Windpotenzials genutzt werden.

4.4.4 LIDAR

Wie bei SODAR erfolgt auch bei LIDAR die Messung vom Boden aus, der Messmast entfällt. LIDAR verwendet Laserstrahler zur Messung der Windgeschwindigkeitskomponenten in Höhen von 40 bis 200 m. Windgeschwindigkeiten bis 60 m/s lassen sich mit einer Genauigkeit von 0,1 m/s erfassen. Anders als SODAR ist LIDAR unempfindlich gegen Störgeräusche.

4.5 Prognose der Windverhältnisse

4.5.1 Wind Atlas Analysis and Application Programme

WAsP (Wind Atlas Analysis and Application Programme) wurde zur Berechnung von Energieerträgen von Einzelanlagen und Windparks entwickelt [5]. Über die Jahre hat es sich zu einem Standardwerkzeug für das Micro-Siting entwickelt. WAsP hat jedoch Grenzen, die inzwischen bekannt sind.

Mit WAsP können die Windverhältnisse potenzieller Standorte analysiert und Hilfestellungen für die Standortwahl gegeben werden. WAsP erlaubt die Transformation einer Windgeschwindigkeit am Punkt A an einen beliebigen Punkt B [5]. Um dies zu erreichen, wird der bodennahe Wind am Punkt A von allen Einflüssen durch Orographie, Rauigkeiten und Hindernisse bereinigt. Der resultierende Wind entspricht dann dem geostrophischen Wind, der als gleichförmig über einen größeren räumlichen Bereich angenommen werden kann. Durch Einfügen lokaler Einflüsse am Punkt B kann dann in einem zweiten Schritt die Windgeschwindigkeit an diesem Standort ermittelt werden (Bild 4-43). WAsP ermittelt dann anhand der sektoriellen Häufigkeitsverteilung und der Leistungskennlinie den Energieertrag der geplanten Windturbine.

WAsP nutzt ein stark vereinfachtes Strömungsmodell auf der Grundlage der Navier-Stokes-Gleichungen. Hierbei werden folgende Grundannahmen gemacht.

- Die atmosphärische Schichtung ist nahe neutral.
- Thermisch getriebene Winde werden vernachlässigt.
- Die Geländeneigungen sind klein, so dass es zu keiner Ablösung der Strömung kommt (< ca. 30% also 17° – die kritische Geländeneigung hängt jedoch u.a. von der Bodenrauigkeit und der atmosphärischen Stabilität ab).

Unter diesen Grundannahmen lassen sich die Navier-Stokes-Gleichungen durch Linearisierung lösen. Das Modell ist vergleichsweise einfach und benötigt nur geringe Rechnerressourcen.

Je komplexer der Standort in Hinblick auf Topographie und Klimatologie ist, desto größer sind die Unsicherheiten bei der Berechnung. Der Radius, in dem diese Berechnungsmethode gültig anwendbar ist, hängt neben der Komplexität des Geländes auch von der Qualität der Eingangsdaten ab. Als Eingangsdaten dienen vorzugsweise eigene Windmessungen in Standortnähe, so dass der Berechnungsradius nur wenige hundert Meter beträgt.

Eines der größten Probleme sind die großräumigen dynamischen Effekte in gebirgigem Gelände, die zurzeit nicht berücksichtigt werden. Dazu gehört unter anderem die Abhängigkeit des vertikalen Windprofils von der freien Konvektion. Die Erwärmung bzw. Abkühlung der Oberfläche führt zu unterschiedlichen Auftriebskräften, die die Dynamik der Turbulenz beeinflussen. So nimmt die Turbulenz bei einer nächtlichen Abkühlung des Bodens ab (stabile Schichtung), damit steigt der Windgeschwindigkeitsgradient an. Auf der anderen Seite führt die Erwärmung des Bodens während des Tages zu einer erhöhten Turbulenz und damit zur Vermischung der Luftmassen (labile Schichtung), so dass der Windgeschwindigkeitsgradient geringer ist. Um diesem Effekt Rechnung zu tragen, basiert das Model in WAsP auf einer Vereinfachung, die als Eingabe nur das klimatologische Mittel und die Standardabweichung der Konvektion benötigt. Weicht der Jahresgang dieser Parameter am Standort von den in WAsP getroffenen Grundannahmen ab, so kann es zu einer Fehleinschätzung des Windprofils kommen.

Eine Möglichkeit den Begriff Komplexität eines Standortes zu quantifizieren, ist der RIX (ruggedness index). Der RIX gibt an, wie viel Prozent der Fläche um einen Standort eine kritische Geländeneigung von z.B. 17° überschreitet. Der RIX dient damit zur groben Abschätzung des Ausmaßes der Strömungsablösung und erlaubt somit eine Abschätzung, in welchem Ausmaß die Erfordernisse des linearisierten Modells verletzt werden.

Vergleicht man den RIX des Planungsstandortes (zukünftige Windturbine) mit dem RIX des Referenzstandortes (Messmast), so kann die prozentuale Abweichung ΔRIX als Indikator für Vorhersagefehler von WAsP dienen [6]. Bild 4-44 zeigt den starken Einfluss abgelöster Strömung auf den Vorhersagefehler: Sind der vorherzusagende Standort und der Referenzstandort in vergleichbar komplexem Gelände (ΔRIX=0), so ist der Vorhersagefehler gering. Liegt der Planungsstandort in einem komplexeren Gelände als der Referenzstandort (ΔRIX>0), so tendiert WAsP zu einer Überschätzung der Windgeschwindigkeit. Liegt der Planungsstandort in einem weniger komplexen Gelände als der Referenzstandort (ΔRIX<0), so tendiert WAsP zu einer Unterschätzung der Windgeschwindigkeit.

Die Stärken und Schwächen von WAsP lassen sich wie folgt zusammenfassen:

Stärken	**Schwächen**
Einfache Handhabung	Gültig nur für definierte Luftschichtung nahe der neutralen Schichtung
Kostengünstig und schnell	Probleme bei turbulenten Ablösungen in komplexem Gelände
Validiert, die Grenzen des Verfahrens sind bekannt	Probleme bei der Berechnung der Windgeschwindigkeit außerhalb der Prandtl-Schicht

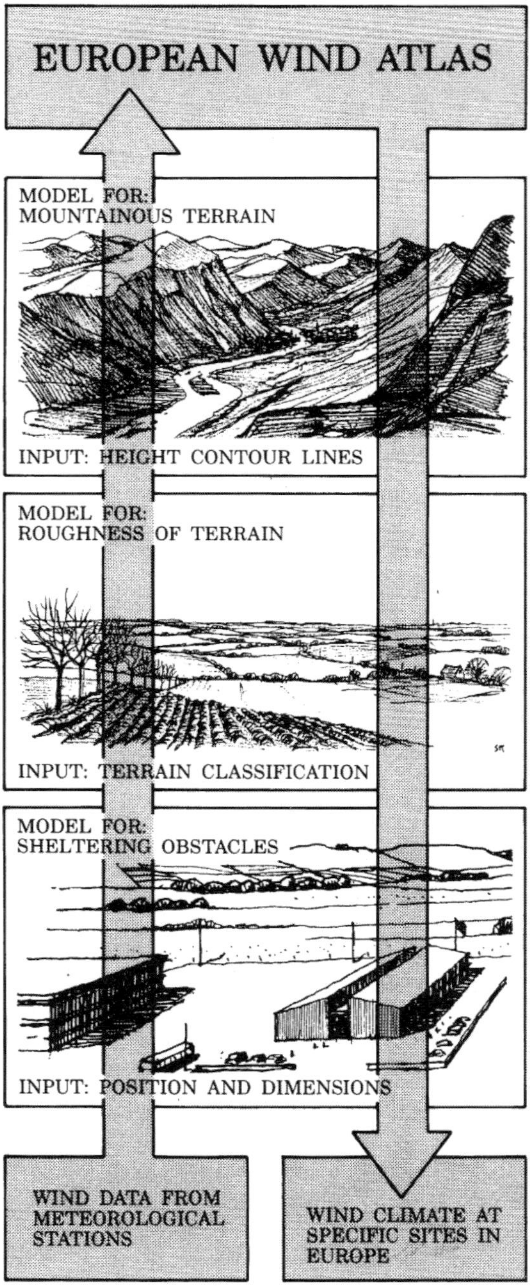

Bild 4-43 Prinzip der Umrechnung der Windstatistik zwischen verschiedenen Standorten nach WAsP [5]

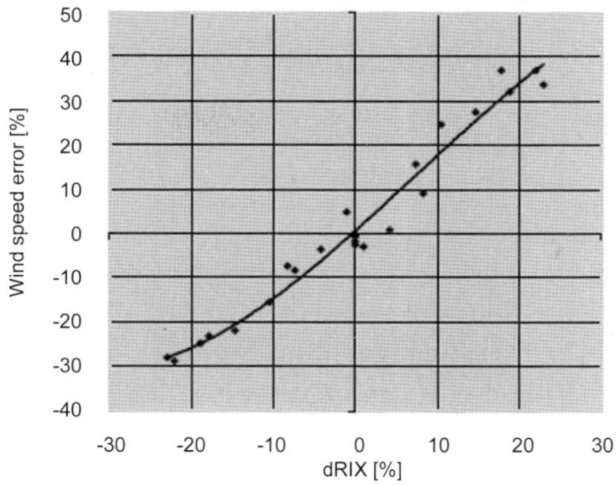

Bild 4-44 Vorhersagefehler von WAsP versus die Differenz des RIX des vorherzusagenden Standortes und des Referenzstandortes [6]

4.5.2 Meso-Scale Modelle

Meso-Scale-Modelle beschreiben Luftmassenbewegungen, deren räumliche Ausdehnung von mehreren Kilometern bis ca. 300 km reicht und deren zeitliche Schwankungen Stundenanteile (Unwetter) bis zu mehreren Tagen (Durchzug von Tiefdruckgebieten) sind (siehe hierzu auch Bild 4-13). Mittels meso-skalarer Modelle ist eine Erstellung von Windpotenzialkarten für große Gebiete möglich. Die verwendeten Gleichungssysteme beschreiben strömungsphysikalische Abläufe – Impuls, Massenstrom, Energiefluss – unter anderem mittels Bewegungsgleichungen nach Navier-Stokes. Die verschiedenen Modelle variieren stark in ihrer Komplexität.

Eingangsgrößen in die Gleichungssysteme sind langjährige Messreihen für Windgeschwindigkeit und -richtung, geostrophischer Wind, sowie geometrische Größen des Geländes und Rauigkeits-Kennwerte. Weitere Parameter, die Einfluss auf die Berechnung haben, sind die Temperaturprofile, die Beschreibung der Turbulenz sowie Aufbau und Dichte des Berechnungsnetzes.

Während in nördlichen Breiten der bodennahe Wind im Wesentlichen vom geostrophischen Wind bestimmt wird, nimmt der Einfluss lokaler thermischer Systeme zu, je weiter man an den Äquator rückt. Die Behandlung thermischer Effekte in mesoskalaren Modellen ist prinzipiell möglich, benötigt aber sehr viel komplexere Eingangsdaten wie z.B. die Albedorate der Erdoberfläche, wodurch der Rechenaufwand schnell sehr groß wird.

Da auch eine ausreichend hohe räumliche und zeitliche Auflösung mit einem sehr hohen Rechenaufwand verbunden ist, bietet sich eine Kombination von meso-skalaren Modellen und WAsP an. Auf der Basis der meso-skalaren Berechnungen wird ein

Windatlas erstellt, der dann als Grundlage für sehr detaillierte Berechnungen mit WAsP dient. Es ist jedoch unbedingt zu empfehlen die Ergebnisse mit Windmessungen am Boden abzugleichen.

4.5.3 Measure-Correlate-Predict-Methode

Im Allgemeinen liegen ausreichend lange Messungen (mindestens 20 Jahre) für einen Planungsstandort nicht vor. Da die durchschnittlichen jährlichen Windgeschwindigkeiten stark von Jahr zu Jahr schwanken (siehe Bild 4-17), sollten bei der Planung von Windfarmprojekten die Windbedingungen am Standort bei der zu erwartenden Betriebsdauer von 20 Jahren möglichst genau prognostiziert werden.

Liegt jedoch in der Region des Planungsstandorts eine Langzeitreihe von mindestens einem Referenzstandort für die Windgeschwindigkeiten und Richtungen (Messzeitraum mindestens 20 Jahre) vor, so besteht die Möglichkeit, mittels Korrelation zwischen Referenzstandort und Planungsstandort mit dieser Langzeitreihe eine langfristige Windprognose zu erarbeiten.

Die rein statistische Measure-Correlate-Predict-Methode (MCP) geht von der Annahme aus, dass die zeitgleichen Messwerte am Planungsstandort und an der Referenzstation linear korreliert sind. Werden z.B. unter der Annahme des linearen Zusammenhanges die Stundenmittelwerte der Windgeschwindigkeit v_{Ri} der Referenzstation als x-Komponente und die der Planungsstation v_{Pi} als y-Komponente des Wertepaares für die Windgeschwindigkeiten in ein kartesisches Koordinatenkreuz eingetragen, so kann eine Regressionsgerade durch alle aufgetragenen Punkte gelegt werden. Die Steigung dieser Geraden ist ein Maß für das Verhältnis aus Windgeschwindigkeit am Planungsort v_{P} und am Referenzstandort v_{R}. Eine Korrelationsrechnung mit den Messwerten des Referenzstandortes und des Planungsstandortes ermöglicht eine statistische Einschätzung der Beziehungen der Windverhältnisse zwischen den zwei Standorten mittels des Korrelationskoeffizienten R^2. Durch diesen kann der lineare Zusammenhang zwischen den zeitgleich ermittelten Wertepaaren der Windgeschwindigkeiten sowie deren Streuung abgelesen werden. Aus den so ermittelten Mittelwerten und den Standardabweichungen der Stichprobe lassen sich dann u.a. Verteilungsfunktionen z.B. nach Weibull errechnen (Abschnitt 4.2.2). Bei ausreichend hoher Korrelation, d.h. $R^2 > 0{,}7$ lassen sich die Verteilungsparameter der Windgeschwindigkeiten des Referenzstandortes auf den Planungsstandort übertragen.

Der Planung von Windparks wird in der Regel eine Einschätzung der Winddaten nach Windsektoren zu Grunde gelegt. Dies bedeutet, dass die aus der Stichprobenmessung ermittelten Daten für die Windgeschwindigkeiten sektorweise – üblicherweise für 12 Sektoren der Windrose – miteinander korreliert werden, um aus der Abbildung der Windgeschwindigkeiten der Referenzstation auf die der Planungsstation die Verteilungsparameter der Windgeschwindigkeit für die 12 Sektoren am Planungsstandort durch Korrelation zu erhalten.

Hierbei treten eine Reihe von Problemen auf: Beherrscht in der zu betrachtenden Region eine Windgeschwindigkeitsrichtung das gesamte Windgeschehen des Jahres oder einer Jahreszeit, so wird in einigen Sektoren der Windrose die für die Korrelation erforderliche Anzahl von Einzelereignissen zu gering sein. Damit ist eine Abbildung des Referenz- auf den Planungsstandort in diesen Sektoren nicht möglich. Weiterhin können sich aus dem Zeitversatz des Auftretens ausgeprägter Windereignisse – z.B. von Wetterfronten – zwischen Referenz- und Planungsstandort Wertepaare ergeben, die nicht miteinander korrelierbar sind. Aus gleichem Grunde ist es auch möglich, dass bei Durchzug von Wetterereignissen zwischen den beiden Standorten eine Drehung der vorherrschenden Windrichtung eintritt und die Windgeschwindigkeiten des Wetterereignisses am Referenzstandort andere Sektoren als am Planungsstandort belegen.

All diese die Qualität der Übertragung mindernden Problemstellungen lassen sich durch möglichst große Stichprobenlängen, also zumindest durch Jahresreihen verringern. Es wird auf unterschiedliche Weise versucht, diese Defizite durch methodische Ergänzungen zu beheben oder doch zu mindern. Hierzu sei jedoch auf die entsprechende Fachliteratur verwiesen, wie z.B. [28].

Da dieses Verfahren eine rein formal-statistische Vorgehensweise ist, werden die physikalischen Bedingungen wie Orographie, Bewuchs oder Bebauung nicht berücksichtigt. Wichtig für die Aussagekraft der Korrelationsuntersuchungen ist entweder die Auswahl der für das Windjahr repräsentativen Stichproben ausreichender Länge über ein Jahr verteilt oder besser noch die Korrelation einer ganzen Jahresreihe für Referenz- und Planungsstandort.

Nachteil dieser Methode ist die Tatsache, dass die berechnete Windgeschwindigkeit nur für die genaue Position des Messmastes sowie der Messhöhe gilt. Eine Transformation des langzeit-korrigierten Windklimas auf andere Positionen als die des Messmastes und Höhen am Standort ist nur durch ein physikalisches Modell möglich, das die Effekte der örtlichen Gegebenheiten auf die Strömung berücksichtigt.

4.5.4 Einspeiseprognose von Windparks

Windparkeigner, Stromhändler und vor allem Netzbetreiber, die für den Leistungsausgleich im Bilanzkreis verantwortlich sind, haben großes Interesse daran, die zu erwartende Einspeisung 24h, 6h, stündlich oder gar im Viertelstundentakt im Vorhinein zu kennen, vgl. Bild 14-10.

Moderne Prognoseverfahren stützen sich einerseits auf statistische Modelle, die aus den gemessenen Zeitreihen am Ort des Parks in die Zukunft extrapolieren. Das liefert indessen nur für einige Stunden probable Ergebnisse.

Deshalb verknüpft man diese lokale Erfahrung mit den groß-skaligen Voraussagen der nationalen Wetterdienste, die auf Satellitendaten beruhen, welche in physikalische

Modelle eingespeist werden. Durch die Kombination der beiden Vorgehensweisen lassen sich sehr hohe Genauigkeiten in den Prognosen erzielen.

Literatur

[1] Petersen E.L., Mortensen N.G., Landberg L., Højstrup J., Frank H.P.: *Wind Power Meteorology*, Risø-I-1206, 1997

[2] *Meteorological Aspects of The Untilisation of Wind as an Energy Ressource*, WMO Rep. No. 575, Geneva, 1981

[3] IEA: *Recommended Practices for Wind Turbine Testing, Part 11. Wind Speed Measurement and Use of Cup Anemometry*, 1999

[4] IEC 61400-12-1: *Wind Turbine Generator Systems – Part 12: Wind Turbine Performance Testing*, 2005

[5] Troen I., Petersen E.L.: *European Wind Atlas*, Risø National Laboratory, 1989

[6] Mortensen N.G., Petersen E.L.: *Influence of Topographical Input Data on the Accuracy of Wind Flow Modelling in Complex Terrain*, Proceedings of the European Wind Energy Conference, Dublin, Ireland, 1997

[7] Hübner H., Otte J.: *Windenergienutzung im Mittelgebirgsraum*, Gesamthochschule Kassel, 1990

[8] Antoniou I. et al: *On the Theory of SODAR Measurement Techniques*, Risø-R-1410(EN), 2003, Risø National Laboratory, Roskilde Denmark

[9] Energia Eolica: *Le Gouriérès*, Masson, 1982

[10] *Meyers kleines Lexikon der Meteorologie*, Meyers Lexikon-Verlag, Mannheim, 1987

[11] Courtney M.S.: *An atmospheric turbulence data set for wind turbine research*, Proceedings of the 1oth British Wind Energy Association Conference, London 22-24 March 1988

[12] Burton T., Sharpe D., Jenkins N., Bossanyi E.: *Wind Energy Handbook*, John Wiley & Sons, 2001

[13] Kristensen L., Hansen O.F.: *Distance Constant of Risø Cup Anemometer*, Risø-R-1320(EN), 2002, Risø National Laboratory, Roskilde Denmark

[14] Mann J., Ott S., Jørgensen B.H., Frank H.P.: *WAsP Engineering 2000*, Risø-R-1356(EN), 2002, Risø National Laboratory, Roskilde Denmark

[15] Lange B.: *Modelling the Marine Boundary Layer for Offshore Wind Power Utilisation*, PhD thesis, Universität Oldenburg 2002

[16] Stull R.B.: *An Introduction to Boundary Layer Meteorology*, 1988, Kluwer Acad. Publ. Dordrecht, 666pp

[17] Petersen T.F., Gjerding S., Ingham P., Enevoldsen P., Hansen J.K., Jørgensen H.K.: *Wind Turbine Power Performance Verification in Complex Terrain and Wind Farms*, Risø-R-1330(EN), 2002, Risø National Laboratory, Roskilde Denmark

[18] FGW: *Technische Richtlinien für Windenergieanlagen, Teil 2: Bestimmung von Leistungskurve und standardisierten Energieerträgen, Rev. 13*, 2000

[19] IEC 61400-1, Ed.3: *Wind Turbine Generator Systems – Part 1: Safety Requirements*, 2005

[20] Germanischer Lloyd: *Richtlinie für die Zertifizierung von Windenergieanlagen*, Hamburg 2003

[21] DIBt: *Richtlinie für Windturbinen*, 1993, 1996, 2004

[22] Kaiser K., Langreder W.: *Site Specific Wind Parameter and their Effect on Mechanical Loads*, Proceedings EWEC, Copenhagen, 2001

[23] Frandsen S., Thøgersen L.: *Integrated Fatigue Loading for Wind Turbines in Wind Farms by Combining Ambient Turbulence and Wakes*; Wind Engineering, Vol. 23 No. 6, 1999

[24] Katic I., Højstrup J., Jensen N.O.: *A Simple Model for Cluster Effeciency*, European Wind Energy Association Conference and Exhibition, 7-9 October 1986, Rome, Italy

[25] Högström U.: *Non-dimensional wind and temperatur profiles*, Bound. Layer Meteor. 42 (1988), 55-78

[26] Barthelmie R., Hansen O.F., Enevoldsen K., Motta M., Pryor S., Højstrup J., Frandsen S., Larsen S., Sanderhoff P.: *Ten years of Measurements of offshore Wind farms – what have we learnt and where are Uncertainties?*, Proceedings The Art of making Torque of Wind EAWE, Delft, 2004

[27] Kaiser K., Langreder W., Hohlen H.: *Turbulence Correction for Power Curves*, Proceedings EWEC 2003, Madrid 2003

[28] Riedel V., Strack M.: *Entwicklung verbesserter MCP-Algorithmen mit Parameteroptimierung durch Verteilungsanpassung*, Deutsche Windenergie-Konferenz, Wilhelmshaven, 2002

[29] Thomsen K., Madsen H.A.: *A new simulation method for turbines in wake – applied to extreme response during operation*, Proceedings: The Art of making Torque of Wind, EAWE, Delft, 2004

[30] IEC 61400-121,88/163/CDV: *Wind Turbine Generator Systems – Part 121: Power Performance Measurements of Grid Connected Wind Turbines*

[31] Obukhow A.M.: *Turbulence in an Atmosphere with non-uniform temperature.* Transl. in Boundary Layer Meteor., 1946

[32] TA-Luft: *Technische Anleitung zur Reinhaltung der Luft*, Bundesministerium für Umweltschutz, Raumordnung und Reaktorsicherheit, Bonn, Juli 2002

[33] Molly, J.P.: *Windenergie*, C.F. Müller-Verlag, Karlsruhe, 1990

[34] Manwell, J.F., u.a.: *Windenergy explained – Theory, Design and Application*, John Wiley & Sons Ltd., USA/UK, 2002

[35] Thomsen, W.T.: *Theory of vibration*, 4th edition, Kapitel 13: Random vibration, Prentice Hall, New Jersey, USA, 1993

[36] Christoffer, J., Ulbricht-Eissing , M.: Die bodennahen Windverhältnisse in der BR Deutschland, Offenbach, Deutscher Wetterdienst, Bericht Nr. 147, 1989

[37] Hoffmann, R.: Signalanalyse und -erkennung, Springer-Verlag, Berlin, 1998

[38] Ammonit: Messtechnik für Klimaforschung und Windenergieprognose 2006/07, Ammonit Gesellschaft für Messtechnik mbH, 2006

[39] Türk, M., Emeis, S.: Abhängigkeit der Turbulenzintensität über See von der Windgeschwindigkeit, DEWI Magazin Nr.30,2007

5 Auslegung von Windturbinen nach Betz und Schmitz

Mit Hilfe der Betzschen oder Schmitzschen Theorie [1,2] lässt sich ohne großen Aufwand eine Windturbine dimensionieren. Diese Theorien liefern die Flügeltiefe und den Einbauwinkel des Flügels in Abhängigkeit vom Radius, wenn die Auslegungsschnelllaufzahl, das aerodynamische Profil und der Anstellwinkel bzw. der Auftriebsbeiwert gewählt wurden.

Die Betzsche Theorie berücksichtigt für die Auslegung nur die axialen Austrittsverluste, Schmitz berücksichtigt zusätzlich den Drallverlust im Abstrom der Turbine, was bei Langsamläufern (Auslegungsschnelllaufzahl $\lambda_A < 2{,}5$) zu einer deutlich anderen Flügelgeometrie führt als nach der Betzschen Theorie. Die Profilverluste und die Verluste aus der Spitzenumströmung des Rotorblattes werden in beiden Theorien vernachlässigt und müssen durch nachträgliche Abschläge auf die Leistung der Turbine in Rechnung gestellt werden. Die Flügelzahl ist praktisch frei wählbar; sie hat überhaupt nur über die Blattspitzenverluste einen Einfluss.

5.1 Was lässt sich aus dem Wind an Leistung entnehmen?

Wie wir in Kapitel 2.3.1 schon festgestellt hatten, gilt für die kinetische Energie einer bewegten Masse

$$E = \frac{1}{2} \cdot m \cdot v^2 \tag{5.1}$$

Für die Leistung des durch eine Kontrollfläche F strömenden Windes folgt dann

$$\dot{E} = \frac{1}{2} \cdot \dot{m} \cdot v^2 = \frac{1}{2} \cdot \rho \cdot F \cdot v_1^3 \tag{5.2}$$

weil für den Durchfluss $\dot{m}$ gilt: $\dot{m} = \rho \cdot F \cdot \mathrm{dx/dt} = \rho \cdot F \cdot v_1$, siehe Bild 5-1.

Wie bereits in Kap. 2 veranschaulicht, lässt sich diese Leistung nicht voll dem Wind entnehmen. Betz [1] betrachtete dazu ein sehr stark idealisiertes Windrad, das dem Wind in einer "aktiven Ebene" durch Verzögerung verlustlos Leistung entnimmt. Durch welchen physikalischen Prozess der Luft kinetische Energie entzogen wird, spielt bei dieser Überlegung noch keine Rolle.

Betz nimmt, wie in Bild 5-2 skizziert, eine homogene Windströmung v_1 an, die durch das Windrad auf die Geschwindigkeit v_3 weit hinter der Radebene verzögert wird. Er setzt also eine Stromröhre voraus, die sich aus Kontinuitätsgründen aufweiten muss.

$$\rho \cdot v_1 \cdot F_1 = \rho \cdot v_2 \cdot \mathrm{F}_2 = \rho \cdot v_3 \cdot F_3 \tag{5.3}$$

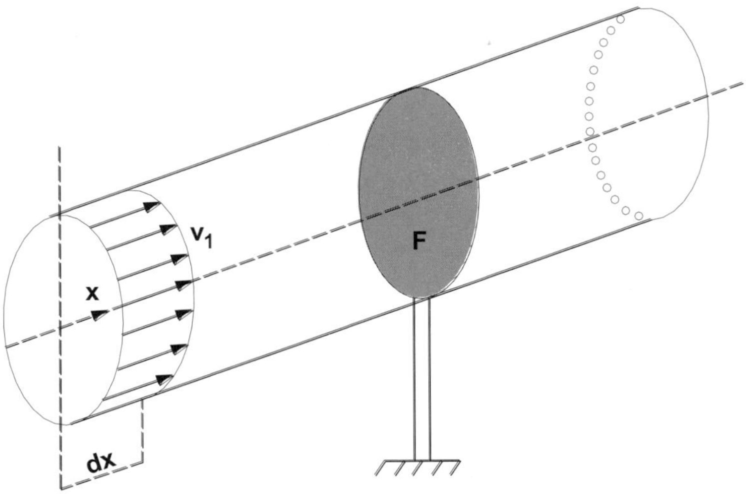

Bild 5-1 Strömung des Windes der Geschwindigkeit v_1 durch die Kontrollfläche F

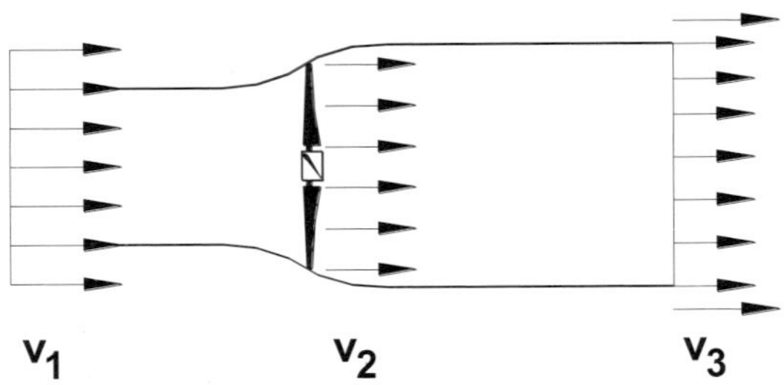

Bild 5-2 Strömung durch ein stark idealisiertes Windrad nach Betz

Wegen der geringen Druckänderungen kann die Dichte ρ als konstant angenommen werden. Die entzogene kinetische Energie beträgt nun Eintrittsenergie minus Austrittsenergie

$$E_{\text{Ent}} = \frac{1}{2} \cdot m \cdot \left(v_1^2 - v_3^2\right) \tag{5.4}$$

Die dem Wind entnommene Leistung ist demnach

$$\dot{E}_{\text{Ent}} = \frac{1}{2} \cdot \dot{m} \cdot \left(v_1^2 - v_3^2\right) \tag{5.5}$$

Verzögern wir den Wind überhaupt nicht ($v_3 = v_1$), wird natürlich auch keine Leistung entnommen. Verzögern wir aber zu stark, wird der Durchsatz $\dot{m}$ gering. Das führt im Extremfall ($\dot{m} = 0$) zur "Verstopfung" der Stromröhre ($v_3 = 0$), wodurch wiederum keine Leistung entnommen werden kann. Es muss also zwischen $v_3 = v_1$ und $v_3 = 0$ einen Wert der günstigsten Leistungsentnahme geben. Er lässt sich dann ermitteln, wenn wir wissen, wie groß die Geschwindigkeit v_2 in der Radebene ist, weil dann der Durchsatz

$$\dot{m} = \rho \cdot F \cdot v_2 \tag{5.6}$$

bekannt ist. Wir führen hier zunächst die plausible Annahme

$$v_2 = \frac{v_1 + v_3}{2} \tag{5.7}$$

ein, die wir allerdings anschließend noch belegen wollen (Froude-Rankinesches Theorem). Setzen wir den Durchsatz nach Gl. (5.6) mit der Geschwindigkeit v_2 in der Radebene Gl. (5.7) in die Leistungsentnahmegleichung Gl. (5.5) ein, erhalten wir

$$\dot{E}_{\text{Ent}} = \underbrace{\frac{1}{2} \cdot \rho \cdot F \cdot v_1^3}_{\text{Windleistung}} \cdot \underbrace{\left[\frac{1}{2} \cdot \left(1 + \frac{v_3}{v_1}\right) \cdot \left(1 - \left(\frac{v_3}{v_1}\right)^2\right)\right]}_{\text{Leistungsbeiwert } c_P} \tag{5.8}$$

Die im Wind vorhandene Leistung wird mit einem Faktor c_P multipliziert, der vom Verhältnis v_3/v_1 abhängt.

Der maximal erreichbare Leistungsbeiwert $c_{P,\,\text{Betz}}$ beträgt

$$c_{P,\,\text{Betz}} = \frac{16}{27} = 0{,}59 \tag{5.9}$$

Er tritt bei einer Verzögerung von v_1 auf $v_3 = \frac{1}{3} \cdot v_1$ auf, was man durch Zeichnen der Kurve, Bild 5-3, oder formal durch Nullsetzen ihrer ersten Ableitung feststellen kann. Rund 60 % der im Wind vorhandenen Leistung sind also durch eine ideale Windturbine entnehmbar. Dabei beträgt die Geschwindigkeit in der Radebene $2v_1/3$ und weit dahinter $v_1/3$.

Das Diagramm, Bild 5-4, zeigt in Abhängigkeit von der Windgeschwindigkeit und dem Durchmesser der Windturbine, welche Leistung im Betzschen Idealfall $c_{P,\,\text{Betz}} = 0{,}59$ entnehmbar ist. Durch die zusätzlichen Verluste, auf die wir später noch eingehen werden, ist die tatsächliche Leistung moderner Windturbinen etwas geringer.

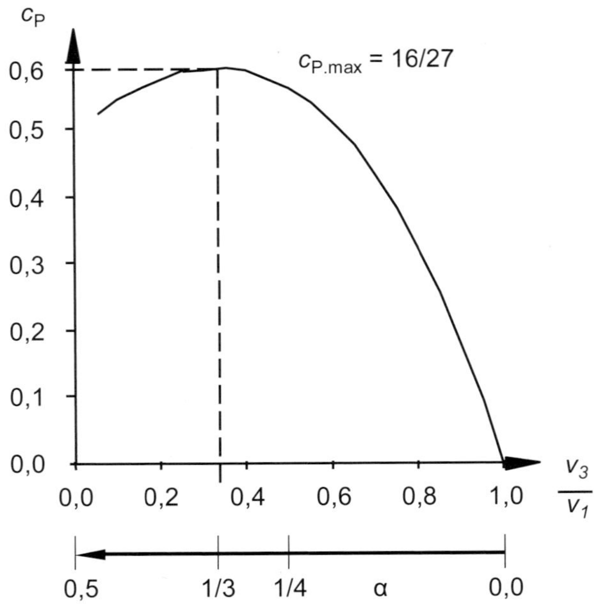

Bild 5-3 Leistungsbeiwert c_P in Abhängigkeit von dem Verhältnis Windgeschwindigkeit v_3 weit hinter dem Windrad zur Windgeschwindigkeit v_1 vor dem Rad $c_{P,max} = 0{,}59$ bei $v_3/v_1 = 1/3$. Hilfsachse: Induktionsfaktor a

Aber immerhin lassen sich Werte von $c_P \approx 0{,}50$ durchaus realisieren. Wir wollen nun über den Impulssatz noch die Schubkraft ermitteln, die bei dieser optimalen Leistungsentnahme auf die Anlage in der Radebene wirkt. Der Schub

$$S = \dot{m} \cdot (v_1 - v_3) = \rho \cdot F \cdot \frac{v_1 + v_3}{2} \cdot (v_1 - v_3) \tag{5.10}$$

ergibt sich mit $v_3 = \frac{1}{3} \cdot v_1$ zu

$$S = c_S \cdot \left(\frac{1}{2} \cdot \rho \cdot v_1^2\right) \cdot \mathrm{F} \quad ; \qquad c_S = {}^8\!/_9 = 0{,}89 \tag{5.11}$$

wobei der Klammerausdruck den Staudruck darstellt, der auf die Fläche F wirkt. Vergleicht man diesen Wert mit dem Widerstand W, den eine geschlossene Kreisscheibe dem Wind entgegensetzt,

$$W = c_W \cdot \left(\frac{1}{2} \cdot \rho \cdot v_1^2\right) \cdot \mathrm{F} \quad ; \quad c_W = 1{,}11 \tag{5.12}$$

so stellt man fest, dass bei optimaler Leistungsentnahme der Schub fast 20% geringer ist als bei einer geschlossenen Kreisscheibe.

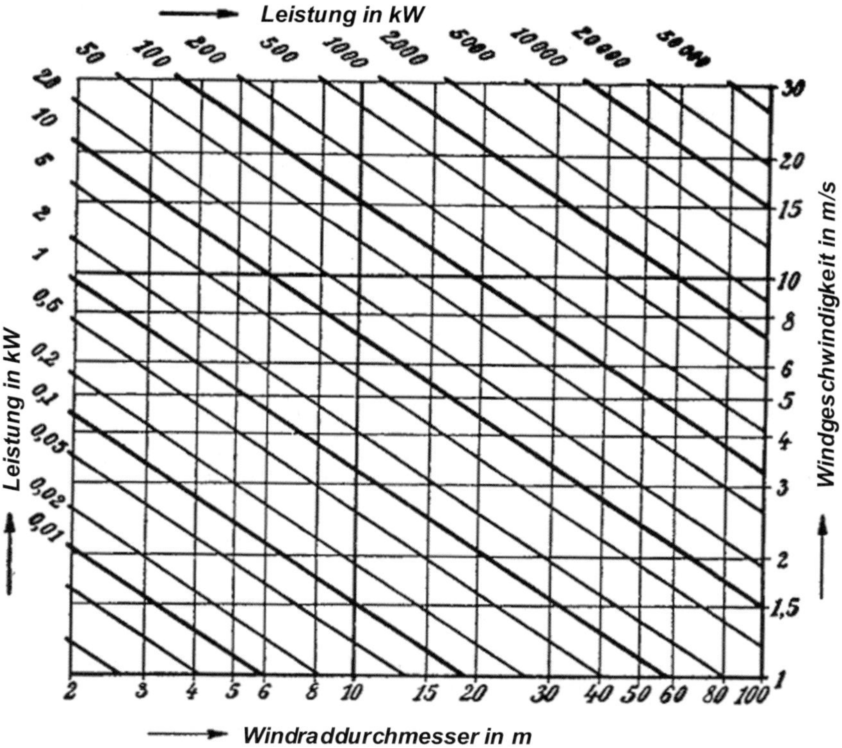

Bild 5-4 Betzsche Leistung von Windrädern in Abhängigkeit von Windgeschwindigkeit und Durchmesser, aus Betz [1]

Hinweis: Im englischen Schrifttum werden Leistungsbeiwert und Schub gerne über dem „Induktionsfaktor *a*" dargestellt. Er beruht auf der Vorstellung, dass das Windrad eine Art Gegenwind av_1 der Windströmung v_1 überlagert. In der aktiven Rotorebene gilt dann

$$v_2 = v_1\ (1 - a)$$

und weit hinter dem Rotor

$$v_3 = v_1\ (1 - 2 \cdot a).$$

Wir haben den Induktionsfaktor auf einer Zusatzachse in Bild 5-3 eingetragen.

5.1.1 Froude-Rankinesches Theorem

Den Beweis, dass die Geschwindigkeit v_2 in der Radebene nach der Betzschen Theorie tatsächlich der Mittelwert aus den Geschwindigkeiten weit vor und hinter dem Rad ist, wollen wir jetzt nachtragen. Den Schub können wir einerseits durch den Impulssatz Gl. (5.10) ausdrücken

$$S = \dot{m} \cdot (v_1 - v_3)$$

andererseits aus der Bernoulli-Gleichung (Energiebilanz) ableiten, die wir einmal ansetzen für den Bereich links von der Radebene und dann für den Bereich rechts davon, Bild 5-5.

$$p_1 + \frac{\rho}{2} \cdot v_1^2 = p_{-2} + \frac{\rho}{2} \cdot v_{-2}^2 \tag{5.13}$$

$$p_{+2} + \frac{\rho}{2} \cdot v_{+2}^2 = p_3 + \frac{\rho}{2} \cdot v_3^2 \tag{5.14}$$

Der Index -2 bezeichnet die Ebene dicht vor und +2 die Ebene dicht hinter dem Rad.

Da aus Kontinuitätsgründen die Geschwindigkeit dicht vor und dicht hinter dem Rad gleich sein muss, $v_{-2} = v_{+2}$, andererseits der statische Druck weit vor dem Rad auch gleich dem statischen Druck weit hinter dem Rad entspricht, $p_1 = p_3$, ergibt die Subtraktion von (5.13) und (5.14):

$$\frac{\rho}{2} \cdot \left(v_1^2 - v_3^2\right) = p_{-2} - p_{+2} \tag{5.15}$$

Der Turmschub entsteht nach dieser (energetischen) Betrachtung durch die Differenz des statischen Drucks vor und hinter der Radebene

$$S = F \cdot (p_{-2} - p_{+2}) \tag{5.16}$$

Drückt man in Gl. (5.10) noch den Durchsatz $\dot{m}$ durch $\dot{m} = \rho \cdot F \cdot v_2$ aus und führt dann Gl. (5.16) und (5.15) ein, erhält man den oben benutzten Ausdruck Gl. (5.7) für die Geschwindigkeit v_2 in der Radebene

$$v_2 = \frac{(v_1 + v_3)}{2}$$

5.2 Die Tragflügeltheorie

Bisher haben wir offengelassen, wie im Einzelnen der Leistungsentzug in der Radebene realisiert wird. Bei Windkraftanlagen mit horizontaler Achse geschieht das durch rotierende Flügel, die so dimensioniert werden, dass sie gerade die von Betz ermittelte Maximalleistung entnehmen. Ehe wir uns der Dimensionierung der Flügel zuwenden, wollen wir kurz die wesentlichen Ergebnisse der Tragflügeltheorie rekapitulieren. Wir betrachten dazu ein *symmetrisches* Profil, das von vorne mit der Geschwindigkeit c angeströmt wird. Ist der Anstellwinkel null, $\alpha_A = 0°$, so entsteht nur eine Widerstandskraft W, die allerdings gering sein wird, wenn der Tragflügel stromlinienförmig gestaltet wurde, Bild 5-6.

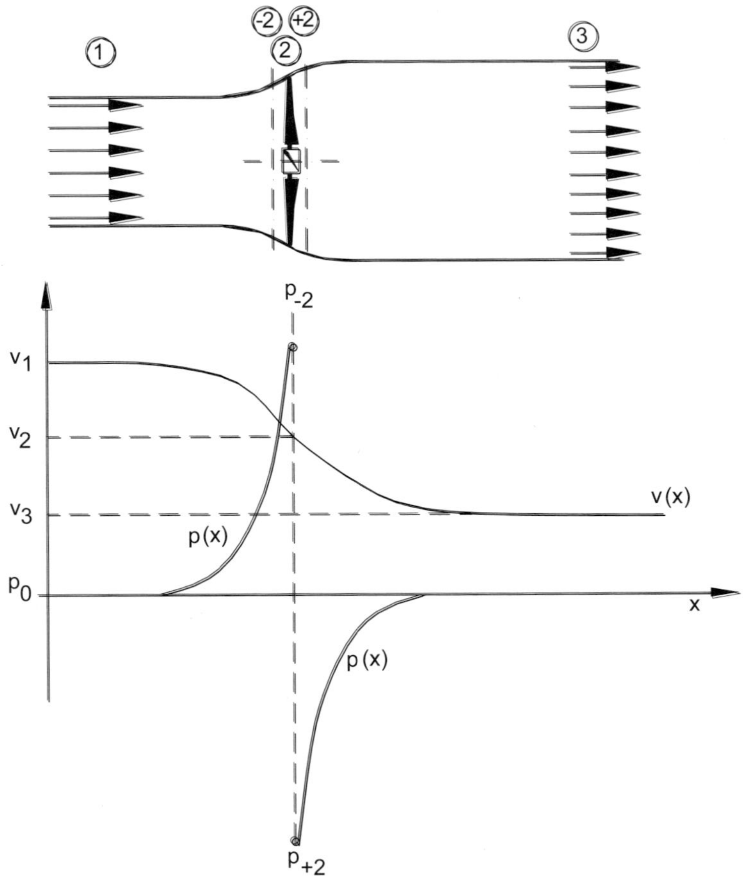

Bild 5-5 Verlauf von Geschwindigkeit v und statischem Druck p in der Stromröhre

Stellt man den Flügel um einige Grad an, dann entsteht eine Auftriebskraft A, die proportional zur Flügelfläche $t \cdot b$ ist und mit dem Quadrat der Geschwindigkeit c ansteigt.

$$A = c_A(\alpha_A) \cdot \frac{\rho}{2} \cdot c^2 \cdot (t \cdot b) \tag{5.17}$$

$$W = c_W(\alpha_A) \cdot \frac{\rho}{2} \cdot c^2 \cdot (t \cdot b) \tag{5.18}$$

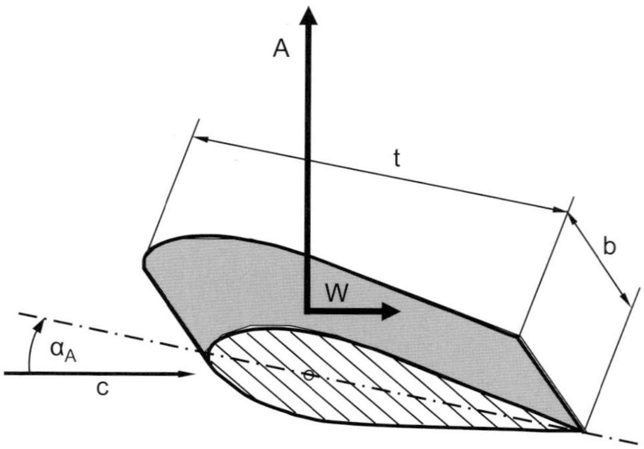

Bild 5-6 Auftrieb A und Widerstand W an einem Tragflügelelement der Breite b

Der Auftriebsbeiwert $c_A = c_A(\alpha_A)$ gibt die Abhängigkeit vom Anstellwinkel α_A an. Er wird - ebenso wie der Widerstandsbeiwert $c_W(\alpha_A)$ - gewöhnlich experimentell im Windkanal ermittelt. Bild 5-7 zeigt für ein unsymmetrisches Profil den gemessenen Verlauf von Auftriebs- und Widerstandsbeiwert.

Mit zunehmenden Anstellwinkel wächst zunächst c_A bzw. die Auftriebskraft nahezu linear mit dem Anstellwinkel (Bereich $\alpha_A < 10°$). Dann flacht die Kurve ab und erreicht einen Maximalwert; bei noch größerem Anstellwinkel liegt die Strömung nicht mehr glatt am Profil an, sie reißt ab: Der Auftrieb wird in diesem Bereich ($\alpha_A > 15°$) wieder geringer und der Widerstand bzw. c_W wächst mit zunehmendem Winkel α_A sehr schnell stark an, Bild 5-7. An diesem Bild wird auch deutlich: je dünner ein Profil, desto geringer ist der Widerstandsbeiwert im Bereich geringer Anstellungen α_A.

Dadurch, dass die Strömung auf der Oberseite des Profils einen längeren Weg als auf der Unterseite zurückzulegen hat, fließt sie oben schneller als unten. Dies hat auf der Oberseite einen niedrigeren Druck als auf der Unterseite zur Folge, Bild 5-8 (Bernoulli). Die Summation $p \cdot ds$ entlang der Kontur des Profils ergibt den Auftrieb A und den Widerstand W als Komponenten der Gesamtkraft K.

$$K = \sqrt{A^2 + W^2} \qquad (5.19)$$

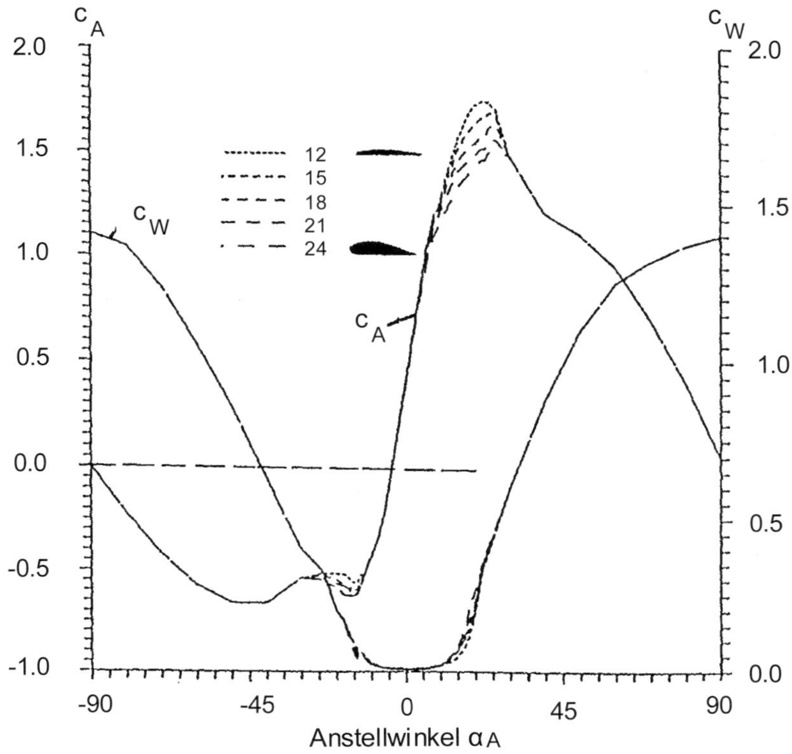

Bild 5-7 Korrigierte Auftriebs- und Widerstandsbeiwerte in Abhängigkeit vom Anstellwinkel α_A aus Windkanalmessungen mit den Profilen NACA 4412 bis 4424 aus [9]

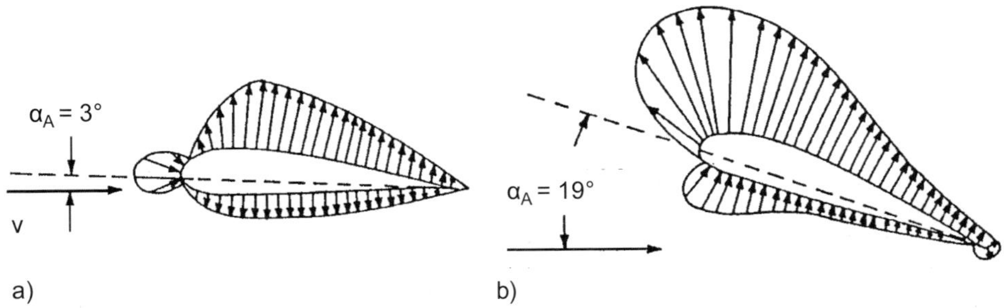

Bild 5-8 Druckverteilung auf einem Tragflügelprofil, aus [13], a) bei kleinem Anstellwinkel (α_A=3°); b) bei großem Anstellwinkel (α_A=19°)

Solange die Strömung anliegt, greift diese Kraft bei 25 bis 30 % der Flügeltiefe t an. Bei abgerissener Strömung wandert dieser sogenannte Druckpunkt weiter nach hinten; bei starkem Abriss liegt er nahezu bei $t/2$, was bei $\alpha_A = 90^o$ unmittelbar plausibel ist: dann steht der Flügel wie ein Brett quer zur Anblasung c und wird nahezu symmetrisch umströmt.

Für die ebene Platte lässt sich im Bereich anliegender Strömung der Auftriebsbeiwert theoretisch ermitteln [6]. Hier gilt

$$c_A(\alpha_A) = 2 \cdot \pi \cdot \alpha_A \tag{5.20}$$

Bei realen Profilen ist c_A etwas geringer

$$c_A(\alpha) = (5{,}1 \text{ bis } 5{,}8) \cdot \alpha_A \tag{5.21}$$

Bei der Darstellung von Profilvermessungen z.B. in Profilkatalogen [3,4,5] ist bei unsymmetrischen Profilen darauf zu achten, ob der Anstellwinkel von der Auflagekante her gezählt wird (was bei Profilen mit gerader Unterseite oft der Fall ist), oder von der Verbindungslinie Nasenmitte-Hinterkante, Bild 5-9. In jedem Fall liegt die Nullauftriebslinie, $c_A = 0$, im Bereich negativer Anstellwinkel. Bei $\alpha_A = 0$ entsteht durch die Wölbung schon Auftrieb, siehe Bild 5-10.

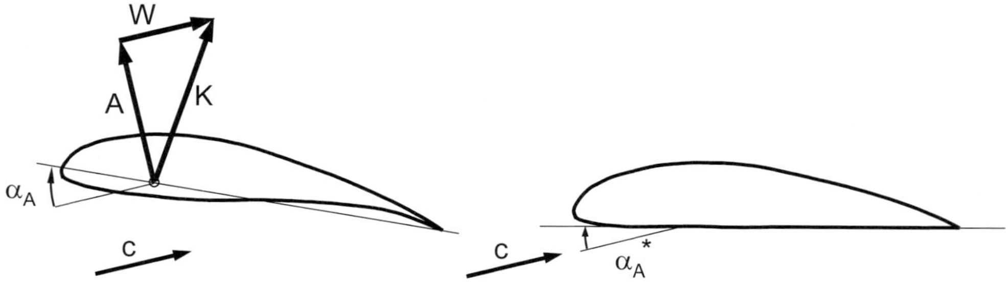

Bild 5-9 Bezugslinie für die Zählung des Anstellwinkels. Resultierende K aus Auftrieb A und Widerstand W

Aber auch bei unsymmetrischen Profilen gilt wie beim symmetrischen Profil für die Steigung c_A' im ansteigenden Profilast der Auftriebskurve $c_A' \cong 2 \cdot \pi$.

Im nächsten Abschnitt werden wir auf den Begriff der Gleitzahl stoßen; sie gibt das Verhältnis von Auftrieb zu Widerstand an:

$$\varepsilon(\alpha_A) = \frac{A}{W} = \frac{c_A(a_A)}{c_W(\alpha_A)} \tag{5.22}$$

Ihr maximaler Wert ε_{max} (der gewöhnlich im Bereich von $c_A = 0{,}8$ bis 1,1 auftritt, also im Bereich mäßiger Anstellwinkel) ist ein Maß für die Profilgüte. Gute Profile

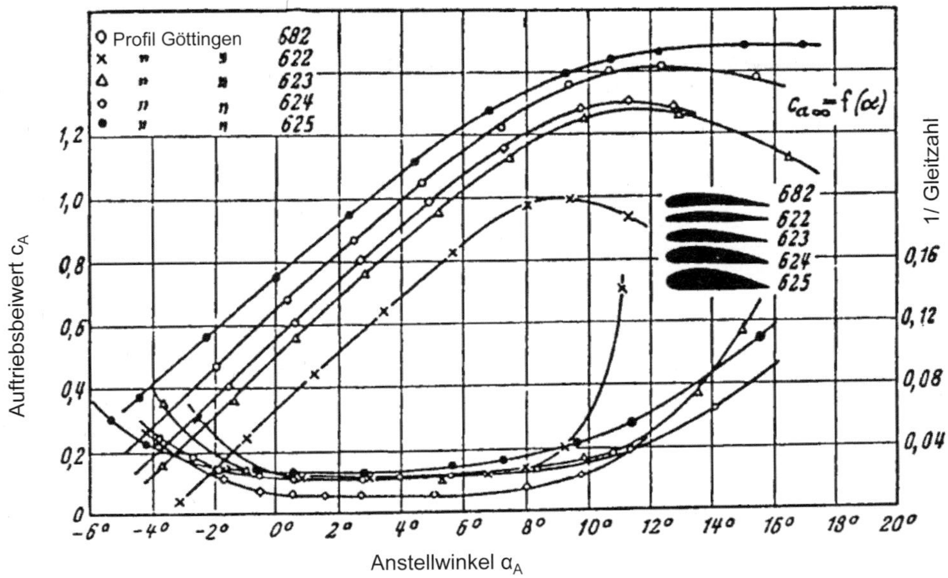

Bild 5-10 Auftriebsbeiwerte c_A und inverse Gleitzahl einiger Göttinger Profile [11]

erreichen Gleitzahlen von $\varepsilon_{max} = 60$ und mehr; ein Brett (ebene Platte) kann immerhin noch Gleitzahlen von $\varepsilon_{max} = 10$ erreichen. (Vorsicht: Die Gleitzahl ist in der Literatur nicht einheitlich festgelegt. Gelegentlich wird auch c_W/c_A als Gleitzahl vereinbart.)

5.3 Anströmverhältnisse und Luftkräfte am rotierenden Flügel

5.3.1 Winddreiecke

Der Flügel wird in jedem Schnitt r mit einer Geschwindigkeit c angeblasen, die sich zusammensetzt aus der nach Betz ermittelten, reduzierten Geschwindigkeit in der Rotorebene $v_2 = {}^2/_3 \cdot v_1$ und der Umfangsgeschwindigkeit $u = \Omega \cdot r$, die durch die Eigendrehung mit der Winkelgeschwindigkeit Ω entsteht.

In Bild 5-11 lesen wir unmittelbar ab, wie sich die Anströmgeschwindigkeit c ihrem Betrag nach aus den beiden Komponenten v_2 und $u(r)$ zusammensetzt:

$$c^2(r) = \left(\frac{2}{3} \cdot v_1\right)^2 + (\Omega \cdot r)^2 \tag{5.23}$$

Ihren Anströmwinkel α relativ zur Umfangsrichtung finden wir zu

$$\tan\alpha(r) = v_2/\Omega \cdot \mathrm{r} \tag{5.24}$$

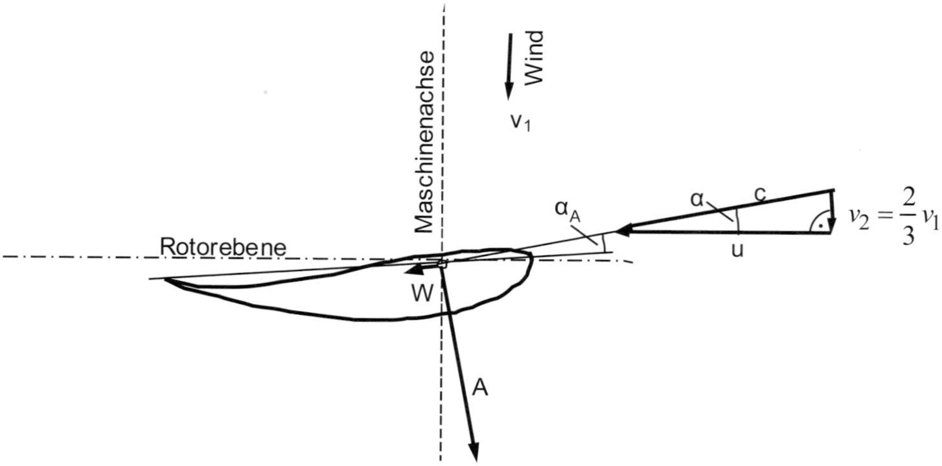

Bild 5-11 Winddreiecke; Anblasung c aus der geometrischen Überlagerung von v_2 in Axialrichtung und der Umfangsgeschwindigkeit $u = \Omega \cdot r$, durch Eigendrehung des Flügels

Nach Einführung der Auslegungsschnelllaufzahl λ_A, die das Verhältnis von Umfangsgeschwindigkeit $\Omega \cdot R$ an der Flügelspitze zur Windgeschwindigkeit v_1 ausdrückt,

$$\lambda_A = \frac{\Omega \cdot R}{v_1} \tag{5.25}$$

können wir Gl. (5.24) wegen $v_2 = 2 \cdot v_1/3$ umschreiben in

$$\tan\alpha = \frac{2}{3} \cdot \frac{R}{\lambda_A \cdot r} \tag{5.26}$$

Bild 5-12 macht noch einmal deutlich, dass wegen der linear mit dem Radius wachsenden Umfangskomponente $u = \Omega \cdot r$ die Winddreiecke von Schnitt zu Schnitt verschieden sind.

5.3.2 Luftkräfte am rotierenden Flügel

Im Schnitt der Breite dr am Radius r greifen gemäß Bild 5-13 die Luftkräfte Auftrieb dA und Widerstand dW (etwa im Viertelspunkt des Profils) an.

$$\text{Auftrieb:} \quad dA = \frac{\rho}{2} \cdot c^2 \cdot t \cdot dr \cdot c_A(\alpha_A) \tag{5.27}$$

$$\text{Widerstand:} \quad dW = \frac{\rho}{2} \cdot c^2 \cdot t \cdot dr \cdot c_W(\alpha_A) \tag{5.28}$$

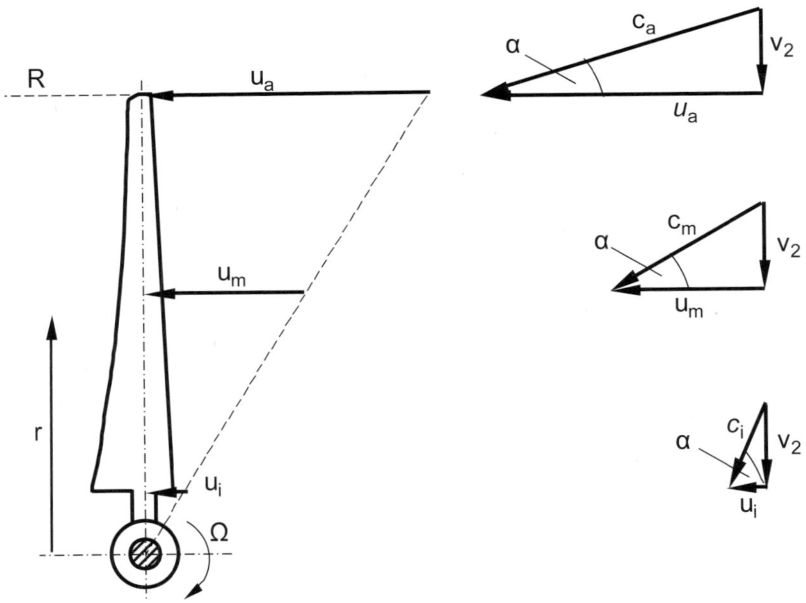

Bild 5-12 Winddreiecke in verschiedenen Flügelschnitten: Umfangsgeschwindigkeit $u = \Omega \cdot r$; Axialgeschwindigkeit in der Rotorebene $v_2 = 2 \cdot v_1/3$

Für die Zerlegung in Umfangsrichtung und Achsrichtung (Windrichtung) lesen wir in Bild 5-13 ab:

$$dU = \frac{\rho}{2} \cdot c^2 \cdot t \cdot dr \cdot [c_A \cdot \sin\alpha - c_W \cdot \cos\alpha] \tag{5.29}$$

$$dS = \frac{\rho}{2} \cdot c^2 \cdot t \cdot dr \cdot [c_A \cdot \cos\alpha + c_W \cdot \sin\alpha] \tag{5.30}$$

denn die Auftriebskraft steht ihrer Definition gemäß senkrecht zur Anströmung c, während der Widerstand in diese Richtung weist, vgl. Abschnitt 5.2.

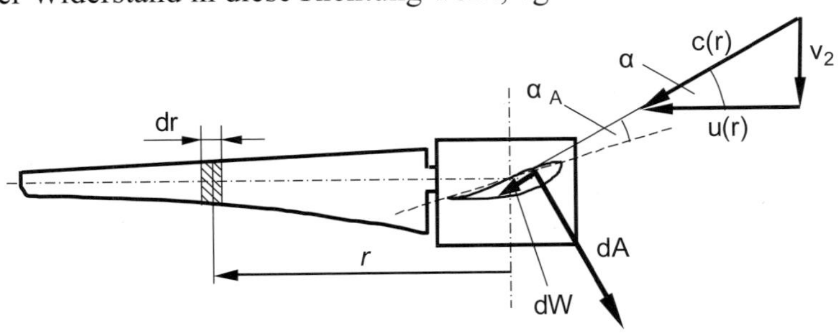

Bild 5-13 Luftkräfte im Flügelringschnitt

5.4 Die Betzsche Optimalauslegung

In der allgemeinen Betrachtung von Abschnitt 5.1 hatten wir festgestellt, dass die maximal der Kreisfläche entnehmbare Leistung

$$\dot{E}_{\text{Betz}} = \frac{16}{27} \cdot \frac{\rho}{2} \cdot v_1^3 \cdot (\pi \cdot R^2)$$

beträgt. Der Rotor soll nun so gebaut werden, dass in jedem Ringschnitt $2 \cdot \pi \cdot r \cdot dr$ der überstrichenen Rotorkreisfläche dem Wind die Leistung

$$d\dot{E}_{\text{Betz}} = \frac{16}{27} \cdot \frac{\rho}{2} \cdot v_1^3 \cdot (2 \cdot \pi \cdot r \cdot dr) \tag{5.31}$$

entzogen wird, Bild 5-14.

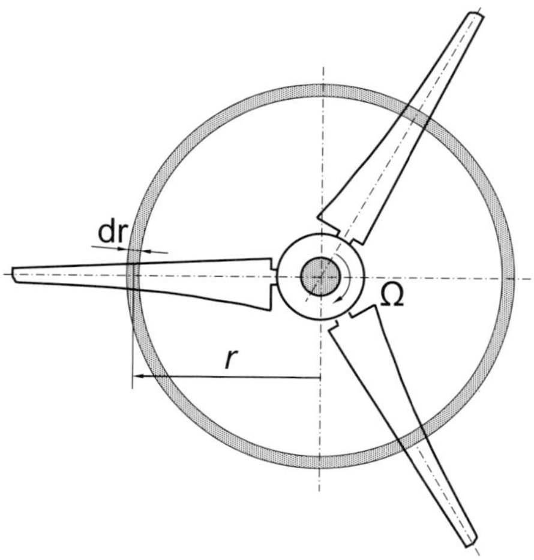

Bild 5-14 Ringschnitt der Fläche $dF = 2 \cdot \pi \cdot r \cdot dr$

Diese Leistung wollen wir mit z geeignet dimensionierten Tragflügeln herausholen, die im Ringschnitt die mechanische Leistung

$$dL = z \cdot dU \cdot \Omega r \tag{5.32}$$

z	dU	Ωr
Blatt-Zahl	Umfangskomponente d. Luftkraft	Umfangsgeschwindigkeit

umsetzen. Da wir im Auslegungspunkt das Profil nahe seiner besten Gleitzahl arbeiten lassen, ist der Widerstandsbeiwert klein, $c_W \ll c_A$. Von Gleichung (5.29) für die Umfangskraft bleibt dann wesentlich nur der Beitrag aus dem Auftrieb dA

$$dU \approx dA \cdot \sin\alpha = \frac{\rho}{2} \cdot c_A \cdot c^2 \cdot t(r) \cdot dr \cdot \sin\alpha\,, \tag{5.33}$$

sodass für die mechanische Leistung gilt

$$dL \approx z \cdot \Omega \cdot r \cdot \frac{\rho}{2} \cdot c_A \cdot c^2 \cdot t(r) \cdot dr \cdot \sin\alpha \tag{5.34}$$

Setzt man diese mechanische Leistung aus (5.34) gleich der Betzleistung (5.31), $dL = d\dot{E}_{\text{Betz}}$, erhält man die wichtige Formel für die Flügeltiefe $t(r)$ eines Flügels des optimal ausgelegten Windrades

$$t(r) = \frac{1}{z} \cdot \frac{16}{27} \cdot \frac{2 \cdot \pi \cdot r}{c_A} \cdot \frac{v_1^3}{c^2 \cdot \Omega \cdot r \cdot \sin\alpha} \tag{5.35}$$

Mit Hilfe der an den Winddreiecken ablesbaren Zusammenhänge

$$v_1 = \frac{3}{2} \cdot c \cdot \sin\alpha \qquad \text{und} \qquad u = \Omega \cdot r = c \cdot \cos\alpha$$

formt man um auf

$$t(r) = 2 \cdot \pi \cdot R \cdot \frac{1}{z} \cdot \frac{8}{9 \cdot c_A} \cdot \frac{1}{\lambda_A \sqrt{\lambda_A^2 \cdot \left(\frac{r}{R}\right)^2 + \frac{4}{9}}} \tag{5.36}$$

Dabei ist λ_A die gewählte Schnelllaufzahl und c_A der gewählte Auftriebsbeiwert der Auslegung. Er kann - aber muss nicht - konstant über den Radius r gewählt werden. Praktisch wählt man für die Auslegung c_A -Werte nahe der besten Gleitzahl,

d. h.

$$\left.\begin{array}{l} c_A = 0{,}6 \text{ bis } 1{,}2 \\ \alpha_A = 2 \text{ bis } 6 \text{ Grad} \end{array}\right\} \varepsilon \approx \varepsilon_{max}$$

Über die Wahl der Blattzahl, die ja nur die erforderliche Gesamtflügeltiefe auf mehrere Flügel aufteilt, sagt Gl. (5.36) nichts aus. Sie kann nach Festigkeitsgesichtspunkten, Fertigungsüberlegungen oder auch Aspekten der Dynamik festgelegt werden.

Durchsichtiger wird die Gl. (5.36) für die Flügeltiefe noch, wenn wir vereinfacht schreiben

$$t(r) \approx 2 \cdot \pi \cdot R \cdot \frac{1}{z} \cdot \frac{8}{9 \cdot c_A} \cdot \frac{1}{\lambda_A^2 \cdot \left(\frac{r}{R}\right)} \tag{5.37}$$

was zulässig ist, wenn wir schnellläufige Anlagen betrachten ($\lambda_A > 3$) und davon ausgehen, dass die Flügel wegen des Platzbedarfs der Nabe ohnehin erst bei etwa 15 %

des Außenradius' R beginnen. Dann wird deutlich, dass die benötigte Flügeltiefe zur Entnahme der vollen Betzleistung praktisch mit dem Quadrat der Schnelllaufzahl λ_A abnimmt.

Von Hütter stammt das Diagramm, Bild 5-15, das den Flächenfüllungsgrad in Abhängigkeit von der Auslegungsschnelllaufzahl angibt. Das Streuband kommt dadurch zustande, dass ein Bereich von c_A-Werten um 1,0 zugrunde gelegt wurde.

Neben der Flügeltiefe muss der Einbauwinkel des Profils

$$\alpha_{Bau} = \alpha(r) - \alpha_A(r) \tag{5.38}$$

ermittelt werden, Bild 5-11, 5-13 und 5-26.

Durch die Wahl der Schnelllaufzahl λ_A liegt der vom Radius r abhängige Winkel α der Anströmrichtung fest, für den nach Gl. (5.26) gilt

$$\alpha(r) = \arctan\left(\frac{2}{3} \cdot \frac{R}{r \cdot \lambda_A}\right)$$

siehe auch Bild 5-16. Gegenüber diesem Winkel der Anströmung, der die Verschraubung erzeugt, muss noch um den Winkel α_A angestellt werden, der den bei der Ermittlung der Blattiefe zugrundegelegten Auftriebsbeiwert c_A lieferte, Bild 5-13. Für den Einbauwinkel gilt daher

$$\alpha_{Bau} = \arctan\left(\frac{2}{3} \cdot \frac{R}{r \cdot \lambda_A}\right) - \alpha_A(r) \tag{5.39}$$

5.5 Verluste

Den Betzschen Leistungsbeiwert von Gl. (5.9)

$$c_{P,Betz} = \frac{16}{27} = 0{,}59$$

erreicht nur eine ideale Maschine. In ihm sind nur die Verluste durch die axiale Austrittsgeschwindigkeit berücksichtigt; darüber hinaus gibt es noch eine Reihe von weiteren Verlustquellen. Die wichtigsten sind:

- die *Profilverluste*, die durch den in Gl. (5.34) vernachlässigten Widerstand entstehen,
- die Verluste durch Umströmung der Blattspitze von der Druck- auf die Saugseite, *Tip-Verluste*, sowie
- die *Drallverluste*.

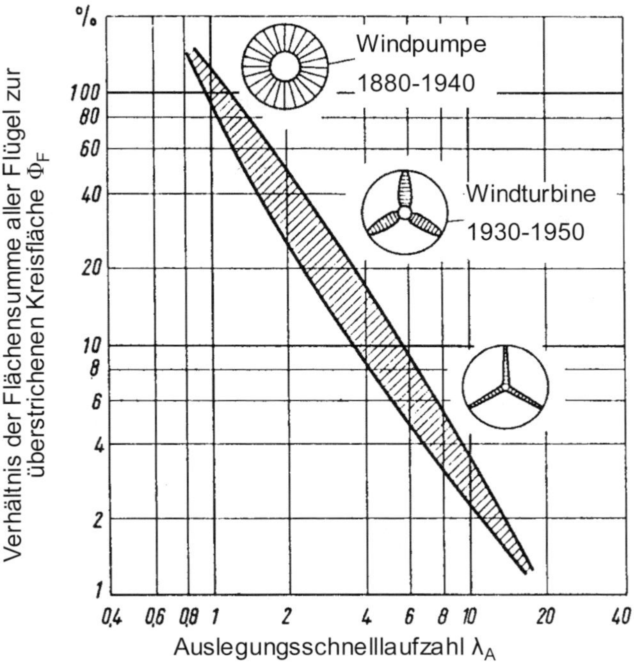

Bild 5-15 Flächenfüllungsgrad - Summe der Flügelflächen bezogen auf die Kreisfläche in Abhängigkeit von der Schnelllaufzahl der Auslegung λ_A [12]

5.5.1 Profilverluste

Die Profilverluste werden vom Widerstand des Profils verursacht, den wir zwar bei der Suche nach der idealen Flügelgeometrie vernachlässigen durften. Bei einer Leistungsbilanz müssen wir ihn aber berücksichtigen. Gleichung (5.32) in Verbindung mit Gl. (5.29) gibt die wirkliche Leistung im Flügelschnitt wieder

$$dL = z \cdot \Omega \cdot r \cdot dU$$

$$= z \cdot \Omega \cdot r \cdot \left[\frac{\rho}{2} \cdot c^2 \cdot t \cdot dr \cdot (c_A \cdot \sin\alpha - c_W \cdot \cos\alpha) \right] \tag{5.40}$$

die den Widerstand berücksichtigt. Die Ideal-Maschine hingegen kennt keinen Widerstand ($c_W = 0$) d. h.

$$dL_{ideal} = z \cdot \Omega \cdot r \cdot \frac{\rho}{2} \cdot c^2 \cdot t \cdot dr \cdot c_A \cdot \sin\alpha$$

Aus dem Quotienten dL/dL_{ideal} erhält man dann den Wirkungsgrad des Profils zu

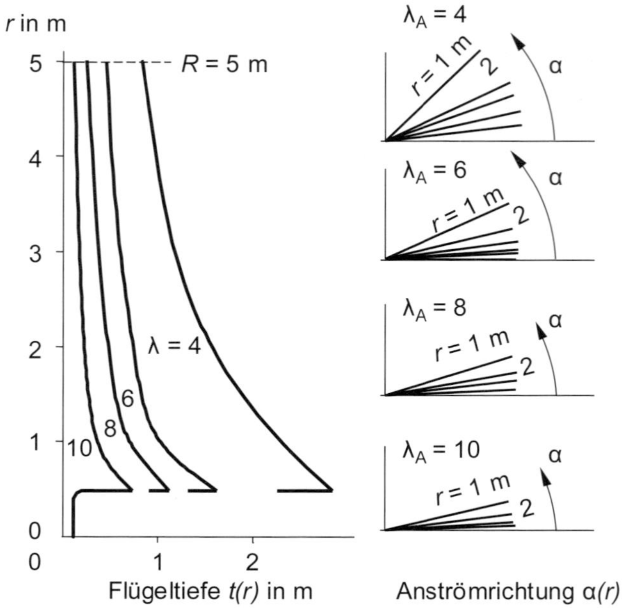

Bild 5-16 Flügeltiefe $t(r)$ in Abhängigkeit von der Schnelllaufzahl λ_A bei einem nach Betz ausgelegten Dreiflügler. Anströmrichtung $\alpha(r)$, $D = 10$ m.

$$\begin{aligned}\eta_{Profil} &= 1 - \frac{c_W}{c_A} \cdot \frac{1}{\tan\alpha} \\ &= 1 - \frac{1}{\varepsilon} \cdot \frac{1}{\tan\alpha} \\ &= 1 - \frac{3}{2} \cdot \frac{r}{R} \cdot \frac{\lambda_A}{\varepsilon}\end{aligned} \tag{5.41}$$

wenn $\tan\alpha$ noch durch Gl. (5.26) ausgedrückt wird. Die Verluste im jeweiligen Ringschnitt

$$\xi_{Profil} = \frac{3}{2} \cdot \frac{r}{R} \cdot \frac{\lambda_A}{\varepsilon} \tag{5.42}$$

sind proportional der Schnelllaufzahl λ_A und dem Radius r; sie nehmen also zur Flügelspitze hin zu. Sie sind aber umgekehrt proportional der Gleitzahl $\varepsilon = c_A/c_W$. Da die meiste Leistung im Außenbereich umgesetzt wird, muss man bei Schnellläufern außen sehr hochwertige Profile verwenden ($\varepsilon_{max} > 50$). Im Innenbereich und bei Langsamläufern (Westernmill $\lambda_A \approx 1$, Hollandmühle $\lambda_A \approx 2$) ist die Profilqualität nicht wichtig.

Benutzt man einen einzigen Profiltyp über die ganze Flügellänge mit festem Anstellwinkel α_A, so ist die Gleitzahl ε vom Radius r unabhängig. Dann lässt sich für den Auslegungspunkt die Integration der Leistung (bzw. der Profilverluste) über die Flügellänge explizit ausführen

$$L = \frac{16}{27} \cdot \frac{\rho}{2} \cdot v_1^3 \int_0^R \eta_{\mathrm{Profil}} \cdot 2 \cdot \pi \cdot r \cdot dr$$

$$L = \frac{16}{27} \cdot \frac{\rho}{2} \cdot v_1^3 \int_0^R \left(1 - \frac{3}{2} \cdot \frac{r}{R} \cdot \frac{\lambda_A}{\varepsilon}\right) \cdot 2 \cdot \pi \cdot r \cdot dr \tag{5.43}$$

$$\text{oder } L = \frac{16}{27} \cdot \frac{\rho}{2} \cdot v_1^3 \cdot \pi \cdot R^2 \left[1 - \frac{\lambda_A}{\varepsilon}\right]$$

Das Verhältnis Schnelllaufzahl zu Gleitzahl beschreibt also in diesem Fall direkt den Gesamtverlust infolge der Profilwiderstände.

5.5.2 Tip-Verluste

Eine weitere Verlustquelle stellt die Umströmung der Flügelspitze von der Druckseite (Profilunterseite) zur Saugseite (Oberseite) dar. Dadurch nimmt der Auftrieb zum Flügelende hin ab. Durch die Überlagerung der Spitzenumströmung mit der Flügelanströmung entsteht ein sich aufweitender Wirbel, der mit der Strömung davonschwimmt, Bild 5-17.

Je schlanker der Flügel ist, desto näher kommt er dem unendlich langen Flügel ($R/t = \infty$) für den die Werte c_A und c_W aus den Profilkatalogen gelten, und desto geringer wird dieser Einfluss.

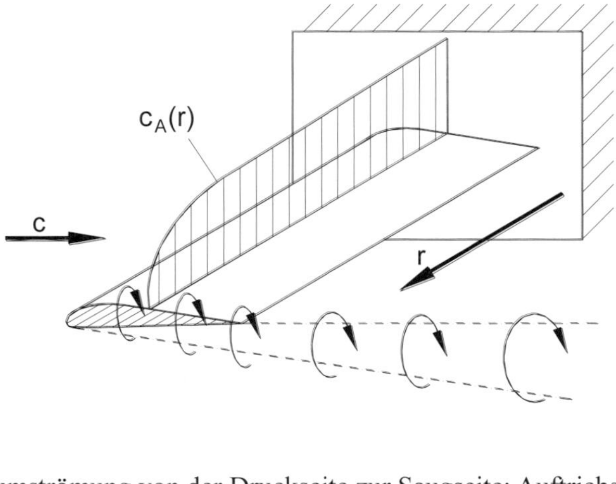

Bild 5-17 Spitzenumströmung von der Druckseite zur Saugseite; Auftriebsverteilung c_A

Betz [1] führt zur Erfassung dieser Verluste einen wirksamen Durchmesser D' anstelle des eigentlichen Durchmessers ein. Nach einer auf Prandtl zurückgehenden Abschätzung ist er folgendermaßen zu bestimmen

$$D' = D - 0{,}44 \cdot \mathrm{b} \tag{5.44}$$

Hierbei ist b die Projektion des Flügelabstandes a an den Blattspitzen (auch Teilung, s. Bild 5-18) auf eine Ebene senkrecht zur Anströmrichtung von c.

$$a = \frac{\pi \cdot D}{z}, \ \mathrm{b} = \frac{\pi \cdot D}{z} \cdot \sin\alpha \tag{5.45}$$

Führt man hier noch die an dem Winddreieck der Flügelspitze ablesbaren Zusammenhänge

$$c \cdot \sin\alpha = v_2 \quad ; \qquad c^2 = (\Omega \cdot R)^2 + v_2^2$$

ein und beachtet, dass im Auslegungspunkt $v_2 = 2\ v_1/3$ gilt, so erhält man den reduzierten Durchmesser D' zu

$$D' = D \cdot \left(1 - 0{,}44 \cdot \frac{2 \cdot \pi}{3 \cdot z} \cdot \frac{1}{\sqrt{\lambda_A^2 + \frac{4}{9}}} \right) \tag{5.46}$$

Da die Leistung dem Quadrat des Durchmessers proportional ist, ergibt sich als Wirkungsgrad, der die Spitzenumströmung berücksichtigt

$$\eta_{tip} = \frac{L'}{L} = \left(\frac{D'}{D} \right)^2 = \left(1 - \frac{0{,}92}{z\sqrt{\lambda_A^2 + \frac{4}{9}}} \right)^2 \tag{5.47}$$

Für Auslegungsschnelllaufzahlen $\lambda_A > 2$ lässt sich das noch weiter vereinfachen auf

$$\eta_{tip} \approx 1 - \frac{1{,}84}{z \cdot \lambda_A} \tag{5.48}$$

Grob gesehen ist dieser Verlust also umgekehrt proportional zum Produkt aus Flügelzahl z und Auslegungsschnelllaufzahl λ_A.

$$\xi_{tip} \approx \frac{1{,}84}{z \cdot \lambda_A}$$

Die Größe dieser Verluste und das Verhältnis wirksamer Durchmesser zu wirklichem Durchmesser für einige Windradtypen zeigt Tabelle 5.1.

Tabelle 5.1 Tipverluste ξ_{tip} in Abhängigkeit von der Schnelllaufzahl λ der Auslegung und der Zahl z der Flügel. D' wirksamer Durchmesser.

	λ_A	z	λ_A z	ξ tip in %	D'/D
Westernmill	1	20	20	9	0,95
Hollandmühle	2	4	8	22	0,88
Dänische Windturbine	6	3	18	10	0,94
1-Flügler (Monopteros)	12	1	12	15	0,92

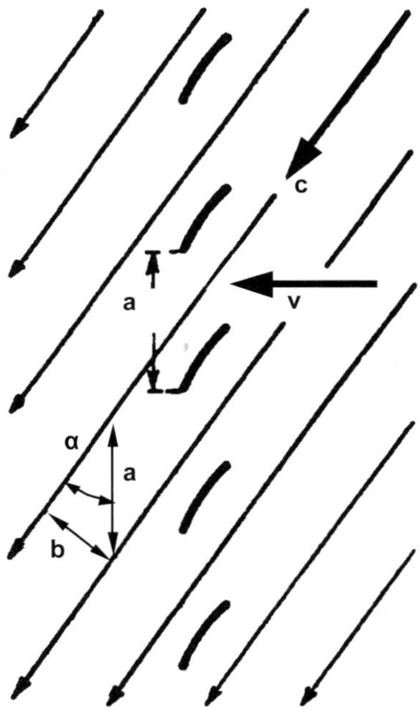

Bild 5-18 Verteilung der Luft auf die einzelnen Flügel aus Betz [1]

5.5.3 Drallverluste

Die Drallverluste entstehen durch die Drehmomententnahme in der aktiven Radebene. Wegen "Actio gleich Reactio" wird von der Umfangskraft dU über den Hebel r ein Gegendrehmoment auf die abströmende Luft ausgeübt. Dieses Moment ist umso größer, je langsamläufiger eine Windturbine ist. Unmittelbar einsichtig wird das an Gl. (5.32), die die mechanische Leistung dL im Ringschnitt dr angibt:

dL =	z	· dU	·	Ω r
	Blatt-zahl	Umfangs-kraft		Umfangsge-schwindigkeit

Der Schnellläufer entnimmt die Leistung durch hohe Drehzahl Ω und niedriges Moment $r \cdot dU$. Der Langsamläufer macht es umgekehrt: Seine Drehzahl ist niedrig, das Luftkraftmoment $r \cdot dU$ hoch - und entsprechend hoch ist auch der Drall in der austretenden Luftströmung.

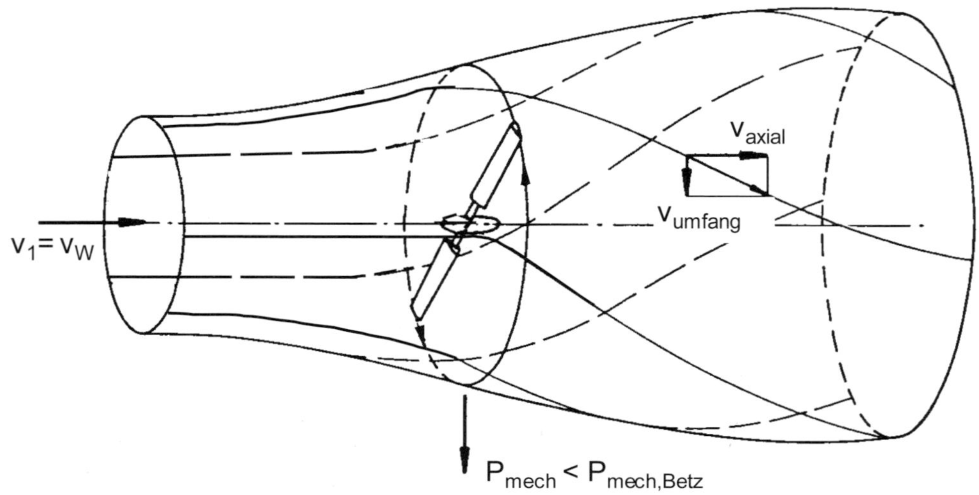

Bild 5-19 Drallbehaftete Strömung hinter dem Windrad aus [10], modifiziert

Dadurch entstehen Austrittsverluste, nicht nur infolge der axialen Austrittsgeschwindigkeit v_3 wie bei Betz, vgl. Gl. (5.4 und 5.5). Es tritt auch eine Umfangskomponente in der Austrittsströmung auf, die weitere Verluste verursacht, eben die Drallverluste, siehe Bild 5-19.

Bei Schnellläufern, $\lambda_A > 3$, sind sie sehr gering. Bei Langsamläufern aber, wie beispielsweise der Westernmill mit $\lambda_A \approx 1$, lässt sich statt des Betzschen Leistungsbeiwertes von $c_{P,Betz} = 0{,}59$ durch die unvermeidlichen Drallverluste nur ein Maximalwert von $c_{P,max} = 0{,}42$ erreichen - von dem dann natürlich noch Profil und Tip-Verluste abzurechnen sind. Ein so starker Verlust von 30% durch den Drall hat aber auch Einfluss auf die Profilgeometrie eines optimal gebauten Windrades. Der Profiltiefenverlauf $t(r)$ und die Einbauwinkel unterscheiden sich dann von der für diesen Fall zu einfachen Betz-Auslegung. Da die Drallverluste bei der Suche nach der optimalen Flügelgeometrie ohnehin anfallen, wird ihre Berechnung im nächsten Abschnitt mit erledigt.

5.6 Die Schmitzsche Auslegung unter Berücksichtigung der Drallverluste

Während Betz davon ausging, dass die Strömung von der Geschwindigkeit v_1 weit vor dem Rad über $v_2 = (v_1 + v_3)/2$ in der Radebene auf $v_3 = v_1/3$ weit hinter dem Rad verzögert wird, ohne dass sie ihre rein axiale Richtung ändert, berücksichtigt Schmitz

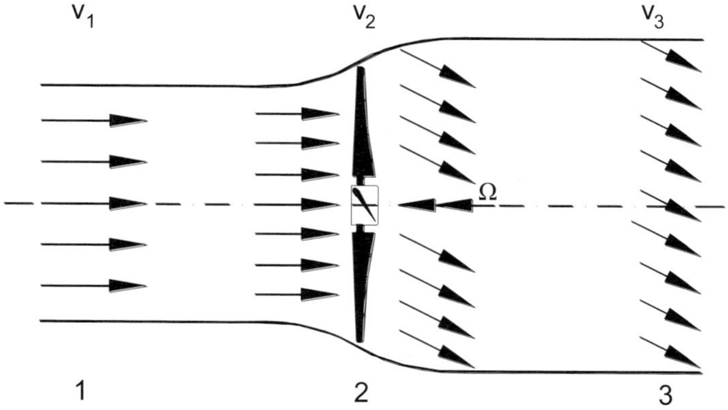

Bild 5-20 Strömung in der abgewickelten Ringschnitthälfte; Abstrom mit Umfangskomponente Δu

(und vor ihm Glauert bei der Propellerberechnung) die Drallkomponente Δu in Umfangsrichtung, die wegen actio = reactio zwangsläufig entsteht.

Diese Umfangskomponente ist weit vor dem Rotor noch null und hinter ihm Δu, Bild 5-20. Sie entsteht erst während des Strömens über die Blatttiefe.

Bild 5-21 zeigt die Anströmung c des Tragflügels, gebildet aus $v_{2.\mathrm{ax}} = v_1 - \Delta v/2$ als axiale Anströmung in Anlehnung an Betz und der vergrößerten Umfangsgeschwindigkeit

$$u = \Omega \cdot r + \frac{\Delta u}{2}. \tag{5.49}$$

Da die Umfangszusatzkomponente Δu erst beim Überströmen des Profils entsteht, rechnet man mit dem Mittelwert, gebildet aus "davor" und "danach", also mit $\Delta u/2$ (Diese Annahme erfolgt in Analogie zum Froude'schen Theorem, Abschnitt 5.1. Sie lässt sich theoretisch auch noch besser fundieren, [2]). Wie groß Δu bei optimaler Ausbeutung der Windleistung ist, wird von der Auslegungsschnelllaufzahl λ_A bestimmt.

Das Winddreieck, gebildet aus v_1 und $\Omega \cdot r$, das c_1 und α_1 liefert, ist dasjenige, das entstünde, wenn die Strömung im Rad überhaupt nicht verzögert würde, Bild 5-21.

Die Richtungsänderung Δc zwischen c_1 (weit vor dem Rad) und c_3 (weit dahinter) ist also der Tragflügelwirkung zu verdanken. Gemäß dem Impulssatz "Durchsatz mal Geschwindigkeitsänderung gleich Kraft" entsteht in der Radebene im Ringschnitt der Breite dr die Auftriebskraft, die senkrecht auf c steht.

$$dA = \Delta c \cdot d\dot{m} \tag{5.50}$$

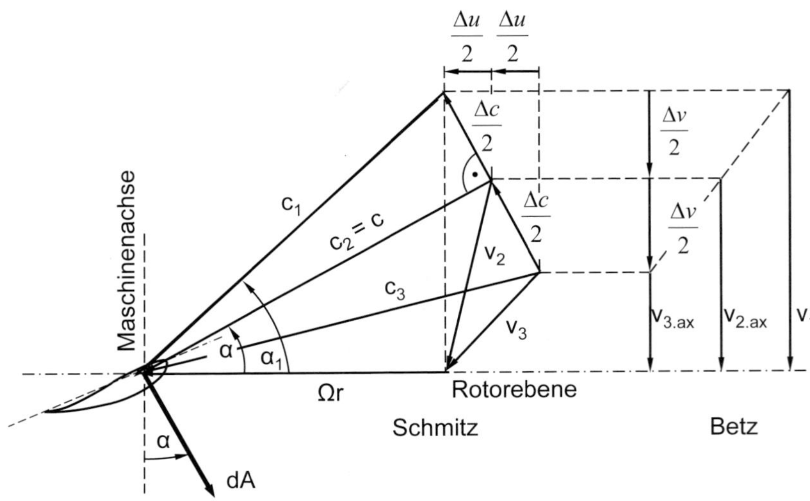

Bild 5-21 Geschwindigkeitsdreiecke vor, im und hinter dem Rotor; Anströmwinkel α

Der Durchsatz durch die Ringfläche ist

$$d\dot{m} = \rho \cdot 2 \cdot \pi \cdot r \cdot dr \cdot v_{2.ax} \tag{5.51}$$

Die Leistung im Ringschnitt beträgt wiederum unter Vernachlässigung des Widerstandes

$$\begin{aligned} dL &= dM \cdot \Omega \\ &= dU \cdot r \cdot \Omega \\ &= dA \cdot \sin\alpha \cdot r \cdot \Omega \end{aligned} \tag{5.52}$$

Aus Bild 5-21 liest man weiter folgende geometrischen Zusammenhänge ab:

Geschwindigkeit in der Radebene: $c = c_1 \cdot \cos(\alpha_1 - \alpha)$

Axialgeschwindigkeit in der Radebene: $v_{2.ax} = c \cdot \sin\alpha$

$= c_1 \cdot \cos(\alpha_1 - \alpha) \cdot \sin\alpha$

Geschw.-änderung in der Radebene: $\Delta c = 2 \cdot c_1 \cdot \sin(\alpha_1 - \alpha)$ (5.53)

Damit gilt für die Leistung nach Gl. 5.52 in Abhängigkeit von dem noch näher zu bestimmenden Winkel α

$$dL = \mathrm{r} \cdot \Omega \cdot d\dot{m} \cdot \Delta c \cdot \sin\alpha$$

$$= r\,\Omega\,\rho\,2\pi \mathrm{r}\,dr \cdot c_1 \cdot \cos(\alpha_1 - \alpha) \cdot \sin\alpha \cdot 2 \cdot c_1 \cdot \sin(\alpha_1 - \alpha) \cdot \sin\alpha \qquad (5.54)$$

oder

$$dL = r^2 \cdot \Omega \cdot \rho \cdot 2 \cdot \pi \cdot dr \cdot c_1^2 \cdot \sin(2(\alpha_1 - \alpha)) \cdot \sin^2\alpha \qquad (5.55)$$

Aus der Ableitung $dL/d\alpha = 0$ erhält man den Anströmwinkel, der die maximale Leistung liefert

$$dL/d\alpha = [\, r^2\,\Omega\,\rho\,2\pi\,dr\,c_1^2\,]\,(-2\cos 2(\alpha_1 - \alpha)\sin^2\alpha + 2\sin 2(\alpha_1 - \alpha)\sin\alpha\cos\alpha)$$

$$= [\, r^2\,\Omega\,\rho\,2\pi\,dr\,c_1^2\,]\,2\sin\alpha\,[\,\sin 2(\alpha_1 - \alpha)\cos\alpha - \cos 2(\alpha_1 - \alpha)\sin\alpha\,]$$

$$= [\, r^2\,\Omega\,\rho \cdot 2\pi\,dr\,c_1^2\,] \cdot 2\sin\alpha\,[\,\sin(2\alpha_1 - 3\alpha)] \qquad (5.56)$$

Daraus ergibt sich

$$\alpha = \frac{2}{3} \cdot \alpha_1 \qquad (5.57)$$

als optimale Anströmungsrichtung, wobei

$$\tan\alpha_1 = \frac{v_1}{\Omega \cdot r} = \frac{R}{(\lambda_A \cdot r)} \qquad (5.58)$$

den Zusammenhang mit der Schnelllaufzahl herstellt.

Mit diesem Winkel $\alpha = 2/3 \cdot \alpha_1$ erhalten wir die Auftriebskraft dA aus Gl. (5.50) zu

$$dA = d\dot{m} \cdot \Delta c$$

$$= \rho \cdot 2 \cdot \pi \cdot r \cdot dr \cdot c_1 \cdot \cos(\alpha_1 - \alpha) \cdot \sin\alpha \cdot 2 \cdot c_1 \cdot \sin(\alpha_1 - \alpha)$$

$$= \rho \cdot 2 \cdot \pi \cdot r \cdot dr \cdot c_1^2 \cdot 4\sin^2\left(\frac{\alpha_1}{3}\right) \cdot \cos^2\left(\frac{\alpha_1}{3}\right) \qquad (5.59)$$

wegen $\alpha_1 - \alpha = \alpha_1/3$ und $\sin(\frac{2}{3} \cdot \alpha_1) = 2\ \sin(\alpha_1/3) \cdot \cos(\alpha_1/3)$

Fordern wir nun von der Tragflügeltheorie, dass sie durch die entsprechende Flügeltiefe t_{ges} ($t_{\text{ges}} = t(r)$) die Auftriebskraft dA

$$dA = \frac{\rho}{2} \cdot c^2 \cdot t_{\text{ges}} \cdot dr \cdot c_{\text{A}} \tag{5.60}$$

realisiert, so ergibt sich nach der Umformung

$$dA = \frac{\rho}{2} \cdot c_1^2 \cdot t_{\text{ges}} \cdot dr \cdot c_{\text{A}} \cdot \cos^2\left(\frac{1}{3} \cdot \alpha_1\right) \tag{5.61}$$

durch Gleichsetzen der Ausdrücke (5.55) und (5.52) die Schmitzsche Blatttiefenformel

$$t_{\text{ges}} = \frac{16 \cdot \pi \cdot r}{c_{\text{A}}} \cdot \sin^2\left(\frac{1}{3} \cdot \alpha_1\right) \tag{5.62}$$

Verteilt man die Gesamttiefe t_{ges} auf z Blätter, erhält man

$$t_{\text{Schmitz}}(r) = \frac{1}{z} \cdot \frac{16 \cdot \pi}{c_{\text{A}}} \cdot \text{r} \cdot \sin^2\left(\frac{1}{3} \cdot \alpha_1\right) \tag{5.63}$$

mit $\tan\alpha_1 = R/(\lambda_{\text{A}} r)$. Für kleine Winkel α_1 - d. h. für hohe Schnelllaufzahlen - erhält man aus der Schmitzschen Tiefenformel die gleichen Werte wie aus der Betzschen, Gl. (5.36). Das macht Bild 5-22 sichtbar, in dem die dimensionslos gemachte Flügelgesamttiefe (Einflügler) nach Betz und Schmitz dargestellt ist. Dieses Diagramm hat J. Maurer erdacht, dessen kompakter Darstellung der Schmitzschen Auslegung wir in diesem Abschnitt folgten [8].

$$\bar{t}_{\text{Betz}} = t_{\text{Betz}} \cdot \frac{z \cdot c_A \cdot \lambda_{\text{A}}}{R} = \frac{16 \cdot \pi}{9} \cdot \frac{1}{\sqrt{(\lambda_{\text{A}} \cdot \frac{r}{R})^2 + \frac{4}{9}}} \tag{5.64}$$

$$\bar{t}_{\text{Schmitz}} = t_{\text{Schmitz}} \cdot \frac{z \cdot c_A \cdot \lambda_{\text{A}}}{R} = \frac{16 \cdot \pi \cdot \lambda_A \cdot r}{R} \cdot \sin^2\left(\frac{1}{3} \cdot \alpha_1\right) \tag{5.65}$$

$$\text{mit } \alpha_1 = \arctan\left(\frac{R}{\lambda_{\text{A}} \cdot r}\right)$$

Beide Funktionen der Gesamttiefe hängen nur noch vom Parameter $\lambda_{\text{A}}\, r/R$ ab.

Im Bild 5-22 kann man direkt den Verlauf der Flügelkontur $t(r)$ für Windkraftanlagen mit beliebiger Schnelllaufzahl λ_{A} ablesen. Nimmt man beispielsweise eine Anlage mit der Auslegungsschnelllaufzahl $\lambda_{\text{A}} = 7$, dem Innenradius $r_{\text{i}} = 0{,}1\ R$, so wird die (dimensionslose) optimale Flügeltiefe durch die Kurven im Bereich

$\lambda_{\text{A}}\, r/R = 0{,}7$ (innen) bis $\lambda_{\text{A}}\, r/R = 7$ (außen)

beschrieben. Die wirkliche Flügeltiefe erhält man definitionsgemäß aus

$$t = \frac{\bar{t} \cdot R}{\lambda_A \cdot z \cdot c_A}$$

nach Festlegung von Auftriebsbeiwert c_A und Flügelzahl z.

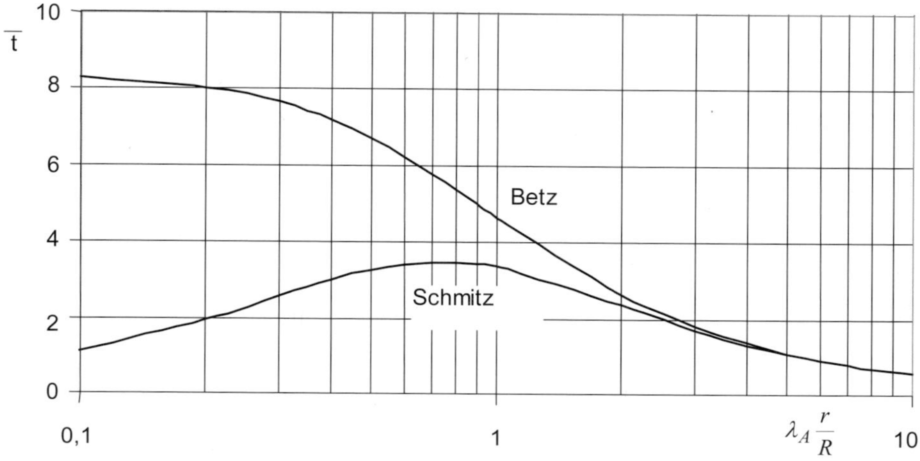

Bild 5-22 Vergleich der dimensionslosen Flügeltiefe $\bar{t}$ nach Betz und Schmitz in Abhängigkeit von der lokalen Schnelllaufzahl $\lambda_A r/R$

Die optimale Flügeltiefe unterscheidet sich bei Berücksichtigung des Dralls umso mehr von der Betzschen, je kleiner die lokale Schnelllaufzahl $\lambda_A\, r/R$ ist. Bei Schnellläufern betrifft das nur den Innenbereich. Das ist erfreulich, denn hier hat man ohnehin die Schwierigkeit, die nach Betz erforderliche große Flügeltiefe zu realisieren.

Bei Langsamläufern, wie der Westernmill mit $\lambda_A \approx 1$ sieht die Flügelkontur völlig anders aus, wenn der Nachlaufdrall berücksichtigt wird: sie verjüngt sich nach innen. Das scheinen die Hersteller dieser Anlagen intuitiv richtig gemacht zu haben. Den Verlauf des Anströmwinkels α im Winddreieck der Radebene mit Berücksichtigung des Dralls (Gl. 5.55 und 5.56) und ohne (Gl. 5.26 mit $\alpha = \beta - 90°$) zeigt Bild 5-23. Das Bild macht deutlich, dass die Schmitzsche Auslegung eine geringere Verwindung liefert: bei Schnellläufern nur im Innenbereich, bei Langsamläufern über die gesamte Blattlänge.

Der Einbau des Flügels ergibt sich aus der Differenz zwischen Anströmwinkel α und dem Anstellwinkel α_A, siehe Bild 5-13, der nötig ist, um den zugrundegelegten Auftriebsbeiwert c_A zu realisieren

$$\alpha_{Bau} = \alpha - \alpha_A\,. \tag{5.66}$$

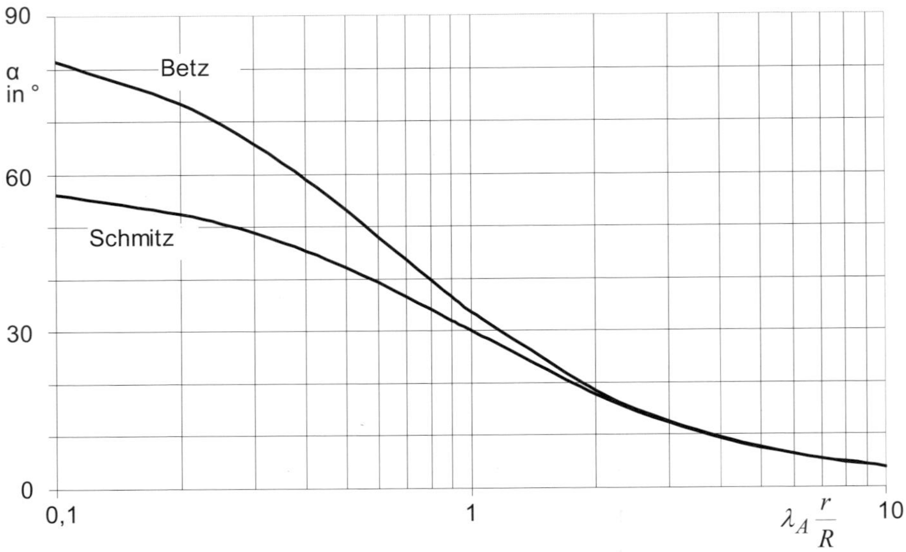

Bild 5-23 Anströmwinkel α in der Radebene mit und ohne Berücksichtigung des Dralls; lokale Schnelllaufzahl $\lambda_A\, r/R$

5.6.1 Drallverluste nach Schmitz

Nach Betz beträgt die maximal erreichbare Leistung ohne Berücksichtigung des Dralls

$$L_{Betz} = \frac{\rho}{2} \cdot v_1^3 \cdot \pi \cdot R^2 \cdot c_{P,Betz} \qquad c_{P,Betz} = 16/27$$

Bei Berücksichtigung des Dralls ergibt sich die maximale Leistung dL im Ringschnitt aus Gl. (5.54), wenn dort noch die Optimalbedingung Gl. (5.57) für den Anströmwinkel eingesetzt wird, $\alpha = 2/3 \cdot \alpha_1$. Integriert man über alle Ringschnitte und berücksichtigt die Zusammenhänge nach Gl. (5.55, 5.57, 5.58) erhält man die Leistung unter Berücksichtigung des Nachlaufdralls zu

$$L_{Schmitz} = \frac{\rho}{2}\, \pi R^2 \cdot v_1^3 \int_0^1 4 \cdot \lambda_A \cdot \left(\frac{r}{R}\right)^2 \cdot \frac{\sin^3(\frac{2}{3}\alpha_1)}{\sin^2 \alpha_1} \cdot d \cdot (\frac{r}{R}) \qquad (5.67)$$

$$\text{mit } \alpha_1 = \arctan\left(\frac{R}{\lambda_A \cdot r}\right).$$

Dieses Integral ist zwar analytisch lösbar [2], die Lösung aber aufwändig und unübersichtlich. Wir geben daher nur das Ergebnis als Diagramm an, den Leistungsbeiwert

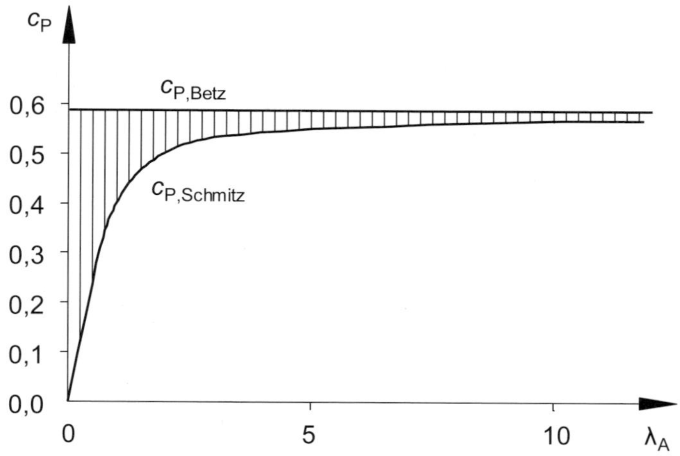

Bild 5-24 Leistungsbeiwert nach Betz (ohne) und Schmitz (mit Nachlaufdrall). Die schraffierte Fläche stellt die Drallverluste dar

$c_{P,Schmitz}$, der nun - im Gegensatz zum Betzschen - eine starke Abhängigkeit von der Schnelllaufzahl λ_A aufweist, Bild 5-24.

5.7 Praktisches Vorgehen bei der Dimensionierung von Windturbinen

Einen ersten Überblick über die Leistungserwartung im Bestpunkt einer Windturbine gibt

$$L_{real} = \frac{\rho}{2} \cdot \pi \cdot R^2 \cdot v_1^3 \cdot c_{P,real} \tag{5.68}$$

mit

$$c_{P,real} = c_{P,Schmitz}(\lambda_A) \cdot \eta_{Profil}(\lambda_A, \varepsilon) \cdot \eta_{Tip}(\lambda_A, z)\ ,$$

wobei der Leistungsbeiwert $c_{P,real}$ nur von der Auslegungsschnelllaufzahl λ_A, der Gleitzahl $\varepsilon = c_A/c_W$ des gewählten Profils und der Zahl der Flügel z abhängt, die in die Tip-Verluste eingeht. Schmitz hat ein Diagramm entwickelt [2], in dem $c_{P,real}$ über der Schnelllaufzahl mit Gleitzahl ε und Flügelzahl z als Parameter dargestellt ist. Ohne jede Rechnung kann man hier also die Leistungserwartung unter Berücksichtigung von Drallverlusten, Profil- und Tip-Verlusten ablesen, Bild 5-25.

Auch eine Abschätzung des Jahresertrags an Kilowattstunden ist für eine gegebene Windverteilung $h(v)$ jetzt schon möglich, vgl. Abschnitt 4.3.2 und 15.2.5.

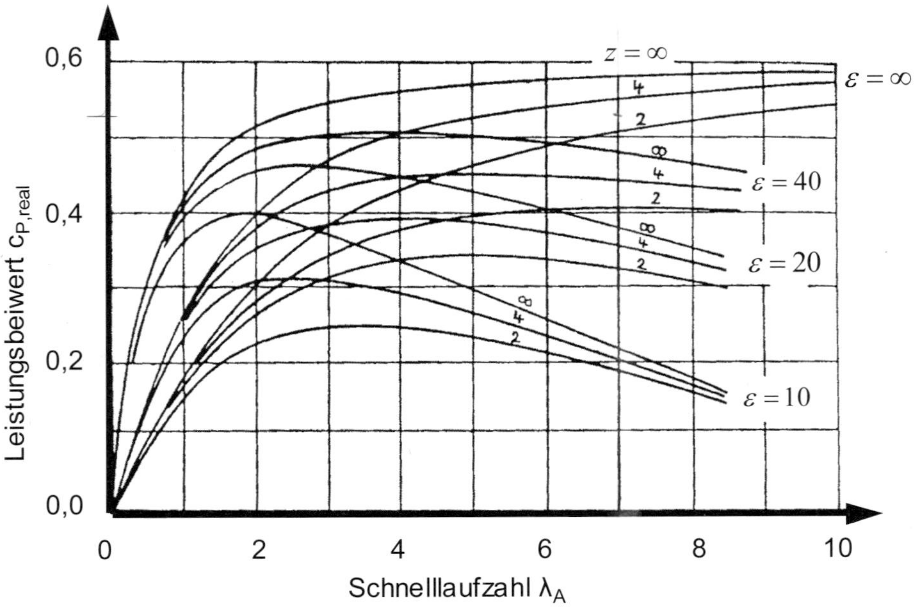

Bild 5-25 Schmitz-Diagramm: Realer Leistungsbeiwert unter Berücksichtigung der Verluste. Flügelzahl z, Gleitzahl ε, aus [2]

Einen Eindruck des Flügelflächenbedarfs gibt das Hüttersche Diagramm, Bild 5-15. Hier erkennt man, wie stark der Flügelflächenbedarf mit der zunehmenden Schnelllaufzahl sinkt. Benötigt die Westernmill mit $\lambda_A \approx 1$ noch die volle Kreisfläche (100%) sind es bei Windkraftanlagen mit $\lambda_A = 6$ nur noch 4 bis 6 %, je nachdem wie hoch man mit dem Auftriebsbeiwert c_A geht. Den Kontur- und Anströmwinkelverlauf zeigen die Maurerschen Diagramme, Bild 5-22 bzw. 5-23, wenn auch noch logarithmisch verzerrt.

In einer zweiten Runde der Auslegung, nach Festlegung der Schnellaufzahl λ_A, wird man sich die Profilkontur $t(r)$ und die Anströmwinkel $\alpha(r)$ in der Verschraubung aufzeichnen. Daraus ergibt sich zusammen mit dem Anstellwinkel α_A der Einbauwinkel $\alpha_{Bau} = \alpha(r) - \alpha_A$. Dafür kommen die Gleichungen (5.36) und (5.39) bei der Auslegung nach Betz zum Zug bzw. die Gleichungen (5.63) und (5.66) in Verbindung mit (5.57) und (5.58) bei der Auslegung nach Schmitz, für die sich der Einbauwinkel nach

$$\alpha_{Bau} = \frac{2}{3} \arctan\left(\frac{R}{\lambda_A \cdot r}\right) - \alpha_A \tag{5.69}$$

berechnet.

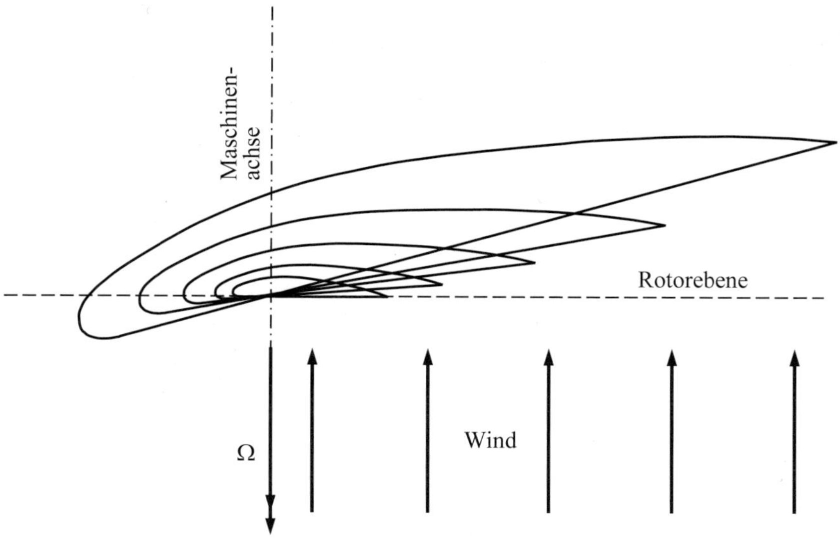

Bild 5-26 Profilschnitte und Einbauwinkel, Auffädelung in t/4 bei einem nach Betz ausgelegten Schnellläufer ($\lambda_A = 6$, Profil GÖ.797)

Irgendwann muss die Entscheidung über die Flügelzahl z fallen. Hier geben die Auslegungstheorien wenig Hinweise: z ist ein schwacher Parameter, der nur über die Tip-Verluste einen Einfluss hat. Deshalb entscheiden Fertigungsaspekte (drei Flügel kommen teurer als zwei), Aspekte der Dynamik (Rotoren mit drei und mehr Flügeln sind dynamisch gutmütig; Zwei - und Einflügler nervös und laut) sowie Festigkeitsaspekte.

Bei an der Nabe starr befestigten Flügeln ist es zwar theoretisch günstiger, wenige Flügel zu bauen, weil dann die vom Schub verursachten Biegemomente an der Wurzel geringer werden, aber bei Rotoren mit individuellen Schlaggelenken (vgl. Bild 3-17 und 3-20) sind die Wurzelbiegemomente ohnehin null. Die Frage stellt sich also dort nicht mehr. Selbst bei starr befestigten Flügeln entschärft sich das Problem der hohen Wurzelbeanspruchungen dadurch, dass man die Profile über die Flügellänge wechselt, vergl. Bild 3-8. Man fängt mit Rücksicht auf die hohen Gleitzahlen an der Spitze mit dünnen Profilen an (z.B. mit NACA 63-212 mit 12 % Dicke) verwendet in der Mitte ein etwas dickeres (z.B. NACA 63-215) und am Fuß ein sehr dickes Profil (z.B. NACA 63-221 mit 21 % Dicke), dessen mäßige Gleitzahlen dort überhaupt nicht stören (vgl. Gl. 5.42). Dann hat man an der Wurzel auch ein hinreichend hohes Widerstandsmoment gegen Biegung aus den Luftkräften.

Weiter muss auch c_A nicht über die Flügellänge konstant sein. Dadurch lässt sich die Tiefe $t(r)$ manipulieren. So ist es möglich, nach Betz oder Schmitz ausgelegte Flügel mit linearer Tiefenzunahme zu erzeugen.

Keinerlei Hinweise gibt die Theorie auch darüber, wie die einzelnen Profilschnitte aufzufädeln sind. Nur die Winkellage zur Rotorebene ist durch α_{Bau} festgelegt.

Im Dampfturbinenbau, wo massive Schaufeln eingesetzt werden, fädelt man mit Rücksicht auf die hohen Fliehkräfte oft die Schwerpunkte auf der Radiallinie auf.

Im Windturbinenbau legt man gern die elastische Achse (Holm) in die Gegend von $t/4$ bis $t/3$, wo sich der Druckpunkt (Angriffspunkt der Luftkräfte) bei anliegender Strömung befindet (Bild 3-9, Bild 5-26 und 5-27). Die Luftkräfte verbiegen dann zwar den Holm, verdrehen ihn aber nicht, sodass sich die Anstellwinkel durch sie nicht verändern.

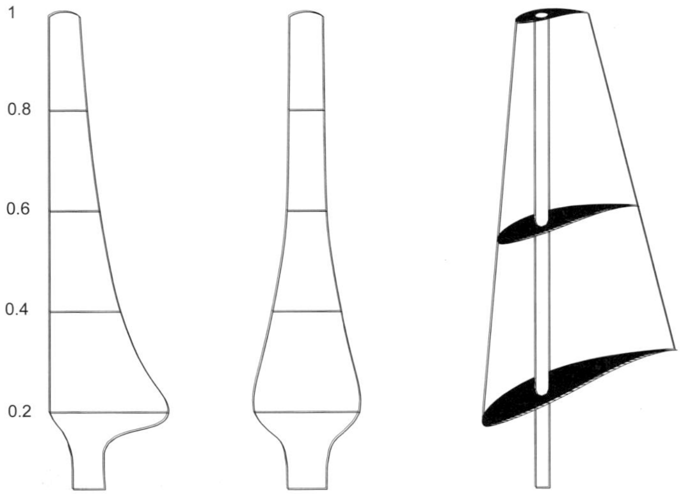

Bild 5-27 Auffädeln der Profilschnitte

Durch dieses Vorgehen erhält man einen Rotor, der bei der Auslegungsschnelllaufzahl einen optimalen Leistungsbeiwert hat. Dies ist vorteilhaft für drehzahlvariable Anlagen, deren Elektronik für die optimale Drehzahl sorgen kann, siehe Kapitel 11, 12, 13. Für Stall-Anlagen gibt es jedoch eine Reihe weiterer Auslegungskriterien für die Rotorgeometrie. So ist hier ein breites c_P-Maximum und ein kontrollierter Strömungsabriss bei kleinen Schnelllaufzahlen erwünscht. Daher weicht die Auslegung für diese Rotorblätter etwas von der Auslegung nach Betz bzw. Schmitz ab.

Bei Anlagen mit Blattwinkelverstellung will man die Luftkraftmomente um die Blattlängsachse klein halten, da sie die Verstellmechanik belasten. Bei normalen pitchgeregelten Anlagen, die zur Leistungsreduktion die Flügelnasen in den Wind drehen, bleibt die Strömung anliegend. Der Angriffspunkt der Luftkräfte bleibt auch bei Regeleingriffen etwa bei $t/3$, wo man dann auch die elastische Achse hinlegt, siehe auch Diskussion zu Bild 3-9. Dorthin kommt dann auch die Drehachse der Pitchmechanik.

Wird aber auf „Aktiv Stall" geregelt, d.h. in den Strömungsabriss, wird man die Drehachse in die Nähe von $t/2$ legen, denn dort greifen die Luftkräfte bei abgerissener Strömung an (Bild 5-28). Auf weitere Aspekte zur Wahl von Auslegungsschnelllaufzahl, Flügelzahl und Profil kommen wir am Ende des nächsten Kapitels zu sprechen.

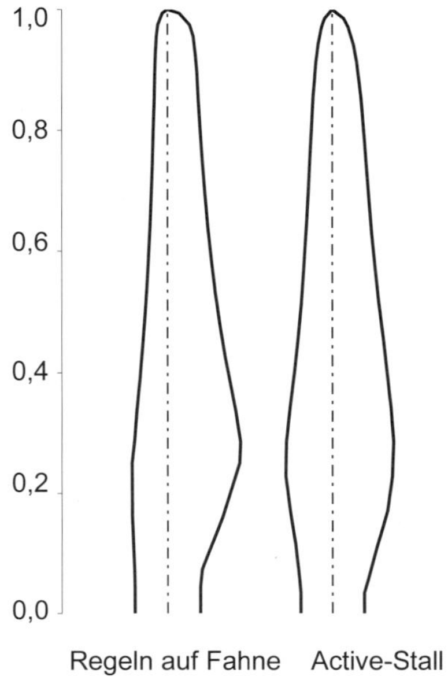

Bild 5-28 Lage der Drehachse der Blattverstellmechanik(LM34.0P und LM35.0P)

5.8 Schlussbemerkung

Die Leistungsoptimierung unter Berücksichtigung des Dralls im Turbinenabstrom stellten wir hier in J. Maurers Fassung der Schmitzschen Darstellung von 1956 vor. Sie lehnt eng an die Physik an, bleibt daher sehr anschaulich, denn es wird nur der Winkel α der Anströmung in der Radebene variiert, um das Optimum zu finden, Gl. (5.56).

In der anglo-amerikanischen Literatur [15, 16, 17] stützt man sich auf Glauerts Darstellung von 1935 [7]. Sie betrachtet die axiale Verzögerung a der Strömung in der Rotorebene und die radiale a' zunächst getrennt und führt dafür die Induktionsfaktoren

$$a = \frac{\Delta v / 2}{v_1} \qquad \text{und} \qquad a' = \frac{\Delta u / 2}{\Omega r} \tag{5.70}$$

ein, wobei uns a schon begegnete, Bild 5-3.

Das macht die Algebra zum Auffinden des Optimums aufwendiger – ist aber historisch verständlich: Am Anfang war Betz, der nur die axialen Abstromverluste durch Δv berücksichtigte, dann kam die verfeinerte Betrachtung auch der Drallverluste aus Δu dazu. Beide a und a' sind aber nicht unabhängig voneinander, was in Bild 5-21 gut zu erkennen ist. Dort liest man ab:

$$\tan\alpha = \frac{v_{2.ax}}{\Omega \cdot r + \dfrac{\Delta u}{2}} = \frac{v_1}{\Omega \cdot r} \cdot \frac{1-a}{1+a'} \tag{5.71}$$

einerseits und weiter

$$\tan\alpha = \frac{\Delta u / 2}{\Delta v / 2} = \frac{a'}{a} \cdot \frac{\Omega \cdot r}{v_1} \ . \tag{5.72}$$

Mit dem Anströmwinkel α sind a und a' festgelegt. Durch Gleichsetzen findet man dann

$$\left(\frac{\Omega \cdot r}{v_1}\right)^2 \cdot (1+a')a' = (1-a)a \ , \tag{5.73}$$

den Zusammenhang zwischen den beiden Induktionsfaktoren (Gl. 5–22 bei Wilson in [15]), welche von der Schmitzschen Darstellung gar nicht benötigt werden.

Da die physikalischen Grundannahmen bei Glauert und Schmitz die gleichen sind, ist auch das Optimierungsergebnis identisch. Durch die etwas umständlichere ältere Darstellung wird das leicht zu merkende Resultat der Optimierung nicht gleich erkenntlich:

Tabelle 5.2 Vergleich der Grundannahmen von Betz und Glauert-Schmitz

	Betz	**Glauert - Schmitz**
weit vor dem Rotor	$v_1 = v_{wind}$	α_1
in Rotorebene	$v_2 = \frac{2}{3} \cdot v_1$	$\alpha_2 = \alpha = \frac{2}{3} \cdot \alpha_1$
weit hinter dem Rotor	$v_3 = \frac{1}{3} \cdot v_1$	$\alpha_3 = \frac{1}{3} \cdot \alpha_1$

Rechnerisch kann man die Induktionsfaktoren aus Bild 5-21 und Gl. (5.53) der Schmitz-Maurer-Darstellung bestimmen:

$$\Delta v = 2 \cdot c_1 \cdot \sin(\alpha_1 - \alpha) \cos\alpha \tag{5.74}$$

$$\Delta u = 2 \cdot c_1 \cdot \sin(\alpha_1 - \alpha) \sin\alpha. \tag{5.75}$$

Das sind die axialen bzw. radialen Komponenten von Δc.

Ersetzt man c_1 mit $c_1 = v_1 / \sin \alpha_1 = \Omega r / \cos \alpha_1$ erhält man a und a' gemäß der Definition, Gl. (5.70) nach Umformen zu:

$$a = \frac{\sin(\alpha_1 - \alpha)}{\sin \alpha_1} \cdot \cos\alpha \tag{5.76}$$

$$a' = \frac{\sin(\alpha_1 - \alpha)}{\cos\alpha_1} \cdot \sin \alpha \tag{5.77}$$

Zwischen der Schnelllaufzahl λ_A an der Flügelspitze bei R und der lokalen Schnelllaufzahl λ_r sowie α_1 im jeweiligen Flügelabschnitt besteht folgender Zusammenhang:

$$\tan \alpha_1 = \frac{1}{\lambda_r} = \frac{R}{\lambda_A \cdot r} \tag{5.78}$$

Führt man noch Schmitz' Optimierungsresultat $\alpha = \frac{2}{3} \cdot \alpha_1$ ein, sind die Induktionsfaktoren bestimmt:

$$a = \frac{\sin(\alpha_1 / 3)}{\sin \alpha_1} \cdot \cos(2\alpha_1 / 3) \quad \text{und} \quad a' = \frac{\sin(\alpha_1 / 3)}{\cos \alpha_1} \cdot \sin(2 \cdot \alpha_1 / 3)$$

Bild 5-29 stellt sie dar (vgl. Tabelle 5-2 in [15]).

Der Verlauf der axialen Induktion a lässt klar erkennen, wie richtig Betz bei höheren Schnelllaufzahlen mit $a = 1/3$ lag. Andererseits wird deutlich, wie stark der Drall bei $\lambda_A \cdot r/R < 1$ wird. Das ist der Grund für das drastische Anwachsen der Drallverluste in diesem Bereich, vergleiche Bild 5-24.

Hinweis:

Betz zählte in seinem Originalaufsatz [1] den Winkel der Anströmgeschwindigkeit c nicht wie hier von der Rotorebene (Winkel α z.B. in Bild 5-13) sondern von der Maschinenachse aus (Winkel $\beta = 90° - \alpha$). Diese Bezeichnungsweise hatten wir aus historischen Gründen in den ersten drei Auflagen dieses Buches übernommen.

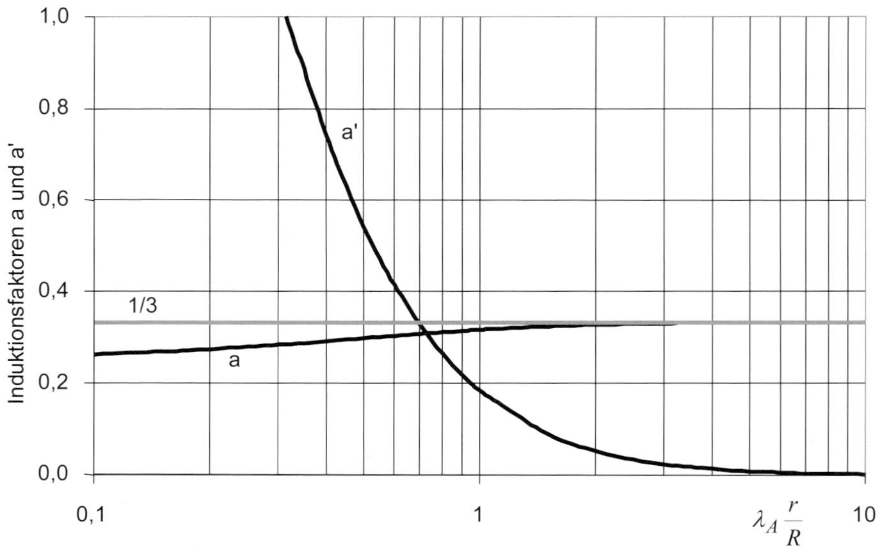

Bild 5-29 Induktionsfaktoren a und a' nach Glauert-Schmitz

Das führte aber zu einem Bruch in der Darstellung, weil von Abschnitt 5.6 an und weiter in Kapitel 6 die Schmitzsche Winkelzählung (Winkel α) benutzt wurde, die bei der Berücksichtigung des Dralls zweckmäßiger ist. Aus didaktischen Gründen benutzen wir nun auch schon bei der einfacheren Betzschen Darstellung die Winkelzählung α . Im Wesentlichen resultiert daraus, dass in den Gleichungen 5.24 bis 5.35 an den Stellen, an denen vorher $\cos \beta$ stand nun $\sin \alpha$ steht.

Literatur

[1] Betz, A.: *Wind-Energie und ihre Ausnutzung durch Windmühlen*, Vandenhoeck & Ruprecht, Göttingen 1926, reprint: Öko-Buchverlag Kassel 1982

[2] Schmitz, G.: *Theorie und Entwurf von Windrädern optimaler Leistung*, Wiss. Zeitschrift der Universität Rostock, 5. Jahrgang 1955/56

[3] Riegels: *Aerodynamische Profile*, R. Oldenbourg Verlag, München 1958

[4] Althaus, D.: *Profilpolaren für den Modellflug*, Neckar-Verlag, VS-Villingen 1980

[5] Althaus, D.: *Stuttgarter Profilkatalog,* Vieweg-Verlagsgesellschaft, Braunschweig 1981

[6] Betz, A.: *Einführung in die Theorie der Strömungsmaschinen*, Verlag G. Braun, Karlsruhe 1959

[7] Glauert, H.: Abschnitt "Airplane Propellers" in Durand W.F.: *Aerodynamic Theory*, Springer Verlag, Berlin 1935, Reprint Verlag Peter Smith. Mass. US. 1976

[8] Maurer, J.: *Windturbinen mit Schlaggelenkrotoren - Baugrenzen und dynamisches Verhalten*, VDI Verlag, Reihe 11, Nr. 173, Düsseldorf 1992

[9] Paulsen, U.S.: *Aerodynamics of a full-scale, non rotating wind turbine blade under natural wind conditions*, Risø National Laboratory, Roskilde Denmark 1989

[10] Hau, E.: *Windkraftanlagen*, Springer-Verlag, Stuttgart 1988

[11] Sass, F. (Hrsg.): *Dubbels Taschenbuch für den Maschinenbau 11 Aufl.*, Springer-Verlag, Berlin 1955

[12] Miller, R.v (Hrsg.): *Energietechnik und Kraftmaschinen 6*, Techniklexikon Rowohlt Taschenbuch-Verlag, Hamburg 1972

[13] Smith, H.: *The illustrated guide to aerodynamics*, TAB Books Inc, USA 1985

[14] Le Gourierès, D.: *Wind Power Plants*, Pergamon Press, Oxford a. New York, 1982

[15] Spera, D.A. (editor): *Wind Turbine Technology*, ASME Press, New York, 1994, 2nd printing 1995

[16] Burton, T. et al.: *Wind Energy Handbook*, John Wiley & Sons, Chichester (UK), New York, 2001

[17] Manwell, I.F. et al.: *Wind Energy Explained*, John Wiley & Sons, Chichester (UK), New York 2002

[18] Hansen, Martin O.L.: *Aerodynamics of Wind Turbines*, James & James, London (UK), 2000

[19] Althaus, D.: *Niedriggeschwindigkeitsprofile*, Vieweg Verlag, Wiesbaden 1996

[20] Risø-R-1280, Wind Turbine Airfoil Catalogue, ISBN 87-550-2911-6

6 Kennfeldberechnung und Teillastverhalten

6.1 Berechnungsverfahren (Blattelementmethode)

Die Berechnung der Kräfte und Strömungsgeschwindigkeiten an Rotorblättern ist für andere Schnelllaufzahlen als die Auslegungsschnelllaufzahl mit einem hohen Aufwand verbunden. Hier wird nun ein Verfahren beschrieben, das noch relativ leicht nachzuvollziehen ist: die Blattelementmethode.

Bei der Auslegung der Flügelgeometrie nach Schmitz (s. Kap. 5.6) hatten wir zunächst für eine von uns vorgegebene Auslegungsschnelllaufzahl λ_A den Anströmwinkel α in der Rotorebene ermittelt, für den durch den optimalen Anstellwinkel α_A die maximal mögliche Leistung aus dem Wind entnommen werden kann. Dann konnten wir die Flügeltiefe t und die Verwindung (den Bauwinkel α_{Bau}) so auslegen, dass sich diese Strömungsverhältnisse im Betrieb bei Auslegungsschnelllaufzahl auch einstellen, Bild 6-1.

Nun sind Flügeltiefe und Verwindung gegeben. Für andere Schnelllaufzahlen als λ_A stellen sich in der Rotorebene andere Anströmwinkel α ein. Für die Berechnung der Anströmwinkel α benutzen wir dieselben Voraussetzungen wie bei der Auslegung der Flügeltiefe, nämlich die Formulierung der Auftriebskraft dA aus der Tragflügeltheorie und dem Impulssatz.

Die Auftriebskraft an einem Flügelschnitt erhalten wir aus der Tragflügeltheorie:

$$dA = \frac{\rho}{2} \cdot c^2 \cdot t \cdot dr \cdot c_A(\alpha_A) \tag{6.1}$$

mit $c = c_1 \cdot \cos(\alpha_1 - \alpha)$ — t: Flügeltiefe

dr: Breite des Flügelschnitts

und $\alpha_A = \alpha - \alpha_{Bau}$ — c_A: Auftriebsbeiwert

ρ: Luftdichte

Die Auftriebskraft an einem Flügelschnitt ergibt sich aber auch aus dem Impulssatz:

$$dA = d\dot{m} \cdot \Delta c \tag{6.2}$$

mit $d\dot{m} = \rho \cdot \frac{2 \cdot \pi \cdot r}{z} \cdot dr \cdot c \cdot \sin\alpha$ — r: Abstand des Flügelschnitts von der Rotorwelle

$d\dot{m}$: Massestrom

und $\Delta c = 2 \cdot c_1 \cdot \sin(\alpha_1 - \alpha)$ — z: Flügelzahl des Rotors

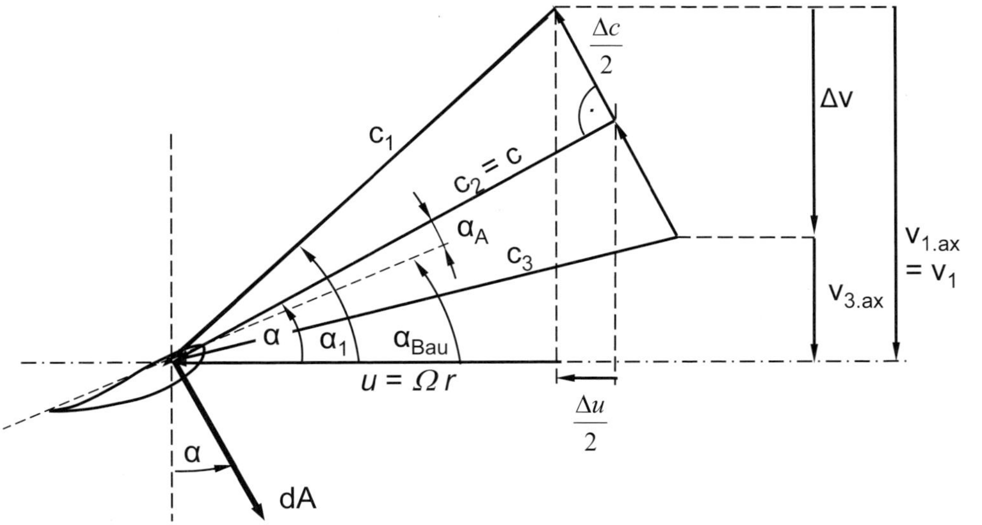

Bild 6-1 Anströmverhältnisse, α und c in der Rotorebene

Das Gleichsetzen der beiden Auftriebskräfte liefert die Gleichung, aus der wir bei der Auslegung mit dem bekannten Anströmwinkel α die Flügeltiefe t berechnen konnten. Nun ist aber die Flügeltiefe t vorgegeben und der Anströmwinkel α unbekannt.

$$\frac{\rho}{2}\cdot c^2\cdot t\cdot dr\cdot c_A(\alpha_A) - d\dot{m}\cdot\Delta c = 0 \qquad (6.3)$$

Alle Größen aus Gl. 6.2 und 6.3 eingesetzt liefert:

$$\frac{\rho}{2}\cdot c_1^2\cdot\cos^2(\alpha_1-\alpha)\cdot t\cdot dr\cdot c_A(\alpha_A) -$$

$$\rho\cdot\frac{2\cdot\pi\cdot r}{z}\cdot dr\cdot c_1\cdot\cos(\alpha_1-\alpha)\cdot\sin\alpha\cdot 2\cdot c_1\cdot\sin(\alpha_1-\alpha) = 0 \qquad (6.4)$$

Diese Gleichung lässt sich durch Kürzen vereinfachen. Übrig bleibt eine Gleichung, in der die Luftdichte ρ, die Breite des Flügelschnitts dr und die Anströmgeschwindigkeit c_1 der ungestörten Strömung verschwunden sind. Verwenden wir die Formulierung des Profilanstellwinkels α_A mit dem bekannten Bauwinkel α_{Bau}, dann enthält die Gleichung als einzige Unbekannte den Anströmwinkel α.

$$t\cdot c_A(\alpha-\alpha_{Bau}) - \frac{8\cdot\pi\cdot r}{z}\cdot\sin\alpha\cdot\tan(\alpha_1-\alpha) = 0 \qquad (6.5)$$

Leider lässt sich diese Gleichung nicht nach dem gesuchten Anströmwinkel α auflösen, wir müssen α iterativ ermitteln. Auch weist sie in dieser Form noch Mängel auf:

Sie liefert nur in der Nachbarschaft des Auslegungspunktes λ_A vernünftige Ergebnisse. Denn beim Anlauf ($\lambda << \lambda_A$) und in Leerlaufnähe treten zusätzliche Strömungseffekte auf, die noch nicht berücksichtigt sind. Auch der Profilwiderstand muss in die Iterationsgleichung noch eingearbeitet werden. Auf diese notwendigen Erweiterungen der Gl. (6.5) auf eine Form, die auch als Grundlage für ein Auslegungsprogramm benutzt werden kann, gehen wir in Abschnitt 6.8 ein.

Die im Folgenden zu diskutierenden Ergebnisse und Diagramme wurden mit der erweiterten Gleichung Gl. (6.23) ermittelt. Zur Diskussion genügt jedoch das Grundverständnis von Gl. (6.5). Deshalb schieben wir die Darstellung des Berechnungsverfahrens unter Mitnahme der Verluste nach hinten.

Ist der Anströmwinkel α ermittelt, so können wir aus dieser Iteration die Anströmgeschwindigkeit c und die Auftriebskraft dA am Flügelschnitt berechnen. Aus der Auftriebskraft erhalten wir den Beitrag des Flügelschnitts an der Schub- und Umfangskraft und am Antriebsmoment des Rotors:

$$c = c_1 \cdot \cos(\alpha_1 - \alpha)$$

$$dA = \frac{\rho}{2} \cdot c^2 \cdot t \cdot dr \cdot c_A(\alpha_A)$$

$$\begin{aligned} &\text{Schubkraft:} && dS(r) = dA \cdot \cos\alpha \\ &\text{Umfangskraft:} && dU(r) = dA \cdot \sin\alpha \\ &\text{Antriebsmoment:} && dM(r) = dU \cdot r \end{aligned} \tag{6.6}$$

Danach nehmen wir uns den nächsten Flügelschnitt vor und ermitteln dort den Anströmwinkel und damit wieder die Kräfte. Die Iteration muss an jedem Flügelschnitt wiederholt werden! Für derartig aufwändige Berechnungen benutzt man einen Rechner.

Die Kräfte und Momente des ganzen Rotors ergeben sich dann aus der Summe der Kräfte von allen Flügelschnitten:

$$\begin{aligned} &\text{Umfangskraft eines Flügels:} && U = \sum_r dU(r) \\ &\text{Schubkraft des Rotors:} && S = z \cdot \sum_r dS(r) \\ &\text{Antriebsmoment des Rotors:} && M = z \cdot \sum_r dU(r) \cdot r \end{aligned} \tag{6.7}$$

$$\text{Leistung des Rotors:} \qquad P = \Omega \cdot M \tag{6.8}$$

Wenn wir nun die Verluste aus Randumströmung und Profilwiderstand, Abschnitt 6.8, und mehr berücksichtigen wollen, ändern sich nur die Gleichungen 6.4 und 6.6. Das iterative Berechnungsverfahren bleibt prinzipiell das gleiche.

6.2 Dimensionslose Darstellung der Kennlinien

Wie wir oben gesehen haben, steckt der eigentliche Rechenaufwand in der iterativen Ermittlung des Anströmwinkels α. In unserem Auftriebsgleichgewicht (Gl. 6.4) tauchen weder Windgeschwindigkeit noch Drehzahl auf. Wir können die Kräfte, Momente und Leistung zunächst dimensionslos für fest vorgegebene Anströmwinkel α_1 der ungestörten Strömung berechnen. Aus diesen dimensionslosen Größen erhalten wir dann Schubkraft, Antriebsmoment und Leistung für beliebige Kombinationen aus Drehzahl und Windgeschwindigkeit durch eine simple Multiplikation mit den Bezugsgrößen.

Für die dimensionslose Darstellung sind zwei Verfahren üblich:

Bei Kennlinien von Windkraftanlagen wählt man als Bezugsgeschwindigkeit die Windgeschwindigkeit v_1 weit vor der Anlage und trägt die dimensionslosen Kennlinien über der Schnellaufzahl $\lambda = \Omega \cdot R/v_1$ (R = Außenradius des Rotors) auf. Die dimensionslosen Kräfte, Momente und Leistung werden dann als 'Beiwert' bezeichnet. Bei Kennlinien von Propellern und Hubschrauberrotoren, die analog berechnet werden, wählt man als Bezugsgeschwindigkeit die Umfangsgeschwindigkeit des Rotors $\Omega \cdot R$ und trägt die dimensionslosen Kennlinien über dem Fortschrittsgrad $1/\lambda = v_1/(\Omega \cdot R)$ auf. Die dimensionslosen Kräfte, Momente und Leistung werden dort als 'Zahl' oder 'Ziffer' bezeichnet.

Wir behandeln hier nur die bei Windkraftanlagen übliche Darstellung. Als Bezugskraft wählen wir die Kraft F_{St}, die sich aus dem Produkt von Staudruck $v_1^2 \cdot \rho/2$ und der Rotorfläche $\pi \cdot R^2$ ergibt:

$$F_{St} = \frac{\rho}{2} \cdot \pi \cdot R^2 \cdot v_1^2, \qquad \text{Bezugskraft} \qquad (6.9)$$

$$S = F_{St} \cdot c_S(\lambda) = \frac{\rho}{2} \cdot \pi \cdot R^2 \cdot v_1^2 \cdot c_S(\lambda), \qquad c_S(\lambda): \text{ Schubbeiwert}$$

$$M = R \cdot F_{St} \cdot c_M(\lambda) = \frac{\rho}{2} \cdot \pi \cdot R^3 \cdot v_1^2 \cdot c_M(\lambda), \qquad c_M(\lambda): \text{ Momentenbeiwert}$$

$$P = v_1 \cdot F_{St} \cdot c_P(\lambda) = \frac{\rho}{2} \cdot \pi \cdot R^2 \cdot v_1^3 \cdot c_P(\lambda), \qquad c_P(\lambda): \text{ Leistungsbeiwert}$$

Da sich die Leistung P aus Drehmoment mal Drehzahl ergibt, $P = \Omega \cdot M$, folgt aus Gl. (6.9) für den Leistungsbeiwert

$$c_P = \lambda \cdot c_M. \qquad (6.10)$$

Um die dimensionslosen Beiwerte zu berechnen, müssen wir zunächst wieder aus Gl. (6.5) den Anströmwinkel α an jedem Flügelschnitt bestimmen. Damit berechnen wir dann analog zu Gl. (6.7):

$$\bar{c} = \frac{c}{v_1} = \frac{\cos(\alpha_1 - \alpha)}{\sin \alpha_1}$$

$$d\bar{A} = \frac{dA}{F_{St}} = \bar{c}^2 \cdot \frac{t \cdot dr}{\pi \cdot R^2} \cdot c_A(\alpha_A)$$

und

Schubbeiwert: $dc_S(r/R) = d\bar{A} \cdot \cos\alpha$

Momentenbeiwert: $dc_M(r/R) = \frac{r}{R} \cdot d\bar{A} \cdot \sin\alpha$

Leistungsbeiwert: $dc_P(r/R) = \lambda \cdot dc_M(r/R)$

Aus der Summe aller Abschnittsbeiwerte über dem Radius erhalten wir dann einen Punkt der dimensionslosen Kennlinie.

6.3 Dimensionslose Kennlinien eines Schnellläufers

Nach dem im vorangegangenen Abschnitt beschriebenen Verfahren wurden für die folgenden Betrachtungen die Leistungs-, Momenten- und Schubbeiwerte für einen Schnellläufer mit $\lambda_A = 7$ berechnet. Die 3 Flügel des Rotors sind mit dem Profil FX 63-137 (z.B. in [1]) ausgerüstet, die Auslegung erfolgte nach Schmitz. Bei der Berechnung der Kennlinien wurden jedoch auch schon Tip- und Profilverluste berücksichtigt, auf deren Mitnahme wir erst in Abschnitt 6.8 zurückkommen.

Der maximale Leistungsbeiwert $c_{P.max}$ tritt bei Schnellläufern bei der optimalen Schnelllaufzahl λ_{opt} ($c_{P.max} = 0{,}52$) $< \lambda_A$ auf (in Bild 6-2 $\lambda_{opt} = 6{,}5$); er liegt deutlich unterhalb des Idealwertes $c_{P.Betz} = 16/27$. Dies ist verursacht durch den in der Realität auftretenden Profilwiderstand, der bei der Wahl der Auslegungsschnelllaufzahl noch nicht berücksichtigt wird. Der Profilwiderstand wirkt bei Schnellläufern fast entgegengesetzt zur Umfangsgeschwindigkeit und mindert so die entnehmbare Leistung.

Charakteristisch für Schnellläufer ist der niedrige Momentenbeiwert im Anlauf bei $\lambda = 0$ (Drehzahl = 0), hieraus ergibt sich auch das schlechte Anlaufverhalten von Schnellläufern, Bild 6-3. Wegen $c_M = c_P/\lambda$ lässt sich der Momentenbeiwert auch direkt aus dem Verlauf von c_P über λ ablesen, für $\lambda = 0$ ist der Momentenbeiwert die Steigung der c_P-λ-Kennlinie. Den maximalen Momentenbeiwert erhält man, wenn man vom Koordinatennullpunkt die Tangente an die c_P-λ-Kennlinie legt. Dieser Momentenbeiwert ist wichtig für die Dimensionierung einer Notbremse.

Für wachsende Schnelllaufzahlen fallen Leistungs- und Momentenbeiwert wieder ab und werden etwa bei doppelter Auslegungsschnelllaufzahl zu Null. Auf diese Leerlaufschnelllaufzahl λ_{leer} fährt die Anlage, wenn sie ohne Last läuft.

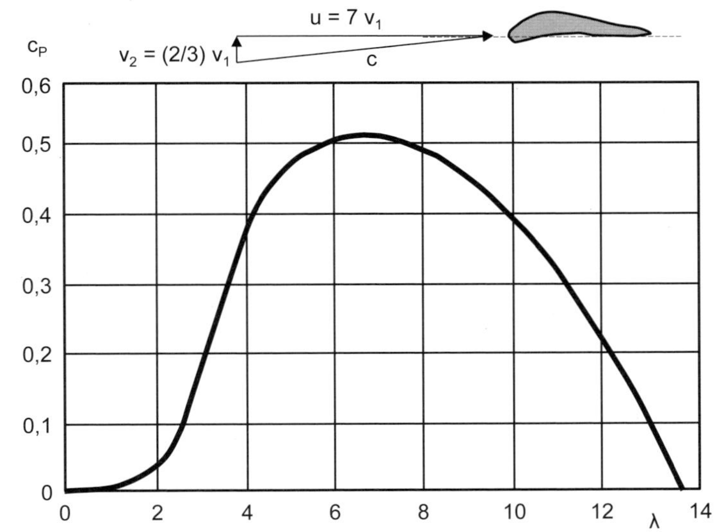

Bild 6-2 Leistungsbeiwert c_P eines Schnellläufers als Funktion der Schnelllaufzahl λ, Auslegungsschnelllaufzahl $\lambda_A = 7$

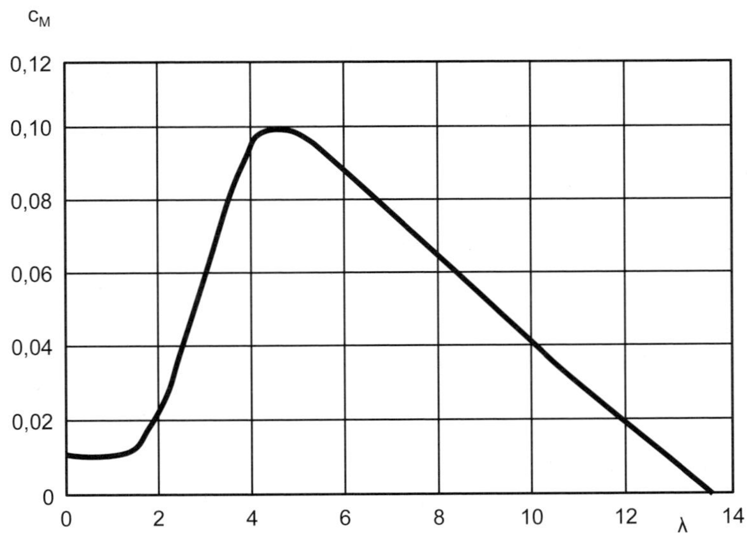

Bild 6-3 Momentenbeiwert c_M eines Schnellläufers als Funktion der Schnellaufzahl λ, $\lambda_A = 7$

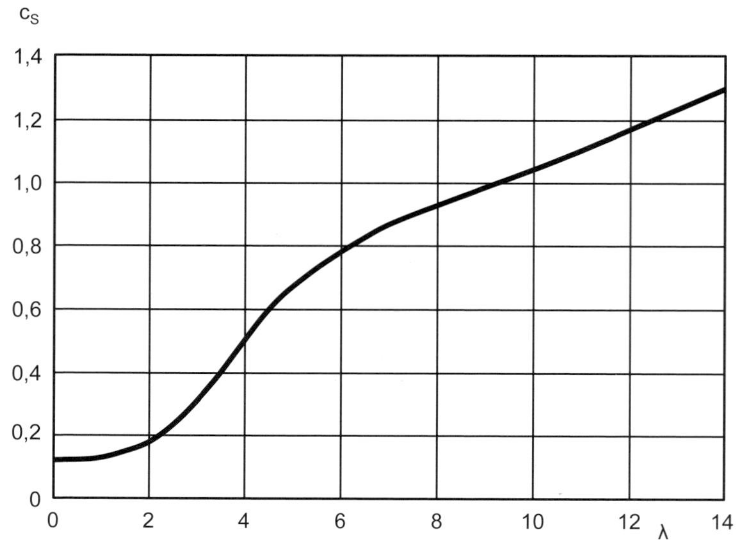

Bild 6-4 Schubbeiwert c_S eines Schnellläufers als Funktion der Schnelllaufzahl λ, $\lambda_A = 7$

Die Schubbeiwerte steigen mit wachsender Schnelllaufzahl stetig an, Bild 6-4. Da Schnellläufer nur mit wenigen schmalen Flügeln ausgerüstet sind, lassen sie beim Anlauf fast den ganzen Wind ungehindert durch die Rotorebene strömen, c_S ist sehr klein. Mit steigender Schnelllaufzahl wird die Rotorfläche zunehmend verblockt. Im Leerlauf liegt der Schubbeiwert dann etwa bei 1,25, das entspricht ungefähr dem Widerstandsbeiwert einer geschlossenen Kreisscheibe. Diese hohe Schubkraft wird aber nicht durch den Profilwiderstand verursacht, sondern durch die Auftriebskräfte, die bei Schnellläufern im Leerlauf fast in Windrichtung zeigen, vgl. Kap. 6.6.

6.4 Dimensionslose Kennlinien eines Langsamläufers

Nun werden die Leistungs-, Momenten- und Schubbeiwerte für einen Langsamläufer mit $\lambda_A = 1$ vorgestellt. Die 15 Flügel des Rotors sind wieder mit dem hochwertigen Wortmannprofil FX 63-137 ausgerüstet. Mit diesem Profil werden natürlich keine Langsamläufer gebaut, wir wollen aber so die prinzipiellen Unterschiede zu Schnellläufern bei gleichen Profildaten zeigen.

Der maximale Leistungsbeiwert (Bild 6-5) liegt mit 0,43 noch deutlicher unterhalb von $c_{P.Betz} = 16/27$ als der des Schnellläufers (Bild 6-2). Er tritt diesmal bei einer optimalen Schnelllaufzahl $\lambda_{opt} > \lambda_A$ auf, dies liegt hier an den berücksichtigten Drallverlusten. Sie verringern sich bei Schnelllaufzahlen $\lambda > 1$ drastisch, vgl. Bild 5-24. Der Profilwiderstand hat nur geringen Einfluss auf die Kennlinien.

Charakteristisch für Langsamläufer ist der hohe Momentenbeiwert im Anlauf bei $\lambda = 0$, Bild 6-6. Er resultiert zum einen aus den großen Bauwinkeln α_{Bau} der Flügel und zum andern aus der fast vollständig mit Flügeln zugebauten Rotorfläche. Die großen Bauwinkel sorgen dafür, dass das Profil schon im Anlauf einen hohen Auftrieb entwickelt. Langsamläufer eignen sich deshalb zum Antrieb von Kolbenpumpen und Maschinen, die hohe Anlaufmomente verlangen.

Die große Flügelfläche ist auch verantwortlich für die hohen Schubbeiwerte im Anlauf, Bild 6-7. Das Absinken der Schubbeiwerte im Leerlauf ist darauf zurückzuführen, dass Bereiche der Flügel von Langsamläufern im Leerlauf durch die ungünstige Anströmung negative Anstellwinkel aufweisen und damit auf negative Auftriebsbeiwerte fahren. Diese Flügelbereiche beschleunigen dann die Luft (Ventilatorbetrieb), statt sie zu bremsen (Turbinenbetrieb), vgl. Kap. 6.6.2. Eine zusammenfassende Gegenüberstellung der Charakteristika von Schnell- und Langsamläufer findet sich in Abschnitt 6.6.

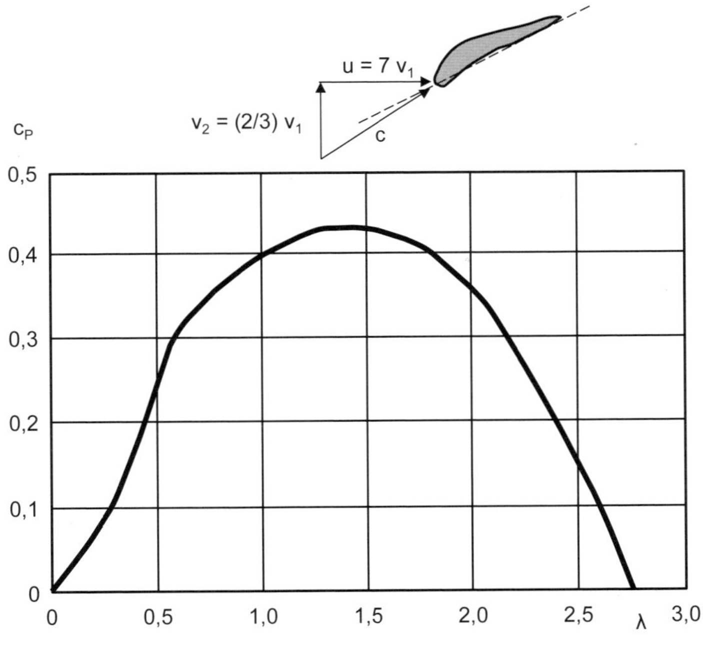

Bild 6-5 Leistungsbeiwert c_{P} eines Langsamläufers als Funktion der Schnelllaufzahl λ, $\lambda_{\text{A}} = 1$

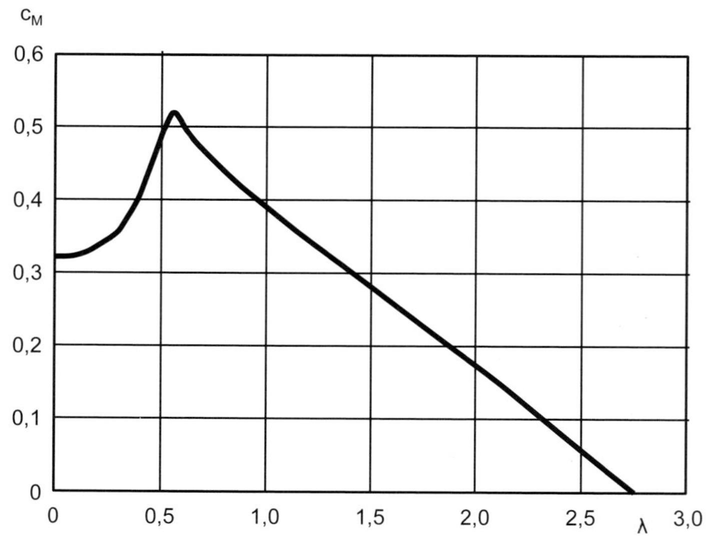

Bild 6-6 Momentenbeiwert c_M eines Langsamläufers als Funktion der Schnelllaufzahl λ, $\lambda_A = 1$

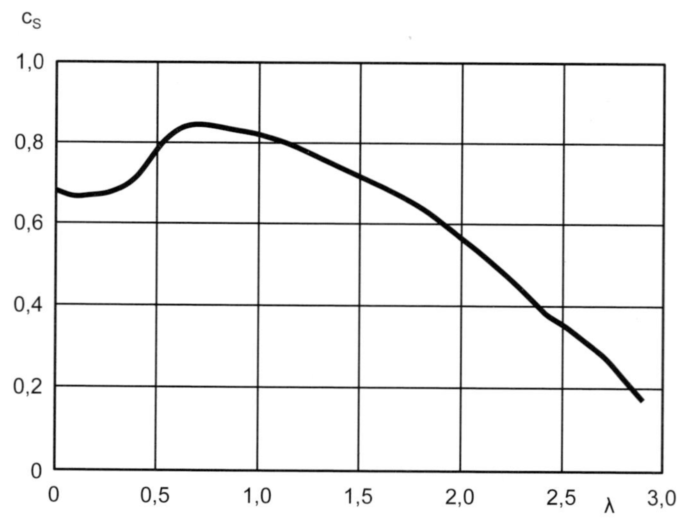

Bild 6-7 Schubbeiwert c_S eines Langsamläufers als Funktion der Schnelllaufzahl λ, $\lambda_A = 1$

6.5 Turbinenkennfelder

Wie erhält man nun aus diesen dimensionslosen Kurven die Leistung, das Antriebsmoment und die Schubkraft für fest vorgegebene Drehzahlen und Windgeschwindigkeiten?

- Zuerst wird der Außenradius R des Rotors festgelegt.
- Die Windgeschwindigkeit wird ebenfalls vorgegeben, z.B. die Windgeschwindigkeit mit dem höchsten Energieertrag, s. Kap. 4. Damit berechnen wir nach Gl. (6.9) die Bezugskraft F_{St}:

$$F_{St} = \frac{\rho}{2} \cdot \pi \cdot R^2 \cdot v_1^2 \,.$$

- Danach wird z.B. aufgrund des Generators und Getriebes die Drehzahl n festgelegt, bei der die Anlage laufen soll. Aus der Drehzahl n erhalten wir die Drehkreisfrequenz Ω, mit der wir die Schnelllaufzahl λ ermitteln:

$$\lambda = \frac{\Omega \cdot R}{v_1} \quad \text{mit} \quad \Omega = \frac{n \cdot \pi}{30} \quad \text{in } 1/s \text{ bzw. } rad/s\text{, wobei } n \text{ in } 1/\text{min}\,.$$

- Mit der Schnelllaufzahl lesen wir aus den Kennlinien die dimensionslosen Beiwerte ab und erhalten für Schubkraft, Antriebsmoment und Leistung:

$$S = F_{St} \cdot c_S(\lambda) \quad = \text{Schubkraft}$$

$$M = R \cdot F_{St} \cdot c_M(\lambda) \quad = \text{Antriebsmoment}$$

$$P = v_1 \cdot F_{St} \cdot c_P(\lambda) \quad = \text{Leistung}$$

Wenn wir S, M oder P nun bei derselben Windgeschwindigkeit für eine andere Drehzahl berechnen wollen, können wir für das neu berechnete λ mit derselben Bezugskraft F_{St} weiterarbeiten, bei einer Änderung der Windgeschwindigkeit müssen wir dagegen die Bezugskraft F_{St} neu berechnen.

Nach diesem Verfahren wurde für einen Schnellläufer mit 4 m Rotordurchmesser der Verlauf der Leistung über der Drehzahl bei verschiedenen konstanten Windgeschwindigkeiten ermittelt, s. Bild 6-8. Dabei wurde die dimensionslose c_P-λ-Kennlinie des Schnellläufers, Bild 6-2 aus Abschnitt 6.3 verwendet. Die Leistung über der Windgeschwindigkeit bei konstanten Drehzahlen für dieselbe Anlage zeigt Bild 6-9.

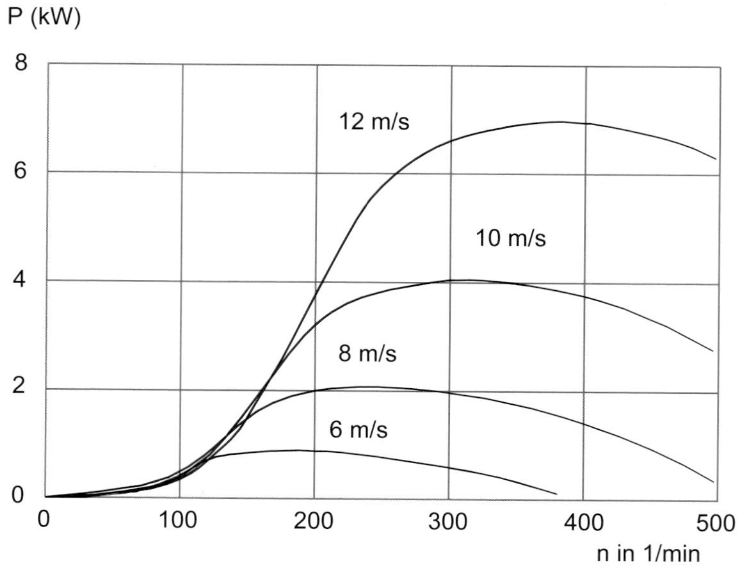

Bild 6-8 Leistung über Drehzahl für verschiedene Windgeschwindigkeiten für eine Windkraftanlage mit $D = 4$ m und c_P-λ-Kennlinie nach Bild 6-2

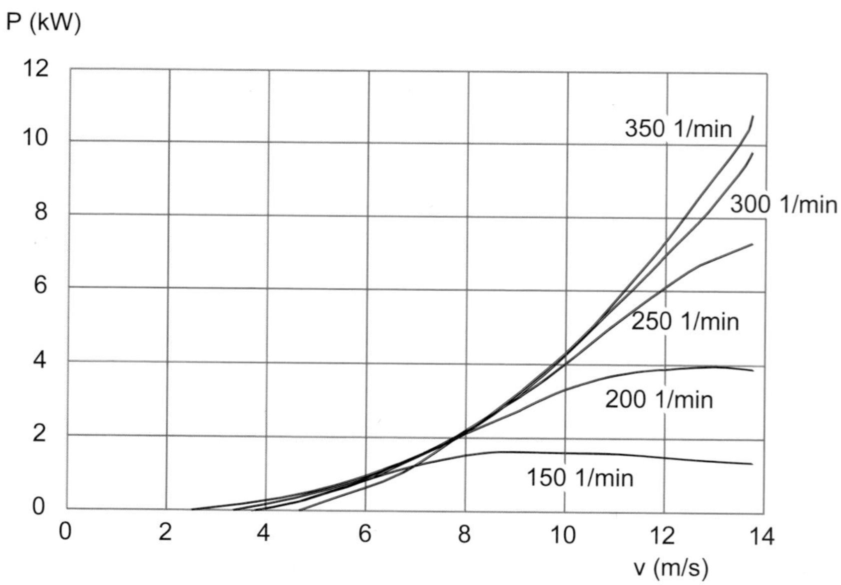

Bild 6-9 Leistung über Windgeschwindigkeit für verschiedene Drehzahlen einer Windkraftanlage mit $D = 4$ m und c_P-λ-Kennlinie nach Bild 6-2

6.6 Anströmverhältnisse

6.6.1 Schnellläufer - Langsamläufer: Zusammenfassung

In diesem Abschnitt sollen die Erkenntnisse der Kapitel 5 und 6 nochmals zusammengefasst und der Unterschied zwischen einem Schnellläufer und einem Langsamläufer herausgearbeitet werden. Die Leistungs- und Momentenbeiwerte für Windkraftanlagen mit verschiedenen Auslegungsschnelllaufzahlen sind in dem hübschen alten Bild 6-10 von Fateev dargestellt.

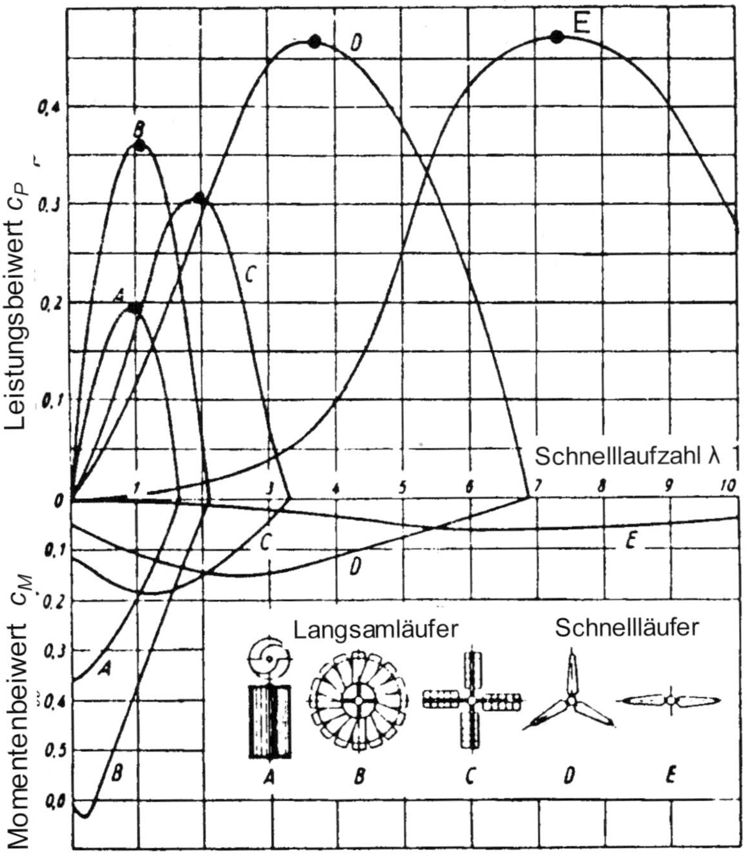

Bild 6-10 Leistungs- und Momentenbeiwerte von Windrädern verschiedener Bauart und Schnelllaufzahl (nach Fateev) aus [6]

Leistung

- Die Leistung einer Windkraftanlage wächst proportional $v^3 \cdot R^2$, s. Gl. (6.9).
- Der maximal erreichte Leistungsbeiwert c_P ist immer kleiner als 16/27.
- Beim Schnellläufer wird $c_{P\max}$ fast nur durch den Profilwiderstand beeinflusst. Die optimale Schnelllaufzahl λ_{opt} liegt etwas unterhalb von λ_A.
- Beim Langsamläufer wird $c_{P\max}$ fast nur durch den Nachlaufdrall der Luft abgemindert, hier liegt deshalb λ_{opt} etwas oberhalb von λ_A.

Moment

- Das Antriebsmoment einer Windkraftanlage wächst proportional $v^2 \cdot R^3$.
- Der maximale Momentenbeiwert liegt immer bei Schnelllaufzahlen $\lambda < \lambda_A$ wegen $c_P = \lambda \cdot c_M$.
- Schnellläufer haben kleine Momentenbeiwerte im Anlauf bei $\lambda = 0$.
- Langsamläufer haben große Momentenbeiwerte im Anlauf.

Schubkraft

- Die Schubkraft einer Windkraftanlage wächst proportional $v^2 \cdot R^2$.
- Schnellläufer - wie auch Langsamläufer - haben im Auslegungspunkt etwa den gleichen Schubbeiwert $c_S \approx 8/9$ (Betz).
- Schnellläufer haben kleine Schubbeiwerte im Anlauf, die Schubbeiwerte steigen mit wachsender Schnelllaufzahl an (im Leerlauf fast wie geschlossene Kreisscheibe).
- Langsamläufer haben große Schubbeiwerte im Anlauf, die Schubbeiwerte sinken mit wachsender Schnelllaufzahl ab (im Leerlauf Bereiche mit „Ventilatorbetrieb").

Leerlauf

- Generell beträgt die Leerlaufschnelllaufzahl etwa das Doppelte der Auslegungsschnelllaufzahl.
- Bei Schnellläufern wird die Leerlaufschnelllaufzahl durch den Profilwiderstand begrenzt.
- Bei Langsamläufern hat der Profilwiderstand nur geringen Einfluss auf die Leerlaufschnelllaufzahl.

Flügel

- Schnellläufer haben wenige schmale Flügel, die am Außenradius schmaler sind als innen. Die Flügel müssen eine gute Oberfläche haben, als Profil muss ein Tragflügelprofil mit hoher Gleitzahl verwendet werden. Die wenigen Flügel werden durch Luft- und Massenkräfte stark belastet.

- Langsamläufer haben viele Flügel konstanter Breite, oder sogar am Außenrand breiter als innen. An die Flügeloberfläche und das Profil werden keine hohen Anforderungen gestellt. Die Flügel werden im Vergleich zu Schnelläufern geringer belastet.

Anwendung

- Schnellläufer werden zur Stromerzeugung eingesetzt. Durch die hohe Drehzahl wird nur eine kleine Getriebeübersetzung benötigt. Das geringe Anlaufmoment stört nicht weiter, da ein Generator erst bei hohen Drehzahlen zu arbeiten beginnt.
- Langsamläufer eignen sich wegen der großen Anlaufmomente zum Antrieb von Arbeitsmaschinen wie Kolben-, Wärmepumpen, Sägen oder Mühlen.

6.6.2 Anströmung eines Langsamläufers

Um den Verlauf der Kennlinien besser zu verstehen, wollen wir uns nun die Anströmung am Flügel eines Langsamläufers ansehen, der keine Pitch-Verstellung besitzt, Bilder 6-11 und 6-12. Als Beispielanlage wird wieder ein Langsamläufer mit $\lambda_A = 1$ verwendet. Die Anlage hat 21 Flügel, die Auslegung erfolgte nach Schmitz. Die Flügeltiefe nimmt nach innen ab.

In Bild 6-12 sind drei Schnitte des Flügels dargestellt: Der obere Flügelschnitt befindet sich am Außenradius bei $r = 0{,}9 \cdot R$, der mittlere bei $r = 0{,}6 \cdot R$ und der untere am Innenradius bei $r = 0{,}3 \cdot R$. In der oberen Hälfte der Flügelschnitt-Bilder sind für drei Schnelllaufzahlen jeweils die Kräfteresultierenden in Größe und Richtung eingezeichnet, in der unteren Hälfte die Anströmgeschwindigkeiten c am Flügelschnitt. Außerdem ist in Bild 6-11 die Profilkennlinie mit den Auftriebs- und Widerstandsbeiwerten angegeben, in der auch die betrachteten Betriebspunkte der Flügelschnitte eingezeichnet sind.

Der Flügel wurde für drei Schnelllaufzahlen untersucht: Für $\lambda = 0{,}2$ (Anlauf, gestrichelt), für $\lambda = 1$ (Auslegung, dicker Strich) und für $\lambda = 2{,}8$ (Leerlauf, dünne Striche). Die dimensionslosen Kennlinien dieser Anlage haben wir im Kap 6.4 vorgestellt. Das heißt, es wurde das erweiterte Kennlinien-Berechnungsverfahren, Kap. 6.8 verwendet, das Strömungseffekte (z.B. Verblockung der Stromröhre) und -verluste (z.B. Minderumlenkung und Profilwiderstand) berücksichtigt. Es wurde für eine konstante Windgeschwindigkeit gerechnet, d.h. so als ob eine Anlage bei konstantem Wind aus dem Stillstand bis in den Leerlauf beschleunigt.

Beim *Anlauf*, (in Bild 6-11 in Pfeilrichtung entlang), befindet sich der innere Flügelschnitt bereits im Bereich guter Gleitzahlen, während außen die Strömung noch abgerissen ist. Trotzdem wirken wegen der nach außen steigenden Profiltiefe über dem ganzen Flügel in allen Schnitten nahezu gleich hohe Umfangskräfte, die das hohe Anlaufmoment bewirken, vgl. Bild 6-6.

Im *Auslegungspunkt*, Auslegungsschnelllaufzahl $\lambda_A = 1$, fährt der Flügel über dem ganzen Radius auf einem Anstellwinkel von 2° bei maximaler Gleitzahl, dafür wurde er ausgelegt. Die Umfangskraft ist nun außen etwas größer als innen wegen der größeren Umfangsgeschwindigkeit und Profiltiefe.

Im *Leerlauf* fährt der Flügel durch die gestiegene Umfangsgeschwindigkeit in den Bereich negativer Anstellwinkel, $\alpha_A < 0°$. Der Auftriebsbeiwert wird dadurch sehr klein bzw. negativ. Negativer Anstellwinkel bedeutet, dass in diesem Flügelbereich die Luftwie in einem Ventilator aktiv beschleunigt wirkt. Würden wir die Anlage noch schneller drehen lassen, dann kämen wir im Außenradius in den Bereich stark negativer Auftriebsbeiwerte. Dadurch lassen sich die geringen Schubkräfte von Langsamläufern im Leerlauf erklären, vgl. Bild 6-7.

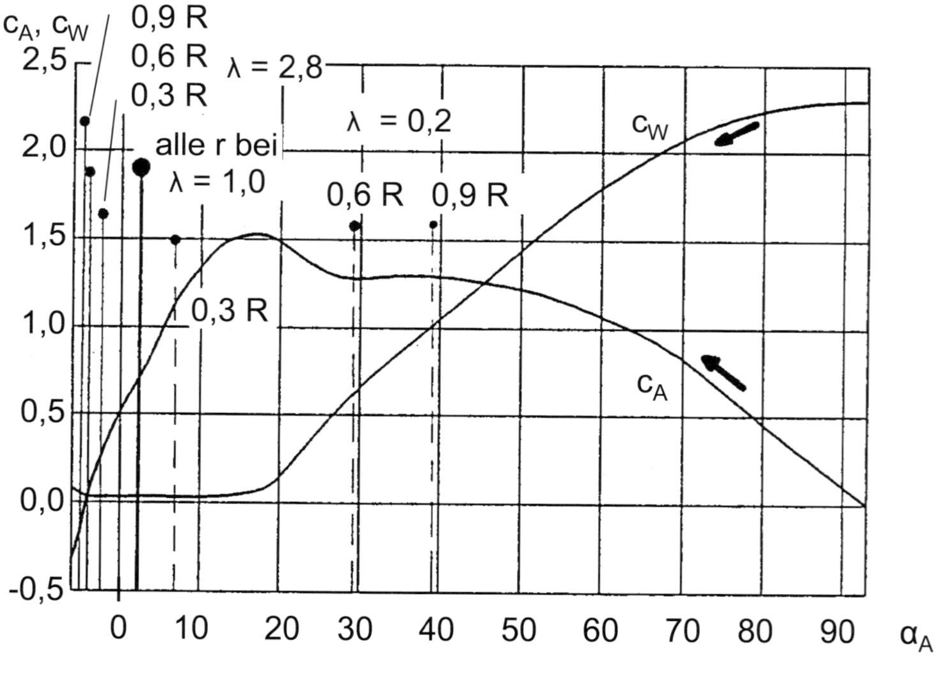

Bild 6-11 Wandern der Betriebspunkte auf der Profilkennlinie beim Hochlauf (Langsamläufer)

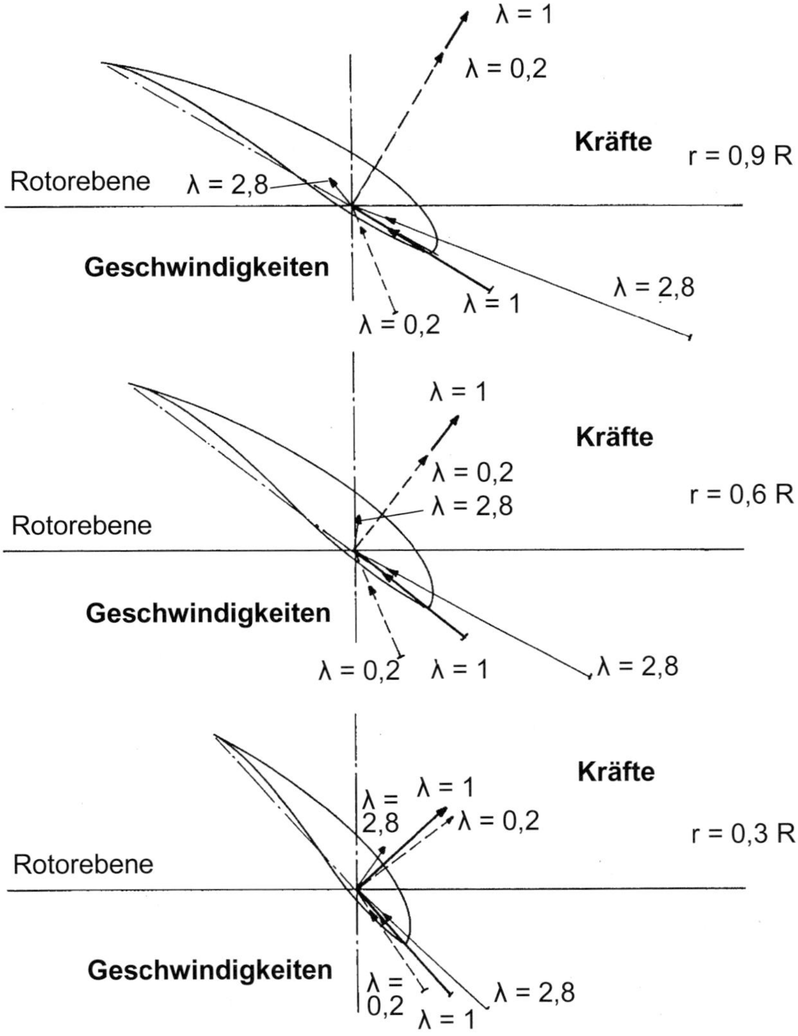

Bild 6-12 Kräfte, Anströmrichtung und -geschwindigkeit am Flügel an drei Radiusschnitten bei verschiedenen Schnelllaufzahlen, (Langsamläufer)

6.6.3 Anströmung eines Schnellläufers

Nun folgt dasselbe für den Flügel eines Schnellläufers, der in dieser Betrachtung ebenfalls nicht verpitcht wird. Als Beispielanlage wird ein Schnellläufer mit $\lambda_A = 7$ verwendet. Die Anlage hat 3 Flügel, die Auslegung erfolgte nach Schmitz und ergibt nach außen abnehmende Profiltiefen. Da das Produkt aus Auslegungsschnelllaufzahl und Flügelzahl wie beim Langsamläufer $\lambda_A \cdot z = 21$ ist, können wir die Flügeltiefe direkt aus dem Flügeltiefendiagramm ablesen, vgl. Kap. 5.5. Die Flügelschnitte sind in Bild 6-14 im selben Maßstab gezeichnet wie die des Langsamläufers. Der obere Flügelschnitt befindet sich wieder am Außenradius bei $r = 0{,}9 \cdot R$, der mittlere bei $r = 0{,}6 \cdot R$ und der innere bei $r = 0{,}3 \cdot R$. In der oberen Hälfte der Flügelschnitte sind jeweils die Kräfte in Größe und Richtung eingezeichnet, hier musste aber ein anderer Maßstab als beim Langsamläufer verwendet werden, ebenso bei den Anströmgeschwindigkeiten in der unteren Hälfte. Die Kräfte wurden für beide Anlagen mit derselben Windgeschwindigkeit gerechnet.

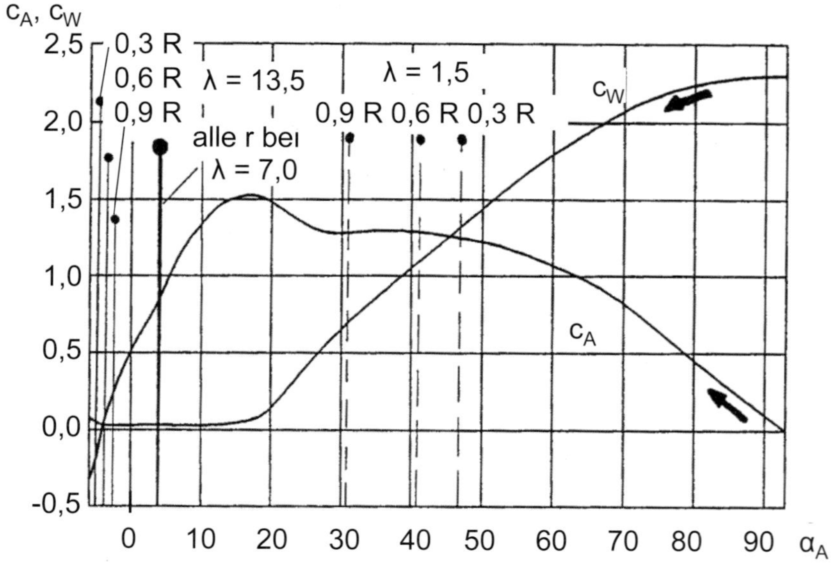

Bild 6-13 Wandern der Betriebspunkte auf der Profilkennlinie beim Hochlauf, (Schnellläufer)

Die Profilkennlinie, Bild 6-13, ist dieselbe wie beim Langsamläufer, hier beim Schnellläufer ist das Profil nun sinnvoll eingesetzt. Der Flügel wurde für drei Schnelllaufzahlen untersucht: Für $\lambda = 1{,}5$ (Anlauf, gestrichelt), für $\lambda = 7{,}0$ (Auslegung, dicker Strich) und für $\lambda = 13{,}5$ (Leerlauf, dünne Striche). Auch hier wandern wir beim Hochlauf auf der Profilkennlinie entlang der Pfeile.

Im *Anlauf* befinden sich große Teile des Flügels in demselben Bereich der Profilkennlinie wie der Flügel des Langsamläufers. Die Kräfte sind auch etwa gleichgroß wie beim Langsamläufer, sie haben jedoch eine ungünstigere Richtung, daher entsteht wenig Drehmoment, vgl. Bild 6-3. Da der Langsamläufer siebenmal mehr Flügel hat, kommt er bei gleicher Flügelbelastung auf wesentlich höhere Schubkräfte, vgl. Bild 6-7 und 6-4.

Bei *Auslegungsschnelllaufzahl* fährt der Flügel über dem ganzen Radius auf einem Anstellwinkel von 2°, dafür wurde er ausgelegt. Die Umfangskraft ist über dem Flügel nahezu konstant. Der Schubbeiwert ist im Auslegungspunkt genauso groß wie beim Langsamläufer, etwa 8/9. Die Schubkraft auf den einzelnen Flügel des dreiflügligen Schnellläufers ist daher so groß wie die von sieben Flügeln des 21-flügeligen Langsamläufers zusammen.

Im *Leerlauf* fährt der Flügel auf kleine negative Anstellwinkel. Der Auftriebsbeiwert wird dadurch nicht ganz so klein wie beim Langsamläufer. Durch die sehr großen Anströmgeschwindigkeiten, die nahezu aus Umfangsrichtung kommen, wachsen die Kräfte gewaltig an, und zeigen als hoher Schub weitgehend in Maschinenachsrichtung (vgl. auch Bild 6-4). Die Windgeschwindigkeit in der Rotorebene v_2 ist im Vergleich zu Anlauf und Auslegungspunkt sehr stark abgebremst.

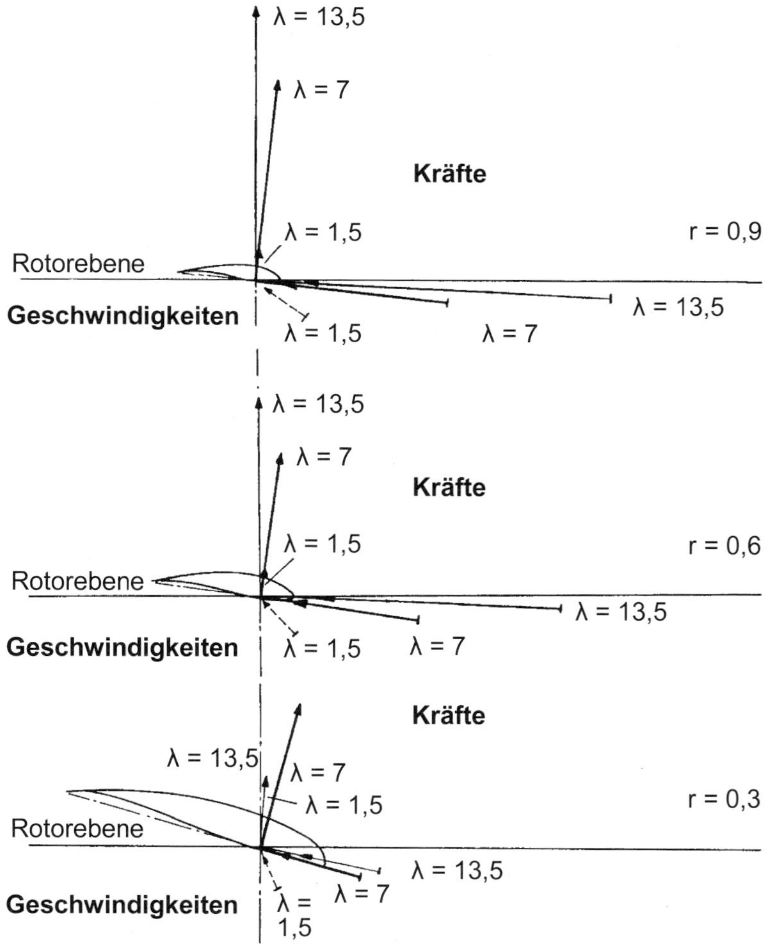

Bild 6-14 Kräfte, Anströmrichtung und -geschwindigkeit am Flügel an drei Radiusschnitten bei verschiedenen Schnelllaufzahlen, (Schnellläufer)

6.7 Verhalten von Schnellläufern bei Pitchverstellung

Durch eine Pitchverstellung beim Anlauf (hierbei wird die Flügelnase in den Wind gedreht) können wir den Bauwinkel verändern. Damit erhalten wir bei einem Schnellläufer z.B. für den Anlauf Anströmverhältnisse wie beim Langsamläufer. Da die Flügeltiefen aber für höhere Anströmgeschwindigkeiten dimensioniert sind, werden die hohen Antriebskräfte eines Langsamläufers nicht erreicht, jedoch fährt die Anlage besser hoch. Außerdem können ab Nennleistung durch die Pitchverstellung die Anstellwinkel zu kleineren Auftriebsbeiwerten geregelt werden, was die Leistung begrenzt, s. Bild 6-15.

Die Pitchverstellung wird bei Schnellläufern also als Anlaufhilfe, zur Regelung und auch als Notbremse verwendet. Weiteres hierzu findet sich in Kap. 12.

Bei zunehmendem Pitchwinkel, s. Bild 6-15...6-17,

- fallen die maximalen Leistungs- und Momentenbeiwerte stark ab.
- sinkt die Leerlaufschnellaufzahl.
- steigt der Momentenbeiwert im Anlauf.
- werden die Schubbeiwerte stark reduziert.

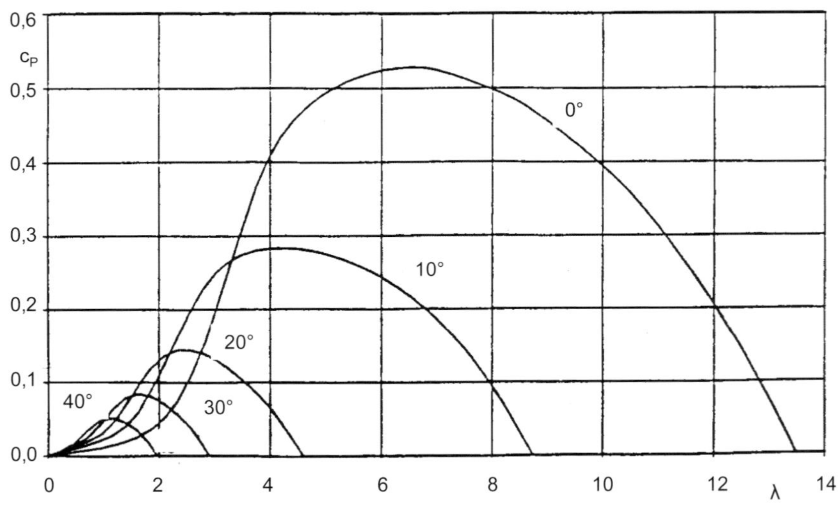

Bild 6-15 Leistungsbeiwert c_P für verschiedene Pitchwinkel

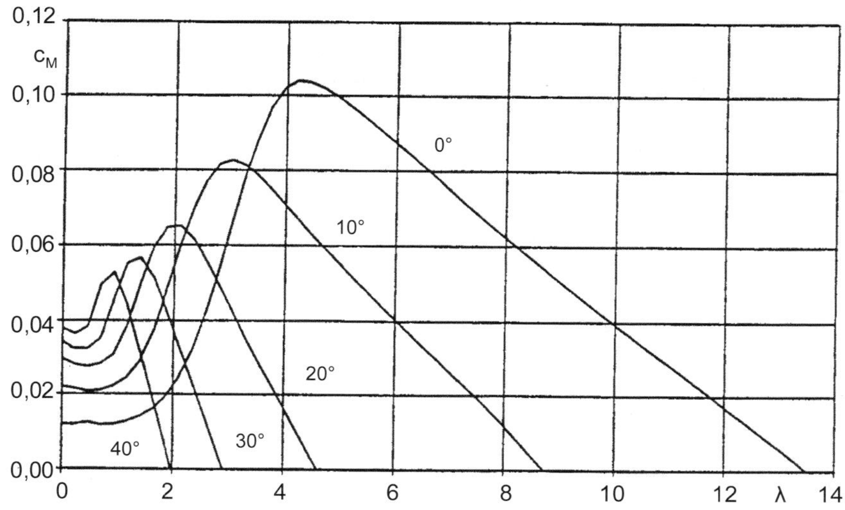

Bild 6-16 Momentenbeiwert c_M für verschiedene Pitchwinkel

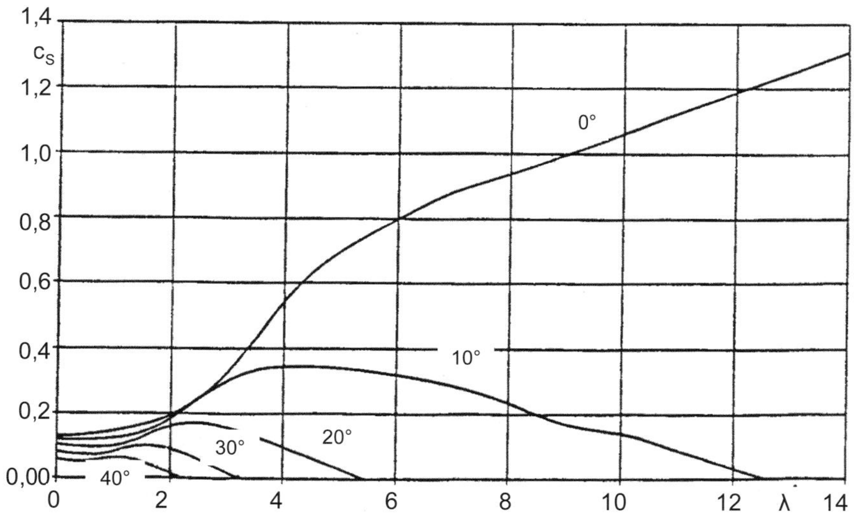

Bild 6-17 Schubbeiwert c_S für verschiedene Pitchwinkel

Im Folgenden wird anhand der dimensionslosen Kennlinien Bild 6-15...6-17 ein Beispiel für eine Regelung durch Pitchwinkelverstellung gerechnet.

Vorgaben: Schnellläufer mit $\lambda_A = 7$, Rotordurchmesser $D = 4$ m,

Nenndrehzahl $n_N = 300$ 1/min, Rotor-Nennleistung: $P_N = 4$ kW

Die Drehzahl des Rotors soll durch Pitchverstellung auf 300 min^{-1} gehalten werden, der drehzahlvariable Generator wird mit 4 kW belastet. Vorab berechnen wir den Faktor k_{St} für die vereinfachte Staudruckberechnung:

$$k_{St} = \frac{\rho}{2} \cdot \pi \cdot R^2 = 7{,}85 \text{ kg/m}.$$

a) Windgeschwindigkeit $v_1 = 10$ m/s.

Schnelllaufzahl bei $n = 300\ \text{min}^{-1}$:

$$\lambda = \Omega \cdot \frac{R}{v_1} = n \cdot \frac{\pi \cdot R}{30 \cdot v_1} = 6{,}3$$

Damit lesen wir in Bild 6-15 aus der c_P-Kennlinie für den Pitchwinkel 0° den Leistungsbeiwert ab:

$$c_P(\lambda = 6{,}3) = 0{,}52$$

Leistung:

$$P = k_{St} \cdot v_1^3 \cdot c_P = 7{,}85 \cdot 1000 \cdot 0{,}52 \text{ W} = 4 \text{ kW} = P_N$$

Bei dieser Windgeschwindigkeit brauchen wir nichts zu regeln.

b) Die Windgeschwindigkeit steigt auf $v_1 = 12$ m/s.

Schnelllaufzahl bei $n_N = 300\ \text{min}^{-1}$:

$$\lambda = \Omega \cdot \frac{R}{v_1} = n \cdot \frac{\pi \cdot R}{30 \cdot v_1} = 5{,}3$$

Damit ergibt sich für den Pitchwinkel 0° ein neues c_P:

$$c_P(\lambda = 5{,}3) = 0{,}50$$

Leistung:

$$P = k_{St} \cdot v_1^3 \cdot c_P = 7{,}85 \cdot 1728 \cdot 0{,}50 \text{ W} = 6{,}3 \text{ kW} > P_N$$

Der Generator kann aufgrund seiner Auslegung aber nur 4 kW Rotorleistung entnehmen, um nicht überlastet zu werden. Welchem c_P würde das entsprechen?

$$c_{PSoll} = \frac{4\text{kW}}{k_{St} \cdot v_1^3} = 0{,}29$$

Wenn wir jetzt nicht den Pitchwinkel verstellen sondern auf 0° lassen, läuft der Rotor auf eine so hohe Schnelllaufzahl bis der Leistungsbeiwert $c_P = 0{,}29$ ist. Das ist für $\lambda = 11$ der Fall. Wie groß ist dann die Drehzahl?

$$n = \lambda \cdot \frac{30 \cdot v_1}{\pi \cdot R} = 630 \text{ min}^{-1} > 2\, n_N$$

Diese Drehzahl führt zur Zerstörung des Generators (Wicklungsabwurf mit anschließendem 'Abrauchen') wenn nicht schon vorher die Flügel abgerissen sind. Denn bei 630 min^{-1} sind die Fliehkräfte an den Flügeln etwa 4,4 mal höher als bei 300 min^{-1}. Durch eine Verstellung des Pitchwinkels um 10° drehen wir die Flügelnase in den Wind und reduzieren so den Anstellwinkel und den Auftriebsbeiwert. So erhalten wir bei $\lambda = 5{,}3$ (d.h. $n = n_N$) das gewünschte c_P von 0,29.

c) Der Wind steigt weiter auf $v_1 = 14$ m/s, der Pitchwinkel beträgt 10°.

Schnelllaufzahl bei $n = 300$ min^{-1}:

$$\lambda = \Omega \cdot \frac{R}{v_1} = n \cdot \frac{\pi \cdot R}{30 \cdot v_1} = 4{,}5$$

$$c_P(\lambda = 4{,}5) = 0{,}29$$

Leistung:

$$P = k_{St} \cdot v_1^3 \cdot c_P = 7{,}85 \cdot 2744 \cdot 0{,}29 \text{ W} = 6{,}2 \text{ kW} > P_N$$

Erforderliches c_P für $P = P_N$:

$$c_{PSoll} = \frac{4\text{kW}}{k_{St} \cdot v_1^3} = 0{,}18$$

Der Pitchwinkel muss also noch weiter verstellt werden auf ungefähr 15°.

Die Verstellung der Pitchwinkel muss bei kleinen Anlagen schnell erfolgen, sonst kann der Rotor durchgehen und der Generator durchbrennen. Außerdem müssen alle Flügel gleichzeitig verstellt werden, sonst entstehen aerodynamische Unwuchten.

In Bild 6-18 sind die Kennfelder einer pitchgeregelten Anlage für die Blattwinkelstellungen $\gamma = 0°$ (Auslegung), 22,5° und 39,8° dargestellt. Gleichzeitig ist die Generatorlastkennlinie der drehzahlvariablen Windkraftanlage eingezeichnet. Im Normalwindbereich von 4 bis gut 10 m/s fährt die Anlage immer auf dem Optimum des Leistungsangebotes der Windturbine. Der Pitchwinkel ist dabei unverändert, er beträgt immer null, $\gamma = 0°$. Die Drehzahl ist variabel und stellt sich windgeführt „von selbst" optimal ein.

Im Starkwindbereich $v \geq 10{,}3$ m/s beginnt das Pitchen – eingezeichneter Kreis. Die Drehzahl wird von nun an durch geeignete Blattwinkelverstellung konstant gehalten. Beispielhaft sind die Kurven für 22 m/s (Blattwinkel 22,5°) und 30 m/s (Blattwinkel 39,8°) eingetragen, die durch den „Sollwert"-Kreis laufen. Natürlich ist die Windkraftanlage im Allgemeinen ab ca. 25 m/s abgeschaltet. Mehr über die Blattwinkelverstellung ist in Kapitel 12 und 13 zu finden.

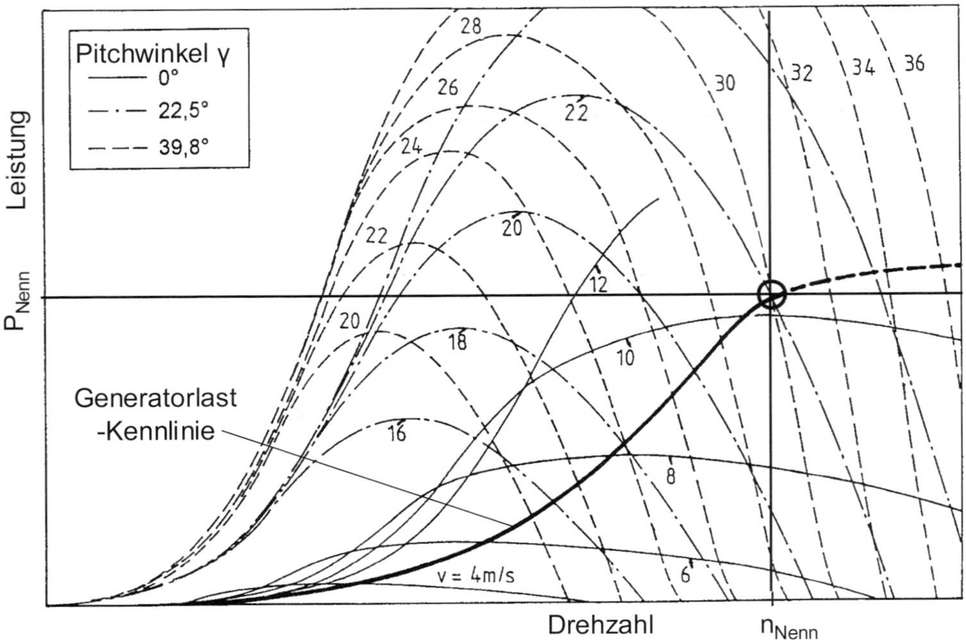

Bild 6-18 *P-n*-Kennfeld einer Windturbine mit Pitchregelung und drehzahlvariabler Last für verschiedene Pitchwinkel und Windgeschwindigkeiten

6.8 Erweiterung des Berechnungsverfahrens

In Abschnitt 6.1 haben wir die Berechnung des Anströmwinkels an einem Flügelschnitt aus dem Gleichgewicht der aerodynamischen Auftriebskraft mit der aus dem Impulssatz vorgestellt. Dieses Gleichgewicht wurde unter folgenden Voraussetzungen hergeleitet:

- Die Kräfte am Flügelschnitt bewirken eine gleichmäßige Geschwindigkeitsänderung der Luftmasse, die durch den Kreisring mit der Fläche $dF = 2 \cdot \pi \cdot r \cdot dr$ strömt.
- Die Luftmasse wird nur von den aerodynamischen Kräften in der Radebene beeinflusst. Die Stromfäden üben keine Kräfte aufeinander aus.
- Der Profilwiderstand ist vernachlässigbar klein.

Diese Voraussetzungen gelten annähernd nur, wenn der Rotor nahe der Auslegungsschnelllaufzahl läuft. Beim Anlauf ($\lambda << \lambda_A$) strömt bei einem Schnellläufer ein Teil der Luft unbeeinflusst zwischen den Flügeln durch. Im Leerlauf ($\lambda > \lambda_A$) strömt beim Schnellläufer wegen der starken Abbremsung der Luft ($v_2 < v_1/2$) ein Teil der gebremsten Luftmasse außen am Rotor vorbei, Bild 6-21. Dieser Verlust an nutzbarer

Luftmasse wird in unserer Impulsformel von Kap. 6.1 bisher nicht berücksichtigt. Und der Profilwiderstand ist auch nur bei Auslegungsschnelllaufzahl vernachlässigbar klein. Bei den dimensionslosen Kennlinien hatten wir diese Effekte bereits angesprochen und in den Kennlinien in Kap. 6.3.3 wurden sie berücksichtigt. Nun folgt nachträglich die formelmäßige Erweiterung der Iterationen nach Abschnitt 6.1 um diese Einflüsse.

6.8.1 Anlaufbereich $\lambda < \lambda_A$ (hohe Auftriebsbeiwerte)

Ein Schnellläufer hat wenige schmale Flügel. Damit übt er eine Kraft auf die Luftmassen aus, die den Kreisring mit der Fläche $2 \cdot \pi \cdot r \cdot dr$ durchströmen, vgl. Bild 5-14. Ein einzelner Tragflügel kann die Luftmassen in seiner Nachbarschaft nur bis zu einer gewissen Entfernung b^* beeinflussen. Läuft der Rotor im Auslegungspunkt λ_A, erfolgt die Anströmung mit der Geschwindigkeit c unter dem Anströmwinkel α zur Rotorebene, Bild 6-18. Die Breite b, die ein Flügel zu beeinflussen hat, ist relativ klein: $b = (2 \cdot \pi \cdot r \cdot \sin\alpha) / z$, denn wegen des kleinen Anstellwinkels erfolgt die Profilanströmung fast in Richtung der Profilsehne, "von vorne". Steht der Rotor dagegen still, müsste der einzelne Flügel im Flügelschnitt bei r die Luft auf der Breite $a = 2 \cdot \pi \cdot r/z$ (auch Teilung genannt) beeinflussen. Diese ist gewöhnlich viel größer, als sein eigentlicher Wirkungsbereich b^*. Im Stillstand strömt daher bei einem Schnellläufer eine gewisse Luftmasse ungestört und ungenutzt durch die Radebene.

Wie groß ist nun die Umgebung b^*, die ein Flügel beeinflussen kann? Genaugenommen reicht sein Einfluss bis ins Unendliche – er wird mit wachsendem Abstand nur sehr schnell kleiner. Aus der Tragflügeltheorie von Prandtl, [4], lässt sich eine größtmögliche Luftmasse herleiten, der ein Flügel eine konstante Geschwindigkeitsänderung geben kann. Daraus lässt sich eine Abschätzung für den Wirkungsbereich b^* ableiten. Für den Tragflügel eines Flugzeuges hat Prandtl gezeigt, dass bei einer elliptischen Auftriebsverteilung (Bild 6-20) die Strömung an jedem Flügelschnitt um denselben Winkel abwärts gelenkt wird.

Weit hinter dem ‚Flügel' bewegt sich die Luft mit einer Geschwindigkeit $2 \cdot \delta v$ abwärts, die abhängig ist von dem Auftriebsbeiwert c_A, der Flügeltiefe t und der Anströmgeschwindigkeit c.

$$2 \cdot \delta v = 2 \cdot c \cdot c_A \cdot \frac{t}{\pi \cdot R} \tag{6.11}$$

Nehmen wir für unser Rotorblatt ebenfalls eine elliptische Auftriebsverteilung als Näherung an, dann können wir zunächst den Auftrieb für jeden Flügelschnitt berechnen:

$$dA = \frac{\rho}{2} \cdot c^2 \cdot t \cdot dr \cdot c_A \cdot \frac{4}{\pi} \cdot \sqrt{1-(r/R)^2} \tag{6.12a}$$

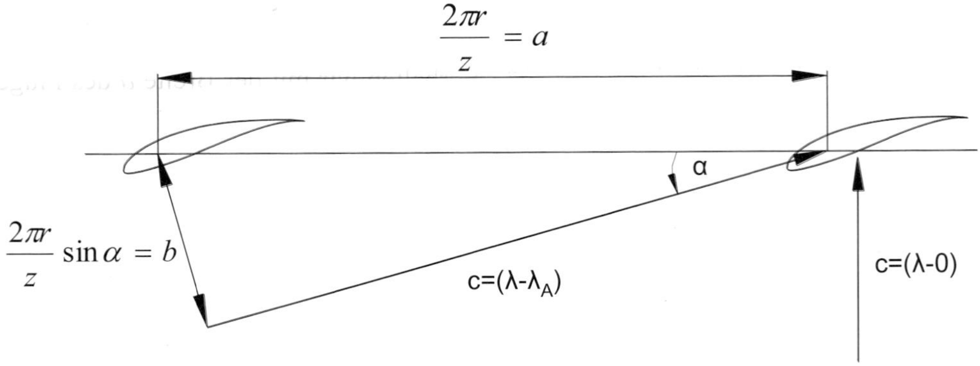

Bild 6-19 Von der Strömung zu beeinflussende Breite a in der Rotorebene im Stillstand ($\lambda = 0$) und b im Auslegungspunkt ($\lambda = \lambda_A$)

Den Massenstrom setzen wir als Produkt aus der Luftdichte ρ, der Geschwindigkeit c und der diesmal noch unbekannten durchströmten Fläche $b^*\ dr$ an. Damit erhalten wir den Auftrieb aus dem Impulssatz mit der Geschwindigkeitsänderung $2 \cdot \delta v$ aus (6.11) zu

$$dA = d\dot{m} \cdot 2 \cdot \delta v$$

$$dA = \rho \cdot c \cdot b^* \cdot dr \cdot 2 \cdot c \cdot c_A \cdot \frac{t}{\pi \cdot R} \quad . \tag{6.12b}$$

Gleichsetzen der beiden Auftriebe aus (6.12a) und (6.12b) liefert uns die maximale beeinflussbare Fläche $b^*\ dr$ senkrecht zu c und daraus b^*:

$$b^*\ dr = R \cdot \sqrt{1-(r/R)^2} \cdot dr \tag{6.13}$$

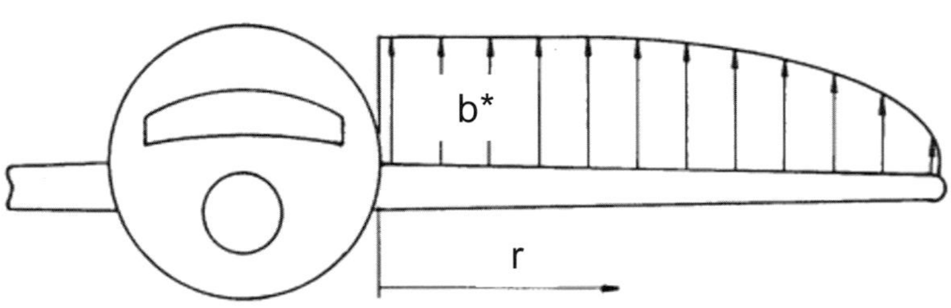

Bild 6-20 Fläche, in der die durchströmende Luftmasse von einer Tragfläche beeinflusst wird

Die maximal beeinflussbare Breite b^* ist unabhängig von der Flügeltiefe t und dem Auftriebsbeiwert c_A! An der Flügelspitze ($r = R$) kann ein Flügel nach dieser Gleichung überhaupt keine Luftmasse ablenken.

Setzen wir in Bild 6-19 die Breite $b = b^*$ so erhalten wir mit der Breite a des Flügelabstandes den maximalen Anströmwinkel α_{max}, bis zu dem wir die Luftmassen im Kreisring $2 \cdot \pi \cdot r \cdot dr$ beeinflussen und nutzen können, in Abhängigkeit von der Flügelzahl z:

$$\sin\alpha_{max} = \frac{z \cdot \sqrt{1-(r/R)^2}}{2 \cdot \pi \cdot (r/R)} \quad . \tag{6.14}$$

Treten bei der iterativen Kennfeldberechnung im Bereich $\lambda < \lambda_A$ Anströmwinkel $\alpha > \alpha_{max}$ auf, so müssen wir in der Iterationsgleichung $\sin\alpha$ durch $\sin\alpha_{max}$ ersetzen. Dies berücksichtigt, dass ein Teil der Luftmassen ungenutzt den Rotor durchströmt.

6.8.2 Leerlaufbereich $\lambda > \lambda_A$ (Glauerts empirische Formel)

Im Leerlauf nähert sich der Schubbeiwert des Schnellläufers dem Widerstandsbeiwert einer geschlossenen Kreisscheibe. Wenn dadurch die Geschwindigkeit v_2 in der Radebene auf Null gebremst wird, geht der Anströmwinkel α und damit der Durchsatz gegen Null. Wir erhielten damit aus dem Impulssatz für die Schubkraft:

$$dS = d\dot{m} \cdot \Delta v = \rho \cdot c \cdot \left(\frac{2 \cdot \pi \cdot r}{z} \cdot dr \cdot \sin\alpha \right) \cdot \Delta v = 0 \tag{6.15}$$

d.h. der Schub verschwindet, was nicht ganz einsichtig ist. Formal stimmt es natürlich, wenn durch die Radebene keine Luft strömt, brauchen wir auch keine Kraft, um sie abzubremsen. Der Haken liegt darin, dass die abgebremste Luft gar nicht mehr durch die Radebene strömt, wie im Impulssatz angenommen, sondern um sie herum und außen vorbei wie bei einer geschlossenen Kreisscheibe. Diese Umströmung wird von der Stromfadentheorie nicht mehr erfasst.

Um diesen Strömungseffekt im Leerlauf in der Kennfeldberechnung zu berücksichtigen, verwenden wir den im folgenden beschriebenen Näherungsansatz anstatt die Strömung aufwendig dreidimensional über den ganzen Bereich von - ∞ bis + ∞ zu rechnen. Die Schubkräfte in diesem Betriebszustand wurden nämlich von Glauert (1926) und Naumann (1940) [2, 3] messtechnisch untersucht. Bei den Messungen ging es darum, wie stark man ein Propellerflugzeug abbremsen kann, wenn die Propeller durch Pitchverstellung gegen die Flugrichtung arbeiten. Glauert stellte dabei fest, dass die Schubkraft sich bis ca. $v_2 \geq 2/3 v_1$ nach unserer Impulsformel rechnen lässt. Für kleinere v_2 , d.h. größere λ, wächst die Schubkraft bzw. der Schubbeiwert stetig an und erreicht bei $v_2 = 0$ m/s (d.h. $\alpha = 0°$) etwa doppelten Staudruck, s. Bild 6-21.

Mit dieser Aussage lässt sich die Luftmasse, die von den Kräften des Flügels abgebremst wird, mit einer stetigen Funktion in Abhängigkeit vom Anströmwinkel annähern, die folgenden Bedingungen genügen muss:

- Für $v_2 = 0$ erhält man den doppelten Staudruck und
- Für $v_2 = 2/3 \cdot v_1$ müssen Funktionswert und Steigung mit der Betzschen Optimalauslegung übereinstimmen.

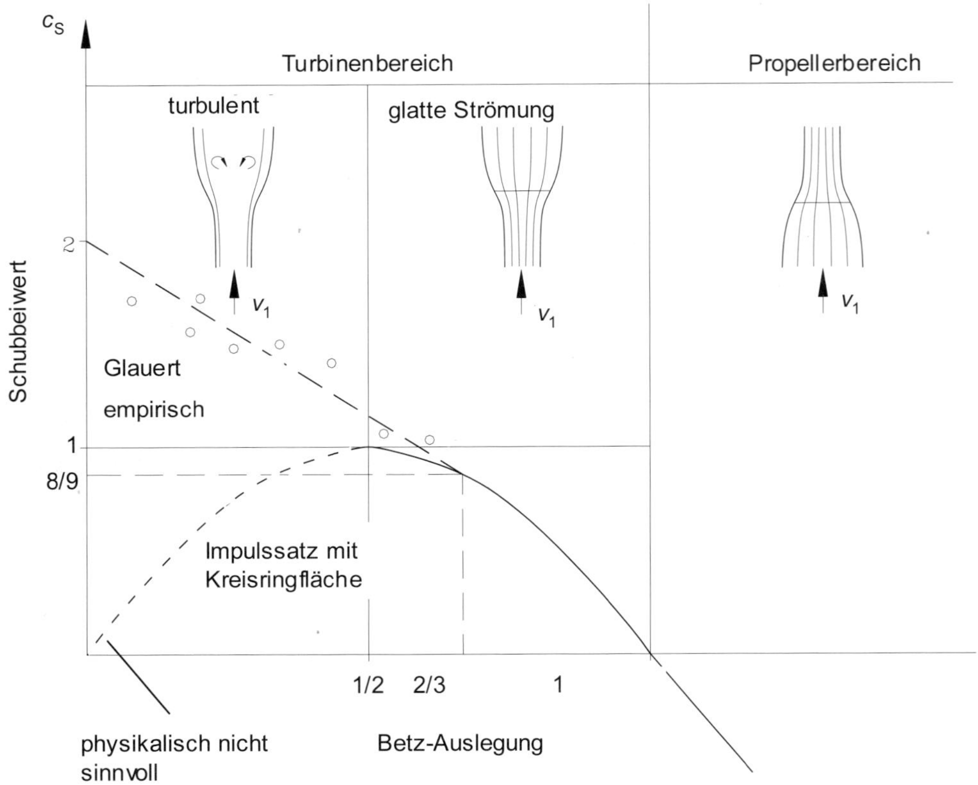

Bild 6-21 Schubbeiwert nach Impulssatz und Glauerts empirischer Ansatz im Bereich $0 < v_2 / v_1 < 2/3$, nach [2, 3]

Mit der Abkürzung: $y = \dfrac{\sin \alpha}{\sin\big((2/3)\alpha_1\big)}$

kann der Massenstrom wie folgt beschrieben werden:

$$d\dot{m} = \rho \cdot \frac{2 \cdot \pi \cdot r}{z} \cdot dr \cdot c \cdot \left[\frac{1}{4} \cdot \sin\left(\frac{2}{3} \cdot \alpha_1 \right) \cdot \sqrt{9 - 2 \cdot y^2 + 9 \cdot y^4} \right] . \qquad (6.16)$$

Diese Näherung gilt nur für kleine Anströmwinkel α_1 der ungestörten Strömung! Der Winkel α_1 muss so klein sein, dass die Näherung $\sin\alpha_1 \approx \alpha_1$ erfüllt ist. Dieser Betriebszustand tritt z.B. bei Schnellläufern im Leerlauf auf. Die Berechnung der Anströmwinkel α kann weiter mit Gleichung (6.5) erfolgen, wir müssen darin nur für $\alpha \leq 2/3 \cdot \alpha_1$ (d.h. $\lambda \geq \lambda_A$) den Anteil der Luftmasse ($8 \cdot \pi \cdot r / z \cdot \sin\alpha$) durch den der vergrößerten Luftmasse aus Gleichung (6.16) austauschen (d.h. $\sin\alpha$ durch den Ausdruck in der großen Klammer ersetzen).

6.8.3 Profilwiderstand

Bei der Anströmung eines Tragflügels wirkt in Strömungsrichtung der Profilwiderstand. Durch den Profilwiderstand wird die Anströmgeschwindigkeit c um den Betrag δc abgebremst. Mit δc bezeichnen wir die Änderung der Geschwindigkeit in Richtung des Profilwiderstands während Δc für die Änderung in Auftriebsrichtung steht. Die Geschwindigkeitsdifferenz δc erhalten wir wieder aus der Formulierung der Kräfte nach Tragflügeltheorie und Impulssatz, Bild 6-22.

Die Widerstandskraft an einem Flügelschnitt aus der Tragflügeltheorie hatten wir bereits in Kapitel 5 in Gl. (5.28) hergeleitet.

Aus dem Impulssatz erhalten wir ebenfalls die Widerstandskraft an einem Flügelschnitt:

$$dW = d\dot{m} \cdot \delta c = \rho \cdot c \cdot \frac{2 \cdot \pi \cdot r}{z} \cdot dr \cdot \sin\alpha \cdot \delta c \tag{6.17}$$

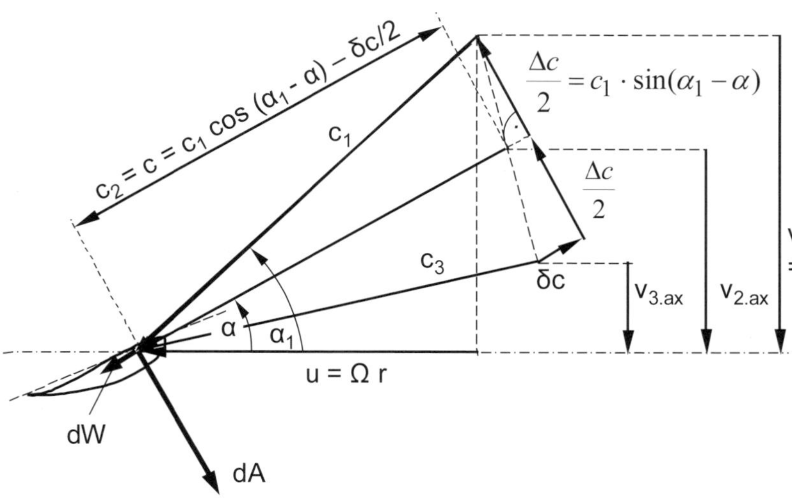

Bild 6-22 Anströmverhältnisse am Profilschnitt

Gleichsetzen der beiden Kräfte liefert uns die Geschwindigkeitsdifferenz δc in Abhängigkeit von der Anströmgeschwindigkeit c am Flügelschnitt.

$$\delta c = c \cdot \frac{z \cdot t \cdot c_W(\alpha_A)}{4 \cdot \pi \cdot r \cdot \sin\alpha} \tag{6.18}$$

Vom rotierenden Flügel aus gesehen hat der Wind weit hinter dem Rotor die Geschwindigkeit c_3. Da c_3 kleiner ist als die ungestörte Geschwindigkeit c_1, wird vom bewegten Flügel aus gesehen der Luft die Leistung dP entzogen.

$$c_3 = \sqrt{(c_1 \cdot \sin(\alpha_1 - \alpha))^2 + (c_1 \cdot \cos(\alpha_1 - \alpha) - \delta c)^2}$$

$$c_3 = \sqrt{c_1^2 - 2 \cdot \delta c \cdot (c_1 \cdot \cos(\alpha_1 - \alpha) - \delta c/2)}$$

$$dP = \frac{1}{2} \cdot d\dot{m} \cdot \left(c_1^2 - c_3^2\right) = d\dot{m} \cdot \delta c \cdot \left(c_1 \cdot \cos(\alpha_1 - \alpha) - \frac{\delta c}{2}\right) \tag{6.19}$$

Diese Leistung können wir auch aus dem Produkt der Widerstandskraft dW mit der Anströmgeschwindigkeit c berechnen. Gleichsetzen der beiden Leistungen liefert uns mit δc aus (6.18) die Geschwindigkeit c am Flügelschnitt:

$$dP = dW \cdot c = d\dot{m} \cdot \delta c \cdot c = d\dot{m} \cdot \delta c \cdot \left(c_1 \cdot \cos(\alpha_1 - \alpha) - \frac{\delta c}{2}\right) \tag{6.20}$$

$$c = c_1 \cdot \cos(\alpha_1 - \alpha) \cdot \frac{\frac{8 \cdot \pi \cdot r}{z} \cdot \sin\alpha}{\frac{8 \cdot \pi \cdot r}{z} \cdot \sin\alpha + t \cdot c_W(\alpha_A)} \tag{6.21}$$

Da auch die Auftriebskraft dA mit der Anströmgeschwindigkeit c berechnet wird, ändert sich nun zur Berücksichtigung das Profilwiderstands unsere Iterationsgleichung, s. Gl. (6.5), folgendermaßen:

$$dA = \frac{\rho}{2} \cdot c^2 \cdot t \cdot dr \cdot c_A(\alpha_A) = d\dot{m} \cdot \Delta c$$

$$t \cdot c_A(\alpha_A) - \left(\frac{8 \cdot \pi \cdot r}{z} \cdot \sin\alpha + t \cdot c_W(\alpha_A)\right) \cdot \tan(\alpha_1 - \alpha) = 0 \tag{6.22}$$

6.8.4 Erweiterte Iteration

Das Iterationsverfahren lautet nun unter Berücksichtigung von ungenutzten Luftmassen, von Glauerts empirischer Formel für die Randumströmung und Profilwiderstand:

1) Startwert: $\alpha = \alpha_1$,

2) Grenzwinkel des Anströmwinkels:

$$\sin \alpha_{max} = \frac{z \cdot \sqrt{1-(r/R)^2}}{2 \cdot \pi \cdot (r/R)} \quad \text{für } \lambda < \lambda_A$$

$$\sin \alpha_{min} = \sin\left(\frac{2}{3} \cdot \alpha_1\right) \quad \text{für } \lambda > \lambda_A$$

3) Mit diesem α: $\alpha_A = \alpha - \alpha_{Bau}$ —> $c_A(\alpha_A)$ und $c_W(\alpha_A)$ aus Profilkennlinie

und Abkürzung: $x = \sin \alpha$

4) Überprüfung:

Wenn $x < \sin\alpha_{min}$, dann Modifikation nach Glauert:

Setze $x = \frac{1}{4} \cdot \sin\left(\frac{2}{3} \cdot \alpha_1\right) \cdot \sqrt{9 - 2 \cdot y^2 + 9 \cdot y^4}$ mit $y = \frac{\sin \alpha}{\sin((2/3)\alpha_1)}$

Wenn $x > \sin \alpha_{max}$, dann Modifikation nach Prandtl:

setze $x = \sin \alpha_{max}$

5) Berechnung:

$$f = t \cdot c_A(\alpha_A) - \left(\frac{8 \cdot \pi \cdot r}{z} \cdot x + t \cdot c_W(\alpha_A)\right) \cdot \tan(\alpha_1 - \alpha) \tag{6.23}$$

6) Prüfung :

Wenn $f > 0$ ist, müssen wir α verringern und wieder zu 3) gehen.

Wenn $f < 0$ ist, müssen wir α vergrößern und wieder zu 3) gehen.

So kreisen wir den Anströmwinkel α ein, bis das Residuum $f = 0$ [m] ist. Die Aerodynamik wird wieder zur Nullstellensuche.

Meist ist es rechentechnisch sinnvoll, ein angemessenes Abbruchkriterium für f in der Schleife vorzugeben. Aufgrund der Profiltiefe t und des Radius r ist f jedoch dimensionsbehaftet, weiterhin nimmt die Profiltiefe mit steigendem Radius beim Schnellläufer stark ab. Daher kann nicht dasselbe Kriterium f (z.B. $f \leq 0{,}002$ m) für den gesamten Flügel gelten, da es an der Flügelspitze zwar passt, aber in der Nähe der Flügelwurzel bei einer Profiltiefe von bis zu 4 m unterhalb der Fertigungstoleranzen liegt. Um dem abzuhelfen sollte daher bei der Programmierung die Gl. (6.23) in eine dimensionslose Form überführt werden, indem sie durch die Profiltiefe t geteilt wird, und so ein für den gesamten Flügel geltendes prozentuales Abbruchkriterium f/t gesetzt werden kann.

7) Mit dem errechneten Anströmwinkel berechnen wir dann aus (6.21) die Anströmgeschwindigkeit c. Hierbei sollte jedoch statt $\sin\alpha$ der bei 4) verwendete Term x eingesetzt werden.

8) Für die Kräfte am Flügelschnitt erhalten wir damit:

$$dA = \frac{\rho}{2} \cdot c^2 \cdot t \cdot dr \cdot c_A(\alpha_A)$$

$$dW = \frac{\rho}{2} \cdot c^2 \cdot t \cdot dr \cdot c_W(\alpha_A)$$

und daraus:

$$\begin{aligned} &\text{Schubkraft:} && dS(r) = dA \cdot \cos\alpha + dW \cdot \sin\alpha \\ &\text{Umfangskraft:} && dU(r) = dA \cdot \sin\alpha - dW \cdot \cos\alpha \\ &\text{Antriebsmoment:} && dM(r) = dU \cdot r \end{aligned} \tag{6.24}$$

Mit diesem erweiterten Iterationsverfahren der Blattelementmethode lassen sich so die auftretenden Kräfte und Momente aus der Aerodynamik sowie die Rotorleistung für das gesamte Kennfeld eines Rotors in guter Näherung berechnen.

6.9 Grenzen der Blattelementmethode und dreidimensionale Berechnungsverfahren

Die in diesem Kapitel vorgestellte Blattelementmethode liefert vergleichsweise akkurate Ergebnisse ohne aufwendige Rechenverfahren. Allerdings wird die Interaktion der Strömungszustände zwischen den Blattringschnitten vernachlässigt. Für einige Vereinfachungen wurden eine optimale Rotorgeometrie und eine ideale Auftriebsverteilung vorausgesetzt. Im Bereich niedriger Schnelllaufzahlen ($\lambda < \lambda_{opt}$) oder für nichtoptimale Rotorgeometrien kann es daher zu Unstimmigkeiten zwischen gerechneten und gemessenen Strömungszuständen kommen. Auch kann der Beginn der Strömungsablösung (für den Stall) nicht exakt bestimmt werden. Es sind hauptsächlich drei Effekte, die zu Unterschieden führen:

- Vernachlässigung der realen Auftriebsverteilung durch die endliche Länge des Rotorblatts
- Veränderung der Profilbeiwerte durch 3D-Effekte
- Dynamische Effekte

Nun wird eine Annäherung an diese Effekte vorgestellt.

6.9.1 Auftriebsverteilung und dreidimensionale Effekte

In der Literatur werden unterschiedliche Effekte als 3D-Effekt bezeichnet:

- induzierte Geschwindigkeiten durch die Randwirbel
- veränderte Profilpolare durch die Endlichkeit des Rotorblattes
- veränderte Profilpolare durch Coriolis- und Fliehkräfte

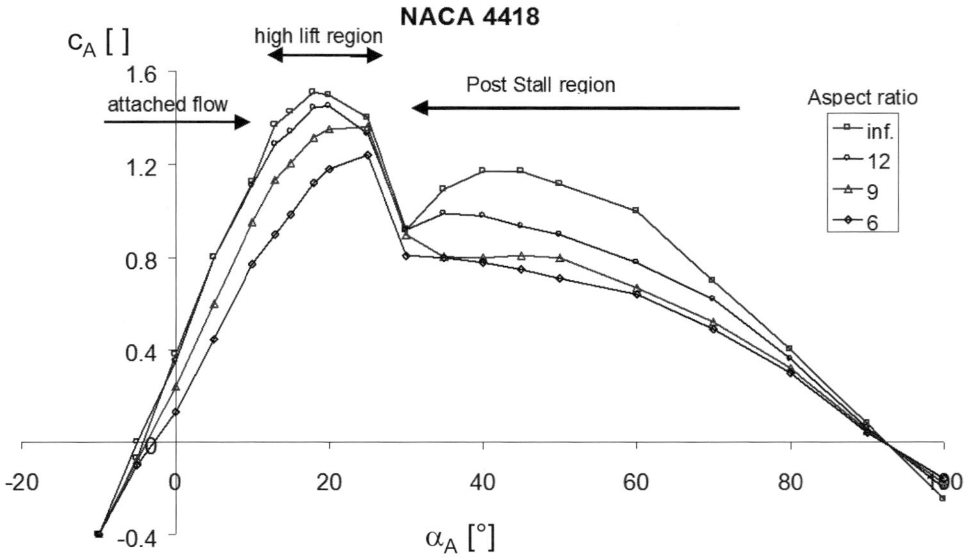

Bild 6-23 Auftriebsbeiwerte für Flügel unterschiedlicher Streckung, Werte nach [7]

Der Auftrieb bei *anliegender* Strömung kann mit der Prandtlkorrektur bestimmt werden. Unsere Version (Gl. 6.23) geht von einer elliptischen Auftriebsverteilung aus. Aufwendigere Rechenverfahren, die auf dem Singularitätenverfahren oder den Euler-Gleichungen basieren, sind jedoch ebenfalls nur für den Bereich anliegender Strömung verwendbar.

Gemessene Profilbeiwerte gibt es normalerweise für den Bereich anliegender Strömung bis hin zum Maximalauftrieb. Flugzeuge fliegen nicht mit abgelöster Strömung. Daher ist es schwierig akkurate Daten aus diesem Bereich zu bekommen. Die Datenbasis für Profilbeiwerte mit abgelöster Strömung ist sehr klein. Der letzte verfügbare Wert aus Profilbeiwerten ist oft bei dem Anstellwinkel, an dem die Strömung beginnt sich abzulösen, Bild 6-23.

Die Auftriebs- und Widerstandsbeiwerte bei *voll abgelöster Strömung* sind bei allen Profilen sehr ähnlich. Hier kann auf die Werte der ebenen Platte zurückgegriffen werden.

Für die ebene Platte gibt es Näherungsgleichungen für den Bereich abgelöster Strömung [8]. Viterna und Corrigan haben dazu noch den Übergang zu den Messdaten formuliert [z.B. in 26]. Hier werden nun Gleichungen nach Viterna für die Profilbeiwerte für den Bereich von $\alpha_A = 15...90°$ Anstellwinkel vorgestellt.

Für abgelöste Strömung können die Beiwerte folgendermaßen zusammengestellt werden:

$$c_W = B_1 \sin^2\alpha_A + B_2 \cos\alpha_A \tag{6.25}$$

wobei $B_1 = c_{W.max}$; $B_2 = \frac{1}{\cos\alpha_{A.s}}\left(c_{W.s} - c_{W.max}\sin^2\alpha_{A.s}\right)$

$c_{W.max}$ ist etwa 1,3 für Rotorblätter von Windturbinen

$\alpha_{A.s}$, $c_{W.s}$: letzter Messwert aus den Profilbeiwerten.

Der korrespondierende Auftriebsbeiwert

$$c_A = A_1 \sin 2\alpha_A + A_2 \frac{\cos^2\alpha_A}{\sin\alpha_A} \tag{6.26}$$

wobei

$$A_1 = \frac{B_1}{2};\; A_2 = \left(c_{A.s} - c_{W.max}\sin\alpha_{A.s}\cos\alpha_{A.s}\right)\frac{\sin\alpha_{A.s}}{\cos^2\alpha_{A.s}}$$

$c_{A.s}$: letzter Messwert aus den Profilbeiwerten.

Nach der Vermessung des Prototyps sollten diese Werte an die Realität angepasst werden.

Wenn die Rotorblätter rotieren, wirken weitere 3D-Effekte auf die Strömung ein. Messungen weisen auf höhere Auftriebskräfte in Nabennähe hin. Coriolis- und Zentrifugalkräfte beeinflussen die Strömung. Besonders die Werte im Bereich des Maximalauftriebes werden beeinflusst. Von Snel gibt es eine Veröffentlichung zur Bestimmung des zusätzlichen Auftriebs [9]. Demnach beeinflusst die lokale Blattflächendichte (Flächenfüllungsgrad in Bild 5-15) die Auftriebsbeiwerte, Bild 6-24.

$$c_{A.3D.rot} = c_{A.2D} + \Delta c_A \tag{6.27}$$

Der zusätzliche Auftriebsbeiwert Δc_A ist eine Funktion der lokalen Blatttiefe t (r) und des lokalen Radius r, $c_{A.inv}$ stammt aus Gl. 6.30:

$$\Delta c_A = 3\left(\frac{t}{r}\right)^2 \left(c_{A.inv} - c_{A.2D}\right)\,. \tag{6.28}$$

Mit den Forderungen

- der Auftrieb darf nicht den Auftrieb für anliegende Strömung überschreiten
- der Auftrieb soll für extreme Anstellwinkel (ca. 90°) auf Null zurückgehen

ist es praktisch, die Gleichung 6.27 zu modifizieren

$$\Delta c_{\mathrm{A}} = \tanh\left(3\left(\frac{t}{r}\right)^2\right)\left(c_{\mathrm{A.inv}} - c_{\mathrm{A.2D}}\right)\cos^2 \alpha_{\mathrm{A}} \qquad (6.29)$$

Mit dieser Modifikation ist die Korrektur allerdings auf positive Auftriebsbeiwerte beschränkt. Diese Korrektur gilt nur für rotierende Rotorblätter. Sie hat nur auf Rotorblätter mit großer Blatttiefe in Nabennähe einen Einfluss.

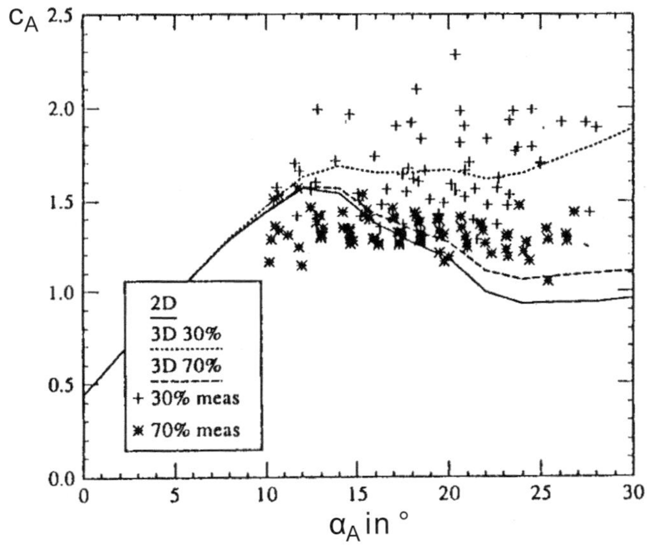

Bild 6-24 Einfluss von 3D-Effekten auf die Auftriebsbeiwerte c_{A}. 2D-Messung sowie 3D-Messwerte und 3D-korrigierte Auftriebsbeiwerte c_{A} für 30% und 70% Rotorblattlänge [9]

Es gibt verschiedene Theorien über den Widerstandsbeiwert unter diesen Bedingungen. Üblicherweise werden die Änderungen vernachlässigt, da der Effekt auf die Windturbine sehr klein ist.

Natürlich sind dies alles rohe Approximationen an die komplexe Physik bei beginnendem Strömungsabriss.

Heute können diese „3D-Effekte“ mit CFD-Rechenverfahren berechnet werden, die viskose Effekte berücksichtigen. Das Ergebnis wird stark vom Turbulenzmodell und vom Navier-Stokes-Solver beeinflusst [10], siehe auch Kap. 6.9.5. Das Hauptproblem ist der Zeitbedarf dieser Berechnungsverfahren. So erscheint es angebracht, aus diesen Methoden die 2D-Profilpolare rückwärts zu berechnen und sie in üblichen BEM-Programmen zur Berechnung dynamischer Lasten zu verwenden.

6.9.2 Dynamische Strömungsablösung (Dynamic Stall)

Ein Modell für die dynamische Strömungsablösung ist notwendig, wenn aerodynamische Kräfte von elastischen Rotorblättern in turbulenter Strömung bestimmt werden sollen. Andernfalls erreichen die dynamischen Lasten ein unrealistisch hohes Lastniveau. Die dahinter stehende Physik ist sehr komplex, speziell bei Ablösung der Strömung an der Vorderkante. An Rotorblättern von Windturbinen mit großen Reynoldszahlen und dicken Vorderkanten erwarten wir Strömungsablösung von der Hinterkante her. Für Hubschrauber wurde ein Modell von Beddoes-Leishman entwickelt. Für Windturbinen wurde das Modell von Øye vereinfacht [11]. Dieses Modell arbeitet sehr gut für Hinterkantenablösung.

Zunächst wird eine Kurve für den Auftriebsbeiwert in Anlehnung an die ebene Platte bei anliegender Strömung modelliert:

$$c_{A.\text{inv}}(\alpha_A) = 2\pi\,(\alpha_A - \alpha_{A.0}) \quad \text{(für dünne Profile)} \tag{6.30}$$

Der Nullauftriebswinkel $\alpha_{A.0}$ ist der Anstellwinkel, bei dem der Auftriebsbeiwert des aktuellen Profils gerade Null ist. Dann wird die Kurve für abgelöste Strömung modelliert. Für voll abgelöste Strömung (Index „sep" für separated flow) gilt nach Hoerner [8] bei der ebenen Platte

$$c_{A.\text{sep}}(\alpha_A) = c_{W.\max}\,\sin(\alpha_A - \alpha_{A.0})\cdot\cos(\alpha_A - \alpha_{A.0}) \tag{6.31}$$

Die Auftriebsbeiwerte eines vorhandenen Profils können nun als Funktion eines Ablösegrades f beschrieben werden

$$f_{\text{stat}}(\alpha) = \frac{c_A - c_{A.\text{sep}}}{c_{A.\text{inv}} - c_{A.\text{sep}}} \tag{6.32}$$

Für jeden Anstellwinkel kann nun der stationäre Ablösegrad f ermittelt werden. Zu jedem Ablösegrad f gibt es nun einen passenden Auftriebsbeiwert c_A. Der Ablösegrad f schwankt zwischen null und eins und kann als Position der Ablösung gedeutet werden. Bei schnellen Änderungen des Anstellwinkels benötigt der Ablösepunkt auf dem Profil Zeit, um sich an den stationären Punkt zu bewegen. Das Zeitverhalten wird beim Øye-Modell durch ein einfaches PT1-Verhalten abgebildet [11].

$$\frac{df}{dt} = \frac{(f_{\text{stat}} - f)}{\tau_{\text{fak}}} \tag{6.33}$$

Die Zeitkonstante τ_{fak} hängt von der Profiltiefe t und der Anströmgeschwindigkeit c ab

$$\tau_{\text{fak}} = a\frac{t}{c} \tag{6.33}$$

Der Faktor a ist aus Messungen zu ermitteln. Für eine Anlage wurde $a = 4$ ermittelt [11, 12]. Für die Simulation im Zeitbereich bedeutet das

$$f_i(t) = f_{i-1} + (f_{stat} - f_{i-1}) \cdot \Delta t / \tau_{fak} \quad (6.34)$$

Damit wird nun der Auftriebsbeiwert bestimmt, Bild 6-25:

$$c_A(\alpha_A, t) = f(t)\, c_{A.inv}(\alpha_A) + (1 - f(t))\, c_{A.sep}(\alpha_A) \quad (6.35)$$

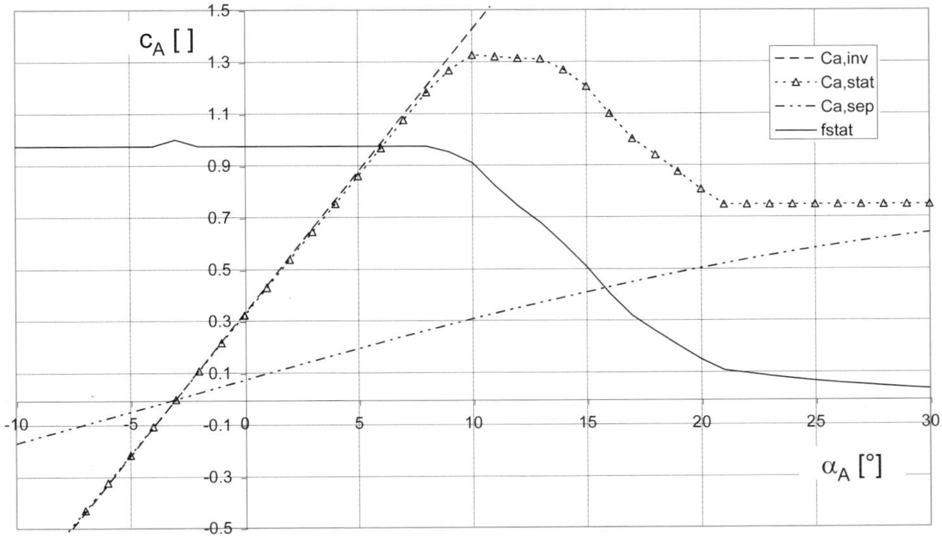

Bild 6-25 Zusammensetzung des Auftriebsbeiwertes c_A aus den Hilfskurven für anliegende Strömung $c_{A.inv}$ und voll abgelöste Strömung $c_{A.sep}$ mit Hilfe des Ablösegrades f_{stat} als Funktion des Anstellwinkels α_A

6.9.3 Singularitätenverfahren

Ein älteres Verfahren, das von der Laplace-Gleichung zur Beschreibung reibungsfreier Strömungen ausgeht (Potentialtheorie), ist das *Singularitätenverfahren.* Hier werden die umströmten Objekte durch Wirbel oder Quellen und Senken am Rotor vereinfachend beschrieben und der Hauptströmung überlagert. Problematisch ist die Beschreibung des Rotornachlaufs. Dieser wird entweder als starr angenommen, oder die Form wird iterativ ermittelt. Obwohl die Laplace-Gleichung nur für reibungsfreie Strömungen gilt, werden die Singularitätenverfahren immer wieder in Kombination mit Profilpolaren angewendet, allerdings liefern sie nur im Bereich niedriger Profilwiderstandsbeiwerte gute Ergebnisse, Bild 6-26.

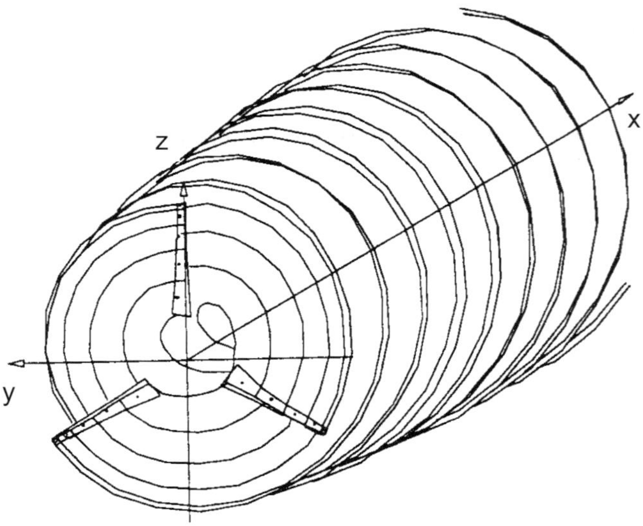

Bild 6-26 Traglinienmodell mit freiem Nachlauf

6.9.4 Numerische Strömungssimulation bei Windkraftanlagen

Vorbemerkung zur numerischen Strömungssimulation

Ziel der Anwendung der numerischen Strömungssimulation mit *Computational Fluid Dynamics* (CFD) ist die räumlich und zeitlich aufgelöste Berechnung und Visualisierung von Strömungsfeldern zur Vertiefung des Verständnisses der Strömungsvorgänge und zur Einsparung von kostenintensiven Versuchen, die bei Windkraftanlagen und anderen großen Strömungsmaschinen nur unter Verwendung von kleineren Modellen oder direkt am schon gebauten Prototypen möglich sind. Bei Wahl geeigneter strömungsphysikalischer Modelle wird vom „numerischen Windkanal“ erhofft, die Strömungseffekte genauer abzubilden als die halbempirischen Ansätze der Blattelement-Methode. Die strömungsgünstige Gestaltung von Bauteilen – wie Flügel, Spinner, Gondel aber auch Lüftungs- und Kühlsystem – hilft, optimierte Kräfteverteilung, minimierte Strömungsverluste, verbesserte Akustik usw. zu erreichen. Basis der CFD bilden die Euler-Bewegungsgleichungen bei reibungsfreiem Fluid bzw. die Navier-Stokes-Bewegungsgleichungen bei Berücksichtigung der Viskosität [z.B. 13, 14]. Durch Zeitschrittauflösung kann CFD auch instationär ablaufende Vorgänge und durch beliebige Schnittlegung bei der Auswertung messtechnisch schwierig zugängliche Bereiche des Strömungsfeldes darstellen.

Bei Nutzung von CFD durch erfahrene Experten und sinnvoller Eingabe der benötigten Randbedingungen lassen sich mit vertretbarem Zeitaufwand Resultate erzielen, die für stationäre Strömungsvorgänge, z.B. im Auslegungspunkt des Rotors, relativ nah an der Realität liegen. Bei instationären Strömungsvorgängen, z.B. im Stall-

Betrieb von Windkraftanlagen, sind erhebliche Rechenzeiten nötig, und es besteht immer noch Forschungsbedarf, um die Modellierungen zu verbessern [10].

Da die bei CFD verwendeten *physikalischen Grundgleichungen* zur Beschreibung der Strömungsvorgänge nur als gekoppelte partielle Differentialgleichungen iterativ genähert gelöst werden, ergibt sich immer noch eine verbleibende Abweichung zur exakten Lösung. Der Auswahl des Strömungsmodells, das die Ansätze z.B. zur Turbulenzmodellierung beinhaltet, kommt ebenfalls ein großer Einfluss auf das Ergebnis zu. Zum Beispiel kann ein einfaches und daher schnell rechnendes Turbulenzmodell aus zwei Gleichungen weder die Ausbildung der Grenzschicht – und damit die Kräfteverteilung auf der Flügeloberfläche – noch den Umschlag der Strömung von laminar nach turbulent (Transition) sinnvoll wiedergeben, Bild 6-27. Aufwendige Strömungsmodelle dagegen liefern genauere Resultate bei einem Vielfachen an Rechenzeit.

Die *Auswertung der CFD-Ergebnisse* beinhaltet neben der Darstellung der gewünschten Größen im Strömungsfeld (visuell oder auch als integrale Werte) immer eine kritische Betrachtung der gewählten Randbedingungen. Bei der Bewertung der CFD mit Hilfe von vorhandenen Messergebnissen ist neben dem Hinterfragen der Simulationsergebnisse auch immer zu berücksichtigen, dass Messwerte von realen Anlagen ebenfalls mit einer Messunsicherheit behaftet sind – und manchmal sind hier Unstimmigkeiten erst mit Hilfe der CFD aufgedeckt worden.

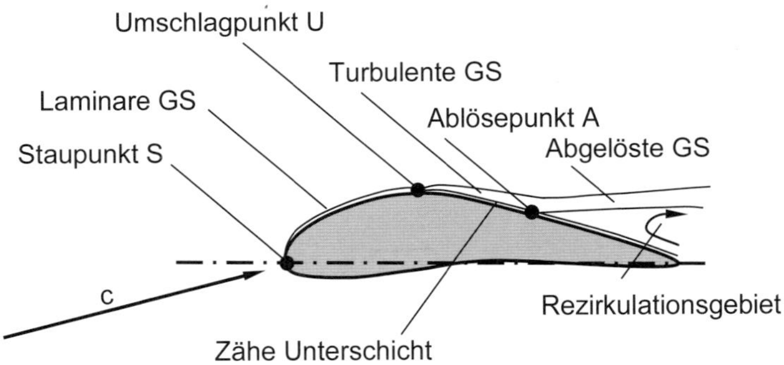

Bild 6-27 Schema der Entwicklung der Grenzschicht (GS) und Ablösung an einem Flügelprofil

Das Vorgehen bei der numerischen Simulation gliedert sich in die folgenden Bearbeitungsschritte:

1. Diskretisierung des Strömungsgebiets in viele kleine Teilvolumina zur Erstellung eines räumlichen Gitters (Finite-Volumen-Methode), vgl. Bild 6-28 als 2D-Beispiel,
2. Beschreibung der Strömungsvorgänge durch geeignete partielle Differentialgleichungen (bei einphasiger Strömung Kontinuitätsgleichung, d.h. Massenerhalt, und Impulsbilanz) sowie z.B. Gasgleichung für Temperaturberücksichtigung,

3. Wahl eines geeigneten vereinfachenden Strömungsmodells zur Lösung sowie der Randbedingungen (z.B. Eintrittsgeschwindigkeit und -winkel, weitere Bedingungen an Ein- und Auslass sowie Wänden, vgl. Bild 6-28),
4. iterative Lösung der Gleichungen für jedes diskrete Teilvolumen bis zur gewählten verbleibenden Abweichung (Residuum) und
5. Auswertung und Darstellung mit kritischer Betrachtung der Ergebnisse.

Im Folgenden wird CFD an Beispielen aus dem Bereich der Simulation von Windkraftanlagen erläutert. In Abschnitt 6.9.6 der 4. Auflage dieses Buches sind noch einige tiefere Hinweise zu den Einzelschritten gegeben.

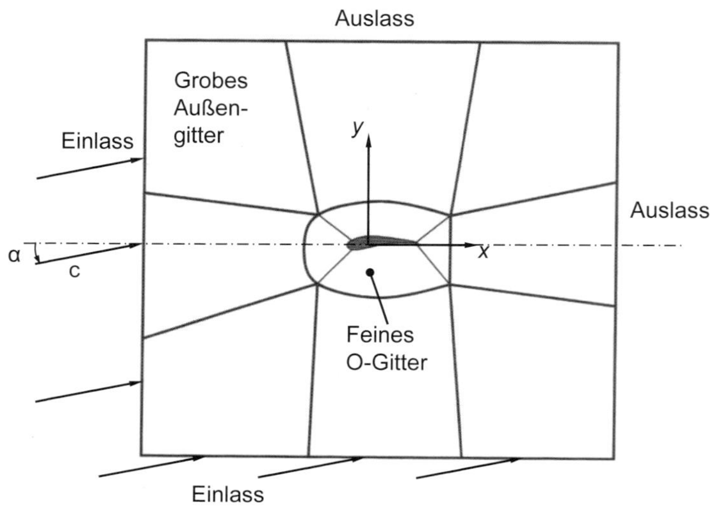

Bild 6-28 Schema eines blockstrukturierten 2D-CFD-Gitters mit O-Gitter um das Flügelprofil, nach [15]

6.9.5 Beispiele für CFD bei Windkraftanlagen

Schon in frühen experimentellen Arbeiten an Propellern ist festgestellt worden, dass aufgrund von *3D-Effekten in den nabennahen Bereichen* höhere und an der Flügelspitze geringere Auftriebsbeiwerte und -verläufe auftreten als bei 2D-Profilvermessungen im Windkanal [16]. Experimentell [z.B. 17] und numerisch [18] wurde festgestellt, dass sich auf der Saugseite insbesondere im Nabenbereich aufgrund der hohen Bauwinkel, des Übergangs vom kreisförmigen Blattanschluss auf das Flügelprofil und der ungünstigen Anströmung große Ablösegebiete ausbilden können. Bild 6-29 zeigt schematisch die in der Literatur beschriebenen Effekte.

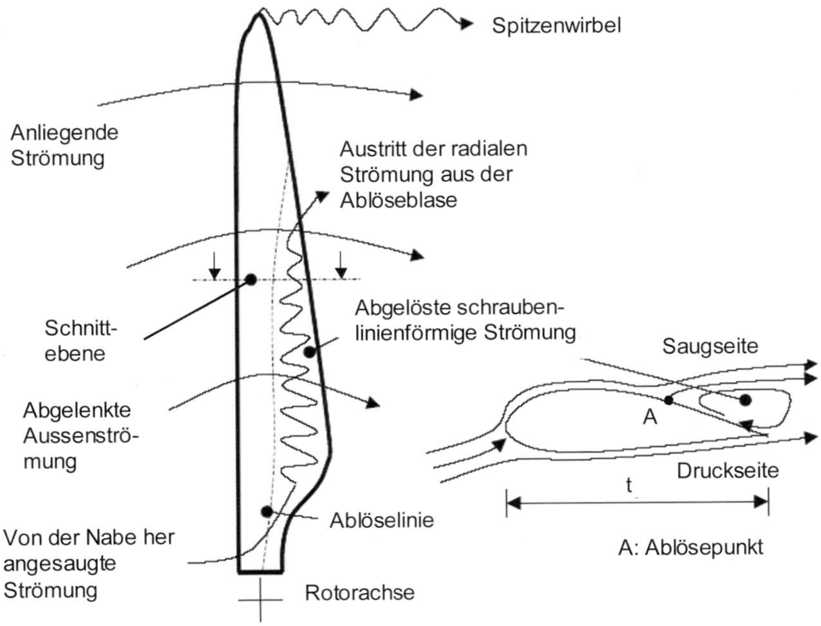

Bild 6-29 Schema der Strömung im Ablösegebiet auf der Saugseite eines Flügels bei höherer Windgeschwindigkeit, nach [15]

Aufgrund der niedrigen Strömungsgeschwindigkeiten im Ablösegebiet wirken sich Zentrifugal- und Corioliskräfte verstärkt aus. Es entsteht im Ablösegebiet eine radial nach außen gerichtete schraubenlinienförmige Strömung.

Um die Eignung der an unterschiedlichen Institutionen eingesetzten CFD-Programme zur Simulation der Strömung bei Windkraftanlagen zu vergleichen, zu verbessern und Wissen gebündelt zum Verständnis der 3D-Effekte einzusetzen, wurden z.B. im europäischen Projekt VISCWIND verschiedene CFD-Teilgebiete untersucht und mit Messergebnissen verglichen [10]. Beispielsweise zeigt Bild 6-30 die mit einer 3D-Rechnung der *Umströmung eines rotierenden Flügels* LM 19.1 ermittelten wandnahen Stromlinien. Das Ablösegebiet mit den nahezu radial verlaufenden Stromlinien dehnt sich bei konstanter Rotordrehzahl mit steigender Windgeschwindigkeit (d.h. in Richtung Stall) auf der Saugseite des Profils von der Nabe her immer weiter bis zur Flügelspitze aus und weist bei v_1 = 15 m/s wandnah deutliche Rückströmungen auf. An realen Flügeln wird dies durch Aufkleben von Wollfaden-Sonden sichtbar gemacht – aber auch unabsichtlich durch Verschmutzung (z.B. Öl oder Fett aus Pitch-Mechanismus und Blattlager).

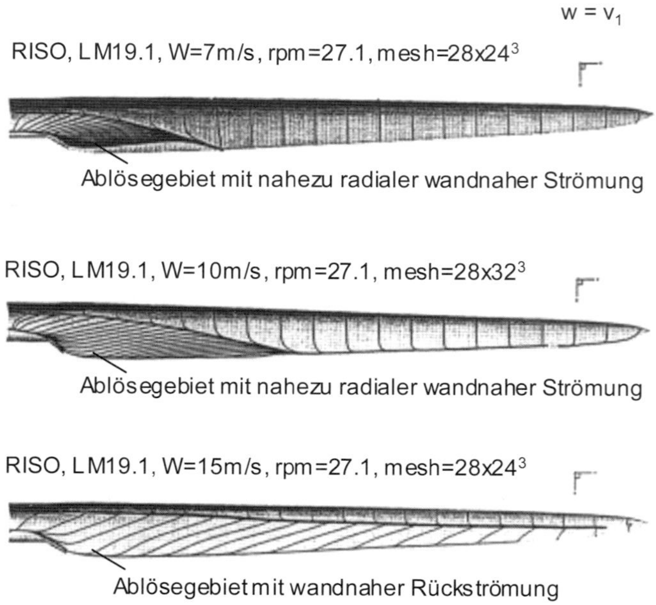

Bild 6-30 Saugseitige Wandstromlinienbilder aus der CFD-Berechnung eines 19.1 m-LM-Rotorblatts bei verschiedenen Windgeschwindigkeiten [10]

Auch CFD-Rechnungen der 2D-Profilumströmung lassen sich durch Zusatzterme für Radialkräfte in *Quasi-3D-Berechnungen* eines rotierenden Flügelschnitts überführen. Bei Vergleichsrechungen von 2D- und Quasi-3D-Flügelumströmung eines um 20° angestellten, rotierenden Profils konnte gezeigt werden (Bild 6-31), dass sich durch den berücksichtigten 3D-Effekt (Zentrifugalkräfte) die Größe der saugseitigen Ablösung verringert und somit sich die Druckverteilung zu günstigeren Werten ändert, was die erhöhten Auftriebsbeiwerte im Nabenbereich wiedergibt. So konnten durch die Vergleichsrechnungen basierend auf existierenden Ansätzen [9, 19] neue Korrekturformeln für die Umrechnung der 2D-Windkanal-Profildaten auf Spitzen- und Nabenbereich geschehen, bei denen nicht nur das Verhältnis t/r von lokaler Flügeltiefe t zum lokalen Radius r (wie in Bild 6-24, 30 und 70%-Werte) sondern auch der Bauwinkel berücksichtigt wird [10].

Bei *vollturbulenter Berechnung von Tragflügelprofilen* tritt im Vergleich zu gemessenen Profilkennlinien oft vor allem beim Widerstandsbeiwert eine Überschätzung der Werte auf. Gründe hierfür können vor allem im schnelleren und stärkeren Grenzschichtwachstum der turbulenten gegenüber der real zunächst laminaren Grenzschicht liegen, vgl. Bild 6-27. Da sich die effektive Profilform aus Profil und Grenzschicht ergibt, resultiert sowohl eine „Verformung" des effektiven Profils als auch eventuell eine Staupunktwanderung in der CFD-Simulation beim vollturbulenten Ansatz.

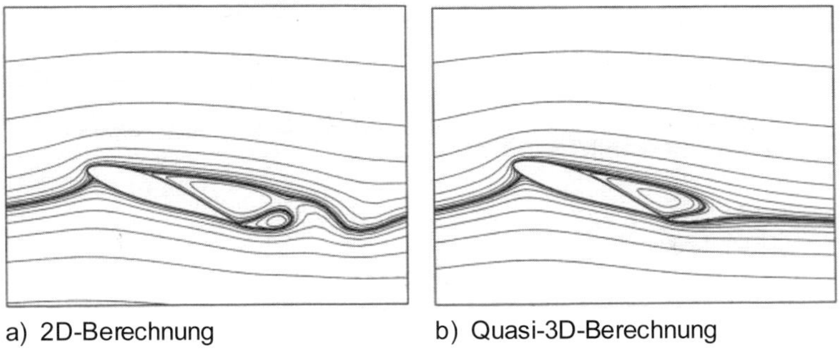

Bild 6-31 Stromlinien a) aus 2D-CFD-Berechnung der Umströmung eines NACA 63_2-415 Tragflügels mit 20° Anstellwinkel, $Re = 1{,}5*10^6$, b) Reduktion des Ablösegebiets durch Radialkrafteinfluss der Rotation in Quasi-3D-Berechnung [10]

CFD-Vergleichsrechnungen mit einer gemessenen Anlagenkennlinie finden derzeit vor allem dadurch statt, dass ein 120°-Ausschnitt um einen Flügel simuliert und entsprechend das Ergebnis auf die drei Flügel der realen Anlage umgerechnet wird. Hierbei sind meist die Rotor-Turm-Gondel-Interaktion sowie der Gradient der Bodengrenzschicht vernachlässigt. Dies ist z.B. für eine Stall-Anlage Nordtank N500/41 durchgeführt worden [10]. Während bei anliegender Strömung auch einfachere Turbulenzmodelle relativ gute Übereinstimmungen ergeben, wird der kompliziertere Stallbereich am besten durch das SST-Modell wiedergegeben, Bild 6-32.

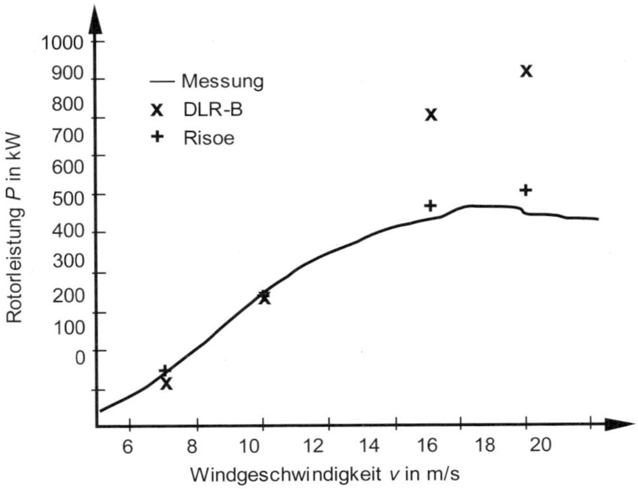

Bild 6-32 Vergleich der gemessenen und berechneten Rotorleistung einer Nordtank 500/41, DLR-B: Baldwin-Lomax-Turbulenzmodell, Risø: SST-k-ω-Turbulenzmodell, nach [10]

Das SST-Modell verwendet für die freie und die körpernahe Strömung unterschiedliche Turbulenzmodellierungsansätze. Auch für 2D-Rechnungen zeigt sich, dass einfache Turbulenzmodelle nur bis etwa 25° Anstellwinkel relativ gute Ergebnisse liefern.

Bild 6-33 zeigt für ausgewählte Bereiche eines 60 m-Rotors die Stromlinienbilder der CFD-Berechnung für den Auslegungspunkt. Der Wirbelzopf an der Blattspitze (Lärmquelle, Tip-Verluste) ist deutlich zu erkennen, ebenso wie das turbulente Ablösegebiet im Übergang von der zylinderförmigen Blattwurzel auf das Flügelprofil. Wie in Bild 6-29 schematisch gezeichnet, ist auch hier erkennbar, dass im Ablösegebiet die Fliehkräfte die Luft nach außen treiben.

In Verbindung mit experimentellen Windkanalstudien wird die Genauigkeit der CFD überprüft. Hier sind von besonderem Interesse die Verbesserung der Modelle zur Simulation des Umschlags von laminarer zu turbulenter Strömung (Transition, vgl. Bild 6-27), der Einfluss von Rauigkeitseffekten auf den Strömungsumschlag, Profilkonturveränderungen sowie der Einfluss der Reynoldszahl auf die Profilpolare [20].

Die Qualität der Abbildung der Transition bestimmt die Wiedergabe der realen Strömungsverhältnisse und damit der auftretenden Kräfte auf den Flügel. Rauigkeitseinflüsse können durch bewusst eingesetzte Maßnahmen (Stolperdrähte bei Stall-Flügeln) oder durch Verschmutzung auftreten.

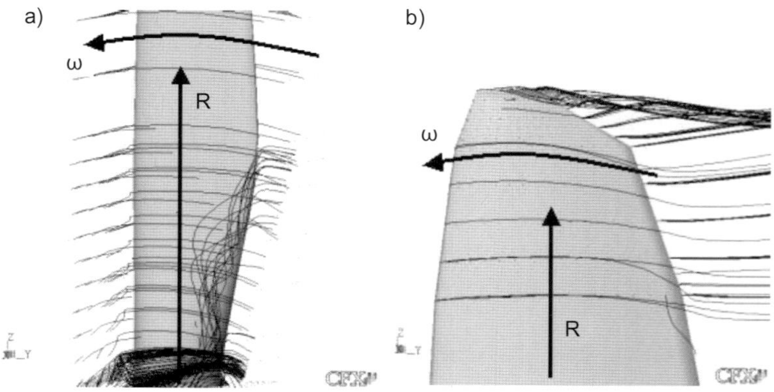

Bild 6-33 Stromlinien (a) an der Flügelwurzel und (b) an der Flügelspitze eines 60 m-Rotors [15]

Die Reynoldszahl-Effekte sind von Interesse, da die Reynoldszahl am selben Flügel aufgrund der mit dem Radius zunehmenden Anströmgeschwindigkeit bei gleichzeitig abnehmender Profiltiefe stark variiert. Weiterhin wird auch an der direkten Kombination von CFD und Blattelement-Methode (z.B. im Aktuator-Disk-Modell) geforscht [21].

Die *Umströmung einer gesamten Windkraftanlage* stellt einen komplexen dreidimensionalen Anwendungsfall dar. Neben dem Windgradienten in der Bodengrenzschicht der Anströmung tritt, wie geschildert, in der Realität im vorderen Profilbereich der Umschlag von laminarer Strömung zu turbulenter Strömung sowie insbesondere an der Flügelhinterkante Ablösungseffekte bei Stall-Betrieb auf. Weitere Phänomene sind die Wirbel bei der Spitzenumströmung sowie die Interaktion von Flügel, Gondel und Turm. Daher ist die Größe des diskretisierten Strömungsgebiets ein wichtiger Gesichtspunkt: Ist das modellierte Strömungsgebiet zu klein, z.B. in Strömungsrichtung, kann die Aufweitung der Stromröhre nicht sinnvoll wiedergegeben werden (ähnlich den Wandeffekten bei einem zu großen Anlagen-Modell in einem Windkanal mit zu kleinem Querschnitt). Ist es zu groß, wird in akzeptabler Rechenzeit kein Ergebnis erzielt. Ebenso wichtig ist die lokale Feinheit des Gitters. Ist es in Wandnähe (Bild 6-28, O-Gitter) nicht entsprechend dem gewählten Turbulenzmodell gestaltet und zu grob, wird die Grenzschicht nicht richtig modelliert oder das eigentlich glatte Tragflügelprofil erhält Ecken, die die Strömung empfindlich stören. In wandfernen Gebieten hingegen kann ein grobes Gitter die Rechenzeit erheblich verkürzen ohne großen negativen Einfluss auf die Berechnungsergebnisse.

Aufgrund gestiegener Rechnerkapazitäten können inzwischen immer größere Strömungsbereiche abgebildet und zeitnah berechnet werden. Bild 6-34 zeigt beispielsweise die wandnahen Stromlinien auf den Rotor einer MW-Anlage und (vereinfachter) Gondel. Es wurde ein 120°-Ausschnitt gerechnet und an den periodischen Seitenflächen kopiert. Das Strömungsgebiet beginnt 3x Rotordurchmesser vor und endet 8x Rotordurchmesser hinter der Rotorebene, um Zuströmung und Nachlauf sich ausbilden zu lassen. Deutlich sind im Rotor-Innenbereich vom zylindrischen Blattanschluss her große Ablösegebiete erkennbar, ebenso die Interaktion von Blatt- und Gondelumströmung.

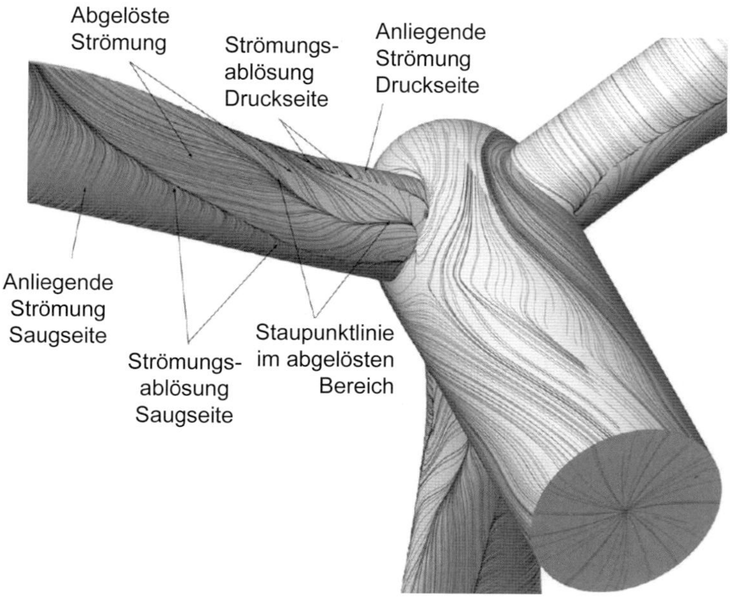

Bild 6-34 Wandnahe Stromlinien auf Rotor und Gondel einer Windkraftanlage aus CFD-Simulation für Windgeschwindigkeit $v_1 = 10{,}8$ m/s und $\lambda = 7$, [23]

Im Rotor-Innenbereich weicht ein Teil der Luft dem Tragflügelprofil aus und durchströmt den Rotor ungenutzt gondelnah im Bereich der zylindrischen Blattanschlüsse. Beispielsweise kann für die im Innenbereich strömungstechnisch optimierte, ertragssteigernde Rotorblattgeometrie der Fa. ENERCON mit CFD gut die verbesserte Strömungsführung über die tropfenförmige Gondel gezeigt werden [22].

Weiterhin wird mit CFD auch schon eine Abstandsoptimierung der Anlagen im Windpark berechnet. Durch Simulation lässt sich bestimmen, welches bei gegebener mittlerer Windgeschwindigkeit und Umgebungs-Turbulenzintensität der minimale Anlagenabstand ist, bei dem die Steigerung der Anlagenbelastung durch erhöhte Turbulenz im Nachlauf und die Ertragseinbußen durch Absenkung der mittleren Windgeschwindigkeit noch vertretbare Grenzen einhalten. Damit ist eine bessere Parkoptimierung möglich als mit standortunabhängig fest vorgegebenen Anlagenabständen.

Insgesamt liegt jedoch für den Bereich der numerischen Strömungssimulation von Windkraftanlagen noch ein erhebliches Forschungspotential vor.

Literatur

[1] Althaus, D.: *Profilpolaren für den Modellflug*, Neckar Verlag, Villingen Schwenningen, 1985

[2] Glauert, H.: *The Analysis of Experimental Results in the Windmill Brake and Vortex Ring States of an Airscrew,* Reports and Memoranda, No. 1023, 1926

[3] Naumann, A.: *Luftschrauben im Bremsbereich*, Jahrbuch der Deutschen Luftfahrtforschung 1940, pp. 1745

[4] Prandtl, L.; Oertel, H. (Hrsg.): *Prandtl - Führer durch die Strömungslehre*, F. W. Durand: Aerodynamics, Bd. 4, Vieweg, Braunschweig, 1990

[5] Eggleston, D. M.; Stoddard, F. S.: *Wind Turbine Engineering Design*, Van Nostrand Reinhold, New York, 1987

[6] Fateev, E. M.: *Windmotors and Windpowerstations*, Moskau 1948

[7] Ostowari, C., Naik, D.: *Post Stall Studies of Untwisted Varying Aspect Ratio Blades with NACA 44XX Series Airfoil Sections* - Part II, Wind Engineering, Vol 9 No. 3 1985, p. 149ff

[8] Hoerner, S. F.: *Fluid Dynamic Drag*, Eigenverlag, Bricktown, N. J., 1965 und *Fluid Dynamic Lift*, Eigenverlag, Albuquerque, 1985

[9] Snel, H. et al.: *Sectional Prediction of 3D-Effects for Stalled Flow on Rotating Blades and Comparison with Measurements*, Proceedings ECWEC 1993, Travemünde

[10] Sörensen, J.N. (Editor): *VISCWIND – Viscous Effects on Wind Turbine Blades*, Department of Energy Engineering, Technical University of Denmark, 1999

[11] Øye, S.: *Dynamic Stall – simulated as time lag of separation,* IEA 4th symposium on aerodynamics for wind turbines, Rome 1990

[12] Schepers, J.G., Snel, H.: *Dynamic Inflow, Yawed Conditions and Partial Span Pitch Control*, ECN-C—95-056, Petten 1995

[13] Ferziger, J.H., Peric, M.: *Computational Methods for Fluid Dynamics*, Springer Verlag, 1997

[14] Siekmann, H. E.: *Strömungslehre - Grundlagen*, Springer Verlag, 2000

[15] Hesse, J.: *Numerische Untersuchung der dreidimensionalen Rotorblattumströmung an Windkraftanlagen*, Diplomarbeit TU Berlin, 2004

[16] Himmelskamp, H.: *Profile investigation on a rotating airscrew*, Doktorarbeit, Göttingen, 1945

[17] Milborrow, D.J., Ross, J.N.: *Airfoil characteristics of rotating blades*, IEA, LS-WECS, 12th expert meeting, Kopenhagen, 1984

[18] Sörensen, J.: *Prediction of three-dimensional stall with a wind turbine blade using three level viscous-inviscid-interaction model*, Proc. European Windenergy Association Conference and Exhibition, Rom, 1986

[19] Corten, G.P.: *Flow Separation on Wind Turbine Blades*, Doktorarbeit, Universität Utrecht, 2001

[20] Timmer, W. A.,, Schaffarczyk, A. P.: *The effect of roughness on the performance of a 30% thick wind turbine airfoil at high Reynolds numbers*, Proc. EWEA Conference: The science of making torque from wind, Delft, Niederlande, 2004

[21] Phillips, D., Schaffarczyk, A. P.: *Blade Element and Actuator Disk Models for a Shrouded Wind Turbine*, Proc. 15th IEA Expert Meeting on Aerodynamics of Wind Turbines, NTUA, Athen, Griechenland, 26/27. Nov. 2001

[22] ENERCON: Firmenprospekt der Windenergieanlage E33, Stand 2006

[23] Krämer, T., Rauch, J.: *Dreidimensionale Numerische Simulation der Umströmung eines WKA-Rotors mit besonderem Fokus auf den Nabenbereich*, Studienarbeit TU Berlin, 2006

[24] Paynter, R., Graham, M.: *Wind turbine blade surface pressure measurement in the field*, Proceedings BWEA 17, Warwick 1995

[25] Bierbooms, W.A.A.M.: *A comparison between unsteady aerodynamic models*, Proceedings EWEC 1991, Amsterdam

[26] Spera, D.A.: Wind Turbine Technology, ASME Press, New York 1994

[27] Björck, A.: Dynamic *Stall and Three-dimensional Effects*, FFA TN 1995-31, Stockholm

[28] Rasmussen, F. et al.: Response of Stall Regulated Wind Turbines – Stall Induced Vibrations, Risø-R-691(EN), Risø 1993

7 Modellgesetze und Ähnlichkeitsregeln

Die rasante Steigerung des Durchmessers und der Leistung der Windkraftanlagen von 15 m und 55 kW um 1982 auf 125 m und 5000 kW und mehr 30 Jahre später, wäre mit erschwinglichem Mitteleinsatz ohne die Verwendung der Ähnlichkeitsregeln kaum zu bewerkstelligen gewesen.

Aus einer erfolgreichen praxiserprobten Anlage lässt sich mit deren Hilfe eine ganze Familie von Anlagen unterschiedlicher Größe und Leistungen entwickeln, die sich alle aus der „Urmutter" ableiten. Ohne allzu tief in konstruktive Details, Festigkeitsrechungen und Analyse der Dynamik der neuen Anlage einzusteigen, gewinnt man über die „Skalierungsregeln" schnell ein realitätsnahes Bild der künftigen größeren oder auch kleineren Anlage dieser Familie.

7.1 Anwendungen der Ähnlichkeitstheorie

Kennzeichnend für die "Strömungsmaschine" Windturbine sind die dimensionslosen Kenngrößen für die Leistung c_P, den Schub c_S und das Moment c_M, wie sie in den Kapiteln zu Auslegung und Kennfeldrechnung eingeführt wurden. Sollen diese Größen an zwei unterschiedlich großen Windturbinen gleich sein, müssen die Strömungsverhältnisse gleich sein. Mit Hilfe der Ähnlichkeitstheorie erreicht man das in folgender Weise:

a) Beibehalten der Schnelllaufzahl, d.h. des Verhältnisses von Umfangsgeschwindigkeit an der Blattspitze zu der Windgeschwindigkeit vor dem Rotor:

$$\lambda = \frac{\Omega \cdot R}{v_1} \tag{7.1}$$

b) Beibehalten der Profile, der Flügelzahl und der Werkstoffe

c) Veränderung aller Abmessungen (Radius, Profiltiefe, Holmabmessungen, Hautdicke) im gleichen Verhältnis, d.h. mit dem gleichen Skalierungsfaktor $q = R_2/R_1 = l_2/l_1 = t_2/t_1$ und so weiter.

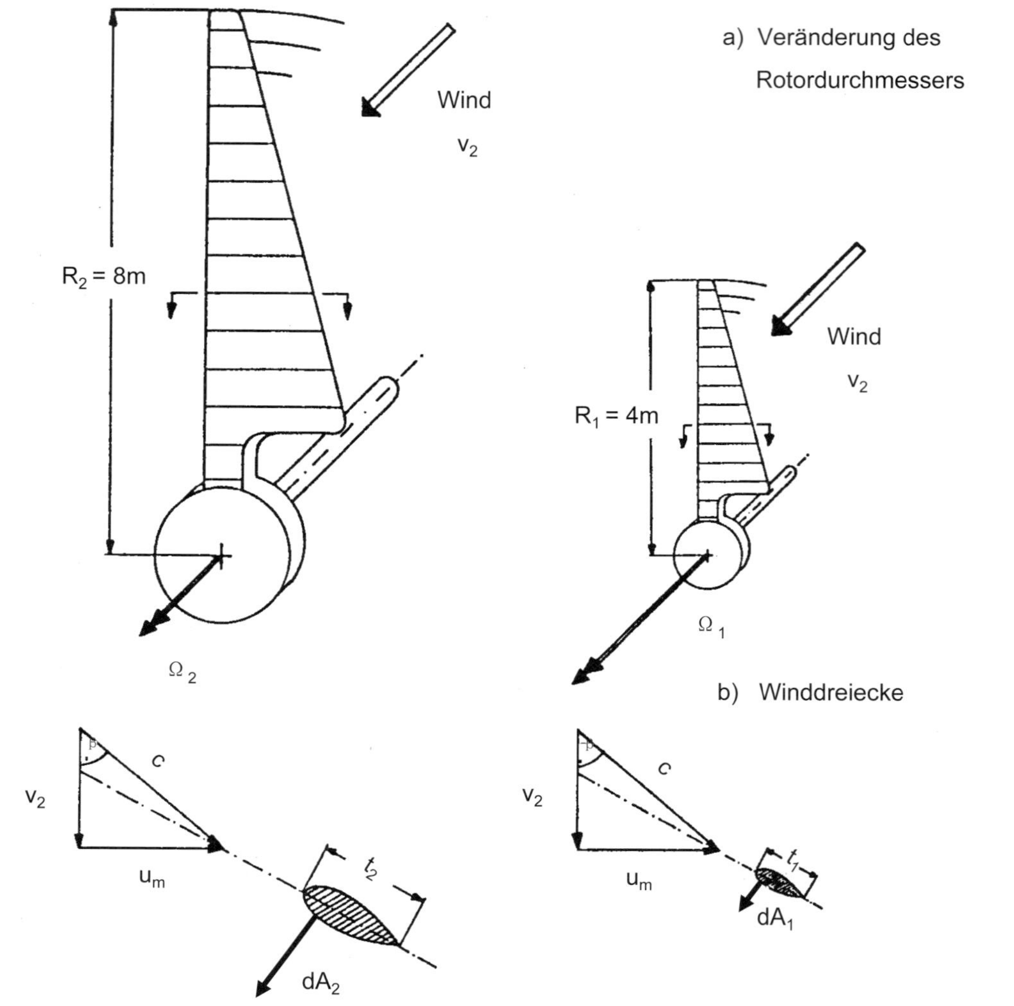

Bild 7-1 Anströmverhältnisse an einander zugeordneten Profilschnitten bei Veränderung des Rotordurchmessers entsprechend den Ähnlichkeitsregeln

In Bild 7-1a sind zwei Rotoren dargestellt, bei denen der zweite (links) die doppelte Flügellänge R_2 hat und entsprechend der oben genannten Anforderungen aus dem ersten (rechts) hervorgegangen ist. Bild 7-1b zeigt die dazugehörenden Anströmverhältnisse an zwei einander zugeordneten Profilschnitten.

Wegen der gleichen Schnelllaufzahl muss bei verdoppeltem Radius die Rotationsgeschwindigkeit Ω halbiert werden. Damit bleiben aber die Umfangsgeschwindigkeiten an zugeordneten Profilschnitten und damit auch die Winddreiecke und Anströmwinkel, die sich daraus ergeben, gleich. Da das gleiche Profil verwendet wird, bleiben der

Auftriebsbeiwert $c_A(\alpha_A)$ und der Widerstandsbeiwert c_W (α_A) erhalten, solange die Reynoldszahl $Re = c \cdot t / \nu$ noch keinen wesentlichen Einfluss ausübt. Daher arbeiten beide Rotoren mit dem gleichen Leistungs- ($c_P = c_P(\lambda)$), Schub- ($c_S = c_S(\lambda)$), und Momentenbeiwert ($c_M = c_M(\lambda)$).

Aus diesen Überlegungen heraus lässt sich jetzt angeben, wie sich eine Veränderung des Rotordurchmessers bzw. der Flügellänge auf die Kenngrößen des Rotors, auf die Kräfte am Flügel, auf die Beanspruchungen im Flügelfuß und auf die Größen auswirkt, die wesentlich für die Dynamik sind, wenn man nach den Ähnlichkeitsregeln verfährt.

In Tabelle 7.1 sind diese Auswirkungen in einer Übersicht zusammengestellt. Bevor im Einzelnen hergeleitet wird, wie diese Übersicht zustande kommt, sollen ihre Ergebnisse betrachtet und interpretiert werden.

Die *Drehzahl* muss sich bei konstanter Schnelllaufzahl umgekehrt proportional zur Änderung der Flügellänge verändern. Leistung und Schub steigen quadratisch, das Drehmoment mit der dritten Potenz der Längenänderung, wie sich an den Gleichungen ablesen lässt.

Die *Luftkräfte* am Flügel steigen quadratisch. Das lässt sich für Schub und Umfangskraft direkt aus dem Gesamtschub bzw. dem Antriebsmoment des Rotors herleiten, gilt aber selbstverständlich ebenso für Auftrieb und Widerstand (Bild 7-1b). Wie die Luftkräfte wachsen die *Fliehkräfte* proportional dem Quadrat der Längenänderung, während das *Gewicht* aufgrund des Volumens mit der 3. Potenz ansteigt.

Für die *Beanspruchungen* im Flügelfuß ergibt sich daraus, dass die Spannungen aus Luftkräften und Zentrifugalkraft unabhängig von der Veränderung der Flügellänge sind, während die Spannungen aus dem Gewicht linear mit der Flügellänge ansteigen. Luftkräfte und Zentrifugalkraft stellen also kein Problem bei einer Flügelvergrößerung dar, dagegen setzt das Gewicht Grenzen.

Für die dynamischen Größen gilt Ähnliches wie für die Luftkräfte und die daraus resultierenden Spannungen. Die *Eigenfrequenzen* des Flügels sinken zwar im gleichen Verhältnis wie die Flügellänge wächst, jedoch gilt das – wie oben gezeigt – auch für die Drehzahl des Rotors. Da die Anregungsfrequenzen aus Turmschatten und Windprofil aber immer proportional der Drehzahl sind, bleibt das *Frequenzverhältnis* zwischen Anregungsfrequenz und Eigenfrequenz unabhängig von einer Veränderung der Flügellänge. Eine resonanzfrei arbeitende Anlage wird daher auch bei Vergrößerung gemäß den Ähnlichkeitsregeln resonanzfrei bleiben.

Eine erprobte, funktionstüchtige Anlage lässt sich also nach den vorn genannten einfachen Regeln (*a*) bis (*c*) zur Basis einer Baureihenentwicklung projektieren,

- solange das Gewicht nicht zum entscheidenden Faktor wird, was bei Großanlagen der Fall ist und
- solange nicht die kritische Reynoldszahl von etwa Re_{unt} = 200.000 unterschritten wird, z.B. Batterielader siehe Abschnitt 7.7.

Tabelle 7.1 Größeneinfluss

	Relativ	Absolut	Proportional
Leistung	$P_2/P_1 = R_2^2/R_1^2$	$P = \rho/2 \cdot c_P(\lambda) \cdot v^3 \cdot R^2 \cdot \pi$	$\sim R^2$
Drehmoment	$M_2/M_1 = R_2^3/R_1^3$	$M = \rho/2 \cdot c_M(\lambda) \cdot v^2 \cdot R^3 \cdot \pi$	$\sim R^3$
Schub	$S_2/S_1 = R_2^2/R_1^2$	$S = \rho/2 \cdot c_S(\lambda) \cdot v^2 \cdot R^2 \cdot \pi$	$\sim R^2$
Drehzahl	$\Omega_1/\Omega_2 = R_2/R_1$		$\sim R^{-1}$
Gewicht	$G_2/G_1 = R_2^3/R_1^3$		$\sim R^3$
Luftkräfte	$L_{K2}/L_{K1} = R_2^2/R_1^2$		$\sim R^2$
Fliehkräfte	$F_2/F_1 = R_2^2/R_1^2$		$\sim R^2$

Beanspruchungen aus:	**Relativ**	**Proportional**
Gewicht	$\sigma_{G2}/\sigma_{G1} = R_2/R_1$	$\sim R^1$ **!**
Fliehkräften	$\sigma_{F2}/\sigma_{F1} = 1$	$\sim R^0$
Luftkräften	$\sigma_{L2}/\sigma_{L1} = 1$	$\sim R^0$
Dynamik:		
Eigenfrequenzen	$\omega_{R2}/\omega_{R1} = R_1/R_2$	$\sim R^{-1}$
Frequenzverhältnis	Ω/ω_n	$\sim R^0$
Dämpfungsgrad D		$\sim R^0$

Es bleibt nachzuweisen, dass die in der Übersicht behaupteten Proportionalitäten in den Beanspruchungen am Flügelfuß und bei den dynamischen Größen richtig sind.

Bei den Beanspruchungen beschränken wir uns dabei auf Zug- und Biegespannungen. Für die Schubspannungen gelten die Aussagen entsprechend.

7.1.1 Biegespannungen der Blätter aus Luftkräften

Die Biegemomente M_F im Flügelfuß, die aus den Luftkräften entstehen, ergeben sich in Schlagrichtung aus dem Schub S_F und in Umfangsrichtung aus der Umfangskraft bzw. aus dem Antriebsmoment dividiert durch die Anzahl z der Flügel (Bild 7-2).

$$S_F = \frac{S}{z} = \frac{1}{z} \cdot c_S(\lambda) \cdot \frac{\rho}{2} \cdot v_1^2 \cdot \pi \cdot R^2 \tag{7.2}$$

$$M_F = \frac{M}{z} = \frac{1}{z} \cdot c_M(\lambda) \cdot \frac{\rho}{2} \cdot v_1^2 \cdot \pi \cdot R^3 \tag{7.3}$$

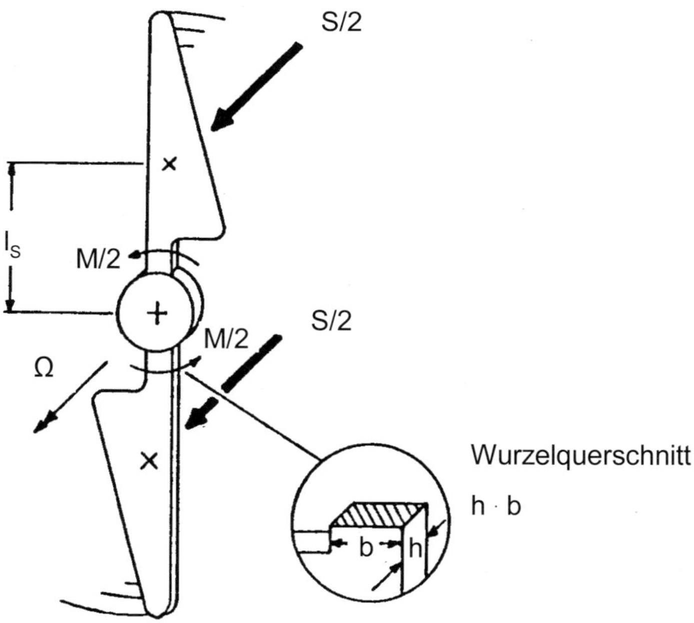

Bild 7-2 Biegemomente im Flügelfuß aus Luftkräften für einen Zweiflügler

Bei einem rechteckigem Querschnitt der Flügelwurzel ergeben sich die Biegespannungen mit Hilfe der Widerstandsmomente $W_{B,S}$ und $W_{B,U}$ zu:

$$\sigma_B^{\text{Schlag}} = \frac{S_F \cdot l_S}{W_{B,S}} = \frac{1}{z} \cdot \frac{c_S(\lambda) \cdot \frac{\rho}{2} \cdot \pi \cdot R^2 \cdot l_S \cdot v_1^2}{\frac{b \cdot h^2}{6}}$$

$$= \left(\frac{3}{z} \cdot c_S(\lambda) \cdot \rho \cdot v_1^2 \cdot \pi \right) \cdot \frac{R^2 \cdot l_S}{b \cdot h^2} \tag{7.4}$$

$$\sigma_B^{\text{Umfang}} = \frac{M_F}{W_{B,U}} = \frac{1}{z} \cdot \frac{c_M(\lambda) \cdot \frac{\rho}{2} \cdot \pi \cdot R^3 \cdot v_1^2}{\frac{h \cdot b^2}{6}}$$

$$= \left(\frac{3}{z} \cdot c_M(\lambda) \cdot \rho \cdot v_1^2 \cdot \pi \right) \cdot \frac{R^3}{h \cdot b^2} \tag{7.5}$$

Vergrößert oder verkleinert man nun alle Längen (R, b, h, l_S), wie von der Ähnlichkeitstheorie verlangt, um den gleichen Faktor, dann bleiben die Biegespannungen konstant!

$$\sigma_B \sim R^0 \tag{7.6}$$

Wir haben hier der Einfachheit halber mit einem Rechteckquerschnitt an der Flügelwurzel gerechnet. Mit einem Kreisquerschnitt oder einem Rohrquerschnitt erhält man das gleiche Resultat.

7.1.2 Zugspannungen in der Flügelwurzel aus den Fliehkräften

Die Zugspannungen in der Flügelwurzel aufgrund der Fliehkraft F ergeben sich mit Hilfe der Querschnittsfläche A des Flügelfußes zu:

$$\sigma_F = \frac{F}{A} \tag{7.7}$$

Bild 7-3 zeigt, wie sich die Fliehkräfte bei einer Verlängerung des Flügels ändern, wenn die Ähnlichkeitsregeln beachtet werden.

Mit l als Abstand zwischen Rotorachse und Flügelschwerpunkt gilt für die Fliehkräfte:

$$F_1 = m_1 \cdot l_1 \cdot \Omega_1^2 \tag{7.8}$$

$$F_2 = m_2 \cdot l_2 \cdot \Omega_2^2 \tag{7.9}$$

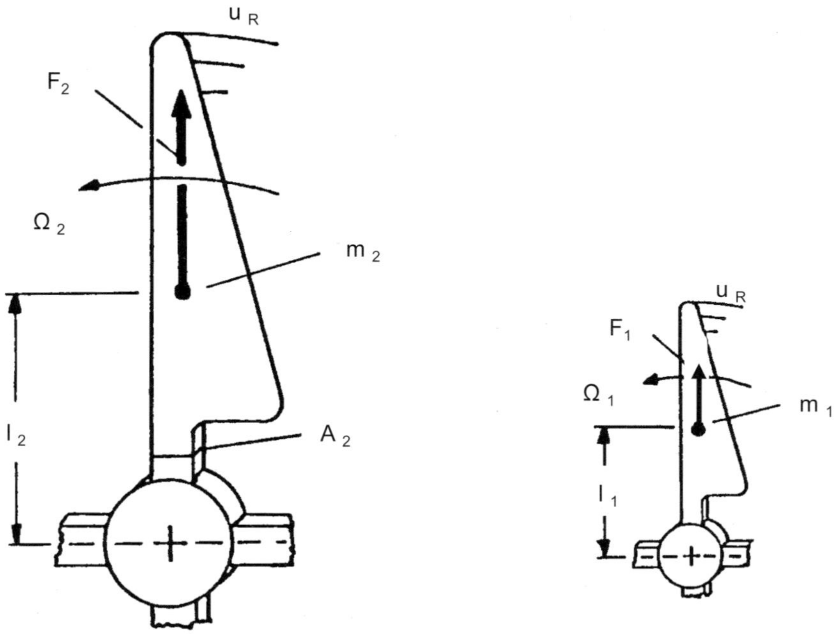

Bild 7-3 Fliehkräfte am Flügel bei einer Veränderung des Rotordurchmessers

Wegen der Ähnlichkeitsregeln gilt:

$$m_2 = m_1 \cdot (R_2 / R_1)^3 \tag{7.10}$$

$$l_2 = l_1 \cdot (R_2 / R_1) \tag{7.11}$$

$$\Omega_2^2 = \Omega_1^2 \cdot (R_1 / R_2)^2 \tag{7.12}$$

Daraus ergibt sich:

$$F_2 = m_1 \cdot l_1 \cdot \Omega_1^2 \cdot (R_2 / R_1)^2 \tag{7.13}$$

Die Querschnittsfläche im Flügelfuß beträgt:

$$A_2 = A_1 \cdot (R_2 / R_1)^2 \tag{7.14}$$

Eingesetzt in die Gleichung (7.7) ergibt sich daher für die Zugspannungen im Flügelfuß des vergrößerten Flügels:

$$\sigma_{F2} = \frac{F_2}{A_2} = \frac{m_1 \cdot l_1 \cdot \Omega_1^2 \cdot (R_2 / R_1)^2}{A_1 \cdot (R_2 / R_1)^2} = \frac{F_1}{A_1} = \sigma_{F1} \tag{7.15}$$

Damit sind die Zugspannungen im Flügelfuß aufgrund der Fliehkräfte unabhängig von einer Veränderung des Rotordurchmessers!

7.1.3 Biegespannungen in der Flügelwurzel aufgrund des Gewichts

Das Einspannmoment M_E in der Flügelwurzel aufgrund des Flügelgewichtes beträgt:

$$M_E = m \cdot g \cdot l \tag{7.16}$$

wenn l den Abstand der Flügelwurzel zum Flügelschwerpunkt beschreibt.

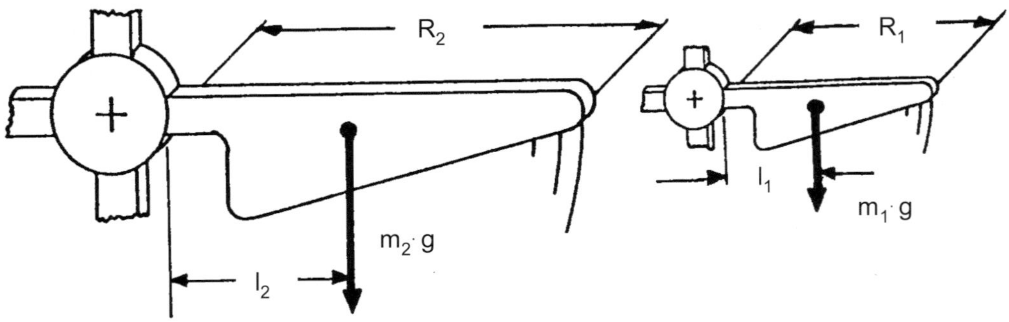

Bild 7-4 Gewicht am Flügel bei Veränderung des Rotordurchmessers

In Bild 7-4 ist dieser Sachverhalt wieder für zwei Flügel unterschiedlicher Länge dargestellt.

Aus den Ähnlichkeitsregeln ergibt sich wiederum:

$$m_2 = m_1 \cdot (R_2/R_1)^3 \tag{7.17}$$

$$l_2 = l_1 \cdot (R_2/R_1) \tag{7.18}$$

beziehungsweise

$$M_{E,2} = M_{E,1} \cdot (R_2/R_1)^4 \tag{7.19}$$

Für das Widerstandsmoment bei rechteckigem Flügelfuß entsprechend Bild 7-2 erhalten wir:

$$W_{B,2} = \frac{h_1 \cdot b_1^2}{6} \cdot (R_2/R_1)^3 = W_{B,1} \cdot (R_2/R_1)^3 \tag{7.20}$$

Somit ergibt sich für das Verhältnis der Biegespannungen aus dem Gewicht:

$$\sigma_{B,2} = \frac{M_{E,2}}{W_{B,2}} = \frac{M_{E,1}}{W_{B,1}} \cdot (R_2/R_1) = \sigma_{B,1} \cdot (R_2/R_1) \tag{7.21}$$

Das heißt aber, die Biegespannungen im Flügelfuß aus dem Gewicht wachsen in dem Verhältnis, in dem der Rotordurchmesser vergrößert wird. Das "sorgt dafür", dass Windturbinen nicht beliebig groß gebaut werden können und stellt gleichzeitig eine Einschränkung für die naive Anwendung der Ähnlichkeitsregeln im Bereich extrem großer Anlagen dar. Hier wird das Gewicht zum begrenzenden Faktor der Größe.

7.1.4 Veränderung der Eigenfrequenzen des Flügels und der Frequenzverhältnisse

Um leicht deutlich zu machen, wie sich die Eigenfrequenzen des Flügels verändern, wenn wir ihn gemäß der Ähnlichkeitsregeln vergrößern oder verkleinern, gehen wir vom unverwundenen, homogenen Rechteckflügel aus, der starr mit der Nabe verbunden ist (Bild 7-5).

Unter Vernachlässigung der Fliehkraftversteifung ergeben sich die Eigenfrequenzen dieses Kragbalkens nach [4] zu:

$$\omega_n = \frac{\Lambda_n^2}{R^2} \cdot \sqrt{\frac{E \cdot I}{\mu}} \tag{7.22}$$

wobei der Eigenwert Λ_n der Tabelle 7.2 entnommen werden kann.

Tabelle 7.2 Eigenwerte Λ_n des eingespannten Balkens

n	1	2	3	....	*n* groß
Λ_n	1,8571	4,6941	7,8531	....	$\approx (2 \cdot n - 1) \cdot \pi/2$

Für die Eigenfrequenzen in Schlagrichtung (weiche Richtung) erhalten wir mit der Massenbelegung

$$\mu = \rho \cdot b \cdot h \tag{7.23}$$

und dem Flächenmoment

$$I = \frac{b \cdot h^3}{12} \tag{7.24}$$

die Eigenfrequenz

$$\omega_n = \frac{\Lambda_n^2}{R^2} \cdot \sqrt{\frac{E \cdot b \cdot h^3}{\rho \cdot 12 \cdot b \cdot h}} = \frac{\Lambda_n^2 \cdot h}{R^2} \cdot \sqrt{\frac{E}{12 \cdot \rho}} \tag{7.25}$$

Bei einer Veränderung des Rotordurchmessers ergibt sich daraus:

$$\frac{\omega_{n,2}}{\omega_{n,1}} = \frac{h_2 \cdot R_1^2}{h_1 \cdot R_2^2} = \frac{R_1}{R_2} \tag{7.26}$$

Die Eigenfrequenzen in Schwenkrichtung erhält man auf die gleiche Weise, indem das Flächenmoment für die steife Richtung angesetzt wird, also *b* und *h* vertauscht werden. Die Eigenfrequenzen verändern sich demnach umgekehrt proportional zur Veränderung des Rotordurchmessers.

An diesem Sachverhalt ändert sich auch nichts, wenn reale Flügel mit verwundenem und sich nach außen verjüngendem Querschnitt betrachtet werden, vorausgesetzt, sie wurden unter Beachtung der Regeln a, b und c des Abschnittes 7.1 konzipiert.

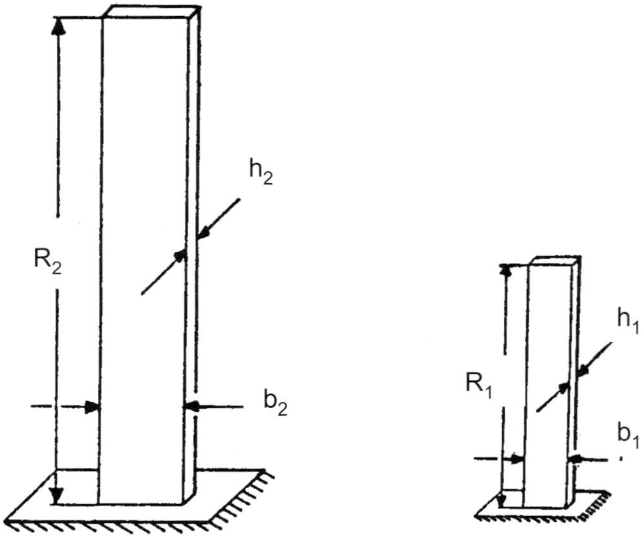

Bild 7-5 Flügel als unverwundener, homogener Rechteckflügel bei Veränderung des Rotordurchmessers

Die Anregungsfrequenzen des Flügels aus Turmschatten, Massenunwucht, aerodynamischer Unwucht oder höhenabhängigem Windprofil sind alle proportional zu der Rotationsgeschwindigkeit. Da Ω sich aber ebenso wie die Eigenfrequenzen umgekehrt proportional zur Veränderung des Rotordurchmessers verändert, bleiben die (relativen) Frequenzverhältnisse η_n zwischen Anregungs- und Eigenfrequenzen bei einer Vergrößerung oder Verkleinerung des Rotors konstant.

$$\eta_n = \frac{\Omega}{\omega_n} \sim R^0 \tag{7.27}$$

7.1.5 Luftkraftdämpfungen des Rotors

Da die Strukturdämpfungen gering sind, stammen die Dämpfungen von Schwingungen in Windturbinen einerseits aus dem Generator, der allerdings direkt nur den Drehfreiheitsgrad beeinflussen kann. Ansonsten sind es die Luftkräfte des Rotors, die beim Schwingen Dämpfungen – aber leider auch Anfachungen – liefern [2, 6].

Auch für die Luftkraftdämpfungen greifen die Ähnlichkeitsregeln:

Der Dämpfungsgrad D (Lehrsches dimensionsloses Dämpfungsmaß, vgl. Gl. 7.30 sowie auch Gl. 8.8) ist zwar stark abhängig von der Schnelllaufzahl des Betriebes (Teillast!) aber unabhängig vom Rotorradius.

Bild 7-6 zeigt das in Windrichtung schwingende Turm-Gondelsystem und die Ausschwingkurve der Eigenschwingung bei konstanter Windgeschwindigkeit v_{Wind}. Eine gemessene Ausschwingkurve ist in Bild 8-11 dargestellt. Der Luftkraftkoeffizient $d_{11}(\lambda)$ hängt stark von der Schnelllaufzahl ab. Die gemessenen und gerechneten Werte für einen nach Schmitz ausgelegten Rotor ($\lambda_{\text{Ausl}} \approx 6$) zeigt Bild 7-7 in dimensionsloser Form als d_{11}^* [6].

$$d_{11}(\lambda) = d_{11}^* \cdot R^2 \cdot v_{\text{Wind}} \cdot \frac{\rho}{2} \tag{7.28}$$

Mit der Schwinggeschwindigkeit $\mathring{u}$ multipliziert ergibt d_{11} die Dämpfungskraft, was man leicht anhand der Dimension überprüft.

Für den Abklingfaktor δ, der die Hüllkurve der schwindenden Eigenschwingungen beschreibt, gilt bekanntlich [3, 4]

$$\delta = d_{11} / (2 \cdot m) \tag{7.29}$$

Bezieht man ihn auf die Eigenfrequenz des ungedämpften Systems ω_0 (Kapitel Dynamik), erhält man den dimensionslosen Dämpfungsgrad nach Lehr

$$D(\lambda) = d_{11}(\lambda) / (2 \cdot m \cdot \omega_0) \tag{7.30}$$

Nach den Ähnlichkeitsregeln wachsen

Masse $m \sim R^3$, Eigenfrequenz $\omega \sim 1/R$

und wie wir eben sahen $d_{11} \sim R^2$. Folglich ist auch der Dämpfungsgrad D der axialen Turm-Gondelschwingungen unabhängig von der Größe des Radius der Anlage.

Betrachtet man Bild 7-7, bleibt der starke Dämpfungsverlust bei Strömungsabriss im Gebiet $\lambda < 5$ bemerkenswert.

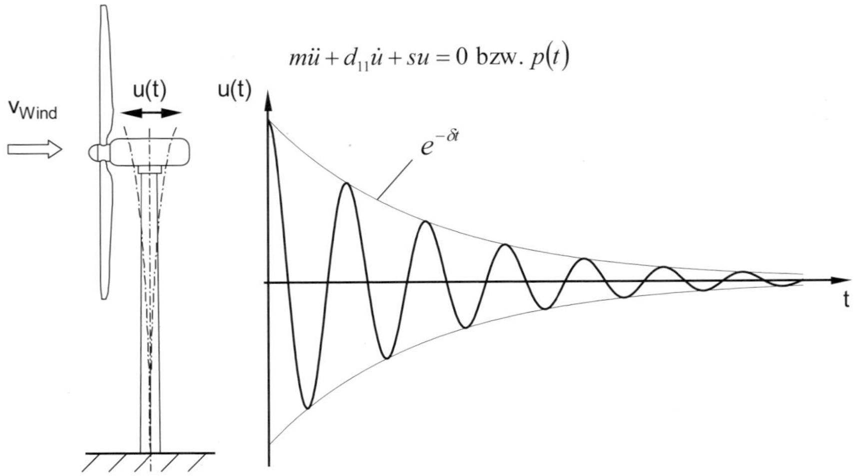

Bild 7-6 Abklingkurve des in Windrichtung schwingenden Turm-Gondelsystems, Hüllkurve mit Abklingfaktor δ

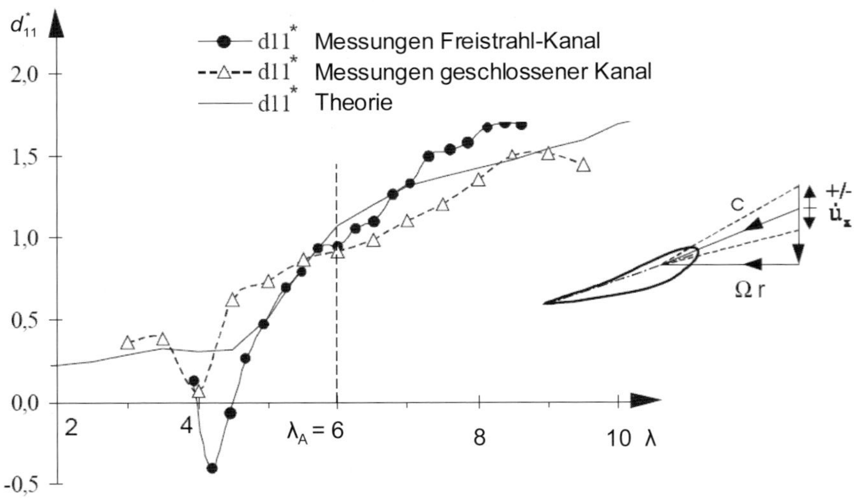

Bild 7-7 Dämpfungskoeffizient $d_{11}{}^*(\lambda)$ in Maschinenachsrichtung bei einer Anlage dänischen Konzepts (keine Blattwinkelverstellung). Theoretisch ermittelter Verlauf und experimentell am rotierenden Modell gemessener Verlauf, in [2], Kapitel 25, Lit.10.

7.2 Skalierungsregeln bei elektrischen Maschinen

Zwischen den Nennwerten des stationären Betriebes elektrischer Maschinen – dem Ankerdurchmesser D und der wirksamen Ankerlänge l sowie der Nenndrehzahl $n = \Omega$ $2\,\pi$ – besteht ein einfacher Zusammenhang, Bild 7-8

$$P = \Omega\, \mathrm{M} = \Omega\ (\sigma \pi D l)\ D/2 \qquad (7.31)$$

Dabei ist σ der sogenannte Drehschub, der, mit der Ankermantelfläche multipliziert, die Tangentialkraft erzeugt, welche über den Hebel $D/2$ das Drehmoment liefert.

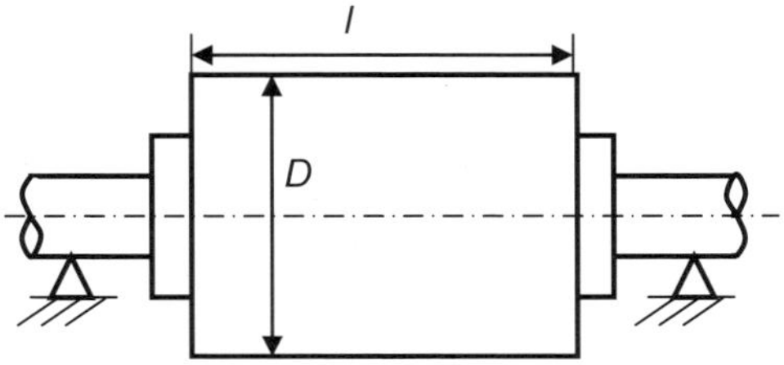

Bild 7-8 Hauptabmessungen des Ankers

Kennt man von einer gebauten elektrischen Maschine die spezifische Tangentialkraft im Luftspalt, eben den Drehschub σ, dann lassen sich die Hauptabmessungen einer kleineren oder größeren Maschine gleicher Bauart für eine gegebene Drehzahl n sofort aus Gl. 7.31 ermitteln. Der erreichbare Drehschub σ hängt im Wesentlichen von dem Produkt aus Luftspaltinduktion B und Strombelag des Ankers A (Ampere je cm Umfang) ab, [8]

$$\sigma \sim B\,A\,. \qquad (7.32)$$

Wie hoch man mit diesen Werten gehen kann, wird bei der Luftspaltinduktion B vor allem durch die Eisensättigung bestimmt und bei permanentmagnetisch erregten Maschinen durch die Qualität der Magnete. Sie können heute immerhin einen Wert B von $1\ Tesla = 1\ Vs/m^2$ erreichen. Über den zulässigen Ankerstrombelag A entscheidet ganz wesentlich die Art der Kühlung,

- offene Maschine, durchzugsbelüftet, Schutzklasse IP23,
- oberflächenbelüftete, geschlossene Maschine, IP44,
- wassergekühlte Maschine,
- usw.,

denn die Isolierung der Spulen ist sehr temperaturempfindlich. Die grundsätzliche Problematik der Kühlung wird schon an Gl. 7.31 sichtbar: Die Leistung steigt mit dem Volumen, also der dritten Potenz der Länge. Die kühlende Oberfläche steigt aber nur mit dem Quadrat der Länge an. Der deutlich höhere Wirkungsgrad größerer Maschinen entschärft indessen die Situation ein wenig. Sie erzeugen – prozentual gesehen – weniger Verlustwärme. Die aktuell erreichbaren Daten des Drehschubs σ ermittelt man am besten aus den Katalogen der Hersteller. Ihr physikalisches Zustandekommen ist in [8] gut erklärt.

7.3 Anwendung der Skalierungsregeln auf eine Windturbine mit direkt getriebenem Generator

Zwischen Leistung und Durchmesser der Referenzturbine mit Leistung $P_{T.1}$ und Radius R_1 und der geplanten vergrößerten Maschine mit $P_{T.2}$ und R_2 besteht der Zusammenhang

$$P_{T.2} / P_{T.1} = R_2^2 / R_1^2 , \tag{7.33}$$

wenn die drei Ähnlichkeitsregeln von Abschnitt 7.1 beim Entwurf der Turbine beachtet werden,

- Schnelllaufzahl beibehalten,
- Profil, Flügelzahl, Werkstoffe beibehalten und
- alle Längen um den gleichen Faktor q vergrößern.

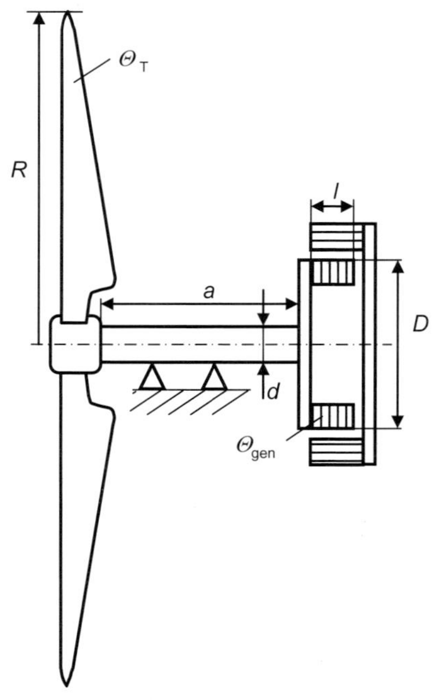

Bild 7-9 Hauptabmessungen von Windturbine und Generator, Triebstrangmodell mit zwei Freiheitsgraden

Für die Drehzahl bedeutet der Erhalt der Schnelllaufzahl

$\lambda = \Omega R/v$,

dass sie (für gegebene Nennwindgeschwindigkeit v) bei Verdopplung des Radius nur noch halb so groß ist; die Umfangsgeschwindigkeit ΩR bleibt dabei jedoch erhalten.

Wenden wir uns nun der Generatorseite zu. Bei gleichem Drehschub σ folgt aus der Gl. 7.31 für das Verhältnis der Generatorleistungen:

$$\frac{P_{gen.2}}{P_{gen.1}} = \frac{D_2^3 \bar{l}_2 n_2}{D_1^3 \bar{l}_1 n_1}. \tag{7.34}$$

Dabei sind $\bar{l}_2$ und $\bar{l}_1$ die auf den Ankerdurchmesser D bezogenen dimensionslosen Ankerlängen $\bar{l} = l/D$. Wegen der Konstanz der Schnelllaufzahl bzw. der Umfangsgeschwindigkeit an der Flügelspitze gilt weiter

$$\Omega_1 D_1 = \Omega_2 D_2 \quad \text{bzw.} \quad n_1 D_1 = n_2 D_2 \tag{7.35}$$

Damit folgt letztlich für das Verhältnis der beiden Generatorleistungen

$$\frac{P_{gen.2}}{P_{gen.1}} = \frac{D_2^2}{D_1^2} = \frac{R_2^2}{R_1^2} = \frac{P_{T.2}}{P_{T.1}}. \tag{7.36}$$

Das heißt aber, wie bei der Windturbine wächst die Generatorleistung mit dem Quadrat von Radius bzw. Durchmesser. War bei der Referenzmaschine der Generator passend ausgelegt für den Nennbetrieb, so wird er das auch bei der hochskalierten sein.

Wegen des Wachsens der Ankerlängen mit dem Skalierungsfaktor bei gleichzeitigem Erhalt der Umfangsgeschwindigkeit wird bei gleichem Wicklungskonzept die Generatorspannung linear mit dem Skalierungsfaktor q anwachsen. Hier besteht allerdings einiger Spielraum: z.B. können bei Verdoppelung der Abmessungen ($q = 2$) statt einer dreiphasigen Wicklung, die wegen der Verdopplung der Ankerlänge eine doppelt so hohe Ankerspannung liefert, zwei dreiphasige Wicklungen mit jeweils halber Windungszahl parallel geschaltet werden, die dann auf dem alten Spannungsniveau arbeiten.

Die Beanspruchung des Materials durch Fliehkräfte, vgl. Abschnitt 7.1.2, bleibt ebenfalls erhalten. Sie ist bei der größeren Maschine nicht größer als bei der Referenzmaschine. Für den Drehschub – das war ja Voraussetzung unserer Überlegungen – gilt natürlich das gleiche, er bleibt erhalten.

7.4 Torsionsschwingungen im skalierten Triebstrang

Wenden wir uns noch kurz der Triebstrangdynamik zu. Erregungsfrequenzen der Torsionsschwingungen im Triebstrang nach Bild 7-9 sind Vielfache der Umlaufkreisfrequenz Ω. Vor allem die Blattpassage am Turm produziert (beim Dreiflügler) eine heftige 3Ω-Erregung. Sie muss hinreichenden Abstand zur Eigenkreisfrequenz ω des Triebstrangs haben, damit keine Resonanz auftritt. Für die Eigenkreisfrequenz des Gegeneinanderschwingens von Generator und Turbine gilt bekanntlich [3]

$$\omega = \sqrt{\frac{\hat{s}}{\Theta_T} + \frac{\hat{s}}{\Theta_{gen}}} = \sqrt{\frac{\hat{s}}{\Theta_T}} \cdot \sqrt{\frac{\Theta_T + \Theta_{gen}}{\Theta_{gen}}}. \tag{7.37}$$

Dabei sind die Drehträgheiten von Turbine und Generator

$$\Theta_T = i_T^2 m_T \qquad \Theta_{gen} = i_{gen}^2 m_{gen}, \tag{7.38}$$

Wobei i_T bzw. i_{gen} die Trägheitsradien von Turbine respektive Generator sind und m_T bzw. m_{gen} ihre Massen. Für die Torsionssteifigkeit der Welle mit dem Gleitmodul G des Werkstoffs gilt

$$\hat{s} = \frac{GI_T}{a} = \frac{G\pi d^4}{32a}, \tag{7.39}$$

Wobei wir der Einfachheit halber eine glatte zylindrische Welle annehmen mit der Länge a und dem Durchmesser d, siehe Bild 7-9. Eine konische oder anderweitig gestaltete Welle würde zu keinem anderen Ergebnis führen.

Wie ändern sich nun die Erregungsfrequenz(en) und Eigenfrequenz beim Skalieren?

Von der Erregungsfrequenz wissen wir das schon. Wegen des Erhalts der Schnelllaufzahl bzw. der Umfangsgeschwindigkeit an der Blattspitze gilt (Gl. 7.1)

$$\Omega_1 / \Omega_2 = D_1/D_2 = 1/q\,, \tag{7.40}$$

wenn wir mit $q = R_2/R_1$ abkürzen.

Bilden wir nun den Quotienten der beiden Eigenfrequenzen kürzt sich die zweite Wurzel in Gl. 7.37 weg, denn das Verhältnis der Drehträgheiten von Turbine und Generator der Anlage 1 ist das gleiche wie bei der Anlage 2. Es bleibt daher nur

$$\frac{\omega_2}{\omega_1} = \sqrt{\frac{\hat{s}_2 / \Theta_{T.2}}{\hat{s}_1 / \Theta_{T.1}}} \tag{7.41}$$

auszuwerten, was wegen $a_2 = q\, a_1$, $d_2 = q\, d_1$, $i_2 = q\, i_1$ usw. auf

$$\frac{\omega_2}{\omega_1} = \frac{1}{q} = \frac{R_1}{R_2} \tag{7.41}$$

führt, wenn Regel c (gleiche Werkstoffe verwenden) beachtet wird.

Das bedeutet aber konkret: Verdoppelt man beispielsweise den Radius von R_1 auf R_2 ($q = 2$) halbiert sich die Eigenfrequenz ω des Triebstrangs genauso wie die Umlauffrequenz Ω. Das Verhältnis von Erregungsfrequenz zu Eigenfrequenz bleibt somit auch nach dem Skalieren erhalten

$$\eta_{Torsion} = \frac{\Omega_2}{\omega_2} = \frac{\Omega_1}{\omega_1}.$$

War der Triebstrang der Referenzanlage 1 resonanzfrei, dann ist es auch der Triebstrang der hochskalierten Anlage 2. Das Campbell-Diagramm kann – umskaliert – direkt übernommen werden.

Die Skalierungsregeln liefern zunächst einmal für die Projektierungsabteilung eine Vorstellung, wie die neue, meist größere Anlage aussehen könnte. Für Konstruktion und Berechnung liefern diese Regeln Hinweise, in welchen Bereich von Materialbeanspruchung und Gewichten man kommt, wenn man die alte Bauweise fortführt. So lässt sich rechtzeitig erkennen, ob beim Hochskalieren konstruktive Verbesserungen in Richtung extremen Leichtbaus unabwendbar werden. Das führt dann beispielsweise auf den Übergang von GFK- auf CFK-Technologie für den Flügelbau.

7.5 Grenzen des Skalierens - Wie groß können Windturbinen werden?

In den Auslegungs- und Teillastberechnungen von Windturbinen, Kapitel 5 und 6, wurde stets vorausgesetzt, dass die Auftriebs- und Widerstandsbeiwerte c_A, c_W unabhängig von der Anströmgeschwindigkeit des Blattes c sind. Das ist bei normalen Profilen auch der Fall, solange die Reynoldszahlen

$$\mathrm{Re} = \frac{\text{Profiltiefe} \cdot \text{Anströmgeschwindigkeit}}{\text{kinematische Zähigkeit}} = \frac{c \cdot t}{\upsilon}$$

größer als 200.000 sind. Bei *Kleinanlagen* ($D < 5$ m) oder bei Modelluntersuchungen im *Windkanal* liegen die Reynoldszahlen deutlich unter diesem Wert. Ab $\mathrm{Re} < 50.000$ gehen die Auftriebs- und Widerstandsbeiwerte der Profile auch für Niedrig-Reynoldszahl-Profile [5, 7] stark zurück.

In Abschnitt 7.1.3 wurde gezeigt, dass die gewichtsverursachten Biegespannungen bei modellähnlichem Vergrößern linear mit dem Flügelradius anwachsen – und somit eine *obere* Grenze der Baubarkeit existieren muss. Sie liegt umso höher

- je höher die Biegewechselfestigkeit σ_{BW} ist und
- je geringer die Dichte ρ des Werkstoffs ist.

Glasfaserwerkstoffe haben deshalb Aluminium verdrängt; Kohlefasern, die noch leichter und fester sind, aber auch teurer, finden allmählich Verwendung.

Eine weitere wichtige Rolle spielt natürlich der Leichtbau mit all seinen konstruktiven Kniffen bei der Gewichtseinsparung. Bild 7-10 zeigt das Anwachsen der Gewichte gebauter Flügel in Abhängigkeit vom Radius bzw. Rotordurchmesser. Geht man beim reinen Hochskalieren der Rotorblattmasse nach den Ähnlichkeitsregeln von m = 300 kg bei D = 21 m aus, so ergibt sich die eingezeichnete R^3-proportionale Kurve. Den Konstrukteuren gelang jedoch die Kunst, durch Leichtbau niedrigere Rotorblattmassen zu realisieren, die sich für beide Werkstoffpaarungen Glas/Polyester und Glas/Epoxyd genähert durch $R^{2,2}$- bzw. $R^{2,5}$-proportionale Kurven beschreiben lassen.

Es gibt also keine einfache Antwort auf die Frage „Wie groß können Windturbinen werden?“. Die Kunst der Konstrukteure und der Einsatz neuer Werkstoffe schiebt die Grenzen immer wieder ein Stück hinaus. Meist erfolgt das Wachstum daher in Schüben. Der Flugzeugbau, in dem ähnliche Skalierungsregeln gelten wie für Windturbinen, bietet mit der Boeing 747 ein schönes Beispiel dafür. Sie rollte 1968 zum ersten Mal aus der Halle und war mit 60, später 65 m Spannweite über fast 40 Jahre das größte Zivilflugzeug der Welt. Mit ihr war die Grenze dessen erreicht, was in reiner Aluminiumbauweise möglich ist. Erst mit dem Airbus A380 wird die Spannweite auf 80 m hinausgeschoben – durch die Verwendung neuer Verbundwerkstoffe (GFK, CFK, Glaire, usw.)

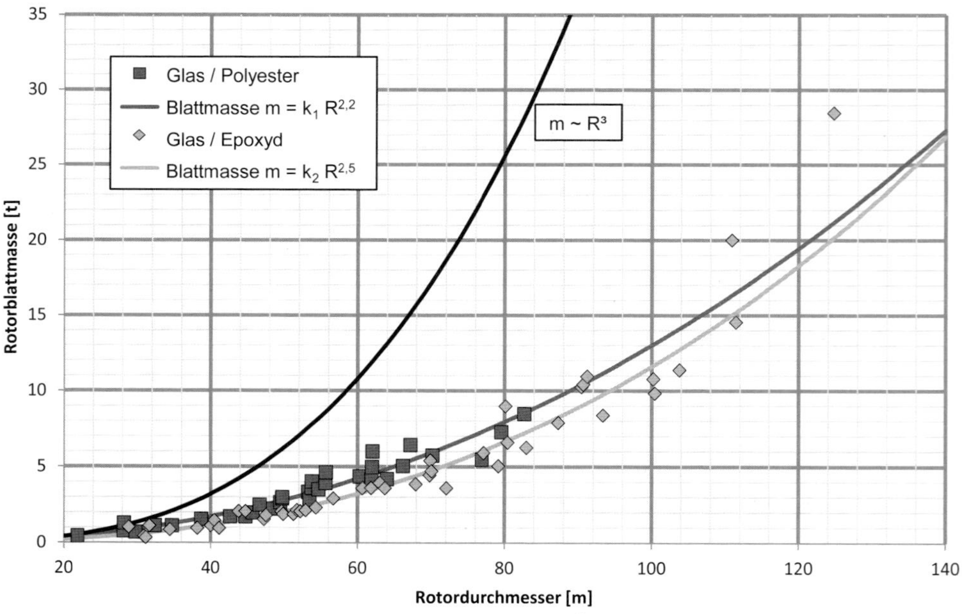

Bild 7-10 Flügelgewichte real und nach dem R^3-Gesetz der Modellregeln nach Fa. EUROS

Praktische Aspekte verhindern eine starre Anwendung der Skalierung. Windturbinen im Binnenland haben hohe Türme ($H/D > 1$) um aus der bodennahen Grenzschicht herauszukommen. Windturbinen an der Küste sind kurzstielig ($H/D < 1$). Betrachtet man gar kleine Windturbinen oder Batterielader, dann beträgt H/D oft 2 oder noch mehr.

Es wird also nicht einfach skaliert – aber die Modellgesetze erlauben es, sehr schnell den Rahmen abzustecken, in dem sich ein künftiger Entwurf bewegt und zeigen, wo man an Grenzen stößt.

Literatur

[1] Wiedemann, J.: *Leichtbau*, Band II, Kapitel 4, Springer Verlag, Berlin 1989

[2] Nordmann, R, Gasch, R., Pfützner, H.: *Rotordynamik* (2. Auflage), Springer Verlag Berlin, 2002

[3] Magnus, K., Popp, A.: *Schwingungen* (5. Auflage), Teubner Verlag, Stuttgart, 1997

[4] Gasch, R., Knothe, K.: *Strukturdynamik I und II*, Springer Verlag Berlin, 1987/89

[5] Althaus, D.: *Profilpolaren für den Modellflug*, Neckar-Verlag, VS-Villingen, 1980

[6] Kaiser, K.: *Luftkraftverursachte Steifigkeits- und Dämpfungsmatrizen in Windturbinen*, VDI-Fortschritt-Bericht, Reihe 11, Nr. 294, Düsseldorf 2000

[7] Althaus, D.: *Niedriggeschwindigkeitsprofile*, Vieweg Verlag, Wiesbaden 1996

[8] Vogt, K.: *Berechnung Elektrischer Maschinen*, 4. Auflage, VEB-Technikverlag 1988 und mit erweiterter Autorenschaft Müller, G., Ponick, B., Vogt, K., dreibändige Neuauflage Wiley-VCH, 2007

8 Strukturdynamik

Windturbinen mit der auf einem schlanken elastischen Mast aufgestielten Gondelmasse sind schwingungsfreudige Gebilde, die heftig durch die variierenden Lasten aus Wind, Wellen, Erdbeben, Drehung des Rotors, Schalt- und Regelungsvorgängen angeregt werden. Das Schwingungsverhalten hat großen Einfluss auf die Verformungen, inneren Beanspruchungen und die daraus resultierende Tragfähigkeit, Betriebsfestigkeit und Lebensdauer der Anlage.

Das vorliegende achte Kapitel beschreibt qualitativ die wesentlichen Aspekte des dynamischen Verhaltens und die Berechnung des Systems Windenergieanlage (WEA). Im neunten Kapitel werden die Auslegung und Nachweisführung anhand von drei typischen Bauteilen, nämlich Turm, Rotornabe und Rotorblatt, dargestellt. Hauptziel der beiden Kapitel ist es, die wesentlichen Phänomene sowie Berechnungs- und Nachweisverfahren verständlich zu machen.

Viele Aspekte aus anderen Kapiteln dieses Buches fließen dabei ein. Dies ist in der Darstellung des Auslegungsprozesses in Bild 8-1 durch entsprechende Verweise angegeben. Nach Wahl einer windenergiespezifischen Auslegungsrichtlinie (Abschnitt 9.1) werden anhand der Standortbedingungen (Abschnitte 4.5 und 16.1) und der Bauart der Windenergieanlage (Kapitel 3) die relevanten Lastfälle festgelegt.

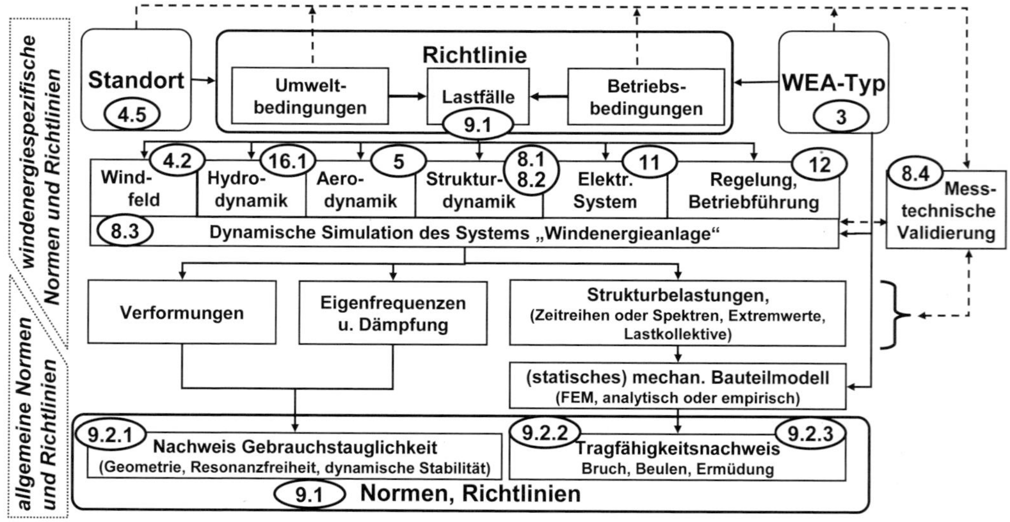

Bild 8-1 Auslegungsprozess für Windenergieanlagen mit Ermittlung der Lastfälle aus Standort, Anlagentyp und verwendeter Richtlinien, dynamischer Simulation und anschließender Nachweisführung (Die Nummerierung verweist auf die entsprechenden Abschnitte des Buches.)

Die Schnittgrößen an verschiedenen Bauteilquerschnitten sowie die globalen Verformungen und Eigenfrequenzen werden dann durch strukturdynamische Simulation des Gesamtsystems der WEA numerisch ermittelt (Abschnitt 8.3). Hierbei werden in der Regel in einem einzigen Modell gleichzeitig im Zeitbereich die Aspekte des Windfelds, der Aero-, Hydro- und Strukturdynamik sowie des elektrischen Systems, der Regelung und Betriebsführung berechnet. In einem zweiten Schritt werden durch detaillierte Modelle auf Komponentenniveau die Beanspruchungen anhand allgemeiner technischer Regelwerke (Abschnitt 9.1) ermittelt, um damit die verschiedenen Nachweise (Abschnitt 9.2) zu führen. Durch Messungen an errichteten Anlagen werden das Betriebs- und Leistungsverhalten sowie die Modellierung der Strukturdynamik überprüft (Abschnitt 8.4).

Bevor wir uns in diesem Kapitel in den Abschnitten 8.3 und 8.4 der Simulation und der messtechnischen Validierung zuwenden, werden in den beiden folgenden Abschnitten einige grundlegende Aspekte der dynamischen Anregungen und die Phänomenologie des Schwingungsverhaltens des Systems Windenergieanlage erläutert.

8.1 Dynamische Anregungen

Arten der Schwingungsanregung

Für die Dimensionierung und Festigkeitsauslegung der *meisten* Bauteile ist das dynamische Verhalten in einem Frequenzbereich bis ca. 10 Hz relevant. Höherfrequente Erscheinungen treten beispielsweise im elektrischen System, im Triebstrang und im Getriebe (Zahneingriffsfrequenzen, Wellen- und Gehäuseelastizitäten, Lagerspiel) auf. Die Beschreibung des Verhaltens bezieht sich häufig auf zwei unterschiedlich lange Zeiträume. Kurzzeitige Ereignisse, so genannte transiente Phänomene wie z. B. Schaltvorgänge oder Impulseinwirkungen, werden in kurzen Zeitreihen von bis zu ca. einer Minute Dauer untersucht. Demgegenüber werden die Betriebseigenschaften bei regelloser Anregung in Zeitabschnitten von 10 Minuten bis 1 Stunde analysiert, in denen die statistischen Umgebungsbedingungen, z.B. die mittlere Windgeschwindigkeit und Turbulenz oder der Seegang, als konstant angesehen werden können, vgl. Bild 4-23.

Die Anregungen, d. h. die von außen auf Windenergieanlagen einwirkenden Belastungen, lassen sich zunächst nach ihrem zeitlichen Verlauf einteilen, Tabelle 8.1:

- konstant (quasi-stationär)
- wiederholend (periodisch)
- regellos (stochastisch)
- kurzzeitig (transient)

Außerdem ist eine Unterscheidung der Erregerkräfte nach ihrem physikalischen Ursprung hilfreich. Es treten Massen-, Trägheits- und Gewichtskräfte aus den Betriebsbedingungen sowie aerodynamische und hydrodynamische Lasten aus den Umgebungsbedingungen auf. Vor allem bei transienten Manövern und Störungen sind außerdem elektrische und elektromechanische Kräfte, Reibungs- und Bremskräfte, hydraulische oder elektromechanische Stellkräfte von Bedeutung. Die wichtigsten Anregungskräfte stellen wir im Folgenden kurz dar.

Tabelle 8.1 Einteilung von exemplarischen Anregungskräften nach Zeitverlauf und Ursprung

Ursprung / **Zeitverlauf**	**Krafttypus**	**Herkunft**	**Betriebszustand**
Konstant (quasi-stationär) 	Schwerkraft, Fliehkraft, mittlerer Schub	Gewicht, Rotordrehung, mittlerer Wind	Normalbetrieb
Regelmäßig (periodisch) 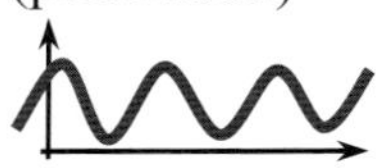	Massenunwucht, aerodynamische Kräfte	Unwucht, Turmvorstau, Schräganströmung, Blattpassage	Normalbetrieb, Störungen
Regellos (stochastisch) 	aerodynamische und hydrodynamische Kräfte	Windturbulenz, Seegang, Erdbeben	Normalbetrieb
Kurzzeitig (transient) 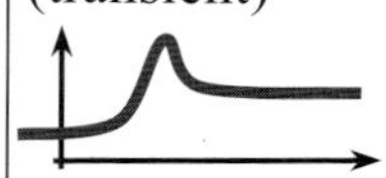	Reibungs- und Bremskräfte, aerodynamische Kräfte	Stoppen der Anlage, Gieren der Gondel	Manöver, Störungen, Extrembedingungen

8.1.1 Massen-, Trägheits- und Gewichtskräfte

Gewichtskräfte und Gewichtsanregung

Für die *nicht rotierenden* Teile wie Gondel, Turm und Fundament ergeben sich aus dem Eigengewicht konstante statische Lasten. Die Schnittgrößen in den Turmquerschnitten sollten allerdings am verformten System nach der Theorie 2. Ordnung (Knicken) ermittelt werden, da durch die horizontale Auslenkung der Gondel zusätzliche Biegemomente induziert werden.

Anders wirkt sich das Eigengewicht an den rotierenden Bauteilen wie z. B. den Blättern aus. Hier ändert sich ständig die Richtung der Schwerkraft relativ zum Blatt. Eine starke umlauffrequente (1Ω) Wechsellast ist die Folge. Das größte Wechselbiegemoment an der Blattwurzel aus Gewicht entsteht in Schwenkrichtung, Bild 8-2.

$$M_{\text{Schwenk}} \cong m \cdot g \cdot r_{\text{S}} \cdot \sin \Omega t \tag{8.1}$$

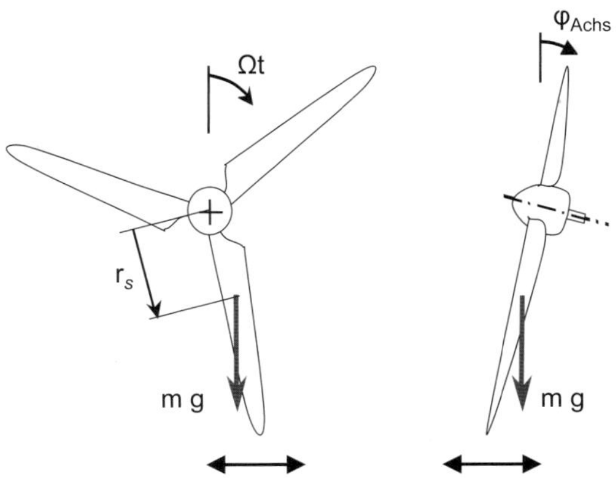

Bild 8-2 Wechsellasten aus Blattgewicht in Schwenk- (links) und Schlagrichtung (r_s = Schwerpunktradius)

Durch die Achsneigung der Rotorwelle um den Winkel φ_{Achs}, der häufig zwischen 4° und 5° gewählt wird, vergrößert sich der Blattfreigang am Turm. Dadurch bewirkt das Blattgewicht jedoch auch kleine 1Ω-Anregungen des Schlagmoments an der Blattwurzel.

$$M_{\text{Schlag}} = m \cdot g \cdot r_{\text{S}} \cdot \sin \varphi_{\text{Achs}} \cdot \sin \Omega t \tag{8.2}$$

Fliehkräfte und Massenunwucht

Fliehkräfte F verursachen im rotierenden Blatt nur stationäre Zugbeanspruchungen. Das ist auch der Fall, wenn ein einzelnes Blatt ein wenig schwerer ausgefallen ist, so dass eine Übermasse Δm vorliegt, Bild 8-3.

Auf die Drehachse des Rotors bezogen (also im Inertialsystem) gleicht sich der Kräftestern der drei Fliehkräfte F aus. Nur die Übermasse Δm liefert eine umlaufende Erregungskraft,

$$\Delta F = \Delta m \cdot r_{\text{s}} \cdot \Omega^2 \tag{8.3}$$

deren Horizontalkomponente

$$F_{\text{horz}} = \Delta m \cdot r_{\text{s}} \cdot \Omega^2 \cdot \sin \Omega t \tag{8.4}$$

Querschwingungen von Gondel und Turm anregt. Es liegt auch eine Vertikalanregung vor, da der Turm in dieser Richtung jedoch sehr steif ist, sind die entstehenden Bewegungen sehr klein und ohne Belang.

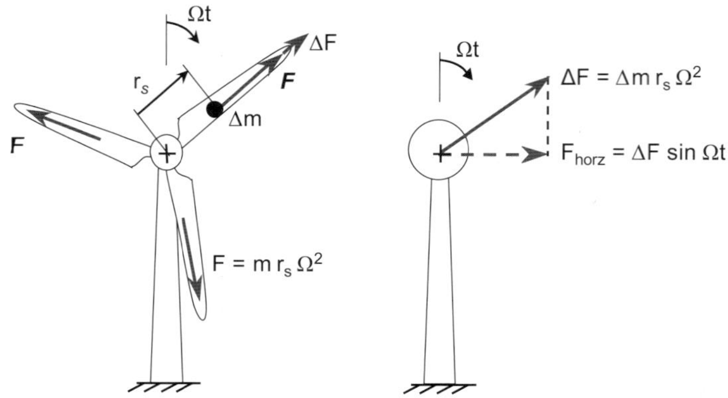

Bild 8-3 Fliehkräfte in den Blättern F und Zusatzfliehkraft ΔF aus Massenunwucht $\Delta m\ r_S$, die Turm und Gondel zu Querschwingungen anregt

8.1.2 Aerodynamische und hydrodynamische Lasten

Die aerodynamischen Anregungen von Windenergieanlagen sind sehr vielfältig. Im Folgenden beschreiben wir zunächst einige periodische Lasten, die sich aus deterministischen Störungen der uniformen Anströmung (deterministisches Windfeld) ergeben, um dann stochastische Windlasten (turbulentes Windfeld) und transiente Luftkräfte vorzustellen. In der Aerodynamik ist zu beachten, dass durch die Temperatur- und Höhenabhängigkeit der Luftdichte je nach Standort die Lasten um 20 – 30 % variieren können.

Anregungen aus dem Höhenprofil des Windes

Im Kapitel 4.2 wurden bereits die Eigenschaften der bodennahen Grenzschicht im Hinblick auf das Höhenprofil der Windgeschwindigkeit und die Böigkeit bzw. Turbulenz des Windes dargestellt. Neben diesen beiden Aspekten bewirken weitere Phänomene wie z. B. die Schräganströmung eine starke aerodynamische Anregung jeder Windenergieanlage. Wir betrachten, ein wenig vereinfachend, das Höhenprofil des Windes im Rotorbereich als linear mit der Höhe zunehmend, Bild 8-4.

Vom einzelnen Blatt her gesehen, variiert die Windgeschwindigkeit am Blattelement um den Mittelwert v_m zwischen $v_2 = v_m + \Delta v$ in der oberen Lage und $v_2 = v_m - \Delta v$ in der unteren Position nach dem Gesetz $v_2 = v_m + \Delta v \cos \Omega t$.

Entsprechend ändern sich der Anstellwinkel α_A wie auch die Anströmgeschwindigkeit c oszillierend. Nur die Umfangsgeschwindigkeit u ist unabhängig von der Winkellage Ωt des Blattes. Für die Luftkräfte am rotierenden Blatt bedeutet das ein Schwanken mit der 1Ω-Umlauffrequenz um den mittleren Wert.

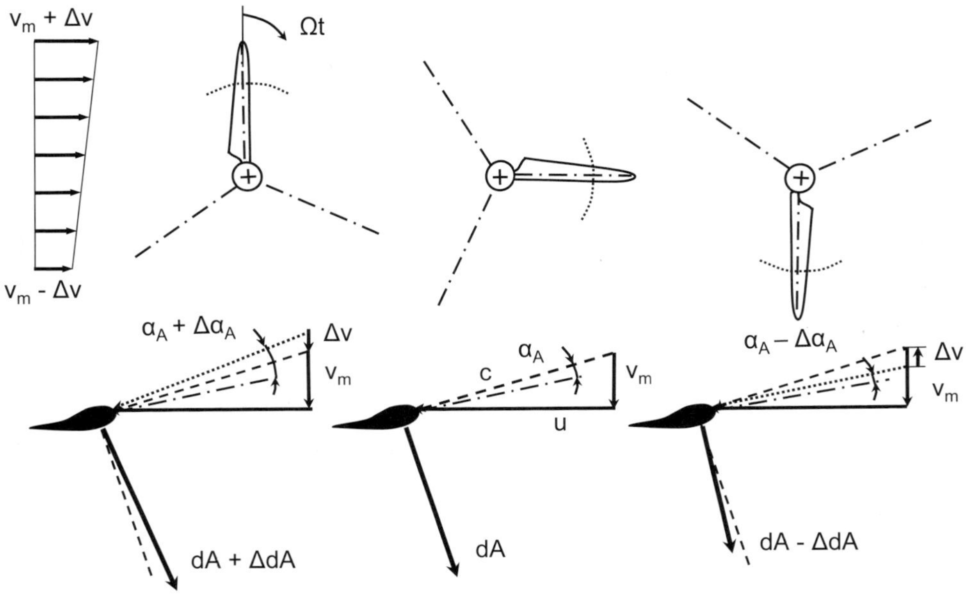

Bild 8-4 Variation der Anströmbedingungen und des Auftriebs *dA* in einem Blattquerschnitt infolge des Höhenprofils und der Winkellage des Blattes

Höhere Harmonische der Umlauffrequenz verursacht durch den nichtlinearen Verlauf der c_A- und c_W-Beiwerte und die quadratische Abhängigkeit von der Anströmgeschwindigkeit c sind nur schwach beteiligt. Für Gondel und Turm (Inertialsystem) gleichen sich aber diese Schwankungen beim 3-Blattläufer durch Superposition der Beiträge der um 120° versetzten Blätter völlig aus. Der Rotor wirkt als Kreisscheibe mit durch das Höhenprofil leicht nach oben versetztem Druckpunkt (konstantes Nickmoment um die Gondelquerachse). Für die rotierende Welle erscheint dieser inertial feststehenden Druckpunkt umlaufend; es entsteht eine Biegewechselbeanspruchung der Welle, die mit der Umlauffrequenz (1 Ω) oszilliert.

Ganz anders beim 2-Blattläufer. Hier mitteln sich die schwankenden Blattlasten gegenüber Gondel und Turm *nicht* aus, Bild 8-5. Bei senkrechter Blattstellung (0°) entsteht (inertial) ein starkes Nickmoment (und Giermoment), das bei waagerechter Lage (90°) verschwindet, um bei 180° wieder den Maximalwert zu erreichen. Dieses Spiel wiederholt sich nochmals bis zum Drehwinkel 360°. Der Druckpunkt bewegt sich also oberhalb des Rotorzentrums auf und nieder. Das resultierende Nickmoment fluktuiert (wie auch das Giermoment) mit *doppelter* Umlauffrequenz 2Ω, was den Grundrahmen und den Turm hohen Betriebsfestigkeitslasten aussetzt. In der rotierenden Hauptwelle entsteht wieder eine 1Ω-Biegewechselbeanspruchung.

Da anders als beim 3-Blattläufer auch die Turm-Gondel-Eigenfrequenzen von der Blattstellung abhängen, entstehen parameter-erregte Schwingungen, die den 2-Blattrotor ziemlich problematisch bezüglich der Dynamik machen.

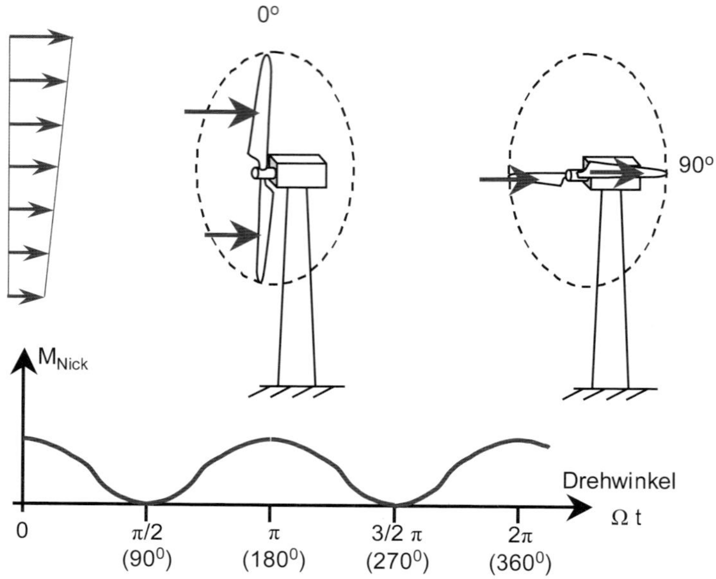

Bild 8-5 Doppelumlauffrequentes Nickmoment um die inertiale Gondelquerachse beim 2-Blattläufer aus dem Höhenprofil

Anregungen aus Turmvorstau, Turmschatten und Karman'schen Wirbeln

Der Turmvorstau resp. Turmschatten entsteht aus dem Hindernis Turm, das vor sich die Strömung abbremst und umlenkt, die dann hinter dem Turm abreißt und sehr turbulent wird. Diese Ablösungen treten pulsierend, abwechselnd rechts und links auf, es entsteht die so genannte Karman'sche Wirbelstraße, Bild 8-6. Sie kann Stahlrohrtürme zu Querschwingungen anregen, wenn die Ablösefrequenz mit einer Turmbiegeeigenfrequenz resoniert. In der Praxis drohen solche Bedingungen nur bei der Montage vor dem Aufsetzen der schweren Gondelmasse. Der Turmvorstau bei Luvläufern (und noch gravierender der Turmschatten bei Leeläufern) wirkt sich stark auf Blatt- und Turm-Gondel-Schwingungen aus.

Der kurzzeitige Einbruch der aerodynamischen Kräfte am *Blatt* bei der pro Umdrehung einmal wiederkehrenden Annäherung an den Turm wirkt sich als starke 1Ω-

Anregung mit vielen zusätzlichen 2Ω-, 3Ω-, 4Ω-, usw. Oberwellen aus, deren Heftigkeit mit der Ordnungszahl nur schwach abnimmt.

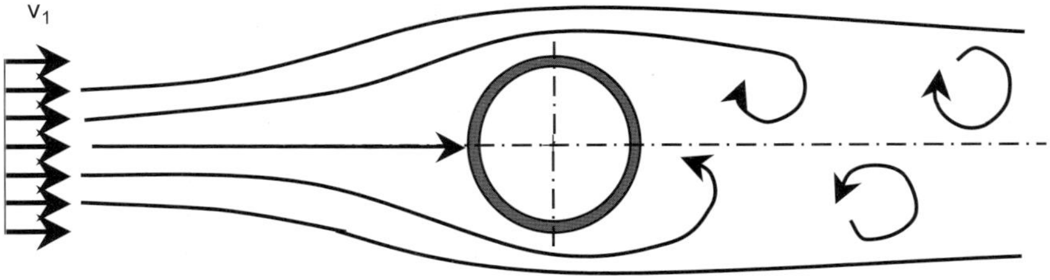

Bild 8-6 Turmvorstau, Nachlaufdelle und Karman'sche Wirbelstraße

Im feststehenden *Turm-Gondelsystem* entsteht bei jeder Blattpassage als Reaktion ein Belastungsimpuls, Bild 8-7. Beim 3-Blattrotor regt dies Turm-Gondel-Schwingungen mit dreifacher Umlauffrequenz und deren Vielfachem, also 6Ω, 9Ω, 12Ω, usw., an. Entsprechend ergeben sich 2Ω-, 4Ω-, 6Ω-, 8Ω- usw. Anregungen beim 2-Blattrotor.

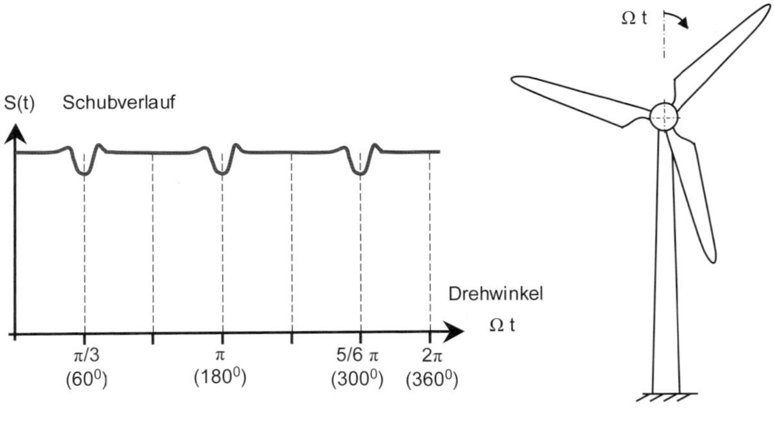

Bild 8-7 Schubverlauf über dem Drehwinkel bei einem Dreiflügler - Auswirkungen des Turmvorstaus

Schräganströmung und aerodynamische Unwucht

Eine leichte *Schräganströmung* des Rotors ist praktisch immer vorhanden, sei es durch den Aufstau an einem Hügel, die verzögerte Windnachführung der Gondel oder die Neigung der Rotorachse aus der Horizontalen. Die Blattlasten variieren mit der Umlauffrequenz (1Ω), das Turm-Gondel-System spürt die Blattdurchgangsfrequenz. In aerodynamischer Hinsicht wird die Behandlung des schräg angeströmten Rotors sehr kompliziert.

Fehler in der Blattwinkeleinstellung z.B. bei der Montage sowie Produktionstoleranzen in der äußeren Form der Blätter können zu unterschiedlichen Luftkräften der einzelnen Blätter führen. Diese *aerodynamische Unwucht* wirkt auf das Turm-Gondel-System umlauffrequent in Schub- und Umfangsrichtung und kann dieses zu heftigen Schwingungen anregen.

Böen und turbulentes Windfeld

Um den Energieertrag zu ermitteln, haben wir den fluktuierenden Wind durch den Mittelwert der Geschwindigkeit über ein bis zehn Minuten klassiert (Histogramm, Verteilungsfunktion). Gegenüber Vorgängen und Veränderungen im Minutenbereich verhält sich die Windenergieanlage quasi-statisch.

Böen haben eine Durchlaufzeit von typischerweise 3 bis 20 s und eine seitliche Ausdehnung von 10 bis etwa 100 m. Sie regen die relevanten Struktureigenfrequenzen im Bereich von etwa 0,2 Hz bis 10 Hz an. Trifft eine solche Böe exzentrisch auf den Rotor, der sich innerhalb von 2 bis 5 s einmal herumdreht, so schneidet jedes Rotorblatt beim Umlauf mehrmals durch die Böenstruktur, Bild 8-8. In diesem Zusammenhang spricht man auch von so genannten *partiellen Böen*, „eddy slicing" oder „rotational sampling". Analog zum Turmvorstau bewirken die Böen harmonische 1Ω-, 2Ω-, 3Ω- usw. Anregungen der Blätter und Belastungen mit Vielfachen der Blattdurchgangsfrequenz im feststehenden Gondelsystem [1]. Da diese Belastungen ein- oder mehrmals *pro* Umdrehung auftreten, werden die Anregungen in der englischen Literatur auch als 1P, 2P, 3P, usw. bezeichnet. Deutlich sind diese Anregungen in Bild 8-9 zu sehen, die durch die Transformation des Turbulenzspektrums vom feststehenden, inertialen Nabensystem ins rotierende Blattsystem sichtbar werden. Die breitbandige Energie der Turbulenzanregung wird in der Nähe der Rotordrehfrequenz (1Ω) und deren höheren Vielfachen konzentriert. Wie man schon bei Betrachtung der Zeitverläufe in Bild 8-8 erahnen konnte, ist dieser Effekt umso ausgeprägter, je weiter ein Punkt vom Nabenzentrum entfernt ist.

Neben den Amplituden dieser turbulenzbedingten Lastwechsel ist vor allem deren extrem hohe Anzahl entscheidend für die großen Betriebsfestigkeitsbelastungen von Windenergieanlagen. Der Rotor einer modernen Anlage dreht sich während der 20-jährigen Auslegungsdauer ungefähr 100 Millionen Mal herum. Dabei treten typischerweise $5 \cdot 10^8$ bis $1 \cdot 10^9$ Lastwechsel auf, eine Größenordnung, wie sie in anderen Bereichen der Technik, wie z.B. bei Automobil oder Flugzeug, bei weitem nicht erreicht wird.

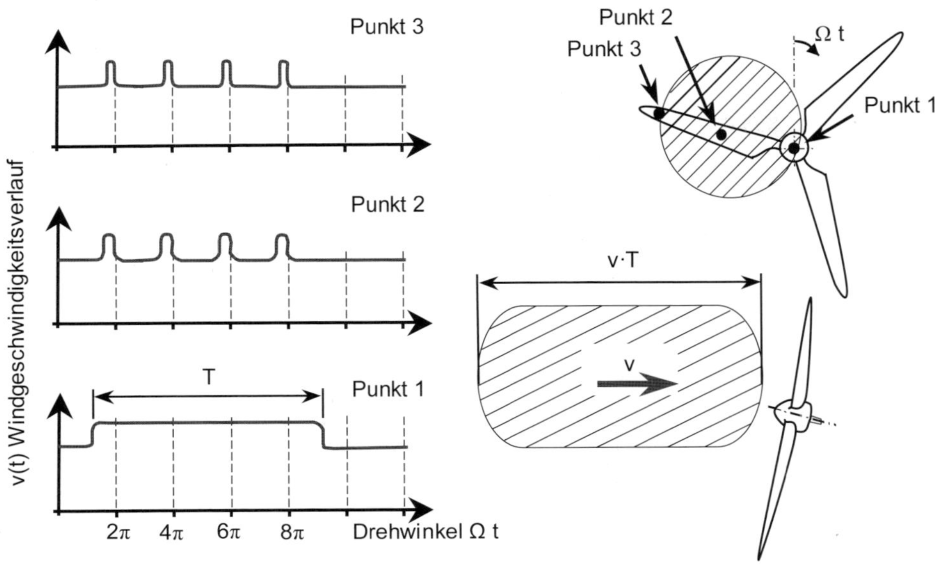

Bild 8-8 Links: Zeitverlauf der Windgeschwindigkeit in drei Punkten auf dem Rotorblatt während des Durchlaufs einer partiellen Windböe: Punkt 1 feststehend (inertial) im Nabenzentrum, Punkt 2 mitrotierend in der Blattmitte, Punkt 3 mitrotierend nahe der Blattspitze; Rechts: Räumliche Struktur der partiellen, exzentrisch auf den Rotor treffenden Böe in Front- und Seitenansicht

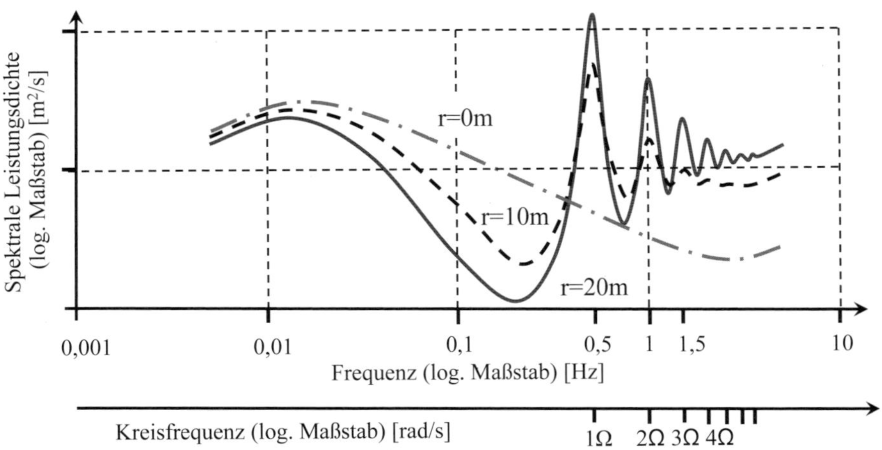

Bild 8-9 Transformation des Turbulenzspektrums vom feststehenden (inertialen) Koordinatensystem der Nabe ($r = 0$ m) ins mitrotierende Koordinatensystem des Rotorblatts für zwei verschiedene radiale Positionen ($r = 10$ m und $r = 20$ m) (Beispiel: Rotordurchmesser 40 m, Rotordrehzahl 30 U/min, nach [1])

Transiente aerodynamische Lasten

Im Produktionsbetrieb der Anlage können extreme Windböen auftreten, bei denen sich innerhalb von wenigen Sekunden die Windgeschwindigkeit mehr als verdoppelt und folglich die aerodynamischen Lasten sich um ein Vielfaches erhöhen, wenn keine Begrenzung durch den Strömungsabriss an den Blättern (stall-geregelte Anlage) oder durch schnelle Blattverstellung oder Abbremsen der Turbine erfolgt. Zusätzlich wurden starke Windrichtungsänderungen während des Einfallens solcher Böen beobachtet. Obwohl diese extremen Windereignisse in ein Hintergrundrauschen aus atmosphärischer Turbulenz eingebettet sind, dominiert der transiente Anteil der aerodynamischen Anregung. Deshalb werden solche insbesondere für blattwinkelgeregelte Turbinen auslegungsrelevanten Zustände in den einschlägigen Regelwerken durch kurzzeitige, deterministische Böenverläufe z.B. mit einem „Eins-minus-Cosinus“-Verlauf und einer entsprechenden Windrichtungsänderung modelliert [2], siehe auch Abschnitt 9.1.6.

Hydrodynamische Anregungen

Turm und Gründung von Offshore-Anlagen sind durch Meereswellen starken hydrodynamischen Anregungen ausgesetzt, die sich jedoch nur in Ausnahmefällen maßgeblich auf Gondel und Rotor auswirken. Durch Wind und Meeresströmung angetriebene Eisschollen können hohe Lasten auf das Fundament ausüben. Abschnitt 16.1 gibt einen Einblick in die Problematik hydrodynamischer Lasten [3].

8.1.3 Transiente Anregungen aus Manövern und durch Störungen

Das Schwenken der Anlage um die Turmachse zur Windnachführung erfolgt in der Regel so langsam, dass die auftretenden gyroskopischen Kräfte [4] auf den Rotor gering bleiben. Bei passiv durch den Wind nachgeführten Anlagen kann dies anders sein [5].

Während das Betriebsverhalten bei normalen Bedingungen wie z. B. An- und Abfahren der Anlage im Produktionsbetrieb, Umschalten zwischen Drehzahlbereichen, Blattverstellung und Windnachführung in der Regel unkritisch ist, treten bei der Notabschaltung hohe Lasten auf. Bei blattwinkelgeregelten Anlagen ist häufig ein Lastfall „Pitchversagen nach Überdrehzahl“ auslegungsrelevant. Hierbei wird angenommen, dass die Anlage durch eine Störung in Überdrehzahl gerät und außerdem beim Abbremsen durch Pitchen der Blätter eines der Blätter nicht in die Fahnenposition verfährt. Bis die restlichen Blätter und die mechanische Bremse die Anlage innerhalb von 10 bis 15 s zum Stillstand gebracht haben, treten durch die umlaufende große aerodynamische Unwucht sehr hohe Nick- und Gierlasten auf [1].

Bei einer Notabschaltung des Frequenzumrichters oder einem Kurzschluss zwischen zwei Phasen am Generator können hohe Drehmomentspitzen im Triebstrang auftreten. Bei einem solchen Generatorkurzschlussfall wirkt eine mit der Netzfrequenz pulsierende Last, deren Amplitude einen vielfachen Wert des Nennmoments annehmen kann.

Erdbebenlasten, die an bestimmten Standorten relevant für die Turmauslegung sind, werden im Allgemeinen über eine stochastische Fundamentanregung mit transienter Modulation beschrieben [2].

8.2 Freie und erzwungene Schwingungen von Windturbinen - Beispiele, Phänomenologie

Das dynamische Verhalten von Windturbinen wird heutzutage mit aufwändigen Vielfreiheitsgradmodellen numerisch simuliert. Ein grundlegendes Verständnis, das zur Interpretation und qualitativen Überprüfung der numerischen Ergebnisse wichtig ist, lässt sich aber an sinnvoll vereinfachten Teilmodellen am leichtesten erwerben.

8.2.1 Turm-Gondel-Dynamik

Wie sich die verschiedenen Anregungskräfte auf ein idealisiertes Turm-Gondel-System von einem Freiheitsgrad auswirken, wollen wir im Folgenden betrachten. Trotz dieser radikalen Vereinfachung kommt dieses Modell der Realität einer dreiblättrigen Windturbine schon recht nahe. Unter der Annahme von drei starren Rotorblättern lässt sich der Rotor als eine rotierende masselose Scheibe auffassen, die an der in einem Punkt konzentrierten Masse des Rotors und des Maschinenhauses befestigt ist, Bild 8-10. In unserem einfachen Modell wird nur die horizontale Turmkopfverschieblichkeit berücksichtigt. Sie kann analytisch oder durch ein einfaches Finite-Elemente-Modell mit wenigen Balkenelementen und einer Einspannsteifigkeit am Fundament bestimmt werden, Abschnitt 9.3.3.

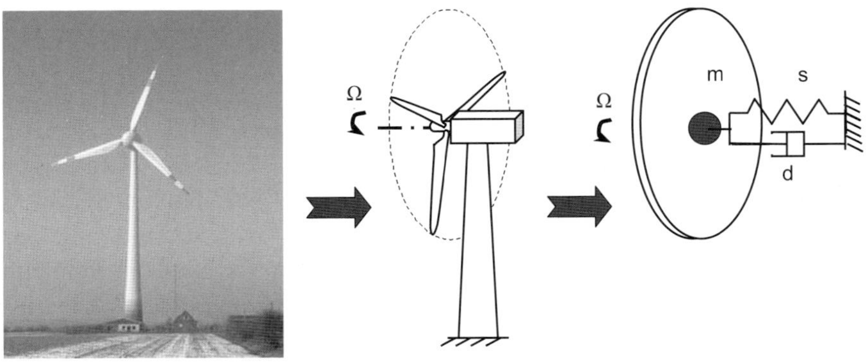

Bild 8-10 Reale Windenergieanlage (Enercon E112) und vereinfachtes Modell der Gondel-Turm-Dynamik mit einem Freiheitsgrad

Die beträchtliche Masse des Turms wird aufgeteilt auf einen gefesselten Anteil am Boden und eine mitschwingende, effektive Turmmasse. Für Letztere hat sich ein Wert von 25% der Turmmasse bewährt.

Nach der Abschätzung der wirksamen Turmkopfmasse m, der translatorischen Steifigkeit s des Turmes und seines Dämpfungsbeiwertes d lässt sich die Bewegungsgleichung für die Turmkopfverschiebung $u(t)$ in Achsrichtung anschreiben [6, 7]:

$$m\,\ddot{u} + d\,\dot{u} + s\,u = F(t) \tag{8.5}$$

$F(t)$ ist die Erregungskraft aus den Turmschubkräften.

Eigenschwingungen

Liegt keine Erregung vor, ist die rechte Seite in der Differenzialgleichung (8.5) null. Dann können Schwingungen nur aus Anfangsbedingungen

$$u(0) = u_0 \qquad \text{und} \qquad \dot{u}(0) = \dot{u}_0 \tag{8.6}$$

auftreten. Man spricht dann von *Eigenschwingungen.* Dieser Fall tritt z. B. auf, wenn man bei einer unter Last laufenden Windenergieanlage den Not-Aus-Schalter betätigt. Dann steht die Anlage innerhalb von einigen Sekunden still. Der Rotorschub, der bei größeren Anlagen eine statische Auslenkung u_0 von ungefähr einem halben Meter verursacht, bricht nun abrupt zusammen. Die Anlage schwingt mit den Anfangsbedingungen $u_0 = 0{,}5$ m und $\dot{u}_0 = 0$ m/s in die Mittellage zurück und darüber hinaus und pendelt dann länger als eine Minute aus. Die analytische Lösung der Bewegungsgleichung (8.5) für diesen Fall lautet, vgl. [7]

$$u(t) = e^{-\delta t}\left[u_0 \cos\omega t + \frac{\dot{u}_0 + \delta u_0}{\omega} \sin\omega t\right] \tag{8.7}$$

$\omega_0 = \sqrt{s/m}$ [rad/s] ist die Eigenkreisfrequenz bzw. Eigenfrequenz $f_0 = \omega_0/(2\pi)$ [s^{-1} = Hz] des ungedämpften Systems, während δ als Abklingfaktor $\delta = d/(2\,m)$ bezeichnet wird, aus dem sich durch Bezug auf die ungedämpfte Eigenkreisfrequenz auch der dimensionslose Dämpfungsgrad $D = \delta/\omega_0$ ergibt.

Die Eigenkreisfrequenz ω wird durch die (schwache) Dämpfung ein klein wenig abgesenkt

$$\omega = \omega_0 \sqrt{1 - D^2} \quad . \tag{8.8}$$

Ist, wie im vorliegenden Fall, $D < 1$, liegen oszillierende Ausschwingvorgänge vor. Ist $D > 1$ tritt nur noch Kriechen in die Ruhelage auf (überkritische Dämpfung $d > 2\sqrt{s\,m}$). Bild 8-11 zeigt den gemessenen Ausschwingvorgang von Turm und Gondel einer größeren Windenergieanlage nach der abrupten Stillsetzung. Die Hüllkurve

$e^{-\delta t}$ wurde nachträglich eingezeichnet. Gemessen wurde allerdings die Beschleunigung der Oszillation und nicht die Auslenkung. Messtechnisch ist dies meist einfacher.

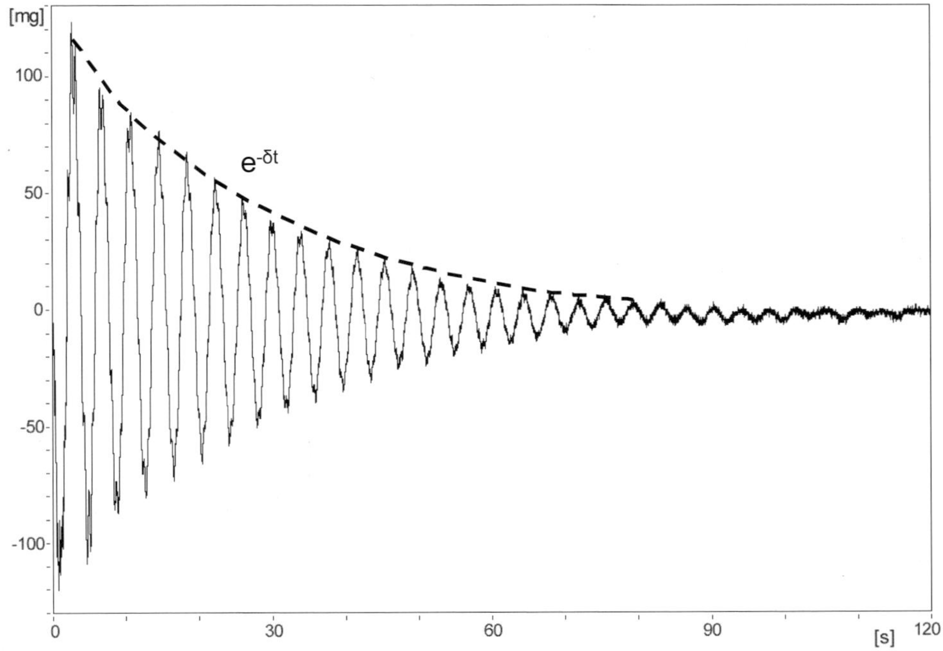

Bild 8-11 Gemessene Turmkopfbeschleunigung einer 2 MW-Anlage nach plötzlichem Stillsetzen (1. Biegeeigenfrequenz 0,26 Hz, Dämpfungsgrad einschl. Flüssigkeitsdämpfer ca. 2 %) [8]

Weil die Dämpfung so gering ist – sie stammt im Wesentlichen aus den Fügestellen des Turmes, seiner Einbauten sowie aus dem Boden (elastischer Halbraum) – zieht sich das Ausschwingen über mehr als eine Minute hin. Im vorliegenden Fall befindet sich im Turmkopf ein zusätzlicher passiver Flüssigkeitsdämpfer, der die Dämpfung von etwa 0,5 % auf 2 % erhöht. Bei laufendem Betrieb kommt die aerodynamische Dämpfung hinzu, die beträchtlich sein kann (s. Kap. 7). Sie lässt sich – im Gegensatz zur „Restdämpfung“ aus Material und Boden – leicht formelmäßig abschätzen. Deshalb bestimmt man die „Restdämpfung“ (ohne aerodynamischen Beitrag) experimentell über das so genannte logarithmische Dekrement Λ.

$$\Lambda = \frac{1}{n-1} \cdot \ln\left(\frac{A_1}{A_n}\right) \tag{8.9}$$

Es entspricht dem natürlichen Logarithmus des Verhältnisses zweier aufeinander folgender Schwingungsmaxima. In der Praxis misst man die Amplituden A_1 und A_n beim Ausschwingen nach n Schwingungen, wobei das logarithmische Dekrement mit dem

Dämpfungsgrad in engem Zusammenhang steht. Für schwache Dämpfung ($D << 1$) gilt:

$$D = \frac{\Lambda}{2 \cdot \pi} \tag{8.10}$$

Über den Dämpfungsgrad lässt sich dann „rückwärts" der Dämpfungskoeffizient d für Gl. 8.5 bestimmen, $d = D \cdot \omega_0 \cdot 2 \cdot m$.

Periodische Schwingungen aus Massenunwucht

Periodische Schwingungen der Gondel aus Massenunwucht der Blätter und aerodynamischer Anregung durch den Turmvorstau oder Turmschatten spielen in der Praxis eine große Rolle. Wir wollen den Unwuchtfall näher beleuchten, der Turm und Gondel in heftige Schwingungen quer zum Wind versetzen kann.

Mit dem Freiheitsgrad $v(t)$ der Querbewegung (Bild 8-3) und der Erregungskraft aus Gl. 8.4 lautet die Schwingungsdifferenzialgleichung nun

$$m\,\ddot{v} + d\,\dot{v} + s\,v = -\,\Delta m \cdot r_s \cdot \Omega^2 \cdot \sin \Omega t \tag{8.11}$$

wobei wegen der weitgehenden „Rundheit" des Systems Turm und Gondel die Koeffizienten m, d, s praktisch die gleichen sind wie bei der Axialschwingung $u(t)$ in Gl. 8.5. Durch geeignete Wahl des Beginns der Zeitzählung lässt sich auch das Minus auf der rechten Seite bereinigen. Die Schwingungsantwort $v(t)$ auf die harmonische Erregungskraft $F(t) = \hat{F} \sin \Omega t$ ergibt sich zu [7]

$$v(t) = \frac{\hat{F}}{s} \frac{1}{\sqrt{\left(1-\eta^2\right)^2 + (2D\eta)^2}} \sin\left(\Omega t + \gamma\right) = \frac{\hat{F}}{s}\, V(\eta, D) \sin\left(\Omega t + \gamma\right) \tag{8.12}$$

V ist die so genannte Vergrößerungsfunktion – ein Vergrößerungsfaktor der statischen Auslenkung $\hat{F}/s$, der abhängig ist vom Verhältnis $\eta = \Omega/\omega_0$ der Erregungsfrequenz Ω zur (ungedämpften) Eigenkreisfrequenz ω_0 sowie dem Dämpfungsgrad D. Eine ähnliche Funktion beschreibt die Phasenverschiebung γ, die uns in diesem Falle jedoch nicht interessiert [7]. In der Nähe der Resonanzstelle $\eta = 1$, d.h. $\Omega = \omega_0$ nehmen die Schwingungsamplituden des Turms sehr große Werte an. Wie groß hängt letztlich nur vom Dämpfungsgrad ab:

$$V\big|_{\eta=1} = \frac{1}{2 \cdot D} \tag{8.13}$$

Da im Unwuchtfall die Kraftamplitude $\hat{F}$ selbst noch von der „Drehzahl" Ω abhängt, $\hat{F} = \Delta m\, r_s\, \Omega^2$ schreibt man Gl. 8.12 zweckmäßigerweise noch etwas um:

$$v(t) = r_s \frac{\Delta m}{m} \frac{\eta^2}{\sqrt{\left(1-\eta^2\right)^2 + (2D\eta)^2}} \sin(\Omega t + \gamma) = r_s \frac{\Delta m}{m} V(\eta, D)\eta^2 \sin(\Omega t + \gamma) \tag{8.14}$$

Bild 8-12 zeigt die Amplitude der Unwuchtantwort als Funktion der dimensionslosen Anregungsfrequenz η, die im Resonanzfall nur durch die Dämpfung begrenzt wird und für hohe Anregungsfrequenzen, d.h. Drehzahlen, einem stationären Wert zustrebt. Zwei Konsequenzen ergeben sich hieraus:

Erstens sollte der Rotor gut ausgewuchtet werden; dann ist $r_s \Delta m / m$ sehr klein. Zweitens wird der Turm entweder

- sehr steif gebaut, sodass seine Eigenfrequenz deutlich über dem Betriebsbereich liegt ($\Omega < 0{,}9\ \omega_0$, steifer, hoch abgestimmter Turm bzw. unterkritischer Betrieb), oder
- der Turm wird nachgiebig gebaut, damit die Resonanzstelle unterhalb des Betriebsbereichs liegt ($\Omega > 1{,}1\ \omega_0$, tief abgestimmter Turm bzw. überkritischer Betrieb).

Beide Auslegungsarten finden in der Praxis Anwendung siehe Bild 9-7. In jedem Fall sollte der Betrieb zu dicht an der Resonanzstelle vermieden werden.

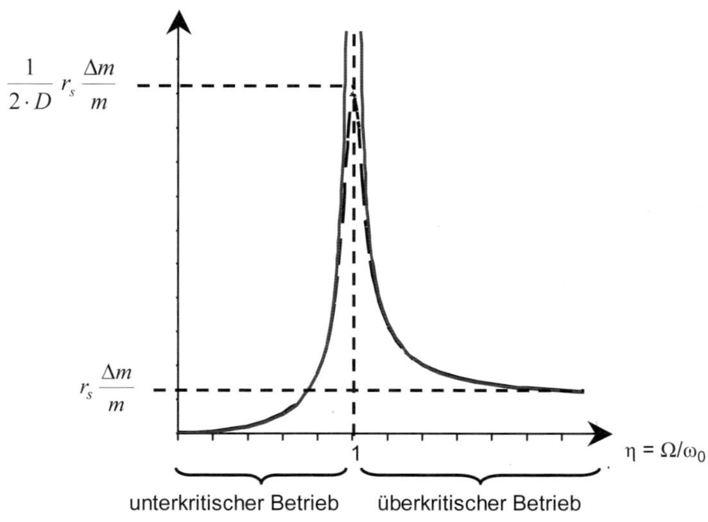

Bild 8-12 Amplitude der durch Unwucht verursachten lateralen Gondelschwingungen

Vom Turmvorstau verursachte periodische Gondelschwingungen

Im Abschnitt 8.1 haben wir gesehen, wie durch den Turmvorstau und ggf. Turmschatten eine periodische Erregungskraft in Achsrichtung (aber auch quer dazu) entsteht.

Diese Anregung enthält neben der dominanten Blattpassierfrequenz allerdings viele Oberwellen, die nur langsam mit der Ordnungszahl k abklingen. Insgesamt ergibt sich die rechte Seite der Bewegungsgleichung 8.5 der Turmschwingungen in axialer Richtung zu

$$F(t) = F_0 + \hat{F}_3 \cos(3\Omega t) + \hat{F}_6 \cos 2(3\Omega t) + \hat{F}_9 \cos 3(3\Omega t) + \ldots + \hat{F}_{3k} \cos k(3\Omega t) \tag{8.15}$$

F_0 ist der mittlere Schub, der natürlich weitaus am größten ist. Auch hier tritt – wie schon im Unwuchtfall, Gl. 8.14 – immer dann eine Resonanzstelle auf, wenn die Erregungsfrequenz auf die Turm-Gondel-Eigenkreisfrequenz ω_0 fällt; also bei $\omega_0 = 3\ \Omega$; $6\ \Omega$; $9\ \Omega$ usw. Bild 8-13 zeigt qualitativ die Vergrößerungsfunktion für diesen Fall.

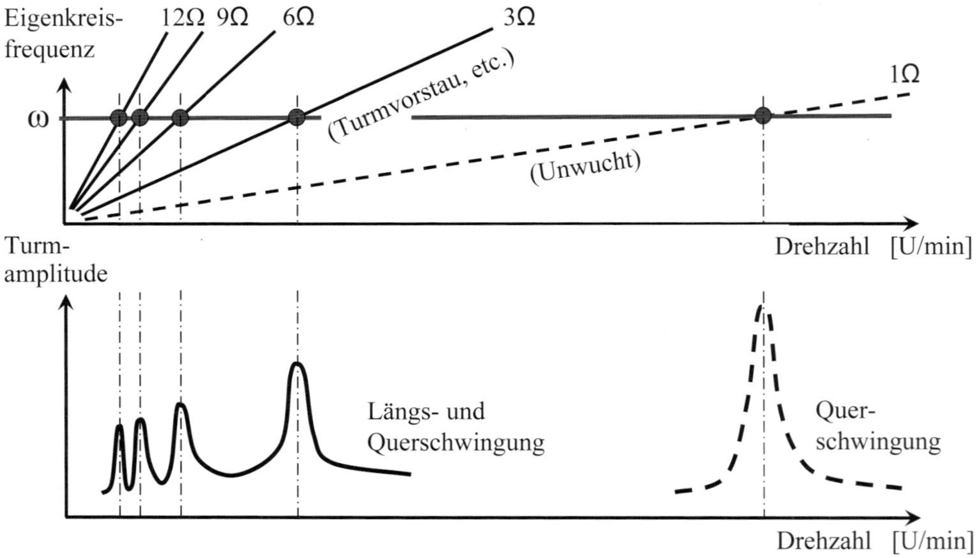

Bild 8-13 Turmresonanzstellen aus der Blattpassage bei einem Dreiflügler. Resonanz- oder Campbelldiagramm oben; Turmamplituden (qualitativ) unten.

Quer zur Maschinenachse passiert im Grunde sehr Ähnliches. Nicht nur der Schub auf das Blatt, Bild 8-7, auch die Umfangskraft des Blattes erfährt bei der Turmpassage einen kleinen Einbruch. Deshalb gibt es für die Gondelquerschwingungen ebenfalls eine $3\ \Omega$, $6\ \Omega$, $9\ \Omega$ usw. Erregung. Da sich die Turmquereigenfrequenz von der Turmeigenfrequenz in Längsrichtung kaum unterscheidet, ist das Resonanzdiagramm dafür fast identisch mit dem von Bild 8-13. Allerdings dominiert bei der Querschwingung der Gondel meist der $1\ \Omega$-Unwuchtanteil, der axial keine große Rolle spielt. In Bild 8-13 ist er gestrichelt eingetragen.

8.2.2 Blattschwingungen

Blattschwingungen werden, wie in 8.1 schon erklärt, durch das Windprofil in Bodennähe oder Schräganströmung mit der Umlauffrequenz 1Ω und aus dem Turmvorstau mit den Frequenzen 1Ω, 2Ω, 3Ω, also mit der Umlauffrequenz und deren Oberwellen angeregt. Die biege- und torsionselastischen Blätter werden mit Hilfe von Übertragungsmatrizen oder der Finite-Elemente-Methode modelliert, wobei Balken- und Schalenelemente hinreichend sind. Von großem Einfluss auf die Flügeldynamik vor allem für das Flatterverhalten ist, wie in Kapitel 3 schon betont, die Lage von Schwerelinie, elastischer Achse, Radiallinie (durch die Flanschmitte) und Druckpunktlinie (Luftkraftangriff), deren Lage von den Anströmbedingungen bestimmt wird, siehe Bild 3-9.

Die ersten Eigenfrequenzen und Eigenformen treten meist in folgender Reihenfolge auf:

ω_1	erste Schlagbiegeeigenfrequenz
ω_2	erste Schwenkbiegeeigenfrequenz
ω_3	zweite Schlagbiegeeigenfrequenz
ω_4	zweite Schwenkbiegeeigenfrequenz
ω_5, ω_6	Eigenfrequenzen mit starker Torsionsbeteiligung

Bild 8-14 zeigt ein 44 m langes Blatt mit seinen ersten Eigenformen. Die entsprechenden Eigenfrequenzen ω_i sowie die Blatterregungsfrequenzen 1Ω, 2Ω, 3Ω usw. sind in das Resonanzdiagramm im Bild 8-15 eingetragen. Die Schlageigenfrequenzen werden durch die Fliehkraftversteifung leicht drehzahlabhängig angehoben. Diese leichte Fliehkraftversteifung der ersten Schlageigenfrequenz ω_1 ist in Bild 8-15 zu erkennen. Der Drehzahleinfluss auf die Schwenkeigenfrequenzen ist geringer. Potenzielle Resonanzstellen in der Nähe der Nenndrehzahl sind gekennzeichnet.

Um die Nenndrehzahl 16 U/min, entsprechend 0,27 Hz, herrscht weitgehende Resonanzfreiheit. Eine 3 Ω -Anregung der ersten Schlagfrequenz wird erst bei einer höheren Drehzahl von ca. 18 U/min relevant. Die 5 Ω-Anregung fällt bei Nenndrehzahl mit der ersten Schwenkfrequenz zusammen, da diese Anregung jedoch nicht mehr so energiereich ist, tritt keine starke Resonanz auf. Im Teillastbereich, in dem die Maschine drehzahlvariabel fährt, treten verschiedene Resonanzstellen der vierten und höheren Harmonischen auf. Wegen der ständig schwankenden Windgeschwindigkeit ändert sich hier die Drehzahl entsprechend und ernste Resonanzen sind kaum zu erwarten. Anders wäre dies bei einem Zusammentreffen von Eigenfrequenzen mit niedrigeren Vielfachen der Drehzahl.

Durch einen *Schwingungsversuch im Stillstand* (Blatt an einem großen, starren Fundament befestigt) überprüfen die Hersteller die rechnerisch gewonnenen Eigenfrequenzvoraussagen und ermitteln auch die modale Dämpfung der ersten Eigenformen. Das Verhalten des Blattes unter dem mehr oder minder regellos (stochastisch) an- und

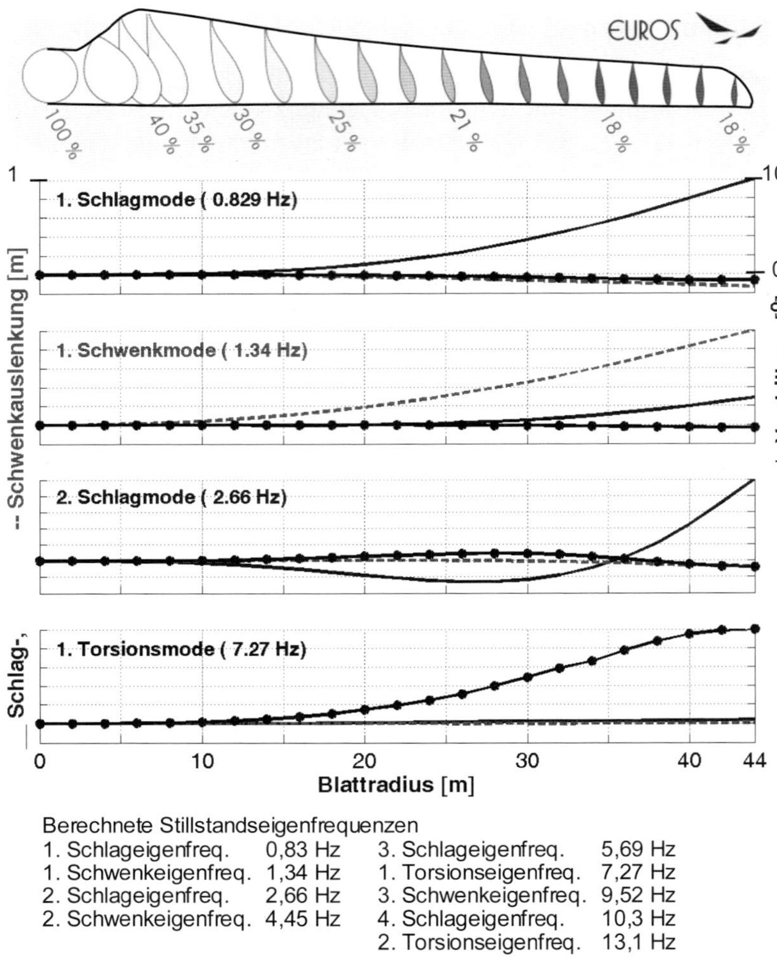

Bild 8-14 Niedrige Eigenformen des 44m langen Rotorblattes EUROS EU 90.2300-2 [9]

abschwellenden Wind mit seiner starken *Turbulenz* ist komplizierter als unter den bisher betrachteten periodischen Anregungen.

Bild 8-16 zeigt beispielhaft die simulierten Biegemomente an der Blattwurzel einer 500 kW-Anlage in Schlag- und Schwenkrichtung. Die energiereichen Böen mit Durchlaufzeiten von 10 bis 20 s wirken sich als niederfrequente Variationen der mittleren Belastung aus, während die höherfrequente, energieärmere Turbulenz stark die erste Schlageigenfrequenz des Blattes anregt. Die ebenfalls gezeigte Antwort des Schwenkmoments ist schmalbandig und wird durch die umlauffrequente, gewichtsinduzierte Wechselbiegung dominiert. Die Böigkeit hat hier nur einen geringen Einfluss.

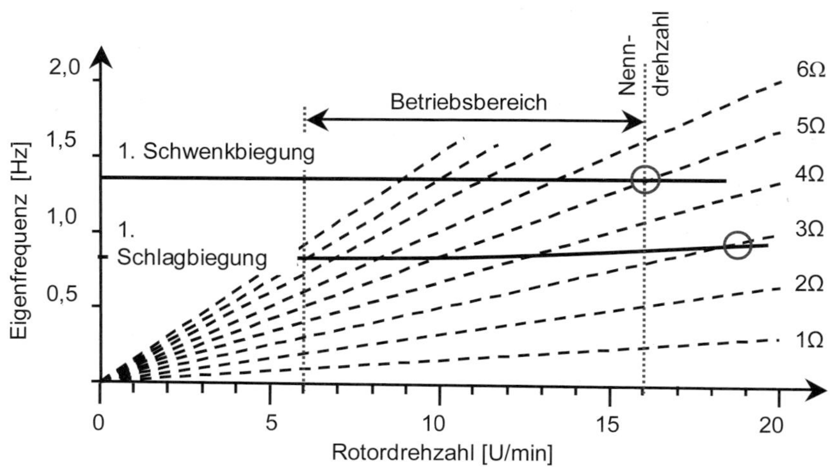

Bild 8-15 Resonanzdiagramm des Rotorblattes aus Bild 8-14.

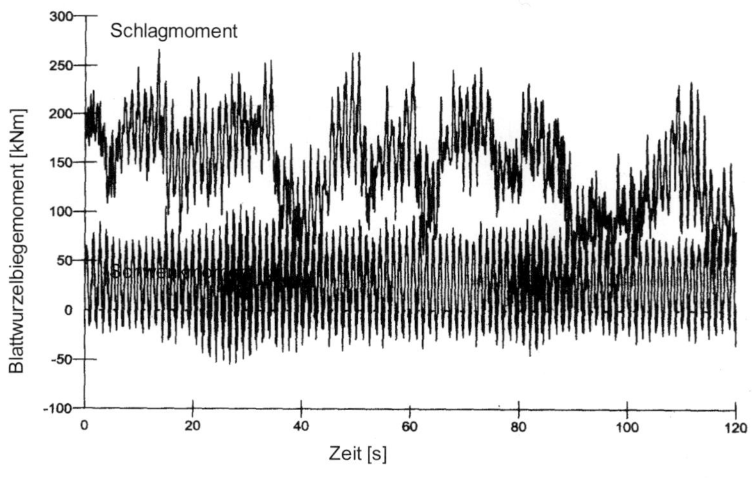

Bild 8-16 Simulierte Antwort des Schlag- und Schwenkbiegemoments an der Blattwurzel auf stochastische Windanregung [1]

8.2.3 Triebstrangschwingungen

Die Anregungen der Schwingungen im Triebstrang stammen im Wesentlichen aus:

- der Blattpassage: Blattanzahl mal Umlauffrequenz und höhere Harmonische dazu
- dem turbulenten Windfeld
- dem Höhenprofil bei Ein- und Zweiblattanlagen
- Reglereingriffen, Pitchverstellung, Momentenänderung im Generator
- Zahneingriffsfrequenzen
- u. v. m.

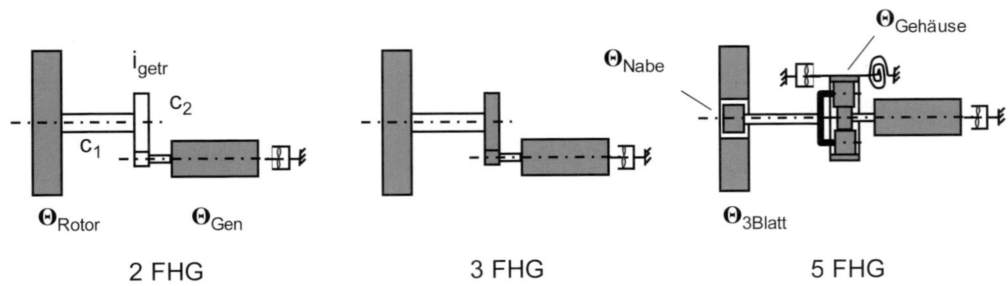

Bild 8-17 Einfache Modellierung der Triebstrangtorsionsdynamik mit unterschiedlicher Anzahl von Freiheitsgraden (geschwärzt Drehmasse Θ; c_1, c_2, usw. Drehsteifigkeiten, Drehdämpfer und Drehfedern am Getriebegehäuse und Generator)

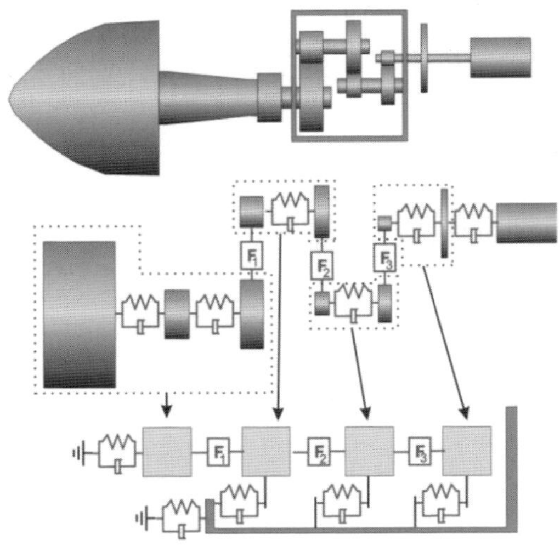

Bild 8-18 Modellierung der Triebstrangdynamik als Mehrkörpersystem (MKS) mit sowohl axialen Rotationsfreiheitsgraden als auch axialen Translationsfreiheitgraden [10]

Bei der Behandlung der Torsionsdynamik von kleineren Anlagen (D < 50 m) genügt es, den Strang als 2- oder 3-Freiheitsgradsystem zu modellieren, Bild 8-17 links und mitte. Zwischen dem Generatorläufer und dem Ständer wirken allerdings magnetische Kräfte, die beim *Synchrongenerator* als lastabhängige *Drehfeder* modelliert werden können. Beim *Asynchrongenerator,* der mit Schlupf ins Netz einspeist, lassen sie sich, wie im Bild 8-17 gezeigt, durch einen *Drehdämpfer* beschreiben, dessen Dämpfungskonstante aus der Steilheit der Momentenkennlinie im Synchronpunkt resultiert, Kapitel 11. Bei großen Windenergieanlagen muss die erste Schwenkeigenform der Blätter in der Torsionsdynamik berücksichtigt werden und die Tatsache, dass das Gehäuse des Planetengetriebes über gummielastische Buchsen auf dem Maschinenträger abgestützt wird. Dadurch kommt je ein weiterer Freiheitsgrad ins Spiel und der Triebstrang bekommt vier Freiheitsgrade zugeteilt; eventuell sogar fünf, wenn den Getriebezahnrädern noch eigene Trägheiten zugesprochen werden, Bild 8-17 rechts.

Neuere Untersuchungen der dreidimensionalen Belastungssituation an der Rotornabe und im gesamten Triebstrang als auch Schadensbilder aus der Praxis größerer Windenergieanlagen machen die Beschränkungen und Unzulänglichkeiten der oben genannten Modelle deutlich. Daher werden zunehmend Mehrkörpersystem(MKS)-Modelle entwickelt. Bild 8-18 zeigt ein Modell mit Torsions- und Translationsfreiheitsgraden [10]. Sehr aufwändig werden solche Untersuchungen, wenn auch das Zahnflankenspiel (Lose) sowie die Elastizität der Lagerung auf Grundrahmen und Turm berücksichtigt werden.

Von der aerodynamischen und mechanischen Seite ist der Triebstrang sehr schwach gedämpft. Schwenkbewegungen der Blätter bringen so gut wie keine aerodynamische Drehdämpfung ein (s. u.). Nur die gummielastische Getriebegehäuseabstützung wirkt hier – bei geeigneter Gummiauswahl – positiv. Glücklicherweise kann durch die schnelle elektrische Drehmomentenregelung moderner drehzahlvariabler Anlagen über die Luftspaltmomente künstliche Drehdämpfung erzeugt werden, die Stabilitätsprobleme im Triebstrang vermeidet.

8.2.4 Teilmodelle - Gesamtsystem

Für die dynamischen Untersuchungen in der frühen Entwurfsphase ist es zweckmäßig, aus dem Gesamtsystem Windenergieanlage sinnvoll gewählte Teilsysteme herauszuschneiden, wie z. B.

- das Turm-Gondel-System mit starren Blättern
- das Blatt, starr eingespannt an der Wurzel
- den Antriebsstrang (Torsionsdynamik), usw.

Die Zusammenstellung der Eigenfrequenzen der Teilsysteme mit ihrer Drehzahlabhängigkeit in einem einzigen Campbell-Diagramm, Bild 8-19, ermöglicht nicht nur Aufschluss über mögliche Resonanzen, sondern auch über die Gefahr der Beeinflussung von „dicht“ beieinander liegenden Eigenfrequenzen.

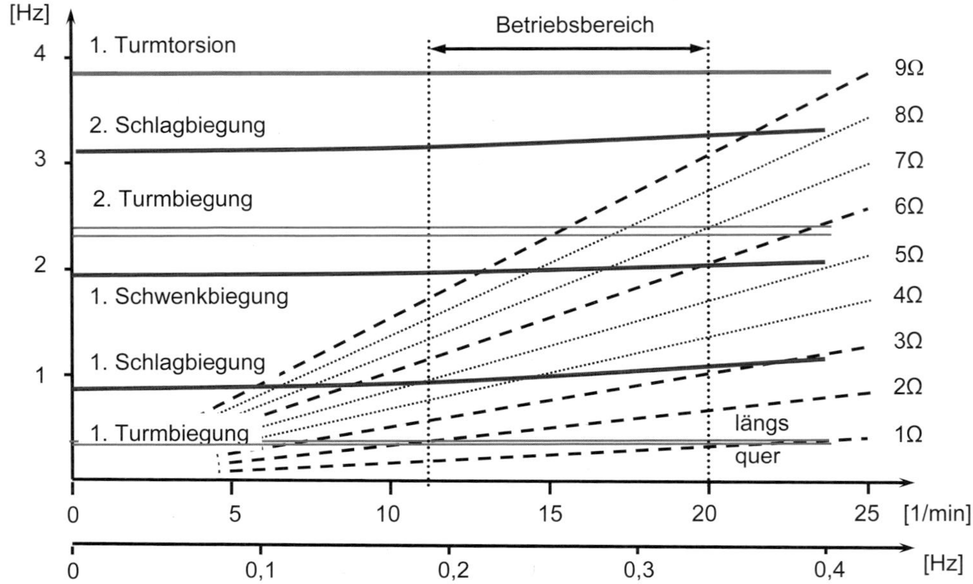

Bild 8-19 Campbell-Diagramm mit Eigenfrequenzen des Turm-Gondel-Systems sowie des Blätter-Triebstrangsystems einer typischen, drehzahlvariablen 1,5 MW-Anlage

Änderungen von Eigenfrequenzen treten auch auf, wenn sich die Eigenformen der Teilsysteme beeinflussen. So zeigt sich gerade am Beispiel der Antriebsstrangdynamik, dass die vereinfachte Betrachtung der Blätter als starre Körper bei *großen* Anlagen unzulässig wird. Dort sinkt die erste Schwenkeigenfrequenz so stark ab, dass sie in den Bereich der ersten Torsionseigenfrequenz des Triebstrangs fällt, bei der der Turbinenrotor gegen den Generator schwingt. Dadurch entsteht eine Kopplung; Blatt- und Triebstrangdynamik sind untrennbar verheiratet. Einige Schwingungsformen werden sogar von der Turmdynamik beeinflusst. Die an Teilsystemen ermittelten Eigenfrequenzen verschieben sich dadurch im Gesamtsystem.

Bild 8-20 oben zeigt ein vereinfachtes Triebstrangmodell, die Blätter sind elastisch. In der Eigenform I schwingen Blätter und Nabe gemeinsam *gegen* den Generator. In Eigenform II, die auch wegen ihrer Form manchmal als Lambda-Eigenform bezeichnet wird, biegen sich zwei Blätter gemeinsam in Schwenkrichtung und das dritte hält ihnen mit doppelt so hohem Schwingungsausschlag die Waage. In Eigenform III schwingen zwei Blätter gegeneinander und das dritte bleibt ruhig (Y- oder Stimmga-

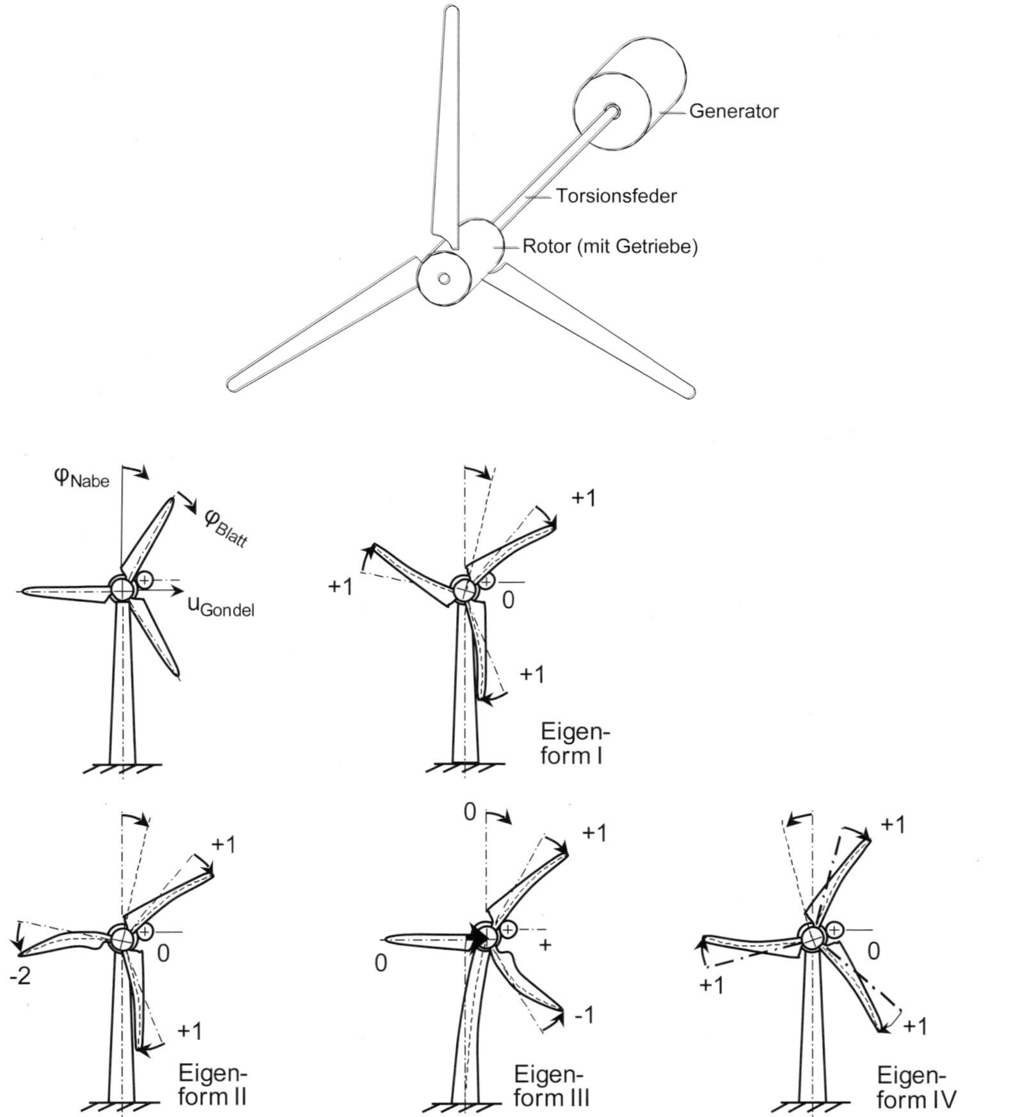

Bild 8-20 Eigenformen des gekoppelten Blätter-Triebstrang-Systems: Eigenformen I, II und IV gekoppelt an die Triebstrangtorsion; Eigenform III an die Gondelquerschwingung

bel-Eigenform). Beide Eigenformen II und III sind nicht an die Triebstrangtorsion gekoppelt. Die Biegemomente an der Nabe heben sich auf. Die zugehörigen Eigenfrequenzen sind (fast) die Eigenfrequenzen, die man bei starrer Einspannung eines Blattes erhält. Bei der Eigenform III bewegt sich allerdings der Turm ein ganz klein wenig mit. In Eigenform IV behalten die Blätter zwar das gemeinsame paketförmige Schwingen wie in der Eigenform I bei, aber nun schwingt der Nabenkörper *gegensin-*

nig zu den Blättern. Da wir dem Modell fünf Freiheitsgrade (je ein Schwenkfreiheitsgrad für die Blätter plus einen Naben- (mit Getriebe) und einen Generatorfreiheitsgrad zubilligten, fehlt noch eine Eigenfrequenz und Eigenform: Das ist der „Starrkörperfreiheitsgrad“, die freie, ungefesselte Drehung des gesamten Triebstranges, die die Eigenfrequenz null hat.

1Ω-Shift

Ein weiterer typischer Effekt im Gesamtsystem ist der 1Ω-Shift. Massenunwucht oder auch aerodynamische Unwucht (falscher Einbauwinkel eines Blattes) regen den Turmkopf zu Schwingungen mit Umlauffrequenz (1Ω) quer zur Gondelachse an, siehe Abschnitt 8.2.1.

Diese 1Ω-Querschwingungen der Gondel wirken im rotierenden System als doppelt-umlauffrequente 2Ω-Fußpunkterregung der Blätter in Schwenkrichtung [11]. Wenn die ersten beiden Blatteigenfrequenzen beim 2- bis 3-fachen der maximalen Rotordrehzahl liegen, können so eventuelle Resonanzen provoziert werden. Dieser 1Ω-Shift ist uns vom Gewichtseinfluss her schon bekannt; die Schwerkraft wirkt inertial konstant (0Ω) auf die Blätter, jedoch mit der Umlauffrequenz (1Ω) periodisch umlaufend im rotierenden System. Im Resonanzdiagramm einer 3-Blattanlage, Bild 8-19, sind deshalb nicht nur die 1Ω-, 3Ω-, 6Ω-, etc., Anregungen, sondern auch die 2Ω-Anregung als Strahlen eingezeichnet.

Simulation der Gesamtdynamik

Bei größeren Anlagen baut man schon früh in der Entwurfsphase eine Gesamtdynamik auf, die alle Kopplungen der Teilstrukturen berücksichtigt – auch die elektrischen und elektromechanischen (oder hydraulischen) Freiheitsgrade der Regelung und Steue-rung. Die Lösung dieser „Bewegungsgleichungen“ erfolgt dann numerisch im Zeitbereich, also durch digitale Simulation. Das hat gegenüber den Betrachtungen im Frequenzbereich den Vorteil, dass auch Nichtlinearitäten und transiente Vorgänge problemlos mit berücksichtigt werden können. Abschnitt 8.3 gibt einen Einblick in gebräuchliche Verfahren.

8.2.5 Instabilitäten und weitere aeroelastische Probleme

Aeroelastische Instabilitäten

Bei der Behandlung des Stopps einer Windenergieanlage hatten wir gesehen, wie langsam die Eigenschwingungen von Turm und Gondel abklingen, Bild 8-11, da dann nur noch geringe Dämpfungskräfte aus den Fügestellen des Turmes und aus dem Boden wirken.

Läuft die Maschine aber in der Nähe des Auslegungspunktes λ_{opt}, sind Gondelschwingungen in Axialrichtung und die Blattschwingungen in Schlagrichtung durch

Luftkräfte sehr gut gedämpft. Bild 8-21 zeigt in der Mitte, wie durch eine (Schlag-) Bewegung des Blattes auf den Wind zu das Anströmdreieck verändert wird und eine Auftriebzunahme ΔdA entsteht, die der Bewegung entgegenwirkt – also dämpft. Jedoch wird auch deutlich: Läuft die Anlage im Stall-Bereich, also jenseits des Maximums der Auftriebskurve c_A, dann ändert c_A', die Ableitung des Auftriebskoeffizienten, das Vorzeichen – und die Schlagbewegung führt auf ein negatives ΔdA – dies bedeutet eine Entdämpfung oder Schwingungsanfachung. Wenn ungenügende „Strukturdämpfung" vorliegt, treten dann Eigenschwingungen auf, es herrscht Instabilität. Natürlich muss man im Stall-Bereich auch die Widerstandkräfte aus c_W berücksichtigen, was die Sache noch ein wenig verkompliziert [12, 13].

Schwenkbewegungen des Blattes bringen kaum Luftkraftdämpfungen ein, das lässt Bild 8-21 (unten) erahnen. Da die Umfangsgeschwindigkeit u viel größer ist als die Windgeschwindigkeit in der Rotorebene v_2 , ändern sich die Luftkräfte – und vor allem der Anstellwinkel – kaum, wenn Schwenkbewegungen auftreten. Denn die zusätzliche Schwenkgeschwindigkeit ist klein gegenüber der Umfangskomponente und konsequenterweise sind Schwingungsformen, bei denen das Schwenken dominiert, kaum gedämpft und damit instabilitätsgefährdet. Deshalb baut man zuweilen in die Blattspitzen von stall-gesteuerten Maschinen Dämpfer für die Schwenkbewegungen ein (Firma LM).

Weitere aeroelastische Probleme

Bei Windenergieanlagen können noch andere aeroelastische Probleme auftreten, z. B.

- durch den Strömungsabriss selbst-induzierte Blattschwenkschwingungen („stall induced edgewise vibrations"), die durch Dämpfer nahe der Blattspitze bekämpft werden können (Kapitel 3) [14]
- instabile Triebstrangtorsionsschwingungen mit starker Beteiligung der Blattschwenkbewegung und des Generators oder des Generator-Umrichtersystems
- Reglerschwingungen der Blattwinkelverstellung, bei denen axiale Turm-Gondelschwingungen (u, $\dot{u}$) dem Blattwinkelregler falsche Windverhältnisse vortäuschen, nämlich $v_2 \pm \dot{u}$ anstatt v_2, und die Aktion des Reglers die aerodynamische Dämpfung vermindert oder sogar die Turm-Gondelschwingungen aktiv verstärkt (siehe Kapitel 12)
- der Gondelwhirl [11, 14], bei dem das Nabenzentrum des Rotors eine elliptische Bahn um ihre mittlere Lage ausführt
- instabile Turm-Gondel-Querschwingungen [13]
- das aus der Luftfahrt oder Gebäudeaerodynamik bekannte Flattern, bei dem kombinierte Torsions- und Schlagschwingungen des Blattes die Luftkräfte so ungünstig beeinflussen, dass Schwingungsanregung eintreten kann.

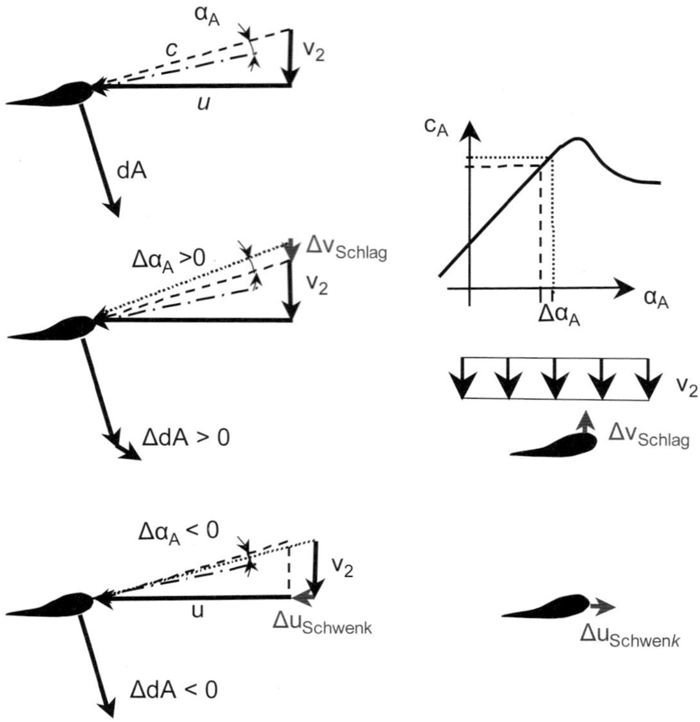

Bild 8-21 Auswirkung der Blattschlag- und der Blattschwenkbewegung auf die Luftkräfte, Luftkraftdämpfung und -entdämpfung. Bezugslage (oben), Schlagbewegung (Mitte), Schwenkbewegung (unten)

8.3 Simulation der Gesamtdynamik

Aufgrund der instationären Wind- und Betriebsbedingungen kann selten ein analytisches Modell in der Art verwendet werden, dass eine direkte Ermittlung der Verformungen und Beanspruchungen möglich wird. Stattdessen wird zur Analyse des Anlagenverhaltens wie zur Auslegung der kraftübertragenden Komponenten oder zur Ertragsabschätzung üblicherweise auf *Simulationen* im Zeitbereich zurückgegriffen [1, 15]. Sehr einfach ausgedrückt wird das mechatronische Modell einer Windkraftanlage über einen überschaubaren Zeitraum mit einem der Realität möglichst ähnlichen „numerischen Wind" konfrontiert. Ausgedehnt wird dieses Verfahren für Offshore-Anlagen auch auf den Seegang, in Einzelfällen auch auf die Lastermittlung bei Erdbeben. Simulationsrechnungen werden im Wesentlichen zur Gewinnung folgender Informationen eingesetzt:

- Schnittgrößenermittlung in bestimmten relevanten Anlagenkomponenten als Eingang zur Komponentenauslegung und zur Zertifizierung
- Ermittlung des Anlagenverhaltens unter allen Betriebsbedingungen, zur Entwurfsvalidierung und Leistungskurvenbestimmung
- Entwurf und Optimierung des Reglersystems

8.3.1 Modellbildung in Simulationsprogrammen

Die eingesetzten Simulationsmodelle, Bild 8-22, zerfallen i. Allg. in drei Teilmodelle:

- Zeitreihenmodell der Umgebungsbedingungen (Windfelder, Seegang etc.) als Eingang
- Modellierung der Aerodynamik an den Rotorblättern
- Strukturdynamisches Modell der Turbine (inkl. elektrischem System und Reglerverhalten)

In der Wahl der einzusetzenden Modelle gilt grundsätzlich folgende Abwägung:

Modelltiefe versus Simulationsgeschwindigkeit

Selbstverständlich finden daher Modelle unterschiedlicher Art parallel Verwendung: je nachdem, welche Anforderungen an die Berechnungen gestellt werden. Vorauslegungen, die der ersten Abschätzung von Leistungsverhalten und Anlagenbeanspruchung dienen, können mit einem wenig detaillierten Modell in kurzer Zeit gerechnet werden. Erweiterte Nachweise des Reglerverhaltens verlangen teilweise auch ein sehr umfassendes Anlagenmodell und entsprechend längere Rechenzeiten. Eine komplette Zertifizierungsrechnung umfasst den Nachweis über u. U. mehrere Hundert Simulationsläufe. Da diese zudem im Entwurfsprozess über mehrere Iterationsschleifen notwendig werden, sind die hier zur Anwendung kommenden Modelle gerade so detailliert, dass sie eine ausreichende Berechung der für die Zertifizierung nachzuweisenden Schnittgrößen ermöglichen – eine feinere Betrachtung einzelner Komponenten ist dann nicht möglich.

Modellierung des Windfeldes

Die Modellierung des Windeingangs stellt eine der Herausforderungen in der Simulation von WKA und eigentlich auch den wesentlichen Grund zu ihrer Durchführung dar. Vor nicht allzu langer Zeit begnügte man sich bei den Entwurfsrechnungen mit einfachen Windmodellen, die aus stationärer Anströmung, deterministischen Böen

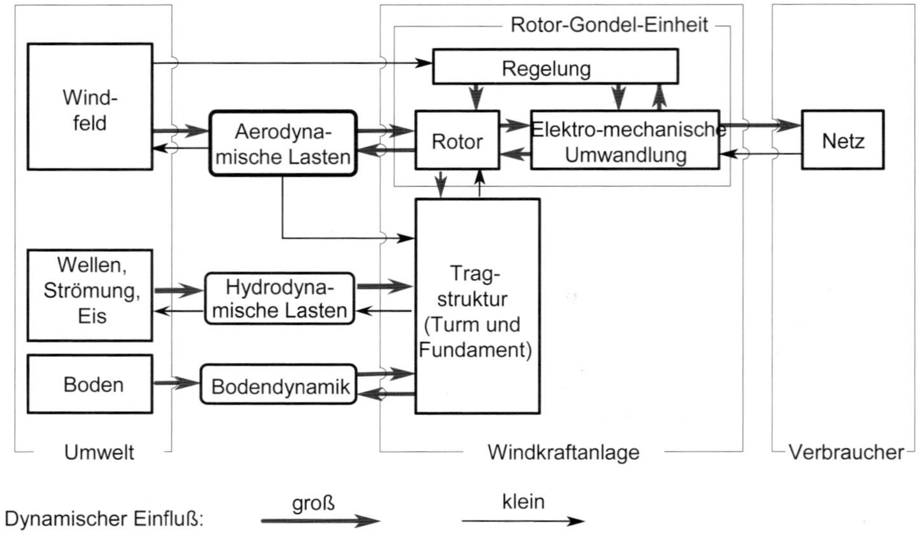

Bild 8-22 Blockdarstellung eines Simulationsprogrammes mit Windfeldmodell, Rotoraerodynamik, Strukturdynamik, Generatoreinfluss sowie Regelungs- und Aktuatorenmodell

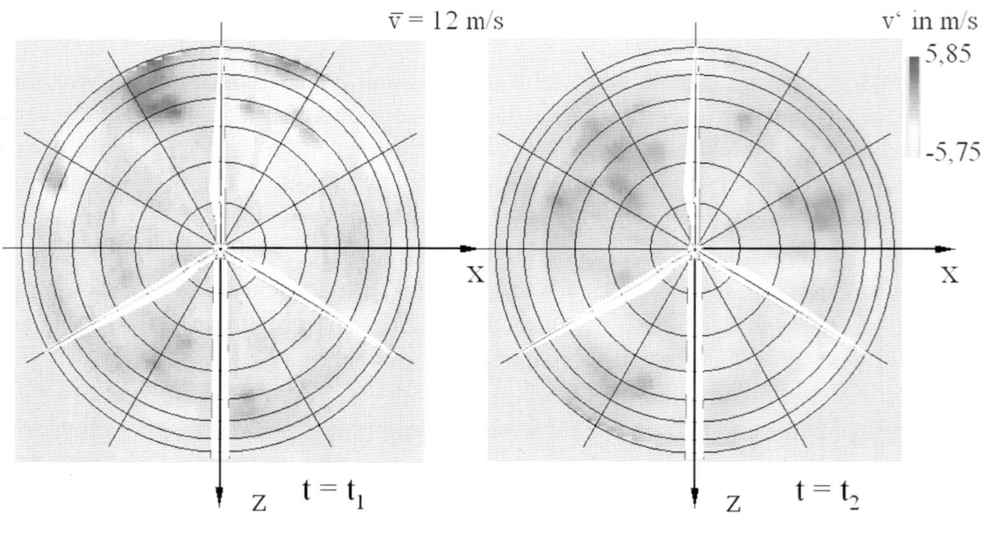

Bild 8-23 Windfeld über Rotorebene einer Windkraftanlage zu zwei aufeinanderfolgenden Zeitpunkten in der Simulation, mittlere Windgeschwindigkeit 12 m/s ist abgezogen

und überlagerter Höhenabhängigkeit oder Schräganströmung bestanden. Viele Lasten konnten dann nach den Modellen analog zu den Abschnitten 8.1 und 8.2 ermittelt werden. Doch besonders der zunehmende Einfluss der Betriebsfestigkeit in der Auslegung führte schließlich zu einer höheren Betonung des Turbulenzanteils im Wind.

Hierzu werden *Zeitreihen* des Windes erzeugt, die statistische Informationen des betrachteten Windes nutzen, i. Allg. die mittlere Windgeschwindigkeit, die Turbulenzintensität, die Längenparameter und das Spektrum der Turbulenz (vgl. Abschnitt 4.2.5). Diese Zeitreihen, in die auch Anteile senkrecht zur Hauptwindrichtung Eingang finden, werden der Rotorfläche an bis zu mehreren Hundert Punkten aufgeprägt (s. Bild 8-23). Eine wesentliche Herausforderung ist es hier, in der Erzeugung der Zeitreihen nicht nur die zeitliche sondern auch die räumliche Korrelation des Windes über der Rotorfläche vergleichbar mit „echtem" Wind zu erreichen. Nur durch diesen hohen Modellierungsaufwand lässt sich der Effekt der partiellen Böen (Abschnitt 8.1) realistisch darstellen. Zusätzlich werden Windfelder mittels deterministischer Beschreibung der Anströmung simuliert. Diese finden insbesondere Verwendung bei der Berechnung von *Manövern* von Windkraftanlagen: Beispielsweise beim Entwurfslastfall nach der IEC 61400, DLC (Design Load Case) 1.3, in dem eine extreme Betriebsböe bei gleichzeitiger starker Windrichtungsänderung modelliert wird.

Modellierung der Aerodynamik

Der nächste Schritt in der Simulation ist die Darstellung der Strömungen sowie der Kräfte und Momente am Rotorblatt. Es wird vorwiegend ein Modell der Blattelementtheorie Verwendung finden, in der Form wie in den Kapiteln 5 und 6 erläutert. Für jeden Zeitschritt wird eine vollständige Iteration zur Ermittlung des Kräfte- und Strömungsgleichgewichts durchgeführt. Dabei werden aerodynamische Einflüsse aus dreidimensionalen Effekten (stall delay etc.), durch Approximationsverfahren bestmöglich aus der 3-D in die 2-D Berechnung übertragen. Grundsätzlich wird also mit den Gleichungen aus Kapiel 6 für den einzelnen Blattschnitt operiert. Allerdings wird die Anströmung aus der mittleren Windgeschwindigkeit des Schnittes von der Turbulenz überlagert und von der deterministischen Seite her werden Schräganströmungen, Höhenprofil usw. berücksichtigt. Insbesondere der Faktor Simulationszeit verhindert, dass „modernere" 3-D Strömungsverfahren, die im Flugzeug- und Turbinenbau längst verwendet werden, hier Eingang finden. Diese müssten nämlich den instationären Charakter des Windfeldes, wie im vorangegangenen Abschnitt beschrieben, an jedem Punkt der Rotorblätter berücksichtigen. Selbst wenn eine im gleichen Maß ansteigende Computerleistung wie in den letzten Jahren unterstellt werden kann, werden akzeptable Rechengeschwindigkeiten für diese Aufgaben in absehbarer Zeit nicht erreicht werden.

Modellierung der Strukturdynamik

Dieser Teil der Simulation ist wesentlich für das Gesamtergebnis, aber in keiner Weise speziell für Windenergieanlagen. Es gibt daher so viele verschiedene Verfahren wie Ansätze zur Strukturmodellierung. Die besondere Herausforderung, die sich durch die großen Verformungen und der damit einhergehenden Nichtlinearität ergibt, ist bei den heute üblicherweise eingesetzten Verfahren kein großes Problem mehr. Besonders hier entscheiden die Modelltiefe und das Verfahren über die Geschwindigkeit der Simulation und damit über ihren Einsatzzweck. Vorherrschend werden derzeitig Ansätze auf Basis der Mehrkörpersimulation, verknüpft mit der Modalanalyse für Komponenten, die sich auf ein elastisches Balkenmodell zurückführen lassen, verwendet. Für die „schnelle" Modellierung werden selten mehr als die ersten zwei modalen FHG (Freiheitsgrade) je Bewegungsrichtung vorgesehen. Bei gesteigerter Modelltiefe zur detaillierteren Untersuchung von Komponenten können diese durch einen FEM (Finite Elemente Methode)-Ansatz modelliert werden, was mit steigenden Simulationszeiten erkauft werden muss. Die Aeroelastik berücksichtigt zusätzlich noch die Veränderung der Windgeschwindigkeitsdreiecke und die Orientierung des Flügelschnitts durch die Verformungen und Bewegungen nicht nur der Flügel, sondern der gesamten Struktur.

8.3.2 Einsatz von Simulationsprogrammen

Wie im Eingangsabschnitt bereits angesprochen, liegen wesentliche Gründe für den Einsatz von Simulationsprogrammen im Bereich der Last- und Zertifizierungsrechnungen, Vorauslegungen und Leistungskurven sowie der Anlagenoptimierung. Diese Einsatzgebiete werden folgend etwas genauer betrachtet.

Die gesamte Lastermittlung und Zertifizierungsrechnung zerfällt in zwei vollständig unterschiedliche Teilgebiete mit unterscheidbaren Berechnungsverfahren: der Ermüdungs- und der Extremlastberechnung. Siehe hierzu Kap. 9.1.7 zur weiteren Erläuterung.

Zwar sind die grundsätzlichen Vorgehensweisen in den Simulationsläufen und die verwendeten Modelle gleich, aber die Simulationssteuerung und Auswertung ist deutlich verschieden. Die Lastermittlung zur Betriebsfestigkeitsberechnung erfolgt mittels der Simulation verschiedener Klassen der mittleren Windgeschwindigkeit über einen (üblicherweise) 10 min. langen Zeitabschnitt. Schwingweiten- und Lastverteilung lassen sich direkt aus der Auszählung der simulierten Lasten mit nachfolgender zeitlicher Gewichtung nach der Weibull-Verteilung ermitteln: Die Ergebnisse jeder Klasse werden über ihre Klassenhäufigkeit auf eine Lebensdauer von 20 Jahren extrapoliert. Zur Extremlastberechung werden die Manöver einer Windkraftanlage unter unterschiedlichen Umweltbedingungen möglichst genau nachsimuliert, z.B. der oben bereits angesprochene Entwurfslastfall 1.3 nach IEC, siehe auch Abschnitt 9.1.7.

Ein weiteres Einsatzfeld stellt die direkte Kopplung der Reglersoftware einer Windkraftanlage mit der Simulation dar („Hardware in the Loop"). Hierzu wird die Modellierung des Windes direkt mit einem „echten" Hardwareregler gekoppelt, dem gewissermaßen über die Sensorimpulse die wirkliche Umwelt „vorgespielt" wird. Die Reaktionen werden wieder in das Simulationsmodell der Anlage zurückgespeist. Ziel ist es, einerseits den Regler zu prüfen und auf der anderen Seite Aussagen über die Strukturbelastung der Anlage unter tatsächlichen Regelbedingungen zu untersuchen. Mittlerweile läuft auf den echten und den simulierten Reglern teilweise genau dieselbe Software, die nur noch auf verschiedene Plattformen übersetzt wird, wodurch der Austausch der tatsächlichen mit der simulierten Regelung deutlich einfacher wird.

8.4 Validierung durch Messungen

Kein Entwurfs- oder Simulationsprogramm für Windkraftanlagen lässt sich sinnvoll einsetzen, wenn die Berechnungsergebnisse dieses Programms nicht durch Messergebnisse an Windkraftanlagen bestätigt werden können. Aus der Sicht des Entwicklers sind hier verschiedene Perspektiven relevant:

- Überprüfung wichtiger Modellparameter, wie z.B. Eigenfrequenzen, Dämpfungen und Zeitkonstanten
- Einfluss des Anlagenverhaltens und des Betriebsreglers auf die Leistungskennlinie und den Energieertrag
- Verifizierung der Ermüdungslasten
- Nachvollziehbarkeit von Betriebs- und Manöverlasten
- Zusätzlich: Validierung des zu Grunde liegenden Windmodells

Die experimentelle Überprüfung der Modellparameter der Anlage wird am einfachsten in einem Stillstandsversuch vorgenommen. Dabei steht der Rotor. Ausschwingversuche, Versuche mit harmonischer Shaker-Anregung, aber auch die regellose Anregung durch den Wind lassen erkennen, ob die realen Struktureigenfrequenzen und Dämpfungen mit denen der Modellrechnungen hinreichend übereinstimmen. Wenn nicht, müssen Massen- und Steifigkeitsverteilungen sowie die Dämpfungsannahmen angepasst werden.

Das grundsätzlich größte Problem ist immer die verlässliche Messung der Windgeschwindigkeiten und ihr direkter Vergleich mit den synthetischen Windzeitreihen. Eigentlich erfordert dies eine genaue Messung der Windgeschwindigkeit in der gesamten Rotorebene – etwa an allen Punkten wie in Bild 8-23 dargestellt. Dies ist aus physikalischen und auch aus messtechnischen Gründen praktisch unmöglich. Bereits die verlässliche Bestimmung einer Leistungskurve wird hierdurch zum Problem, das sich üblicherweise durch Kalibrierungsprobleme verschärft. Brauchbare Ergebnisse liefert daher nur die Statistik langfristiger Messkampagnen. Es werden 10-Min.-

Mittelwerte erfasst und nach der „Method of Bins“ zugeordnet. Neben der Sortierung nach Windgeschwindigkeit erfolgt eine weitere nach Turbulenzintensität.

Bild 8-24 zeigt eine typische Matrix („capture matrix“) zur Erfassung und Sortierung der gemessenen Werte. In die Zeilen und Spalten sind hier die Anzahl der aufgenommenen Zeitreihen für jedes Turbulenz- bzw. Wind-Bin aufgetragen. Entsprechend dieser Sortierung werden die Simulationen als 10-Min.-Zeitreihen durchgeführt. Die ebenso sortierten berechneten Werte lassen sich dann mühelos mit den gemessenen Kräften und Momenten statistisch vergleichen. Sie müssen nur noch nach einer beliebigen Zeitverteilung gewichtet (z.B. nach einer vorgegebenen Weibullverteilung nach IEC Richtlinie) und können direkt als Schwingweitenverteilung aufgetragen (und mit der berechneten verglichen) werden.

Zur Auswertung herangezogen werden folgende Punkte: Blattwurzelbiegemomente (oder Momente am gesamten Blatt), Lagerkräfte und -momente, Momente des Antriebsstrangs sowie das Turmfußbiegemoment. Aus diesen Daten lassen sich viele Lasten der anlagenspezifischen Komponenten ermitteln oder ableiten.

Produktionsbetrieb bei Nennleistung Windgeschwindigkeits-Klassenbreite 1 m/s Turbulenz-Klassenbreite 2%																			
Zeitreihenlänge	Anzahl der 10-min Aufzeichnungen																		
Windgeschwindigkeit in m/s -> I in %	4	5	6	7	8	9	10	11	12	13	14	15	16	17	18	19	20	21	23
<3	0	1	0	0	0	0	0	0	0	0	0	0	0	0	0	0	0	0	0
3-5	2	10	2	0	0	0	0	0	0	0	0	0	0	0	0	0	0	0	0
5-7	5	23	9	6	1	0	0	0	0	0	0	0	0	0	0	0	0	0	0
7-9	8	30	28	23	16	5	3	1	3	1	0	0	0	0	1	0	0	0	0
9-11	13	45	62	51	45	45	21	15	10	7	8	1	6	2	6	4	0	0	0
11-13	14	74	121	170	125	88	75	52	48	43	18	18	29	29	25	10	2	2	0
13-15	15	89	116	191	200	146	103	77	86	64	46	49	51	50	23	6	2	0	0
15-17	17	70	101	160	147	108	109	65	51	61	49	57	39	18	11	6	2	0	0
17-19	9	29	53	57	48	49	36	29	22	30	34	31	32	8	4	0	0	0	0
19-21	5	16	21	13	15	16	10	9	2	8	9	6	4	2	0	0	0	0	0
21-23	4	1	1	10	6	3	6	1	0	4	1	0	0	0	0	0	0	0	0
23-25	0	1	4	3	1	0	0	0	0	1	0	0	0	0	0	0	0	0	0
25-27	1	3	0	1	1	0	0	1	0	0	0	0	0	0	0	0	0	0	0
27-29	1	0	1	0	0	0	0	0	0	0	0	0	0	0	0	0	0	0	0
>29	1	1	1	0	0	0	0	0	0	0	0	0	0	0	0	0	0	0	0
Anzahl der Turbulenzklassen mit mehr als 3 Zeitreihen	9	10	9	10	8	8	8	6	6	7	6	5	6	4	5	4	0	0	0
Gesamtanzahl	95	393	520	695	613	468	363	256	228	226	171	167	167	113	75	30	6	2	0

Erfassungsmatrix Normalbetrieb Windgeschwindigkeiten: Medianwerte der Klasse

Bild 8-24 „Capture Matrix“: Sortierung nach mittlerer Windgeschwindigkeit und Turbulenzintensität

Literatur

[1] T. Burton, et al.: *Wind Energy Handbook*, Wiley, 2002

[2] IEC 61400-1 ed.3

[3] Kühn, M.: *Dynamics and Design Optimisation of Offshore Wind Energy Conversion Systems*, Dissertation, TU Delft, 2001

[4] Gasch, R., Twele, J.: *Windkraftanlagen*, 3. Aufl., S. 188, Teubner, Stuttgart, 1996

[5] Maurer, J.: *Windturbinen mit Schlaggelenkrotoren – Baugrenzen und dynamisches Verhalten*, VDI-Verlag, Reihe 11, Nr. 173, Düsseldorf, 1992

[6] Magnus, K.; Popp, K.: *Schwingungen*, 5. Aufl., Teubner, Stuttgart, 1997

[7] Gasch, R.; Knothe, K.: *Strukturdynamik,* Bd. 1, Springer, Berlin, 1987 (Neuauflage 2012)

[8] Messung der Dt. WindGuard Dynamics GmbH, Berlin

[9] Daten der EUROS Entwicklungsgesellschaft für Windkraftanlagen mbH, Berlin

[10] Institut für Maschinenelemente und Maschinenkonstruktion, TU Dresden http://www.me.tu-dresden.de/forschung/dynamik.shtml, 30. Juli 2005

[11] Gasch, R.; Nordmann, R.; Pfützner, H.: *Rotordynamik*, 2. Aufl., S. 637, Springer, Berlin, 2002

[12] Det Norske Veritas (DnV): *Guidelines for Design of Wind Turbines*, 2nd ed., 2002

[13] Kaiser, K.: *Luftkraftverursachte Steifigkeits- und Dämpfungsmatrizen von Windturbinen und ihr Einfluß auf das Stabilitätsverhalten*, VDI-Verlag, Reihe 11, Nr. 294, Düsseldorf, 2000

[14] Hansen, M.H.: *Improved modal dynamics of wind turbines to avoid stall-induced vibrations*, Wind Energy, 6, 179-195, 2003

[15] Quarton, D.C.: *The Evolution of Wind Turbine Design Analysis – A Twenty Years Progress Report*, Wind Energy, 1, 5-24, 1998

9 Richtlinien und Nachweisverfahren

9.1 Zertifizierung

Allgemein versteht man unter *Zertifizierung* die Überprüfung von gesamten Unternehmen, Betriebsabläufen oder Produkten auf die Erfüllung von bestimmten Kriterien hin. In der Windenergiebranche ist die Zertifizierung der Produkte und Hersteller inzwischen Standard. Die *Zertifizierung* (der Konformität) ist eine Maßnahme durch unabhängige Institutionen (oder Personen), die dokumentiert, dass ein Erzeugnis, Verfahren oder eine Dienstleistung in Übereinstimmung mit einer bestimmten Norm oder einem bestimmten anderen normativen Dokument ist. (EN 45011, EN 45012 und EN 45013).

Eine Übersicht der wesentlichen Elemente einer solchen Zertifizierung zeigt das folgende Bild 9-1:

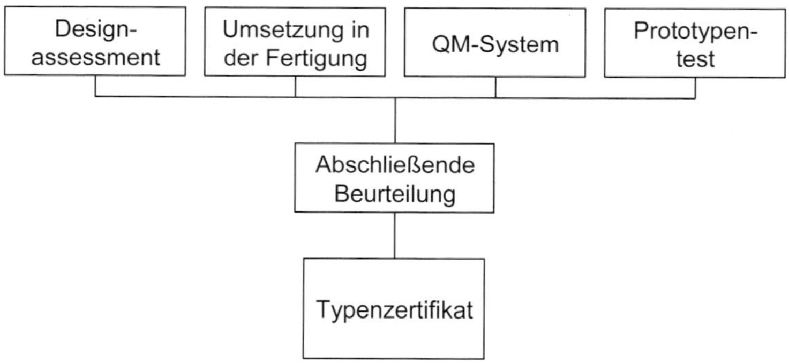

Bild 9-1 Typische Elemente einer Zertifizierung nach [1]

Grundlage der Zertifizierung sind die o.g. Normen oder normativen Dokumente.

Hier ist zu unterscheiden zwischen *windenergiespezifischen Normen* und *allgemeinen Normen*, die auch für Windenergieanlagen anzuwenden sind. Im Folgenden wird zunächst eine Übersicht der windenergiespezifischen Normen vorgestellt, in den weiteren Kapiteln auf jeweils relevante allgemeine Normen hingewiesen.

Neben einer Zertifizierung des Produktes und des Herstellers findet teilweise eine zusätzliche *projektspezifische Prüfung* statt, insbesondere wenn Standortbedingungen vom generellen Zertifizierungsschema nicht abgedeckt werden.

Ebenfalls eine standortspezifische Bewertung ist die so genannte „*Due Diligence*". Hierbei liegt der Schwerpunkt auf der Prüfung der Frage der Werthaltigkeit eines Projektes. Dies umfasst Auslegungsfragen, z.B. ob die Standortbedingungen von der allgemeinen Zertifizierung abgedeckt und alle Entwurfsannahmen zutreffend sind. Da der Auftraggeber dieser Due Diligence in der Regel der zukünftige Betreiber des Projektes bzw. die finanzierende Partei ist, wird diese Untersuchung auch auf die Fragen der Genauigkeit der Ertragsprognosen sowie zukünftige Gewährleistungs- und Servicekonzepte erweitert.

9.1.1 Richtlinien zur Zertifizierung: IEC 61400

Die International Electrotechnical Commission (IEC) hat unter der Nummer 61400 Normen zu verschiedenen Bereichen der Windenergie zusammengefasst. Die Arbeit an diesen Normen ist ein *kontinuierlicher Prozess*, so hat es im Laufe der letzten Jahre auch schon mehrere Revisionen zu einigen dieser Normen gegeben. Die folgende Tabelle 9.1 gibt eine Übersicht. *Der Leser ist angehalten, sich über den jeweils aktuellen Revisionsstand zu informieren.*

Tabelle 9.1 Übersicht der Normen IEC 61400 nach [13]

IEC 61400-1	Design Requirements
IEC 61400-2	Design Requirements of Small Wind Turbines
IEC 61400-3	Design Requirements for Offshore Wind Turbines
IEC 61400-11	Acoustic Noise Measurement Techniques
IEC 61400-12-1	Power Performance Measurements of Electricity Producing Wind Turbines
IEC 61400-13	Measurement of Mechanical Loads
IEC 61400-14	Declaration of apparent sound power level and tonality values
IEC 61400-21	Measurement and Assessment of Power Quality Characteristics of Grid Connected Wind Turbines
IEC 61400-22	Conformity testing and certification
IEC 61400-23	Full-Scale Structural Testing of Rotor Blades
IEC 61400-24	Lightning Protection
IEC 61400-25	Communications for Monitoring and Control of Wind Power Plants

All diese Normen sind speziell für den Windenergiebereich entwickelt worden. Hervorzuheben ist die IEC 61400-1, sie beschreibt die grundsätzlichen Zusammenhänge

zwischen Standortdaten und Lastannahmen für die Simulation einer WEA und ist daher der Startpunkt für jede Auslegung.
Es ist zu beachten, dass aufgrund ihres Veröffentlichungsdatums diverse Richtlinien auf ältere Ausgaben der entsprechenden Teile von IEC 61400 Bezug nehmen, z.B. [3]. Weiterhin sind Teilbereiche von IEC 61400 auch in europäische Normen überführt, z.B. EN 61400-1.

9.1.2 Richtlinie des Germanischen Lloyd für die Zertifizierung von Windenergieanlagen

Bei diesem Dokument [1] handelt es sich nicht um eine Norm, sondern um eine *Richtlinie*, also eine Empfehlung zu einer bestimmten Vorgehensweise. Wesentliche Elemente bauen auf den IEC Normen auf, der Schwerpunkt liegt jedoch auf der Beschreibung von *Auslegungs- und Nachweisverfahren für die Komponenten einer Windenergieanlage*. Hierbei steht die Sicherheit des Produktes im Vordergrund. Die Ausgabe von 2010 enthält zudem kurze Zusammenfassungen der national geltenden Anforderungen in Deutschland, Dänemark, Kanada, Indien, China und Japan.

9.1.3 Die "Guidelines for Design of Wind Turbines" des DNV

Ähnlich wie bei der GL-Richtlinie ist in diesem Dokument [2] des Det Norske Veritas, DNV, das Vorgehen beim Entwurf einer WEA in verschiedenen Bereichen beschrieben. Es werden die grundsätzlichen Zusammenhänge dargestellt, die zum Erhalt einer Zertifizierung berücksichtigt werden müssen. Basis für dieses Vorgehen sind wieder die IEC 61400 und die jeweiligen Fachnormen.

9.1.4 Richtlinie für Windenergieanlagen, Einwirkungen und Standsicherheitsnachweise für Turm und Gründung (DIBt-Richtlinie)

In Deutschland werden Turm und Gründung einer WEA als *Bauwerk* eingestuft und unterliegen dem entsprechenden Genehmigungsverfahren [3]. Das Deutsche Institut für Bautechnik (DIBt) hat hierfür eine Richtlinie erarbeitet, die erforderliche Nachweisverfahren für eine WEA zusammenträgt. Diese Richtlinie, obwohl keine Norm, hat dennoch normativen Charakter. Abweichungen von den dort vorgegebenen Ansätzen sind nicht vorgesehen. Diese Richtlinie ist inzwischen in der zweiten, stark überarbeiteten Auflage erschienen und lehnt sich im Bereich der Lastfalldefinition an die IEC an, in anderen Bereichen werden Konzepte des Bauwesens übernommen.

9.1.5 Sonstige Normen und Richtlinien

Neben den bisher genannten Normen und Richtlinien gibt es einige länderspezifische Varianten bzw. abweichende Ansätze. In der niederländischen NVN-Richtline werden die IEC-Normen übernommen, aber an einigen Stellen z.B. bezüglich der anzusetzenden Sicherheitsbeiwerte modifiziert. Die dänischen Normen DS472 (Loads and safety of Wind Turbine Constructions) und eine Reihe von Richtlinien regeln die Ansprüche an Windenergieanlagen in Dänemark, s.a. www.wt-certification.dk/UK/Rules.htm.

9.1.6 Windklassen und Standortkategorien

Ein wesentliches Konzept der IEC-Normen und der daran angelehnten Richtlinien ist die Klassifizierung der Umweltbedingungen in *Windklassen.* In der IEC 61400-1 werden 4 verschiedene Windklassen definiert, wobei es innerhalb jeder Klasse feste Zusammenhänge gibt zwischen den wesentlichen Auslegungsgrößen: mittlere Windgeschwindigkeit V_{ave}, charakteristische Turbulenzintensität T_I und Böenwindgeschwindigkeiten V_e. Die folgende Tabelle 9.2 zeigt diese Zusammenhänge:

Tabelle 9.2 Auslegungswindgeschwindigkeiten V und charakteristische Turbulenzintensitäten T_I der Typenklassen nach IEC 61400-1, 2. Edition

Windklassen	**I**	**II**	**III**	**IV**		
Extremlast					Einheit	Bemerkung
V_{m50}	50,0	42,5	37,5	30,0	m/s	50 Jahres-Wind, 10 Min. Mittel
V_{e50}	70,0	59,5	52,5	42,0	m/s	50 Jahres-Wind, 3 Sek. Mittel
V_{m1}	37,5	31,9	28,1	22,5	m/s	Jahres-Wind, 10 Min. Mittel
V_{e1}	52,5	44,6	39,4	31,5	m/s	Jahres-Wind, 3 Sek. Mittel
Betriebsfestigkeit						
V_{ave}	10,00	8,50	7,50	6,00	m/s	Mittlere Jahres-Windgeschwindigkeit auf Nabenhöhe
T_{IA}	18,0	18,0	18,0	18,0	%	Charakteristische Turbulenzintensität bei V = 15 m/s, Klasse A
T_{IB}	16,0	16,0	16,0	16,0	%	Charakteristische Turbulenzintensität bei V = 15 m/s, Klasse B

Folgt man diesem Konzept, so ist zu *Beginn des Entwurfsprozesses* eine Windklasse auszuwählen, die den Bedingungen des Zielmarktes am nächsten kommt und so ein wirtschaftliches aber auch lastgerechtes Design zulässt. Aus der gewählten Windklasse leiten sich dann eine Reihe von Lastfalldefinitionen ab, für die die Anlage nachgewiesen werden muss. Bei der späteren *Umsetzungsplanung* für konkrete Windkraftprojekte müssen dann die tatsächlichen Windbedingungen durch die Design-Windklasse abgedeckt sein. Anderenfalls sind erneute Lastberechnungen durchzuführen, und es ist zu zeigen, dass die Windenergieanlage über entsprechende Auslegungsreserven verfügt. Für Standorte, die nur begrenzt den vorgegebenen Zusammenhängen entsprechen, besteht die Möglichkeit der Definition einer „Sonderklasse“. Hier können die Zusammenhänge standortspezifisch beliebig definiert werden.

9.1.7 Lastfalldefinitionen

In dem Konzept der IEC 61400 werden *zwei unterschiedliche Lastfallkategorien* untersucht: zum einem *Extremlastfälle*, bei denen die Standsicherheit der WEA gewährleistet sein muss, zum anderen *Betriebsfestigkeitslastfälle*, die zur Analyse der Ermüdungsfestigkeit zu verwenden sind.

Die *Extremlastfälle* werden hauptsächlich durch die auftretenden *Böenwindgeschwindigkeiten* definiert. Typische Lastfälle (Design Load Cases, DLC), die hohe Beanspruchungen verursachen, sind die 50-Jahres Böe (DLC 6.1) sowie die Betriebsböe mit kombinierter extremer Windrichtungsänderung (DLC 1.3). Es gibt aber Betriebszustände, die sich aus dem *Versagen von Steuerungssystemen* ergeben und ebenso kritische Lastfälle hervorrufen, so zum Beispiel das Versagen eines Pitchantriebes mit anschließender Notbremsung aus Überdrehzahl. Um die entsprechenden räumlichen Böen zu beschreiben, werden für diese Lastfälle teilweise deterministische Böenverläufe angenommen, aber auch stochastische Zeitschriebe mit hoher Turbulenzintensität verwendet.

Die *Betriebsfestigkeitslastfälle* werden grundsätzlich aus stochastischen Zeitreihen der räumlichen Windverteilung berechnet. Für mehrere mittlere Windgeschwindigkeiten zwischen Einschalt- und Abschaltwind werden 10-Minuten-Zeitreihen des Windes erzeugt und dann in einem Simulationsprogramm in Beanspruchungen umgesetzt. Diese werden dann entsprechend der angesetzten mittleren Windgeschwindigkeit der gewählten Windklasse gewichtet und auf 20 Jahre Betriebszeit hochgerechnet. Zusätzlich geschieht noch die Simulation der Start- und Stoppvorgänge, um die hierbei auftretenden Beanspruchungen ebenfalls zu berücksichtigen.

Alle Lastfälle werden mit *Sicherheitsfaktoren* beaufschlagt. Die Höhe des Faktors ist nach Genauigkeit der Vorhersagbarkeit und der Wahrscheinlichkeit des Auftretens sowie der Folgen für die Sicherheit der WEA für die jeweiligen Lastfälle und Lastkomponenten unterschiedlich festgelegt.

9.2 Nachweiskonzepte

Dieser Abschnitt behandelt die Grundlagen des Nachweises der Bauteile von Windenergieanlagen. In den nachfolgenden Kapiteln 9.3 bis 9.5 werden dann die Besonderheiten an drei typischen Komponenten erläutert. Hierfür wurden Turm, Rotornabe und Rotorblatt ausgewählt.

Der *Nachweis* der WEA Komponenten beruht auf der Annahme, dass bestimmte Zustände, sog. Grenzzustände, nicht überschritten werden dürfen. Die Grenzzustände der Tragfähigkeit von Bauteilen umfassen:

- das *Überschreiten der maximalen Tragfähigkeit* (Bruch, Beulen oder Knicken und Ermüdung) sowie
- den *Verlust des Gleichgewichts der stabilen Lage einer Struktur*, z.B. Kippen als starrer Körper.

Die Grenzzustände der Gebrauchsfähigkeit sind durch Grenzwerte bestimmt, die sich durch die normale Nutzung der WEA ergeben, beispielsweise Verformungen, Schwingungsamplituden bzw. -beschleunigungen, Rissbreiten sowie Spannungen bzw. Dehnungen.

9.2.1 Grenzzustand der Tragfähigkeit und das Konzept der partiellen Sicherheitsfaktoren

In Form einer Bemessung muss für jedes Bauteil der *Grenzzustand der Tragfähigkeit* nachgewiesen werden, um eine ausreichende Zuverlässigkeit zu erreichen. Hierfür werden die auf das Bauteil wirkenden *Schnittgrößen* Biegemoment, Längskraft, Querkraft und Torsion betrachtet. Die *partiellen Sicherheitsfaktoren* γ_F *für die Schnittgrößen* berücksichtigen die Auftretenswahrscheinlichkeit der jeweiligen Last, Bild 9-2, (z.B. normale und extreme Last, Betriebsfestigkeitslast), die mögliche Abweichung der Last von den charakteristischen Werten sowie die Genauigkeit der Lastermittlung. Die für die Nachweise anzunehmenden Bemessungswerte der Lasten F_d ergeben sich aus den in der Regel durch Simulation ermittelten charakteristischen Lasten F_k zu $F_d = \gamma_F F_k$.

Die *partiellen Sicherheitsfaktoren* γ_M *für die Festigkeit* des Bauteils berücksichtigen die Abhängigkeit von der Art des Werkstoffs, der Verarbeitung, der Bauteilgeometrie und den Einfluss des Herstellverfahrens auf die Festigkeit. Die anzunehmenden Bemessungswerte der Festigkeiten R_d ergeben sich aus den charakteristischen Festigkeitswerten R_k gemäß $R_d = R_k / \gamma_M$.

Der *Nachweis eines Bauteils* erfolgt in der Weise, dass die Beanspruchung S für den jeweiligen Grenzzustand mit den relevanten Bemessungswerten der Lasten ermittelt wird zu $S = S(F_d)$. Die Beanspruchung (Spannung, Dehnung, Durchbiegung) muss dann unterhalb des Bemessungswertes der Festigkeit bleiben: $S < R_d$.

Die Werte für die Sicherheitsfaktoren γ_F und γ_M sind den einschlägigen Regelwerken zu entnehmen (GL-Richtlinie, IEC 61400-1). Da die Sicherheitsfaktoren in den einzelnen Regelwerken voneinander abweichen können, sind die *Nachweise für eine WEA mit einem System von konsistenten Normen* zu führen.

Abweichend von dem hier vorgestellten System der partiellen Sicherheitsfaktoren sind gemäß spezieller, z.T. nationaler Vorschriften auch andere Systeme anzuwenden.

Beispielsweise werden in Deutschland Fundamente nach DIN 1054 mit globalen Sicherheitsbeiwerten nachgewiesen, d.h. eine Unterscheidung in Sicherheitsfaktoren für Lasten und Festigkeit erfolgt nicht.

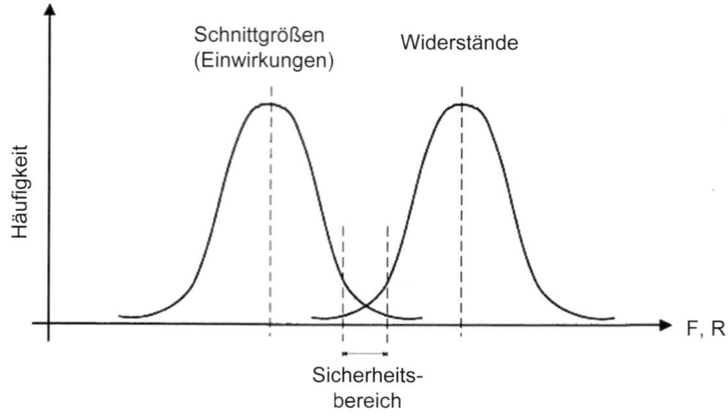

Bild 9-2 Häufigkeitsverteilungen der Schnittgrößen *F* und Widerstände *R*

9.2.2 Gebrauchstauglichkeitsnachweis

Ein typisches Kriterium der Gebrauchstauglichkeit ist der *Abstand der Rotorblattspitze zum Turm*. Die Blattspitze darf im Betrieb niemals die Turmoberfläche berühren. Da sich das Rotorblatt im Betrieb durch den Schub jedoch erheblich durchbiegt, werden für alle Lastfälle (Extremlasten und Betriebsfestigkeitslasten, siehe Kap. 9.1.7) die Durchbiegung für jedes Blatt und der Abstand der Rotorblattspitzen von der Turmwand berechnet. Dieser Abstand im ausgelenkten Zustand darf nicht kleiner werden als 30% des Abstandes in der statischen Ruhelage des Rotorblattes [1].

Für den Entwurf gilt es hinsichtlich des *Schwingungsverhaltens der Gesamtanlage* zu vermeiden, dass im Betrieb Systemeigenfrequenzen mit der Drehfrequenz oder einem Vielfachen der Drehfrequenz zusammenfallen oder sehr dicht beieinander liegen, siehe hierzu auch Kap. 8. Typische Systemeigenfrequenzen sind für das Rotorblatt die erste Schlageigenfrequenz und die erste Schwenkeigenfrequenz. Die Eigenfrequenzen höherer Ordnung liegen für das Rotorblatt meistens in unkritischen Bereichen. Für das *System Gondelmasse-Turm-Fundament* werden die erste und zweite Turmeigenfrequenz herangezogen. Bei Gittertürmen, die im Vergleich zu Stahlrohr- und Betontürmen relativ torsionsweich sind, ist zumindest die erste Torsionseigenfrequenz zu berücksichtigen. Die Frequenzverhältnisse werden für alle relevanten Betriebsdrehzahlen im so genannten Campbell-Diagramm aufgetragen und analysiert, s. Kap. 8.1 bis 8.3.

9.2.3 Grundlagen des Betriebsfestigkeitsnachweises

Typisch für den Betrieb von Windkraftanlagen ist die *Schwingungsbeanspruchung im Betrieb*. Es werden über die übliche Entwurfslebensdauer von 20 Jahren Lastwechselzahlen von 10^9 erreicht. Sie liegen damit deutlich höher als bei vielen anderen technischen Anlagen. Übliche Lastwechselzahlen liegen in der Größenordnung

$$5 \cdot 10^6 \text{ (Flugzeug)}, 10^7 \text{ (Brücke)}, 10^8 \text{ (Hubschrauber)}.$$

Somit kommt dem Betriebsfestigkeitsnachweis für Windkraftanlagen eine besonders hohe Bedeutung zu.

Die Betriebsfestigkeitsberechnung oder Lebensdauerrechnung dient der Bauteilauslegung für eine definierte Lebensdauer unter Vorgabe einer technisch, wirtschaftlich und sicherheitsbezogen sinnvoll festzulegenden Ausfallwahrscheinlichkeit [5].

Das Konzept der Betriebsfestigkeitsberechnung besteht darin, die *Zeitreihe der Beanspruchung* einer Komponente der jeweiligen Kennfunktion der Beanspruchbarkeit gegenüberzustellen und zu vergleichen. Die *Kennfunktion der Beanspruchbarkeit* ist die Wöhlerlinie. Sie wird aus Einstufenversuchen bis zum technischen Anriss ermittelt und ist die Darstellung der Spannungs- bzw. Dehnungsamplitude über der erreichten Schwingspielzahl.

Für den Vergleich der Beanspruchung mit der Wöhlerlinie, der Schädigungsrechnung, wird die Zeitreihe der Beanspruchung entweder aus Messungen oder Simulationen gewonnen, in Einzelschwingspiele zerlegt und in verdichteter Form als Kollektiv zusammengefasst. Es sind verschiedene Zählverfahren üblich, jedoch wird der Schädigungsinhalt am besten durch die Zählung nach dem Rainflow-Verfahren wiedergegeben. Es handelt sich um ein zweiparametrisches Verfahren, mit dem Informationen über Schwingweiten und zugehörige Mittelwerte gewonnen und in Matrixform dargestellt werden, s. Bild 9-3.

Bei vorliegender Lastmatrix ist die Schädigungsrelevanz der Belastung zu bestimmen, die bauteilabhängig ist. Kerben z.B. beschleunigen das Versagen eines Bauteils. Dieses Verhalten wird durch die Formzahl ausgedrückt. Genauso führt die Höhe der Mittelspannung je nach Geometrie und Material zu einem schnelleren Versagen. Die Berücksichtigung dieser Einflüsse erfolgt durch die Wahl einer *angepassten Wöhlerlinie*. In [6, ECCS Technical Committee] sind Wöhlerlinien für verschiedene Lastfälle nach Kategorien angeordnet angegeben. Dort wird auch die Mittelspannungsempfindlichkeit quantifiziert. Das Prinzip zeigt das folgende Bild 9-4.

In einem nächsten Schritt wird ermittelt, welchen Betrag jedes Schwingspiel zur Gesamtschädigung beiträgt. Üblicherweise wird hier die lineare Schadensakkumulationshypothese nach Palmgren-Miner angesetzt, wobei die Schwingspiele nach Mittelspannung S_{mi} und Spannungsamplitude S_{ai} klassiert werden. In der Klasse i ist dann $N_{\mathrm{i}} = N\,(S_{\mathrm{ai}}, S_{\mathrm{mi}})$ die innerhalb der Entwurfslebensdauer ertragbare Schwingspielzahl und $n_i = n\ (S_{ai}, S_{mi})$ die auftretende Schwingspielzahl. Damit ergibt sich die Teilschädigung ΔD_i der i-ten Klasse zu

$$\Delta D_i = n_i / N_i \quad \text{mit} \quad n_i = n\ (S_{ai}, S_{mi}) \quad \text{und} \quad N_i = N\ (S_{ai}, S_{mi}), \tag{9.1}$$

wobei n_i = innerhalb der Entwurfslebensdauer in Klasse i auftretende Schwingspielzahl

N_i = ertragbare Schwingspielzahl in Klasse i

S_{ai} = Spannungsamplitude

S_{mi} = Mittelspannung

Die Gesamtschädigung ergibt sich aus der linearen Summation der Teilschädigungen.

$$D = \Sigma\ \Delta D_i \tag{9.2}$$

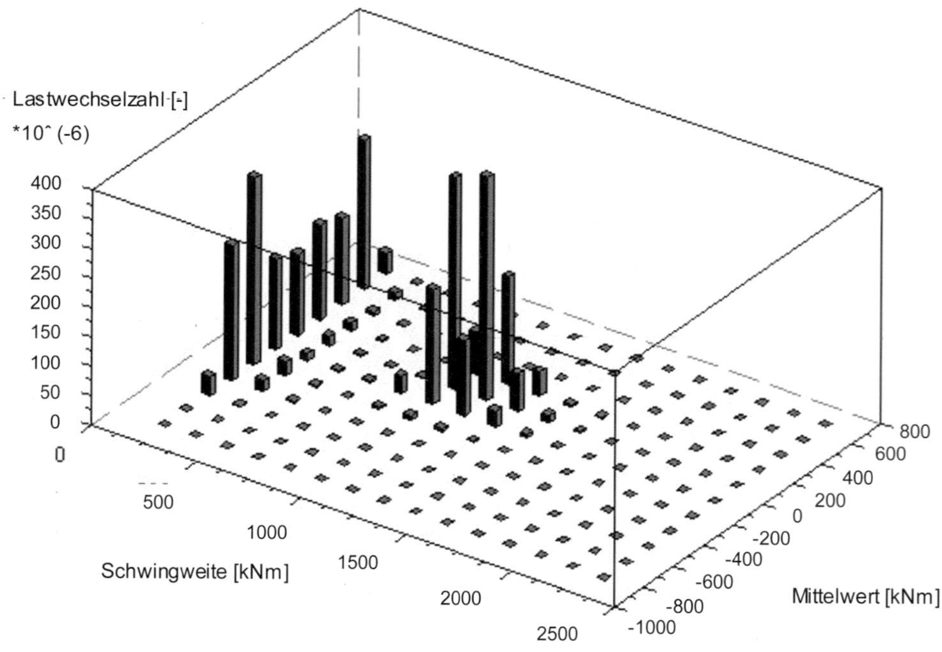

Bild 9-3 Zweiparametrige Schwingweitenmatrix

Eine Gesamtschädigung $D = 1$ entspricht dabei einem rechnerischen Bauteilversagen exakt nach Verstreichen der Entwurfslebensdauer von i.d.R. 20 Jahren. Entwurfsziel ist es also, dass in allen betrachteten Querschnitten die Gesamtschädigung D kleiner eins ist:

$$D < 1 ,$$

was gleichbedeutend mit einer rechnerischen Lebensdauer größer als der Entwurfslebensdauer ist.

Falls das betrachtete Material eine Dauerfestigkeitsgrenze besitzt, wie dies z.B. bei Baustählen in mild korrosiver Umgebung der Fall ist, und wenn die Amplituden aller Schwingspiele kleiner als die Dauerfestigkeitsgrenze sind, so tritt auch bei beliebig vielen Lastwechseln keine Schädigung auf. Weit häufiger ist jedoch, dass zumindest einige Schwingspiele die Dauerfestigkeitsgrenze überschreiten oder der Werkstoff, z.B. Aluminium, überhaupt keine Dauerfestigkeitsgrenze besitzt. In diesem Fall kann die Schädigung anhand der genannten Formeln berechnet werden.

Für *Schweißnähte* wurde festgestellt, dass Schweißeigenspannungen, die so gut wie nie vermeidbar sind, dem Einfluss von Mittelspannungen bei einer Belastung gleichwertig sind. Dementsprechend sinkt der Einfluss von tatsächlichen Mittelspannungen, so dass die ertragbare Schwingspielzahl letztendlich nur noch von der Spannungsamplitude abhängig ist. Dies ermöglicht ein vereinfachtes Nachweisverfahren, bei dem die Rainflow-Matrix auf ein einparametriges Kollektiv reduziert wird und der Einfluss der Mittelspannung in den Wöhlerlinien enthalten ist. Dieses Verfahren und die entsprechenden Wöhlerlinien sind z.B. im Eurocode 3 (s. DIN EN 1993) zu finden.

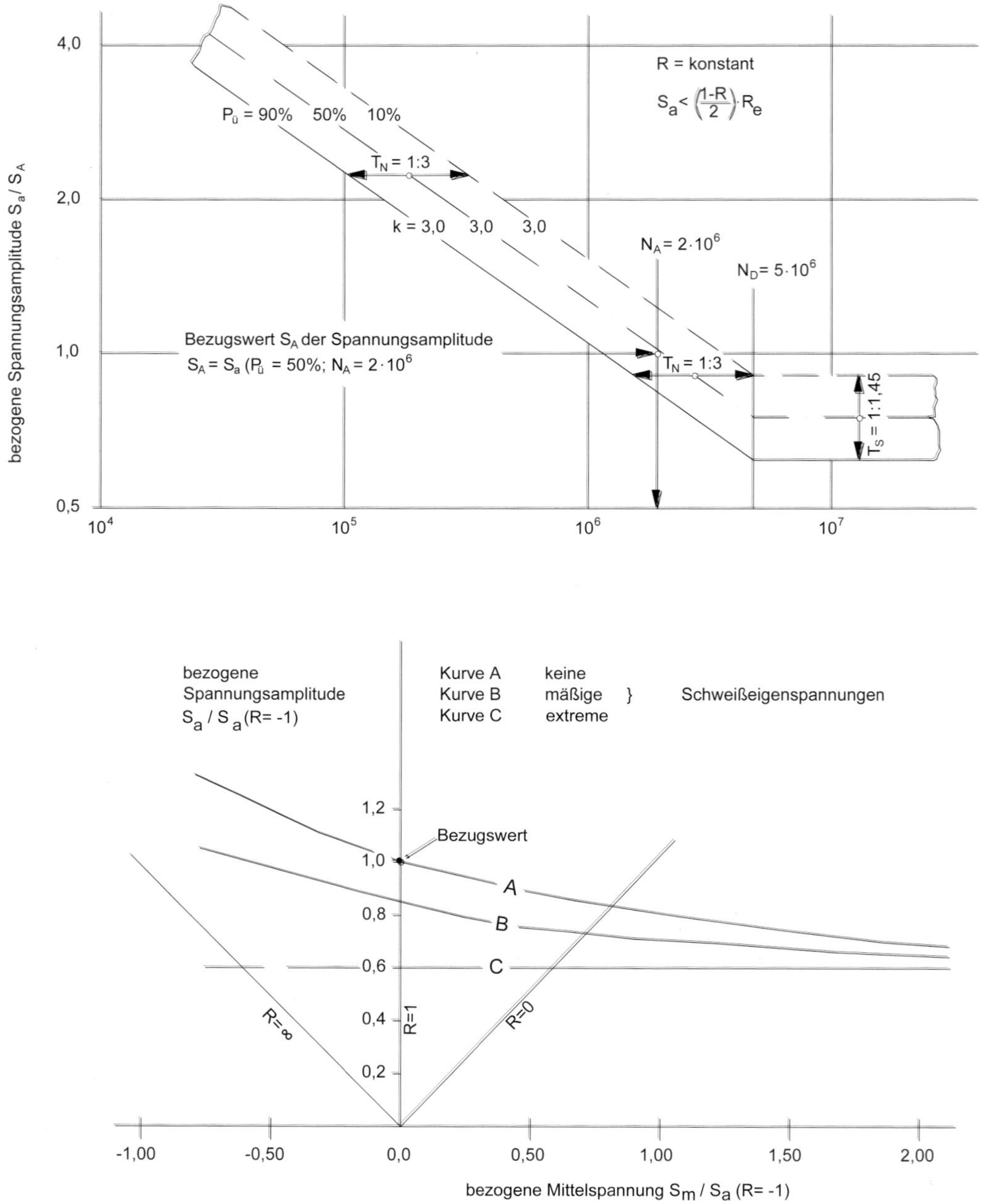

Bild 9-4 Normierte Wöhlerlinie für Schweißverbindungen und Mittelspannungsabhängigkeit nach [7]

9.3 Beispielnachweis Stahlrohrturm - einachsiger Spannungszustand und isotropes Material

9.3.1 Tragfähigkeitsnachweis, Nachweis Extremlasten

Bestimmung der Spannungen in der Turmwand

Ein wesentlicher Nachweis für Stahlrohrtürme befasst sich mit der Bestimmung der auftretenden Spannungen in der Turmwand. Hierfür werden meist globale Ansätze verwendet, bei der Ergebnisse aus dem Simulationsmodell für diverse Schnitte inkl. Zusatzlasten aus Theorie II. Ordnung (verformtes System) herangezogen werden. Schnittweise können nun die Spannungen über den einfachen Ansatz: Biegespannung gleich Moment im Schnitt geteilt durch das lokale Widerstandsmoment. Die so bestimmten Spannungen werden mit den zulässigen Werten nach DIN 18800, Eurocode 3 oder anderen maßgeblichen Normen verglichen und müssen kleiner als diese sein.

Für Öffnungen mit Randverstärkungen, wie sie z.B. für Türen notwendig sind, werden lokale FEM-Analysen zur Analyse der durch die Steifigkeitsänderung hervorgerufenen Spannungsüberhöhungen durchgeführt . Diese Überhöhungen sind später auch für die Betriebsfestigkeitsanalysen zu verwenden. Alternativ kann natürlich auch die komplette Struktur in einem FEM-Modell zur Spannungsanalyse abgebildet werden, was aber deutlich rechenintensiver ist.

Nachweis der Beulsicherheit

Ein möglicher Versagensfall für die bezogen auf den Durchmesser relativ dünnwandigen Türme (t = 10…50 mm) ist das *Beulen der Turmschale*. Bei diesem nichtlinearen Versagensfall tritt eine plastische Deformation der Turmwand auf, die zu einem neuen Gleichgewichtszustand führt, Bild 9-5.

Bild 9-5 Gebeulter Turm

Der Nachweis hierfür wird nach DIN 18800-4 geführt. Für Windenergietürme ist eine Korrektur für Beulen unter Biegebeanspruchungen zu berücksichtigen, da dies die Hauptbeanspruchung darstellt [8]. Lokal sind für Ausschnitte o.ä. weitere Analysen notwendig.

Nachweis der Flanschverbindungen

Aus Fertigungs- und Transportgründen werden Türme für Windenergieanlagen in mehreren Sektionen gefertigt und auf der Baustelle über Ringflanschverbindungen miteinander verschraubt. Für diese Verbindung gibt es eine Reihe von Nachweisverfahren [9], im Folgenden werden nur die grundsätzlichen Zusammenhänge dargestellt.

Abhängig von der Geometrie des Flansches und der Schraube sowie den Vorspannbedingungen stellt sich ein Verhältnis der Kräfte in der Turmwand Z und in der Schraube F_S ein. Das Diagramm in Bild 9-6 stellt die unterschiedlichen Bereiche für eine perfekte Schraubenverbindung dar.

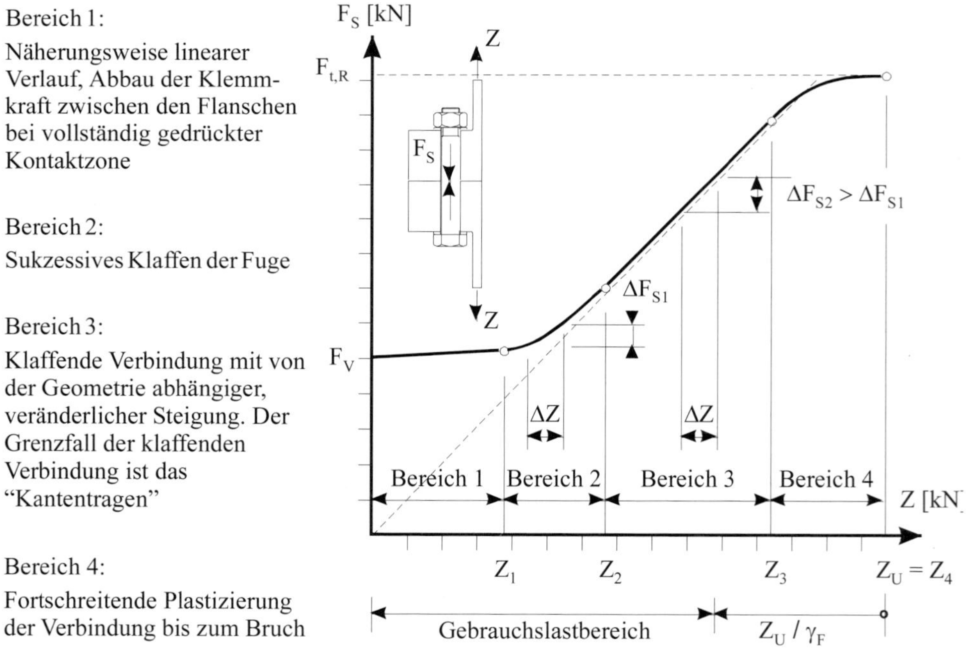

Bild 9-6 Beanspruchungsbereiche einer Flanschverbindung nach [10] mit F_V = Vorspannkraft in der Schraube, Z = Kraft im Turmsegment, F_S = Zusatzkraft in der Schraube

Um die Vorspannung des Systems Flansch-Schraube entsprechend Bild 9.6 ausnutzen zu können, sind Randbedingungen einzuhalten. Insbesondere ist auf Ebenheit der Flansche zu achten, da ein Klaffen der Verbindung zu einer stark erhöhten Beanspruchung der Schrauben führt.

9.3.2 Nachweis der Betriebsfestigkeit

Der Betriebsfestigkeitsnachweis für Stahltürme erfolgt in der Regel nach dem *Nennspannungskonzept*. Die Beanspruchungen werden aus den Simulationsprogrammen als Schnittgrößen an der Position der nachzuweisenden Komponente ausgegeben und auf ein lokales Spannungsniveau umgerechnet. Mit den Kollektiven und den zutreffenden Kerbfallklassen aus DIN 4131 bzw. Eurocode 3 wird dann die Gesamtschädigung berechnet.

Für komplexere Bauteile, wie z.B. die Flansche und Ausschnitte, sind FEM-Modelle zur Bestimmung des Spannungsniveaus erforderlich. Es ist zu beachten, dass die aus der FEM-Analyse berechneten Spannungsüberhöhungen nicht mit den schon abgeminderten Wöhlerlinien für entsprechende Bauteile kombiniert werden, da ja die Spannungsüberhöhung schon berücksichtigt ist.

9.3.3 Gebrauchstauglichkeitsnachweis, Nachweis der Eigenfrequenz

Zur Bestimmung der Eigenfrequenzen von Türmen werden meistens die FEM-Modelle verwendet, die für die globalen Spannungsberechnungen erstellt worden sind. Alternativ existieren Näherungsformeln, z.B. nach Morleigh in [9].

Die *Eigenfrequenz des Turmes* muss mindestens 10% Abstand zu den anregenden Frequenzen 1Ω und 3Ω, der WEA aufweisen. Für eine große Anlage zeigt Bild 9-7 die möglichen zulässigen und unzulässigen Frequenzbereiche.

Bei der Berechnung der Eigenfrequenzen ist auf die korrekte und sinnvolle Berücksichtigung der Einspannbedingungen zu achten. Ist der Baugrund zu weich (z.B. in der Umgebung von Rammpfählen für Offshore-Anlagen), so kann dies die Eigenfrequenz des Gesamtsystems unzulässig absenken. Üblicherweise wird bei der Auslegung des Turmes eine erforderliche Mindestfedersteifigkeit definiert, die dann bei der Ausführung über Bodengutachten nachzuweisen sind. Bild 9-8 zeigt die Zusammenhänge zwischen Bodenfeder und Eigenfrequenz.

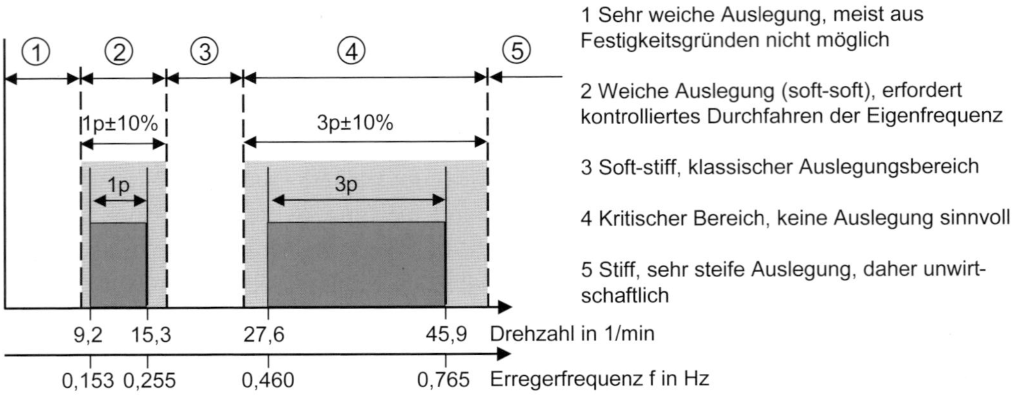

Bild 9-7 Frequenzbereiche für die Turmauslegung [10]

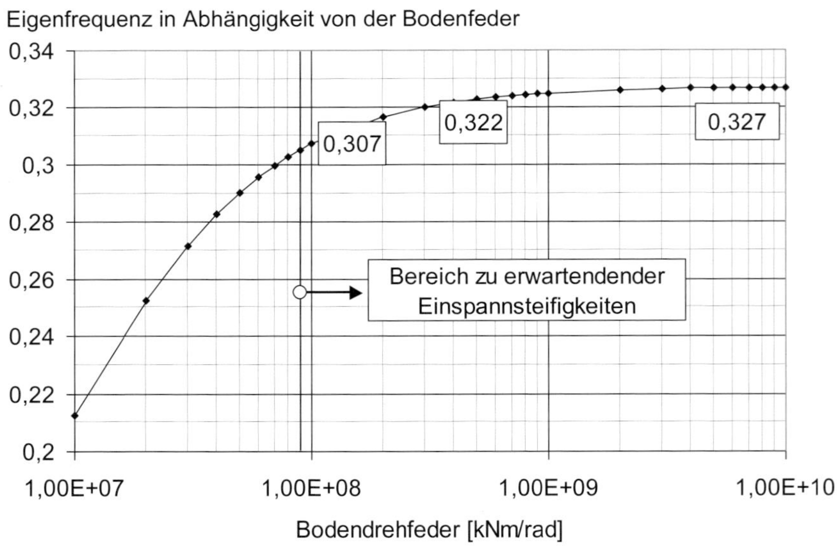

Bild 9-8 Biegeeigenfrequenz des Turmes in Abhängigkeit von der Bodensteifigkeit (Bodendrehfeder), [9]

9.4 Nachweis der Rotornabe für mehrachsigen Spannungszustand und isotropes Material

Rotornaben moderner Anlagen sind üblicherweise Sphärogussbauteile aus GGG40.3, s. Kap. 3. Mit diesem Werkstoff lassen sich komplexe Geometrien mit guten Betriebsfestigkeitseigenschaften bei niedrigem Gewicht realisieren.

9.4.1 Geometrische Auslegung

Als Schnittstelle zwischen Rotorblättern und Wellenflansch wird die Geometrie der Nabe durch diese Bauteile bestimmt. Insbesondere der Durchmesser des Blattflansches und der evtl. vorhandenen Blattlager dimensioniert die Größe der Nabe.

Sind die *Anschlussmaße* bekannt, muss die eigentliche *Form der Nabe* festgelegt werden. Wegen der komplexen Geometrie sind hierfür FEM-Programme notwendig. Bis vor einigen Jahren wurde entweder eine Kugel- oder eine Sternform gewählt, wobei letztere die Möglichkeit bietet, durch Verlängerung des zylindrischen Teils der Nabe den Rotordurchmesser zu vergrößern, s. Bild 9-9. Inzwischen werden Rotornaben topologisch optimiert: Eine Optimierungsroutine innerhalb des FEM-Programms variiert die Wandstärken entsprechend der auftretenden Spannungen und sucht nach einer Lösung mit minimalem Materialeinsatz. Diese Naben haben dann eine Apfelform, teilweise auch mit zusätzlichen Öffnungen an Stellen, an denen kein Material benötigt wird.

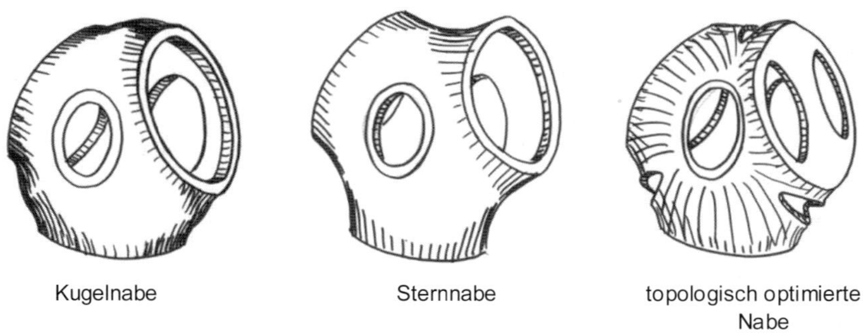

Bild 9-9 Typische Geometrien von Rotornaben

9.4.2 Tragfähigkeitsnachweis - Verfahren der kritischen Schnittebenen

Anders als bei dem in Abschnitt 9.3 vorgestellten Nachweis für den Turm einer Windenergieanlage ergibt sich durch die Geometrie der Rotornabe und die zeitliche Überlagerung der Beanspruchung aus den Rotorblättern eine erhebliche örtliche und zeitliche Änderung der Hauptspannungen im Bauteil. Dies führt zu einem stark erhöhten Aufwand bei der Nachweisführung, insbesondere bei der Lebensdauerberechnung.

Ein üblicher Ansatz, der bei zeitlich veränderlicher Hauptspannung eingesetzt wird, ist das *Verfahren der kritischen Schnittebene*. Das Vorgehen soll hier kurz skizziert werden:

- Für jede auf die Nabe wirkende Last wird ein Einheitslastfall berechnet.
- Mittels dieser Einheitslastfälle geschieht die Bestimmung so genannter „hot spots", also höchstbelasteter Zonen in der Struktur.
- Für diese Bereiche der Nabe werden dann für jeden Zeitschritt der Lastzeitreihe eine Schub- und Normalspannung berechnet, aus der dann über übliche Ansätze eine Vergleichsspannung ermittelt wird.
- Für den Extremlastnachweis steht nun das Ergebnis fest, da dieser Lastfall nur einen „Sonderfall" des Betriebsfestigkeitsnachweises darstellt, eine einzelne Zeitreihe mit nur einem Zeitschritt.
- Für den tatsächlichen Betriebsfestigkeitsnachweis wird mit Hilfe einer angesetzten Wöhlerlinie (s. Abschnitt 9.4.3) über eine Rainflow-Klassierung und anschließende Schädigungsrechnung für jeden „hot spot", jede Schnittebene und jeden Zeitschritt eine Schädigungsrechnung durchgeführt.
- Die anschließende Aufsummierung der Teilschädigungen ergibt dann die Ebene der maximalen Schädigung.

Dieses Verfahren ist natürlich sehr rechenintensiv, so dass versucht wird, durch sinnvolle Reduktion der Zeitreihen den Aufwand zu minimieren.

Bild 9-10 zeigt schematisch den Ablauf des Verfahrens.

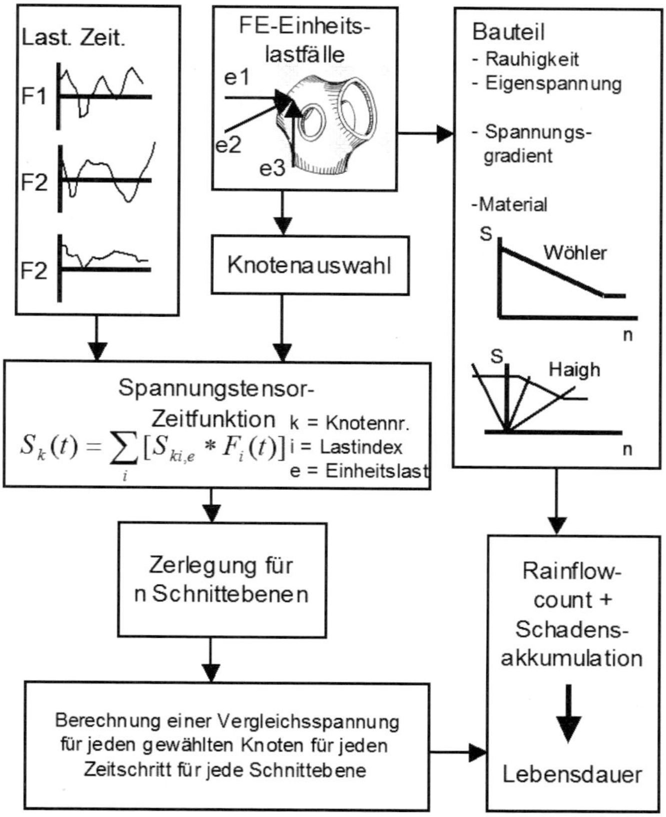

Bild 9-10 Ablauf der Lebensdauerberechnung für Rotornaben [11]

9.4.3 Betriebsfestigkeitsnachweis – verfahrensabhängige Wöhlerlinien

Während in Abschnitt 9.3 der Betriebsfestigkeitsnachweis mittels des Nennspannungskonzeptes durchgeführt wird, sind die *für Gussbauteile ermittelten Vergleichsspannungen* „örtliche" Spannungen, d.h. die berechneten Werte beinhalten schon den Einfluss der Bauteilgeometrie, lokaler Kerben und Stützwirkungen. Daher muss ein anderer Ansatz für die zu verwendenden Wöhlerlinien gewählt werden, der insbesondere die noch nicht berücksichtigten Einflüsse, z.B. die Oberflächenqualität und die Porosität des Materials berücksichtigt.

Hierfür werden synthetische Wöhlerlinien generiert, die den Einfluss genau dieser Randbedingungen beschreiben. In [1] ist das für die Zertifizierung von Windenergieanlagen relevante Verfahren beschrieben, Bild 9-11 zeigt den Aufbau einer synthetischen Wöhlerlinie.

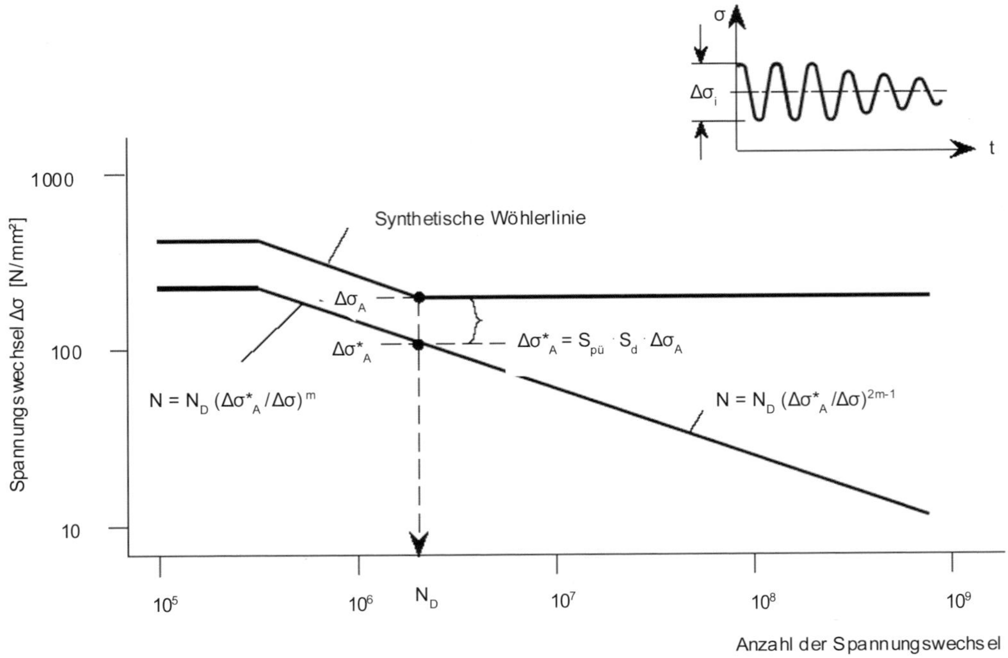

Bild 9-11 Synthetische Wöhlerlinie nach [1]

In dieser Darstellung sind $S_{PÜ}$ und S_d die Abminderungsfaktoren, die die Überlebenswahrscheinlichkeit der angesetzten Wöhlerlinie sowie die Materialabminderungsfaktoren beschreiben.

9.5 Nachweis der Rotorblätter für einachsigen Spannungszustand und orthotropes Material

Die besondere Schwierigkeit bei der *Auslegung von Rotorblättern* ist, anders als bei den bisher behandelten Bauteilen, der elementare Zusammenhang von Geometrie und Beanspruchung. Ändert sich die Form des Rotorblattes, so hat dies wesentliche Konsequenzen für die zu berechnenden Lastfälle, die Beanspruchungen und natürlich nicht zuletzt auch für den zu erwartenden Energieertrag. Somit ist ein *Blattentwurf ein iterativer Prozess*, der durchaus mehrmals durchlaufen werden muss, um einen optimalen Kompromiss zwischen aerodynamischer Effizienz und Gewicht und Kosten des Rotorblattes zu finden.

Zur Auslegung und Nachweisführung wird die Struktur des Rotorblattes in seine Funktionselemente zerlegt, s. Bild 3-9, 3-11, 3-12 und 9-11:

- Tragstruktur: Gurte, Stege und sonstige unidirektionale Verstärkungselemente
- Schalen
- Verbindungselemente: Blattbolzen und Verklebung

Die Festigkeitsauslegung konzentriert sich auf die Auslegung der Gurte, Holme und der unidirektionalen Lagen sowie der Verbindungselemente. Das Rotorblatt wird also strukturmechanisch auf einen *Doppel-T-Träger* reduziert. Für die dünnwandige Schale ist die Frage der Stabilität maßgeblich, der tragende Einfluss wird zunächst vernachlässigt.

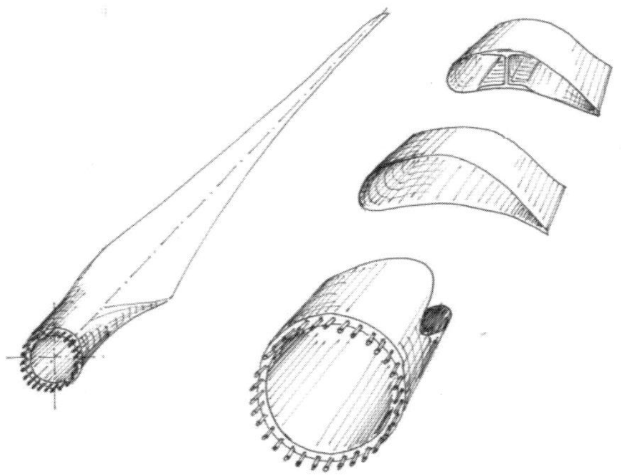

Bild 9-12 Funktionselemente des Rotorblattes

9.5.1 Konzept der zulässigen Dehnung zum Nachweis der Gurte

In einem ersten Durchlauf wird ein Entwurf des Rotorblattes entwickelt, hier sind die Hauptabmessungen und die zu verwendenden Profile bereits festgelegt. Mit diesem Entwurf werden Lasten berechnet. Schnittweise werden diese Lasten nun herangezogen und der *Aufbau der Gurte* optimiert. Für Bauteile aus faserverstärktem Kunststoff ist hierbei die maximal auftretende Dehnung im Laminat das Auslegungskriterium. Bei gegebenen Schnittlasten kann das Dehnungsverhalten durch Änderung des Laminataufbaus beeinflusst werden, andererseits aber auch durch geometrische Änderungen, z.B. Modifikation des Dickenverhältnisses im jeweiligen Schnitt. Bedingt durch den anisotropen Aufbau des Laminats ist die Bestimmung der Dehnung für jede Lage der Gurte einzeln zu führen, um den Einfluss der Faserrichtung zu berücksichtigen.

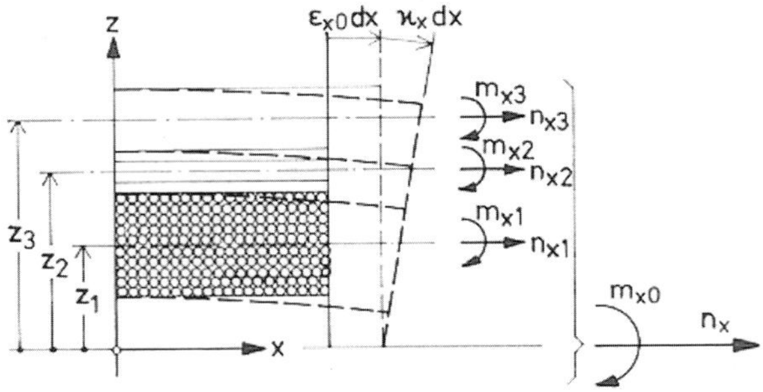

geom. Zusammenhang:

$$\varepsilon_k = \varepsilon_0 + z_k \varkappa$$
$$\varkappa_k = \varkappa$$

Elastizität der Schicht:

$$n_k = C_{Sk} \varepsilon_k$$
$$m_k = C_{Pk} \varkappa$$

mit den Steifigkeiten des Verbunds:

$$C_S = \sum C_{Sk}$$
$$C_K = \sum z_k C_{Sk}$$
$$C_P = \sum (C_{Pk} + z_k^2 C_{Sk})$$

Gleichgewicht:

$$n = \sum n_k$$
$$m_0 = \sum (m_k + z_k n_k)$$

und des Verbunds:

$$n = C_S \varepsilon_0 + C_K \varkappa$$
$$m_0 = C_K \varepsilon_0 + C_P \varkappa$$

zum Beispiel:

$$c_{11} = \sum c_{11k}$$
$$c_{14} = \sum z_k c_{11k}$$
$$c_{44} = \sum (c_{44k} + z_k^2 c_{11k})$$

Bild 9-13 Laminataufbau, Faserrichtung, Transformation [12]

Ist die Forderung nach Einhaltung des zulässigen Dehnungsniveaus erfüllt, wird in einem letzten Schritt die Betriebsfestigkeit nachgewiesen. Kritisch sind die Bereiche mit unidirektionalen Lagen. Abhängig von den verwendeten Materialien können Werte für diesen Nachweis der Literatur entnommen werden, meistens sind jedoch blattspezifische Materialversuche erforderlich. Aus den jeweiligen Dehnungen und Materialwerten ergibt sich auch eine Gesamtdurchbiegung, die den vorgegebenen Wert für die zugehörigen Extremlastfälle nicht überschreiten darf (weder Berührung des Turms durch die Rotorblattspitze noch Blattbruch). Erfüllt die Struktur des Rotorblattes die gesetzten Randbedingungen, so wird mit der sich nun ergebenden Geometrie und Massenverteilung eine neue Lastberechnung durchgeführt. Oft ergeben sich hieraus Abweichungen von den ursprünglichen Annahmen, so dass eine weitere Iterationsschleife erforderlich ist, Bild 9-13.

9.5.2 Lokales Bauteilversagen

Nach der Auslegung der Tragstruktur (Gurt-Steg-System) werden in einem nächsten Schritt einzelne Elemente des Blattes auf lokales Versagen untersucht. Weder bei der

Schale des Rotorblattes noch bei den Stegen und Gurten darf ein Beulversagen auftreten, insbesondere Bereiche mit großen Stützabständen und einem hohen Druckspannungsniveau sind hierbei kritisch. Zur Analyse des Beulens werden FEM-Modelle genutzt.

Die Verklebungen des Rotorblattes sind auf Scherung und Abschälen zu untersuchen, die jeweiligen Grenzwerte ergeben sich aus den Eigenschaften des ausgewählten Klebers.

Auch der Blattwurzelbereich im Bereich der Verschraubung (s. Bild 9-12 und 3-12) wird mittels FEM-Modellen analysiert, hier sind je nach Verbindungsart die auftretenden Kräfte über Verklebungen in Inserts einzuleiten oder über Flächenpressung in Querbolzen. Die Blattbolzen selber werden mit den üblichen Verfahren nach VDI2230 nachgewiesen.

9.5.3 Materialauswahl und Fertigungsverfahren

Schon bei den ersten Serien-Anlagen der achtziger Jahre wurden die Rotorblätter aus einem Glasfasergewebe mit Polyestermatrix gebaut, eine Materialkombination, die auch heute noch weit verbreitet ist. Vorteilhaft hierbei sind die relativ günstigen Einkaufspreise für die Grundstoffe, sowie die gute Verarbeitbarkeit und eine lange Haltbarkeit. Parallel wurden aber schon bald auch Epoxydharze als Matrix verwendet, da dieses Harzsystem bessere Betriebsfestigkeitseigenschaften besitzt (s. Bild 3-10) und weniger zum Schrumpfen während des Aushärteprozesses neigt. Auch zu der üblichen Glasstruktur werden immer wieder Alternativen untersucht: Insbesondere für große Anlagen ist die Steifigkeit dimensionierend, und so werden zunehmend Rotorblätter mit einer Struktur aus Kohlefaser eingesetzt. Wesentliche Hindernisse beim Einsatz der Kohlefaser sind der hohe Preis, höhere Ansprüche an den Fertigungsprozess und Probleme beim Blitzschutz, da die Struktur nun elektrisch leitend ist.

Neben der Kohlefaser wird auch Holz in Kombination mit Epoxydharz als Werkstoff für den Bau der Rotorblätter verwendet. Hier spielt nicht so sehr die Steifigkeit eine Rolle, vielmehr wird die gute Dämpfungseigenschaft des Holzes genutzt. Diese Rotorblätter werden oft für Stall-Anlagen eingesetzt, wo zusätzliche strukturelle Dämpfung das Betriebsverhalten verbessert.

Bis zum Ende der neunziger Jahre wurden Rotorblätter in reiner Handarbeit gefertigt, s. Bild 9-14. Lagenweise wurde die Laminatstruktur in einer Form aufgebaut und mit Harz getränkt.

Mit zunehmenden Stückzahlen und Bauteilgrößen wird die Fertigung kontinuierlich automatisiert. Zwei unterschiedliche Ansätze haben sich durchgesetzt: einerseits das in der Luftfahrt übliche Prepreg-Verfahren mit vorgetränkten Glas- oder Kohlematten und anschließendem Aushärten in einer beheizbaren Form, sowie das Vakuum-Infusionsverfahren, bei dem die Glas- oder Kohlestruktur durch ein Vakuum unter Folie mit Harz getränkt wird, s. Bild 3-11. Beide Verfahren verbessern die Qualität der

Produkte (z.B. geringere festigkeitsmindernde Lufteinschlüsse), der Harzgehalt ist kontrollierbar (Materialersparnis) und die Formbelegungszeiten werden reduziert (kürzere Produktionszeiten).

Bild 9-14 Rotorblattfertigung bei Firma LM (DK), Legen der Glasfasermatten

Literatur

[1] *Richtlinie für die Zertifizierung von Windenergieanlagen*: Germanischer Lloyd, Hamburg 2003, 2010

[2] *Guidelines for Design of Windturbines*, 2nd ed. Risoe/DNV 2002

[3] *Richtlinie für Windenergieanlagen, Einwirkungen und Standsicherheitsnachweise für Turm und Gründung*, Reihe B, Heft 8 DIBt Berlin, 2004 (Überarbeitung 2012)

[4] Schneider: *Bautabellen für Ingenieure*, 16. Auflage, Werner Verlag Neuwied

[5] Gudehus, H.; Zenner, H.: *Leitfaden für eine Betriebsfestigkeitsrechnung, Empfehlung zur Lebensdauerabschätzung von Maschinenbauteilen*, 3. Auflage, Verlag Stahleisen mbH, Düsseldorf 1995

[6] European Convention for Constructional Steelwork: *Recommendations for the Fatigue Design of Steel Structures*, ECCS Publication 43, 1985

[7] Haibach, E.: *Betriebsfestigkeit: Verfahren und Daten zur Bauteilberechnung*, Düsseldorf, VDI-Verlag 1989

[8] Schaumann P., Seidel M., Messenburg L.: *Weiterentwicklung des Beulnachweises von WEA-Türmen mit elasto-plastischen FEM-Analysen*, DEWEK 1998

[9] Petersen C.: *Stahlbau - Grundlagen der Berechnung und baulichen Ausbildung von Stahlbauten*, (2. verbesserte Aufl. 1990, Nachdruck 1992), 3. überarbeitete und erweiterte Auflage. Braunschweig/Wiesbaden: Vieweg 1993

[10] Seidel, M.: *Zur Bemessung geschraubter Ringflanschverbindungen von Windenergieanlagen*, Dissertation am Institut für Stahlbau, Universität Hannover 2001

[11] Willmerding, G., Häckh, J., Schnödewind K.: *Fatigue Calculation using winLIFE*; NAFEMS-Tagung Wiesbaden 2000

[12] Wiedemann J.: *Leichtbau*, Bd. 1: Elemente, Bd. 2: Konstruktion, Springer-Verlag, Berlin, 1996

[13] International Electrotechnical Commission: IEC 61400, preview documents on www (Oct. 2010): http://webstore.iec.ch/

10 Windpumpsysteme

Auch wenn heutzutage Windmühlen zur Wasserförderung nicht mehr den Stellenwert besitzen, den sie in den vergangenen Jahrhunderten hatten, erscheint die Besprechung dieses Anwendungsfalles in einem Handbuch für den Entwicklungs- und planenden Ingenieur sowie für Studierende aus verschiedenen Gründen hilfreich. Denn eine Windmühle für die Wasserförderung ist ein Energiesystem, an welchem das Zusammenwirken der Systemkomponenten – vom Windenergiekonverter über die Wasserquelle bis hin zu den Systemteilen der Nutzung – besonders anschaulich studiert werden kann. Dies ermöglicht unter Berücksichtigung der Wechselwirkung zwischen den Komponenten, der jeweiligen spezifischen Betriebseigenschaften und Kennlinienverläufe eine optimale Konfiguration des Gesamtsystems.

Ferner ist davon auszugehen, dass bei einer steigenden Akzeptanz von Technologien zur Nutzung erneuerbarer Energieformen insbesondere in den sich entwickelnden Ländern der Erde Windpumpsysteme wiederum vermehrt zur Anwendung kommen werden, da mit ihnen unter bestimmten Gegebenheiten ein erheblicher Beitrag zur ländlichen Entwicklung geleistet werden kann [1]. Inzwischen eröffnen sich weitere Anwendungsfelder für Windpumpsysteme, nun jedoch nicht für die Wasserförderung, sondern für die Resterschließung von Ölquellen in abgelegenen Gebieten. Hier seien nur als Beispiele Standorte im Süden Chiles und Argentiniens genannt.

10.1 Charakteristische Anwendungen

Die *Nutzung von Windenergie zur Wasserförderung* hat in Europa eine Tradition, die bis ins 16. Jahrhundert zurückreicht. Historische Beispiele für Anwendungen mit großer wirtschaftlicher Bedeutung sind die Entwässerung tiefliegender Küstengebiete in den Niederlanden, die Bewässerung von Kartoffelkulturen auf der kretischen Hochebene von Lassithi und die Tränkwasserförderung für Rinderherden im amerikanischen Mittelwesten. Heute dagegen ist die Wasserförderung mit Windenergie in Industrieländern nur noch vereinzelt zu finden, z.B. in Spanien. In Entwicklungsländern, in denen viele Regionen nicht durch ein kommunales Energieversorgungsnetz erschlossen sind, stellt jedoch die Windenergienutzung eine kostengünstige und umweltfreundliche Möglichkeit zur Verbesserung der Wasserversorgung dar.

Bild 10-1 zeigt eine schematische Darstellung der Wandlung von Windenergie in hydraulische Energie durch das *Windpumpsystem*. Im Folgenden wird unterschieden zwischen der *Windpumpe*, die aus der Windturbine, dem Getriebe und der Pumpe besteht, und dem Windpumpsystem, das die Kombination von Windpumpe und hydraulischer Anlage darstellt.

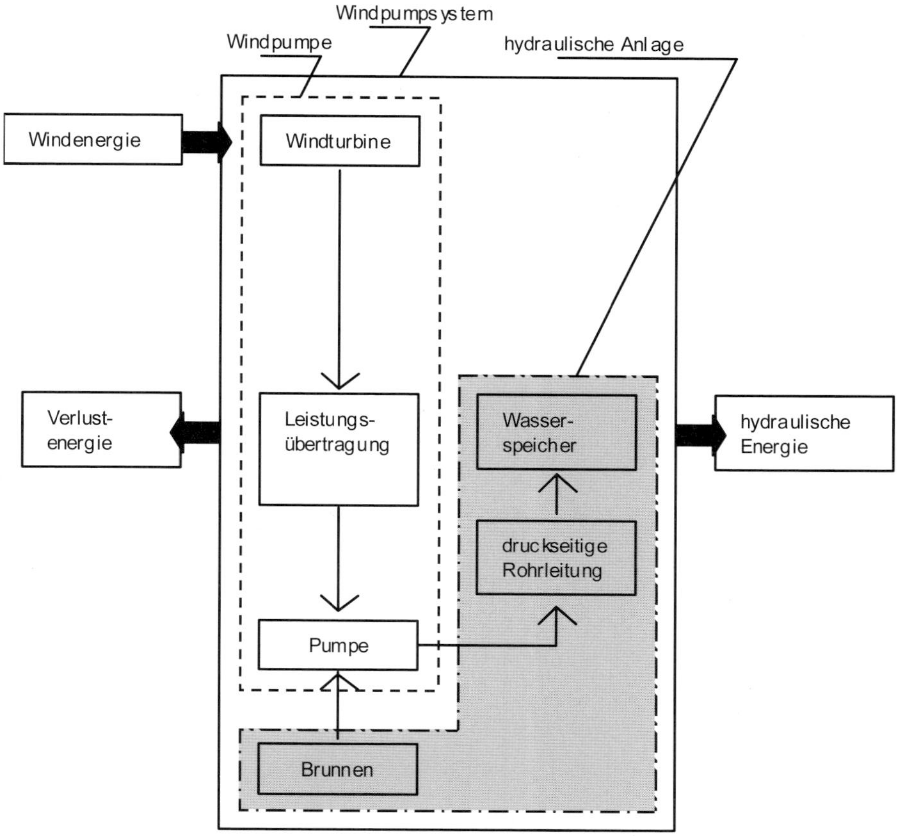

Bild 10-1 Schematische Darstellung der Wandlung von Windenergie in hydraulische Energie durch das Windpumpsystem

Die stochastische Eingangsgröße Windenergie wird unter Verlusten in hydraulische Energie umgesetzt. Da Systeme mit mechanischer Kopplung im Allgemeinen (abgesehen von der Sturmsicherung) ohne Regelungseinrichtungen arbeiten, hat eine Änderung der Windgeschwindigkeit eine direkte Änderung der hydraulischen Daten, insbesondere des Förderstroms, zur Folge. Veränderliche Förderbedingungen, wie zum Beispiel schwankende Wasserstände im Brunnen oder erhöhte Reibungsverluste wegen Korrosion der Rohre, beeinflussen die Energieumsetzung.

Bild 10-2 zeigt den *prinzipiellen Aufbau eines Windpumpsystems* mit mechanischer Kopplung (mit Getriebe, Welle und Riementrieb) von Windturbine und Pumpe.

Die *charakteristischen Anwendungen* von Windpumpen sind heute vorwiegend in Entwicklungsländern zu finden. Es lassen sich vier Arten der Anwendung unterscheiden:

- Trinkwasserversorgung,
- Tränkwasserversorgung,
- Bewässerung und
- Entwässerung.

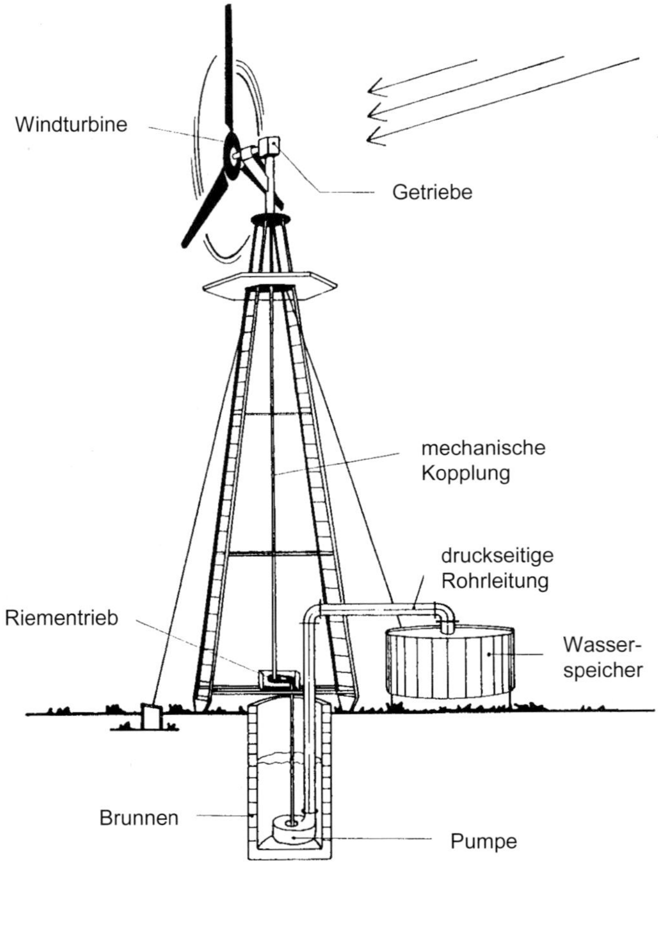

Bild 10-2 Prinzipieller Aufbau eines Windpumpsystems mit mechanischer Kopplung von Windturbine und Pumpe

Bei den zurzeit in Entwicklungsländern betriebenen Windpumpen wird der größte Teil zur Förderung von Trink- und Tränkwasser eingesetzt. Neuere Ansätze des Einsatzes von Windpumpen sind oft wegen der Komplexität der Bewässerungslandwirtschaft und unzureichender Berücksichtigung sozio-kultureller Bedingungen wenig erfolgreich gewesen. Dennoch kann auch der Be- und Entwässerung mit Windpumpen ein großes Potential in der Landwirtschaft von Entwicklungsländern zugewiesen werden [2].

Bei der Umsetzung der Windenergie in hydraulische Energie spielt die Lage des Wasservorkommens eine wichtige Rolle. Je nach Art der Anwendung handelt es sich entweder um Grund- oder um Oberflächenwasser. Für die hydraulische Leistung P_{hydr} gilt folgender Zusammenhang:

$$P_{hydr} = \rho_W \cdot g \cdot Q \cdot H \qquad (10.1)$$

mit der Dichte des Wassers ρ_W, der örtlichen Fallbeschleunigung g, dem Förderstrom Q und der Förderhöhe H.

Bei gleicher Förderleistung kann nach Gl. (10.1) entweder ein großer Förderstrom bei geringer Förderhöhe oder ein geringer Förderstrom bei großer Förderhöhe gepumpt werden. Aus diesem Sachverhalt lassen sich drei Bereiche von Förderbedingungen ableiten, wenn die geodätische Förderhöhe dominiert:

- die Förderung geringer Förderströme aus Tiefen von mehr als 20 m
- die Förderung mittlerer Förderströme aus Tiefen zw. 5 m und 20 m und
- die Förderung großer Förderströme bei Förderhöhen von kleiner 5 m.

Bild 10-3 zeigt nach [1] die Zuordnung dieser Förderbedingungen zu den vier Arten der Anwendung.

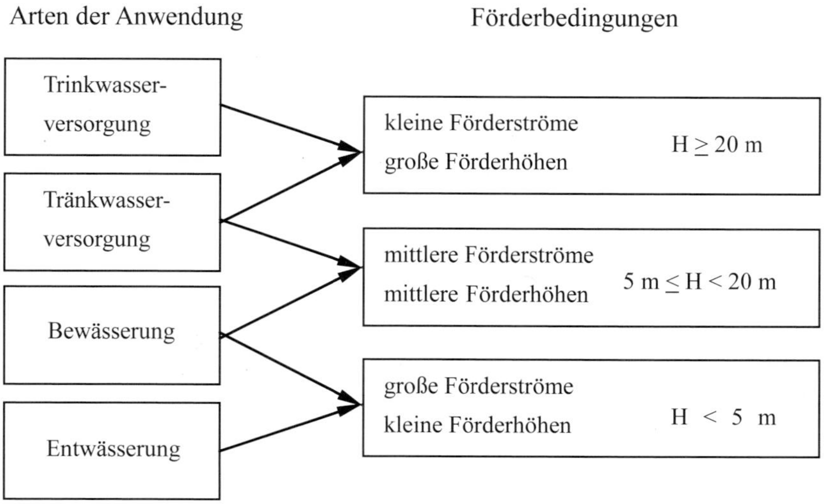

Bild 10-3 Zuordnung von Arten der Anwendung und Förderbedingungen [1]

Wie diese allgemeine Zuordnung von Arten der Anwendung und Förderbedingungen sich quantitativ darstellt, wird an einem berechneten Beispiel für ein Windpumpsystem üblicher Größe (Durchmesser der Windturbine $d_{WT} = 5$ m) deutlich gemacht. Bild 10-4 zeigt wie bei täglich achtstündigem Betrieb und konstanter Windgeschwindigkeit v je nach Förderhöhe H das Tagesfördervolumen V_d variiert. Im Bild eingezeichnet sind die Bereiche der verschiedenen Anwendungen. Bei $v = 4$ m/s lässt sich zum Beispiel bei $H = 3$ m ein Feld von 1 ha täglich mit ca. 70 m^3 bewässern [1].

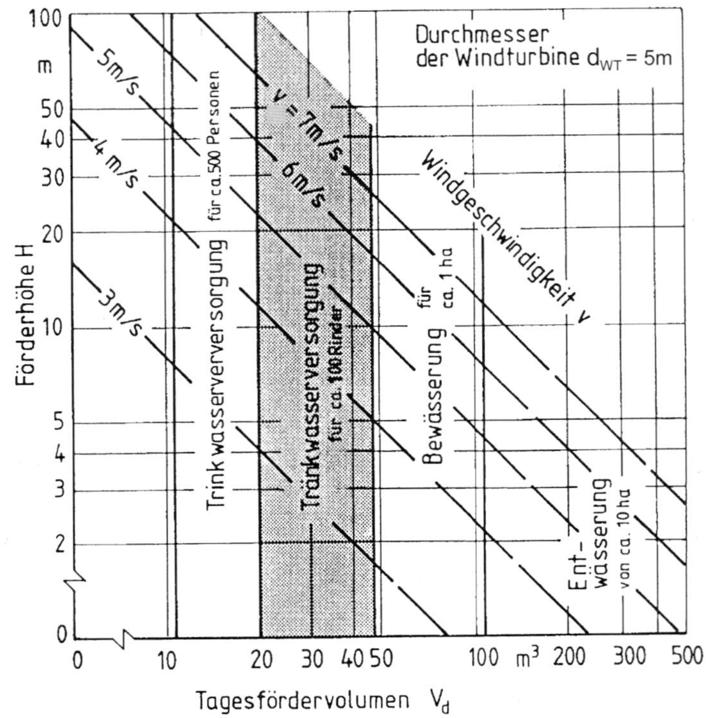

Bild 10-4 Tagesfördervolumen einer Windpumpe bei achtstündigem täglichen Betrieb [1]

10.2 Bauarten windgetriebener Pumpen

Pumpen sind *Arbeitsmaschinen*, die einer Flüssigkeit Energie zuführen, die im geförderten Medium als Erhöhung der Druck-, der kinetischen und/oder der Lageenergie zur Verfügung steht. In Kap. 5.1 war unter Annahme einer Stromröhre die durch den Rotor der Windkraftanlage aus dem Wind entnommene Energie aus den Geschwindigkeiten in den Querschnittsflächen vor und nach dem Rotor bestimmt worden. Analog wird bei der Pumpe die Energiebilanz zwischen saugseitigem Eintritt (s) und druckseitigem Austritt (d) und zugeführter mechanischer Energie aufgestellt, wobei der Strömungsraum durch Wände umschlossen ist. Die dem Strömungsmedium pro Zeit zugeführte Energie, die *hydraulische Leistung* P_{hydr}

$$P_{hydr} = \dot{m} \cdot Y = \rho_W \cdot Q \cdot Y = \rho_W \cdot g \cdot Q \cdot H \tag{10.2}$$

ergibt sich dabei aus dem Produkt von Massenstrom $\dot{m}$ und spezifischer Förderarbeit Y (d.h. spezifische Energie in J/kg)

$$Y = g \cdot H\,. \tag{10.3}$$

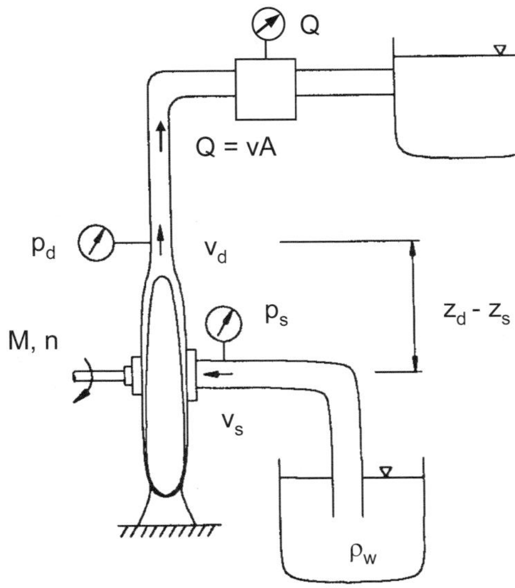

Bild 10-5 Prinzipbild einer Pumpe

Die *spezifische Förderarbeit* und der Förderstrom einer Pumpe werden z.B. mit einer Anordnung nach Bild 10-5 gemessen. Die Energiebilanz nach Bernoulli zwischen Druck- und Saugseite der Pumpe ergibt die spezifische Förderarbeit Y

$$Y = g \cdot (z_d - z_s) + \frac{p_d - p_s}{\rho_W} + \frac{1}{2} \cdot \left(v_d^{\,2} - v_s^{\,2}\right)\,. \tag{10.4}$$

Die Höhenkoordinaten z_d und z_s werden gemessen. Die Manometer vor und hinter der Pumpe zeigen die statischen Drücke p_s und p_d an. Aus dem gemessenen Förderstrom Q und den durchströmten Querschnittsflächen A_s und A_d bestimmt man die Geschwindigkeiten nach der Kontinuitätsgleichung:

$$\dot{m} = \rho_W \cdot Q = \text{const} = \rho_W \cdot v_d \cdot A_d = \rho_W \cdot v_s \cdot A_s \tag{10.5}$$

Oft ist bei dieser Messung die Druckerhöhung weitaus größer als die Änderung der Lage- und kinetischen Energie.

Aus aufgewendeter mechanischer Leistung der Pumpe

$$P_{mech} = 2 \cdot \pi \cdot M \cdot n \tag{10.6}$$

und nutzbarer hydraulischer Leistung berechnet sich der *Wirkungsgrad der Pumpe*

$$\eta = \frac{P_{hydr}}{P_{mech}} . \tag{10.7}$$

Die Windturbine hat im Betrieb außer der mechanischen Pumpenleistung die Verluste bei der Leistungsübertragung z.B. in Getriebe und Lagern aufzubringen.

Die Unterscheidung der charakteristischen Anwendungen von Windpumpen und die Zuordnung der entsprechenden Förderbedingungen (s. Bild 10-3) macht deutlich, dass besonders an die Pumpen stark unterschiedliche Anforderungen gestellt werden. Demzufolge sollten bei den verschiedenen Arten der Anwendung verschiedene Pumpenbauarten zum Einsatz kommen. In Bild 10-6 sind die *Pumpenbauarten* zusammengestellt, die in Kombination mit Windturbinen eingesetzt werden. Zum Teil handelt es sich um Pumpenbauarten, die in großen Stückzahlen in Windpumpen betrieben werden, wie zum Beispiel die einfachwirkende Kolbenpumpe. Zum Teil existieren lediglich einige wenige Versuchsanlagen, wie bei der Exzenterschneckenpumpe. Die in Bild 10-6 eingetragenen Daten basieren auf einer Auswertung von Angaben über kommerziell verfügbare Windpumpen anhand von Firmenunterlagen und auf in der Literatur dokumentierten Ergebnissen von Forschungs- und Versuchsanlagen.

Übergeordnetes Unterscheidungsmerkmal für die Bauarten der Pumpen ist deren *Arbeitsprinzip*. In die Systematik von Bild 10-6 wurden die Kenngrößen aufgenommen, die für den Betrieb im Windpumpsystem relevant sind:

- Zur Beschreibung der *Fördercharakteristik* dient das Kennfeld der Förderhöhe H in Abhängigkeit vom Förderstrom Q. Als Parameter ist für den Betrieb der Windpumpe die variable Drehzahl n eingetragen.
- Die Angaben der Förderhöhen H, der spezifischen Drehzahlen n_q und der erreichbaren Bestwirkungsgrade $\eta_{opt.max}$ beziehen sich auf Pumpen für die Kombination mit Windturbinen, deren Rotordurchmesser im Bereich unter 10 m liegen. Eine Ausnahme bilden hier die mehrstufigen Kreiselpumpen mit Tauchmotor, die auch mit größeren Windturbinen verwendet werden [7].

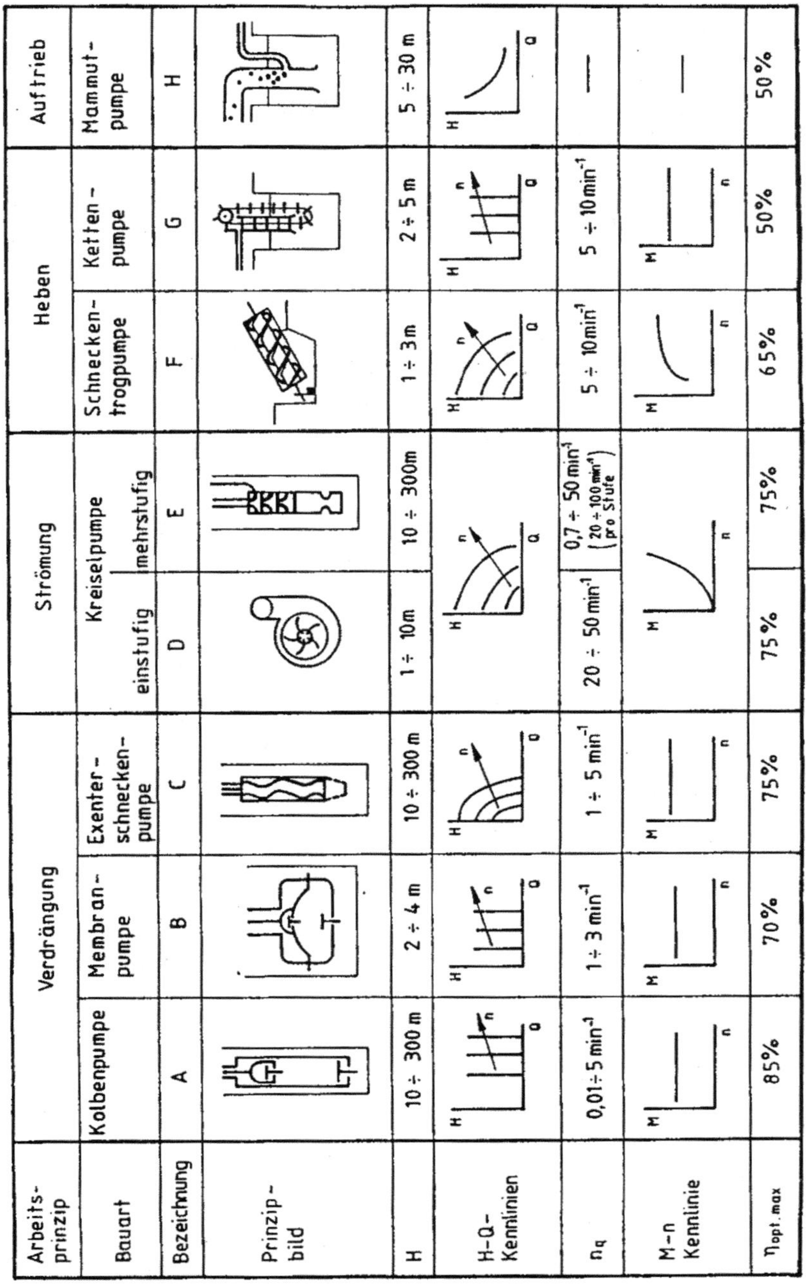

Arbeitsprinzip	Verdrängung			Strömung		Heben		Auftrieb
Bauart	Kolbenpumpe	Membranpumpe	Exenterschneckenpumpe	Kreiselpumpe einstufig	Kreiselpumpe mehrstufig	Schneckentrogpumpe	Kettenpumpe	Mammutpumpe
Bezeichnung	A	B	C	D	E	F	G	H
Prinzipbild								
H	10 ÷ 300 m	2 ÷ 4 m	10 ÷ 300 m	1 ÷ 10m	10 ÷ 300m	1 ÷ 3m	2 ÷ 5 m	5 ÷ 30 m
H-Q-Kennlinien								
n_q	0,01 ÷ 5 min^{-1}	1 ÷ 3 min^{-1}	1 ÷ 5 min^{-1}	20 ÷ 50 min^{-1}	0,7 ÷ 50 min^{-1} (20 ÷ 100 min^{-1} pro Stufe)	5 ÷ 10 min^{-1}	5 ÷ 10 min^{-1}	—
M-n Kennlinie								—
$\eta_{opt.max}$	85%	70%	75%	75%	75%	65%	50%	50%

Bild 10-6 Systematik von Pumpenbauarten für den Antrieb durch Windturbinen [3]

- Für die *spezifische Drehzahl* n_q gilt [4]:

$$n_q = n_N \cdot \frac{Q_N^{1/2}}{H_N^{3/4}} \cdot \frac{H_q^{3/4}}{Q_q^{1/2}} \tag{10.8}$$

  mit n_q in min^{-1},

  n_N Nenndrehzahl der Pumpe in min^{-1},

  Q_N Nennförderstrom der Pumpe in m^3/s,

  H_N Nennförderhöhe der Pumpe in m,

  $H_q =$ 1 m, Förderhöhe der Vergleichsmaschine und

  $Q_q =$ 1 m^3/s, Förderstrom der Vergleichsmaschine.

  Die spezifische Drehzahl erlaubt es, durch Normierung auf eine Vergleichsmaschine unabhängig von der Baugröße der Pumpe eine Aussage über die Bauart der Pumpe zu treffen, die bei gegebenen Nenndaten (H_N, Q_N) beste Wirkungsgrade erwarten lässt.

- Die Charakteristik des aufgenommenen *Drehmoments M* der Pumpe in Abhängigkeit von der Drehzahl n ist für das Zusammenwirken von Pumpe und Turbine von entscheidender Bedeutung, da sich hieraus die Betriebspunkte ergeben.

Die *Kolbenpumpe*, A in Bild 10-6, als wichtigste Bauart der Verdrängerpumpen ist in vielen tausend Windpumpen im Einsatz. Diese Pumpenbauart eignet sich durch ihre schlanke Bauform als Hubpumpe mit Ventilkolben in erster Linie für die Förderung aus Bohrbrunnen. Bild 10-7 zeigt den prinzipiellen Aufbau einer Kolbenpumpe. Kommerzielle Anbieter vertreiben einfachwirkende Kolbenpumpen, die über einen Kurbeltrieb oder einen Exzenter an die Windturbine gekoppelt werden. Bei kleinen Windturbinen ($d_{WT} < 5$ m) wird durch ein mit dem Kurbeltrieb kombiniertes Getriebe die Windturbinendrehzahl ins Langsame übersetzt. Die Anpassung an unterschiedliche Baugrößen von Windturbinen und verschiedene Förderhöhen erfolgt durch die Wahl von Kolbendurchmesser und Kolbenhub. Für geringe Förderhöhen kann die Kolbenpumpe auch als Saugpumpe installiert werden, sofern es das Kavitationsverhalten der Pumpe erlaubt. Die Förcercharakteristik (H-Q-Kennlinien) der Kolbenpumpe zeichnet sich dadurch aus, dass die Förderhöhe, abgesehen von den Leckverlusten im obersten Förderhöhenbereich, unabhängig vom Förderstrom ist. Dies hat für den Einsatz in Windpumpsystemen den Vorteil, dass auch bei kleinen Drehzahlen gegen große Förderhöhen gepumpt werden kann. Nachteile sind hoher Verschleiß bei der Förderung von verunreinigtem Wasser (z.B. Abrasion wegen Sand, Ventilverstopfung), hohe dynamische Kräfte durch den oszillierenden Kolben und das hohe erforderliche Drehmoment beim Anlauf.

Das schlechte Anlaufverhalten (vgl. 10.3.2) kann jedoch durch konstruktive Maßnahmen entscheidend verbessert werden, z.B. Ausgleichsbohrungen im Kolben, Bypass zwischen Zylinderdruck- und -saugseite, parallel zum Steigrohr in die Zylindersaugseite geführte Resonanzrohrleitung, spezielle Druckventile oder Einsatz von vorgespannten Federn zur Entlastung im unteren Totpunkt [8].

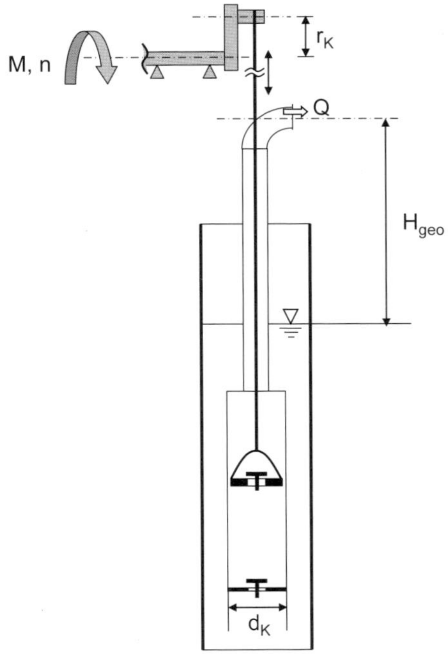

Bild 10-7 Prinzipieller Aufbau einer Kolbenpumpe

Die *Membranpumpe*, B in Bild 10-6, kann aufgrund ihres Durchmessers nicht in Bohrbrunnen eingesetzt werden. Sie wird meist als Saugpumpe für kleine Förderhöhen verwendet. Die Fördercharakteristik (*H*-*Q*-Kennlinien) und das aufgenommene Drehmoment (*M*-*n*-Kennlinie) entsprechen denen der Kolbenpumpe, jedoch werden in der Membranpumpe größere Förderströme erreicht. Der Wirkungsgrad liegt deutlich niedriger als bei der Kolbenpumpe. Einer größeren Verbreitung der Membranpumpe in Windpumpsystemen steht die relativ kurze Lebensdauer der Membran entgegen.

Die *Exzenterschneckenpumpe*, C in Bild 10-6, gleicht der Kolbenpumpe in den äußeren Abmessungen und in dem Förderhöhenbereich und wird daher ebenfalls vorrangig in Bohrbrunnen eingesetzt. Die Fördercharakteristik zeigt jedoch eine Abhängigkeit der Förderhöhe vom Förderstrom. Für den Antrieb durch die Windturbine ist eine Übersetzung ins Schnelle erforderlich. Die Exzenterschneckenpumpe bietet gegenüber den anderen Verdrängerpumpen den Vorteil, dass sie keine oszillierenden Kräfte im Windpumpsystem erzeugt. Durch die Haftreibung zwischen der Exzenterschnecke und dem Stator aus Gummi ist das ungünstige Anlaufverhalten dem der anderen Verdrängerpumpen ähnlich. Die Einsatztauglichkeit dieser Pumpenbauart im Langzeitbetrieb muss in Verbindung mit dem Windantrieb noch unter Beweis gestellt werden. Insbesondere sind die Standzeiten der Gummistatoren wegen der schlechten Schmiereigenschaften bei Wasserförderung zu überprüfen.

Die *einstufige Kreiselpumpe*, D in Bild 10-6 und Bild 10-8, kommt als radiale oder halbaxiale Kreiselpumpe zum Einsatz. Kreiselpumpen sind (wie die Windturbinen) Strömungsmaschinen, die das Prinzip der Strömungsumlenkung durch das rotierende Laufrad zum Energietransfer nutzen.

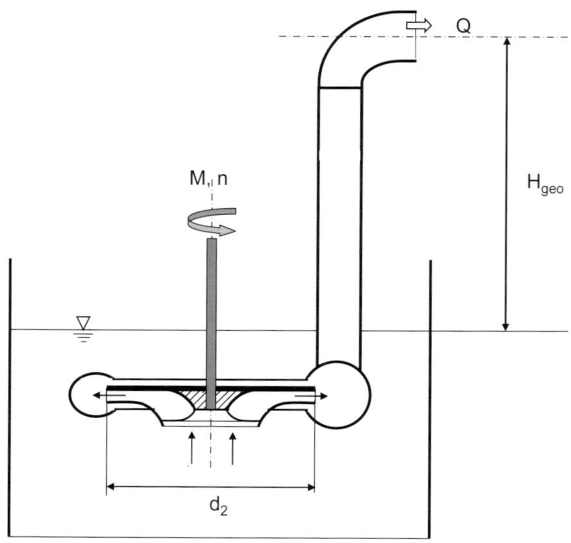

Bild 10-8 Prinzipieller Aufbau einer einstufigen radialen Kreiselpumpe

Der *Förderhöhenbereich* ist für die mechanisch gekoppelte einstufige Kreiselpumpe durch die Laufraddurchmesser (schwierige Fertigung für $d_2 > 400$ mm) und die Getriebeübersetzung auf 10 m begrenzt [2]. Daher ist die Hauptanwendung das Fördern von Grundwasser aus Schachtbrunnen oder von Oberflächenwasser aus Einlaufbauwerken. Ebenso wie die mechanische Kopplung ist die elektrische Kopplung von Windturbinen mit einstufigen Kreiselpumpen möglich, wird bisher jedoch wenig verwendet. Allgemein liegen die Vorteile der Kreiselpumpe in der Unempfindlichkeit bei Förderung von verschmutztem Wasser und dem guten Anlaufverhalten, das aus der

Übereinstimmung der Drehmomentcharakteristiken der beiden Strömungsmaschinen Windturbine und Kreiselpumpe resultiert, vgl. 10.3.2.

Mehrstufige Kreiselpumpen, E in Bild 10-6, werden bisher von Windturbinen ausschließlich mit elektrischer Leistungsübertragung und Tauchmotor angetrieben. Bei mehrstufigen Kreiselpumpen wird der Förderhöhenbereich durch die Stufenzahl erweitert. Kreiselpumpen dieser Bauform, die auch für den Antrieb durch Windturbinen geeignet sind, werden mit Tauchmotor in großer Vielfalt und in einem breiten Leistungsbereich für den Einsatz in Bohrbrunnen angeboten. Die elektrische Leistungsübertragung bietet die Vorteile der freien Wahl des Standorts der Windturbine unabhängig vom Brunnen und der Möglichkeit, die elektrische Energie auch für andere Anwendungen nutzen zu können. Nachteil der elektrischen Leistungsübertragung sind die gegenüber der mechanischen Kopplung zusätzlichen Verluste. Die Vor- und Nachteile der mehrstufigen Kreiselpumpe entsprechen denen der einstufigen Kreiselpumpe.

Die *Schneckentrogpumpe* (auch "Archimedes Schnecke" genannt), F in Bild 10-6, mit Windantrieb hat in den Niederlanden eine große historische Bedeutung bei der Landgewinnung, Bild 2-6, und wird heute noch in China und Thailand eingesetzt. Durch die schräge Anordnung der Schneckentrogpumpe kommt ausschließlich die Förderung von Oberflächenwasser in Frage. Aus konstruktiven Gründen (Abstand der Schneckenlager) ist die Förderhöhe auf etwa drei Meter begrenzt. Die Fördercharakteristik zeigt eine Abhängigkeit der Förderhöhe vom Förderstrom. Vorteil der Schneckentrogpumpe ist die einfache Fertigung auf handwerklichem Niveau, Nachteil ist der große Materialaufwand.

Die *Kettenpumpe*, G in Bild 10-6, hat die gleichen Einsatzbereiche wie die Schneckentrogpumpe. Sie wurde früher in China und Thailand häufig benutzt. Die aufwendige Bauform begrenzt ähnlich wie bei der Schneckentrogpumpe die Förderhöhe. Die Wasserfassung muss genügend Raum für die Installation der Kettenpumpe bieten. Es kommen demzufolge ausschließlich Schachtbrunnen oder Einlaufbauwerke für Oberflächenwasser in Frage. Den geringen Anforderungen, welche die Kettenpumpe an die Fertigungsgenauigkeiten stellt, steht der schlechte Wirkungsgrad als Nachteil gegenüber.

Bei der *Mammutpumpe*, H in Bild 10-6, erfolgt die Leistungsübertragung durch einen von der Windturbine angetriebenen Kompressor, der über eine Druckluftleitung im Steigrohr der Pumpe einen aufsteigenden Strom von Luftblasen erzeugt. Die Kombination von Windturbine und Mammutpumpe wird eingesetzt, wenn das Fördermedium aggressiv oder stark mit Schmutzstoffen beladen ist. Da beim Einsatz von Mammutpumpen lediglich das Steigrohr und die Druckluftleitung in den Brunnen eingebracht werden und keine bewegten Teile in der Pumpe vorhanden sind, hat die Mammutpumpe eine sehr hohe Lebensdauer. Die pneumatische Kopplung mit der Windturbine bietet außerdem nahezu die gleichen Vorteile wie die elektrische Kopplung. Neben der Wasserförderung ist auch der Einsatz der Kombination aus Windturbine und

Mammutpumpe zur Wasseraufbereitung denkbar. Da in der Mammutpumpe keine bewegten Teile vorliegen, können die spezifische Drehzahl und die *M*-*n*-Kennlinie nicht angegeben werden. Gegen den Einsatz von Mammutpumpen spricht der schlechte Wirkungsgrad, der im oberen Förderhöhenbereich von 25 m bis 30 m noch weiter stark sinkt. Zum Vergleich des Wirkungsgrads der Mammutpumpe mit denen der anderen Pumpenbauarten wurde das Verhältnis der hydraulischen Leistung P_{hydr} (s. Gl. (10.1)) zur Nutzleistung der Luft an der Einblasestelle herangezogen. Die Verluste der pneumatischen Kopplung sind somit nicht in dem in Bild 10-6 angegebenen erreichbaren Pumpenwirkungsgrad enthalten.

Für die *Wahl der Pumpenbauart* im konkreten Anwendungsfall spielt eine Vielzahl von Kriterien eine Rolle, die von Fall zu Fall unterschiedlich bewertet werden müssen. Diese Kriterien können physikalischer, technischer und ökonomischer Art sein. Berücksichtigt man die in Bild 10-3 dargestellte Zuordnung von Arten der Anwendung und Förderbedingungen, lassen sich die geeigneten Pumpenbauarten den drei Bereichen von Förderbedingungen zuordnen, Bild 10-9.

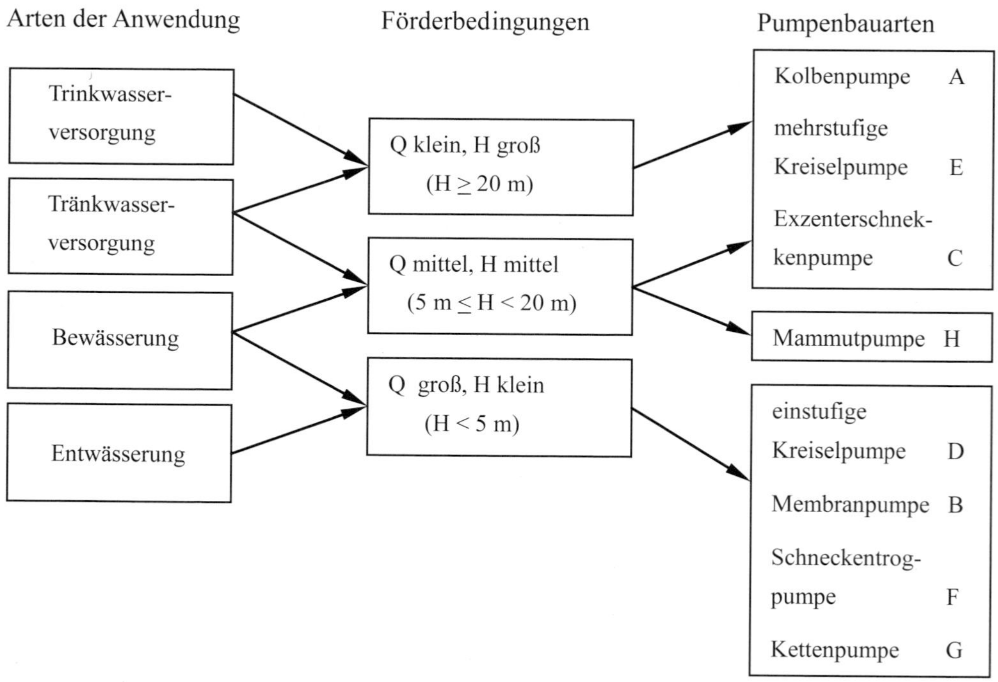

Bild 10-9 Zuordnung von Arten der Anwendung, Förderbedingungen und Pumpenbauarten

10.3 Zusammenwirken von Windturbine und Pumpe

10.3.1 Sinnvolle Kombinationen von Windturbinen und Pumpen

Der Entwurf der Windpumpe geschieht zum einen unter Berücksichtigung der durch die Art der Anwendung vorgegebenen Förderbedingungen, die in erster Linie die Wahl der Pumpenbauart beeinflussen (s. Bild 10-9), und zum anderen durch die Abstimmung von Windturbine, Getriebeübersetzung und Pumpe unter Berücksichtigung der Windverhältnisse am Aufstellungsort der Windpumpe.

Für die Frage nach geeigneten *Kombinationen von Windturbinen und Pumpen* müssen, wie bei der Kopplung von Kraft- und Arbeitsmaschine üblich, die Drehmomentcharakteristiken der Windturbine und der Pumpe verglichen werden. In Bild 10-6 sind die M-n-Kennlinien der unterschiedlichen Pumpenbauarten dargestellt. Bei der Festlegung der Kombinationen von Windturbinen- und Pumpenbauarten sind zwei Gesichtspunkte zu berücksichtigen. Zum einen müssen in der Regel die Betriebsdrehzahlen von Windturbine und Pumpe durch eine Getriebeübersetzung aneinander angepasst werden, und zum anderen ist auf das Drehmoment beim Anlaufen zu achten, um einen Betrieb der Windpumpe schon bei niedrigen Windgeschwindigkeiten zu erreichen.

Bild 10-10 zeigt die Bereiche der *Betriebsdrehzahlen und* der *Förderhöhen*, in denen die unterschiedlichen Pumpenbauarten üblicherweise arbeiten. Das Bild enthält ebenfalls die Bereiche der Betriebsdrehzahlen der verschiedenen Windturbinenbauarten, die sich für Windturbinen mit dem Durchmesser d_{WT} = 5 m*) ergeben. Hierdurch wird deutlich, dass in vielen Fällen eine Drehzahlanpassung durch ein Getriebe erforderlich wird, da der weite Drehzahlbereich der in Frage kommenden Pumpenbauart durch den sehr viel engeren Drehzahlbereich der möglichen Windturbine nicht abgedeckt werden kann. Bei den Pumpenbauarten links in Bild 10-10 ist in der Regel eine Übersetzung ins Langsame und bei den Pumpenbauarten rechts meistens eine Übersetzung ins Schnelle erforderlich. In einigen Fällen kann, wie aus Bild 10-10 ersichtlich, auf eine Drehzahlanpassung verzichtet werden. Hier wird auch deutlich, dass Windturbinen mit geringer Schnelllaufzahl für Pumpen der Bauarten A, B, F und G geeignet sind. Für die Pumpenbauarten C, D und E sind Windturbinen mit hoher Schnelllaufzahl geeigneter.

---

*) Der Rotordurchmesser d_{WT} = 5,0 m ist repräsentativ für Leistungen, die ein besonders hohes Anwendungspotential in ländlichen Gebieten besitzt (siehe hierzu Bild 10-4).

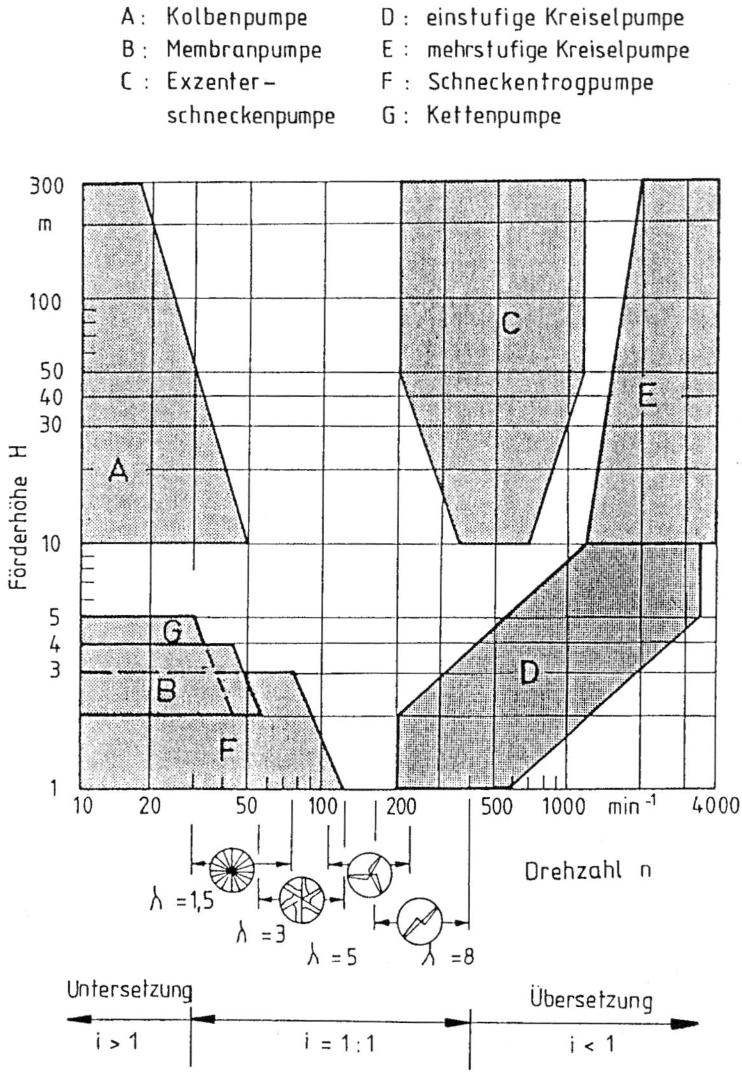

Bild 10-10 Arbeitsbereiche verschiedener Bauarten von Windturbinen ; (Durchmesser d_{WT} = 5 m) und Pumpen [1]

Die Bestimmung der *Getriebeübersetzung i* erfolgt bei gegebener Windturbine und Pumpe in der Weise, dass ein möglichst hoher Systemwirkungsgrad im gesamten Betriebsbereich der Windpumpe erzielt wird. Üblicherweise wird zur Berechnung der Getriebeübersetzung unter Berücksichtigung gegebener Windverhältnisse eine Nennwindgeschwindigkeit bestimmt (Näheres hierzu folgt in Kap. 10.4.2), bei der sowohl die Windturbine als auch die Pumpe ihren Bestpunkt erreichen.

Neben der Drehzahlanpassung ist für die Festlegung der Kombinationen von Windturbinen- und Pumpenbauarten ein ausreichend hohes Drehmoment der Windturbine zum Anlaufen der Pumpe zu berücksichtigen. Verdrängerpumpen wie Kolbenpumpen, Membranpumpen und Exzenterschneckenpumpen benötigen ein hohes Drehmoment beim Anlaufen; Kreiselpumpen erfordern demgegenüber nur sehr geringe Drehmomente (s. Bild 10-6).

Vergleicht man die erforderlichen *Anlaufdrehmomente* der Pumpen mit den Anlaufdrehmomenten der Windturbinen (s. Kap. 6, Bild 6-10), so ergeben sich die geeigneten Kombinationen von langsamläufigen Windturbinen mit Verdrängerpumpen und von schnellläufigen Windturbinen mit Kreiselpumpen. Lediglich bei der Exzenterschneckenpumpe (C) muss ein geeigneter Kompromiss zwischen günstigem Anlaufverhalten und ausreichend hohen Betriebsdrehzahlen gefunden werden, da die Exzenterschneckenpumpe sowohl ein hohes Anlaufdrehmoment als auch relativ hohe Betriebsdrehzahlen aufweist. Dieser Kompromiss wird z.B. durch den Einsatz einer Fliehkraftkupplung und eines Getriebes mit variablem Übersetzungsverhältnis realisiert.

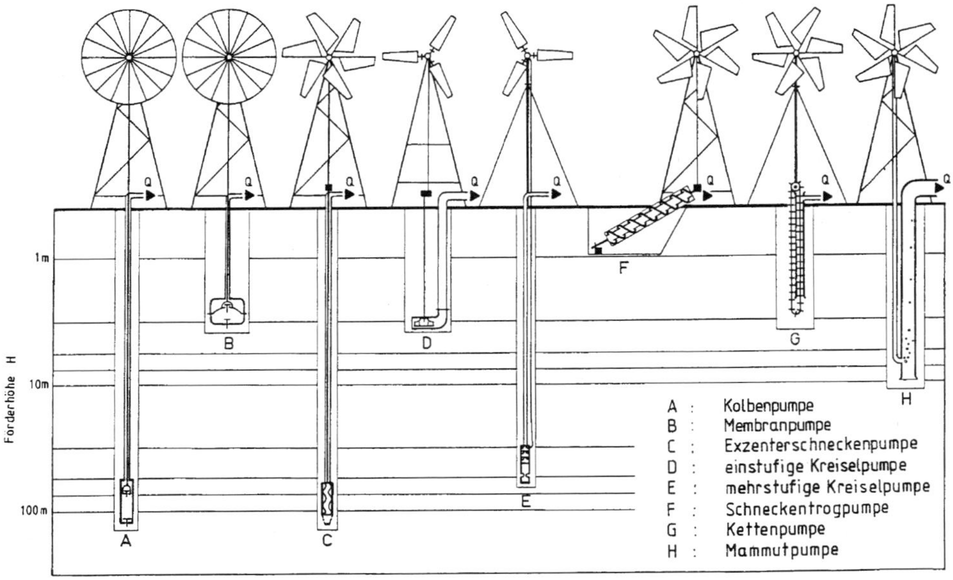

Bild 10-11 Sinnvolle Kombinationen von Windturbinen und Pumpen [3]

Bild 10-11 zeigt symbolisch die geeigneten Kombinationen von Windturbinen- und Pumpenbauarten, die sich aus den bisherigen Ausführungen ergeben und ihre realisierbaren Förderhöhen. Jede der in Bild 10-11 gezeigten Windpumpen hat einen begrenzten Einsatzbereich, in dem sie mit gutem Wirkungsgrad arbeitet. Dieser Einsatzbereich ergibt sich aus den Betriebscharakteristika der kombinierten Komponenten. Eine universelle Windpumpe für alle Anwendungsfälle gibt es nicht. Werden die Anlagen außerhalb dieser Einsatzbereiche betrieben, so muss mit Ertragseinbußen gerechnet werden. Die zur Verfügung stehende Windenergie wird dann weniger effizient in hydraulische Energie umgesetzt.

10.3.2 Qualitativer Vergleich von Windpumpsystemen mit Kolben- und Kreiselpumpe

Für die weiteren Ausführungen werden beispielhaft Kolben- und Kreiselpumpe als wichtigste Bauarten herausgegriffen. Die unterschiedliche Charakteristik dieser beiden Pumpenbauarten ist in Bild 10-12 in der Darstellung der *H*-*Q*-Diagramme ersichtlich, wobei die Pumpendrehzahl n als Parameter eingetragen ist, um deutlich zu machen, wie sich unterschiedliche Drehzahlen auf das Kennfeld auswirken.

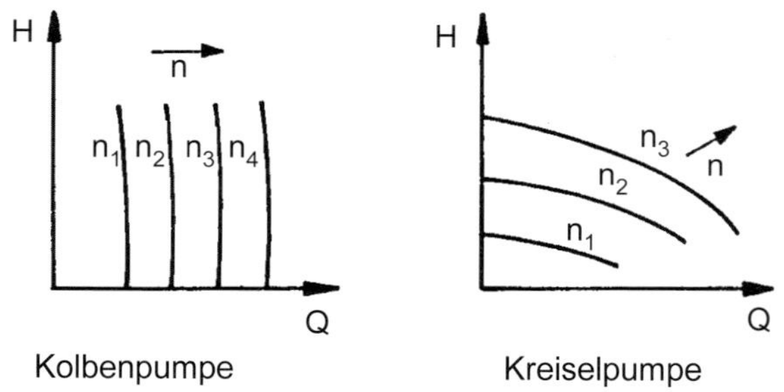

Bild 10-12 *H*-*Q*-Diagramm von Kolben- und Kreiselpumpe

Für den Förderstrom Q der *Kolbenpumpe* (Bild 10-7) gilt

$$Q = V_{\mathrm{Hub}} \cdot n \cdot \eta_{\mathrm{vol}} = \frac{\pi \cdot d_{\mathrm{K}}^{2}}{4} \cdot 2 \cdot r_{\mathrm{K}} \cdot n \cdot \eta_{\mathrm{vol}} \qquad (10.9)$$

mit dem Hubvolumen V_{Hub} der Pumpe, dem Kolbendurchmesser d_{K}, dem Kurbelradius r_{K} (Bild 10-7) und dem volumetrischen Wirkungsgrad η_{vol}, der den Füllungsgrad und die Leckverluste von Kolben und Ventilen berücksichtigt ($\eta_{\mathrm{vol}} > 0{,}9$).

Für die *Kreiselpumpe* als im Allgemeinen gängigste Pumpenbauart sei hier besonders auf den Zusammenhang zwischen Förderhöhe H und Förderstrom Q in Abhängigkeit von der Pumpendrehzahl n hingewiesen. Wenn gewisse Grenzwerte der Reynoldszahl nicht unterschritten werden, lassen sich die Kennlinien der Kreiselpumpe mit Hilfe der Ähnlichkeitsgesetze [3] für die unterschiedlichen Drehzahlen umrechnen (s. Bild 10-12):

$$H \sim n^2 \quad \text{und} \quad Q \sim n$$

Liegt für eine Pumpe eine gemessene *H*-*Q*-Kurve für eine Drehzahl n_1 vor (siehe Bild 10-13), so können mit Hilfe der Ähnlichkeitsregeln für die Kreiselpumpe für jede andere Drehzahl n_2 die entsprechenden *H*-*Q*-Verläufe errechnet werden. Weiterhin folgt aus Gl. (10.1), dass die hydraulische Leistung proportional zur dritten Potenz der Pumpendrehzahl ist.

$$\frac{H_2}{H_1} = \left(\frac{n_2}{n_1}\right)^2, \quad \frac{Q_2}{Q_1} = \left(\frac{n_2}{n_1}\right), \quad \frac{P_2}{P_1} = \left(\frac{n_2}{n_1}\right)^3 \tag{10.10}$$

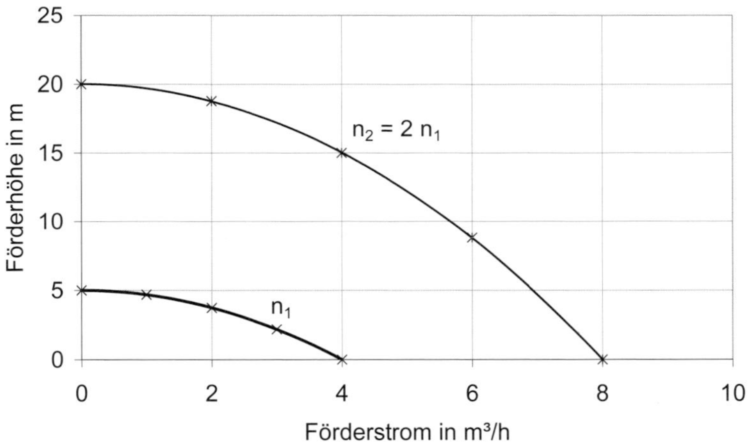

Bild 10-13 *H*-*Q*-Diagramm einer Kreiselpumpe mit gemessener Kennlinie für Drehzahl n_1 und errechnete Kennlinie für Drehzahl n_2

Die Förderung des durch die Pumpe erzeugten Flüssigkeitsstromes erfolgt in der Regel durch *Rohrleitungen*. Die sich an die Pumpe saug- und druckseitig anschließenden Rohrleitungen werden als *hydraulische Anlage* bezeichnet. Aus der Geometrie des Brunnens und der Rohrleitungen lässt sich die Förderhöhe H_A der hydraulischen Anlage berechnen. In den meisten Fällen setzt sich diese aus einem *geodätischen* Förderhöhenanteil H_{geo}, der die zu überwindende Höhendifferenz ausdrückt, und der Verlusthöhe H_v zusammen:

$$H_A = H_{geo} + H_v \tag{10.11}$$

Die *Verlusthöhe* H_V resultiert aus den Druckverlusten (hauptsächlich Reibung) in den Rohrleitungen, die von deren Geometrie und Oberfläche abhängen. Sie steigt mit dem Quadrat der Strömungsgeschwindigkeit in der Rohrleitung und ist daher proportional zum Quadrat des Förderstroms Q. Andere Anlagenkomponenten (z.B. Krümmer, Ventile, Armaturen) verursachen ebenfalls Verluste.

Die Förderhöhe H_A der hydraulischen Anlage wird, wie die Förderhöhe H der Pumpe, in Abhängigkeit vom Förderstrom Q dargestellt (Bild 10-14), so dass beide im gleichen Diagramm darstellbar sind, Bild 10-15, um die sich einstellenden *Betriebspunkte* zu bestimmen. Dies sind die Schnittpunkte der Kennlinien von Pumpe und Anlage im H-Q-Diagramm. Bild 10-15 zeigt diesen Zusammenhang für die gleiche hydraulische Anlage einmal mit Kolbenpumpe (links) beziehungsweise mit Kreiselpumpe (rechts).

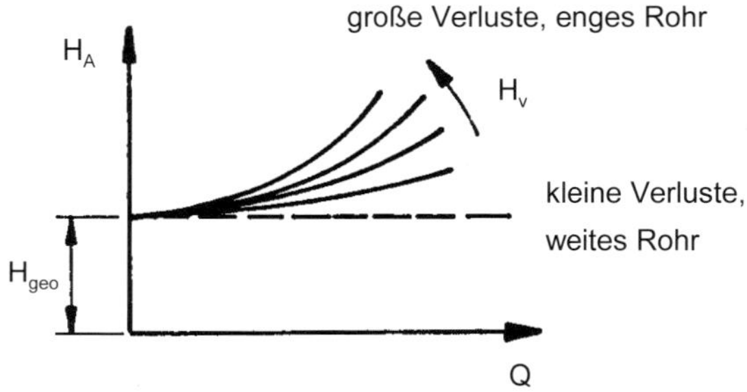

Bild 10-14 H_A-Q-Diagramm der hydraulischen Anlage für verschiedene Verlusthöhen

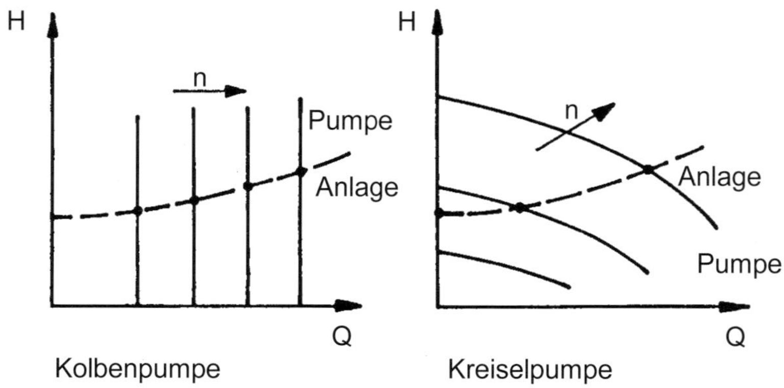

Bild 10-15 Betriebspunkte von hydraulischer Anlage und Pumpe

Um für die unterschiedlichen Einsatzfälle geeignete Windpumpsysteme zusammenzustellen, müssen die ausgewählten Pumpenbauarten mit den passenden Windturbinen kombiniert werden. Hierfür sind die Anforderungen der jeweiligen Pumpenbauart an die Windturbine zu berücksichtigen. Bild 10-17 links, zeigt für eine Kolbenpumpe den Verlauf des an der Pumpenwelle aufgenommenen *mittleren Drehmoments* $\overline{M}$ in Abhängigkeit von der Drehzahl n. Das mittlere Drehmoment der einfach wirkenden Kolbenpumpe ist über der Drehzahl konstant. Im Gegensatz dazu steigt das Drehmoment der *Kreiselpumpe* mit dem Quadrat der Drehzahl an, Bild 10-17 rechts. Es kann nicht analytisch bestimmt werden, sondern muss aus der gemessenen Kennlinie abgelesen werden. Dies zeigt, dass diese beiden Pumpenarten völlig unterschiedliche Drehmomentanforderungen an geeignete Windturbinen haben.

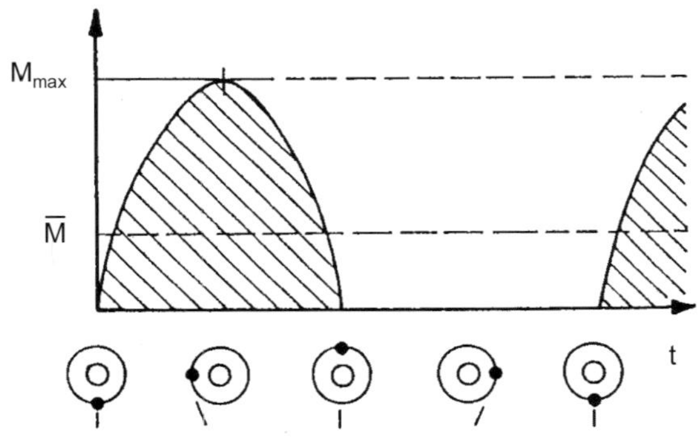

Bild 10-16 Verlauf des Drehmoments der Kolbenpumpe für eine Umdrehung

Aus der Sinushalbwelle des Drehmoments der *Kolbenpumpe* des Kurbeltriebes (Bild 10-16) ergibt sich das mittlere Drehmoment $\overline{M}$ durch Integration über eine Umdrehung zu

$$\overline{M} = \frac{1}{\pi} \cdot M_{\text{max}} \,. \tag{10.12}$$

Für den Anlaufvorgang kann nicht mit dem mittleren Drehmoment der Kolbenpumpe gerechnet werden, sondern die Windturbine muss das maximale Moment M_{max} erreichen, damit die Pumpe anlaufen kann. Im Betrieb besitzt das System jedoch kinetische Energie, und der oszillierende Momentenverlauf kann durch das mittlere Drehmoment $\overline{M}$ ersetzt werden. Hierdurch ergibt sich dann folgender Zusammenhang zwischen mechanischer und hydraulischer Leistung:

$$\overline{M} \cdot 2 \cdot \pi \cdot n \cdot \eta_{\text{m}} = \rho_{\text{W}} \cdot g \cdot H \cdot V_{\text{Hub}} \cdot n \tag{10.13}$$

Für das mittlere Drehmoment der Kolbenpumpe gilt somit:

$$\overline{M} = \frac{\rho_W \cdot g \cdot H \cdot d_K^{\ 2} \cdot r_K}{4 \cdot \eta_m} \tag{10.14}$$

Der mechanische Wirkungsgrad η_m berücksichtigt die mechanischen Verluste der Kolbenpumpe. Das Drehmoment der Kolbenpumpe ist also direkt proportional zur Förderhöhe H, zum Kurbelradius r_K und zum Quadrat des Kolbendurchmessers d_K. Es hängt nicht von der Drehzahl ab.

Das *Zusammenwirken von Windturbine und Pumpe* wird durch die Überlagerung der Kennlinien der Drehmomente oder der Leistungen deutlich. Bild 10-17 zeigt das Leistungs- und das Drehmomentenkennfeld einer Windturbine mit den Lastkennlinien der Kolben- und der Kreiselpumpe. In Abhängigkeit von der jeweils herrschenden Windgeschwindigkeit ergeben sich die Betriebspunkte der Windpumpe aus den Schnittpunkten zwischen Windturbinendrehmoment und Pumpendrehmoment beziehungsweise Windturbinenleistung und Pumpenleistung.

Hierbei ist konstante Förderhöhe H vorausgesetzt, das heißt es handelt sich um eine hydraulische Anlage, bei der die Druckverluste gegenüber der geodätischen Förderhöhe vernachlässigbar sind (kurze Rohrlänge, großer Rohrdurchmesser). Es wird deutlich, dass die Kennlinie der Kreiselpumpe sehr viel günstiger im Windturbinenkennfeld liegt als die der Kolbenpumpe. Die Kolbenpumpe belastet die Windturbine nur in einem Punkt optimal und nutzt bei größeren Windgeschwindigkeiten die Leistung der Turbine nicht aus. Die Kreiselpumpe lässt sich durch geeignete Abstimmung (Getriebeübersetzung) bei allen Windgeschwindigkeiten nahezu optimal mit der Windturbine kombinieren, weil sie auch eine Strömungsmaschine ist (vgl. 10.4.4).

Für die Betriebspunkte lassen sich nun die Windgeschwindigkeiten v und die Betriebsdrehzahlen n ablesen.

Für die Kolbenpumpe können die entsprechenden Förderströme Q berechnet werden:

$$Q = V_{Hub} \cdot n \cdot \eta_{vol} \tag{10.15}$$

Für die Kreiselpumpe müssen die jeweiligen Förderströme Q aus den H-Q-Kennlinien (s. Bild 10-14) über die Schnittpunkte der Kurven mit der H_A-Q-Kennlinie der hydraulischen Anlage abgelesen werden. Eine analytische Bestimmung ist hier nicht möglich.

Trägt man die Förderströme in Abhängigkeit von den jeweiligen Windgeschwindigkeiten auf, erhält man die sogenannte "*Förderkennlinie*" $Q = Q(v)$ der Windpumpe (Bild 10-18). Mit v_{beg} ist die Windgeschwindigkeit bezeichnet, bei der die Förderung einsetzt. Diese Darstellung setzt die charakteristische Größe der Windenergie, die Windgeschwindigkeit v, zu einer Größe der hydraulischen Energie, dem Förderstrom Q, in Beziehung.

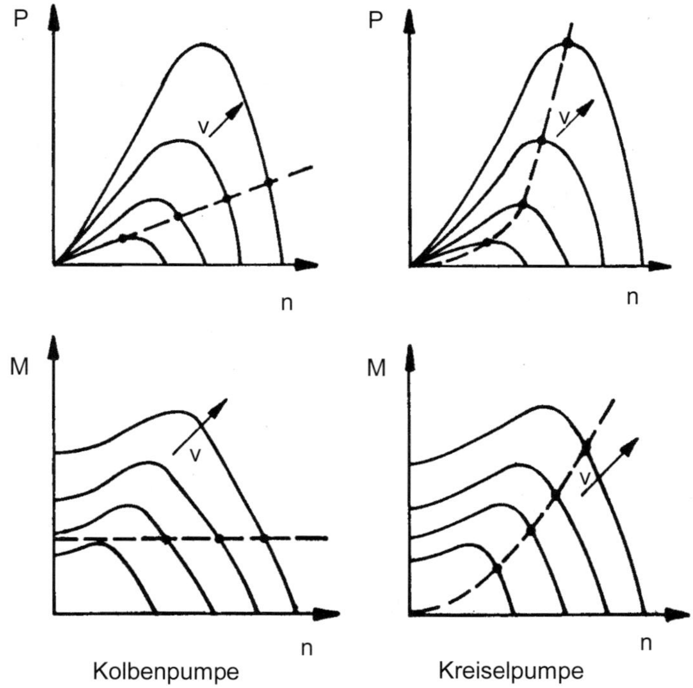

Bild 10-17 Betriebspunkte der Windpumpe mit Kolbenpumpe bzw. mit Kreiselpumpe

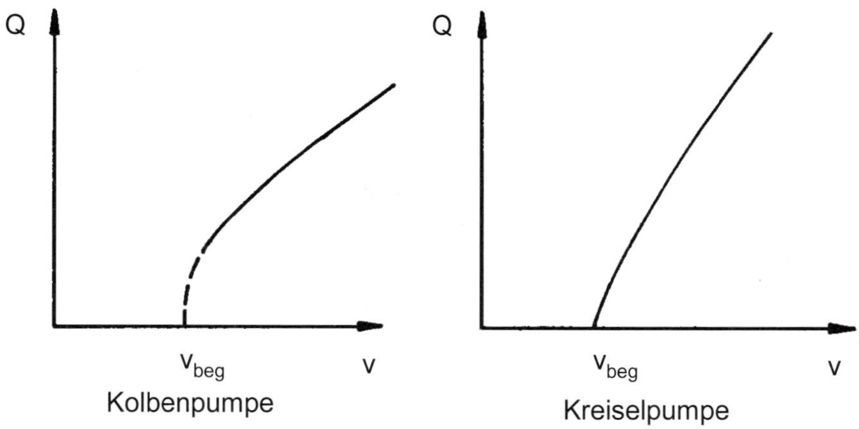

Bild 10-18 Förderkennlinie der Windpumpe mit Kolben- und mit Kreiselpumpe

Für eine konstante Förderhöhe H lässt sich sofort der Verlauf des *Gesamtwirkungsgrades* η_{WP} der Windpumpe in Abhängigkeit von der Windgeschwindigkeit v darstellen (Bild 10-19), indem man die hydraulische Leistung auf die theoretische Windleistung $P_{Wind} = (\rho/2) \cdot \pi \cdot (d_{WT}^2/4) \cdot v^3$ bezieht:

$$\eta_{WP} = \frac{8 \cdot \rho_W \cdot g \cdot Q \cdot H}{\rho \cdot \pi \cdot d_{WT}^2 \cdot v^3} \tag{10.16}$$

In Bild 10-19 wird der Vorteil der besseren Abstimmung von Windturbine und Kreiselpumpe durch das breitere Maximum des Wirkungsgradverlaufs deutlich. Das System mit Kolbenpumpe hat dagegen zwar einen hohen Wirkungsgradpeak, aber der Wirkungsgradverlauf fällt dann bei steigendem Wind stärker ab.

Die Förderhöhe H wurde bisher als konstant angenommen. Sie steigt aber bei sehr starkem Wind an, weil durch den hohen Förderstrom (hohe Geschwindigkeit in der Rohrleitung) die Rohrreibungsverluste zunehmen. Oft sinkt bei lange anhaltendem Starkwind auch der Brunnenspiegel ab, was einer Erhöhung der geodätischen Förderhöhe gleichkommt. Bild 10-20 zeigt qualitativ den Einfluss der Förderhöhenänderung auf die Förderkennlinie $Q = Q(v)$; das gilt für Kolben- wie für Kreiselpumpen.

Die Förderkennlinie $Q = Q(v)$ beschreibt das technische System bezüglich der Umsetzung der Windenergie in hydraulische Energie. Für die Berechnung des Ertrags der Windpumpe ist eine Beschreibung der Windverhältnisse erforderlich. Der *Ertrag* ist hierbei als das im Betrachtungszeitraum gepumpte Wasservolumen definiert, also zum Beispiel das Tagesfördervolumen V_d.

Zur Ermittlung der Windverhältnisse werden klassierende Windmessgeräte eingesetzt, welche ein Windgeschwindigkeitshistogramm liefern (vgl. Kap. 4, Abschn. 4.2.4 und 4.3).

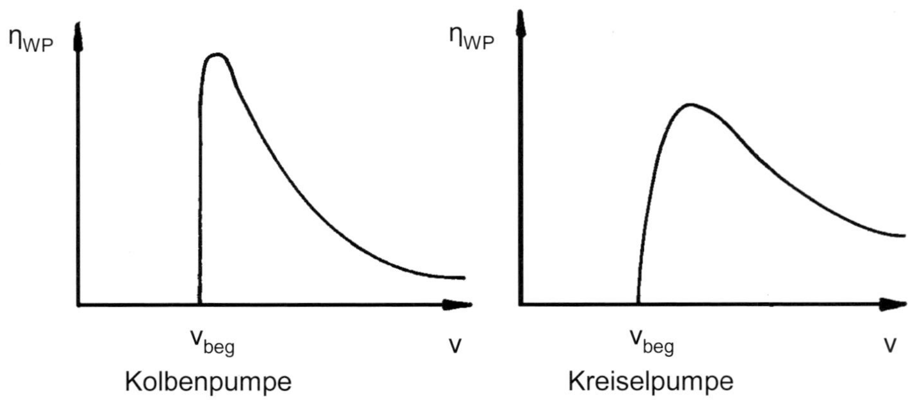

Bild 10-19 Gesamtwirkungsgrad für Windpumpe mit Kolben- und Kreiselpumpe

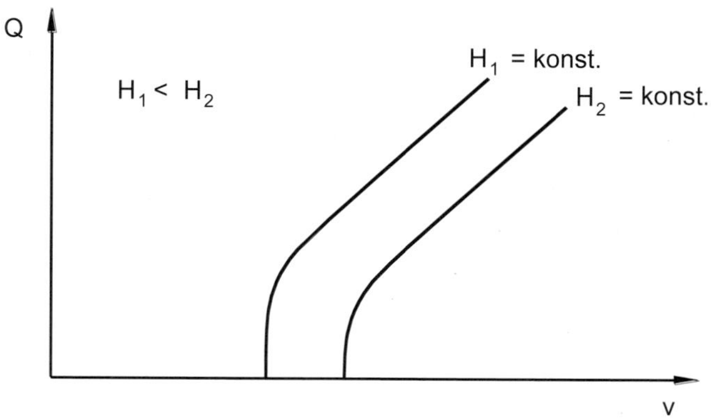

Bild 10-20 Förderkennlinie einer Windpumpe bei unterschiedlichen Förderhöhen

Das Fördervolumen V der Windpumpe wird aus Windgeschwindigkeitshistogramm und Förderkennlinie ermittelt. Man multipliziert die Gesamtdauer T des betrachteten Zeitraums mit der Häufigkeit h_i der jeweiligen Windklasse v_i und dem zugehörigen Förderstrom $Q_i(v_i)$ und summiert auf:

$$V = T \cdot \sum_i Q_i \cdot h_i \tag{10.17}$$

10.4 Auslegung von Windpumpsystemen

10.4.1 Ziel der Auslegung

Ziel der Auslegung ist die möglichst effiziente Umsetzung der im Wind enthaltenen Energie in potenzielle Energie des gepumpten Wassers im Wasserspeicher (s. Bild 10-1). Die Güte der Energieumsetzung charakterisiert der *Gütegrad* γ :

$$\gamma = \frac{g \cdot \rho_W \cdot H_{geo} \cdot V}{E_{Wind}} = \frac{g \cdot \rho_W \cdot H_{geo} \cdot T \cdot \Sigma \cdot Q_i \cdot h_i}{\frac{1}{2} \cdot \rho \cdot F_{Rotor} \cdot T \cdot \Sigma \cdot v_1^3 \cdot h_i} \tag{10.18}$$

Er gibt das Verhältnis von für den Betreiber nutzbarer Lageenergie des geförderten Wasservolumens V zur im Wind enthaltenen Energie an.

$$E_{\text{Wind}} = \frac{1}{2} \cdot \rho \cdot F_{\text{Rotor}} \cdot T \cdot \sum \cdot v_1{}^3 \cdot h_i \tag{10.19}$$

Im Gegensatz zum Wirkungsgrad des Windpumpsystems nach Gl. (10.16) bewertet der Gütegrad auch die Rohrleitungsreibung als Verlust und mittelt über den Bezugszeitraum. Windpumpsysteme mit maximiertem Gütegrad erbringen das größtmögliche Fördervolumen für den betrachteten Zeitraum. Das kann eine Saison sein, oder auch der Zeitraum, in dem die Wasserversorgung kritisch ist. Für die Auslegung geht man im Allgemeinen nicht von einer Maximierung des Gütegrades aus. Man vereinfacht und legt zugrunde

- eine geschickt gewählte Nennwindgeschwindigkeit v_N, sowie
- die Forderung, dass bei dieser Nennwindgeschwindigkeit der Gesamtwirkungsgrad η_{WP} der Windpumpe sein Maximum erreicht.

10.4.2 Wahl der Nennwindgeschwindigkeit für die Auslegung

Für die in Europa üblichen Windverhältnisse hat es sich als praktikabel erwiesen, die *Nenngeschwindigkeit* v_N etwa gleich dem 1,4 bis 1,6-fachen der mittleren Windgeschwindigkeit $\bar{v}$ anzusetzen, $v_N \approx 1{,}4\ldots1{,}6\,\bar{v}$ [2, 4, 7]. Diese Wahl führt dazu, dass die Windgeschwindigkeiten hoher Energiedichte E_i mit hohen Gesamtwirkungsgraden η_{WP} genutzt werden, Bild 10-21.

Greift eine Regelung oder Sturmsicherung der Windturbine bereits bei Windgeschwindigkeiten ein, die niedriger sind als die dreifache mittlere Windgeschwindigkeit, so verschiebt sich der Faktor $v_N/\bar{v}$ zu kleineren Werten. Eine Studie über den Einfluss der Regelwindgeschwindigkeit auf die ertragsoptimierte Nennwindgeschwindigkeit ist in [7] zu finden.

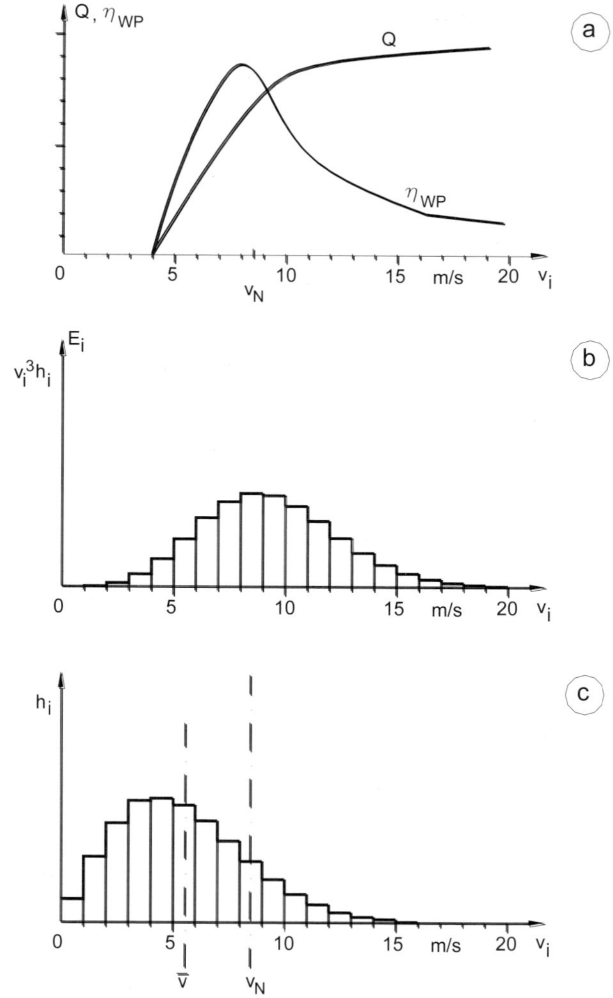

Bild 10-21 Wahl der Nennwindgeschwindigkeit $v_N \approx 1{,}5\ \overline{v}$

Berücksichtigt man weiterhin, dass der *Wirkungsgrad des Getriebes* nicht konstant ist, sondern im Teillastgebiet unter den Nennwirkungsgrad absinkt, dann verschiebt sich der Faktor $v_N/\overline{v}$ zu größeren Werten, d.h. $v_N \approx 1{,}5...1{,}95 \cdot \overline{v}$ [11]. Diese Werte gelten für ein Windpumpsystem mit Kreiselpumpe unter Berücksichtigung der Regelung der Windturbine.

Die *Windgeschwindigkeit des Förderbeginns* v_{beg} beeinflusst das Fördervolumen ebenfalls. Sie steht bei gegebener Anlage jedoch in festem Verhältnis zu v_N, sodass es im Allgemeinen genügt, die Auslegung anhand der Nennwindgeschwindigkeit vorzunehmen. Die Nennförderhöhe wird hauptsächlich durch die geodätische Förderhöhe H_{geo} bestimmt. Für die Rohrleitungsverluste muss man jedoch einen Zuschlag ansetzen. Im Bereich niedriger Förderhöhen bis 10 m setzt man etwa $H_N = 1{,}2\ldots1{,}4 \cdot H_{geo}$ an. Bei größeren Förderhöhen wird man auf $H_N \leq 1{,}2 \cdot H_{geo}$ gehen [3].

In den folgenden Abschnitten werden die Gleichungen hergeleitet, mit deren Hilfe die Parameter von Turbine und Pumpe und insbesondere die erforderliche Getriebeübersetzung so gewählt werden können, dass das Windpumpsystem den maximalen Gesamtwirkungsgrad η_{WP} bei der Nennwindgeschwindigkeit v_N erreicht.

10.4.3 Auslegung von Windpumpsystemen mit Kolbenpumpe

Durch das Gleichsetzen von Turbinenleistung und Pumpenleistung im Nennpunkt (Bild 10-22)

$$\frac{\rho}{2} \cdot v_N^{\ 3} \cdot c_{P.opt} \cdot F_{Rotor} = \frac{\rho_w \cdot g \cdot V_{Hub} \cdot n_p \cdot H_N}{\eta_m \cdot \eta_{vol}} \tag{10.20}$$

erhält man einen Zusammenhang, der die erforderliche Getriebeübersetzung

$$i = \frac{n_{WT}}{n_P} \tag{10.21}$$

liefert. Dazu wird noch die Schnelllaufzahl λ_{opt} berücksichtigt,

$$\lambda_{opt} = \frac{\pi \cdot n_{WT} \cdot d_{WT}}{v_N} \tag{10.22}$$

bei der die Windturbine ihre Bestleistung bietet. Man erhält somit:

$$i = V_{Hub} \cdot \frac{\rho_w \cdot g \cdot H_N}{\eta_m \cdot \eta_{vol}} \cdot \frac{8 \cdot \lambda_{opt}}{\pi^2 \cdot \rho \cdot c_{P.opt} \cdot d_{WT}^{\ 3}} \cdot \frac{1}{v_N^{\ 2}} \tag{10.23}$$

Natürlich wird man versuchen, ohne Getriebe auszukommen, d.h. $i = 1$. Das gelingt bei größeren Anlagen vom Typ Westernmill ($\lambda_{opt} \approx 1$, $d_{WT} \geq 5$ m) durch geeignete Auswahl des Hubvolumens $V_{Hub} = \pi /\ 4 \cdot d_K^{\ 2} \cdot 2 \cdot r_K$, bzw. durch geeignete Wahl des Kurbelradius r_K. Kleinere Anlagen dieses Typs benötigen eine Übersetzung ins Langsame.

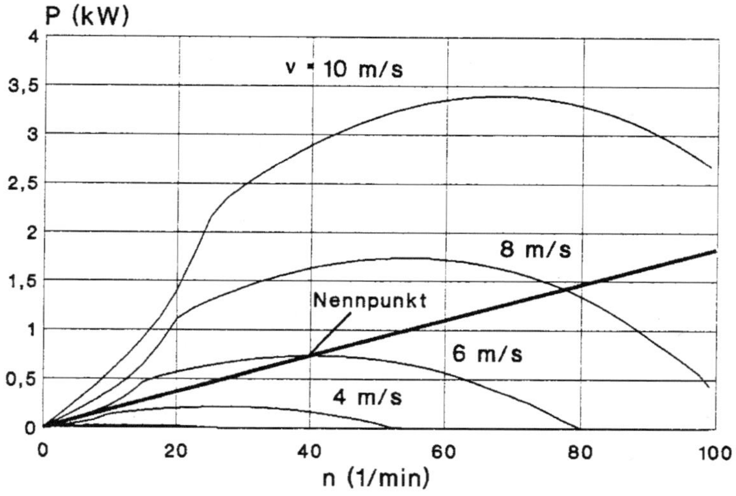

Bild 10-22 Auslegung eines Windpumpsystems mit Kolbenpumpe auf die Nennwindgeschwindigkeit $v_N = 6$ m/s

Typisch für Systeme mit Kolbenpumpe ist das besondere Betriebsverhalten im Anfahrbereich. Die Windturbine beginnt sich zu drehen, wenn infolge ausreichend hoher Windgeschwindigkeiten das Rotordrehmoment über den Exzenterhebel eine Kolbenkraft erzeugt, die größer ist als die Last der auf der Kolbenfläche ruhenden Wassersäule. Die Haftreibung des Systems wird dabei vernachlässigt. Es muss gemäß dem oszillierenden Verlauf des Pumpenmoments das maximale Moment M_{max} überwunden werden (Bild 10-23). Die Windpumpe läuft dann bei der Windgeschwindigkeit v_{beg} an, d.h. im dargestellten Fall ist $v_{beg} = 5$ m/s. In Bild 10-23 ist vereinfachend angenommen, dass sich die Windgeschwindigkeit während des Anfahrens bis zum Erreichen des mittleren Drehmoments $\overline{M}$ nicht ändert, d.h. $v\ (t) = v_{beg} =$ konst. Im Betrieb wirkt der Rotor wie eine Schwungscheibe, und es stellen sich die in Kap. 10.3.2 gezeigten Verhältnisse ein. Dieses Verhalten des Systems kann über das mittlere Drehmoment $\overline{M}$ beschrieben werden, da die Drehzahl der Windturbine in erster Näherung nicht dem oszillierenden Moment der Kolbenpumpe folgt. Fällt die Windgeschwindigkeit unter v_{beg}, so bleibt der Rotor wegen der Massenträgheit in Drehung und es wird weiter gefördert. Erst bei Unterschreitung der Windgeschwindigkeit v_{min}, bei der das maximale Rotordrehmoment kleiner als das mittlere Drehmoment $\overline{M}$ ist, bleibt das System stehen. In Bild 10-23 ist dies etwa bei $v_{min} = 2{,}8$ m/s der Fall.

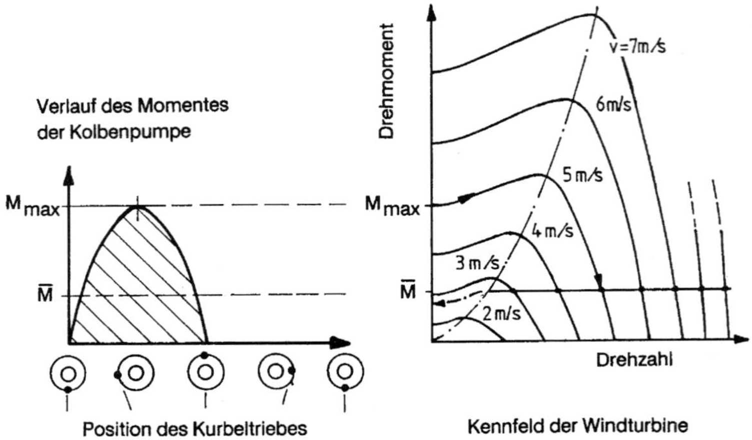

Bild 10-23 Start- und Stoppvorgang im Drehmomentenkennfeld einer Windpumpe mit Kolbenpumpe

Die Förderkennlinie einer Windpumpe mit Kolbenpumpe ist damit charakterisiert durch den in Bild 10-24 dargestellten Hysteresebereich zwischen der Anlaufwindgeschwindigkeit v_{beg} und der minimalen Förderwindgeschwindigkeit v_{min}. Dies bedeutet, dass innerhalb des Hysteresebereichs nur gefördert wird, wenn v_{beg} oft genug überschritten wird; das heißt, wenn die Windpumpe an Tagen geringer Windgeschwindigkeiten öfter durch Böen angeworfen wird.

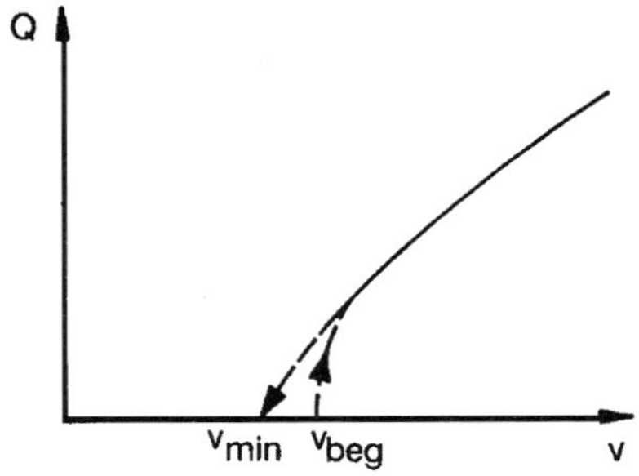

Bild 10-24 Förderkennlinie der Windpumpe mit Kolbenpumpe mit Hysterese im Anlaufbereich

Aus Gl. (10.14) und Gl. (10.24) für das mittlere Drehmoment der Kolbenpumpe und dem Drehmoment der Windturbine lassen sich durch Gleichsetzen von Windturbinen- und Pumpenmoment in den jeweiligen Betriebspunkten die für den Hysteresebereich charakteristischen Windgeschwindigkeiten berechnen.

$$M_{WT} = \frac{\rho}{2} \cdot \frac{\pi \cdot d_{WT}^{2}}{4} \cdot \frac{d_{WT}}{2} \cdot v^{2} \cdot c_{M} \cdot (\lambda) \tag{10.24}$$

Es folgt für die Stoppwindgeschwindigkeit v_{min} aus dem Momentengleichgewicht des mittleren Pumpenmoments $\overline{M}$ und des Drehmoments der Windturbine bei maximalem Momentenbeiwert $c_{M.max}$:

$$v_{min} = \sqrt{\frac{4 \cdot \rho_{W} \cdot g \cdot H \cdot d_{K}^{2} \cdot r_{K}}{\rho \cdot \pi \cdot d_{WT}^{3} \cdot c_{M.max} \cdot \eta_{m}}} \tag{10.25}$$

Die Startwindgeschwindigkeit v_{beg} ergibt sich aus dem Momentengleichgewicht für das maximale Pumpenmoment M_{max} und das Windturbinenmoment bei Stillstand ($\lambda = 0$) mit $c_{M.0}$ zu:

$$v_{beg} = \sqrt{\frac{\pi \cdot 4 \cdot \rho_{W} \cdot g \cdot H \cdot d_{K}^{2} \cdot r_{K}}{\rho \cdot \pi \cdot d_{WT}^{3} \cdot c_{M.0} \cdot \eta_{m}}} \tag{10.26}$$

Somit ergibt sich der Hysteresebereich zu:

$$\frac{v_{beg}}{v_{min}} = \sqrt{\pi \cdot \frac{c_{M.max}}{c_{M.0}}} \tag{10.27}$$

Diese Relation hängt stark von der Drehmomentkennlinie der Windturbine ab. Für einen extremen Langsamläufer mit $c_{M.0} \approx c_{M.max}$ ergibt sich:

$$v_{beg} = \sqrt{\pi} \cdot v_{min} \tag{10.28}$$

Um das Anlaufen einer Kolbenpumpe lastfrei oder zumindest unter geringer Belastung möglich zu machen, sind anlaufentlastende Maßnahmen vorzusehen, die den Momentenverlauf vergleichmäßigen (s. Kap. 10.2 und [5], [8]). Anlaufentlastende Maßnahmen ermöglichen das Starten der Windpumpe bei kleineren Windgeschwindigkeiten oder gestatten den Einbau einer größeren Pumpe, wodurch die Förderleistung erheblich gesteigert werden kann.

Bei der Berechnung des Ertrags von Windpumpsystemen mit Kolbenpumpe muss der durch das Anlaufverhalten bedingte Hysteresebereich der Förderkennlinie berücksichtigt werden. In [9] wird hierzu ein Verfahren vorgeschlagen, das darauf beruht, mit Hilfe der aus der Windgeschwindigkeitsverteilung des Standorts ermittelten Wahrscheinlichkeiten der Windgeschwindigkeiten im Hysteresebereich eine korrigierte

Förderkennlinie zu berechnen. Diese dient dann als Grundlage für die Ertragsbestimmung nach Kap. 10.3.2.

10.4.4 Auslegung von Windpumpsystemen mit Kreiselpumpe

Für den Nennbetriebspunkt wird die Leistungsbilanz von Windturbine und Kreiselpumpe gebildet und gleichzeitig gefordert, dass sowohl die Windturbine als auch die Kreiselpumpe im Bestpunkt arbeiten. Bild 10-25 verdeutlicht die Vereinbarung des Nennbetriebspunkts für die Kombination aus Windturbine und Kreiselpumpe. Die Leistungsbilanz lautet:

$$c_{\mathrm{P.opt}} \cdot \eta_{\mathrm{G}} \cdot \frac{\rho}{2} \cdot \frac{\pi \cdot d_{\mathrm{WT}}^{2}}{4} \cdot v_{\mathrm{N}}^{3} = \frac{\rho_{\mathrm{W}} \cdot g \cdot Q_{\mathrm{N}} \cdot H_{\mathrm{N}}}{\eta_{\mathrm{opt}}} \tag{10.29}$$

Diese Bilanz gilt für die in Bild 10-25 dargestellte Windturbine mit Getriebe an der Schnittstelle zwischen Getriebe und Pumpe.

Im Folgenden wird der Nennförderstrom Q_{N} in Gl. (10.29) durch pumpenspezifische Größen ersetzt, um den Zusammenhang der übrigen Systemparameter mit den maßgeblichen Größen der Kreiselpumpe deutlich zu machen. Wie bereits bei der Beschreibung der Bauarten windgetriebener Pumpen in Kap. 10.2 wird die spezifische Drehzahl n_{q} (Gl. 10.8), welche die Bauart der Kreiselpumpe charakterisiert, verwendet.

Die Förderhöhe der Kreiselpumpe lässt sich aufgrund der Modellgesetze durch die dimensionslose Druckzahl ψ ausdrücken [4]:

$$\psi = \frac{2 \cdot g \cdot H}{(\pi \cdot n \cdot d_2)^2} \tag{10.30}$$

Hierin ist d_2 der Laufraddurchmesser der Kreiselpumpe (vgl. Bild 10-8). Setzt man diese Beziehung für die Druckzahl ψ_{opt} im Bestpunkt an, so folgt für die Nenndrehzahl n_{N} der Kreiselpumpe:

$$n_{\mathrm{N}} = \sqrt{\frac{2 \cdot g \cdot H_{\mathrm{N}}}{\psi_{\mathrm{opt}}}} \cdot \frac{1}{d_2 \cdot \pi} \tag{10.31}$$

Ersetzt man in der Leistungsbilanz nach Gl. (10.29) den Nennförderstrom Q_{N} durch die spezifische Drehzahl n_{q} nach Gl. (10.8) und berücksichtigt noch Gl. (10.31), so ergibt sich:

$$\pi^2 n_{\mathrm{q}}^{\ 2} d_2^{\ 2} \frac{\psi_{\mathrm{opt}}}{\eta_{\mathrm{opt}}} \rho_{\mathrm{W}} \frac{Q_{\mathrm{q}}}{H_{\mathrm{q}}^{\ 3/2}} = \rho \frac{\pi\, d_{\mathrm{WT}}^{\ 2}}{4} c_{\mathrm{P.opt}} \eta_{\mathrm{G}} \frac{v_{\mathrm{N}}^{\ 3}}{H_{\mathrm{A.N}}^{\ 3/2}} \tag{10.32}$$

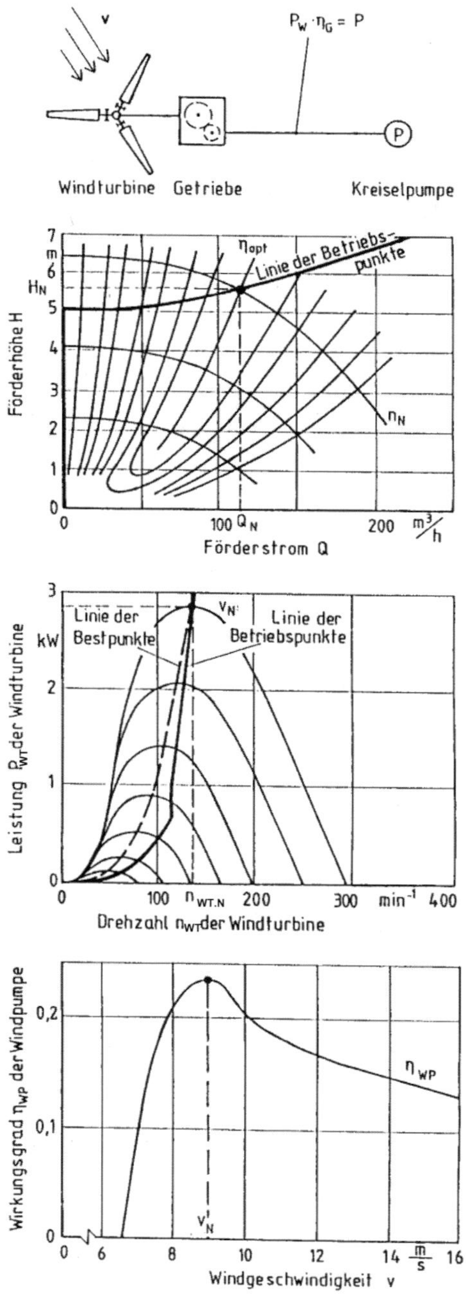

Bild 10-25 Nennbetriebspunkt des Windpumpsystems mit mechanisch gekoppelter Kreiselpumpe

Hierin ist $H_{A.N}$ die Förderhöhe der hydraulischen Anlage im Nennpunkt (vgl. Kap. 10.3.2). Sie ist gleich der Förderhöhe H_N der Kreiselpumpe.

Zunächst wird der Fall untersucht, dass bei vorgegebenen Standortgrößen und festliegender Windturbine eine passende Kreiselpumpe aus einer vorhandenen Baureihe ähnlicher Pumpen ausgewählt werden soll. Für alle Pumpen der Baureihe sind die spezifische Drehzahl n_q, die Druckzahl ψ_{opt} und der Wirkungsgrad η_{opt} gleich. Somit muss nur noch der Laufraddurchmesser d_2 bestimmt werden, für den aus Gl. (10.32) folgt:

$$d_2 = \frac{1}{\pi n_q} \sqrt{\frac{1}{\rho_W} \frac{\eta_{opt}}{\psi_{opt}} \frac{H_q^{3/2}}{Q_q} \rho \frac{\pi d_{WT}^2}{4} c_{P.opt} \eta_G \frac{v_N^3}{H_{A.N}^{3/2}}} \qquad (10.33)$$

Die Getriebeübersetzung i erhält man aus der Auslegungsschnelllaufzahl λ_{opt} der Windturbine und Gl. (10.31) für die Nenndrehzahl n_N der Kreiselpumpe zu

$$i = d_2 \cdot \sqrt{\frac{\psi_{opt}}{2 \cdot g \cdot H_N}} \cdot \frac{\lambda_{opt}}{d_{WT}} \cdot v_N \qquad (10.34)$$

Da bei radialen Kreiselpumpen der Wert der Druckzahl nur wenig schwankt ($\psi_{opt} = 0{,}9$ bis $1{,}1$), ist mit den beiden Gleichungen (10.33) und (10.34) das komplette System festgelegt. Bild 10-26 zeigt das Ergebnis einer solchen Auslegung, die $i_{opt} = 1{:}3{,}8$ liefert. Aufgrund der Anpassung von Windturbine und Pumpe liegen die Betriebspunkte stets nahe den Maxima der Leistungskurven. Gleichzeitig ist eingezeichnet, welche Konsequenzen ein Abweichen in der Getriebeübersetzung von dieser Optimalauslegung zur Folge hat, (Kurven $i = 1{:}2$ und $i = 1{:}6$).

Weitere Details zur Auslegung von Windpumpsystemen mit Kreiselpumpe sind in [3] zu finden, auch für den Fall, dass die Pumpenparameter frei wählbar sind (d.h. eine spezielle Pumpe entworfen werden soll).

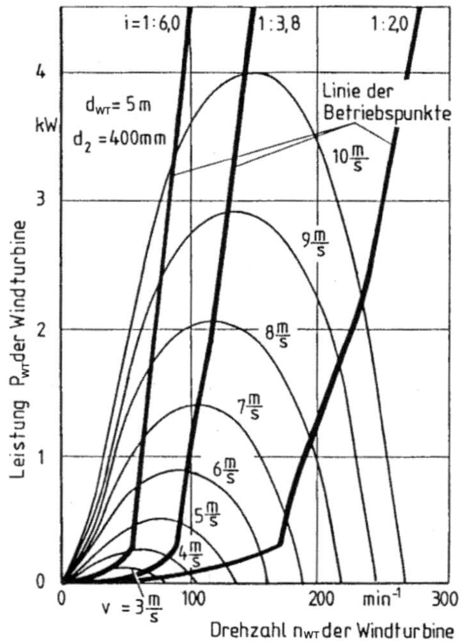

Bild 10-26 Einfluss der Getriebeübersetzung auf die Linie der Betriebspunkte im Leistungskennfeld der Windturbine, Windturbinendurchmesser d_{WT} = 5 m, Schnelllaufzahl λ_{opt} = 4, Laufraddurchmesser der Kreiselpumpe d_2 = 400 mm, Nenngeschwindigkeit v_N = 8 m/s

Literatur

[1] Interdisziplinäre Projektgruppe für Angepasste Technologie (IPAT): *Der Einsatz von Windpumpsystemen zur Be- und Entwässerung*, Schriftenreihe des Fachbereichs Internationale Agrarentwicklung der TU Berlin, Nr. 120, Berlin, 1989

[2] Jongh, J.A. de: *Low Head / High Volume Wind Pumps for the Fleuve Region in Senegal*, CWD, Wind Energy Group, Technical University Eindhoven, 1988

[3] Twele, J.: *Ertragsoptimierung windgetriebener Kreiselpumpen*, Fortschritt - Berichte VDI Reihe 7, Nr. 181, Düsseldorf, 1990

[4] Pfleiderer, C.; Petermann, H.: *Strömungsmaschinen*, 5. Auflage, Springer-Verlag, Berlin Heidelberg New York London Paris Tokyo, 1986

[5] Lysen, E.H.: *Introduction to Wind Energy*, CWD, Amersfoort, The Netherlands, 1982

[6] Dijk, H. van: *The Volume of Storage Tanks in Water Supply Systems with Windmill Driven Pumps in Cap Verde*, International Institute for Reclamation and Improvement, Wageningen, The Netherlands, 1984

[7] Staassen, A. J.: *A Model of a Centrifugal Pump Coupled to a Windrotor*, Wind Energy Group, University of Technology Eindhoven, 1988

[8] Cleijne, H., u.a.: Pump Research by CWD: *The influence of starting torque of single acting piston pumps on water pumping windmills*, European Wind Energy Association, Conference and Exhibition, 7.10.-9.10.1986, Rome, Section E10, S. 163-167

[9] Meel, J. van; u.a.: *Field Testing of Water Pumping Windmills by CWD*, European Wind Energy Association Conference and Exhibition, 7.10.-9.10.1986, Rome, Section F15, S. 423-430

[10] Mier, M.; Siekmann, H.; Twele, J.: *Optimization of Winddriven Centrifugal Pumps*, 1st International Congress on Fluid Handling Systems 10.9.-12.09.1990, Essen

[11] Kortenkamp, R.: *Die Optimierung von Windpumpsystemen mit Kreiselpumpe unter Berücksichtigung des instationären Betriebsverhaltens*, Fortschritt - Berichte, VDI Reihe 7, Nr. 235, Düsseldorf, 1993

11 Stromerzeugung durch Windkraftanlagen - Grundlagen

Windkraftanlagen werden heute vor allem zur Stromerzeugung eingesetzt. Dabei werden fast nur noch Drehstromgeneratoren benutzt. Selbst dort, wo letztlich Gleichstrom benötigt wird, hat die kostengünstigere Drehstrommaschine mit Gleichrichter den Gleichstromgenerator verdrängt.

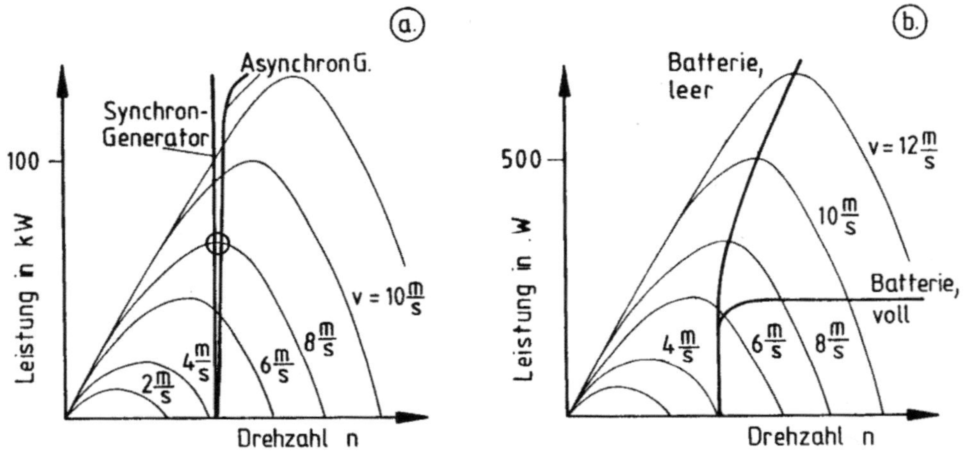

Bild 11-1 Betriebspunkte von Windturbine und Generator bei direkter Netzeinspeisung (a) und bei einem Batterielader im Inselbetrieb (b)

Speist ein Drehstromgenerator direkt in ein starkes Netz ein, das mit 50 Hz (in den USA 60 Hz) betrieben wird, so läuft er mit fester oder nahezu fester Drehzahl. Dann wird die Windturbinenleistung aber nur bei einer Windgeschwindigkeit voll ausgenutzt (etwa 8 m/s in Bild 11-1a). Durch die hochentwickelte Umrichtertechnik ist es heute möglich, auch bei Netzeinspeisung drehzahlvariabel zu fahren, Bild 11-2 und Übersichtsschema Bild 13-1. Das führt einerseits zu besserer Ausnutzung der Turbinenleistung, andererseits zu starker Entlastung des Wellenstrangs zwischen Turbine und Generator bei stark böigem Wind.

Nachdem wir uns in den Kapiteln 5 und 6 eingehend mit den aerodynamischen Rotoreigenschaften auseinander setzten, werden wir hier die Generator- und Umrichtereigenschaften genauer betrachten, um zu einem Verständnis des Gesamtsystems zu kommen. Regelungs- und Anlagenkonzepte werden dann in den Kapiteln 12 und 13 vorgestellt. Probleme der Netzanbindung werden wir in Kapitel 14 behandeln.

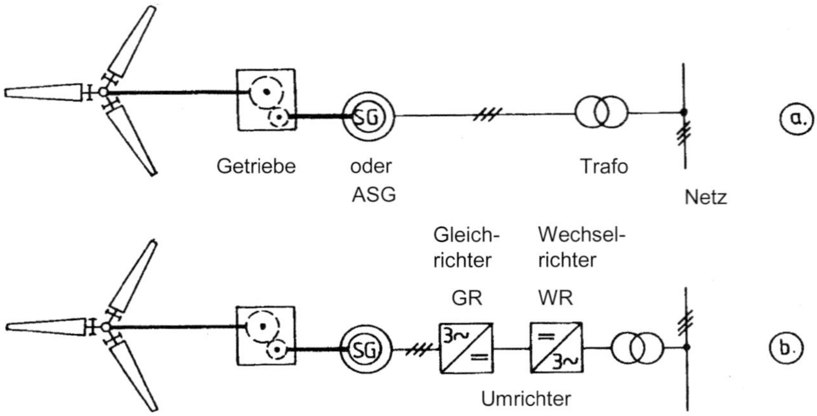

Bild 11-2 Direkte Netzeinspeisung mit Synchron- oder Asynchrongeneratoren (a), und Einspeisung in das Netz über einen Gleichstromzwischenkreis mit Frequenzumrichtung (b)

Die in den folgenden Abschnitten verwendeten Symbole für elektrische Bauelemente sind in der Tabelle 11.1 zusammengestellt. Ihre dynamischen Eigenschaften beschreibt die zweite Spalte.

Neben den klassischen Komponenten Widerstand, Kondensator und Spule spielen heute die Bauelemente der Leistungselektronik [6] eine große Rolle. Sie werden auf Siliziumbasis hergestellt. Mehr über diese Elemente und ihre Anwendung in Abschnitt 11.3.

11.1 Die Wechselstrommaschine (Dynamomaschine)

11.1.1 Die Wechselstrommaschine (Dynamomaschine) im Inselbetrieb

Bewegt man einen Leiter mit der Geschwindigkeit $v(t)$ senkrecht zu den magnetischen Feldlinien durch ein homogenes magnetisches Feld, Bild 11-3 hat dies eine Spannung $e(t)$ im Leiter zur Folge

$$e(t) = B \cdot l \cdot v(t). \tag{11.1}$$

Sie ist proportional der Geschwindigkeit v, der Leiterlänge l und der magnetischen Flussdichte B. Letztere ist ein Maß für die Stärke des magnetischen Feldes, das gewöhnlich in der Einheit Tesla angegeben wird [$1\,\mathrm{T} = \mathrm{Vs/m^2}$]. Dieser Effekt wird in der Dynamomaschine zur Erzeugung einer einphasigen Wechselspannung genutzt.

Tabelle 11.1 Elektrische Bauelemente und ihr dynamisches Verhalten. Durchlass der leistungselektronischen Komponenten bei Sinuseingang

Elektrische Bauelemente und ihr Verhalten	
Widerstand R 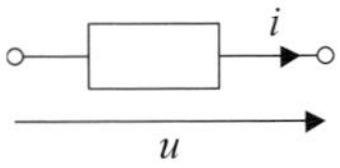	$u = R \cdot i$ Spannung = Widerstand x Strom
Kondensator Kapazität C 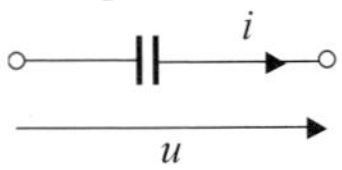	$u = \frac{1}{C}\int i\,dt$
Spule Induktivität L 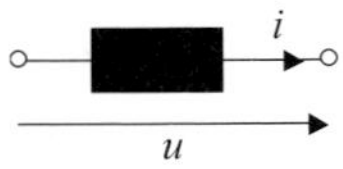	$u = L\frac{di}{dt}$
Diode 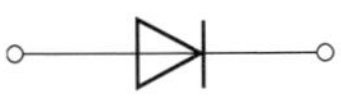	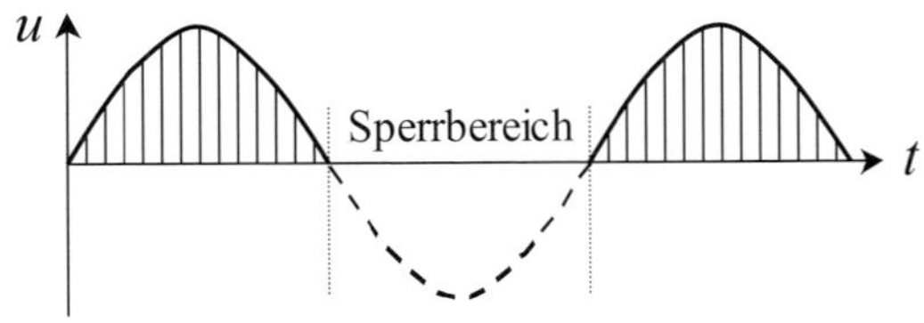
Thyristor 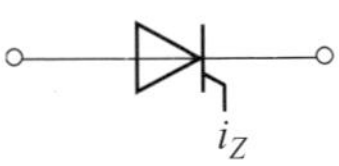	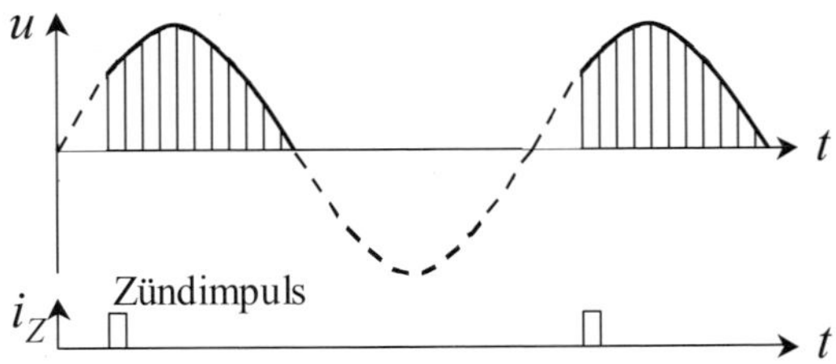
Transistor 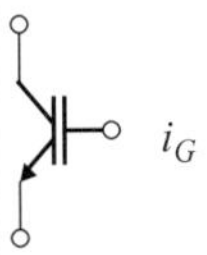	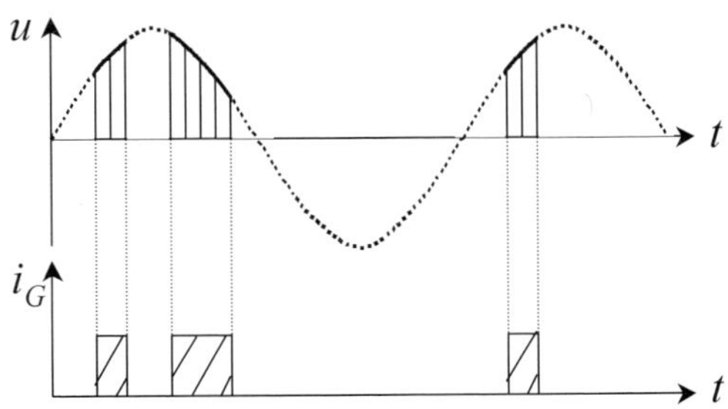

Im einfachsten Fall besteht sie aus einer einzigen Leiterschleife, die im Feld eines Permanentmagneten rotiert. Die wirksame Leiterlänge ist damit $2 \cdot l$. Über die beiden Schleifringe wird die Spannung $e(t)$ abgenommen, Bild 11-4. Es gilt:

$$e(t) = E_S \cdot \sin \Omega t, \qquad \text{mit} \qquad E_S = 2 \cdot B \cdot l \cdot r \cdot \Omega \tag{11.2}$$

wenn wir den Winkel $\psi = \Omega \cdot t$ von der Horizontalen aus zählen. Wie im Bild 11-4 gezeigt, ist die Geschwindigkeit $r \cdot \Omega \cdot \sin(\Omega\, t)$ die Komponente der Umfangsgeschwindigkeit $r\,\Omega$, welche die Feldlinien senkrecht schneidet, also $v(t)$ im Bild 11-3 entspricht. Wie zu erwarten, ist die Amplitude E_S der Quellspannung $e(t)$ proportional der Umfangsgeschwindigkeit $r\,\Omega$ und damit proportional der Winkelgeschwindigkeit Ω bzw. Drehzahl n, $\Omega = 2 \cdot \pi \cdot n$. Weiter herrscht Proportionalität zur magnetischen Flussdichte B und zur Zahl der Windungen der Spule, die im Bild 11-4 eins beträgt. Die größte Spannung wird dabei immer dann induziert, wenn die Änderung des von der Leiterschleife umschlossenen Flusses $\Phi = B \cdot (l \cdot r) \cdot \cos \Omega t$ am größten ist, siehe Bild 11-5.

Bei real ausgeführten elektrischen Maschinen ist es oft umständlich, das Betriebsverhalten aufgrund der genauen physikalischen Zusammenhänge zu ermitteln. Man behilft sich in diesem Fall mit sogenannten Ersatzschaltbildern, die lediglich die wichtigsten physikalischen Eigenschaften wiedergeben.

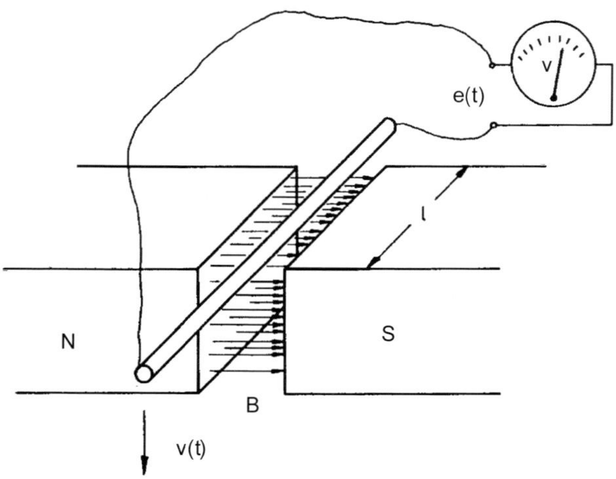

Bild 11-3 Bewegter Leiter im homogenen Magnetfeld. Entstehung der Spannung $e(t)$

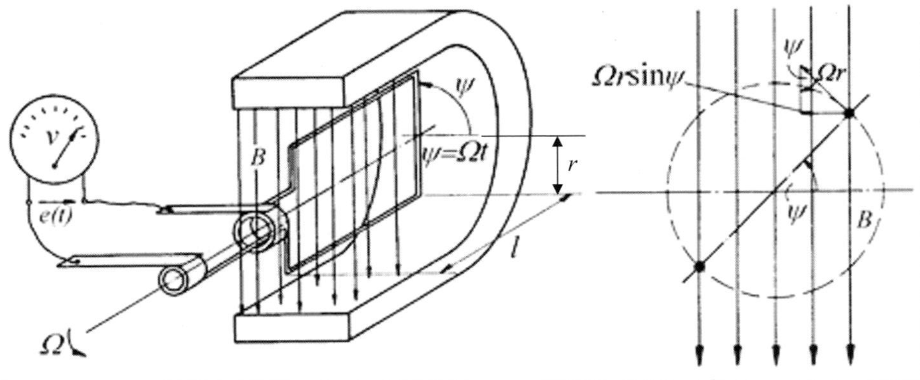

Bild 11-4 Dynamomaschine, links; Wirksame Geschwindigkeitskomponente, rechts

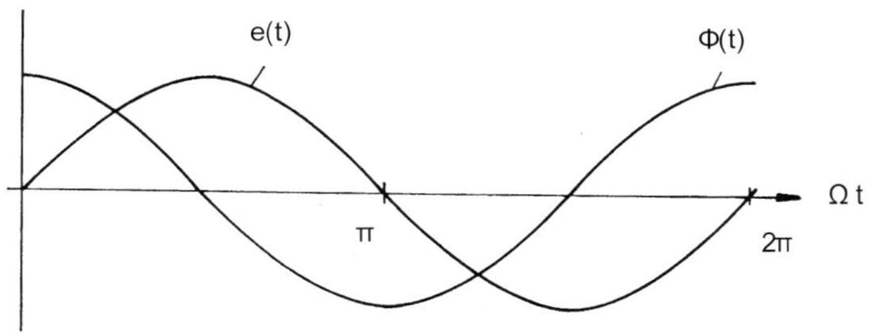

Bild 11-5 Verlauf der Spannung *e(t)* und des magnetischen Flusses *Φ(t)* in der Dynamomaschine

Für die mit einem Widerstand R_L belastete Dynamomaschine ergibt sich das im Bild 11-6 dargestellte Ersatzschaltbild, in dem $e(t)$ die Quellspannung darstellt und R_i bzw. L_i Läuferinnenwiderstand und Läuferinduktivität. Der ohmsche Widerstand R_i lässt sich bei stillstehender Maschine durch eine Widerstandsmessung bestimmen. Die Quellspannung erhält man durch Messung der Klemmenspannung bei unbelasteter Maschine, aus der sich zusammen mit dem Kurzschlussstrom auch die Induktivität berechnen lässt. Für alle elektrischen Maschinen lassen sich derartige Ersatzschaltbilder angeben. Die dabei notwendigen Parameter können meist durch einfache Versuche ermittelt werden [1, 10, 13, 15].

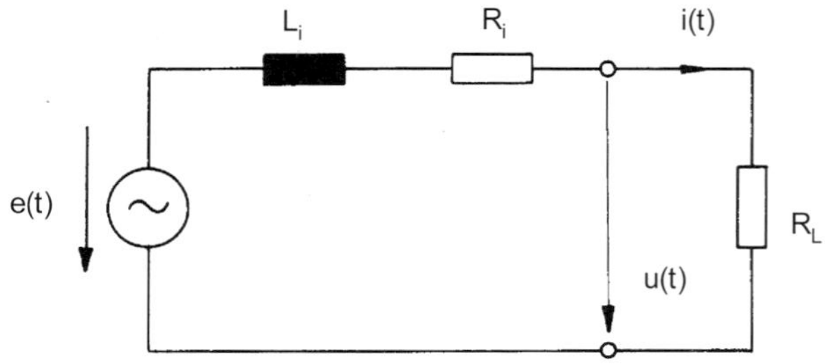

Bild 11-6 Ersatzschaltbild der Dynamomaschine mit Lastwiderstand R_L, Läuferinnenwiderstand R_i und Läuferinduktivität L_i

Wir wollen nun genauer untersuchen, wie sich die Dynamomaschine verhält, wenn sie durch einen Lastwiderstand R_L z.B. in Form einer Elektroheizung belastet wird.

Die erzeugte Quellenspannung $e(t)$ wird, wie im Bild 11-6 gezeigt, über die Induktivitäten und die Widerstände abgebaut. Es gilt die Differenzialgleichung

$$R_i\, i + R_L\, i + L_i \frac{di}{dt} = e(t)\,, \tag{11.3}$$

weil der Spannungsabfall in der Spule nicht dem Strom, sondern der zeitlichen Änderung des Stromes di/dt proportional ist. Da wir die Verhältnisse bei stationärer Drehzahl Ω untersuchen, gilt für die Quellenspannung

$$e(t) = E_S \cdot \sin \Omega t. \tag{11.4}$$

Für den Strom führen wir einen Gleichtaktansatz nach Art der rechten Seite ein:

$$i(t) = I_S \cdot \sin \Omega t + I_C \cdot \cos \Omega t \tag{11.5a}$$

$$\frac{di}{dt} = \Omega \cdot I_S \cdot \cos \Omega t - \Omega \cdot I_C \cdot \sin \Omega t. \tag{11.5b}$$

Ein reiner Sinusansatz wäre zu kurz gegriffen, wie wir gleich sehen werden. Setzt man (11.4) und (11.5) in die Differenzialgleichung (11.3) ein und sortiert nach den Sinus- und Cosinusgliedern, die jeweils für sich balanciert sein müssen, erhält man folgendes Gleichungssystem für die Stromamplituden

$$\begin{pmatrix} R_i + R_L & -\Omega L_i \\ +\Omega L_i & R_i + R_L \end{pmatrix} \cdot \begin{pmatrix} I_S \\ I_C \end{pmatrix} = \begin{pmatrix} E_S \\ 0 \end{pmatrix}. \tag{11.6}$$

Aufgelöst (z.B. nach der Cramerschen Regel) liefert das

$$I_S = E_S \frac{R_i + R_L}{(R_i + R_L)^2 + (\Omega L_i)^2} \quad \text{(Wirkstrom)} \tag{11.7a}$$

$$I_C = E_S \frac{-\Omega L_i}{(R_i + R_L)^2 + (\Omega L_i)^2} \quad \text{(Blindstrom).} \tag{11.7b}$$

Beide Stromamplituden sind der Quellspannungsamplitude E_S proportional. Die Sinus-Amplitude I_S, die mit der Quellspannung in Phase liegt, verschwindet, wenn kein ohmscher Widerstand ($R_i + R_L = 0$) im Kreis ist, die Cosinus-Amplitude, wenn keine Induktivität wirksam ist ($L_i = 0$). Die Cosinus-Amplitude ist negativ, Gl. (11.7b), darauf kommen wir später noch zu sprechen. Für den zeitlichen Verlauf des Stroms erhalten wir

$$i(t) = E_S \left(\frac{R_i + R_L}{(R_i + R_L)^2 + (\Omega L_i)^2} \sin \Omega t - \frac{\Omega L_i}{(R_i + R_L)^2 + (\Omega L_i)^2} \cos \Omega t \right), \tag{11.8}$$

wobei man den Sinus-Term als Wirkstrom und den Cosinus-Term als Blindstrom bezeichnet. Die Gründe dafür werden sofort einsichtig, wenn wir die Leistung bilden, die bekanntlich aus dem Produkt von Spannung und Strom entsteht

$$P(t) = i(t) \cdot e(t)$$

oder

$$P(t) = \underbrace{E_S \cdot I_S \cdot \sin^2 \Omega t}_{\text{Wirk-}} + \underbrace{E_S \cdot I_C \cdot \sin \Omega t \cdot \cos \Omega t}_{\text{Blindleistung}}. \tag{11.9}$$

Der erste Term, die Wirkleistung ist immer positiv. Sie pendelt aber wegen

$$\sin^2 \Omega t = \frac{1 - \cos 2\Omega t}{2} \tag{11.10}$$

um den Mittelwert

$$P_m = \frac{1}{2} \cdot E_S \cdot I_S = \frac{1}{2} \cdot (2 \cdot B \cdot l \cdot r)^2 \, \Omega^2 \frac{R_i + R_L}{(R_i + R_L)^2 + (\Omega L_i)^2}, \tag{11.11}$$

vergleiche Bild 11-7.

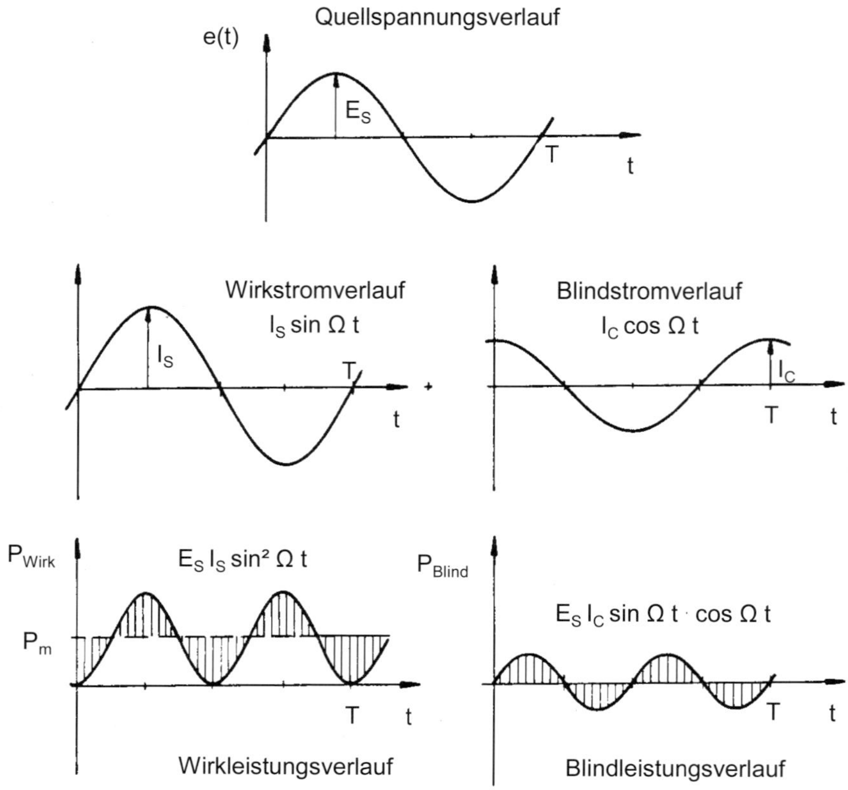

Bild 11-7 Entstehung von Wirk- und Blindleistung bei der Produktbildung Spannung x Strom

Das Pendeln erfolgt mit doppelter Frequenz. Der zweite Term, die Blindleistung, pendelt ebenfalls mit doppelter Frequenz, nur ist ihr Mittelwert null, daher auch der Name.

In der Wechselstromtechnik ist es üblich, die Sinus- und Cosinus-Komponenten von Gleichung (11.5a) zusammenzufassen:

$$\begin{aligned} i(t) &= I_S \cdot \sin \Omega t + I_C \cdot \cos \Omega t \\ &= \hat{\imath} \sin(\Omega t + \varphi). \end{aligned} \tag{11.12}$$

$\hat{\imath}$ ist der Scheitelwert des Stromes $i(t)$ und der Phasenwinkel φ gibt die Verschiebung des Stromes gegenüber der Quellspannung $e(t) = E_S \cdot \sin \Omega t$ an. Natürlich folgen beide Größen aus I_S und I_C

$$\hat{\imath} = \sqrt{I_S^2 + I_C^2}\,, \ \tan\varphi = \frac{I_C}{I_S}\,. \tag{11.13}$$

Die Herleitung sei nur angedeutet: wegen

$$\hat{\imath}\,\sin(\Omega t + \varphi) = \hat{\imath}\,(\sin \Omega t \cdot \cos\varphi + \cos \Omega t \cdot \sin\varphi)$$

liefert der Koeffizientenvergleich mit (11.12) $I_C = \hat{\imath}\,\sin\varphi$; $I_S = \hat{\imath}\,\cos\varphi$, woraus die beiden Gleichungen (11.13) folgen. Der Vorteil dieser Darstellung durch Scheitelwert und Phasenwinkel liegt auf der Hand: beide sind messtechnisch – z.B. am Oszilloskop – zu ermitteln, Bild 11-8.

Dass bei der Dynamomaschine laut Gl. (11.7b) die Cosinus-Amplitude I_C negativ ist, wurde in Bild 11-8 berücksichtigt. In dieser Grafik ist auch zu erkennen, dass das Strommaximum später als das Spannungsmaximum auftritt. Das ist typisch für ein System mit Induktivitäten und Widerständen: Der Strom eilt der Spannung nach. Die zeitlichen Verläufe von Spannung und Strom lassen sich als Projektionen der Drehzeiger links in Bild 11-8 auffassen.

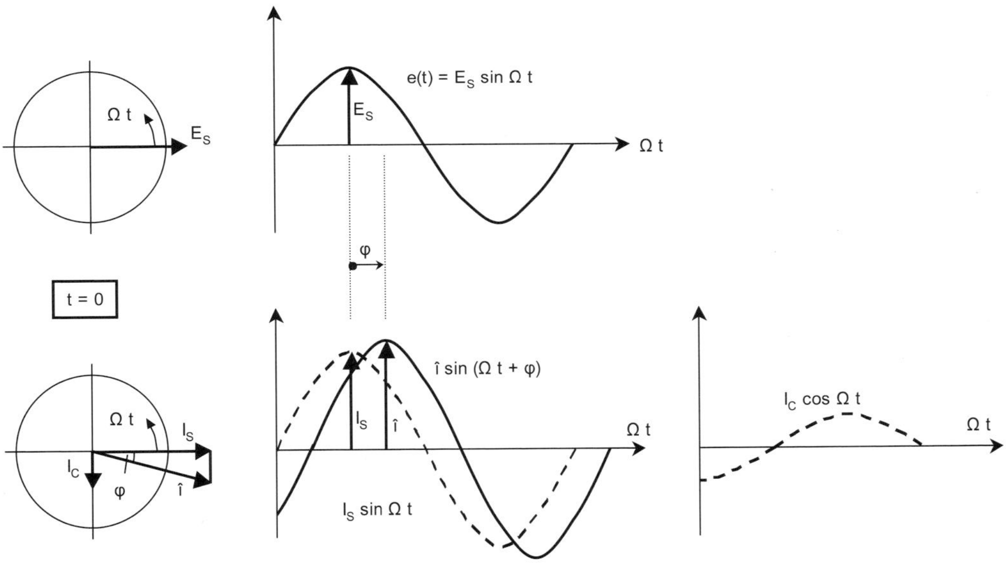

Bild 11-8 Drehzeigerlage von Spannung und Strom im Augenblick $t = 0$; Stromamplitude $\hat{\imath}$; Spannungs- und Stromverläufe sowie Phasenwinkel φ

Mit dieser Darstellung für den Stromverlauf $i(t)$ erhalten wir die augenblickliche Leistung Gl. (11.9) in der Form

$$P(t) = i(t) \cdot e(t) = \underbrace{E_S \cdot \hat{\imath} \cdot \cos\varphi\,[\sin^2 \Omega t]}_{\text{Wirkleistung}} + \underbrace{E_S \cdot \hat{\imath} \cdot \sin\varphi\,[\cos \Omega t \cdot \sin \Omega t]}_{\text{Blindleistung}}, \tag{11.14}$$

wie schon in Bild 11-7 verdeutlicht. $\hat{\imath}\cos\varphi = I_S$ und $\hat{\imath}\sin\varphi = I_C$ sind die Wirk- und Blindstromamplituden, vergleiche Bild 11-8.

Natürlich liefert die Integration über die Periode T für die *Blindleistung* den Wert null (vergleiche Bild 11-7, rechts) und für die *Wirkleistung*, wie in Gl. (11.11) angegeben, den Mittelwert

$$P_m = \tfrac{1}{2} E_S \cdot \hat{\imath} \cdot \cos\varphi = \tfrac{1}{2} E_S \cdot I_S. \tag{11.15}$$

Die Blindleistungsamplitude beträgt $E_S \cdot \hat{\imath} \cdot \sin\varphi = E_S \cdot I_C$, sie pendelt aber doppeltfrequent um die Null.

Historisch bedingt rechnet man in der elektrotechnischen Alltagsarbeit nicht mit den Scheitelwerten der sinusförmigen Spannungen und Ströme (E, $\hat{\imath}$) sondern mit den sogenannten Effektivwerten. Als Effektivwerte bezeichnet man die auf (etwa) 70 % reduzierten Scheitelwerte von Strom und Spannung $I_{eff} = \hat{\imath}/\sqrt{2}$ *bzw.* $E_{eff} = E_S/\sqrt{2}$ Mit dieser Vereinbarung erhält man – ähnlich wie bei der Gleichstrombetrachtung – für die Wirkleistungsangabe nach Gl. (11.15)

$$P_m = \tfrac{1}{2} E_S \cdot \hat{\imath}\cos\varphi = E_{eff} \cdot I_{eff}\cos\varphi. \tag{11.16}$$

Der Faktor ½ vor der Gleichung entfällt. Nur der $\cos\varphi$ erinnert noch daran, dass es neben der Wirkleistung des Wechselstroms auch noch die mit $\sin\varphi$ behaftete Blindleistung gibt.

Für das mittlere Drehmoment der einphasigen Dynamomaschine folgt aus Gl. (11.11) wegen $M_m = P_m/\Omega$

$$M_m = \frac{1}{2}(2 \cdot B \cdot l \cdot r)^2 \Omega \frac{R_i + R_L}{(R_i + R_L)^2 + (\Omega L_i)^2}, \tag{11.17}$$

wenn man von den geringen mechanischen Verlusten aus Reibung u.ä. absieht.

Der Klammerausdruck $(2 \cdot B \cdot l \cdot r)$ ist eine Maschinenkonstante, die bei N Windungen, statt wie hier einer einzigen, entsprechend größer ist. Betrachten wir die mittlere Wirkleistung nach Gl. (11.11) noch etwas genauer, so stellen wir fest, dass sie sich aus der Nutzleistung zusammensetzt, die am Lastwiderstand R_L entsteht und der Verlustleistung, die proportional dem Innenwiderstand R_i der Maschine ist. Wir können dafür schreiben:

$$P_m = P_{Verlust} + P_{Nutz} \tag{11.18}$$

$$P_{Verlust} = \frac{1}{2}(2 \cdot B \cdot l \cdot r)^2 \Omega^2 \frac{R_i}{(R_i + R_L)^2 + (\Omega L_i)^2}$$

$$P_{Nutz} = \frac{1}{2}(2 \cdot B \cdot l \cdot r)^2 \Omega^2 \frac{R_L}{(R_i + R_L)^2 + (\Omega L_i)^2}$$

mit dem Wirkungsgrad:

$$\eta = \frac{P_{\text{Nutz}}}{P_{\text{m}}} = \frac{R_{\text{L}}}{R_{\text{i}} + R_{\text{L}}} = \frac{1}{1 + \dfrac{R_{\text{i}}}{R_{\text{L}}}}\,.$$

Im Zusammenwirken mit der Windkraftanlage interessiert besonders der Verlauf der Leistung und des Drehmomentes bei unterschiedlicher Drehzahl. Sie ergeben sich aus den Gleichungen (11.11) und (11.17). Es zeigt sich, dass die Dynamomaschine ein ausgeprägtes Maximalmoment aufweist und die Leistung für hohe Drehzahlen einem endlichen Maximalwert zustrebt, Bild 11-9.

Für die elektrische Auslegung des Systems sind darüber hinaus die Kenntnis von Strom und Spannung von Bedeutung. Wie das Bild 11-9 zeigt, streben die Ausgangsspannung der Maschine und der Strom für große Frequenzen wie die Leistung einem Endwert zu, während die Quellenspannung linear mit der Drehzahl wächst.

Verändert man den Lastwiderstand oder die Erregung (magnetische Feldstärke), lässt sich, wie im Bild 11-10 dargestellt, die Lastkennlinie verschieben. Man hat also die Möglichkeit, bei gegebenem Rotor und Generator in gewissen Grenzen eine gewünschte Lastkennlinie einzustellen, vgl. auch Bilder 11-1a und 11-1b.

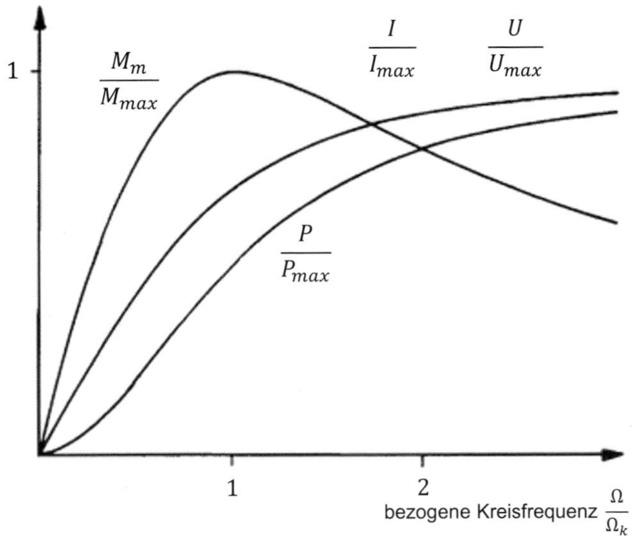

$$\Omega_k = \frac{R_i + R_L}{L_i}$$

$$M_{max} = \frac{1}{4}(2Blr)^2\,\frac{1}{L_i}$$

$$P_{max} = \frac{1}{2}(2Blr)^2\frac{R_i + R_L}{L_i^{\,2}}$$

$$I_{max} = \sqrt{\frac{1}{R_L}(2Blr)^2\frac{R_i + R_L}{L_i^{\,2}}}$$

$$U_{max} = \sqrt{R_L(2Blr)^2\frac{R_i + R_L}{L_i^{\,2}}}$$

Bild 11-9 Leistung, Drehmoment, Strom und Ausgangsspannung in der permanenterregten Dynamomaschine bei ohmscher Last, Bild 11-6; Bezugsgrößen am Bildrand

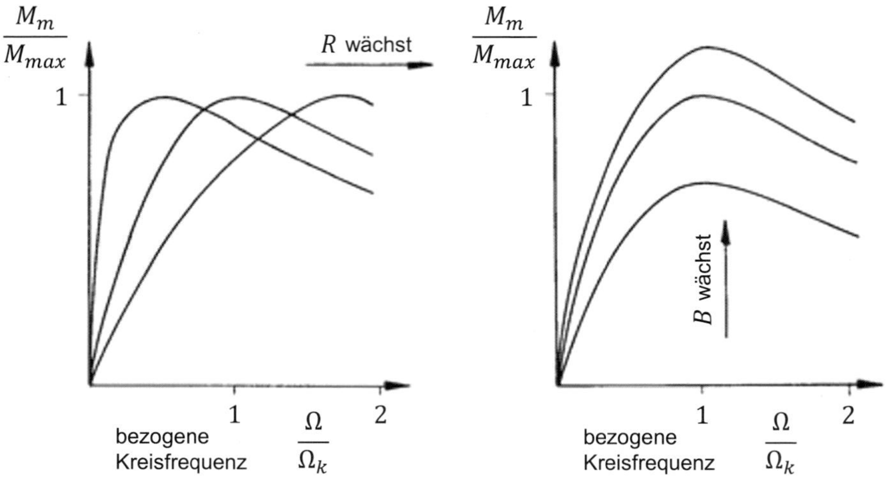

Bild 11-10 Verschiebung der Lastkennlinie bei Variation des Lastwiderstandes bzw. der Flussdichte durch die Erregung

11.1.2 Erregungsarten, Innen- und Außenpolmaschine

Bei der bisher beschriebenen *permanenterregten* Dynamomaschine wird das notwendige magnetische Feld durch einen Dauermagneten erzeugt, Bild 11-11a. Dies hat jedoch zur Folge, dass die Ausgangsspannung der Maschine nur durch die Drehzahl beeinflusst werden kann (vgl. Gl (11.2) mit B = const.). Ersetzt man den Dauermagneten durch einen Elektromagneten, so kann über den Erregerstrom die Flussdichte B beeinflusst werden. Die Quellspannung wird auch bei fester Drehzahl manipulierbar. Man spricht dann von einer *fremderregten* Maschine, Bild 11-11b.

Da in einem einmal magnetisierten Eisenkreis auch nach Abschalten des Erregerstromes ein remanenter Fluss verbleibt, kann die Maschine auch ohne Erregerstrom eine, wenn auch geringe, Spannung abgeben, die sogenannte Remanenzspannung (U_{rem}). Wird diese auf die Erregerwicklung zurückgeführt, kann sich die Maschine ohne fremde Spannungsquelle selbst erregen. Benötigt wird hierzu lediglich ein Gleichrichter, der den vom Generator abgegebenen Wechselstrom, der zunächst aus der Remanenz kommt, in den für die Erregung notwendigen Gleichstrom umwandelt. Die Selbsterregung setzt dabei erst oberhalb einer Grenzdrehzahl ein, da zunächst die Durchlassspannung des Gleichrichters (ca. 1,4 V) überschritten sein muss, Bild 11-11c.

<table>
<tr>
<td>a) Permanenterregung
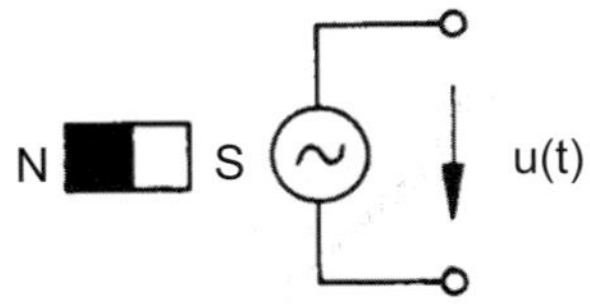
</td>
<td>Vorteil: keine zusätzliche Energiequelle; guter Wirkungsgrad
Nachteil: keine einfache Beeinflussung der Ausgangsspannung über den Erregerstrom möglich</td>
</tr>
<tr>
<td>b) Fremderregung
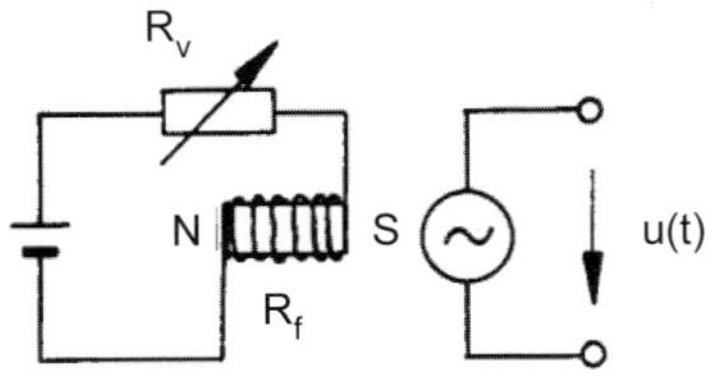
</td>
<td>Vorteil: einfache Einstellung der Ausgangsspannung über den Erregerstrom möglich
Nachteil: die notwendige Erregerenergie muss einer zusätzlichen Energiequelle entnommen werden; hoher Aufwand</td>
</tr>
<tr>
<td>c) Selbsterregung
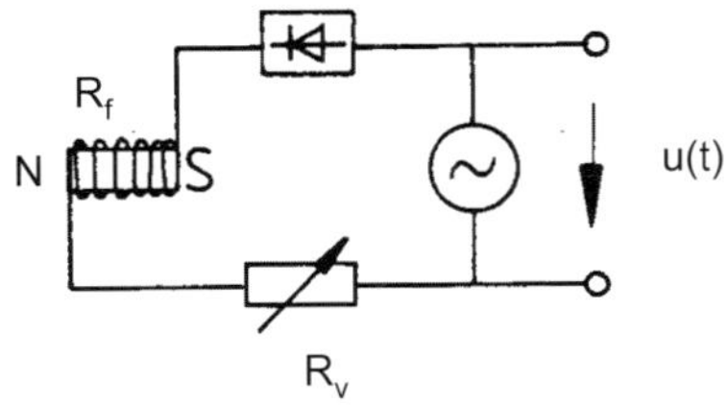
</td>
<td>Vorteil: keine zusätzliche Energiequelle zur Erregung der Maschine benötigt; einfache Einstellung der Ausgangsspannung
Nachteil: hoher Aufwand; mäßiger Wirkungsgrad</td>
</tr>
</table>

Bild 11-11 Erregungsarten

Die Ur-Dynamomaschine nach Bild 11-4 ist eine *Außenpolmaschine*, weil der Erregermagnet außen im Ständer angeordnet ist. Nachteilig ist, dass die Leistung über Schleifringe geführt werden muss, was bei größeren Leistungen aufwendig und verschleißanfällig ist. Deshalb kehrt man die Anordnung normalerweise um: Der Magnet – das Polrad – rotiert und die Spule ist im Ständer angeordnet, vgl. Bild 11-12. Zwar sind bei fremderregten *Innenpolmaschinen* dann immer noch Schleifringe für den Erregerstrom nötig, aber die hier zu übertragenden Leistungen sind im Vergleich zur Nennleistung gering (ca. 2 - 10 %).

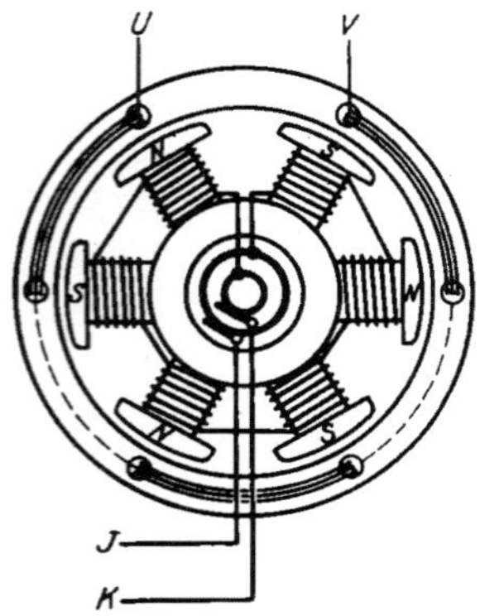

Bild 11-12 Wechselstrommaschine, Innenpolanordnung [7]

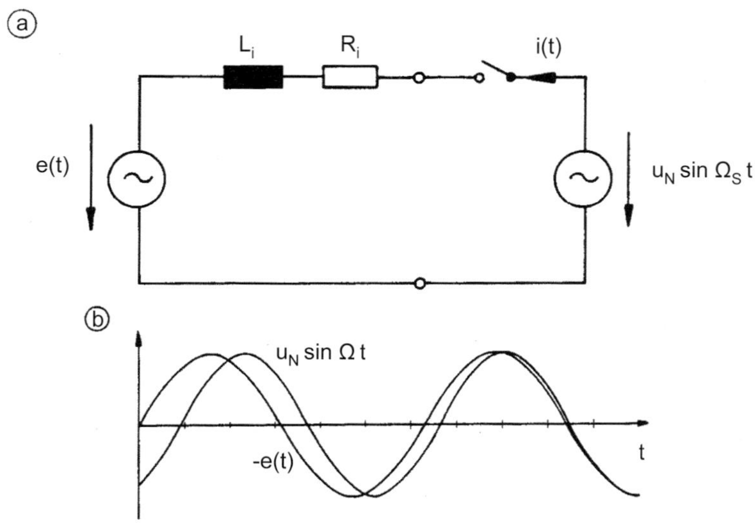

Bild 11-13 a) Ersatzschaltbild der einphasigen Synchronmaschine; b) Synchronisierungsvorgang

11.1.3 Die synchrone Wechselstrommaschine (Dynamomaschine) im Netzparallelbetrieb

Wird eine Synchronmaschine an das Netz gekoppelt, Bild 11-13, so muss im Augenblick der Netzaufschaltung eine Übereinstimmung in Frequenz (Drehzahl), Amplitude und Phasenlage der Spannung herrschen. Nur wenn diese drei Bedingungen erfüllt sind, treten keine Ausgleichsvorgänge auf, wie ein Blick auf die Differentialgleichung zeigt

$$R_i\, i + L_i \frac{di}{dt} = U_N \sin \Omega_s t - e(t)\,. \tag{11.19}$$

Die rechte Seite in der Differentialgleichung (11.19) verschwindet völlig, wenn für $e(t)$

$$e(t) = E_S \cdot \sin(\Omega t + \alpha_0) \tag{11.20}$$

im Ankoppelaugenblick gilt: $U_N = E_S$, $\Omega = \Omega_S$ und $\alpha_0 = 0$. Dann gibt es weder Ausgleichs- noch Einschwingvorgänge. Da die Synchronmaschine, einmal an das Netz gekoppelt, nur eine Drehzahl kennt, verzichten wir bei den Drehzahlen nun auf den Index s.

Gibt man ein Antriebsmoment auf die Welle, entsteht ein Voreilen des Polradwinkels ϑ, Bild 11-14. Das hat zur Folge, dass der Scheitelwert der Quellspannung $e(t)$ zeitlich früher kommt, als der der Netzspannung; beide fielen im (fast) antriebslosen Synchronisierungsaugenblick noch zusammen. Für die Quellspannung gilt daher jetzt

$$\begin{aligned} e(t) &= E \cdot \sin(\Omega t + \vartheta) \\ &= E\,(\sin\vartheta \cdot \cos \Omega t + \cos\vartheta \cdot \sin \Omega t) \\ &= E_C \cdot \cos \Omega t + E_S \cdot \sin \Omega t. \end{aligned} \tag{11.21}$$

Jetzt kann durch stärkere Erregung im Polrad auch die Quellspannungsamplitude E gegenüber der Netzspannungsamplitude U_N erhöht werden ($E > U_N$) oder auch erniedrigt. Was das für Folgen hat, werden wir gleich sehen, wenn wir für den Strom den Ansatz

$$i(t) = I_S \cdot \sin \Omega t + I_C \cdot \cos \Omega t \tag{11.22a}$$

$$\frac{di}{dt} = \Omega \cdot I_S \cdot \cos \Omega t - \Omega \cdot I_C \sin \cdot \Omega t \tag{11.22b}$$

in die Dgl. (11.19) einsetzen. Der Einfachheit halber nehmen wir an, dass der Innenwiderstand sehr klein ist, $R_i \approx 0$, was auf mittlere und größere Synchrongeneratoren zutrifft.

Mit $R_i << \Omega L_i$ und den Gleichungen (11.21) und (11.22) erhalten wir aus der Differenzialgleichung (11.19)

$$\Omega L_i\,(I_S \cos \Omega t - I_C \sin \Omega t) = (U_N - E_S) \sin \Omega t - E_C \cos \Omega t \tag{11.23}$$

und durch den Koeffizientenvergleich der Sinus-Glieder bzw. Cosinus-Glieder die Stromamplituden zu

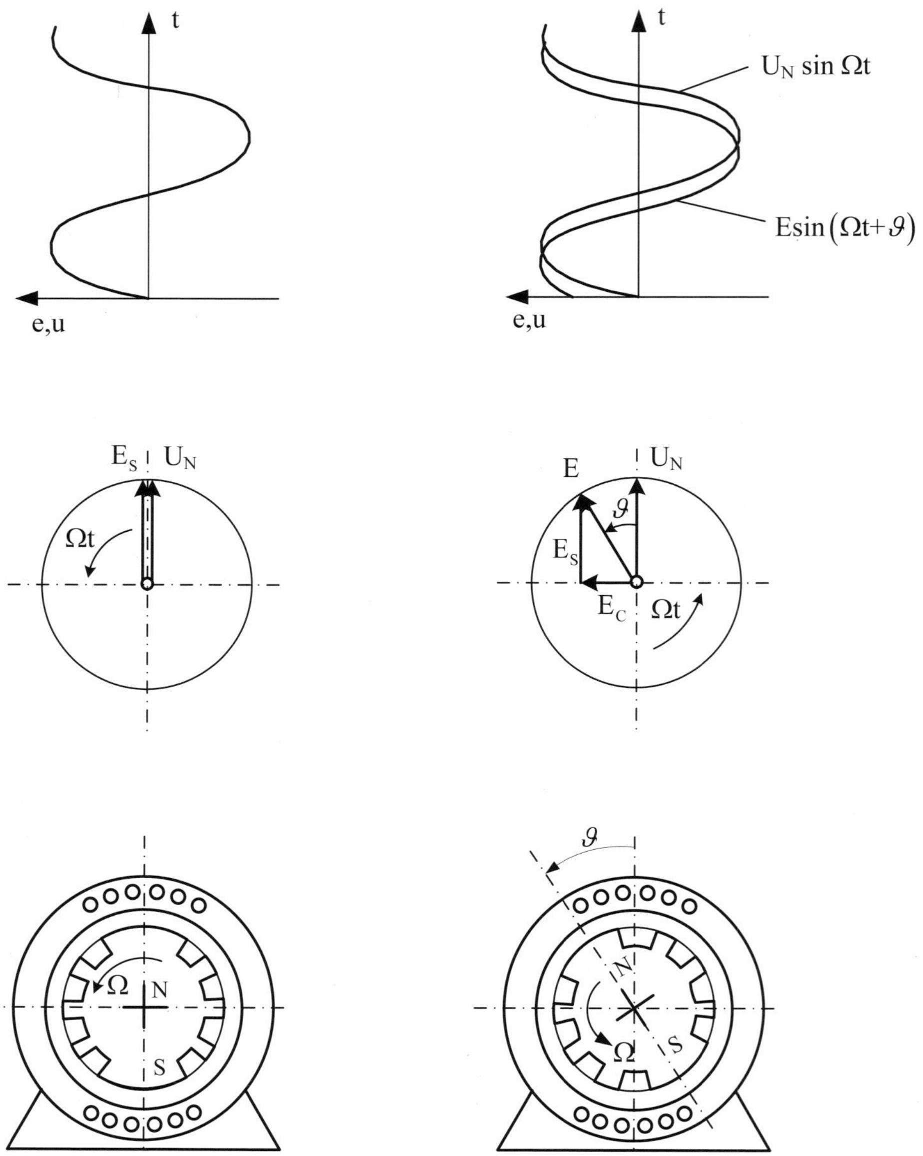

Bild 11-14 Links: Synchronmaschine im Synchronisierungsmoment, Zeigerdiagramm und Spannungsverlauf. Rechts: Polradwinkel ϑ infolge des Antriebsmoments, Zeigerdiagramm und Spannungsverlauf

$$I_S = -\frac{E_C}{\Omega L} = -\frac{E \sin \vartheta}{\Omega L} \qquad \text{(Wirkstrom)}, \qquad (11.24a)$$

$$I_C = -\frac{U_N - E_S}{\Omega L} = -\frac{U_N - E \cos \vartheta}{\Omega L} \qquad \text{(Blindstrom)}. \qquad (11.24b)$$

Die Leistung folgt dann aus $P(t) = u(t) \cdot i(t)$ zu

$$P(t) = \underbrace{U_N \cdot I_S \cdot \sin^2 \Omega t}_{\text{Wirk-}} + \underbrace{U_N \cdot I_C \cdot \sin \Omega t \cdot \cos \Omega t}_{\text{Blindleistung}}, \qquad (11.25)$$

wobei der erste Term wieder die Wirkleistung beschreibt und der zweite die Blindleistung vgl. Bild 11-7. (Das Minuszeichen ist deshalb entstanden, weil wir in Bild 11-13 den Strompfeil umgekehrt einführten als in Bild 11-6. Hier benutzen wir das sogenannte Verbraucher-Zählpfeilsystem [2]).

Ausführlich geschrieben gilt für die Leistung

$$-P(t) = \frac{1}{2} \cdot \frac{U_N \cdot E \sin \vartheta}{\Omega L}(1 - \cos 2\Omega t) \qquad \text{(Wirkleistung)}, \qquad (11.26a)$$

$$+\frac{1}{2} \cdot \frac{U_N (U_N - E \cos \vartheta)}{\Omega L} \sin 2\Omega t \qquad \text{(Blindleistung)}. \qquad (11.26b)$$

Für den Mittelwert der Wirkleistung bzw. des mittleren Drehmoments gilt dann

$$\boxed{P_m = \frac{1}{2} \cdot \frac{U_N E \sin \vartheta}{\Omega L}} \qquad (11.27)$$

$$\boxed{M_m = \frac{1}{2} \cdot \frac{U_N E \sin \vartheta}{\Omega^2 L}}. \qquad (11.28)$$

Wirkstrom I_S (Gl. 11.24a) und Wirkleistung (Gl. 11.27) entstehen durch den Polradwinkel ϑ. Ist $\vartheta > 0$ (voreilend), herrscht Generatorbetrieb, es wird Leistung an das Netz abgegeben ($P_m < 0$). Das Vorzeichen ist dabei negativ, wurde aber in den Gln. (11.27) und (11.28) weggelassen. Ist die Welle der Maschine dagegen durch ein Drehmoment belastet (Motorbetrieb), entsteht ein negativer Polradwinkel, $\vartheta < 0$. Dadurch ändert sich das Vorzeichen von sin ϑ, es wird Leistung aus dem Netz aufgenommen ($P_m > 0$). Gewöhnlich betragen Polradwinkel bei Nennleistung etwa 20 bis 30 Grad. Werden durch Überlastung Polradwinkel von mehr als 90 Grad erzwungen, fällt die Maschine "außer Tritt". Im Motorbetrieb stellt sich je nach den Maschinenparametern und dem Lastmoment eine unterhalb der Synchrondrehzahl liegende Drehzahl ein. Im Generatorbetrieb nimmt die Drehzahl rapide zu. Beides wird aufgrund der auftretenden Drehzahlpendelungen und Ströme zu einer Zerstörung der Maschine führen und ist deshalb zu vermeiden.

Blindstrom (Gl. 11.24b) und Blindleistung sind im Vorzeichen manipulierbar durch die Höhe von $E_S = E \cdot \cos\vartheta$, das heißt über den Erregerstrom des Polrades, der für die Quellspannungsamplitude E verantwortlich ist.

Für den Fall, dass $\vartheta = 0$ ist und

$E_S > U_N$, (Übererregung),

erkennt man an dieser Gleichung, dass Blindleistung an das Netz abgegeben wird (kapazitiver Betrieb). Bei

$E_S < U_N$, (Untererregung)

wird sie aus dem Netz aufgenommen (induktiver Betrieb). Meist werden Synchrongeneratoren am Netz mit Übererregung betrieben, um die Blindstromaufnahme der vielen Asynchronmotoren, Drosseln und Transformatoren etc., die am Netz hängen, zu kompensieren.

Bild 11-15 zeigt die rotierenden Zeiger der Spannungen E und U_N und des Stroms I, aus denen durch Projektion die Zeitverläufe entstehen, vgl. Bilder 11-8 und 11-14.

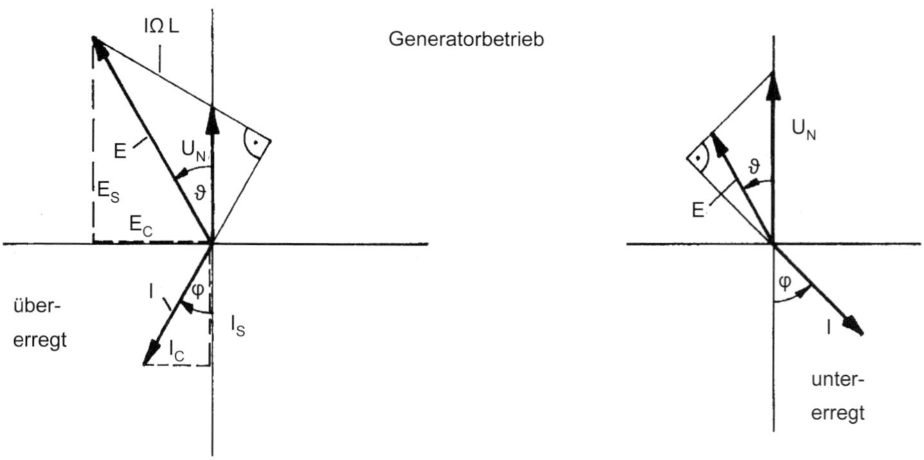

Bild 11-15 Zeigerdiagramm von Spannungen U_N, E und Strom I bei Generatorbetrieb; $E_s > U_N$ Übererregung, $E_s < U_N$ Untererregung

Wenn wir die Wirkstromkomponente $I_S = I \cos \varphi$ von Bild 11-15 mit der rechnerisch ermittelten nach Gl. (11.24a) vergleichen, erhalten wir den Zusammenhang zwischen dem Stromphasenwinkel φ und dem Polradwinkel ϑ

$$I \cos \varphi = - \frac{E \sin \vartheta}{\Omega L}. \tag{11.29}$$

Das ist gleichzeitig die Anweisung für die Skalierung der Länge des Strompfeils in den Bildern 11-15 und 11-16. Eine Übersicht über das Gesamtverhalten der Synchronmaschine am Netz gibt das Bild 11-16.

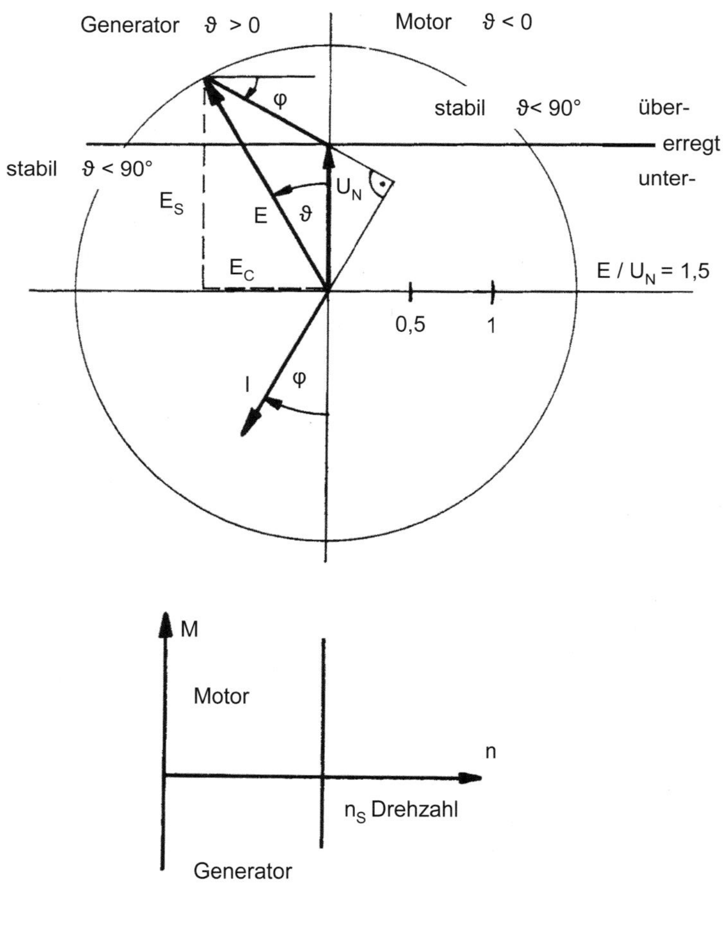

Bild 11-16 Synchronmaschine am Netz; (a) Kreisdiagramm bei $E = 1{,}5\, U_N$; (b) Drehmoment-Drehzahlkennlinie

11.2 Drehstrommaschinen

11.2.1 Der Aufbau von Drehstrommaschinen

Der bisher behandelten *einphasigen* Dynamomaschine haftet der Nachteil an, dass die von ihr abgegebene elektrische oder mechanische Leistung ständig zwischen null und einem Maximalwert pendelt, vgl. Bild 11-7. Um diesem Nachteil abzuhelfen, wurde die einphasige Maschine auf eine *dreiphasige* Maschine erweitert, bei der die drei Wicklungen jeweils räumlich um 120° versetzt im Ständer angeordnet sind, Bilder 11-17 und 11-18. Alle Maschinen, die den geschilderten Ständeraufbau besitzen, werden als Drehstrommaschinen bezeichnet.

In der Dreieckschaltung erhöht sich die Leistung von Generatoren und Motoren um den Faktor $\sqrt{3} \cdot \sqrt{3} = 3$, weil die Spannung an den Spulenenden, z.B. zwischen L1 und L2, um den Faktor $\sqrt{3}$ größer ist als bei Sternschaltung zwischen L1 und N, Bild 11-18. Auch die Ströme wachsen um diesen Faktor an, sodass gilt $P_{\text{Dreieck}} = 3\ P_{\text{Stern}}$.

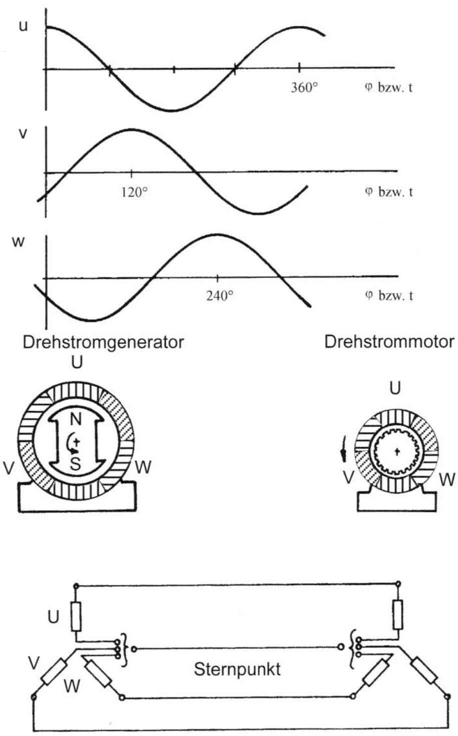

Bild 11-17 Drehstromgenerator und Motor; a) Spannungsverläufe in den drei Phasen; b) Drehstromanwendung (Sternschaltung)

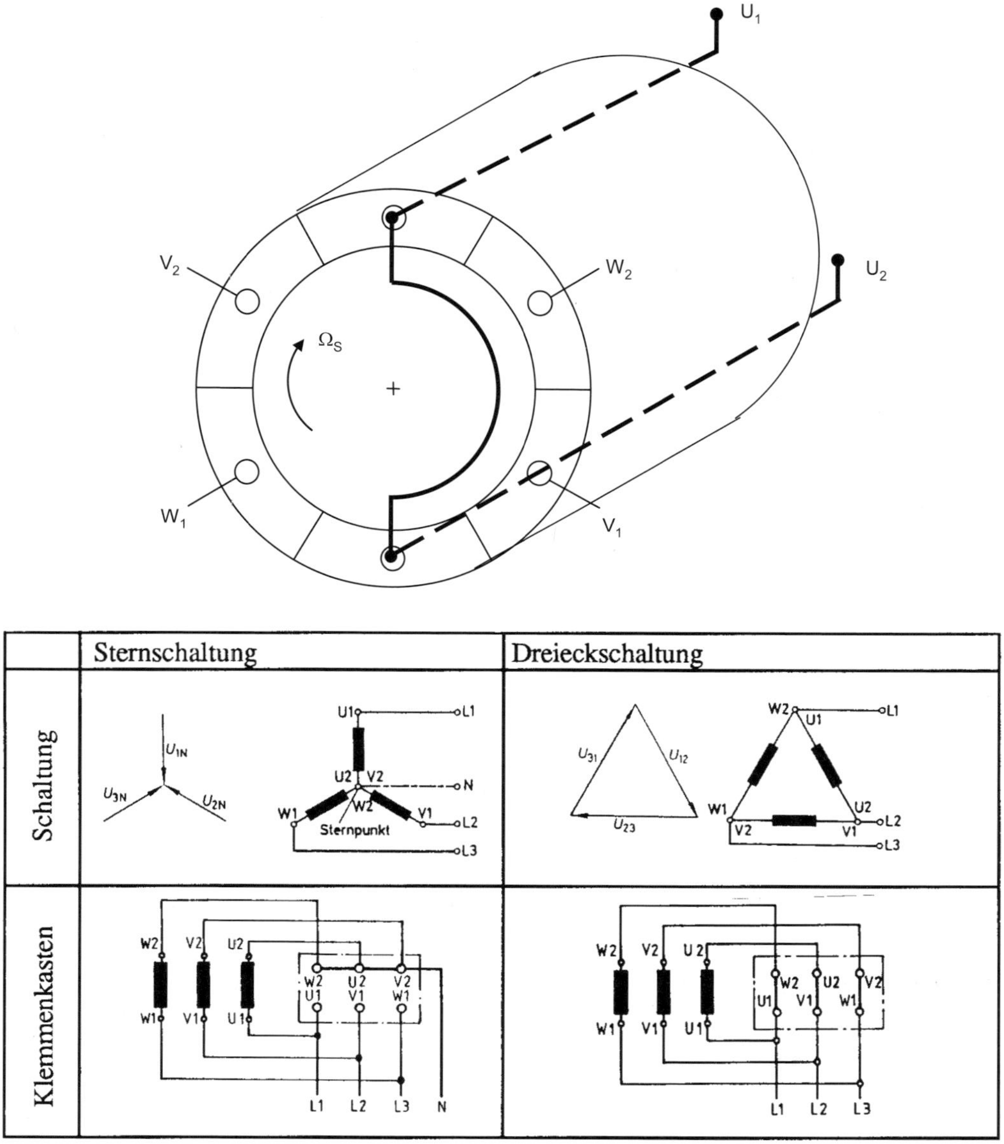

Bild 11-18 Wicklungsanordnung im Ständer einer Drehstrommaschine; Verkettungsmöglichkeiten und Schaltbrettbenennungen [8]

Obwohl im Ständeraufbau gleich, unterscheiden sich die beiden klassischen Typen von Drehstrommaschinen – die Synchronmaschine und die Asynchronmaschine – im

Aufbau des Läufers sehr, Bild 11-19. Beide Maschinentypen können als Generator oder als Motor eingesetzt werden.

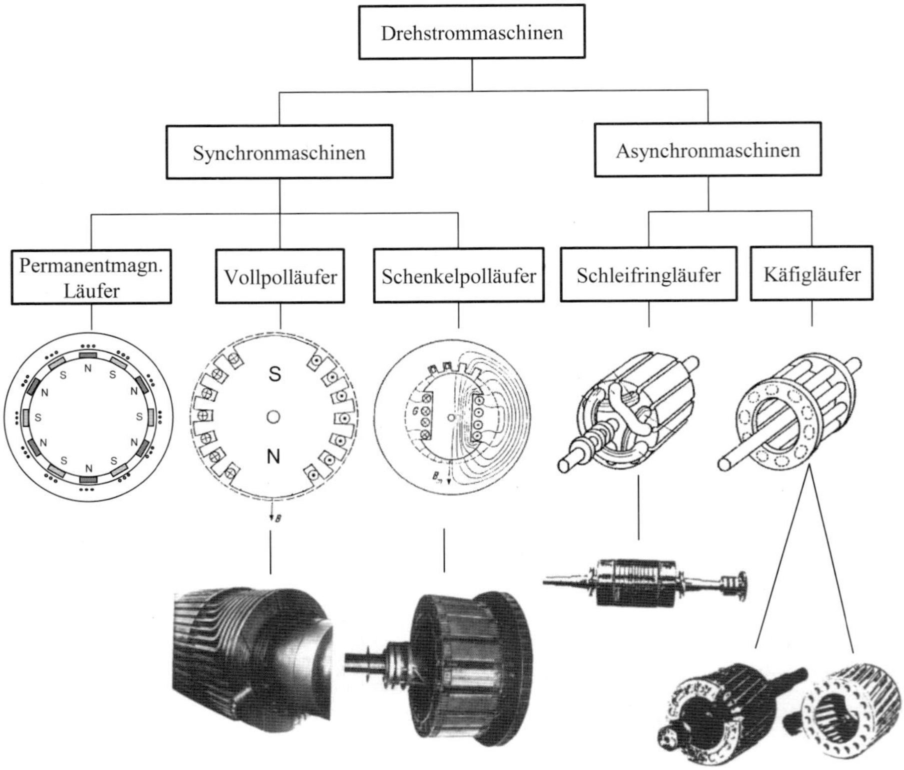

Bild 11-19 Drehstrommaschinen und ihre Läuferbauformen [2, 4]

Bei der Drehstrom-*Synchronmaschine* trägt der Läufer ein Polsystem, das als *Schenkelpolläufer* (ausgeprägte Pole) oder *Vollpolläufer* aufgebaut sein kann. Die Erregung erfolgt durch Permanentmagnete oder durch Elektromagnete, denen die notwendige Erregerenergie über Schleifringe zugeführt wird. Bei einigen Maschinen wird vollständig auf die Schleifringe verzichtet; man bedient sich in diesem Fall einer auf der gleichen Welle sitzenden Hilfsmaschine zur Bereitstellung der notwendigen Erregerenergie (bürstenlose Erregung).

Drehstrom-Synchronmaschinen werden vor allem als Generatoren mittlerer (1000 kW) und großer Leistung eingesetzt. Ihr Vorteil ist, dass sie außer Wirkleistung auch Blindleistung bereitstellen können, die über die Höhe des Erregerstroms im Vorzeichen (kapazitive oder induktive) manipulierbar ist.

Enercon (Aloys Wobben) hat 1993 mit der E40 den fremderregten Synchrongenerator in den serienmäßigen Bau von Windkraftanlagen eingeführt. In den letzten Jahren hat auch der permanentmagnetisch erregte Synchrongenerator vielfache Anwendung gefunden (z.B. Vensys). Mehr darüber findet sich in Kapitel 13.

Die Drehstrom-*Asynchronmaschinen* kommen überwiegend als Motor zum Einsatz. Bei ihnen wird auch der Läufer mit einer Mehrphasenwicklung versehen. Sind die Wicklungen direkt auf dem Läufer kurzgeschlossen, spricht man von einem *Kurzschlussläufer* oder *Käfigläufer*, Bild 11-19. Diese Anordnung ermöglicht einen äußerst robusten und preiswerten Aufbau der Maschine. Beim *Schleifringläufer* kann man in den Läuferkreis eingreifen. Dieser AS-Maschinentyp trägt auf dem Läufer eine Drehstromwicklung, deren Enden über Schleifringe herausgeführt sind.

In Windkraftanlagen wird allerdings auch die Asynchronmaschine gern als *Generator* für mittelgroße Anlagen bis 1000 kW eingesetzt, die direkt (ohne AC-DC-AC-Umrichter) ins Netz einspeisen. Sie hat zwei große Vorteile gegenüber der Synchronmaschine. Sie ist wegen ihres einfachen Aufbaus sehr billig. Und zum anderen ist die Synchronisierung aufs Netz ohne Aufwand zu bewerkstelligen. Man fährt die AS-Maschine als Motor am Netz hoch und durch das antreibende Moment der Windturbine geht sie „von selbst“ in den Generatorbetrieb über. Nachteilig ist – wie wir gleich feststellen werden – ihr *Blindleistungsbedarf*. Hier ist die Synchronmaschine freier manipulierbar.

In den heutigen Anlagen mit Leistungen von mehr als 1500 kW speisen Synchron- wie Asynchrongeneratoren über Leistungsumrichter ins Netz. Dadurch werden die Windkraftanlagen drehzahlvariabel und arbeiten bis zur Nennlast windgeführt mit der besten Schnelllaufzahl λ_{max} und dem höchsten Leistungsbeiwert $c_{P,max}$.

11.2.2 Die Drehstrom-Synchronmaschine

Die *Synchrondrehstrommaschine* funktioniert genauso wie die einphasige Dynamomaschine. Das einphasige Ersatzschaltbild ist damit im Prinzip identisch mit dem der Dynamomaschine, und die zur Bestimmung des Betriebsverhaltens notwendigen Gleichungen können aus denen der Dynamomaschine abgeleitet werden (vgl. Kap. 11.1). Für die Spannungen findet man damit den im Bild 11-17 gezeigten Verlauf. Er entspricht dem der Dynamomaschine, erweitert um jeweils eine um 120° bzw. 240° versetzte Phase. Entsprechendes gilt für den Phasenstrom und die Phasenleistung. Die mittlere Gesamtleistung der Maschine verdreifacht sich, wobei die einzelnen Phasenleistungen sich gerade in der Art ergänzen, dass eine konstante Leistungsabgabe erfolgt.

Das macht man sich klar, indem man den Wirkleistungsverlauf

$$E_S \cdot I_S \cdot \sin^2\Omega t = \tfrac{1}{2}\,(1 - \cos 2\Omega t) \cdot E_S \cdot I_S$$

von Bild 11-7 unten links dreimal untereinander aufzeichnet – aber jeweils um 120° versetzt. Addiert man dann grafisch (Superposition), bleiben nur die summierten Mittelwerte

$$3 \cdot (\tfrac{1}{2} \cdot E_S \cdot I_S) = 3 \cdot E_{eff} \cdot I_{eff} \cos \varphi$$

übrig. Das lästige Oszillieren entfällt. Die Leistungs- bzw. Drehmomentabgabe erfolgt völlig gleichmäßig. Synchronmaschinen werden heute überwiegend als Generatoren eingesetzt.

Statt sechs Leitungen zur Stromführung zwischen Generator und Motor in einem Drehstromsystem zu benutzen, ist es möglich, wegen der Symmetrie der Spannungen mit vier bzw. drei Leitungen auszukommen. Man erhält somit die im Bild 11-17 dargestellte Sternschaltung der Wicklungen. Sie wird vor allem für Generatoren angewendet, die oft unter Schieflast (ungleichmäßige Belastung der Phasen) betrieben werden. Bei großen Drehstromverbrauchern, wie z.B. Motoren, Drehstromheizungen usw. verwendet man hingegen die Dreieckschaltung, die den Sternpunkt erspart, Bild 11-18. Dies ist möglich, da die Belastung hier symmetrisch zu sein pflegt, die Phasenströme sich somit zu null ergänzen.

Wie oben schon erwähnt, steigt die Leistung beim Umschalten von Stern- auf Dreiecksschaltung um den Faktor 3 an: $P_{Dreieck} = 3P_{Stern}$.

11.2.3 Die Drehstrom-Asynchronmaschine

Ständeraufbau

Der Ständeraufbau der Drehstrom-Asynchronmaschine ist der gleiche wie der der Synchronmaschine, Bilder 11-17 und 11-18. Drei Wicklungssysteme ($p = 1$) erzeugen ein mit der Netzfrequenz f_N umlaufendes Drehfeld, $\Omega_S = 2 \cdot \pi \cdot f_N$.

Trägt der Ständer ein geeignet geschaltetes 6-Spulen-System ($p = 2$), dann halbiert sich die Synchronkreisfrequenz des Drehfeldes auf $\Omega_S = 2 \cdot \pi \cdot f_N / p$, es rotiert statt mit 50 Hz (3000 1/min) mit 25 Hz (1500 1/min). Bei polumschaltbaren Maschinen kann man auf diese Weise die Drehfeld-Synchronfrequenz und damit die Leerlauf-Drehzahl der Asynchronmaschine verändern. Von dieser Drehzahlumschaltbarkeit der Asynchronmaschine macht man bei Windturbinen mit Leistungsbegrenzung durch Stall häufig Gebrauch: Meist schaltet man von $p = 2$ auf $p = 3$ um, d.h. von 1500 1/min als Synchrondrehzahl auf 1000 1/min.

Arbeitsweise

Das mit Synchronfrequenz rotierende Drehfeld im Ständer eines Asynchronmotors induziert in der kurzgeschlossenen Läuferwicklung eine Spannung, deren Frequenz von der Drehzahl des Läufers abhängt. Steht der Läufer, ist diese Frequenz gleich der Synchronfrequenz $\Omega_S = 2 \cdot \pi \cdot n_S$; das System wirkt wie ein Transformator mit kurzgeschlossenem Ausgang. Durch Läuferstrom und Luftspaltfeld entsteht am Läufer eine tangentiale Kraft, die den Läufer in Richtung des Ständer-Drehfeldes in Bewegung setzt.

Gibt man den unbelasteten Läufer frei ($M = 0$, Leerlauf), Bild 11-20, beschleunigt er (fast) bis zur Synchrondrehzahl n_S. Bei Synchrondrehzahl werden die Windungen (Schleifringläufer) bzw. Leiterstäbe (Kurzschlussläufer) vom rotierenden Magnetfeld des Ständers nicht mehr geschnitten, weil der Läufer genau so schnell dreht wie das Ständerfeld. Deshalb entsteht kein Läuferstrom mehr und somit auch kein Antriebsmoment.

Belastet man den Läufer ($M > 0$), so sinkt seine Drehzahl gegenüber der Synchrondrehzahl etwas ab, $n < n_S$, Bild 11-20. Die Kreisfrequenz Ω_2 der nun entstehenden Läuferspannung ist gleich der Differenz zwischen der Synchrondrehzahl n_S und der mechanischen Drehzahl n, multipliziert mit $2 \cdot \pi$.

$$\Omega_2 = (n_S - n) \cdot 2 \cdot \pi = s \cdot \Omega_S, \tag{11.30}$$

wobei s als Schlupf bezeichnet wird; er ist die auf die Synchrondrehzahl n_S bezogene Differenz zwischen Synchrondrehzahl und wirklicher Drehzahl n

$$s = \frac{n_S - n}{n_S}. \tag{11.31}$$

Die nun im Läufer erzeugten Ströme bewirken das Drehmoment. Im Normalbetrieb ist dieser Schlupf nicht sehr groß, $s < 10\%$, d.h. auch die Asynchronmaschine läuft normalerweise fast mit Synchrondrehzahl.

Zwingt man dem Läufer anstelle eines Belastungsmomentes ein Antriebsmoment ($M<0$) auf, fährt er auf eine Drehzahl, die größer ist als die Synchrondrehzahl, $n > n_S$ und wirkt nun als Generator, Bild 11-20.

Im Generatorbetrieb darf das Antriebsmoment auf keinen Fall das Kippmoment übersteigen, das 2 bis 3 mal so hoch wie das Nennmoment ist, denn dann würde der Rotor durchgehen. Im Motorbetrieb kommt der Rotor abrupt zum Stehen und wird heiß wenn die Belastung größer als das Kippmoment wird.

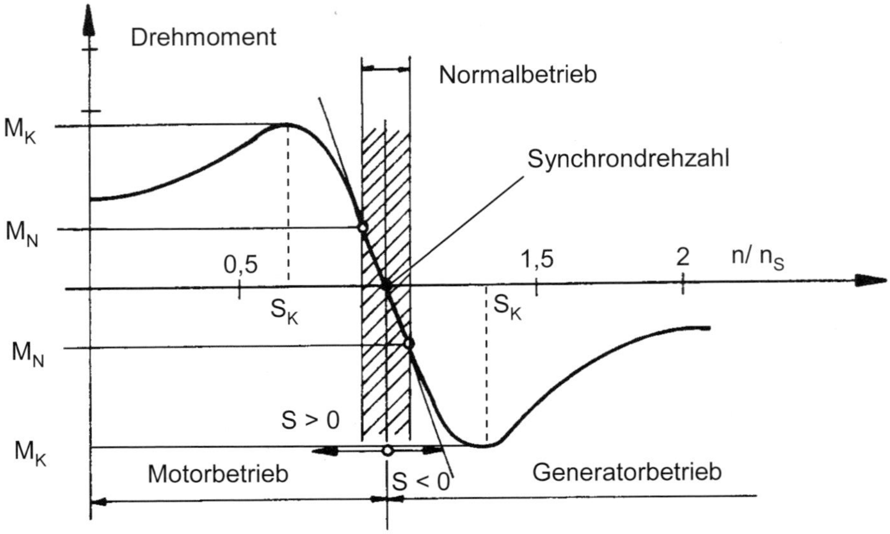

Bild 11-20 Drehmoment-Drehzahl-Kennlinie einer Asynchronmaschine, Kippmoment M_K, Kippschlupf s_K

Auf die Verwandtschaft zwischen einem Transformator und einer Asynchronmaschine wurde oben schon hingewiesen. Aus dem Transformator-Schaltbild, Bild 11-21, lassen sich die Spannungsgleichungen entnehmen [10, 13].

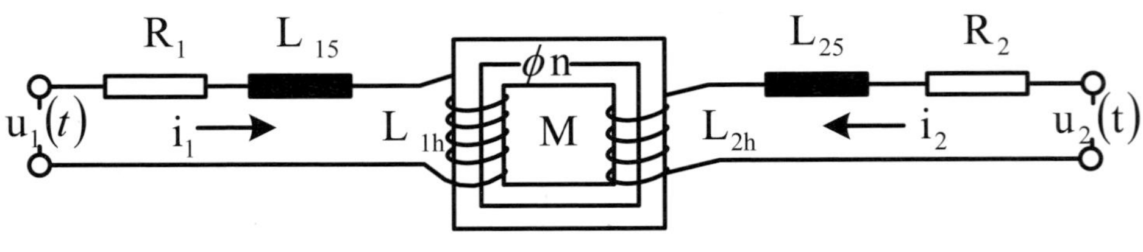

Bild 11-21 Transformator-Ersatzschaltbild

Sie lauten:

$$u_1(t) = R_1\, i_1 + L_{1\sigma}\frac{di_1}{dt} + L_{1h}\frac{di_1}{dt} + M_L\frac{di_2}{dt} \tag{11.32a}$$

$$u_2(t) = R_2\, i_2 + L_{2\sigma} \frac{di_2}{dt} + L_{2h} \frac{di_2}{dt} + M_L \frac{di_1}{dt}. \tag{11.32b}$$

Dabei sind $L_{1h} = \Lambda_h \cdot w_1^2$ und $L_{2h} = \Lambda_h \cdot w_2^2$ die Hauptinduktivitäten in den Stromkreisen rechts und links, M_L ist die Gegeninduktivität $M_L = \Lambda_h \cdot w_1 \cdot w_2$, die die beiden Kreise über die jeweilige Windungszahl w_1 und w_2 koppelt. Λ_h ist der magnetische Leitwert des Hauptkreises. R_1 und R_2 sind die ohmschen Widerstände der Spulen und $L_{1\sigma}$, $L_{2\sigma}$ die Streuinduktivitäten. Sie repräsentieren die magnetischen Flüsse, die nicht durch den Eisenkern und damit durch beide Spulen laufen.

Beim Asynchronmotor mit seiner kurzgeschlossenen Läuferwicklung ist $u_2 = 0$. Die Frequenz im Stromkreis zwei ist – anders als beim Transformator – durch den Schlupf bestimmt $n_2 = n_S \cdot s$, $\Omega_2 = \Omega_S \cdot s$.

Es gelingt nun durch eine Reihe von Umformungen auf das Ersatzschaltschema nach Bild 11-22 zu kommen, das die Asynchronmaschine recht gut beschreibt, Genaueres in [3, 10, 13, 15]. Das Symbol ’ kennzeichnet die über die Windungszahlen auf die Primärseite bezogenen Größen.

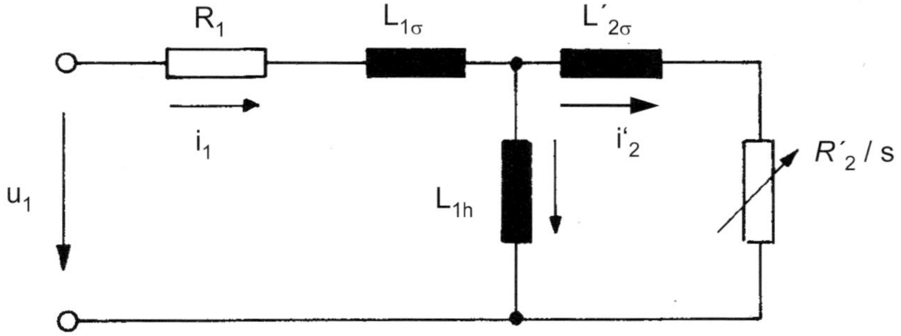

Bild 11-22 Einsträngiges Ersatzschaltbild der Asynchronmaschine

Der Strom i'_2 berechnet sich aus dem Strom des Sekundärkreises i_2 nach Bild 11-22 durch Multiplikation mit dem Kehrwert des Windungszahlverhältnisses w_1/w_2.

$$i'_2 = i_2 \cdot \frac{w_2}{w_1} \tag{11.33}$$

Für die weiteren Größen gilt

$$L_{1h} = M_L \frac{w_1}{w_2} = L_{2h} \left(\frac{w_1}{w_2}\right)^2 \tag{11.33a}$$

$$R_2' = R_2 \left(\frac{w_1}{w_2} \right)^2 \tag{11.33b}$$

$$L_{2\sigma}' = L_{2\sigma} \left(\frac{w_1}{w_2} \right)^2 . \tag{11.33c}$$

Die Tatsache, dass im Stromkreis 2 die Differenzkreisfrequenz Ω_2 herrscht, äußert sich nur noch darin, dass der ohmsche Widerstand des Läufers scheinbar schlupfabhängig wird. Einen Plausibilitäts-Test dieses Ersatzschaltbildes liefert der Fall $s = 0$, d.h. Drehen des Läufers mit Synchrondrehzahl. Wie eingangs besprochen, entstehen im Läuferkreis bei $s = 0$ keinerlei Spannung und Strom. Im Schaltbild erzwingt dies der Widerstand R'_2/s, der dann unendlich wird.

Bei größeren Asynchronmaschinen ist der Widerstand R_1 im Ständer klein gegenüber der Hauptreaktanz $\Omega\, L_{1h}$, so dass man das Ersatzschaltbild nach Bild 11-22 noch weiter vereinfachen kann, Bild 11-23 oben.

Auf die rechnerische Bestimmung der Ströme aus der Ersatzschaltung verzichten wir hier. Wir konstruieren stattdessen das Heyland-Ossanna'sche Kreisdiagramm, das aufgrund von Kurzschluss- und Leerlaufversuch entwickelt werden kann. An ihm lässt sich die Amplitude und Phasenlage φ des Ständerstroms I_1 gegenüber der Netzspannung U_1 in Abhängigkeit vom Schlupf ablesen, Bild 11-23 unten.

Im *Leerlaufversuch* sperrt der Läuferwiderstand durch den Schlupfwert $s = 0$ im Nenner völlig, der Leerlaufstrom I_{10} ist rein induktiv, hat den Phasenwinkel $\varphi = 90°$ und liegt auf der waagerechten Achse. Im *Kurzschlussversuch* – erster Augenblick beim Start – beträgt der Schlupf $s = 1$. Die beiden Induktivitäten von Ständer und Läufer bestimmen gemeinsam mit dem Widerstand R'_2 den hohen Anlaufstrom I_{1A} sowie seine Phasenlage, die im Kreisdiagramm eingetragen wird.

Der Fall des *totalen Bremsens*, $s = \infty$, würde wieder auf einen Stromzeiger führen, der waagerecht bei $\varphi = 90°$ liegt, weil der Strompfad durch den Läufer keinen Widerstand mehr enthält. Allerdings ist der Versuch experimentell schlecht zu realisieren.

Dennoch lässt sich das Kreisdiagramm schon aus dem Leerlauf- und dem Kurzschlussversuch bestimmen [13]. Zieht man von der Pfeilspitze des Leerlaufstroms I_{10} eine Hilfslinie zur Pfeilspitze des Anlaufstroms I_{1A} und errichtet auf ihrer Mitte das Lot in Richtung der horizontalen Achse, so ergibt der Schnittpunkt mit ihr den Mittelpunkt des Kreises, auf dem sich der Stromzeiger bewegt – sei es im Motor- oder Generator- oder Bremsbetrieb:

Motorbetrieb: $0 < s < 1$

Bremsbetrieb: $1 < s < \infty$

Generatorbetrieb: $s < 0$

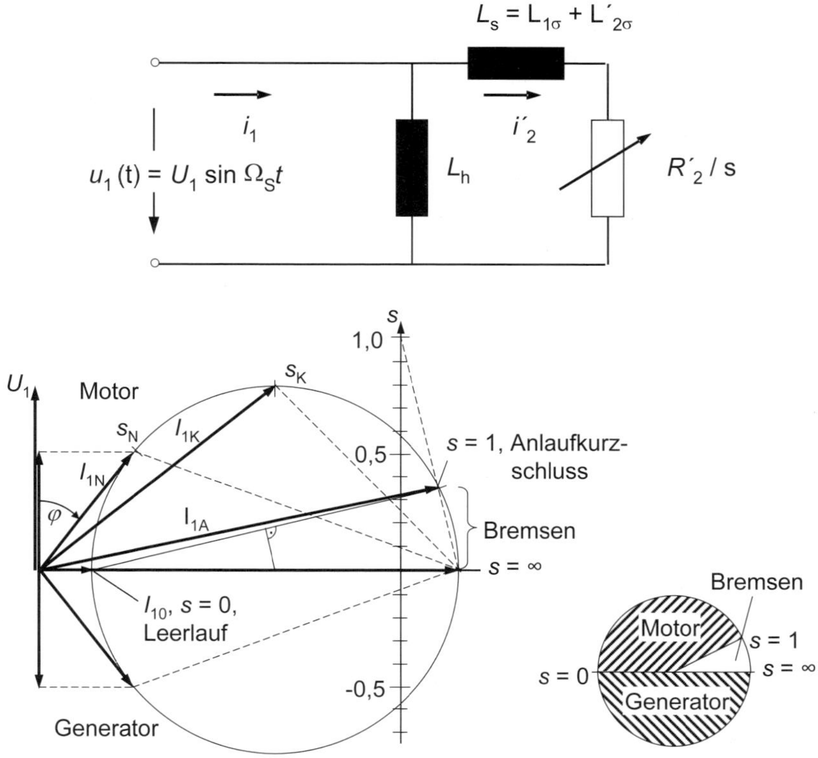

Bild 11-23 Oben: vereinfachtes einsträngiges Ersatzschaltbild der Asynchronmaschine, unten: Heyland-Kreisdiagramm; Ständerstromzeiger in Abhängigkeit vom Schlupf s bzw. Phasenwinkel φ, Wirkstrom $I_{1S} = I_1 \cos \varphi$, Blindstrom $I_{1C} = I_1 \sin \varphi$ und Schlupfskala s

Auch die Schlupfskala, die linear skaliert ist, lässt sich durch eine ähnliche Konstruktion eintragen [13]. Im Bild 11-23 kann für das Kippmoment der zugehörige Schlupf auf der Skala mit etwa 0,25 abgelesen werden.

Die elektrischen Leistungen lassen sich am Heylandkreis bestimmen:

Blindleistung: $Q = 3\ U_1\ I_1 \sin\varphi$ (11.34a)

Wirkleistung: $P = 3\ U_1\ I_1 \cos\varphi$ (11.34b)

Der Faktor 3 kommt durch die Dreisträngigkeit der Ständerwicklung zustande.

Sehen wir ein bisschen großzügig über die Kupfer- und Eisenverluste weg, dann setzt der Ständer die Wirkleistung in ein Drehmoment um, das mit der Synchronfrequenz umläuft

$$P = 3\, U_1\, I_1 \cos\varphi \;=\; M\,\Omega_S \tag{11.34c}$$

Der Läufer spürt dieses Drehmoment an seinem Umfang, folgt ihm aber durch den Schlupf nur mit der Kreisfrequenz $\Omega = \Omega_S\,(1 - s)$. Dadurch beträgt die motorische mechanische Leistung etwas weniger als die elektrische Leistung:

$$P_{\text{mech}} = \frac{3U_1\, I_1 \cos\varphi}{\Omega_S}\,\Omega_S\,(1-s) = P(1-s) \tag{11.35}$$

Bei Generatorbetrieb ($s < 0$) ist sie größer als die elektrische Leistung. Der Schlupf entspricht dem Verlust in der Maschine. Das heißt konkret für beide Fälle: Ein Schlupf von 3% entspricht also annähernd einem Verlust von 3%. Zusätzlich zu diesen Verlusten treten noch Kupfer- und Eisenverluste auf. Gleichwohl erreichen größere Asynchrongeneratoren Wirkungsgrade von über 95%.

Bild 11-24 zeigt die Drehmoment-Drehzahl (bzw. Schlupf)-Kennlinie einer größeren Asynchronmaschine einschließlich des Stromverlaufs I_1 und des Wirkungsgradverlaufs. Diese Verläufe können direkt gemessen oder aus dem Kreisdiagramm (näherungsweise) hergeleitet werden. Beachtlich sind die Einschalt- bzw. Kurzschlussströme; sie betragen ein Mehrfaches des Nennstroms. Deshalb startet man gewöhnlich in Sternschaltung und geht anschließend auf Dreieckschaltung über, Bild 11-18.

Der für den Windturbinenbau wichtige Drehmoment-Drehzahlverlauf lässt sich sehr einfach durch die Kloßsche Formel beschreiben, die sich auf Kippmoment und Kippschlupf bezieht

$$\frac{M}{M_K} = \frac{2}{\dfrac{s}{s_K} + \dfrac{s_K}{s}}\,. \tag{11.36}$$

Näherungsweise nimmt das Drehmoment im Anlaufbereich ($s \gg s_K$) nach einer Hyperbel zu, $M / M_K = 2\, s_K / s$. Im Nennleistungsbereich verläuft es auf einer Geraden durch den Synchronpunkt. Kippmoment und Kippschlupf bestimmt man in der Entwurfsphase rechnerisch, bei einer vorliegenden Asynchronmaschine am besten experimentell [10 bis 15].

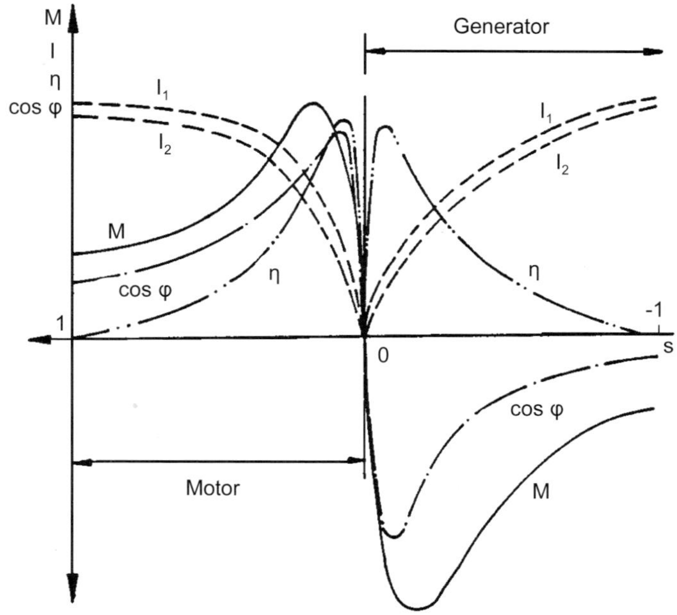

Bild 11-24 Drehmoment-Schlupfverlauf einer Asynchronmaschine. Ständerstrom I_1, Läuferstrom I_2, cos φ, Wirkungsgrad η

Der große Vorteil der Asynchronmaschine gegenüber der Synchronmaschine ist der Selbstanlauf und der unproblematische Übergang von Motorbetrieb auf Generatorbetrieb (keine Synchronisierung nötig). Das und die Drehzahl-Umschaltbarkeit (Bild 11-26) machte die Asynchronmaschine bei den stall-gesteuerten Anlagen dänischen Typs so beliebt. Nachteilig ist der Blindstombedarf I_1 sinφ, der im Generatorbetrieb wie im Motorbetrieb besteht, wie ein Blick auf Bild 11-23 zeigt.

Beeinflussbarkeit der Drehmoment-Drehzahl-Kennlinie

Die Lage des Kippmomentes in der Kennlinie Bild 11-20, bzw. 11-24 kann durch den Widerstand R'_2 beeinflusst werden, wie die Gleichung für den Kippschlupf zeigt:

$$s_k = \frac{R'_2}{\Omega L_S} \text{ mit } L_S = L_{1\sigma} + L'_{2\sigma} \tag{11.37}$$

Sie hängt von den Streuinduktivitäten L_S von Ständer und Läufer sowie vom Läuferwiderstand R'_2 ab [10, 14]. Durch den Kippschlupf s_K wird die Steilheit der Momentenkennlinie im Arbeitsbereich nahe dem Synchronpunkt ($s = 0$) bestimmt. Denn die Höhe des Kippmoments M_K, für das

$$M_\mathrm{k} = \frac{3U_1^2}{2\Omega_s^2\, L_S} \tag{11.38}$$

gilt [10, 14], wird durch eine Veränderung von R'_2 nicht beeinflusst, Bild 11-25.

Führt man über *Schleifringe zusätzlichen Widerstand in den Läuferkreis ein*, der R'_2 erhöht, wird folglich die Kennlinie flacher. D.h. die Drehzahl ändert sich stärker bei einer Belastungsänderung, der Schlupf steigt. Die dynamische Schlupfregelung, Bild 13-7, Abschnitt 13.1.2, macht davon Gebrauch, um bei heftigen Böen die Windenergie durch kurzzeitige Drehzahlerhöhung (mehr Schlupf) in kinetische Energie des Rotors zu schieben. Das entlastet die Struktur, verursacht allerdings (kurzzeitig) auch höhere Verluste. Eine Netzspannungserhöhung U_1 ändert nicht die Lage des Kippmomentes aber seine Höhe.

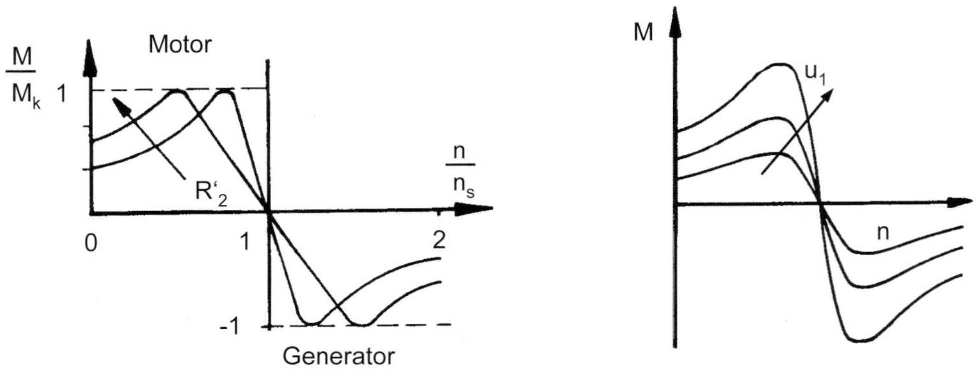

Bild 11-25 Einfluss des Läuferwiderstandes auf die Momentencharakteristik und Einfluss der Höhe der angelegten Netzspannung U_1

Auf die Möglichkeit, durch Umschalten der Polpaarzahl im Ständer die Synchrondrehzahl der Asynchronmaschine zu verändern, kamen wir schon eingangs zu sprechen. Bild 11-26 zeigt qualitativ die praktischen Konsequenzen.

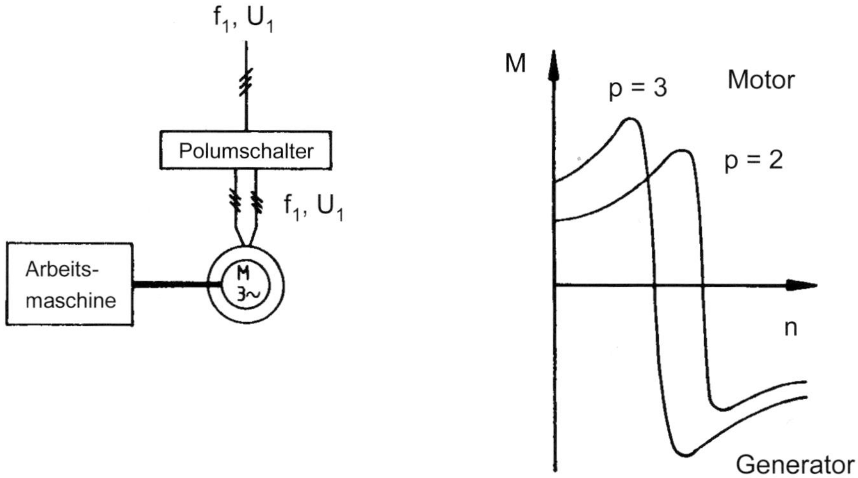

Bild 11-26 Polumschaltbare Asynchronmaschine, Drehmoment über Drehzahl

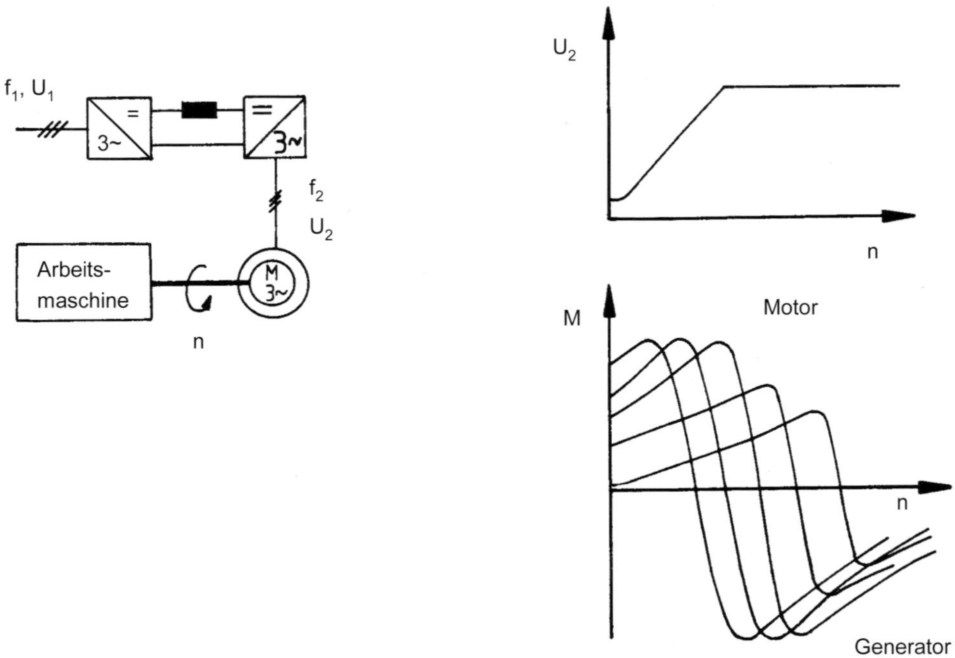

Bild 11-27 Drehzahlsteuerung der Kurzschlussläufer-Asynchronmaschine mit Frequenzumrichter im Ständerkreis; Blockschaltbild, Spannungsverlauf, Drehmomentverlauf

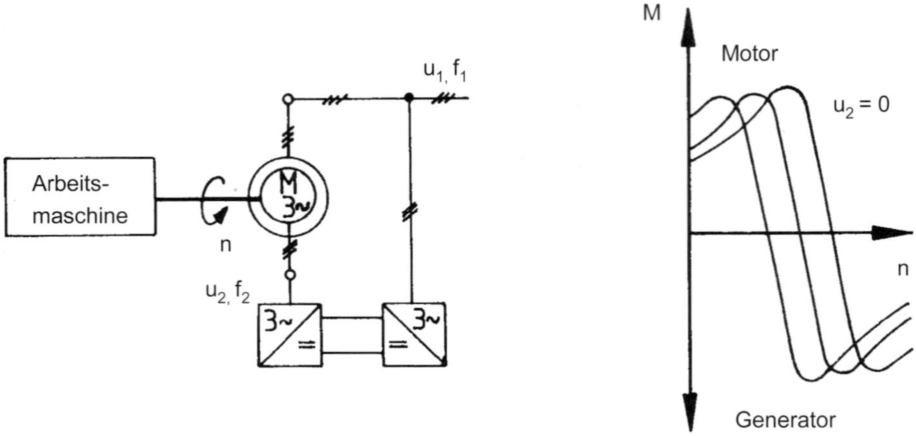

Bild 11-28 Drehzahlsteuerung der Schleifringläufer-Asynchronmaschine mit Frequenzumrichter im Läuferkreis; Blockschaltbild, Drehmomentverlauf

Wirklich drehzahlmanipulierbar wird die Asynchronmaschine, wenn die Frequenz unabhängig von der Netzfrequenz eingestellt werden kann. Dies wird heute mit Stromrichterschaltungen realisiert. Die Netzspannung wird gleichgerichtet und einem Gleichstrom- oder Gleichspannungszwischenkreis zugeführt. Aus diesem Zwischenkreis wird dann ein dreiphasiger Wechselrichter gespeist, der es ermöglicht, in einem großen Bereich beliebige Frequenzen und Spannungen abzugeben. Speist man hiermit den *Ständer* einer Kurzschlussläufermaschine, kann man ihre Ständerfrequenz und damit die Drehzahl in einem großen Bereich stufenlos einstellen, Bild 11-27.

Bei der Schleifringläufermaschine kann der *Läufer* gespeist werden, so dass sich die Drehzahl über eine Beeinflussung des Läuferdrehfeldes verändern lässt [6], Bild 11-28. Dieser Maschinentyp, die so genannte doppeltgespeiste Asynchronmaschine, die drehzahlvariabel fährt, wird heute in Megawattmaschinen vielfach eingesetzt, Abschnitt 13.1.4.

Mit ihr und der Umrichtertechnologie befassen wir uns in dem nächsten Abschnitt, 11.3.

11.3 Leistungselektronische Komponenten von Windkraftanlagen – Umrichter

Erst die Entwicklung der Leistungselektronik machte es möglich, Windturbinen zur Stromerzeugung von der starren (Synchrongenerator) oder fast starren (Asynchrongenerator) Kopplung an die Netzfrequenz von 50 Hz zu befreien. Gleichrichter, Wechselrichter, Umrichter (AC-DC-AC-Konverter) werden aus einfachen „Stromventilen" zusammengesetzt, deren Eigenschaften wir zunächst beschreiben. Die *Diode* ist das einfachste Halbleiterelement. Von einem Wechselstrom lässt sie nur die positive Halbwelle durch, der Stromfluss ist nur in dieser Richtung möglich, Tabelle 11.1. Gegenüber dem negativen Bereich sperrt sie. Sie arbeitet rein passiv, ohne Steuerung.

Der *Thyristor* hat ähnliche Eigenschaften, der Beginn des Durchlassens in der positiven Halbwelle ist aber steuerbar durch einen Zündimpuls. Einmal eingeschaltet kann der Thyristor nur durch den nächsten Stromnulldurchgang gelöscht werden. Für den gate turn-off Thyristor (GTO) fällt diese Beschränkung weg. Er kann mit einigen hundert Hertz getaktet während einer Halbperiode ein- und ausgeschaltet werden.

Leistungstransistoren sind noch weiter manipulierbar. Sie sind Stromrichterventile, die im Durchlassbereich fast beliebig geöffnet und geschlossen werden können. Ansteuerfrequenzen bis zu einigen Kilohertz sind möglich (IGBT). Aus Wechselspannung können sie Gleichspannung herstellen und umgekehrt aus Gleichspannung Wechselspannung nahezu beliebiger Frequenz. Das gleiche gilt für die Ströme.

Um gesteuerten Stromfluss in beide Richtungen zu ermöglichen, schaltet man jeweils zwei dieser Bauelemente in Reihe, Bilder 11-30 und 11-31. Ergänzt man diese Schaltung durch weitere Zweige erhält man Gleich- oder Wechselrichter.

Gleichrichter speisen aus einem Wechsel- oder Drehstromkreis beliebiger Frequenz und Spannung einen Gleichspannungs- oder Gleichstromkreis. Der einfachste denkbare Gleichrichter besteht dabei aus vier Dioden, die in einen Gleichstromkreis speisen (Wechselstrombrücke, Bild 11-29). Der Stromfluss erfolgt dabei jeweils über eine Diode des oberen und eine Diode des unteren Brückenzweigs; für die positive Halbwelle über die Ventile V1 und V4; für die negative Halbwelle über die Ventile V2 und V3. Jede Diode übernimmt damit für 180° die Stromführung. Den Übergang der Stromleitung von einem auf den anderen Zweig nennt man dabei Kommutierung. Zwar ist die Spannung nun gleichgerichtet, aber noch so wellig, dass sie für die meisten Anwendungen über einen Kondensator geglättet werden muss. In diesem Fall reduziert sich die Stromflusszeit in den Dioden, Bild 11-30. Dabei gilt, dass die Welligkeit mit größer werdendem Kondensator und mit abnehmender Last kleiner wird.

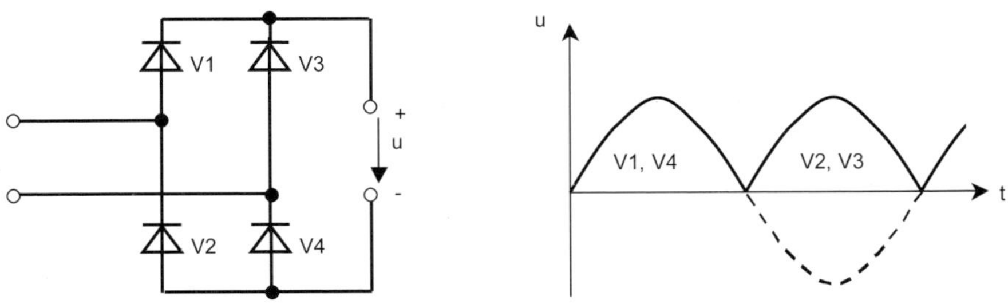

Bild 11-29 Wechselstrombrücke

Ergänzt man die Wechselstrombrücke um einen weiteren Zweig, so erhält man eine Drehstrombrücke in B6U-Schaltung, Bild 11-31. Im Gegensatz zur Wechselstrombrücke ist die Restwelligkeit der Spannung bei dieser Schaltung reduziert. Auch hierbei erfolgt der Stromfluss jeweils über eine Diode des oberen und eine des unteren Brückenzweigs, nun jedoch nur noch für 120°.

Führt man die Ventile steuerbar aus, so lässt sich die Höhe der Spannung im Zwischenkreis aktiv über den Steuerwinkel beeinflussen. Für eine halbgesteuerte Brücke, Bezeichnung B6H, werden dafür z.B. die Dioden V1, V3 und V5 durch Thyristoren ersetzt.

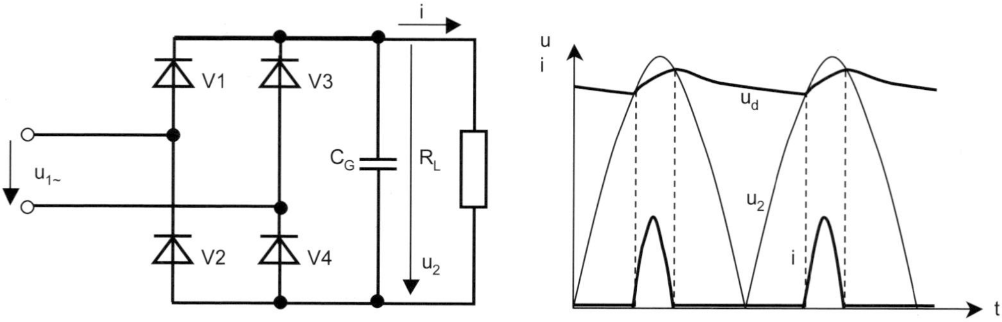

Bild 11-30 Glättungsschaltung hinter einem Gleichrichter, Spannungsverlauf u_2 ohne Glättung sowie Spannungsverlauf u_d und Strom *i* mit Glättung; nach [8]

Wechselrichter speisen unter Verwendung von Halbleiterventilen von einem Gleichstromnetz oder -Zwischenkreis in ein Wechselstrom- oder Drehstromnetz. Dazu verwendet man wieder eine mit sechs Halbleiterventilen versehene Brückenschaltung, Bild 11-32. Durch geeignetes Ein- und Ausschalten der Ventile wird die Zwischenkreisspannung über eine Ausgangsdrossel (Spule) auf die Netzspannung gelegt. Da der Strom in einer Spule sich nicht sprunghaft ändern kann, führt dies an der Netzseite zu einem mehr oder weniger sinusförmigen Verlauf von Strom und Spannung. Neben dem im Bild 11-32 gezeigten Beispiel mit Leistungstransistoren können selbstverständlich auch GTOs oder Thyristoren Verwendung finden. Aufgrund der geringeren Schaltfrequenzen ist dabei die Abweichung von der Sinusform größer. Abweichungen von der Sinusform ergeben jedoch Oberschwingungen, die im Netz nicht erwünscht sind. Man ist daher bestrebt Schaltungen anzuwenden, die möglichst wenige Oberschwingungen erzeugen.

Liegen die Spannungsebenen einzelner Netze zu weit auseinander, ist eine direkte Speisung über einen Gleich- oder Wechselrichter nicht möglich. In diesem Fall passt man auf der Gleichspannungsseite die Spannungsebene über sog. *Gleichstromsteller*, oft auch als Tief- oder Hochsetzsteller bezeichnet, an.

Den prinzipiellen Aufbau eines Hochsetzstellers zeigt Bild 11-33. Die Gleichspannungsquelle u_1 wird an eine Reihenschaltung aus Spule, Diode und Last gelegt, wobei parallel zu Diode und Last ein Leistungstransistor angeordnet ist. Wird der Transistor geschlossen, fließt über Drossel und Transistor ein Strom. Wird der Transistor geöffnet, treibt die Spule über die Diode den Strom weiter über die Last, wobei das Spannungsniveau höher als u_1 ist. Wird der Transistor geschlossen, fließt der Strom erneut über Drossel und Transistor. Durch den Kondensator wird die Spannung stabilisiert und die Last solange mit Strom versorgt, wie die Spule pausiert. Durch geeignete Wahl der Schaltzeitpunkte lässt sich die Höhe der Gleichspannung über der Last einstellen.

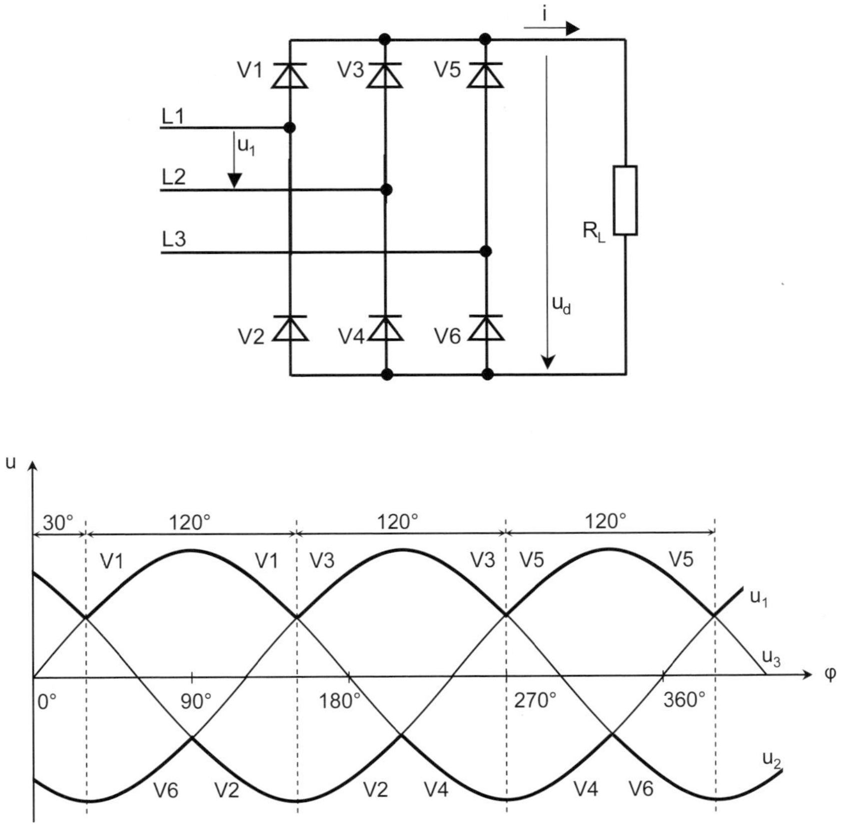

Bild 11-31 Drehstromgleichrichter in B6U-Schaltung, Stromfluss über die Ventile V1 bis V6 [8]

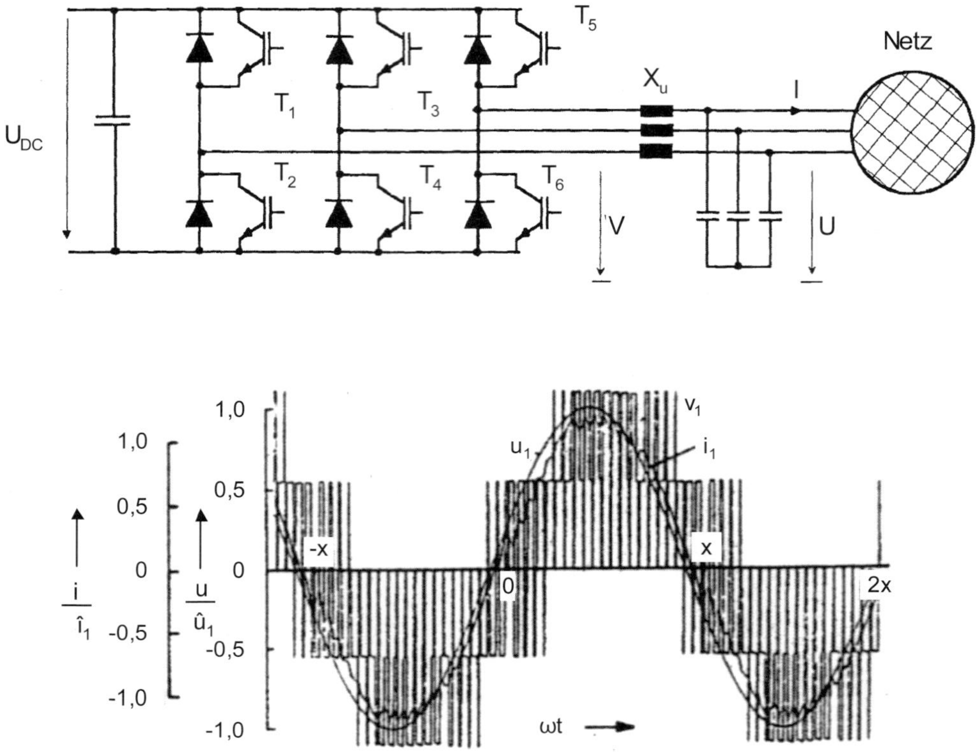

Bild 11-32 3-phasiger Wechselrichter; sechs IGBTs mit Freilaufdioden [9], oben; Spannungs- und Stromverlauf und Zündimpulse der Pulsweitenmodulation [6], unten

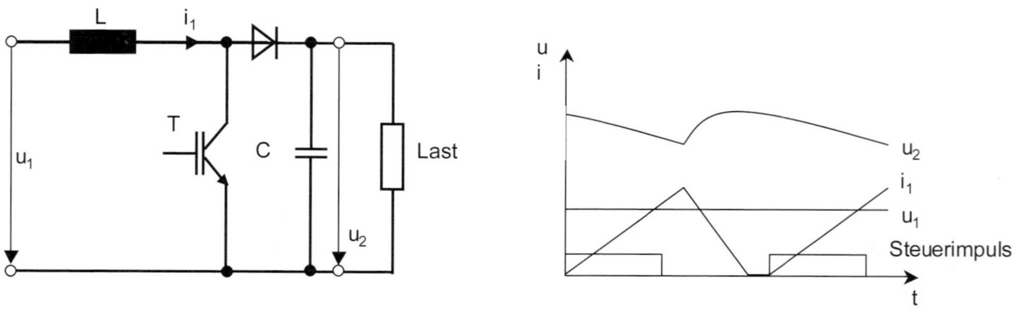

Bild 11-33 Hochsetzsteller

Umrichter: Windkraftanlagen im Megawattbereich fahren heute im Normalwindbereich (4 bis etwa 12 m/s) windgeführt, d.h. mit variabler Drehzahl und dabei stets im Auslegungspunkt λ_{opt} der Turbine. Die vom Synchron- oder auch Asynchrongenerator gelieferte Spannung hat dann weder 50 Hz noch die üblichen 690 oder 400 Volt. Durch einen AC-DC-AC-Umrichter muss die elektrische Leistung deshalb erst aufbereitet werden, Bild 11-34.

Bild 11-34 Umrichter in einer WKA

Gleich- und Wechselrichter bilden zusammen einen Umrichter. Ergänzt werden kann dieser, sofern notwendig, durch einen Hoch- oder Tiefsetzsteller. Der Umrichter ist in der Lage, Energie von einem Netz beliebiger Spannung und Frequenz in ein anderes Netz mit abweichender Spannung und Frequenz zu übertragen. Zusätzlich kann in beiden Netzen die Blindleistung in gewünschter Weise eingespeist werden.

Bild 11-35 zeigt den prinzipiellen Aufbau eines derartigen Umrichters. Das Netz 1 wird durch eine Synchronmaschine gebildet. Die Frequenz stellt sich aufgrund der Drehzahl der Synchronmaschine ein. Die Spannung ergibt sich aufgrund der Drehzahl und in gewissen Grenzen durch die Wahl der Erregung der Synchronmaschine. Die von der Synchronmaschine abgegebene Energie wird über einen passiven Gleichrichter (GR) in B6-Brückenschaltung in einen Gleichstromzwischenkreis gespeist. Um auch für kleine Drehzahlen und damit geringe Einspeisespannungen Energie ans Netz abgeben zu können, wurde im Zwischenkreis ein Hochsetzsteller vorgesehen. Über einen IGBT-Wechselrichter (WR) und die Netzdrosseln wird die erzeugte Energie in das Netz 2 mit fester Frequenz und Spannung abgegeben.

Vielpolige direkt getriebene Ringsynchrongeneratoren schaltet man bei drehzahlvariablem Betrieb gerne 6-phasig. Dann ist der Gleichrichter in Bild 11-35 mit 12 Dioden zu bestücken. Der Vorteil dieser Anordnung liegt auf der Hand: Die Gleichspannung enthält weniger Oberwellen. Sie ist glatter als bei 3-phasiger Anordnung.

Der Einsatz von Leistungselektronik und Umrichtertechnologien wird in Kapitel 13 diskutiert.

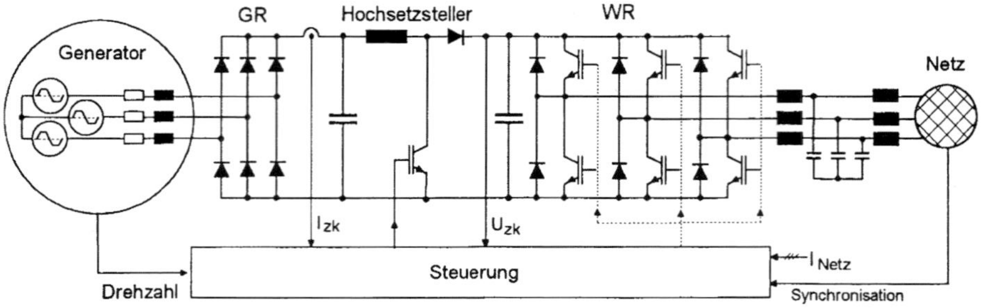

Bild 11-35 Umrichterkonzept eines drehzahlvariabel betriebenen Synchrongenerators für die Netzeinspeisung [9]

Literatur

[1] Nürnberg, W.: *Die Prüfung elektrischer Maschinen*, Springer Verlag, 1965

[2] Taegen, F.: *Einführung in die Theorie der elektrischen Maschinen*; Band I und II, Vieweg + Sohn Braunschweig

[3] Gerber/Hanitsch: *Elektrische Maschinen*, Verlag Berliner Union, Stuttgart 1980

[4] Philippow, E. (Hrsg.): *Taschenbuch Elektrotechnik*, Band 1, 2 und 5, Carl Hanser Verlag München, Wien

[5] Beitz, W., Küttner, K.-H. (Hrsg.): *Dubbel, Taschenbuch für den Maschinenbau*

[6] Heumann, K.: *Grundlagen der Leistungselektronik*, Teubner Studienbücher Stuttgart, 6., überarb. und erw. Auflage, 1996

[7] *Handbuch der Physik, Band XVII*, Verlag von Julius Springer, Berlin 1926

[8] *Fachkunde Elektrotechnik*, Europa-Lehrmittel, Haan-Gruiten, 22. Auflage 2000

[9] Heier, S.: *Windkraftanlagen*, B.G. Teubner GmbH, Stuttgart/Lepzig/Wiesbaden, 3. überarb. und erw. Auflage, 2003

[10] Fischer, R.: *Elektrische Maschinen*, Carl Hanser Verlag, München 1979

[11] Weh, H.: *Elektrische Netzwerke und Maschinen in Matritzendarstellung*, Hochschultaschenbücherverlag, Mannheim 1968

[12] Pfaff, G.: *Regelung elektrischer Antriebe*, R. Oldenbourg Verlag, München, Wien

[13] Fuest, K., Döring, P.: *Elektrische Maschinen und Antriebe*, 6. Auflage, Vieweg-Verlag, Wiesbaden, 2004

[14] Quaschning, V.: *Regenerative Energiesysteme*, 4. Auflage, Hanser-Verlag, München, 2006

[15] Kremser, A.: *Elektrische Maschinen und Antriebe*, 2. Auflage, Teubner-Verlag, Wiesbaden, 2004

[16] Stiebler, M.: *Wind Energy Systems for Electric Power Generation,* Springer Verlag, Berlin, 2008

12 Steuerung, Regelung und Betriebsführung von Windkraftanlagen

Die Westernmill war die erste Windkraftanlage, die ohne menschliche Betreuung auskam. Bei ihr sind allerdings die Aufgaben von Steuerung, Regelung und Betriebsführung noch völlig miteinander verwoben. Zwar stellt die Hauptfahne, die den Rotor in Windrichtung nachführt, ein einfaches Regelsystem dar: Sie ist gleichzeitig Sensor, der die Abweichung der Windrichtung von der Rotorachse wahrnimmt – und Aktor, der die Kräfte aufbringt, um diese Abweichung zum Sollwert hin zu korrigieren, Bild 12-1.

Zusammen mit der Querfahne steuert sie aber auch die Anlage durch den gesamten Betriebsbereich vom Stillstand bis zum Abregeln bei Sturm: Bei sehr starkem Wind gibt die Feder nach, und der Rotor wird schräg zur Windrichtung gestellt. Drehzahl, Leistungsaufnahme und Turmschub werden reduziert, siehe auch Bild 12-7, Gierwinkel β.

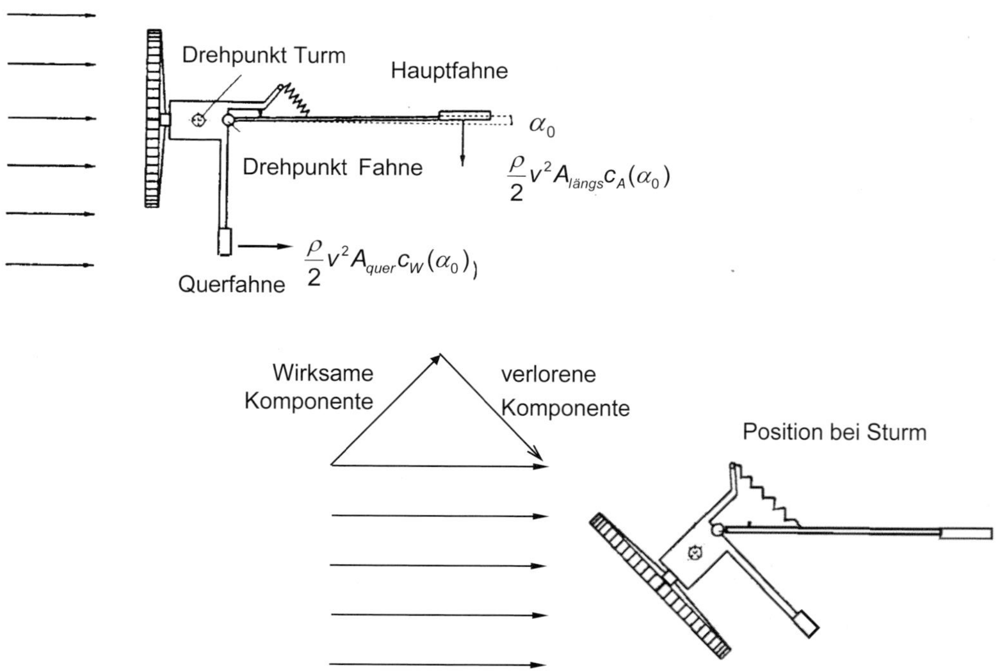

Bild 12-1 Zweifahnenregelung einer Westernmill; Normalbetrieb und Abregeln bei Starkwind

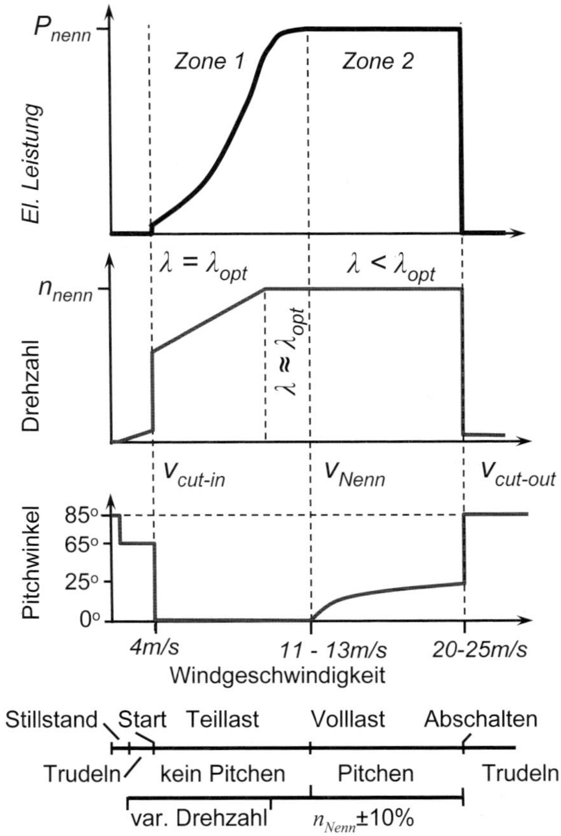

Bild 12-2 Betriebsbereiche und Regelung einer drehzahlvariablen Pitch-Anlage

Weitere Beispiele von einfachen mechanischen Regelungen für kleinere Anlagen finden sich im Anhang I dieses Kapitels.

In den heutigen Anlagen größeren Durchmessers ist dieser Aufgabenbereich der Maschinenführung viel komplexer. Ehe eine ins Netz einspeisende Anlage starten kann, ist z.B. zu überprüfen:

- Stimmt der Öldruck für die hydraulischen Systeme?
- Funktionieren die Aktoren?
- Ist hinreichend Wind vorhanden, ist Leistungsabgabe möglich?
- Ist Spannung im Netz, kann eingespeist werden?
- usw.

Das alles abzufragen ist Aufgabe der *Betriebsführung*, die dann auch die weiteren Manöver leitet. Das können beispielsweise sein:

- den Übergang von Leerlauf (Trudeln) auf Netzaufschaltung in Zone 1 ausführen,
- den Übergang von Normalbetrieb, Zone 1, auf Starkwindbetrieb, Zone 2 leiten,
- usw., siehe Bild 12-2.

Innerhalb der einzelnen Bereiche, z.B. in Zone 1, Normalwind (4 bis 12 m/s) arbeitet dann die Steuerung oder die Regelschleife autonom. Gleichwohl muss sie der Betriebsführung stets mitteilen, wo sie sich befindet.

Denn nur so kann diese entscheiden, ob die Steuer- und Reglervorgaben weiter gelten sollen, oder ob in einen anderen Bereich durch ein Manöver umzuschalten ist. Ein stark vereinfachtes Schema einer Betriebsführung zeigt Bild 12-3.

Die Betriebsführung steht also hierarchisch höher als Steuerungs- und Regelsysteme, Bild 12-4 zeigt das schematisch.

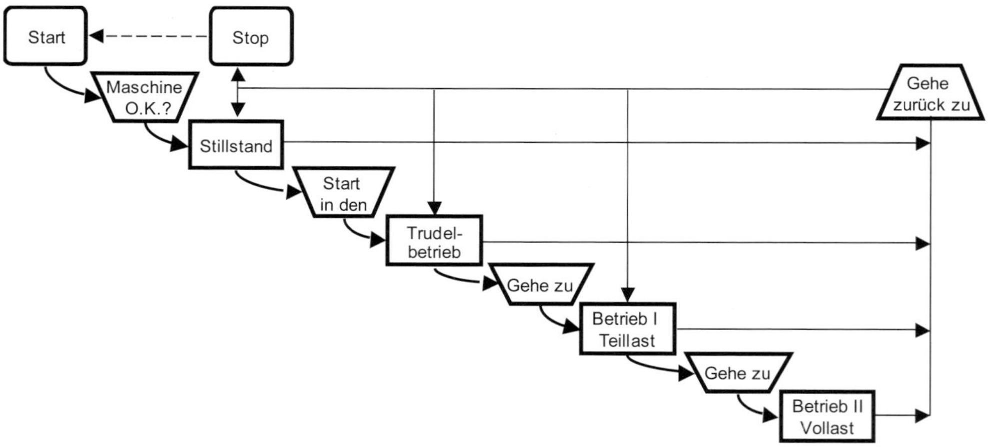

Bild 12-3 Vereinfachtes Ablaufschema der Betriebsführung einer drehzahlvariablen Windkraftanlage

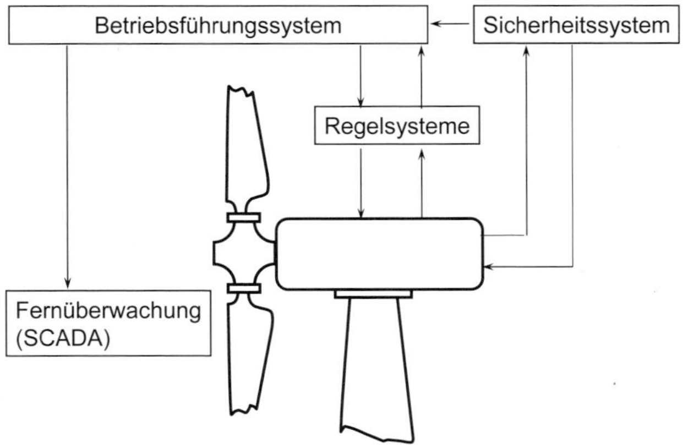

Bild 12-4 Hierarchie der Systeme

Das folgende Bild 12-5 zeigt die wichtigsten Regler einer drehzahlvariablen Windkraftanlage sowie die zu ihrer Führung notwendigen Sensorinformationen.

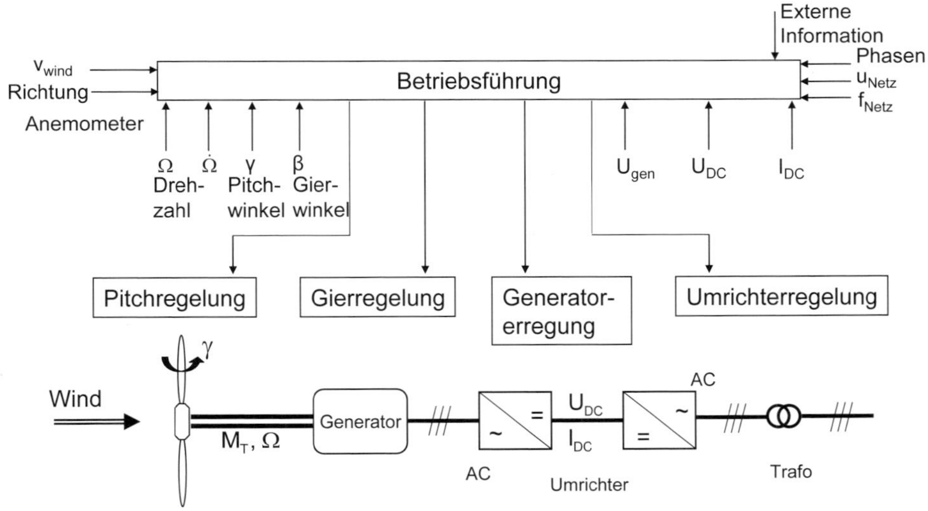

Bild 12-5 Betriebsführung – Regler –Triebstrang mit Konverter

Unter der Aufsicht der Betriebsführung steht auch die *Fernüberwachung* (SCADA = Supervisory Control and Data Acquisition), Bild 12-4. Sie reicht die zur Überwachung notwendigen Informationen nach außen weiter – sei es permanent oder per Modem auf Abruf. Selbst kann sie nicht intervenieren, deshalb ist sie "verantwortungslos".

Ganz anders das *Sicherheitssystem*. Es greift bei ernsten Störungen sofort und direkt ein, ohne die Betriebsführung zu fragen, z.B. bei

- Überdrehzahl, Bild 12-6 oder
- zu hoher Generatorleistung bzw. zu hohem Drehmoment
- Asymmetrie der Pitchwinkel verschiedener Blätter
- zu hohen Schwingungswerten (Unwucht, Eisansatz am Flügel)
- manuellem Not-Aus, usw.

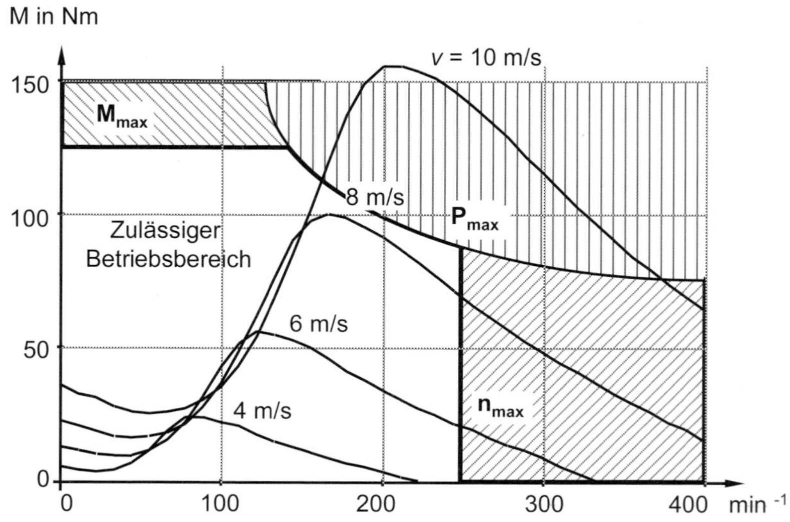

Bild 12-6 Zulässiger Betriebsbereich bezüglich der Drehzahl und des Drehmoments einer Kleinwindkraftanlage D = 4 m (s. auch Bild 6-8 und 6-9)

Es trägt die Verantwortung dafür, dass sich die Anlage auf keinen Fall selbst beschädigt oder gar zerstört. Das Sicherheitssystem muss bei solchen Störungen die Anlage schnell und verlässlich abfahren und stillsetzen. Es sollte deshalb einfach und robust (am besten hardware-basiert) sowie redundant in den wichtigsten Komponenten (z.B. zwei unabhängige Bremssysteme) sein und fail-safe arbeiten. Dies bedeutet, dass das System z.B. bei Ausfall von Elektronik oder Hydraulik ohne Fremdenergie automatisch in einen sicheren Zustand übergeht (z.B. in den Stillstand abbremst). Das muss aus jedem Betriebszustand und jedem Manöver möglich sein.

12.1 Möglichkeiten, auf den Triebstrang einzuwirken

Grundsätzlich kann man auf den Triebstrang entweder über die Aerodynamik von der Rotorseite her einwirken oder aber über die Last, d.h. den Generator oder die sonstige Arbeitsmaschine.

Die Windturbine erzeugt das Antriebsmoment und den Schub in Abhängigkeit von der Windgeschwindigkeit und dem Profilanstellwinkel der Flügelschnitte, s. Kap 5 und 6. Die Anstellwinkel hängen ab von der Drehzahl, der Flügelstellung (Pitchwinkel) oder auch dem Gierwinkel zwischen Rotorachse und Wind. Mit dem Antriebsmoment wird die Arbeitsmaschine angetrieben, der Überschuss von Antriebsmoment abzüglich des Lastmomentes beschleunigt den Triebstrang, Bild 12-7.

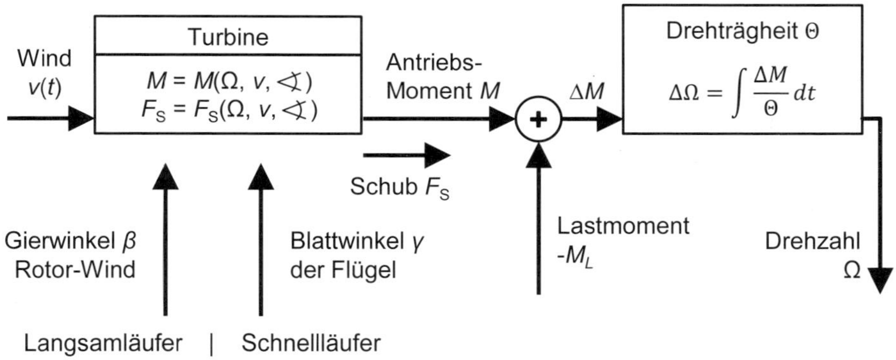

Bild 12-7 Regelstrecke Windturbine; aerodynamische Beeinflussung durch Aus-dem-Wind-Drehen des Rotors um den Gierwinkel β beim Langsamläufer (Zweifahnenreglung) oder Verstellung des Blattwinkels γ beim Schnellläufer (Pitchregelung)

Bei einer quantitativen Betrachtung der Regelvorgänge müssen die Drehträgheiten des Antriebstranges berücksichtigt werden, bei größeren Anlagen auch sein Torsions-Schwingungsverhalten. Der Aufbau der Luftkräfte am Flügel (Wagner-Küssner-Funktionen) hingegen erfolgt i. Allg. so schnell, dass die aus den stationären Überlegungen gewonnenen Kennfelder benutzt werden können, siehe Anhang II zu diesem Kapitel.

12.1.1 Aerodynamische Beeinflussungsmöglichkeiten

Einfache Mittel, um die Leistungsaufnahme des Rotors bei starkem Wind zu reduzieren, sind:

- den Rotor aus dem Wind drehen (Westernmill),

- durch Festhalten der Drehzahl die Strömung am Blatt bei Starkwind in den Abriss zwingen,
- Spoiler oder Bremsklappen ausfahren.

Ein eleganteres Mittel ist die *Blattwinkelverstellung*, auf die wir weiter unten zu sprechen kommen. Bild 12-8 zeigt die Auswirkungen auf das Kennfeld eines kleinen Schnellläufers, der bei starkem Wind schräg zur Windrichtung gedreht wird, ähnlich wie die Westernmill. Die Maxima des Kennfeldes sinken mit zunehmender Schräganblasung ab, bleiben aber etwa bei der gleichen Drehzahl.

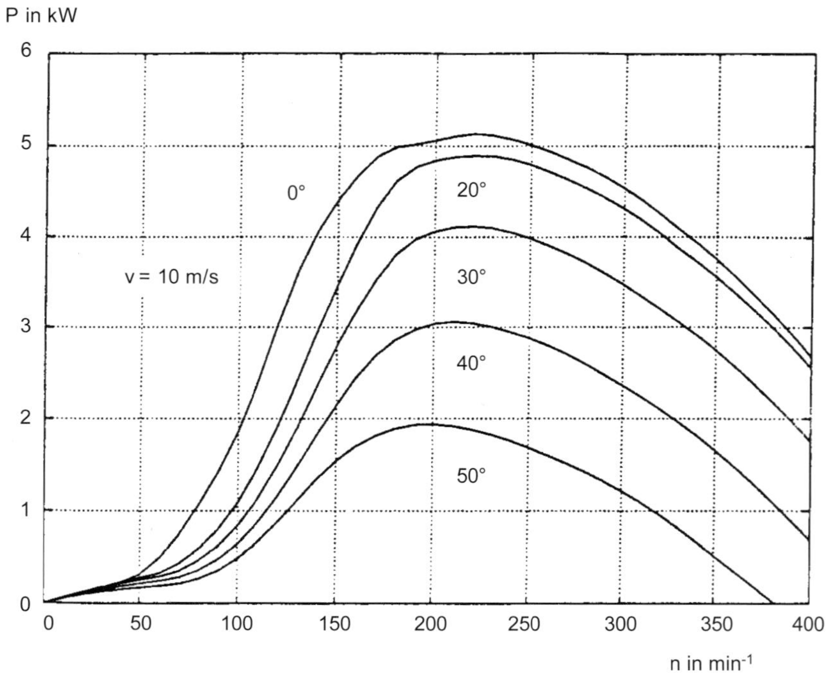

Bild 12-8 Auswirkung der Schräganblasung, vergl. Bild 12-1, (Gierwinkel Rotor-Wind beim Aus-dem-Wind-Drehen) auf das Kennfeld eines Schnellläufers

Hält man die Drehzahl eines Rotors auch bei Starkwind fest, so ändert sich die Umfangskomponente in den Winddreiecken nicht, Bild 12-9. Das kann man, wie der geniale Erfinder des "Dänischen Prinzips" Johannes Juul schon in den 1950er Jahren erkannte, dazu nutzen, die Leistungsaufnahme der Anlage über die Aerodynamik zu begrenzen. Der Anstellwinkel α_A wächst bei starkem Wind so sehr an, dass die Strömung abreißt (Stall-Effekt). Dadurch steigt der Widerstand stark an und dreht die Resultierende R nach hinten. Bei geschickter Flügelauslegung gelingt es im Starkwindbereich deren Projektion auf die Umfangsgeschwindigkeit u (ziemlich) konstant zu halten – und damit auch die Leistung, denn die Drehzahl ist ja fest.

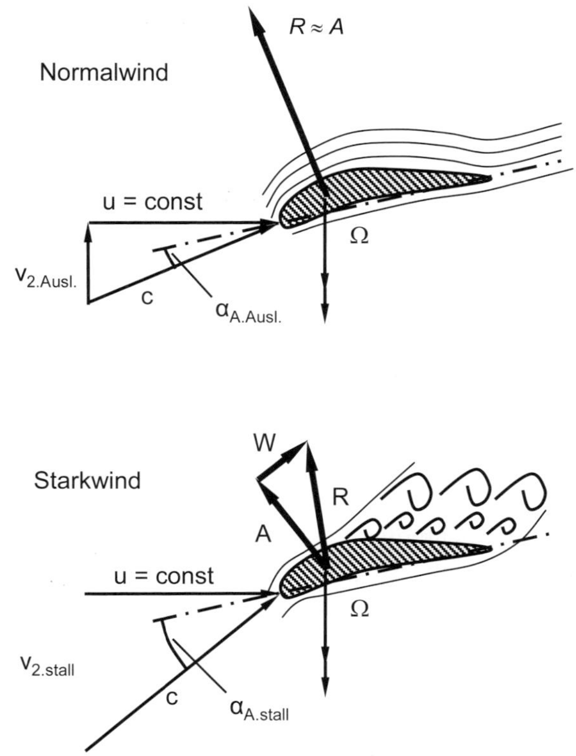

Bild 12-9 Strömungsdreiecke im Auslegungspunkt und bei Starkwind: Strömungsabriss (Stall) durch Konstanthalten der Drehzahl und dadurch bedingte Auftriebsbegrenzung sowie Widerstanderhöhung

Realisiert hat Juul im „Dänischen Prinzip" das durch die Verwendung eines Asynchrongenerators, der sich mit seiner Drehzahl (mehr oder minder) fest an die 50 Hz des Drehstromnetzes klammert. Genau genommen ist das eine Laststeuerung, die den Strömungsabriss geschickt ausnutzt.

Klappen und Spoiler werden als aerodynamische Bremsen ausgeführt, die gegen Überdrehzahl sichern oder auch als einfache Leistungsbegrenzer und Leistungsregler dienen. Sie werden gemeinsam durch Luft- und Fliehkräfte ausgelöst oder hydraulisch zwangsgesteuert, Bild 12-10.

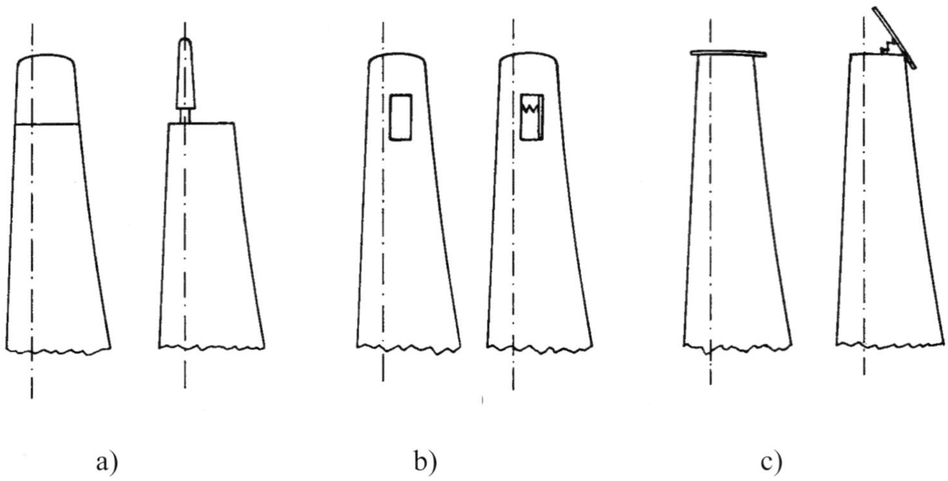

Bild 12-10 Bauformen von Bremsklappen: a) verdrehbare Blattspitze, b) Klappe im Flügel, c) aufklappbare Endscheibe

Das Bremsmoment der Klappenflächen A_{Kl} lässt sich leicht abschätzen, wenn wir annehmen, dass sie am Außenradius R sitzen und wenn vereinfachend nur die Umfangsgeschwindigkeit $\Omega \cdot R$ als Anströmgeschwindigkeit angesetzt wird. Setzt man das Antriebsmoment M_R des Rotors dem Klappenbremsmoment M_{Kl} gleich – die Klappe soll ja verhindern, dass der lastfreie Rotor hochläuft – so erhält man aus $M_R = M_{Kl}$

$$c_M(\lambda) \cdot v^2 \cdot A_R \cdot R \cdot \rho/2 = c_{WKl} \cdot A_{Kl} \cdot R(\Omega \cdot R)^2 \cdot \rho/2 \;. \tag{12.1}$$

Dabei ist A_R bzw. A_{Kl} die Rotor- respektive Klappenfläche und c_{WKl} der Widerstandsbeiwert der meist rechteckigen Klappe. Er beträgt etwa 1,2 bis 2,0 je nach Seitenverhältnis; $c_M(\lambda)$ ist der Momentenbeiwert des Rotors.

Gleichung (12.1) lässt sich als dimensionslose Gleichung auch mit dem Klappenmomentenbeiwert c_{MKl} so schreiben

$$c_M(\lambda) = c_{MKl}(\lambda) \tag{12.2}$$

Dabei ergibt sich $c_{MKl}(\lambda)$ aus Gl. (12.1) zu

$$c_{MKl} = c_{WKl}\,\lambda^2 \cdot A_{Kl} / A_R \equiv f \cdot \lambda^2 \tag{12.3}$$

Der Faktor f enthält im Wesentlichen das Verhältnis von Klappenflächen zu Rotorfläche.

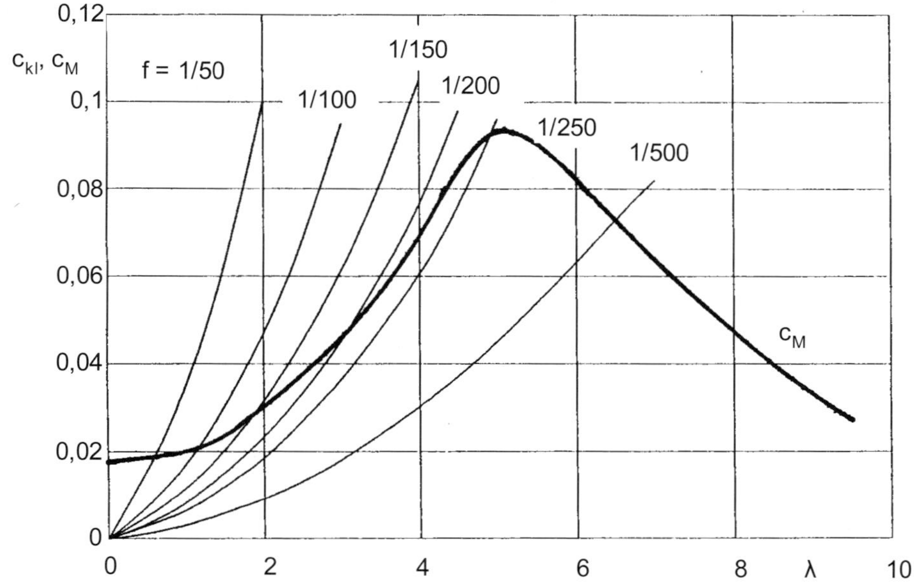

Bild 12-11 Betriebspunkt auf der $c_M(\lambda)$-Kurve des Rotors in Abhängigkeit von der Klappengröße; Parameter $f = c_{WKl} \cdot A_{Kl}/A_R$

Zeichnet man die Kurve $c_{MKl}(\lambda) = \lambda^2 f$ in das c_M-λ-Diagramm eines Rotors ein, Bild 12-11, so ergibt der Schnittpunkt einer solchen Kurve mit $c_M(\lambda)$ den Betriebspunkt des Systems "Windturbine mit ausgefahrener Klappe". Bei schnellläufigen Windturbinen sind nur sehr kleine Klappenflächen nötig: Für eine Windkraftanlage mit der Auslegungsschnelllaufzahl $\lambda_A = 7$ würde die Leerlaufschnelllaufzahl von $\lambda_{leer} = 13$ auf etwa 6,5 herabgesetzt, wenn bei Überdrehzahl eine "Fläche" von etwa 1/500 der Rotorfläche ausgefahren würde. Anders sieht es bei Langsamläufern aus, diese benötigen sehr große Flächen: Eine Spoilerbremsung lohnt sich hier nicht.

Die eleganteste und genaueste aerodynamische Beeinflussung des Rotors erreicht man durch eine *Blattwinkelverstellung*, das „Pitchen". Zwei Varianten sind dabei zu unterscheiden:

- Verringerung des Anstellwinkels α_A (Nase in den Wind, Drehung auf Fahne) durch Vergrößerung des Blattwinkels γ, siehe Bild 12-12 und
- Erhöhung des Anstellwinkels α_A (Nase aus dem Wind, Drehung zum Stall) durch Verkleinerung des Blattwinkels γ, siehe Bild 12-13.

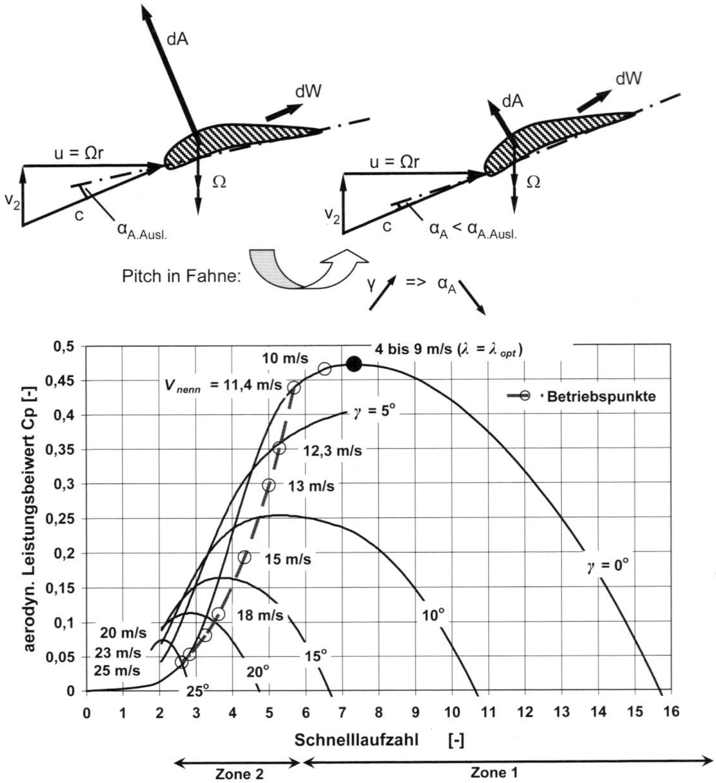

Bild 12-12 Pitch-Regelung: oben: Verstellung des Blattwinkels γ zu kleineren Anstellwinkeln α_A ; unten: zugehöriger c_P-λ-Verlauf für Blattwinkel $\gamma = 0°$ in Zone 1 ($v \leq 11{,}4$ m/s) und $0° < \gamma \leq 25°$ in Zone 2 (11,4 m/s < v < 25 m/s)

Wird nach Bild 12-12 durch Verstellung des Blattwinkels der Anstellwinkel eines Profilschnittes vom Punkt optimaler Anströmung aus zu kleineren Winkeln zurückgenommen, so verringert sich der Auftrieb und somit auch die Leistungsabgabe des Rotors bei gleicher Windgeschwindigkeit. Die antreibende Umfangskomponente des Auftriebs, die den Rotor beschleunigen möchte, verringert sich. Unten in diesem Bild ist der Einfluss der Blattwinkelverstellung auf den c_P-Verlauf zu sehen. Das Kennfeld für verschiedene Blattwinkelstellungen eines Schnellläufers ist in den Bildern 6.15 bis 6.17 zu sehen.

Regelungen, die sich der Blattwinkelverstellung zu *kleineren* Anstellwinkeln bedienen, zeichnen sich durch Genauigkeit und Laufruhe aus, da hier für alle Winkel anliegende Strömungszustände vorliegen. Nachteilig ist, dass für den Blattwinkel relativ große Stellwinkel im Starkwindbereich notwendig werden.

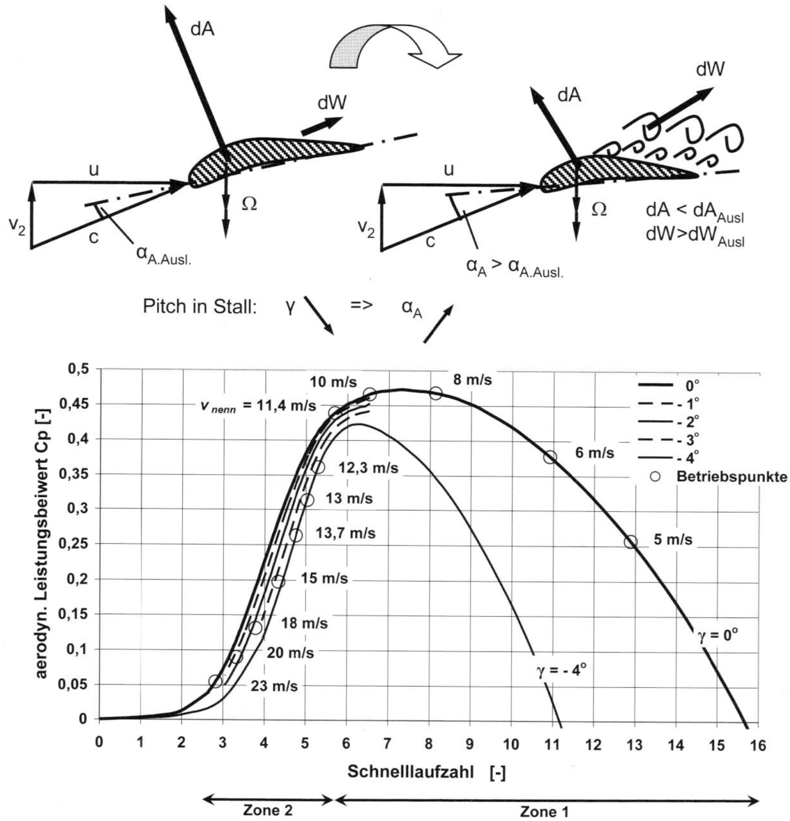

Bild 12-13 Active-Stall Regelung: oben: Verstellung des Blattwinkels γ zu größeren Anstellwinkeln α_A (Stall-Effekt); unten: zugehöriger c_P-λ-Verlauf für Blattwinkel $\gamma = 0^\circ$ in Zone 1 (v < 11,4 m/s) und $-4^\circ \leq \gamma \leq 0^\circ$ in Zone 2 (11,4 m/s < v < 25 m/s)

Auch eine Anstellwinkel*vergrößerung* (Nase aus dem Wind, Active-Stall) führt zu einer Leistungsabnahme, weil die Strömung dann zum Abreißen kommt, wodurch sich der Auftrieb (etwas) vermindert und der Widerstand kräftig erhöht, Bild 12-13.

Die Steuerung in den Abriss verlangt nur geringe Stellwinkel, die Steuerung bis zum Stillstand ist leicht möglich. Der Schub bleibt jedoch bei der Abrissregelung recht hoch. Das folgende Bild 12-14 vergleicht den Stellwinkelbedarf, wenn im Starkwindbereich (11,4 bis 25 m/s) auf konstante Leistung geregelt wird. Um bei einer stallgesteuerten Anlage den im Starkwindbereich leicht welligen Leistungsverlauf wirklich konstant zu halten, sind nur sehr kleine Winkelverstellungen nötig.

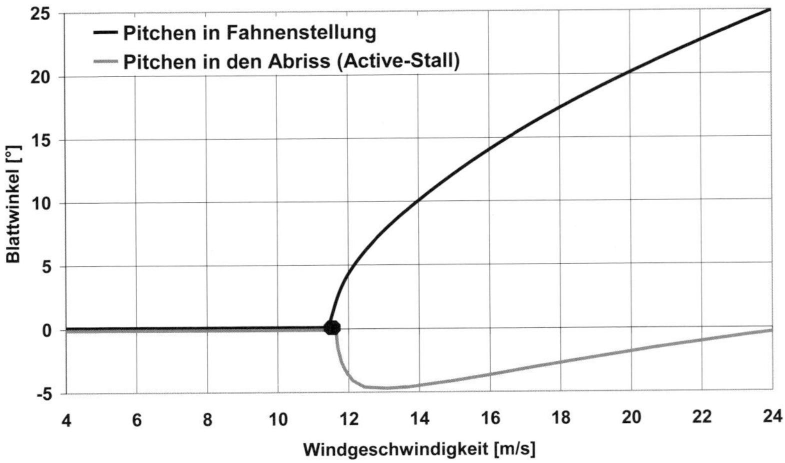

Bild 12-14 Zum Konstanthalten der mittleren Leistung P_{nenn} im Starkwindbereich (v > 11,4 m/s) notwendige Blattwinkelverstellungen bei Pitch-Regelung (Blatt in Richtung Fahne) und bei Active-Stall-Regelung (Blatt in den Abriss)

Fasst man die verschiedenen Möglichkeiten der Beeinflussung des Rotors durch Blattwinkelverstellung zusammen, erhält man folgendes Schema der Möglichkeiten des Betriebes eines Turbinenrotors, Tabelle 12.1. Für jedes Feld finden sich Beispiele aus der Praxis.

Tabelle 12.1 Übersichtsschema der Betriebsmöglichkeiten von Windturbinenrotoren

		Blattwinkelverstellung		
		ohne	auf Fahne	auf Abriss
Rotor-Drehzahl	„fest“	z.B. traditionelle Anlagen des Dänischen Konzepts	z.B. frühe Megawatt-Anlagen	„Active-Stall“-Anlagen
	variabel	z.B. Batterielader	moderne drehzahlvariable Anlagen mit AC-DC-AC Konverter	derzeit kein gebräuchliches Anlagenkonzept

12.1.2 Beeinflussung des Triebstrangs durch die Last

Im Kapitel "Windpumpsysteme" hatten wir schon gesehen, wie unterschiedlich sich das Drehzahl-Drehmomentverhalten von Kolbenpumpe bzw. Kreiselpumpe auf das Gesamtverhalten der Anlage auswirkt. Einige Möglichkeiten, von der Generatorseite her auf den Triebstrang einzuwirken, kennen wir schon aus Kapitel 11. An sie sei hier nur erinnert:

- Synchrongenerator: über die Erregung,
- drehzahlvariable Maschine (synchron oder asynchron): über die Regelung des AC-DC-AC-Konverters,
- Asynchrongenerator: durch Umschalten von 4- auf 6-poligen Betrieb,
- Asynchrongenerator mit Schleifringen: durch Verändern des Läuferwiderstandes,
- u.a.m.

12.2 Sensoren und Aktoren

Wie in der nachführenden Windfahne der Westernmill sind auch im klassischen Fliehkraftregler die Eigenschaften von (Drehzahl-) Sensor und Aktor vereint. Noch heute wird er in kleineren Windkraftanlagen zur Blattwinkelregulierung eingesetzt, siehe Anhang I. In größeren Anlagen sind Sensorik und Aktorik aber gewöhnlich aufgetrennt, nicht zuletzt deshalb, weil an einem Sensor oft mehrere das Signal verarbeitende Stellen hängen. Die wichtigsten Sensoren einer größeren Windkraftanlage sind:

- Gondelanemometer mit Windrichtungsanzeige,
- Drehzahlsensor,
- elektrische Sensoren für Spannungen, Ströme und Phasenlagen,
- Schwingungssensoren,
- Sensoren für Öltemperatur und Ölstand,
- Sensoren für die Gierposition von Gondel und Flügelpitchwinkel,
- Endschalter,
- usw.

Das Gondelanemometer gibt nicht die wahre Windgeschwindigkeit an, sondern nur den "Gondelwind" – was immer er auch darstellt. Deshalb stützt man häufig nur das Ein- und Ausschalten des Produktionsbetriebs auf dieses Signal und nicht die Regelung von Drehzahl und Leistung. Das bessere Windmessgerät ist der Rotor selbst, wie wir in Abschnitt 12.4 sehen werden. Die wichtigsten Aktoren in größeren Windkraftanlagen sind:

- Hydraulikzylinder für die Gondelpositionierung und die Blattwinkelverstellung bzw.
- elektrische Stellmotoren für diese Aufgaben,
- die Drehmomentmanipulation auf der Generatorseite,
- die Aktivierungen für die Bremsen
- usw.

12.3 Regler und Regelsysteme

Die wesentlichen Steuer- und Regelsysteme einer größeren Windkraftanlage zeigte schon Bild 12-5:

- Umrichterregelung,
- Regelung der Erregung des Generators,
- der Blattwinkelverstellung (Pitch) und
- der Gondelnachführung durch Gierregelung.

Die Umrichterregelung hat eine ganze Reihe von Aufgaben: zum Beispiel die der Aufrechterhaltung der Netzspannung sowie Anpassung der Drehmomentenanforderung des Generators an das (optimale) Angebot der Turbine. Beim Aufschalten der Anlage aufs Netz muss sie die Synchronisierung bewerkstelligen und im richtigen Augenblick einklinken, usw.

Für die Entwicklung von Maschinensteuerungen und -regelungen ist das Tempo mit dem die Regelsysteme arbeiten nicht ohne Bedeutung. Es gilt in etwa:

- Gondelnachführung	360 Grad/ 5 min.
- Blattwinkelverstellung	2 bis 8 Grad/sec
- Generatordrehmomentkontrolle	schnell
- Frequenzkontrolle	sehr schnell

Die Drehmomentenregelung durch den Generator ist etwa zehnmal so schnell wie die durch die Blattwinkelverstellung!

Die Regler, die in Windkraftanlagen eingesetzt werden, sind selbst meist simple P-I-D-Regler. Komplexere Regler wie Zustandsregler oder auf Beobachtern basierende Systeme haben bisher keinen Eingang gefunden. In der Tabelle 12.2 sind die wichtigsten Eigenschaften dieser Standard-Regler zusammengestellt.

Tabelle 12.2 Verschiedene Darstellungen von P-I-D-Reglern

	Zeitbereich	Frequenzbereich	Numerische Darstellung
P-Regler	$y = K_P \cdot x$	$\hat{y} = K_P \cdot \hat{x}$	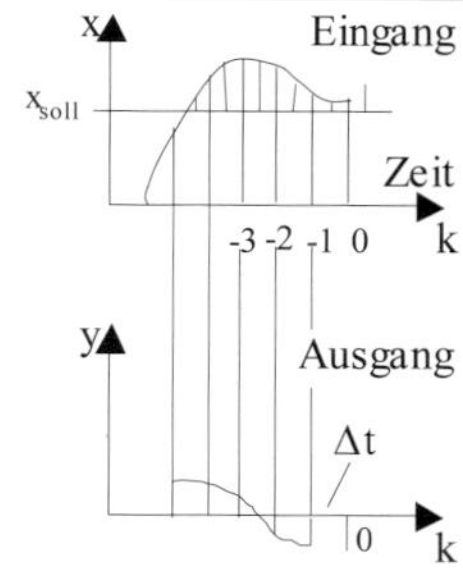
PI-Regler	$y = K_P \cdot x + K_I \int x\,dt$	$\hat{y} = \left(K_P + \frac{K_I}{s}\right) \cdot \hat{x}$	
PID-Regler	$y + T_D \dot{y} = K_P x + K_I \int x\,dt + K_D \dot{x}$	$\hat{y} = \left[K_P + \frac{K_I}{s} + K_D \frac{s}{1 + s \cdot T_D}\right] \cdot \hat{x}$	
	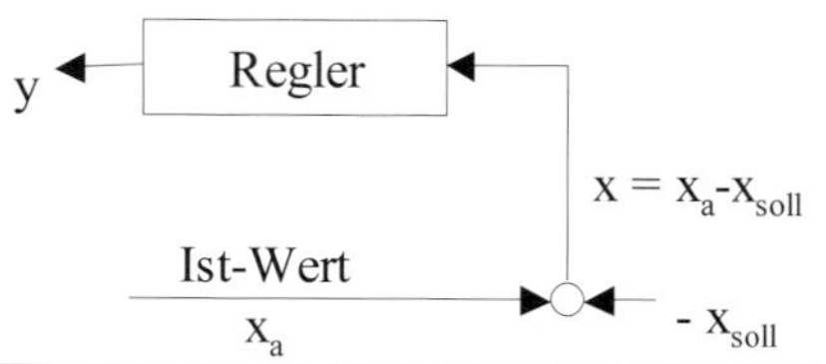		$y_0 = (a_0 x_0 + a_{-1} x_{-1} + a_{-2} x_{-2} \ldots) + (b_{-1} y_{-1} + b_{-2} y_{-2} + \ldots)$ **Vorsicht:** Totzeit Δt sowie fehlende oder falsche Werte

Die reine **P**roportionalrückführung findet sich schon in der Windfahnennachführung der Westernmill und ebenso im Fliehkraftregler: Die Verstellung y ist proportional dem Reglereingangssignal $y = K_P \cdot x$. Der P-Regler arbeitet schnell, nimmt aber eine kleine Endabweichung der zu regelnden Strecke vom Sollwert in Kauf.

Dagegen hilft ein (i. Allg. kleiner) **I**ntegralanteil in der Rückführung, der die Endabweichung vom Sollwert langsam zu Null fährt (P-I-Regler).

Muss sehr schnell eingegriffen werden, um die Regelstrecke zu beherrschen, ist ein **D**ifferenzial-Anteil in der Rückführung hilfreich – der sich allerdings nicht ohne Verzögerungsglied T_D in der Antwort realisieren lässt.

Früher kaufte man P-I-D-Regler als analog arbeitende Komponente – gebaut aus Verstärkern, Widerständen, Kondensatoren und Spulen – beim Elektronikzulieferanten. Heute realisiert man die Regler digital im Steuerungsrechner, in dem auch die Betriebsführung beheimatet ist. Manche Hersteller entwickeln das Betriebsführungs- und Steuer-Regelsystem selbst. Andere greifen auf standardisierte Industriesteuerungen wie SPS (Speicherprogrammierbare Steuerungen) zurück, die sie dann auf die speziellen Bedürfnisse des jeweiligen Typus von Windkraftanlage programmieren.

Die Sensorinformation x_a wird in diesen digitalen Systemen im kHz-Takt abgefragt und mit dem Sollwert x_{soll} verglichen, $x = x_a - x_{soll}$, und dann im Rechner nach den P-I-D-Regeln gewichtet, vgl. Tabelle 12.2.

Das Abtasten verursacht eine geringe Totzeit Δt. Schlimmer ist aber, dass die Sensorinformation x gelegentlich in einzelnen Stützwerten durch das Störfeuer der Leistungselektronik oder sonst woher verfälscht sein kann. Deshalb darf man die Regelung nicht nur auf den letzten zwei oder drei Stützwerten x_0, x_{-1}, x_{-2} aufbauen. Man überprüft die Gültigkeit der Sensorinformation x vor der Verarbeitung im Regler z.B. durch eine Least-Square-Technik. Werte, die allzu weit aus dem Bereich des Vertrauens herausfallen, werden identifiziert, verworfen und durch eine vernünftige Schätzung ersetzt.

In jüngster Zeit werden neue Reglerkonzepte zur individuellen oder zyklischen Blattwinkelverstellung der einzelnen Blätter im Produktionsbetrieb („individual pitch") entwickelt und in ersten Serienanlagen eingesetzt, um die Betriebsfestigkeitsbelastungen zu senken. Hierzu sind zusätzliche Belastungssensoren z.B. in den Rotorblättern erforderlich.

12.4 Regelungsstrategie einer drehzahlvariablen Anlage mit Blattwinkelverstellung

Wie sehen die Sollwertvorgaben für eine Anlage aus, die – wie in Bild 12-15 gezeigt – im Bereich 1 des normalen Windes (etwa 4 bis 12 m/s) stets optimal fährt und dann im Starkwindbereich 2 durch Blattwinkelverstellung Leistungsaufnahme und Drehzahl der Maschine konstant hält? Da wir dem Windsignal des Gondelanemometers wegen durch Rotor und Gondel verfälschten Werten nicht vertrauen, müssen wir uns auf das Drehzahlsignal abstützen, das ja beim Fahren mit optimaler Schnelllaufzahl (Zone 1, Blattwinkel null) der Windgeschwindigkeit proportional ist:

$$\lambda_{opt} = R \cdot \Omega / v = \text{konst.} \tag{12.4}$$

Für die weiteren Überlegungen betrachten wir Bild 12-15, in dem das Kennfeld der Turbine als Drehmoment-Drehzahldiagramm dargestellt ist. Zusätzlich finden wir dort die Kurve λ_{opt} des besten Leistungsangebotes der Turbine. Dieses soll der Generator im Normalwindbereich abfordern.

Das tut er, wenn er gemäß folgender Steuerfunktion für die Sollwerte seiner Regelung geführt wird,

$$M_{gen} = \underbrace{[c_{P\,opt} \cdot \rho \cdot \pi \cdot R^5 / 2 \cdot \lambda_{opt}^3]} \cdot \Omega^2 \tag{12.5}$$

$$M_{gen} = [\text{Maschinenkonstante}] \cdot \Omega^2$$

Nimmt man nämlich die Leistungsgleichung

$$P = c_P \cdot \rho \cdot v^3 \cdot \pi \cdot R^2/2 \tag{12.6}$$

und beachtet das Drehmoment $M = P/\Omega$, so findet man wegen Gl. (12.4) die obige Steuerfunktion für die Sollwertvorgabe des Generatordrehmomentes M_{gen}. Die Windgeschwindigkeit taucht explizit nicht mehr auf. Die Maschinenkonstante ist aus den Entwurfsdaten bekannt. Das sehr ungenaue Signal des Gondelanemometers ist für die Reglervorgabe durch das Drehzahlsignal ersetzt („Der beste Windmesser ist der Rotor selbst.“).

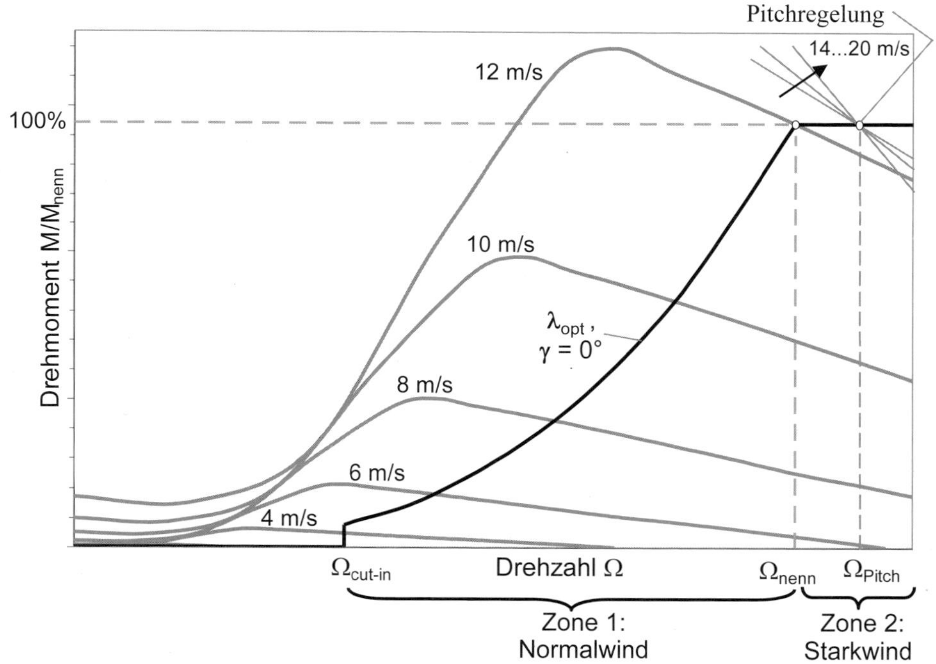

Bild 12-15 Drehmoment-Drehzahlkennfeld und die Kurve λ_{opt} des besten Turbinenleistungsangebotes einer drehzahl-variablen Anlage mit Synchrongenerator und Vollumrichter. Drehzahlvariabilität bis Nennwindgeschwindigkeit 12 m/s

Im Starkwindbereich jenseits von 12 m/s wird die Regelungsstrategie geändert. Im einfachsten Fall hält man jetzt durch schnelle Reglereingriffe über Umrichter und Generator das Moment konstant. Gleichzeitig aber wird die Blattwinkelverstellung aktiviert, um die Drehzahl und damit auch die Leistung konstant zu halten, siehe auch Bild 6-18. Wegen der Dynamik des Regelkreises gelingt es nur näherungsweise die Nenndrehzahl festzuhalten. Eine gewisse Nachgiebigkeit gegenüber Böen ist auch zur Strukturentlastung und Leistungsglättung erwünscht.

Um ein zu häufiges Hin- und Herschalten zwischen den Regelbereichen Normalwind und Starkwind zu vermeiden, legt man die „feste“ Drehzahl Ω_{Pitch} des Starkwindbereiches etwas höher als die Übergangsecke und baut eine gewisse Hysterese ein, ehe die Bereiche gewechselt werden.

Nicht immer regelt man im Starkwindbereich, wie hier skizziert, einfach auf konstantes Drehmoment. Wegen des Spielens der Regelung um den Punkt der festen Drehzahl kann anstelle des Regelzieles „Drehmoment konstant“ auch das Regelziel „Leistung konstant“ sinnvoll sein. So verhindert man, dass bei Böen der Generator kurzzeitig überfüttert wird.

12.5 Zum Reglerentwurf

In der Entwurfsphase ist es oft sinnvoll, das Gesamtsystem zunächst in Subsysteme aufzuteilen, die wenig miteinander zu tun haben, z.B.

- Azimutregelung der Gondel,
- Triebstrangregelung für Drehmoment und Drehzahl
    - elektrisch-elektronische Regelung des Drehmoments über Generator- und Umrichtersystem (schnell) sowie
    - elektro-mechanische oder hydraulische Blattwinkelregelung (langsam)
    - usw.

Im ersten Anlauf ist die Anwendung klassischer analytischer Methoden für die Teilsysteme hilfreich. Oft genügt eine linearisierende Näherung für den P-I-D-Regler-Entwurf. Die Reglereinstellungen für die Koeffizienten K_P, K_I, K_D und T_D kann man vorerst nach den klassischen Regeln (z.B. Ziegler-Nicholsen usw.) wählen. Später justiert man dann in der digitalen Simulation nach. Wenn eine gute Lösung vorzuliegen scheint, beginnt man mit der nicht-linearen, digitalen Simulation, führt Verstärkungsgrenzen, Amplitudengrenzen und nicht-lineares Streckenverhalten wie $P = P(v, \Omega, \gamma)$ etc. ein und berücksichtigt dann auch die Verknüpfungen von ineinander greifenden Reglern. Auf den Triebstrang zum Beispiel wirken die schnelle Drehmomentenregelung von der elektrischen Seite her ein und von der Aerodynamik her die langsamere Blattwinkelregelung. Zudem muss u. U. noch das Torsionsschwingungsverhalten berücksichtigt werden.

Hilfreich sind bei dieser Arbeit Programmsysteme wie SIMULINK, die in relativ einfacher Weise die Verknüpfung von Triebstrangsschwingungsmodell und Reglerentwurf erlauben.

Auch über die axialen Turm-Gondelschwingungen mischt sich die Strukturdynamik in die Regelung ein, Bild 12-16. Der Rotor nimmt nämlich durch die Turmschwingungsbewegungen $u_T(t)$ nicht mehr die Windgeschwindigkeit $v_{\text{Wind}}(t)$ wahr, sondern die Differenz Windgeschwindigkeit – Turmschwingungsgeschwindigkeit. Da die Blattwinkelverstellung über den Turmschub die Turmschwingungen beeinflusst, entsteht eine Interaktion, die die aerodynamische Dämpfung der Turmschwingungen in Achsrichtung verringern oder im ungünstigen Falle zu Reglerschwingungen führen kann.

Sowohl Betriebsführungen als auch Regelungen sind heute Software-basiert. Oft werden klassische Industriesteuerungen (SPS) eingesetzt, die entsprechend zu programmieren sind. Nur das Sicherheitssystem ist Hardware-basiert.

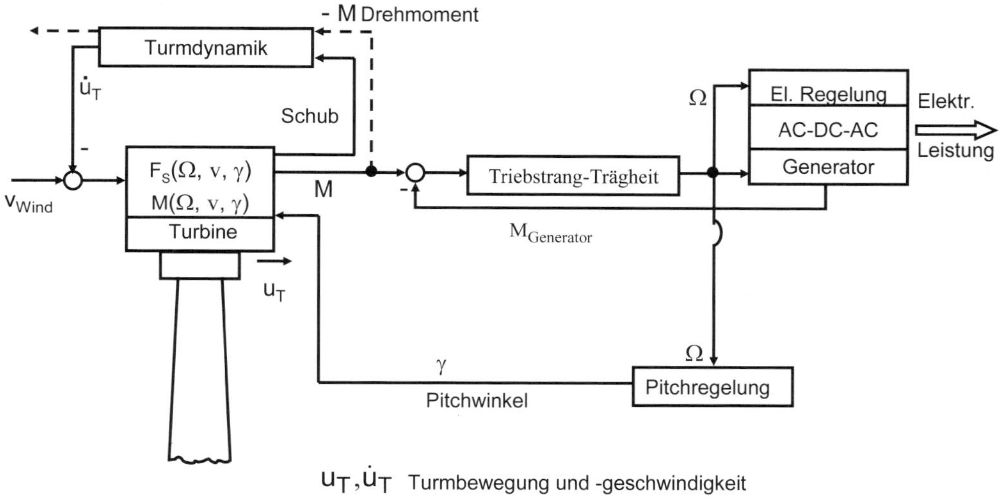

Bild 12-16 Interaktion von Pitch-Regelung, Turmschwingungen und Triebstrangregelung

Anhang I

Beispiele einfacher mechanischer Regelungen

Die in diesem Anhang vorgestellten einfachen Regelungen nutzen den Winddruck (Fahne) oder die Drehzahl (Fliehkraftmechanismen) zur Leistungs- bzw. Drehzahlregelung. Sie haben sich bei Anlagen bis zu Durchmessern von 5 m gut bewährt.

Regelung von Langsamläufern durch den Winddruck

Bild 12-1 zeigt die Zweifahnenregelung einer Westernmill, Bild 12-17 die sogenannte Eklipsenregelung, bei der statt dem Winddruck auf der Seitenfahne der Rotorschub selbst wirkt. Bei der Zweifahnenregelung von Bild 12-1 halten sich im Normalbetrieb die Luftkraftmomente aus der längsangeströmten Hauptfahne und der Querfahne die Waage,

$$l_q \cdot \frac{\rho}{2} \cdot v^2 \cdot A_{quer} \cdot c_W = l_H \cdot \frac{\rho}{2} \cdot v^2 \cdot A_{Längs} \cdot c_A(\alpha) \tag{12.7}$$

wobei l_q und l_H die jeweiligen Hebellängen sind.

Die Zugfeder hält die Hauptfahne durch Ihre Vorspannung zunächst noch auf dem Anschlag. Bei Überschreiten einer gewissen Windgeschwindigkeit v_{grenz} gibt aber die Feder nach. Der Regelbeginn kann durch Geometrie und die Federsteifigkeit beeinflusst werden. Stehen diese Größen fest, so kann das Regelverhalten berechnet werden, wobei allerdings einige empirische Ansätze nötig sind, um den Einfluss der Hauptfahne abzuschätzen [6].

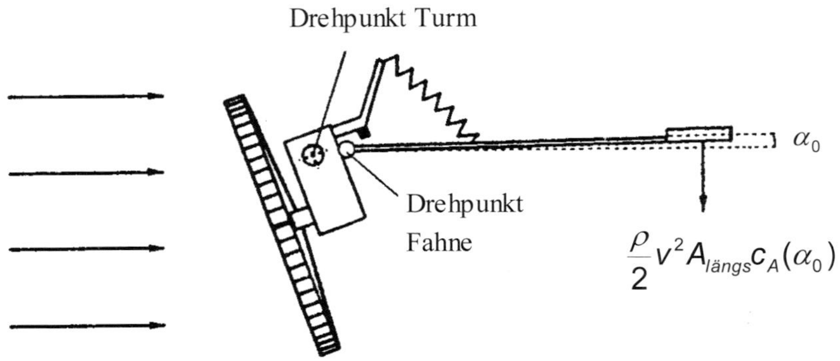

Bild 12-17 Eklipsenregelung

Das Bild 12-18 beschreibt das Regelverhalten einer Windkraftanlage mit 4 m Durchmesser. Die Schnittpunkte des Federmoments M_F mit dem Moment der Windfahne stellen Arbeitspunkte dar, in denen die Momente im Gleichgewicht sind. Bis zu einem Winkel von 55° ist das Regelverhalten stabil. Darüber hinaus kippt der Rotor schlagartig auf seine Sturmstellung von $\varphi = 90°$.

Bei der Eklipsenregelung Bild 12-17 ersetzt der Rotorschub die Kraft, die sonst durch die Seitenfahne für das Drehen aus dem Wind geliefert wird.

Regelung von Schnellläufern durch Winddruck

Auch bei Schnellläufern kann der Winddruck für Regelungszwecke genutzt werden. Bild 12-19 zeigt eine solche Anlage, bei der der Schub des Rotors und das Gewicht die Gleichgewichtslage α (Kippwinkel) bestimmen.

Der tiefliegende Schwerpunkt kann durch einen nach unten weisenden Stab mit einem Gewicht erreicht werden. Überschlägig kann für eine vorgegebene Geometrie der Regelbeginn bestimmt werden.

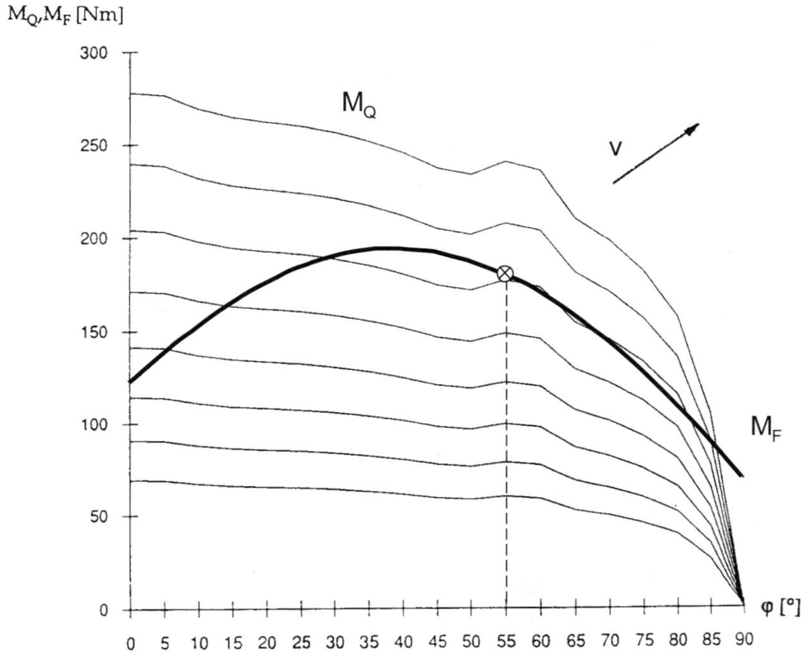

Bild 12-18 Regelkennfeld der Zweifahnenregelung; M_Q ist das Moment der Seitenwindfahne und M_F das Federmoment

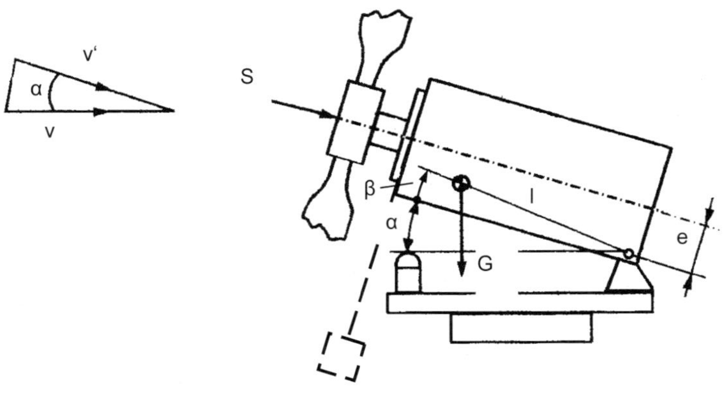

Bild 12-19 Schematischer Aufbau eines Kipprotors für Batterielader

Hierzu wird der Schub für den gekippten Rotor abgeschätzt:

$$S = c_S(\lambda) \cdot \frac{\rho}{2} \cdot A_{Rotor} \, (v')^2 = c_S\,(\lambda) \cdot \frac{\rho}{2} \cdot A_{Rotor} \cdot v^2 \cdot \cos^2\alpha \tag{12.8}$$

Die Momentenbilanz um den Gelenkpunkt lautet:

$$G \cdot l \cdot \cos(\alpha + \beta) = c_S\,(\lambda) \cdot \frac{\rho}{2} \cdot A_{Rotor} \cdot v^2 \cdot \cos^2\alpha \cdot e \tag{12.9}$$

Durch Umstellen erhält man hieraus die Windgeschwindigkeit, bei der der Kippwinkel α gerade noch 0° ist:

$$v_{beginn} = \sqrt{\frac{G \cdot l \cdot \cos\beta}{c_s(\lambda) \cdot \frac{\rho}{2} \cdot A_{Rotor} \cdot e}} \tag{12.10}$$

Der Regelbereich $v > v_{beginn}$ berechnet sich zu:

$$v = \sqrt{\frac{G \cdot l}{c_s(\lambda) \cdot \frac{\rho}{2} \cdot A_{Rotor} \cdot e} \cdot \frac{\cos(\alpha + \beta)}{\cos^2\alpha}} \tag{12.11}$$

Bei Schnellläufern ist der Schubbeiwert nur wenig von der Belastung abhängig; im Auslegungspunkt gilt nach Betz $c_S(\lambda_{opt})$ = 8/9 und im Leerlauf steigt er auf etwa $c_S(\lambda_{leer})$ = 1,0...1,2. Mit der Vereinfachung $c_S = 1$ ergibt sich das Regelverhalten nach Bild 12-20. Wenn der Schwerpunkt hinreichend tief gelegt ist ($\beta < 0$), ergibt sich ein sanftes Übergehen in die Kipplage.

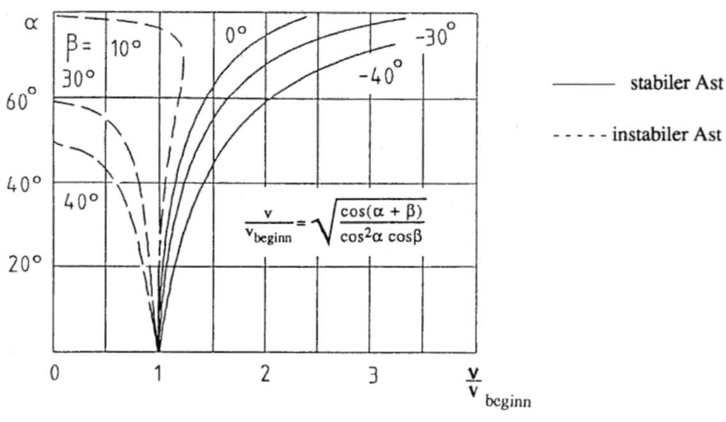

Bild 12-20 Regelverhalten eines Kipprotors

Es hat sich gezeigt, dass sich mit dieser überschlägigen Rechnung schon relativ hohe Übereinstimmung mit der Praxis erreichen lässt.

Regelung von Schnellläufern durch Zentrifugalmechanismen

Ab einer bestimmten Drehzahl im Starkwindbereich verstellt der Zentrifugalmechanismus stetig mit zunehmender Drehzahl den Blattwinkel oder die Bremsklappen. Auch die individuelle oder gekoppelte Blattwinkelverstellung durch das sogenannte Propellermoment gehören in diese Gruppe. Bild 12-21 zeigt das Prinzip und das Kennfeld eines derartigen Rotors. Bild 12-22 zeigt das Regelschema der verschiedenen Bauformen. Der proportional wirkende Regelmechanismus hält die Drehzahl – bis auf die so genannte Proportionalabweichung – nahezu fest.

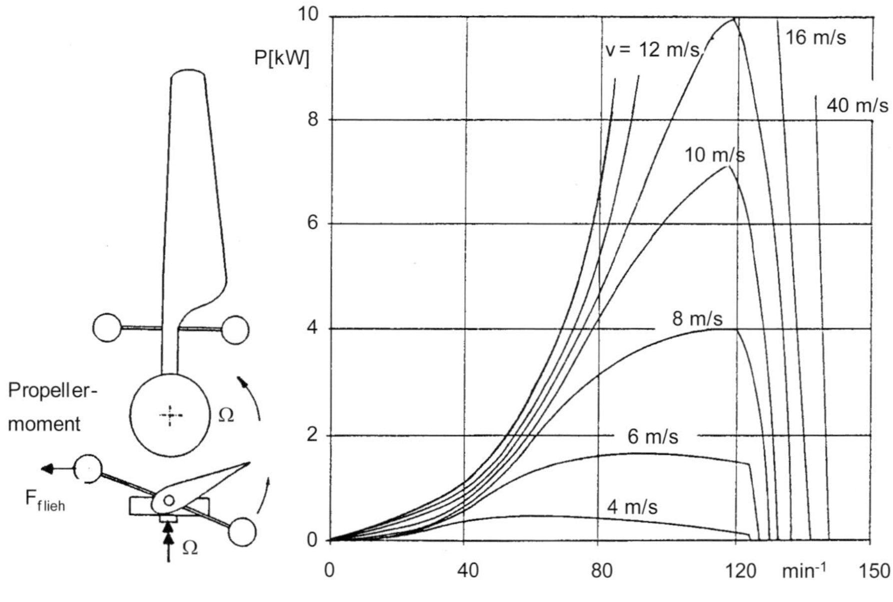

Bild 12-21 Prinzip eines Reglers mit Propellermoment aus Fliehgewichten und Kennfeld eines derartigen Rotors

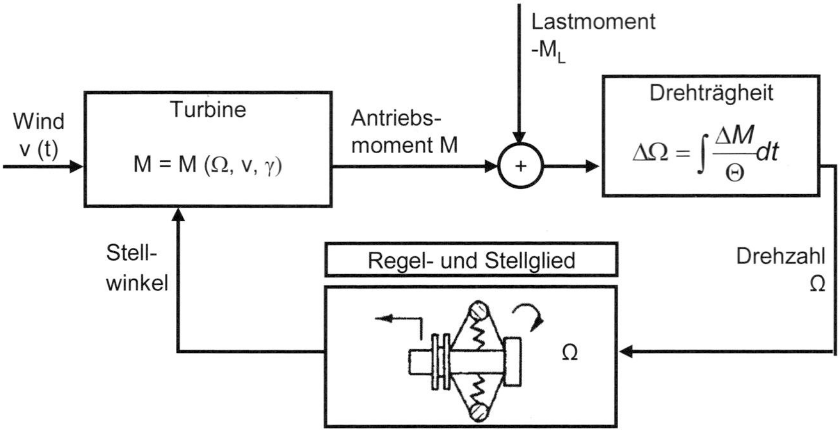

Bild 12-22 Blockschaltbild der Regelstrecke mit Fliehkraftregler

Ein gleichmäßiges Einsetzen der Regelung wird durch eine Synchronisation der einzelnen Stellglieder erreicht. Bild 12-23 zeigt einen derartigen synchronisierten Rotor.

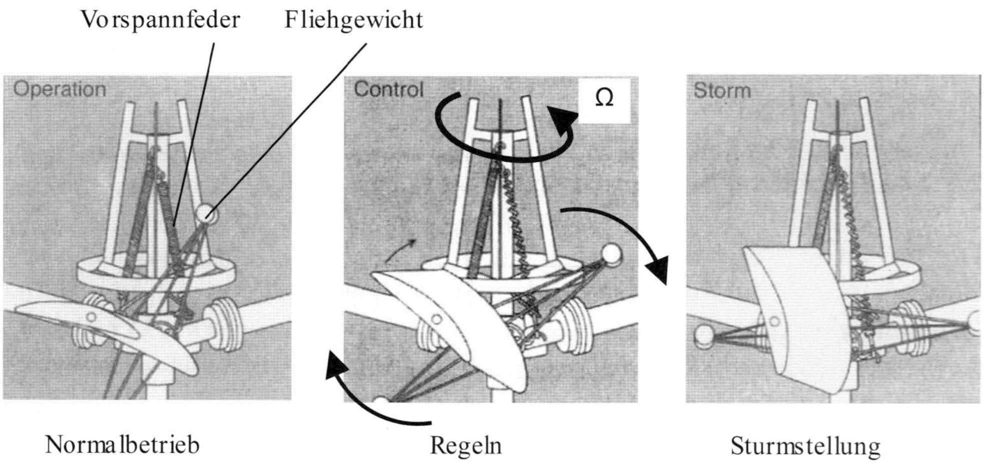

Bild 12-23 Nabe eines Pitchrotors mit Zentrifugalmechanismus nach Brümmer, Werkbild

Passive Regelung durch aerodynamische Kräfte

In der Aerodynamik ist bekannt, dass über weite Bereiche des Anströmwinkels der Angriffspunkt der Auftriebs- und Widerstandskräfte bei ca. 25% der Flügeltiefe liegt.

Wird ein Profil nicht an diesem sogenannten $t/4$ - Punkt aufgefädelt, so stellt sich ein Moment ein, das je nach gewähltem Fädelpunkt versucht, das Profil in die Anströmung hinein oder hinaus zu drehen. Dieses Stellmoment M_{stell} berechnet sich bei einem 3-Flügler aus dem Abstand x der Drehpunkt-Blattachse und der Schubkraft F_S eines Rotorblattes wie folgt, Bild 12-24:

$$M_{\text{stell}} = x \cdot F_S \tag{12.12}$$

x: Abstand Drehachse-Schubangriffspunkt

$$F_S = \frac{\rho}{2} \cdot \frac{A}{3} \cdot v^2 \cdot c_s \tag{12.13}$$

F_S: Schubkraft eines Rotorblattes

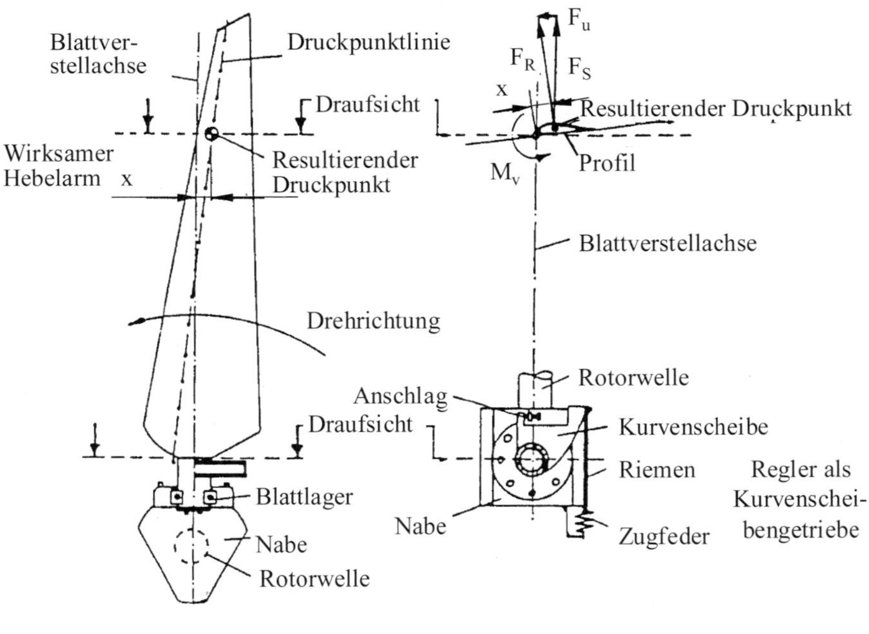

Bild 12-24 Prinzip und möglicher Aufbau der passiven Regelung durch aerodynamische Kräfte [7]

Wie alle anderen aerodynamischen Kräfte ist dieses Moment vom Quadrat der Windgeschwindigkeit abhängig und somit gut geeignet, als Stellgröße zu dienen. Für die übliche Pitchverstellung zu kleinen Anströmwinkeln muss der Fädelpunkt so gewählt werden, dass er vor dem Kraftangriffspunkt der Luftkräfte liegt. Wie beim Fliehkraft-

Pitch wird durch eine Feder der Regelbeginn und die Regelcharakteristik eingestellt werden. Ebenso ist es ratsam, die Flügel zu synchronisieren, um aerodynamische Unwuchten zu vermeiden. In Kombination mit einem Synchrongenerator ergibt dieser Mechanismus ein simples und bis auf die Synchronisation der Rotorblätter unaufwendiges System, das unabhängig von einer externen Energieversorgung arbeitet.

Anhang II

Die Differenzialgleichung des Regelverhaltens von Windturbinen und ihre Linearisierung um den Betriebspunkt

Bei der Regelung durch Blattwinkelverstellung hat man zu beachten, dass die Regelung ausreichend schnell ist, um z.B. bei Böen eine konstante Drehzahl zu gewährleisten. Außerdem muss sie stabil sein, sie darf also keine aufklingenden Regelschwingungen zeigen. Man hat also die Differenzialgleichung zu untersuchen, die dieses dynamische Verhalten beschreibt. In Bild 12-7 wurde bereits das Regelschema einer Windturbine vorgestellt, die dazugehörige Bewegungsdifferenzialgleichung wird hier nun nachgereicht:

$$\Theta\ \Omega^{\cdot} + M_L(\Omega, P_{el}) - M_T(\Omega, v, \alpha) = 0 \tag{12.14}$$

Dabei bedeutet:

Θ	Massenträgheitsmoment von Rotor und Triebstrang
M_L	Bremsmoment der Last, das der Drehbewegung entgegenwirkt
M_T	beschleunigendes Moment der Turbine
Ω	Winkelgeschwindigkeit der Turbine
$\Omega^{\cdot}$	Winkelbeschleunigung
P_{el}	elektrische Anschlussleistung (im Inselbetrieb)
v	Windgeschwindigkeit
α	Blattwinkel (Bezeichnung γ in Bild 12-7)

Bei der Regelung durch Blattwinkelverstellung ist das Antriebsmoment der Turbine die entscheidende Größe, die man durch Veränderung des Winkels α zu beeinflussen sucht. Diese Größe hängt außerdem von der Windgeschwindigkeit und der Drehzahl ab, siehe Bilder 6-15 und 6-16. Für eine nähere Untersuchung der Dynamik der Regelung ist es sinnvoll, die angegebene Differenzialgleichung um einen festen Betriebspunkt zu linearisieren. Hierzu hat man M_T in einer Taylor-Reihe zu entwickeln. M_T lässt sich aus dem Momentenbeiwert c_M berechnen, der wiederum von der Schnelllaufzahl und dem Blattwinkel abhängt.

$$M_T = \frac{\rho}{2} \cdot A_R \cdot c_M(\lambda, \alpha) \cdot v^2 \cdot R$$

$$= \frac{\rho}{2} \cdot A_R \cdot c_M\left(\frac{\Omega \cdot R}{v}, \alpha\right) \cdot v^2 \cdot R \qquad (12.15)$$

Dabei sind: ρ Dichte der Luft,

R Radius des Rotors,

A_R Fläche des Rotors,

λ Schnelllaufzahl.

Für die Taylorreihe benötigt man die partiellen Ableitungen von M_T:

$$\frac{\delta M_T}{\delta v} = c_M(\lambda, \alpha) \cdot R \cdot \frac{\rho}{2} \cdot 2 \cdot v \cdot A_R + \frac{\delta c_M}{\delta \lambda} \cdot \frac{\delta \lambda}{\delta v} \cdot \frac{\rho}{2} \cdot v^2 \cdot A_R \cdot R$$

$$= \frac{\rho}{2} \cdot A_R \cdot R \left(2\, c_M(\lambda, \alpha) \cdot v - \frac{\delta c_M}{\delta \lambda} \cdot \Omega \cdot R\right) \qquad (12.16)$$

$$\frac{\delta M_T}{\delta \alpha} = \frac{\rho}{2} \cdot A_R \cdot \frac{\delta c_M}{\delta \alpha} \cdot v^2 \cdot R \qquad (12.17)$$

$$\frac{\delta M_T}{\delta \Omega} = \frac{\rho}{2} \cdot A_R \cdot \frac{\delta c_M}{\delta \lambda} \cdot \frac{\delta \lambda}{\delta \Omega} \cdot v^2 \cdot R$$

$$= \frac{\rho}{2} \cdot A_R \cdot \frac{\delta c_M}{\delta \lambda} \cdot R^2 \cdot v \qquad (12.18)$$

Die oben angegebenen partiellen Ableitungen von M_T besitzen eine anschauliche Deutung. Bei der üblichen Darstellung der Momentenbeiwerte in Abhängigkeit von der Schnelllaufzahl mit Blattwinkel α als Parameter ist die Bedeutung von $\delta c_M/\delta\lambda$ als Tangente der entsprechenden $c_M(\lambda)$-Kurve im Betriebspunkt $\lambda = \lambda_B$ klar. Trägt man nun die Momentenbeiwerte in der λ, α-Ebene auf, Bild 12-25, so erkennt man, dass $\delta c_M/\delta\alpha$ der Steigung der Neigungsgeraden in α-Richtung im Betriebspunkt $\alpha = \alpha_B$ und $\lambda = \lambda_B$ entspricht:

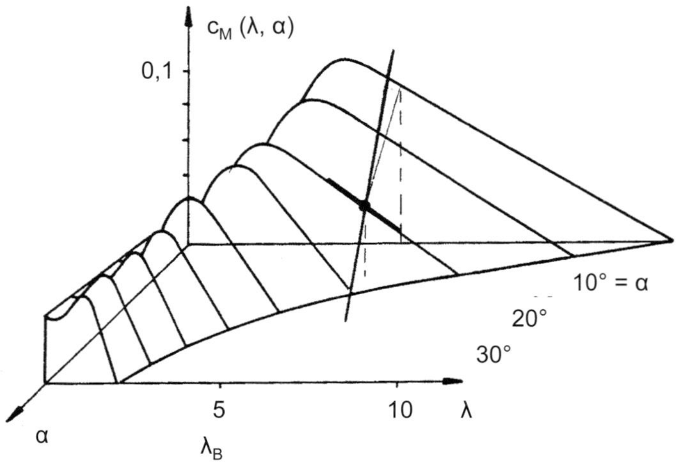

Bild 12-25 Deutung der partiellen Ableitungen von c_M im Betriebspunkt als Neigungsgeraden; Blattwinkel α

Man erhält also aus der Taylor-Entwicklung des Kennfeldes $c_M = c_M(\lambda, \alpha)$ folgende linearisierte Darstellung für den Verlauf des Turbinenmomentes $M_T = M_T(\alpha, \Omega, v)$ in der Nachbarschaft eines Betriebspunktes, der durch λ_B und α_B gegeben ist:

$$\Delta M_T = \frac{\delta M_T}{\delta v}\Big|_B \; \Delta v + \frac{\delta M_T}{\delta \alpha}\Big|_B \; \Delta\alpha + \frac{\delta M_T}{\delta \Omega}\Big|_B \; \Delta\Omega$$

$$= \frac{\rho}{2} \cdot A_R \cdot R\,[\,2 \cdot c_M\,(\lambda_B, \alpha_B)\, v_0 - \frac{\delta c_M}{\delta \lambda}\Big|_B \; \Omega_0 R]\, \Delta v$$

$$+ \frac{\rho}{2} \cdot A_R \cdot R\,[\frac{\delta c_M}{\delta \alpha}\Big|_B \; v_0^2\,]\, \Delta\alpha + \frac{\rho}{2} \cdot A_R \cdot R^2\,[\frac{\delta c_M}{\delta \lambda}\Big|_B \, v_0]\, \Delta\Omega \qquad (12.19)$$

wobei „$|_B$" andeutet, dass die partiellen Ableitungen im Betriebspunkt $\alpha = \alpha_B$, $\lambda = \lambda_B$ und $\Omega = \Omega_B$ zu nehmen sind.

Nimmt man an, dass sich auch die Verbraucherlast nur linear mit der Drehzahl ändert, so erhält man für die Drehgeschwindigkeit $\Omega = \Omega_0$ und bei der Windgeschwindigkeit v_0 folgende linearisierte Differenzialgleichung:

$$\Theta \cdot \dot{\Omega} - \frac{\rho}{2} \cdot A_R \cdot \frac{\delta c_M}{\delta \lambda}\Big|_B \, R^2 \cdot v_0 \cdot \Delta\Omega + \frac{\delta M_L}{\delta \Omega}\,\Delta\Omega$$

$$= \frac{\rho}{2} \cdot A_\mathrm{R} \cdot R\,[2 \cdot c_\mathrm{M}(\lambda_\mathrm{B}, \alpha_\mathrm{B})\, v_0 - \frac{\delta c_\mathrm{M}}{\delta \lambda}\Big|_B \;\; \Omega_0 \cdot R] \cdot \Delta v$$

$$+ \frac{\rho}{2} \cdot A_\mathrm{R} \cdot R\,[\frac{\delta c_\mathrm{M}}{\delta \alpha}\Big|_B \; v_0^2\,]\,\Delta\alpha \qquad (12.20)$$

Formal gilt natürlich bei kleinen Regelschwingungen $\dot{\Omega} = \Delta\dot{\Omega}$. Setzt man dies in Gl (12.20) ein, wird deutlicher, dass es sich um eine Dgl. 1. Ordnung handelt.

Die Änderung des Drehmomentes wird also durch Änderung der Drehzahl (über Last- und Turbinenkennlinie), Änderungen der Windgeschwindigkeit und Änderung des Blattwinkels verursacht; wobei nur die letzte Änderung vom Regler beeinflusst wird. Man hat bei der Konstruktion darauf zu achten, dass die Änderungen der Drehzahl $\Delta\Omega$ schnell genug in Änderungen des Blattwinkels $\Delta\alpha$ umgesetzt werden, ohne jedoch Regelschwingungen zu verursachen.

In diesen Überlegungen wurde der Triebstrang als starrer Drehkörper behandelt. Bei Getriebeanlagen muss er allerdings torsionselastisch modelliert werden, siehe Abschnitt 8.2.3. Mit den in der Regelungstechnik üblichen Schemabildern für Proportional-, Integral- und Totzeitgliedern lässt sich Gleichung 12.20 folgendermaßen darstellen:

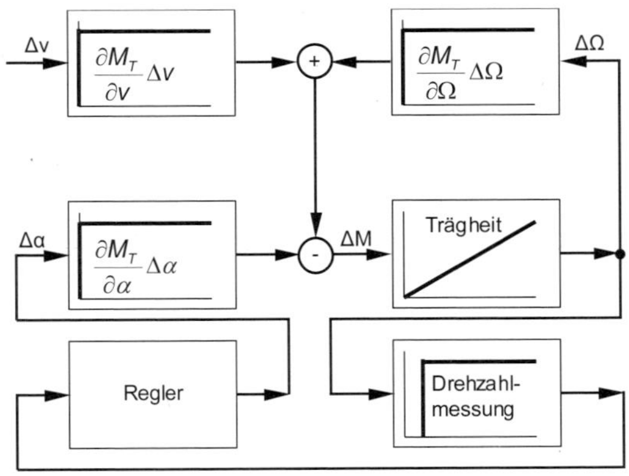

Bild 12-26 Blockschaltbild für die Linearisierung des Turbinenkennfeldes

Literatur

[1] Föllinger, O.: *Regelungstechnik*, 6. Auflage 1990, Hüthig Buch Verlag, Heidelberg

[2] Manwell, J.F. et al.: *Wind Energy Explained*, J. Wiley & Sons, UK 2002

[3] Burton, T. et al.: *Wind Energy Handbook*, J. Wiley & Sons, Chichester, UK 2001

[4] Heier, S., *Windkraftanlagen:* 3. Auflage, Teubner Verlag Stuttgart, 2003

[5] Schörner, J. et al.: *Stand und Entwicklungsrichtung des Antriebsstranges von Windkraftanlagen*, Windkraftjournal, Ausgabe 6/2001, S. 38-48

[6] Franquesa, M.: *Kleine Windräder*, Pfriemer Verlag, München, 1988

[7] Frieden, P.: WENUS: *Innovative Konzepte zur Pitchregelung*, DEWEK 1994, Tagungsband

[8] Bossanyi, E. A.: *Individual Blade Pitch Control for Load Reduction*, Wind Energy, 6, 2, 119 – 128, 2002

[9] Bossanyi, E. A.: *Further load reductions with individual pitch control*, Wind Energy 8, 4, 481 – 485, 2005

[10] Carstens, J. H.: *Einsatz von Umrichtern (in Windkraftanlagen),* Windkraftjournal 4/2005

[11] Bianci, S. et al.: *Wind turbine control systems*, Springer, 2007

13 Anlagenkonzepte

Je nach Art des Einsatzes der Windkraftanlagen zur Stromerzeugung lassen sich

- netzeinspeisende Anlagen,
- Anlagen für den Inselbetrieb und
- Anlagen für den Verbundbetrieb, z.B. Wind-Dieselanlagen oder Wind-Photovoltaik-Anlagen

unterscheiden.

Netzeinspeisende Anlagen, Abschnitt 13.1, genießen den großen Vorteil, ihre Stromproduktion jederzeit loszuwerden. Das Speicherproblem von überschüssigem Strom, beispielsweise zur Nachtzeit, wird in das Netz verlagert und dort vor allem durch Pumpspeicherwerke gelöst. Deren installierte Leistung in Deutschland beträgt etwa 7.000 MW. Denn nicht nur Windkraftanlagen produzieren zuweilen mehr Strom als benötigt, auch Kernkraftwerke, die als Grundlastmaschinen laufen, werden ihren Strom nicht immer direkt an die Verbraucher los. So fließt ihre Leistung denn nachts als Atomstrom bergauf und tags in Zeiten des Spitzenstrombedarfs als „grüner Strom" bergab.

Das Problem mangelnder Stromerzeugung von Windkraftanlagen bei Flaute wird ebenfalls auf das Netz abgewälzt. Dann müssen Dampfkraftwerke aufdrehen und Gaskraftwerke, die in Minuten reagieren können, hochfahren.

Netzeinspeisende Anlagen haben es also leicht, was die Über- oder Unterproduktion von Strom angeht. Andererseits müssen sie nach dem Hochfahren sanft ins Netz eingeklinkt werden, welches mit fester Spannung, Phase und Frequenz marschiert. Das erfordert etlichen Aufwand an Regelung und Steuerung der Leistungselektronik. Denn die Netzanforderungen an Spannungs- und Frequenzkonstanz sowie an Oberwellenfreiheit sind erheblich, siehe Kapitel 14.

Bei Einzelanlagen und Inselanlagen, Abschnitt 13.2, sind diese Anforderungen meist weniger streng. Für viele Aggregate ist es gleichgültig, ob sie mit 47 Hz oder mit 52 Hz betrieben werden. Kernfragen sind hier: Wohin mit der elektrischen Leistung, wenn sie keiner braucht? Nicht selten schaltet man dann „Totlasten" auf, die den Überschuss verheizen. Noch problematischer ist ein zu geringes Windstromangebot: Dann werden weniger wichtige Lasten, z.B. Waschmaschinen durch eine Prioritätenschaltung abgeworfen und – falls vorhanden – Speicher und Akkumulatoren angezapft.

Sind die Speicher leer und es herrscht weiter Flaute ist man nur mit Verbundanlagen, z.B. Wind-Dieselsystemen, auf der sicheren Seite, Abschnitt 13.3.

13.1 Netzeinspeisende Anlagen

In Serie hergestellte netzeinspeisende Windkraftanlagen erlebten im Zeitraum 1980 bis 2005 eine rasante Entwicklung. Nicht nur im Rotordurchmesser, der 1980 bei 10 m lag, und nunmehr bei Maschinen von 3 MW und mehr über 100 m beträgt.

Die eigentlich revolutionäre Entwicklung fand auf der elektrischen Seite statt. Sowohl Synchron- als auch Asynchrongenerator fesselten die Windturbine zunächst starr (SG) oder fast starr (ASG) mit ihrer Drehzahl an die Netzfrequenz. Aus den aerodynamischen Überlegungen von Kapitel 5 wissen wir jedoch, dass der optimale Betrieb einer Windturbine verlangt, dass sie mit der Auslegungsschnelllaufzahl λ_{opt} gefahren wird. Die Windturbine liefert ihre Bestleistung nur dann, wenn sie windgeführt fährt: Das heißt, dass sich die Drehzahl der stets veränderlichen Windgeschwindigkeit anpasst. Drehzahl und Windgeschwindigkeit müssen in einem festen Verhältnis stehen.

Die Entwicklungen auf dem Gebiet der Leistungselektronik aus den 80er und 90er Jahren erlauben es heute windgeführte Anlagen selbst im MW-Bereich zu bauen. Turbine und Generator erzeugen zunächst einen „wilden" Drehstrom von variabler Frequenz und Spannung, der dann gleichgerichtet wird und schließlich wieder in Drehstrom – nun aber von 50 Hz – verwandelt wird. Wunderbarer Weise wuchs die Leistungsfähigkeit von preiswerten AC-DC-AC-Konvertern durch ein Jahrzehnt immer parallel mit der Leistung der Windturbinen.

Die Firma Enercon war Vorreiter des Konzepts „windgeführter Betrieb". Mit der E-40, die – getriebelos – mit einem Synchronringgenerator über einen (Voll-) Umrichter ins Netz einspeiste, wurde 1993 ein neues Anlagenkonzept auf den Markt gebracht, das zudem ökonomisch sehr erfolgreich war und ist, vgl. 13.1.3.

Auch die Asynchronmaschine war durch das Opti-Slip Konzept von Vestas (Anfang der 90er Jahre) schon recht drehzahl-flexibel geworden: Ein veränderlicher Widerstand im Läuferkreis gestattet der Maschine bei heftigen Böen einen kurzzeitigen Drehzahlanstieg bis zu 20 %, vgl. Abschnitt 13.1.2.

Völlig drehzahl-variabel wurde die Asynchronmaschine schließlich durch einen geführten Umrichter im Läuferkreis (doppelt gespeiste AS-Maschine mit über- und untersynchroner Stromrichterkaskade), vgl. 13.1.4. Vorteil dieser Anordnung, die etwa 1996 auf den Markt kam (Loher-SEG), ist, dass nicht die volle Generatorleistung umgerichtet werden muss wie bei der Synchronmaschine, sondern nur der Teil der Leistung, der vom Läufer benötigt oder auch produziert wird. Zudem verliert die AS-Maschine das Manko, Blindleistung aus dem Netz zu benötigen. Mit dem Umrichter im Läuferkreis wird sie – wie die Synchronmaschine mit Umrichter – fähig, auch regelbare Blindleistung an das Netz zu liefern.

Diese vier Anlagentypen

- Windturbine mit direkt einspeisendem Asynchrongenerator (Dänisches Konzept),
- deren Verfeinerung mit dynamischer Schlupfregelung,
- die über Vollumrichter drehzahlvariabel ins Netz speisende Windturbine mit Synchrongenerator sowie
- die über Teilumrichter im Läuferkreis drehzahlvariabel ins Netz speisend Windturbine mit Asynchronmaschine

sind in der Übersicht Bild 13-1 skizziert.

Die Palette dieser Anlagentypen wurde in den letzten Jahren durch Anlagen mit *permanent* erregtem Synchrongenerator erweitert, der mit AC-DC-AC-Vollumrichtung ins Netz speist. Diesen Typus gibt es sowohl mit Getriebe als auch mit Direktantrieb des Generators, siehe auch Kapitel 3.

13.1.1 Das Dänische Konzept: Asynchrongenerator zur direkten Netzeinspeisung

Die direkte Netzanbindung des Triebstranges über einen Asynchrongenerator mit Kurzschlussläufer dominierte in den 80er Jahren den Markt für Windkraftanlagen völlig. Sie ist als Dänisches Konzept bekannt und wurde in den 50er Jahren von Johannes Juul entwickelt und in der Gedseranlage (1957-67) erprobt, siehe Kap. 2.

Die dänischen Windkraftanlagen im Leistungsbereich von 30 bis 450 kW (D = 12-35 m) waren überwiegend mit einem kleinen und einem großen Asynchrongenerator ausgestattet. Heute werden nur noch polumschaltbare Maschinen verwendet. Ist hinreichend Wind da, wird die kleine Maschine aufs Netz geschaltet: Die Anlage läuft zunächst motorisch hoch und geht nach Überschreiten der Synchrondrehzahl von selbst in den Generatorbetrieb über. Nimmt die Windstärke zu, wird vom kleinen Generator auf den großen Generator umgeschaltet. Dessen Drehzahl liegt im Kennfeld weiter rechts, Bild 13-2, sodass er dem Leistungsangebot der Turbine nachrückt und noch einmal das Turbinenoptimum erreicht. Dieser Generator bleibt dann bis 25 m/s in Betrieb, wo die Sturmabschaltung erfolgt.

Der Generator hält den Rotor in der Nähe der (getriebeübersetzten) Synchrondrehzahl fest, wenn er so kräftig dimensioniert wurde, dass kein „Kippen“ ($M > M_{\text{kipp}}$) eintritt, siehe Kap. 11.2.2. Der Strömungsabriss am Flügel begrenzt dann die Leistungsaufnahme der Turbine auf „natürlichem“ Wege. Deshalb ist keine Blattwinkelverstellung zur Drehzahl- und Leistungsbegrenzung notwendig. Nur bei Netzausfall werden Spoiler oder Endklappen durch Fliehkraftmechanismen ausgefahren, die vor Überdrehzahl schützen, siehe Kap.12.1.1.

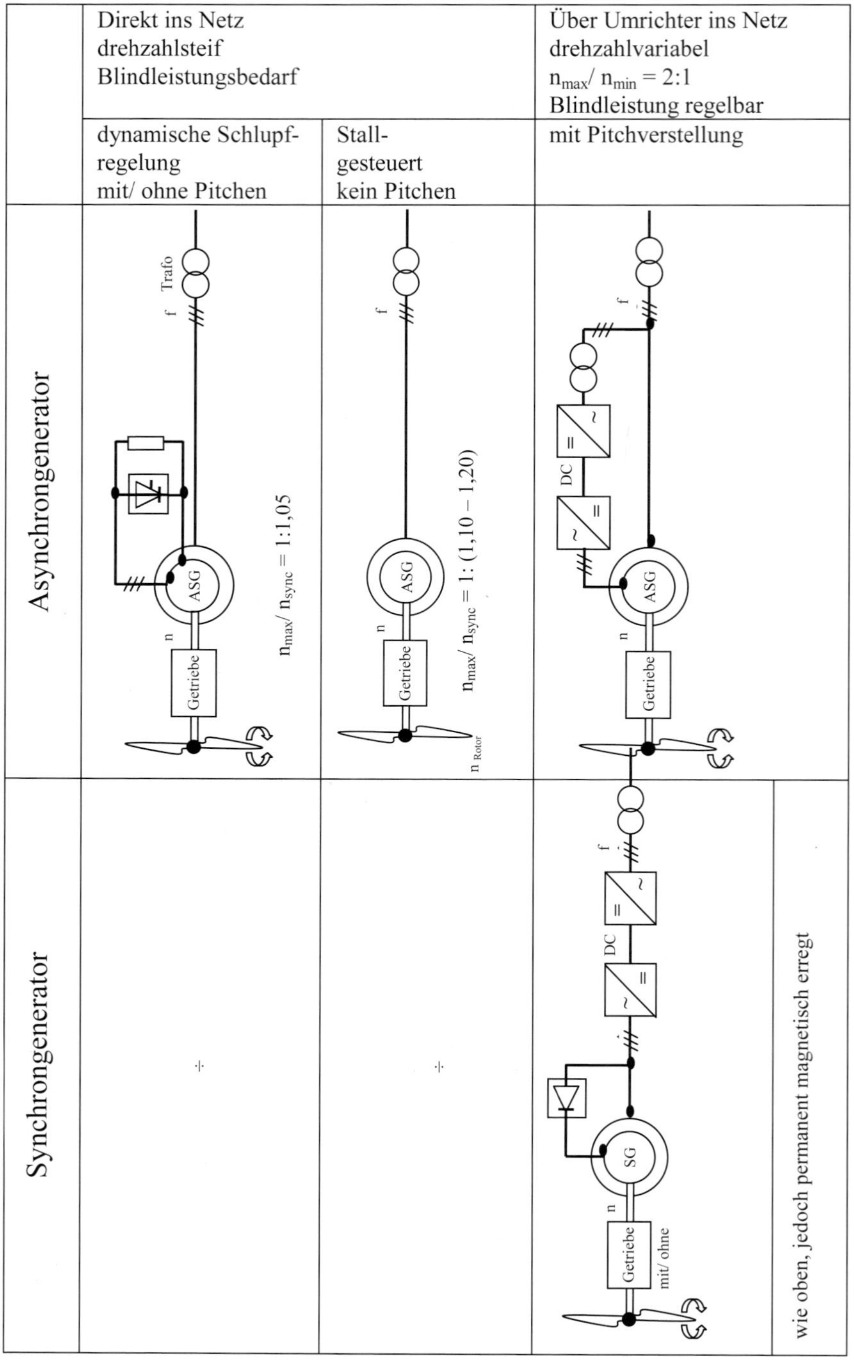

Bild 13-1 Typen von netzeinspeisenden Anlagen

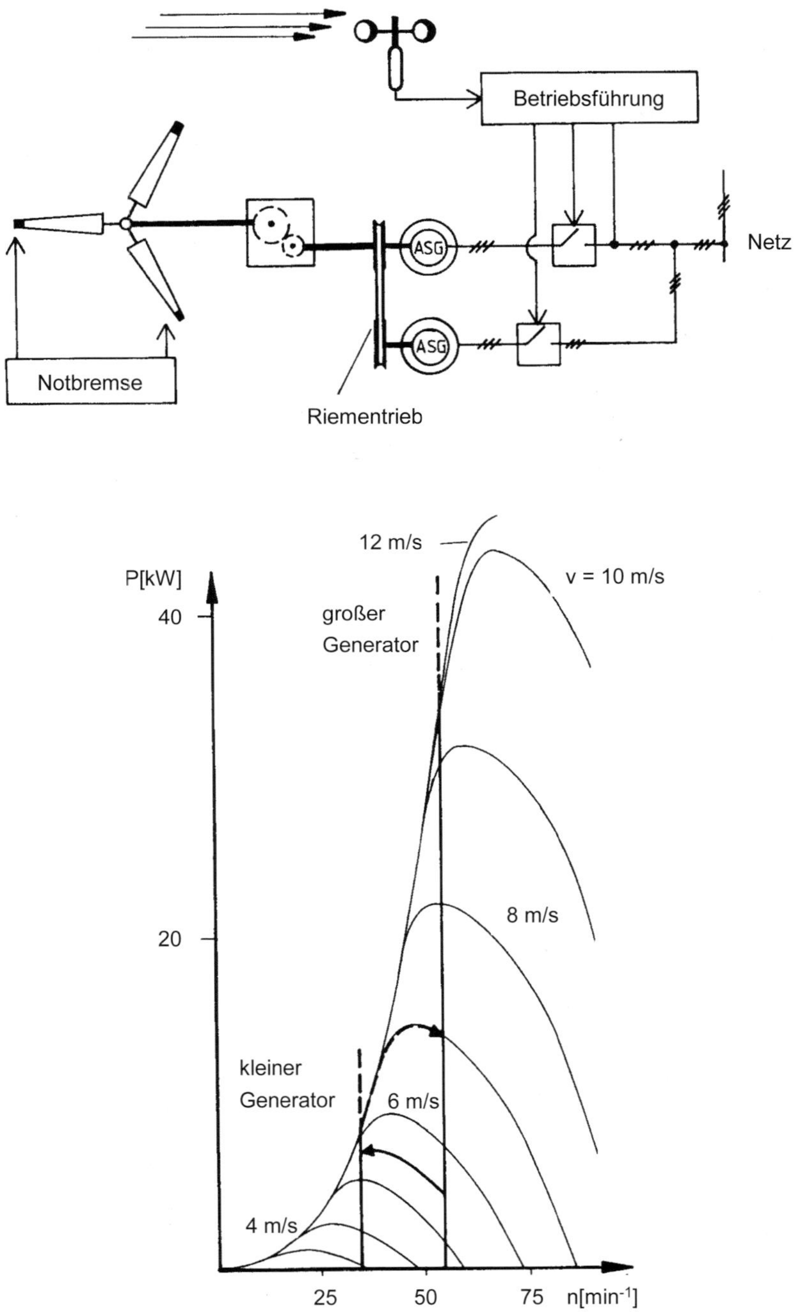

Bild 13-2 Drehzahlsteife Kopplung der Asynchrongeneratoren ans Netz nach dem Dänischen Konzept (z.B. Vestas 15/55); Tip-Spoiler als Notbremse

In größeren Anlagen (P > 600 kW) haben viele Hersteller die Tip-Spoilerlösung zugunsten einer vollen Blattwinkelverstellung aufgegeben. NEG-Micon baute die Fliehkraft-ausgelösten Tip-Spoiler immerhin bis zur Anlagengröße von D = 64 m, P = 1.500 kW. Bild 13-3 zeigt das Blockschaltbild der Anlagen dänischen Typs, die rein passiv arbeiten.

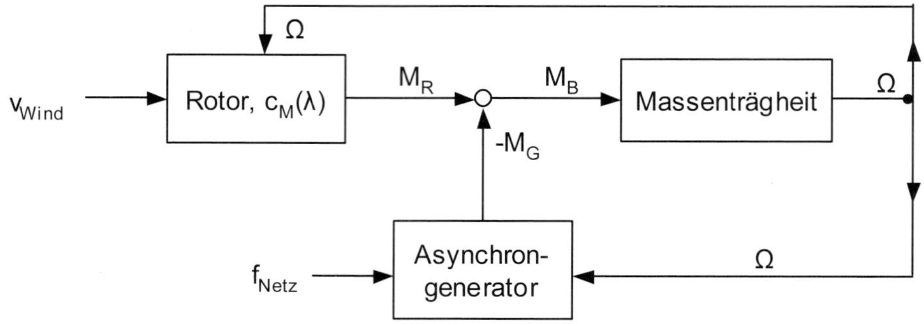

Bild 13-3 Vereinfachtes Blockschaltbild einer WKA mit Asynchrongenerator bei Netzparallelbetrieb (Dänisches Konzept)

Bild 13-4 zeigt die aerodynamischen Kräfte Auftrieb und Widerstand sowie Umfangskraft und Schub im Mittelschnitt des Flügels einer Stall-Anlage ($r = 0{,}5 \cdot R$), die auf eine Schnelllaufzahl von 5,6 ausgelegt wurde: einmal für die Auslegungsgeschwindigkeit von 7,5 m/s und dann für Sturm, 30 m/s.

Aus den Anströmungsgeschwindigkeiten c_a resp. c_s erkennt man, wie der Anstellwinkel bei Sturm anwächst, so dass die Strömung abreißt und der Widerstand $F_{W.s}$ entsprechend hoch wird. Dadurch bleibt nur noch eine mäßige Umfangskraft $F_{U.s}$. Der Rotor verweigert die Leistungsaufnahme über P_{max} des Generators hinaus.

Um im Starkwindbereich ($v_{Wind} > v_{Nenn}$) die Leistung durch Stallen (mehr oder minder) konstant zu halten, weicht man im Flügelentwurf leicht von der Betz-Schmitzschen Idealkonfiguration ab. Meist genügt es, den Idealflügel ein paar Grad „falsch“ einzubauen, um hinreichende Leistungskonstanz bis zum Sturm-Aus zu erreichen.

In der ersten Generation von in Serie gebauten Stall-Anlagen mit einer Leistung von weniger als 50 kW beschränkte sich die Steuerung und Betriebsführung auf das Ein-, Um- und Ausschalten der Anlage in Abhängigkeit von Windgeschwindigkeit und Leistung.

Bei etwas größeren Anlagen musste man schon subtiler vorgehen. Denn die Einschaltströme des Asynchron-Motor-Generators betragen im ersten Augenblick, in dem der Kurzschlussläufer ja noch steht, das 6- bis 8-fache des Nennstroms, Abschnitt 11.2.1. Deshalb fährt man in Sternschaltung an, ehe man auf Dreieckschaltung übergeht, die die volle Leistung zieht.

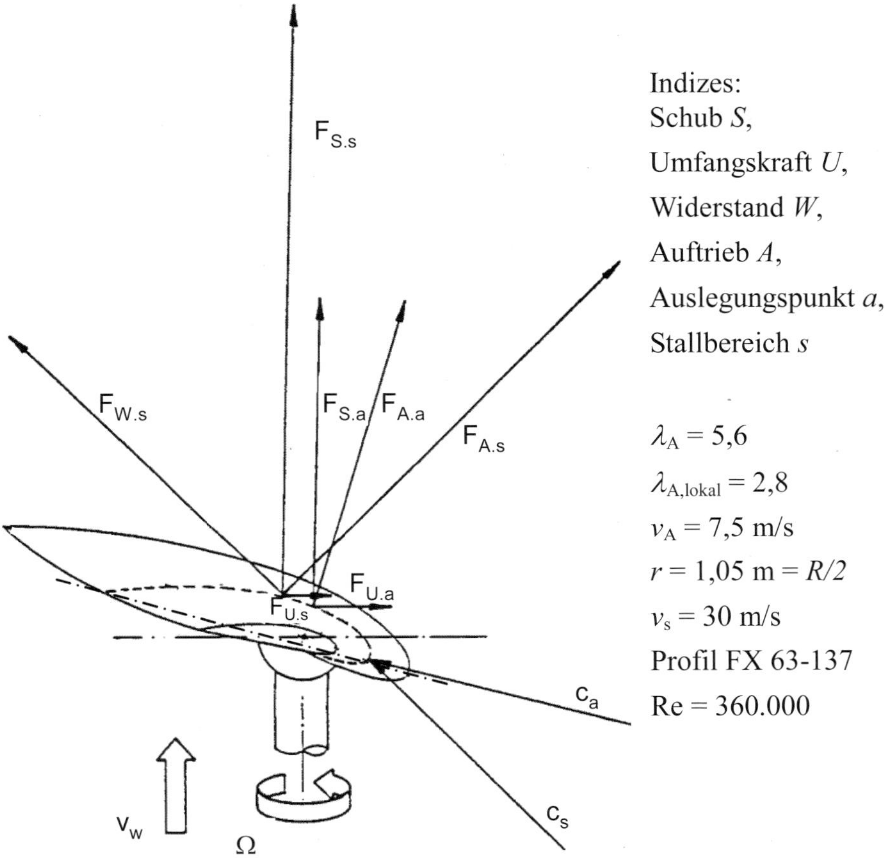

Bild 13-4 Kräfte am Flügelschnitt 0,5 R im Auslegungspunkt und im Stall-Bereich

Das vermindert die Strangströme erheblich (1/1,73). Beginnt man den Betrieb stets mit dem kleinen Generator, der nur etwa 25 % der vollen Turbinenleistung hat, überschreitet man beim Anlauf kaum den Nennstrom des großen Generators, für den alles ausgelegt ist.

Stall-Anlagen von 250 kW und mehr haben aufwändigere Steuerungs- und Betriebsführungseinrichtungen. Auch wenn die eigentliche Leistungs- und Drehzahlbegrenzung passiv erfolgt, sind für das Ein- und Umschalten kompliziertere Steuervorgänge notwendig. Insbesondere das sanfte Aufschalten der großen Leistungen erfordert eine Phasenanschnittsregelung mit Thyristoren. Durch Vorgabe des Zündwinkels wird Einfluss auf die Leistungsabgabe genommen und so eine allmähliche Synchronisierung mit dem Netz ohne Einschaltstöße bewerkstelligt. Ebenso können die kritischen Phasen beim Umschalten zwischen den Generatordrehzahlen durch einen Betrieb des

Generators oberhalb seines Kipppunktes bei kleinem Thyristorzündwinkel mit Vorgabe eines konstanten Lastmomentes kontrolliert werden. Bild 13-5 zeigt die Aufgaben einer typischen Steuerungs- und Betriebsführungseinheit einer mittelgroßen Stall–Anlage von etwa 300 kW.

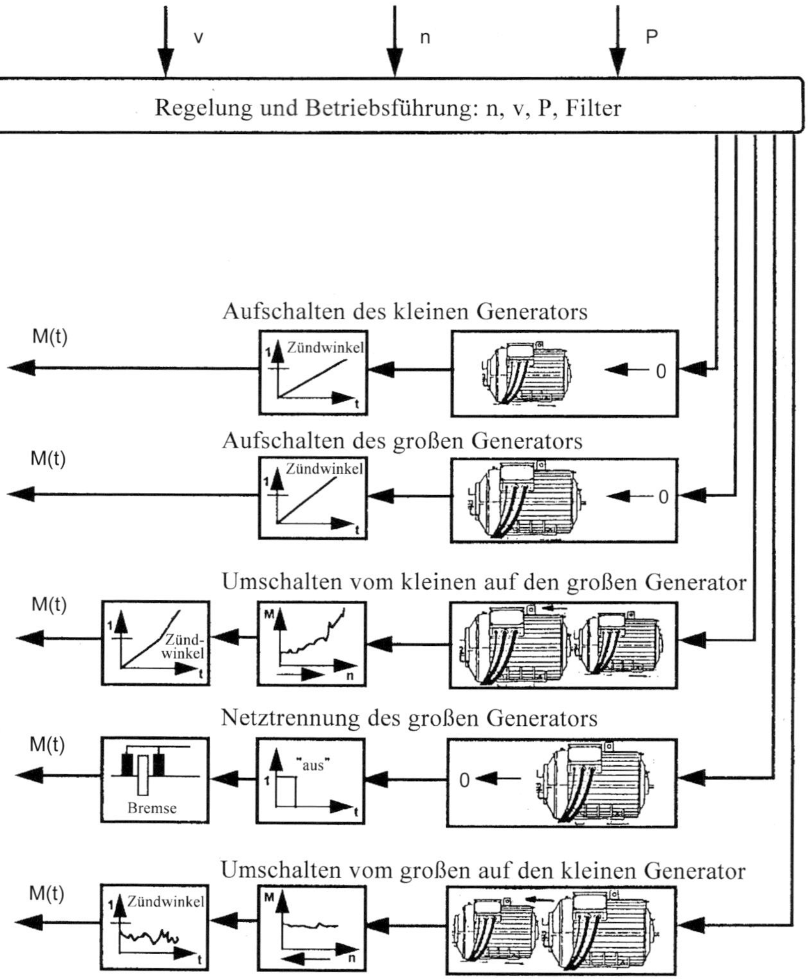

Bild 13-5 Steuerung und Betriebsführung einer Stall-Anlage (ca. 300 kW)

So einfach und robust die dänischen Windkraftanlagen in ihrem Aufbau sind, drei Problemkreise haben weitere Forschung und Entwicklung angeregt. Einmal ist es der Blindleistungsbedarf der Asynchronmaschine, den der Netzbetreiber ungern sieht und u.U. mit Strafe belegt. Bei großen Stall-Anlagen wird er deshalb über eine Kondensatorbank (teil-) kompensiert. Besser wäre jedoch eine regelbare Blindleistungsabgabe wie bei Synchronmaschinen.

Zum zweiten sind es die hohen Strukturbelastungen und Leistungsschwankungen, die durch die nicht verstellbaren Blätter im Starkwindbereich entstehen. Das lässt schon Bild 6-17 der Schubbeiwerte c_S erkennen. Mit nur 20° Blattwinkelverstellung in Richtung Fahne sinkt die Leerlaufschnelllaufzahl von 13,5 auf etwa 4,5 und der zugehörige Schubbeiwert von 1,25 auf etwa null!

Den dritten und augenfälligsten Nachteil von Stall-Anlagen mit festen Drehzahlen zeigt Bild 13-2: Nur zweimal im Normalwindbereich (3,5 bis 12 m/s) läuft die Windturbine wirklich im aerodynamischen Bestpunkt. Die ideale Windturbine muss eben windgeführt immer mit der Auslegungsschnelllaufzahl arbeiten, bis die Generatorvolllast erreicht ist; das heißt die Drehzahl muss sich der Windgeschwindigkeit $v(t)$ anpassen.

13.1.2 Direkt einspeisender Asynchrongenerator mit dynamischer Schlupfregelung

Die steife Ankopplung des Asynchrongenerators an die Netzfrequenz verursacht hohe Strukturbeanspruchungen bei Böen und Starkwind; insbesondere bei größeren Asynchronmaschinen, die mit sehr geringem Schlupf fahren ($s < 0{,}02$), um die Leistungsverluste gering zu halten. Lässt man bei Böen im Starkwindbereich *kurzzeitig* größeren Schlupf zu, dann entlastet das die Struktur und macht die Leistungsabgabe gleichmäßiger ohne auf Dauer dem Wirkungsgrad zu schaden.

Mit dem Asynchron-Schleifringgenerator, der statt des Käfigs eine Drehstromwicklung auf dem Läufer trägt, lässt sich dieses Konzept realisieren, wenn im Läuferkreis variable Widerstände eingeschaltet werden. Denn höherer Widerstand im Läuferkreis führt zu höherem Schlupf, Bild 13-6, das hatten wir schon in Kapitel 11, Bild 11-25 kennengelernt.

Eine Realisierung einer solchen dynamischen Schlupfregelung skizziert Bild 13-7. Im Bereich normaler Winde ist die Brücke an den Schleifringen mechanisch kurzgeschlossen; die Widerstandsmanipulation im Läuferkreis ist damit abgehängt. Es herrscht normaler Generatorbetrieb mit bescheidenem Schlupf. Im Starkwindbereich wird die mechanische Brücke geöffnet, und die zusätzlichen Widerstände im Läuferkreis erhöhen den Schlupf – jedoch dosierbar.

Ist der IGBT-Schalter hinter dem Gleichrichter offen, hängen die Zusatzwiderstände zusätzlich zum Innenwiderstand der Wicklung voll im Läuferkreis – das bedeutet hohen Schlupf. Ist der IGBT-Schalter geschlossen, bleiben die Zusatzwiderstände ohne Wirkung, wie bei mechanisch geschlossener Brücke.

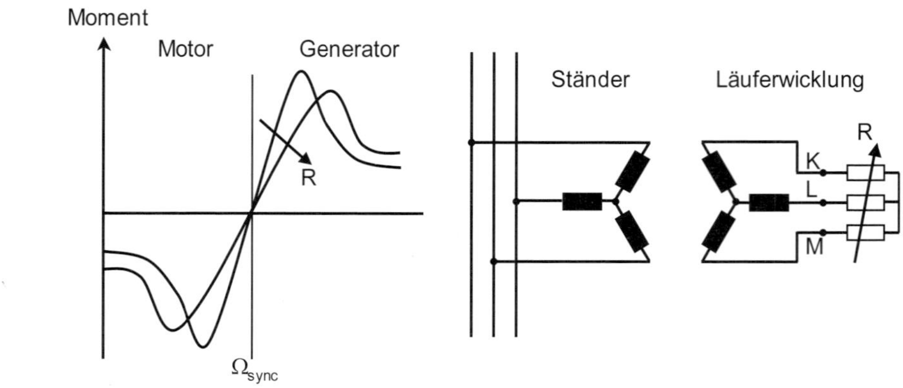

Bild 13-6 Beeinflussung der Generatorkennlinie durch variable Widerstände im Läuferkreis der Asynchronmaschine

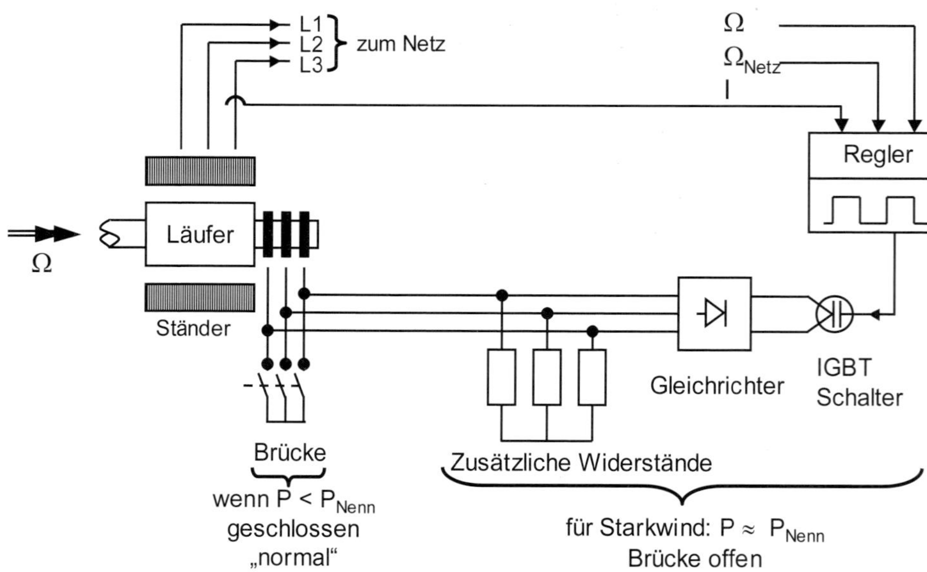

Bild 13-7 Dynamische Schlupfregelung im Läuferkreis des AS-Generators

Der Regler kann nun durch geeignetes Takten im kHz-Bereich jeden Widerstand zwischen R_i und $R_i + R_{zus}$ als mittleren Widerstand R_m einstellen. Steigt das Drehmoment (resp. der Strom) steil an, weil eine Böe durchzieht, lässt er locker, um danach den Rotor wieder mit geringem Schlupf festzuzurren (nur noch R_i), Bild 13-8.

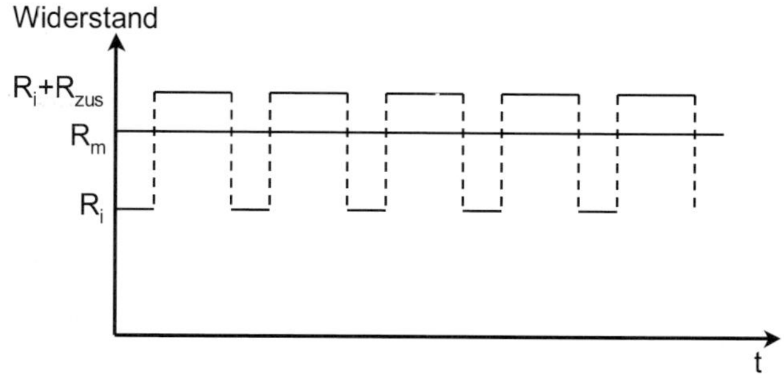

Bild 13-8 Schlupfmanipulation durch getaktetes Einschalten der Zusatzwiderstände R_{zus}

Diese Variante der dynamischen Schlupfregelung hat den Nachteil, dass die Schlupfleistung über die Schleifringe geführt werden muss. Gleichwohl den Vorteil, dass die Widerstände, die die Schlupfleistung verheizen, z.B. auf dem Dach der Gondel angebracht werden können, wo die Wärmeabfuhr kein Problem ist. Weitere Varianten finden sich in [5]. Verknüpft man die Schlupfregelung noch mit einer Blattwinkelverstellung, entsteht ein arbeitsteiliges System: Die Kurzzeitdynamik der Böen regelt die Schlupfregelung aus. Die Anpassung an die mittleren Windverhältnisse übernimmt die Blattwinkelverstellung (Vestas, u.a.m.).

13.1.3 Drehzahlvariable Windkraftanlage mit Synchrongenerator und Umrichter mit Gleichspannungs-Zwischenkreis

Den prinzipiellen Aufbau dieses Anlagenkonzepts zeigt Bild 13-9. Durch den direkt getriebenen vielpoligen Synchrongenerator großen Durchmessers entfällt das Getriebe. Im AC-DC-Teil 1 des Konverters wird der Drehstrom variabler Frequenz in Gleichstrom verwandelt. Da bei niedriger Drehzahl trotz voller Erregung des Generators die Ausgangsspannung von 400 Volt noch nicht erreicht wird, hebt ein Hochsetzsteller [4] das Gleichspannungsniveau an (DC1 nach DC2 in Bild 13-9). Im Weiteren wird dann von 400 Volt Gleichstrom auf Drehstrom von 50 Hz umgeformt, der über den Transformator ins Netz gespeist wird.

Im Gleichstromzwischenkreis fällt auch die aktuelle Information über die Leistung an (Strom I_c und Spannung U_c), die zusammen mit der Drehzahlinformation alles Wesentliche über den Betriebszustand aussagt. Denn die Generatorregelung soll ja (im Normalwindbereich) die Optimaltrajektorie „Drehmoment proportional Ω^2" nachfahren, vgl. Abschn. 12.4.

Bis zur Nennleistung bei 12 m/s Windgeschwindigkeit agiert die Blattwinkelverstellung gar nicht. Bei stärkerem Wind limitiert sie dann die Drehzahl mit gewissem Spiel um den Sollwert. Da der Generator im Starkwindbereich mit (etwa) festem

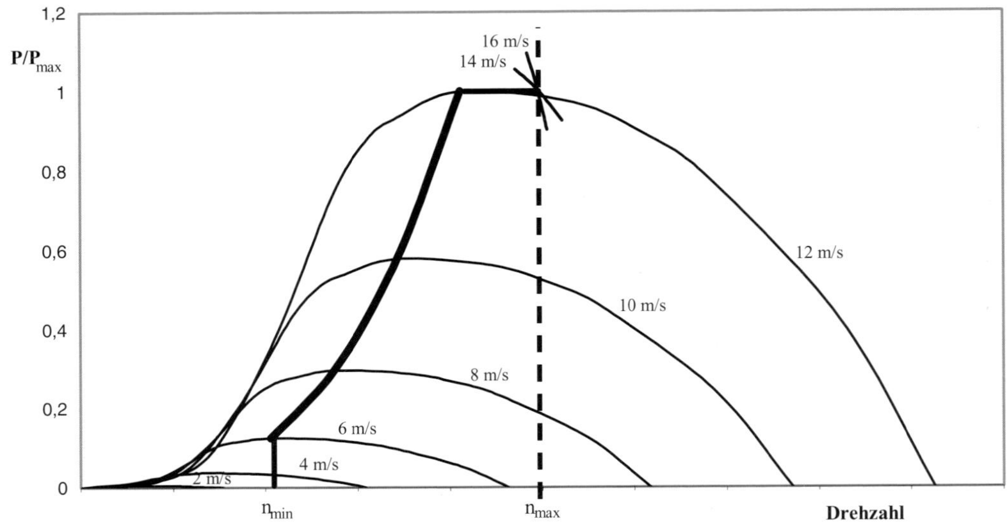

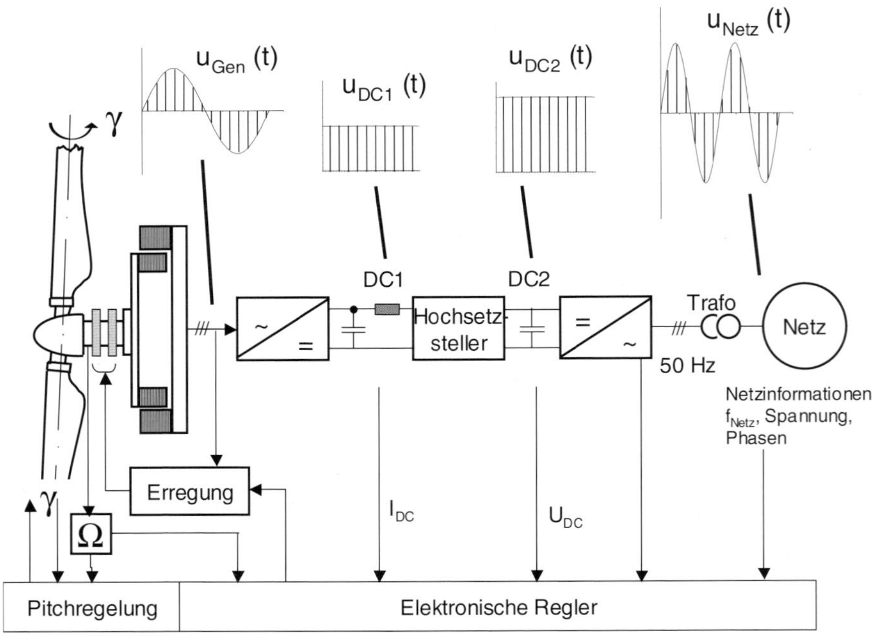

Bild 13-9 Anlagenkonzept Synchrongenerator mit AC-DC-AC-Umrichter

Drehmoment betrieben wird, vgl. Abschn. 12.4, ist die Leistungsabgabe praktisch konstant.

Dieses Anlagenkonzept (E-40, E-66, usw. von ENERCON) ist bestechend einfach im mechanischen Aufbau, vgl. Bild 3-30. Da sowohl der Antrieb der Blattwinkelverstellung als auch die Windnachführung der Gondel elektrisch erfolgen, ist die Anlage so gut wie „ölfrei". Die Blindleistungsabgabe ist von kapazitiv bis induktiv frei regelbar. Das Problem des Blindleistungsbedarfs wie bei Asynchronmaschinen besteht nicht. Beim Hochskalieren in den Durchmesserbereich von über 100 m führt es allerdings auf kolossale Gondelgewichte (E-112 circa 500 t). Getriebe nutzende Anlagen bauen hier wesentlich leichter.

13.1.4 Drehzahlvariable Windkraftanlage mit doppelt gespeister Asynchronmaschine und Umrichter im Läuferkreis

Die dynamische Schlupfregelung, Abschn. 13.1.2, fesselte die Asynchronmaschine schon weniger starr an das Netz (s = 0,02 bis 0,2). Sie verlangte jedoch schon anstelle des Käfigläufers den aufwendigeren Schleifringläufer. Da ein Prozent Schlupf einem Prozent Leistungsverlust im Läufer entspricht, darf nur kurzzeitig mit wirklich hohem Schlupf gefahren werden.

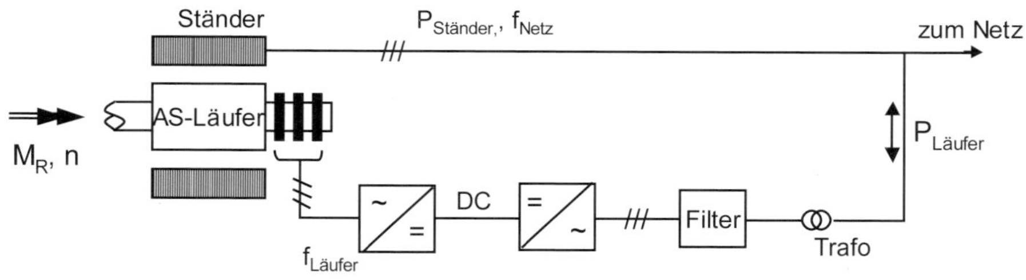

Bild 13-10 Windkraftanlage mit Asynchronmaschine und Umrichter im Läuferkreis

Verheizt man die Schlupfleistung nicht, sondern führt sie über einen Umrichter (AC-DC-AC) aus dem Läuferkreis ebenfalls ins Netz, Bild 13-10, löst man einerseits das Problem der hohen Erwärmung und andererseits nutzt man diese Leistung, was den Wirkungsgrad erhöht (der allerdings bei Starkwind nicht gefragt ist). Dieses Konzept wird in der sogenannten übersynchronen Stromrichterkaskade [1] realisiert.

Will man den Asynchrongenerator auch subsynchron betreiben, um den Drehzahlbereich nach unten zu erweitern, muss Ständerleistung abgezweigt und dem Läuferkreis zugeführt werden, selbstverständlich mit geeigneter Frequenz und Spannung. Das erfordert einigen Steuer- und Regelaufwand für die Leistungselektronik [2, 3, 5]. Bild 13-11 zeigt die Leistungsflüsse in Ständer und Läufer bei unter- und übersynchronem Betrieb der Maschine.

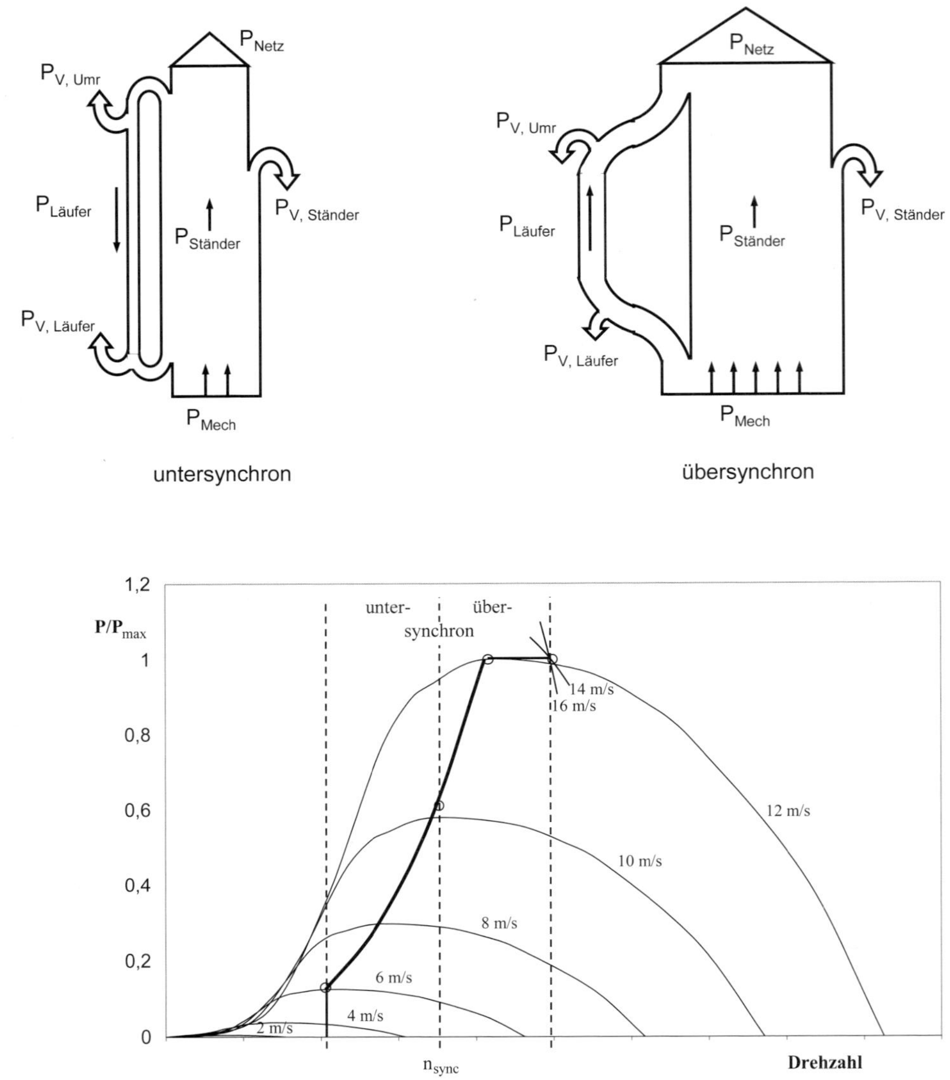

Bild 13-11 Leistungsfluss bei unter- und übersynchronem Betrieb der doppeltgespeisten Asynchronmaschine mit Umrichter im Läuferkreis, Bild 13-10

Die Asynchronmaschine wird durch dieses Konzept genauso drehzahlvariabel wie die Synchronmaschine mit (Voll-) Umrichter. Ihr Umrichter im Läuferkreis muss aber nur etwa 20 % der Leistung umsetzen; er ist deshalb billiger und verlustärmer. Durch die aufwendige Regelung im Läuferkreis ist auch sie nun in der Lage, wahlweise Blindleistung aufzunehmen oder abzugeben.

13.1.5 Leistungskurven und Gesamtwirkungsgrade dreier Anlagenkonzepte – kleiner Vergleich

In den Bildern 13-12 und 13-13 werden die Leistungskurven $P(v)$ und die Gesamtleistungsbeiwerte $c_{P,ges}(v)$ von drei verschiedenen Anlagentypen einander gegenübergestellt. Im Gesamtleistungsbeiwert sind auch Getriebe-, Generator- und Umrichterwirkungsgrad enthalten. Die Daten stammen aus [11, 15]. Die Leistungskurven $P = P(v)$ unterscheiden sich deutlich voneinander, weil die Durchmesser der Anlagen differieren:

- NORDEX N43

  D = 43 m; klassisches Dänisches Konzept mit zwei festen Drehzahlen und ASM; Stall-Control (Abschnitt 13.1.1)

- ENERCON E-40/6.44

  D = 44 m; drehzahlvariable SM mit AC-DC-AC-Vollumrichter (Abschnitt 13.1.3)

- SÜDWIND S.46

  D = 46 m; drehzahlvariable doppeltgespeiste ASM mit AC-DC-AC-Konverter im Läuferkreis (Abschnitt 13.1.4)

In den Leistungskurven $P(v)$ ist nur zu erkennen, dass die jeweils vom Durchmesser her größere Anlage entsprechend mehr Leistung liefert – vom Anlaufbereich abgesehen – wo sich die Kurven bei 5,5 m/s überschneiden.

Mehr lassen die dimensionslosen Beiwerte $c_{P,ges}$ erkennen. Vergleichen wir zunächst die Anlage Dänischen Konzepts von NORDEX (feste Drehzahlen) mit der ENERCON-Anlage, die drehzahlvariabel fährt. Im Anlaufbereich (3 m/s) verlaufen die $c_{P,ges}$-Kurven nahezu gleich. Danach zeigt die stallgesteuerte NORDEX-Maschine zwei Optima – jeweils die Auslegungswindgeschwindigkeit der „kleinen bzw. der großen" Asynchronmaschine. Im ersten Optimum (ca. 5 m/s) liegt sie mit 0,40 deutlich besser als die drehzahlvariable Anlage (0,35). Die Vollumrichtung der E-40 senkt ihren Teillastwirkungsgrad (10% der Volllast) also beträchtlich. Dann aber wird der Leistungsbeiwert der drehzahlvariablen E-40 immer etwas besser als der der N43. Ab 12 m/s und mehr regeln beide Anlagen ab. Die N43 durch Stallen, die E-40 durch die Blattwinkelverstellung. Die $c_{P,ges}$-Werte verlaufen dann weitgehend gleich. (Da die Regelung der E-40 die Leistung ab 12 m/s konstant hält, bricht hier die Messung ab.)

Die drehzahlvariable SÜDWIND-Anlage mit doppeltgespeister ASM und Umrichtung im Läuferkreis schaltet erst bei 3,5 m/s ein – was im $P(v)$-Diagramm kaum auffällt. Bis knapp 6 m/s liegt der $c_{P,ges}$-Verlauf deutlich unter dem von N43 und E-40. Im Bereich 6 bis 9,5 m/s liegt er leicht über dem der E-40, beide erreichen den Maximalwert von $c_{P,ges}$ = 0,45. Im Starkwindbereich regeln beide Anlagen ab. Die Unterschiede werden belanglos.

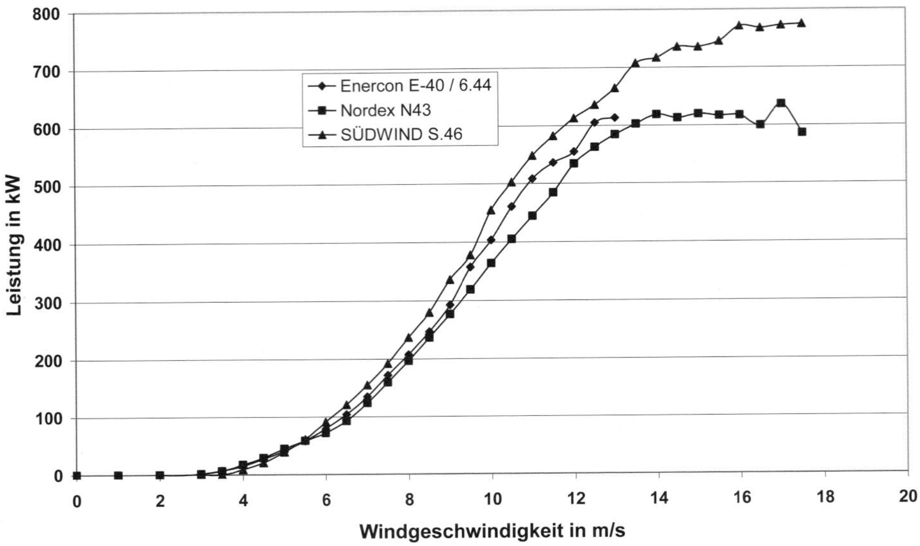

Bild 13-12 Leistungskurven $P(v)$ dreier verschiedener Anlagen

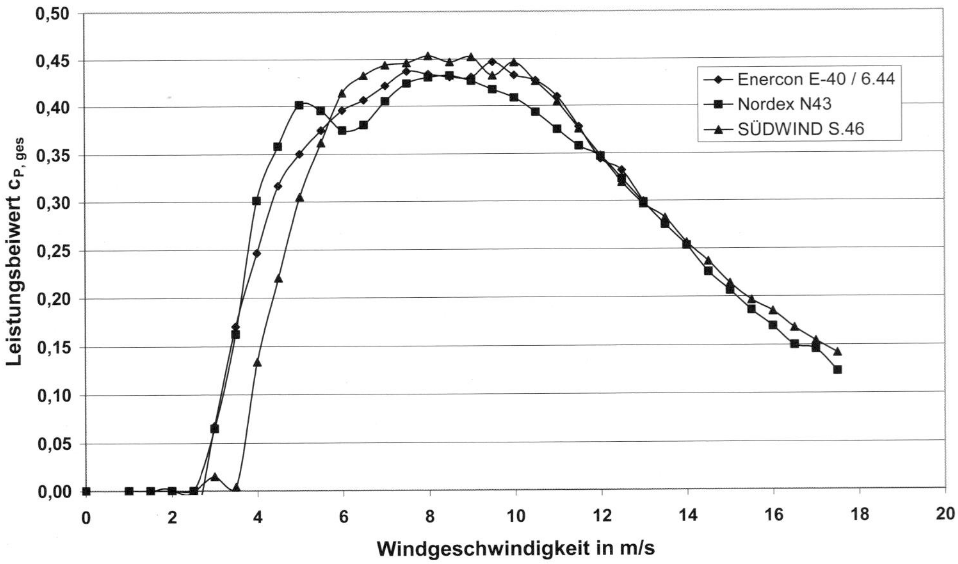

Bild 13-13 Gesamtwirkungsgrade $c_{P,ges}(v)$ dreier verschiedener Anlagen

Generell lässt sich sagen: So unterschiedlich die drei Anlagenkonzepte sind, die $c_{P,ges}$-Verläufe sind erstaunlich ähnlich, wenn man von den unterschiedlichen Einschaltgeschwindigkeiten absieht. Die Bestwirkungsgrade differieren um gerade mal 2 Prozentpunkte, um die die „primitive“ dänische Anlage den Anlagen mit Blattwinkelverstellung und variabler Drehzahl unterlegen ist.

Die eigentlichen Vorteile der modernen Konzepte mit variabler Drehzahl liegen nicht auf der Wirkungsgradseite. Die eigentlichen Vorteile sind

- die Verringerung der Leistungsschwankungen bei Böen,
- die deutliche Strukturentlastung im Starkwindbereich,
- die „beliebig“ einstellbare Blindleistung,
- die Anpassbarkeit z.B. der Blattspitzengeschwindigkeit per Knopfdruck an die lokalen Verhältnisse usw.

Kurz, die größere Flexibilität gegenüber den Bedingungen vor Ort.

13.2 Einzel- und Inselanlagen

Batterielader sind neben den Windpumpanlagen die verbreitetsten Einzelanlagen. Auch wenn Einzelanlagen in Westeuropa durch das allgegenwärtige elektrische Netz nur noch ein Nischendasein führen, haben sie außerhalb eine große praktische Bedeutung. In der Mongolei bei den Nomaden sind beispielsweise viele tausend Batterielader in Betrieb, die den Strom für Licht und Fernsehen erzeugen.

13.2.1 Batterielader

Batterielader sind dadurch gekennzeichnet, dass sie geringe Leistungen zur Verfügung stellen. Typisch sind Werte von einigen Watt bis ca. 1,5 kW. Hiermit verbunden sind zwangsläufig geringe Rotordurchmesser der Windkraftanlage (0,5-3,0 m) und somit relativ hohe Rotordrehzahlen. Man benötigt deshalb das sonst notwendige Getriebe zwischen Generator und Rotor nicht und verwendet direkt angetriebene Synchrongeneratoren mit mittlerer oder hoher Polzahl (8-20 Pole).

Bei der Profilauswahl sind die niedrigen Reynoldszahlen an den Flügeln zu beachten ($Re = c \cdot t / \nu < 100.000$). Geeignete Profile für diesen Bereich finden sich in den Profilkatalogen für Flugzeugmodelle, z.B. in Literaturquelle [4] aus Kapitel 5.

Um das stationäre Betriebsverhalten zu ermitteln, wird das bereits bekannte Ersatzschaltbild der Drehstromsynchronmaschine um die angeschlossene Last und den notwendigen Gleichrichter erweitert. Hieraus lässt sich die im Bild 13-14b dargestellte Lastkennlinie bestimmen. Unterhalb einer Grenzdrehzahl ist die Spannung des Generators geringer als die Summe aus Batterie- und Durchlassspannung der Gleichrichterdioden, eine Leistungsabgabe somit nicht möglich. Oberhalb der Grenzdrehzahl

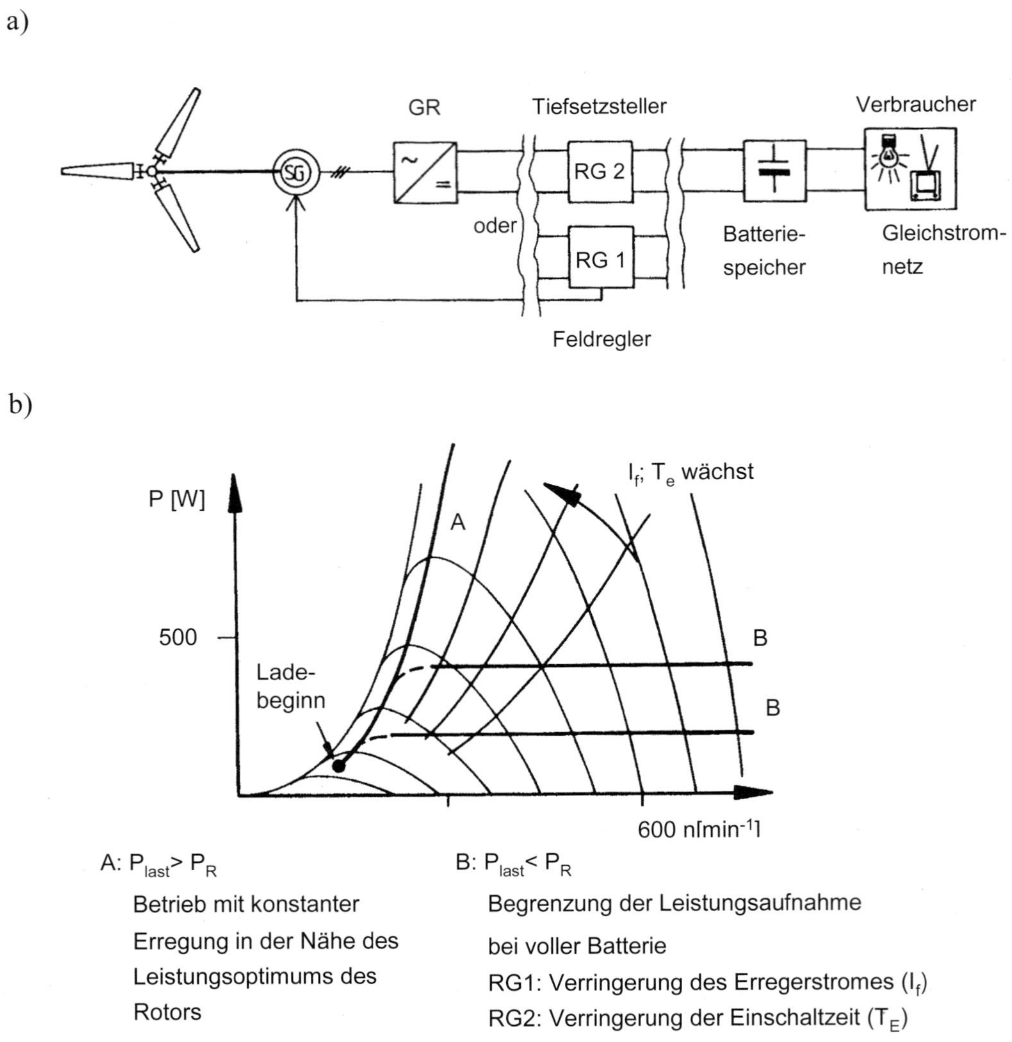

Bild 13-14 Batterielader; a) Blockschaltbild; RG1 Regler für Generator mit Erregerwicklung (I_f) und RG2 Regler für permanenterregten Generator (T_E); b) Lastkennlinie eines Batterieladers

steigt die Leistungsaufnahme steil an und ähnelt dem im Kapitel 11.1 errechneten Leistungsverlauf der ohmsch belasteten Synchronmaschine, Bild 11-9.

Wird der Batterielader mit konstanter Last betrieben, so lassen sich zwei Betriebsfälle unterscheiden. Für kleine Windgeschwindigkeiten wird der größte Teil der notwendigen Leistung der Batterie entnommen. Die Windkraftanlage wird bei richtiger Auslegung in diesem Fall im Leistungsoptimum betrieben (A). Mit zunehmender Windgeschwindigkeit oder abnehmender Belastung übersteigt das Energieangebot der Windkraftanlage den Bedarf der Last und muss begrenzt werden (B).

Bei einem Generator mit Erregerwicklung lässt sich dies realisieren, indem man den Erregerstrom so einstellt, dass die Batteriegrenzspannung erreicht, jedoch nicht überschritten wird. Wie im Bild 13-14b gezeigt, wird die Leistungsaufnahme somit begrenzt und die Windkraftanlage geht für höhere Windgeschwindigkeiten zunehmend in den Leerlaufbetrieb. Ist der Rotor schnellläufig, bedarf es dann einer Drehzahlbegrenzung, z.B. durch Kippen, Kap. 12, Bild 12-19.

Für Batterielader kleiner Leistung mit permanenterregtem Generator kann man auf eine Regelung des Batterieladestromes vollständig verzichten. Man begrenzt die Ladeleistung in diesem Fall sehr grob durch die richtige Auslegung der Generatorinduktivität (Bilder 11-10, 11-11) oder eine zusätzlich in Reihe geschaltete Induktivität. Bei diesem Bauelement erhöht sich mit zunehmender Frequenz der Widerstand ($X_Z = \Omega\, L_{Zus}$), der Batterieladestrom wird somit begrenzt. Bild 13-15 zeigt eine solche Anordnung. Wählt man zudem den Batteriespeicher groß im Verhältnis zur installierten Generatorleistung, so ist eine Überladung der Batterie aufgrund ihrer Größe äußerst unwahrscheinlich.

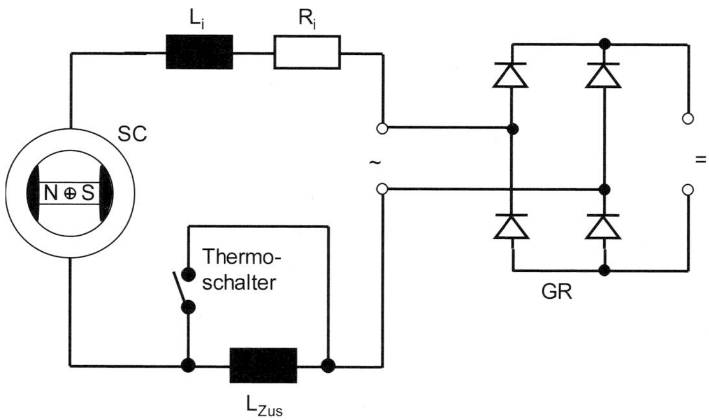

Bild 13-15 Batterielader mit Thermoelement zum Einschalten einer zusätzlichen Induktivität bei hoher Leistung, permanenterregter Synchrongenerator

Will man die Vorteile einer permanenterregten Maschine besser nutzen (guter Wirkungsgrad und wenig Verschleiß), so muss man auf leistungselektronische Bauteile zurückgreifen. Aufgrund der konstanten Erregung wird im Synchrongenerator eine drehzahlproportionale Spannung erzeugt, die für hohe Drehzahlen weit oberhalb der zulässigen Batterieladespannung liegt. Diese hohe Gleichspannung wird nun mit Hilfe eines Tiefsetzstellers [4] auf das niedrigere Niveau der Batteriespannung gebracht. Generator- und Batteriespannung sind damit entkoppelt und der Batterieladestrom kann, je nach der zur Verfügung stehenden Leistung, auf sinnvolle Batterieladeströme eingestellt werden.

13.2.2 Widerstandsheizung mit Synchrongeneratoren

Bei der Widerstandsheizung wird die über einen Generator erzeugte elektrische Energie in Widerständen in Wärme umgewandelt, die dann z.B. zur Erwärmung des Heizungswassers dient. Wie das Blockschaltbild (Bild 13-16) zeigt, ist eine derartige Anlage sehr einfach aufgebaut. Sie besteht neben dem Rotor, der lediglich eine einfache Drehzahlbegrenzung besitzen muss, aus einem Synchrongenerator mit Getriebe und den entsprechenden Drehstromwiderständen. Wie gut dabei die optimale Lastkennlinie der Windkraftanlage nachgefahren wird, lässt sich über die Art der Erregung und durch die Wahl der Lastwiderstände beeinflussen.

Für die permanenterregte Maschine ergeben sich die bereits im Kapitel 11 abgeleiteten Zusammenhänge für die Dynamomaschine (siehe Bild 11-9). Die Lastkennlinie steigt dabei im unteren Drehzahlbereich annähernd quadratisch an. Nach Erreichen des Nennmomentes nimmt die Steigung jedoch ab und nähert sich für sehr große Leistungen einem Maximalwert an. Die von der Windkraftanlage abgegebene Leistung wird dabei in einem großen Bereich gut genutzt, Bild 13-16, Kurve a.

In Verbindung mit einer permanenterregten Maschine ist oft zu beobachten, dass die Windkraftanlage erst bei sehr hohen Windgeschwindigkeiten an- bzw. hochläuft. Ursachen hierfür sind das bei permanenterregten Maschine auftretende "magnetische Rasten" des Läufers, sowie die sich aufgrund der Lastkennlinie ergebende relativ hohe Leistungsaufnahme im Anlaufbereich. Ersteres ist durch den richtigen Aufbau und die richtige Auslegung der Maschine zu vermeiden, letzteres kann umgangen werden, wenn man Generator und Lastwiderstände im Anlauf trennt.

Bei selbsterregten Synchronmaschinen treten diese Probleme nicht auf, da sie sich erst oberhalb einer Mindestdrehzahl erregen. Ihre Lastkennlinie verläuft steiler als die einer permanenterregten Maschine, da der Erregerstrom aus der Ständerspannung gewonnen wird, die drehzahlabhängig ist. Der genaue Verlauf der Kennlinie wird letztendlich durch die Art des verwendeten Reglers bestimmt, entspricht jedoch immer in etwa dem im Bild 13-16b gezeigten Verlauf.

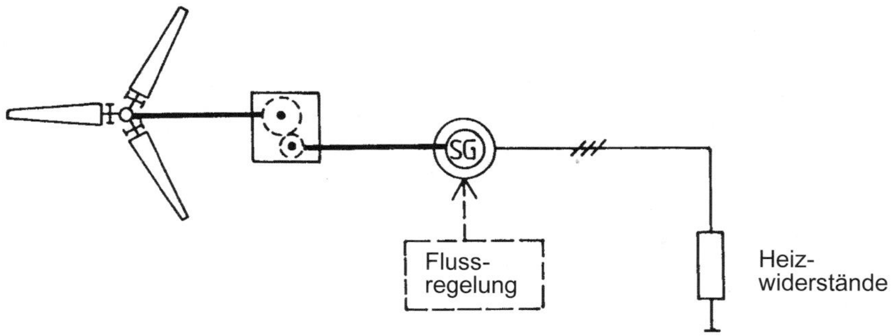

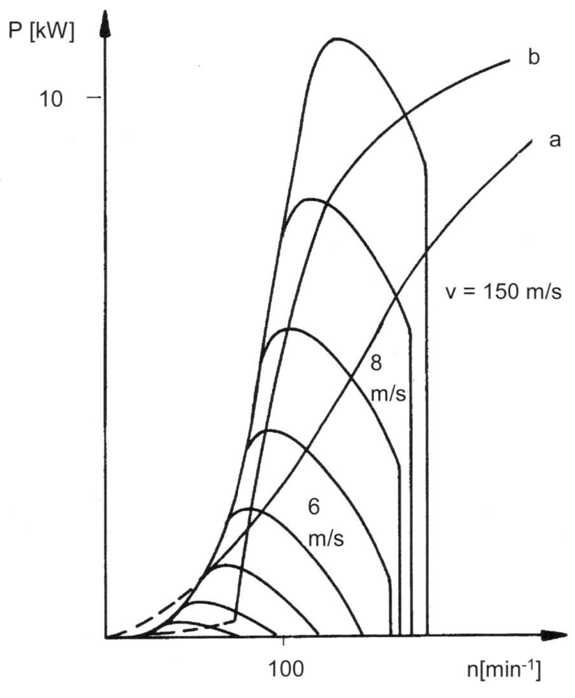

Bild 13-16 Windkraftanlage zum Heizen, Drehzahlbegrenzung durch Fliehkraftpitch; oben: Blockschaltbild; unten: Lastkennlinie: a) permanenterregter Generator und b) selbsterregter Generator

13.2.3 Windpumpsystem mit elektrischer Leistungsübertragung

Windpumpsysteme mit elektrischer Leistungsübertragung bieten bei Inkaufnahme eines geringeren Wirkungsgrades Vorteile gegenüber denen mit direkter mechanischer Koppelung. So z.B. wenn durch die räumliche Trennung von Brunnen und Turbine für die Windkraftanlage ein besserer Standort gewählt werden kann, oder wenn Tiefbrunnenpumpen (mehrstufige Kreiselpumpen) eingesetzt werden, für die die elektrische Leistungsübertragung einfacher zu bewerkstelligen ist als die mechanische.

Man unterscheidet zwischen Systemen mit weitgehend freier Drehzahl (Bild 13-17) und Systemen, bei denen die Windkraftanlagen auf mehr oder weniger festen Drehzahlen arbeiten (Bild 13-18). Bei Systemen mit freier Drehzahl greift die Blattwinkelverstellung im Starkwindbereich als Drehzahlbegrenzer ein. Zur Bestimmung des Betriebsverhaltens geht man von dem bekannten Ersatzschaltbild der Synchronmaschine aus. Dies erweitert man um das stationäre Ersatzschaltbild des Asynchronmotors (Bild 11-22). Es ergibt sich dabei das Verhalten einer Synchronmaschine im Inselbetrieb, wobei der Asynchronmotor eine ohmsch-induktive Belastung darstellt. Die Parameter der Asynchronmaschine sind jedoch zum Teil abhängig von der Drehzahl. Das Bild 13-17 zeigt die Lastkennlinie eines drehzahlvariabel arbeitenden Windpumpsystems mit selbsterregtem Synchrongenerator. Vier Betriebsbereiche lassen sich dabei unterscheiden:

A Trudelbetrieb; Leerlauf des Rotors, Leistungsaufnahme nur durch Lager- und Getriebereibung etc. bestimmt

B Generator führt Spannung; Pumpe wird als Wasserwirbelbremse betrieben, da Drehzahl nicht zum Erreichen der Förderhöhe ausreicht

C Wasserförderung; Betrieb der Anlage in der Nähe des Leistungsmaximums

D Drehzahlbegrenzung; und damit auch Begrenzung der Leistungsaufnahme durch eine Fliehkraft-/Pitchregelung

Ein Windpumpsystem mit elektrischer Leistungsübertragung, das mit stark eingeschränktem Drehzahlbereich arbeitet, zeigt das Bild 13-18. Die pitchgeregelte Windturbine MAN-Aeroman war ursprünglich zur Netzeinspeisung konzipiert. Da der Drehzahlbereich recht eng ist, arbeiten die elektrischen Maschinen und die Kreiselpumpe immer in der Nähe ihres Nennbetriebspunktes. Die Auslegung des Systems ist damit recht einfach, der maschinentechnische und steuerungstechnische Aufwand allerdings erheblich.

Bei Änderung der Windgeschwindigkeit werden zur Anpassung an das neue Energieangebot Pumpen zu- bzw. abgeschaltet. Ab 10 m/s regelt die schnelle Pitchregelung auf konstante Leistungsaufnahme. Neben der Pitchregelung wird auch die Stallregelung zur Leistungsbegrenzung verwendet. Hierbei wird die Windkraftanlage bei Überschreiten der zulässigen maximalen Pumpenleistung durch das Zuschalten einer steuerbaren Heizlast in der Drehzahl begrenzt.

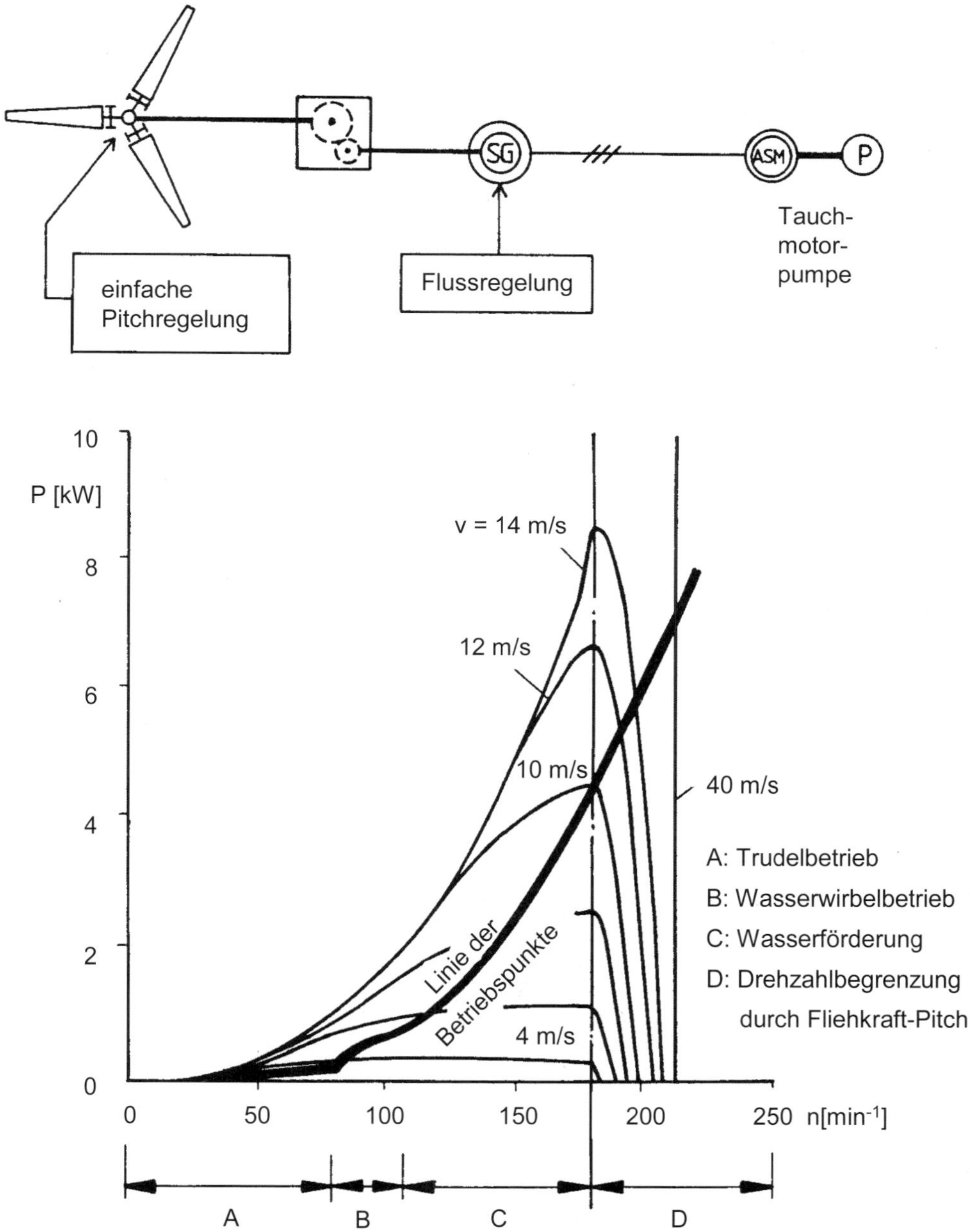

Bild 13-17 Drehzahlvariabel arbeitendes Windpumpsystem; oben: Blockschaltbild; unten: Lastkennlinie

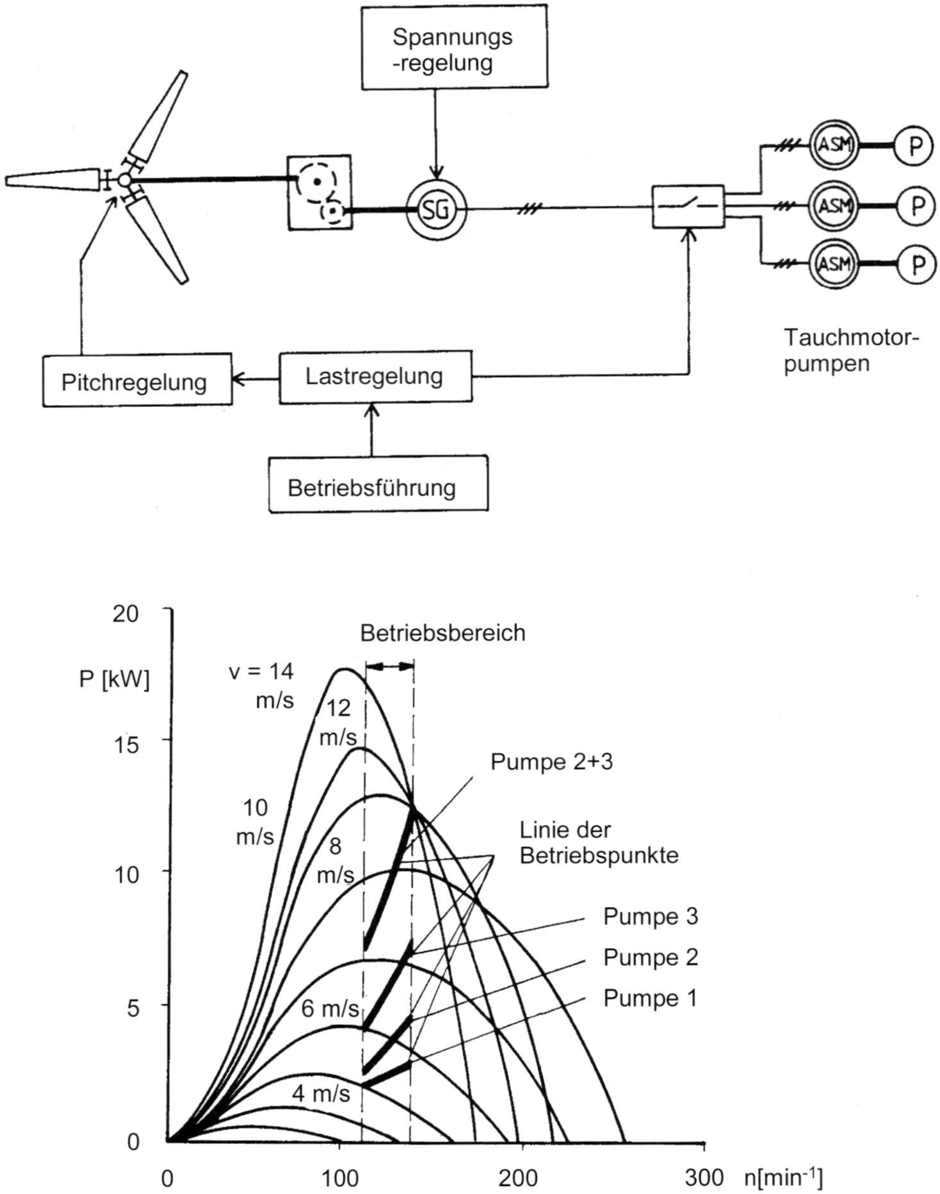

Bild 13-18 Annähernd drehzahlkonstant arbeitendes Windpumpsystem; oben: Blockschaltbild; unten: Lastkennlinie

13.2.4 Kleines Inselnetz

Bei der Inselnetzspeisung werden entlegene Nutzer wie z.B. Berghütten, Bauernhöfe oder ländliche Dorfgemeinschaften in der Dritten Welt über eine Windkraftanlage mit einem elektrischen Netz konstanter Frequenz und Spannung versorgt. Da in diesem Fall Wirk- und Blindleistung benötigt wird, sowie eine Spannungsregelung vorgenommen werden muss, bieten sich hierfür Synchrongeneratoren an. Die Frequenzkonstanz wird über das Zu- und Abschalten von Verbrauchern in Verbindung mit einer gesteuerten Heizlast (stallgeregelte Anlage) oder über eine schnelle Pitchregelung erzeugt.

Bild 13-19 zeigt den prinzipiellen Aufbau einer Anlage mit Pitchregelung. Für eine Windgeschwindigkeit von 5 m/s wird bei optimalem Anstellwinkel gerade die geforderte Netzleistung erzielt. Für höhere Windgeschwindigkeiten (A) wird der Anstellwinkel zunehmend verschlechtert, so dass sich eine konstante Leistungsabgabe des Rotors bei der geforderten synchronen Drehzahl ergibt. Wird die Windgeschwindigkeit so gering, dass auch bei optimalem Anstellwinkel die geforderte Leistung nicht mehr von der Windkraftanlage geliefert werden kann (B), muss eine Steuerung entscheiden, welche Verbraucher vorübergehend abgeschaltet werden können. In Frage kommen hierbei insbesondere solche Verbraucher, die in Verbindung mit einem Speicher betrieben werden, wie z.B. Pumpen, Kühlaggregate etc.

Die im Bild 13-20 dargestellte Anlage mit Stallregelung unterscheidet sich von dem zuvor beschriebenen System dadurch, dass ein zu großes Energieangebot (A) in Heizwiderständen umgesetzt wird. Vorteile ergeben sich dabei durch die zusätzliche Nutzung der in den Heizwiderständen umgesetzten Energie zu Heizzwecken und durch den robusteren Rotoraufbau. Sinkt die Windgeschwindigkeit soweit, dass der Rotor nicht mehr in der Lage ist, die geforderte Energie zu liefern, muss auch in diesem Fall eine Verbrauchersteuerung Lasten mit niedriger Priorität abschalten (B).

13.2.5 Asynchrongenerator im Inselnetzbetrieb

Speist ein Asynchrongenerator in ein Netz, entnimmt er die für seinen Betrieb notwendige Blindleistung aus dem Netz selbst. Beim Inselbetrieb ist dies nicht möglich. Die notwendige Erregerblindleistung muss Kondensatoren oder relativ aufwendigen leistungselektronischen Schaltungen entnommen werden.

Kondensatoren liefern eine von der Frequenz und vom Quadrat der Spannung abhängige Blindleistung. Ändert sich eine dieser Größen, so ändert sich auch die von den Kondensatoren gelieferte Blindleistung. Der so zu durchfahrende Drehzahlbereich ist damit äußerst begrenzt. Die notwendige Erregerblindleistung muss damit beim Einsatz des Asynchrongenerators in einer Windkraftanlage durch mehrere umschaltbare Kondensatorstufen bereitgestellt werden. Somit benötigt man eine Stall-geregelte Windkraftanlage (Bild 13-22). Generell wird der apparative Aufwand groß. Deshalb

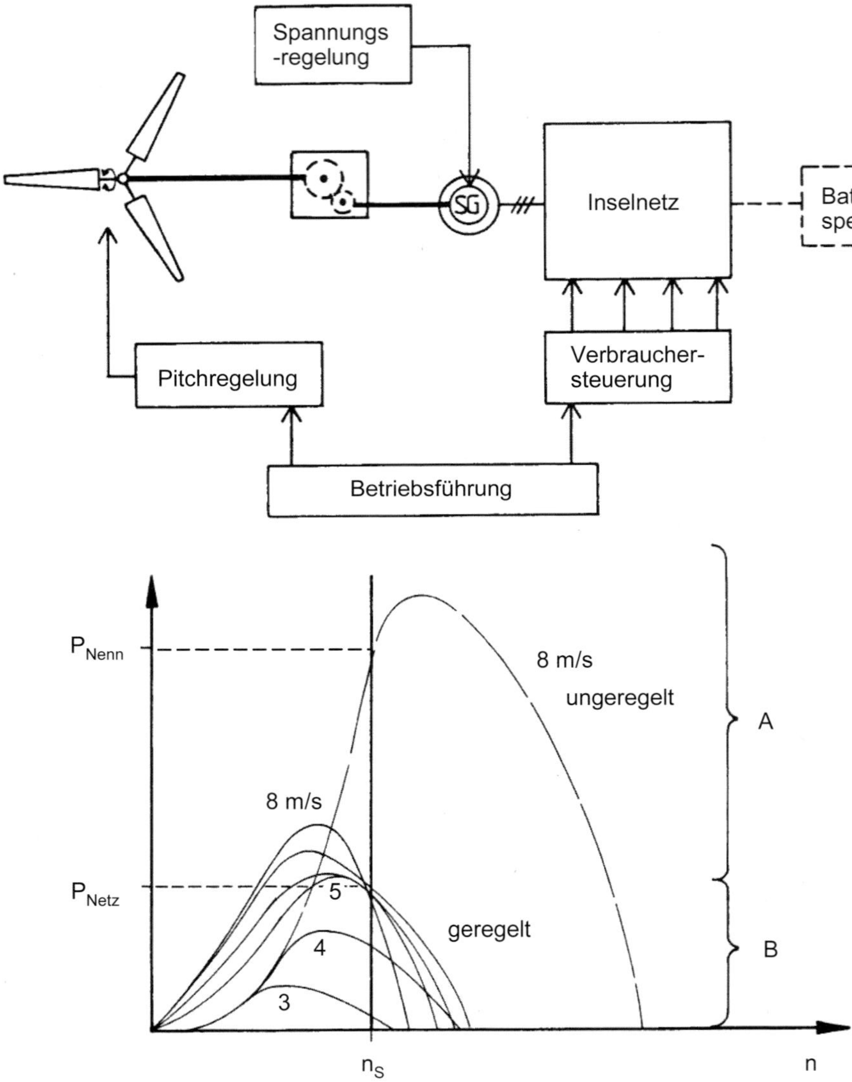

Bild 13-19 Inselnetzanlage mit Pitchregulierung und Verbrauchersteuerung; oben: Blockschaltbild; unten: Lastkennlinie

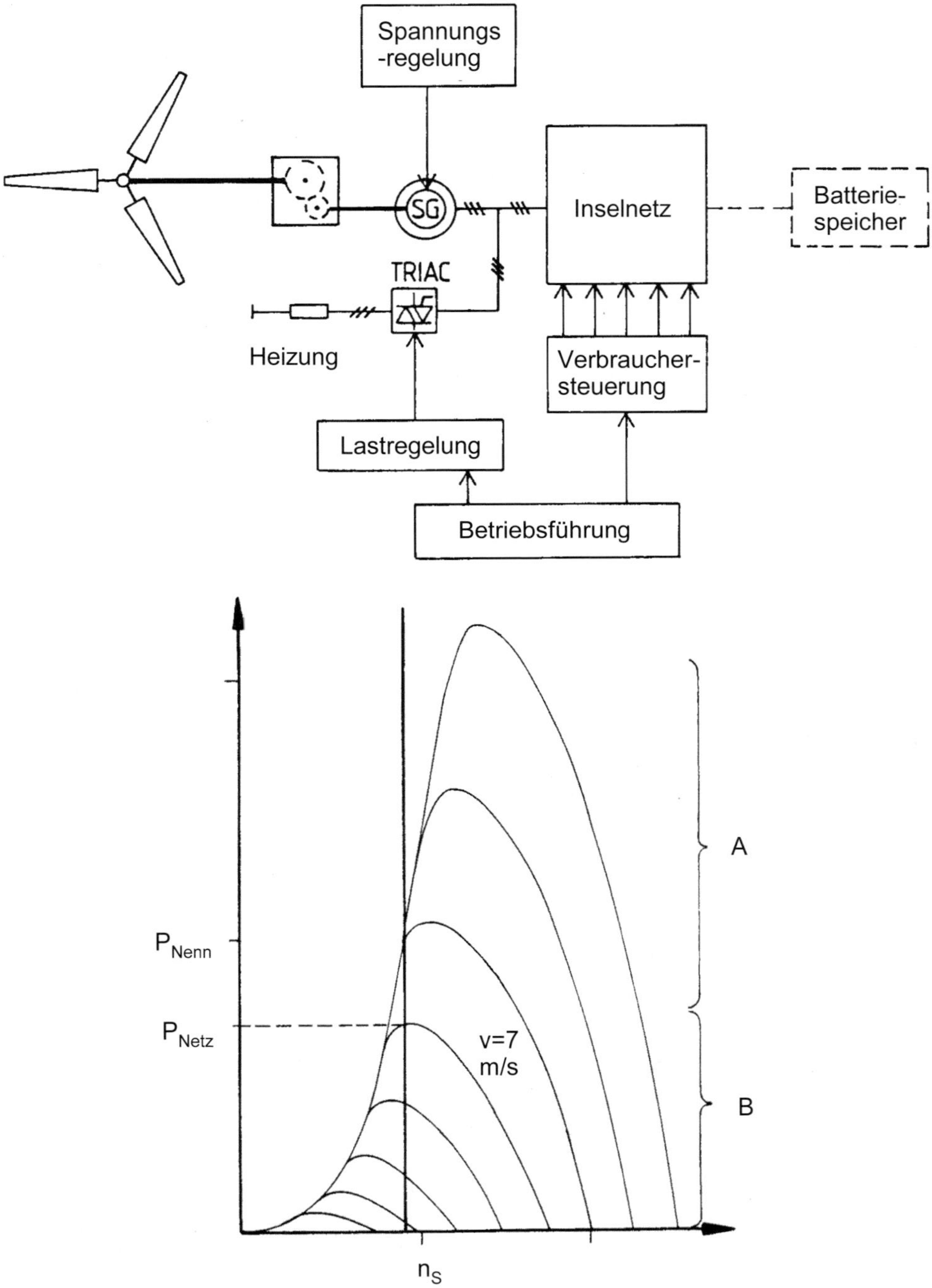

Bild 13-20 Inselnetzanlage mit Stallregulierung und Verbrauchersteuerung; oben: Blockschaltbild; unten: Lastkennlinie

hat sich bislang dieses Konzept trotz billiger Asynchronmaschine nicht durchsetzen können.

Drehzahlvariable Windkraftanlagen mit Asynchronmaschine haben oft einen Gleichstromzwischenkreis. Der Umrichter auf der Generatorseite versorgt die Asynchronmaschine mit Blindleistung. Wenn für die Grunderregung Kondensatoren bereitgestellt werden, dann fällt der Umrichter kleiner aus, Wirk- und Blindleistung können getrennt eingestellt werden, (Bild 13-21). Rotorkennfeld und Lastkennlinie entsprechen dem System wie es in Bild 13-9 dargestellt ist. Auf der Inselnetzseite werden Frequenz und Spannung vom Wechselrichter vorgegeben. Der Regelaufwand ist groß, aber es können seriennahe Anlagen verwendet werden.

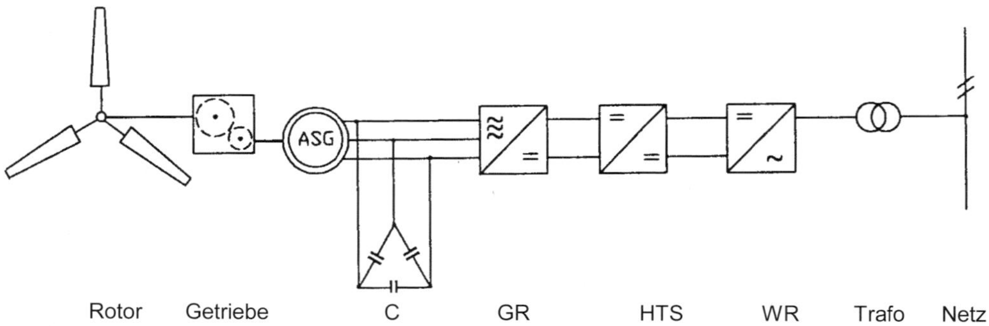

Bild 13-21 Drehzahlvariabler Asynchrongenerator mit Gleichstromzwischenkreis

13.3 Verbundanlagen

Außerhalb der großstädtischen Ballungsgebiete gibt es weltweit unzählige Kleinstädte, Dörfer und Einzelgehöfte, denen eine verlässliche Stromversorgung fehlt. Die klassische Lösung, ein Diesel-Generator, wird durch die steigenden Ölpreise immer unbezahlbarer. Der Bedarf an Wind-Dieselsystemen und Wind-Photovoltaikanlagen steigt.

Durch den Boom der netzgekoppelten Anlagen in Westeuropa seit 1991 wurde jedoch deren Entwicklung vernachlässigt. Die in den 80er Jahren entstandenen Prototypen sind nicht mehr zeitgemäß: Die Leistungselektronik hat das Feld der Möglichkeiten sehr erweitert. Zwar gibt es inzwischen eine ganze Reihe von Versuchsanlagen in Griechenland und auf den spanischen Inseln im Atlantik, doch ist auf diesem Markt zurzeit wenig wirklich Erprobtes: Weder im Bereich kleiner Leistungen für Einzelgehöfte, noch für kleinere Städte, die Anlagen im Bereich von 1.000 kW benötigen.

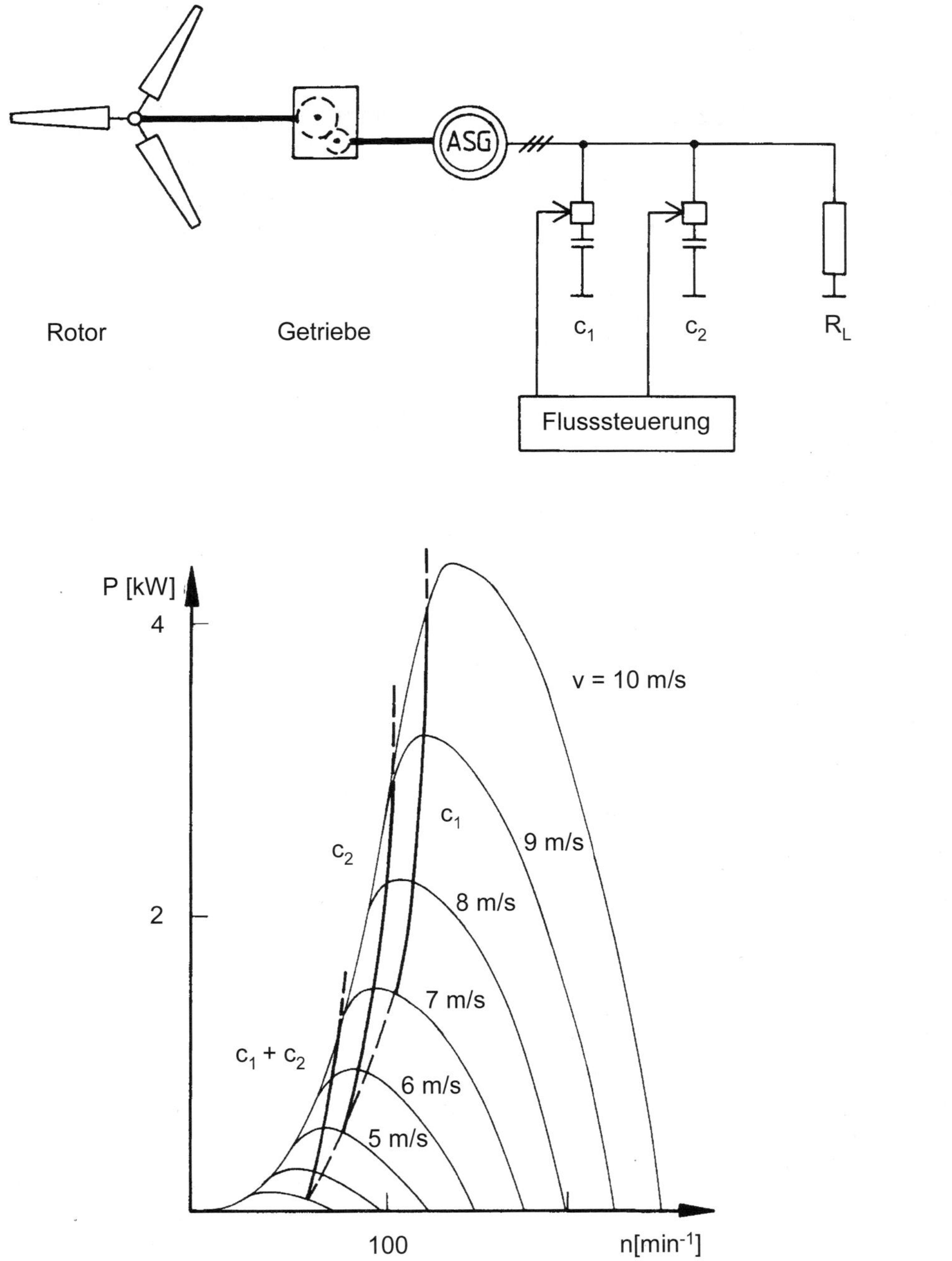

Bild 13-22 Asynchrongenerator im Inselbetrieb zum Heizen, Blindleistungsbereitstellung erfolgt über Kondensatorstufen

Zwar lassen sich die drehzahlvariablen Anlagen mit Synchrongenerator prinzipiell verwenden. Aber die Betriebsführung, Steuerung und Regelung einer Verbundanlage sieht ganz anders aus als die einer netzgekoppelten.

Weiter fehlt es an geeigneten preiswerten Speichern, die das Auf und Ab des Windenergieangebotes puffern. Schwungradspeicher als Kurzzeitspeicher finden allmählich Eingang (ENERCON [6], URENCO, ...). Noch immer sind Batteriespeicher die Langzeitspeicher, obwohl die Akkumulatoren nur eine begrenzte Zahl von Be- und Entladungen tragen [4, 8, 14].

Kurzzeitspeicher und Lastabwurfsteuerung verhindern, dass der Dieselmotor parallel zur Windkraftanlage in Dauerbereitschaft tuckert. Denn dabei versotten seine Einspritzdüsen sehr schnell. Zudem liegt selbst der Leerlaufverbrauch noch immerhin bei 5 bis 10 % des Nennlastverbrauches, der bei größeren Motoren etwa 190 g/kWh beträgt. Für den im Bedarfsfall notwendigen Schnellstart erwärmt man das Kühlwasser auch bei abgeschaltetem Diesel durch eine elektrische Heizung. Das mindert den hohen Verschleiß, der bei Kaltstarts auftritt und erhöht die Lebensdauer beachtlich.

Weniger Probleme macht die Gestaltung der Verbrauchersteuerung, die bei Flaute minderwichtige Lasten abwirft. Auf freiwilliger Ebene lässt sich eine gewisse Verbrauchersteuerung erreichen, indem Leuchtdioden am Stromzähler des Verbrauchers anzeigen,

grün: Billigtarif, Windstrom,

gelb: mittlerer Tarif, Wind- und Dieselstrom,

rot: teurer Tarif, Dieselstrom.

Dann kann der Konsument selbst entscheiden; gleichzeitig entwickelt er ein gewisses Gefühl für das System.

Bild 13-23 zeigt den typischen Verlauf der Wind- und Dieselstromerzeugung in einem kleinen Verbundsystem auf der Insel Brava, die etwa 4.000 Einwohner zählt.

Die Windkraftanlage ist auf 120 kW ausgelegt. Die „Durchdringung“ des Systems mit Windstrom ist recht hoch, zeitweilig fast 50 %.

Die Lastabwurfsteuerung erfolgt allerdings bei diesen kleinen Systemen noch von Hand. Bild 13-24 zeigt das Konzept der Betriebsführung. Bei geringem Strombedarf der Einwohner wird der Trinkwasserspeicher ($H = 435$ m) gefüllt [12].

Auch wenn der Windstromanteil auf Brava sehr hoch ist, so bleibt beim Dieselgenerator doch immer die Netzführung, denn die Windkraftanlage ist klassisch dänischen Typs. Soll ein Wind-Dieselverbundsystem in der Lage sein, auch ganz ohne Dieselassistenz zu arbeiten, wird der apparative Aufwand sehr viel größer.

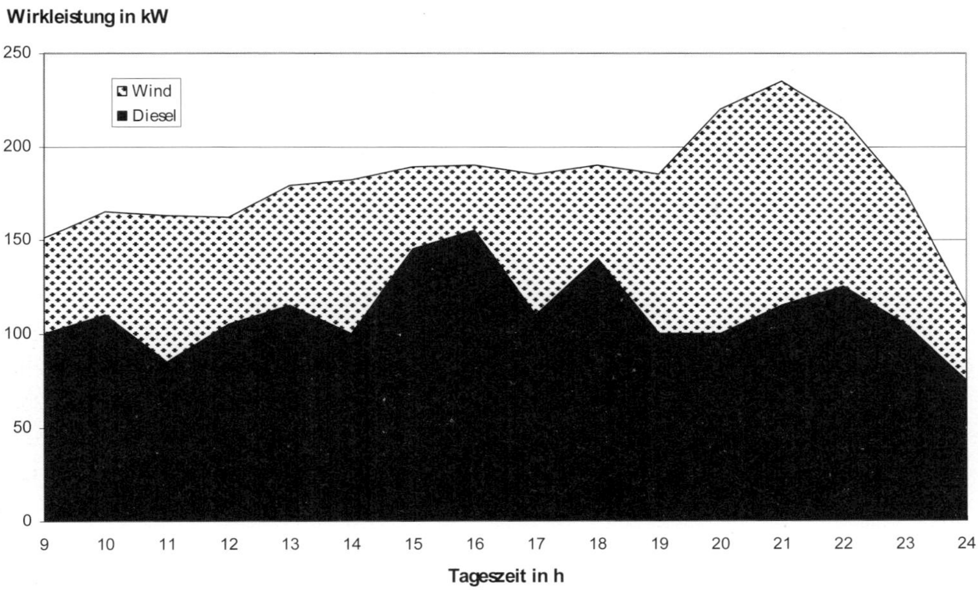

Bild 13-23 Typische Wind-Diesel-Lastverteilung eines kleinen Verbundsystems auf Brava, Kapverden [12]

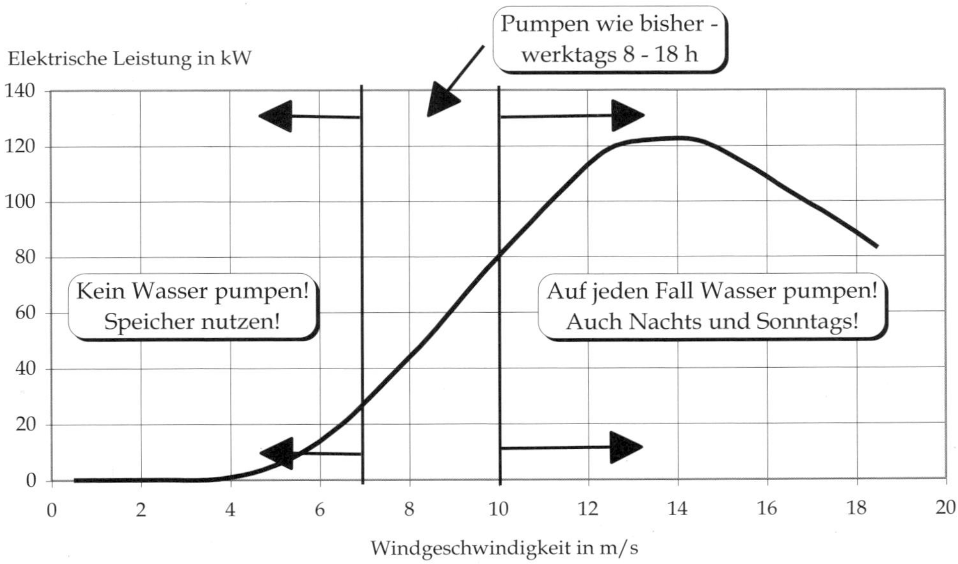

Bild 13-24 Betriebsführung des Verbundsystems von Hand [12]

13.3.1 Wind-Dieselsystem mit Schwungradspeicher

Die Windkraftanlage E-30 (250 kW) arbeitet auf eine DC-Schiene, deren Strom dann über den Wechselrichter ins Drehstromnetz gespeist wird, s. Bild 13-25. Solange das Windstromangebot innerhalb des Bedarfs liegt, läuft der Dieselgenerator und führt das Netz. Weder Schwungradspeicher noch Master-Synchronmaschine sind in Betrieb.

Ist aber das Windenergieangebot größer als der Bedarf der Verbraucher, fährt der Schwungradspeicher hoch (1,5 t, Drehzahlen 1.500 bis 3.300 1/min), der bis zu 5 kWh speichert und kurzzeitig 200 kW zu Verfügung stellen kann. Die Netzführung übernimmt die Master-Synchronmaschine, und der Dieselgenerator wird abgeschaltet. „Löcher“ im Windleistungsangebot stopfen der Schwungradspeicher und eine eventuell vorhandene Batteriebank. Die Stromqualität (Spannung und Frequenzkonstanz) ist ausgezeichnet [13], der Aufwand allerdings beträchtlich.

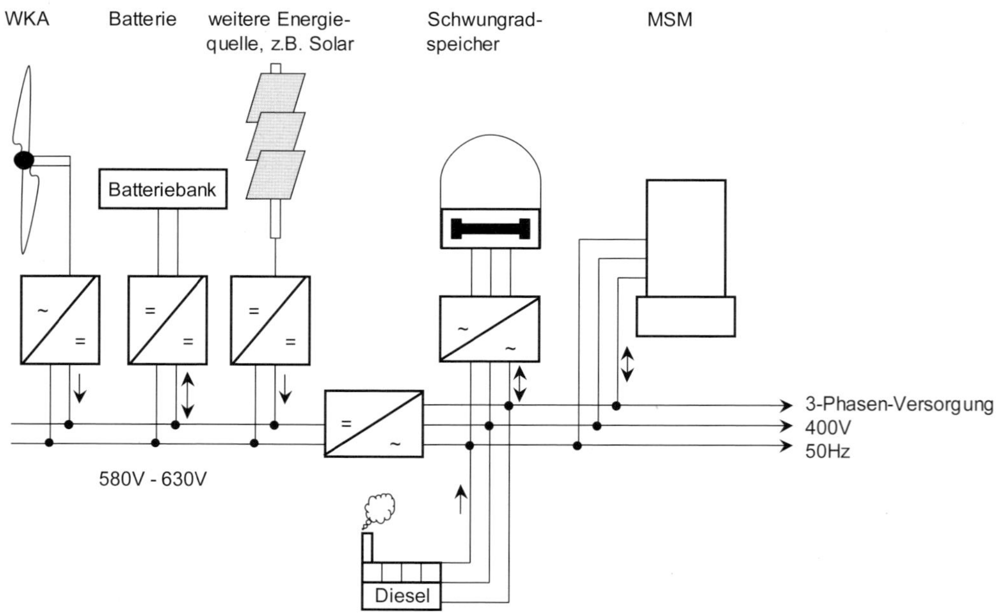

Bild 13-25 Inselnetzsystem mir Mastersynchronmaschine (MSM) nach [13]

13.3.2 Wind-Dieselsystem mit gemeinsamer Gleichstromschiene

Das in Bild 13-26 skizzierte System wurde für eine Insel im finnischen Meerbusen entwickelt, auf der sich eine Radarstation und ein Gehöft befindet [10]. Der permanent erregte Synchrongenerator von 30 kW Nennleistung speist – wie der Dieselgenerator und die Bank der Akkumulatoren – auf die gemeinsame Gleichstromschiene. Dann erst wird umgerichtet und in die 400 Volt Drehstromleitung eingespeist.

Die Akkumulatorenbank speichert etwa 100 kWh. Wenn technische Störungen auf der Wind- und Batterieseite der Versorgungsanlage auftreten, oder absolute längere Flaute herrscht, arbeitet der Dieselgenerator über den Bypass direkt auf die Drehstromschiene. Der Umrichter wird umgangen.

13.3.3 Wind-Diesel-Photovoltaik Verbund (Kleinstnetz)

Ein von der Firma SMA angebotenes Steuer- und Regelkonzept ist in der Lage, die Stromerzeugung aus sehr verschiedenen regenerativen Quellen zu koordinieren. Alle Quellen arbeiten auf eine gemeinsame Drehstromschiene, die Bild 13-27 zeigt.

13.3.4 Schlussbemerkung

Das Angebot von Verbundanlagen im Leistungsbereich von einigen kW bis 1.000 kW ist zur Zeit noch schmal. Es wird aber dank steigender Ölpreise und wachsendem Energiehunger in Ländern mit netzfernen Ortschaften zunehmen. Dann werden die verschiedenen Konzepte auch die Systemreife netzgeführter Anlagen erreichen.

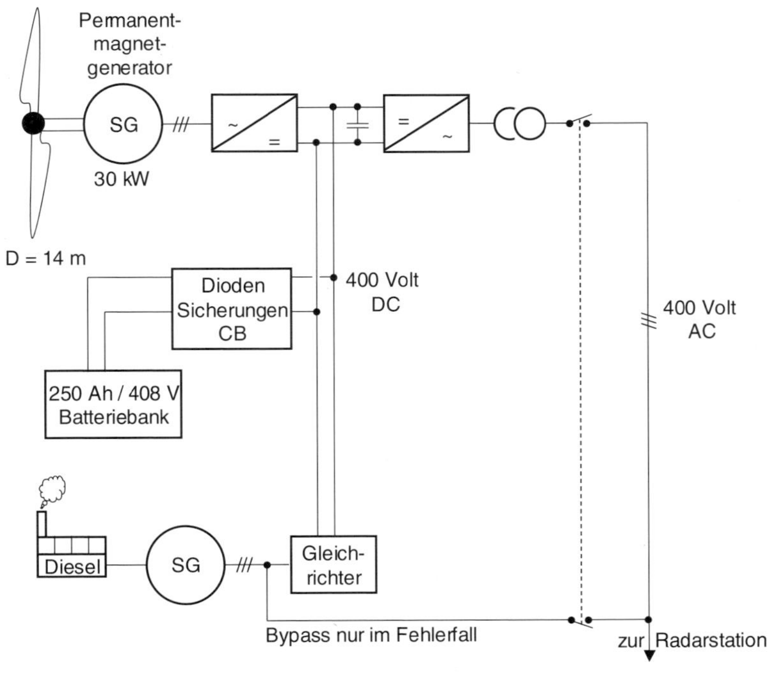

Bild 13-26 Wind-Diesel für die Insel Osmussaare (Radarstation) nach [10]

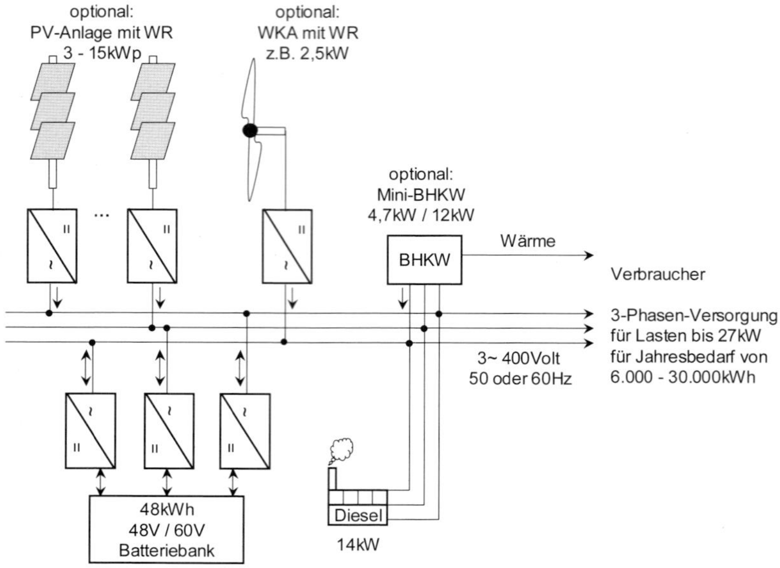

Bild 13-27 Stromerzeugung aus mehreren Quellen in einem kleinen Netz, nach [7]

Literatur

[1] Dietrich, W.: *Drehzahlvariables Generatorsystem für Windkraftanlagen mittlerer Leistung*, Diss. TU Berlin, 1990

[2] Schörner, J. et al.: *Stand und Entwicklungsrichtung des Antriebsstranges von Windkraftanlagen*, Windkraftjournal, Ausgabe 6/2001, S. 38-48

[3] Alstom: Technische Information

[4] Quaschning, V.: *Regenerative Energiesysteme*, 3. Auflage, Hanser Verlag, 2003

[5] Heier, S.: *Windkraftanlagen*, 3. Auflage, B.G. Teubner GmbH, Stuttgart/ Leipzig/ Wiesbaden, 2003

[6] ENERCON: *Technische Information Inselsystem*, 2001

[7] SMA: *Technische Information Sunny Island System Kit*, 2003

[8] Cruz-Cruz, I.: Vortrag: *Seminario Internacional de Energias Sustenables*, Puerto Natales, Chile, Okt. 2003

[9] Akkmatov, V., Nielsen, A.H. et al.: *Variable-speed wind turbines with multi-pole synchronous permanent magnet generators*, Wind Engineering, Vol. 27, No. 6, 2003, S. 531-548

[10] Ruin, S.: *New Wind-Diesel System on Osmussaare,* Wind Engineering, Vol. 27, No. 1, 2003, S. 53-58

[11] Bundesverband Windenergie: *Windenergie 2002 - Marktübersicht BWE,* S. 122-123

[12] Jargstorf, B.: *"High Penetration" Windprojekte - Eine Alternative zu Wind/ Diesel-Systemen*, DEWEK, 1996

[13] ENERCON: *Technische Information Stand Alone System*, April 2003

[14] ENERCON: *Technische Information Battery test for stand alone application*, April 2002

[15] Bundesverband Windenergie: *Windenergie 2000 - Marktübersicht BWE*

[16] Hacker, G.: *Wind ins Netz – Netzeinspeisung und Akkuladung mit Kleinwindrädern*, ISBN 3-00-011545-5, 2003

14 Betrieb von Windkraftanlagen im elektrischen Verbundnetz

Der *Betrieb von Windkraftanlagen im elektrischen Verbundnetz* stellt einerseits Anforderungen an die technische Ausstattung der Windkraftanlage für deren Anschluss ans Netz sowie die Betriebsweise der Windkraftanlage und hat andererseits Auswirkungen auf den Betrieb des elektrischen Verbundnetzes. Waren diese Auswirkungen noch vor einigen Jahren vernachlässigbar, weil die installierte Windleistung im Vergleich zu der vorhandenen Netzkapazität sehr gering war, so ist mittlerweile, zumindest in den im Bereich Windenergie führenden Ländern, die Netzintegration der Windenergie zu einer technisch und wirtschaftlichen Herausforderung geworden. Das folgende Kapitel stellt diese Herausforderung zunächst aus Sicht des Verbundnetzes dar und beleuchtet dann die Schnittstelle zwischen Netz und Windkraftanlage um abschließend die verschiedenen in den vorhergehenden Kapiteln ausführlich behandelten Windkraftanlagenkonzepte hinsichtlich ihrer Netzverträglichkeit zu analysieren.

14.1 Das elektrische Verbundnetz

14.1.1 Struktur des elektrischen Verbundnetzes

Das *elektrische Verbundnetz in Deutschland* ist Bestandteil des synchronen europäischen Verbundnetzes, s. Bild 14-1, European Network of Transmission System Operators for Electricity (entsoe; bis 2009 unter dem Namen Union for the Coordination of Transmission of Electricity (UCTE)) und muss somit die europaweit gültigen Anforderungen der UCTE-Richtlinien erfüllen. Der Aufbau und die technischen Standards dieses Verbundnetzes gehen jedoch vor allem auf Anforderungen zurück, die vor Jahrzehnten aus der Struktur eines weit verzweigten *Versorgungsnetzes* mit wenigen zentralen Erzeugungspunkten und großen Kraftwerken abgeleitet wurden. Eine dezentrale Windstrom-Einspeisung an schwachen Netzausläufern, vor allem im Küstenbereich, und der liberalisierte internationale Handel mit Strom machen eine Umgestaltung des Verbundnetzes von einem Verteilnetz in ein *Transportnetz für große Handelsströme* notwendig. Solange die installierte Windkraftleistung vernachlässigbar klein war, traten keine nennenswerten Auswirkungen auf den Netzbetrieb auf. Inzwischen stellt jedoch die in Deutschland installierte Windkraftleistung mit ca. 29.060 MW Ende 2011 einen Anteil dar, der bei einer gesamten konventionellen Kraftwerkskapazität von ca. 110.000 MW, einer maximalen Netzlast von ca. 80.000 MW und einer minimalen Netzlast von ca. 35.000 MW erhebliche Konsequenzen für den Netzbetrieb hat.

Bild 14-2 zeigt, dass bei Schwachlast und Wind bereits 2003 fast ein Drittel der Erzeugungsleistung aus Windkraftanlagen kommen konnte.

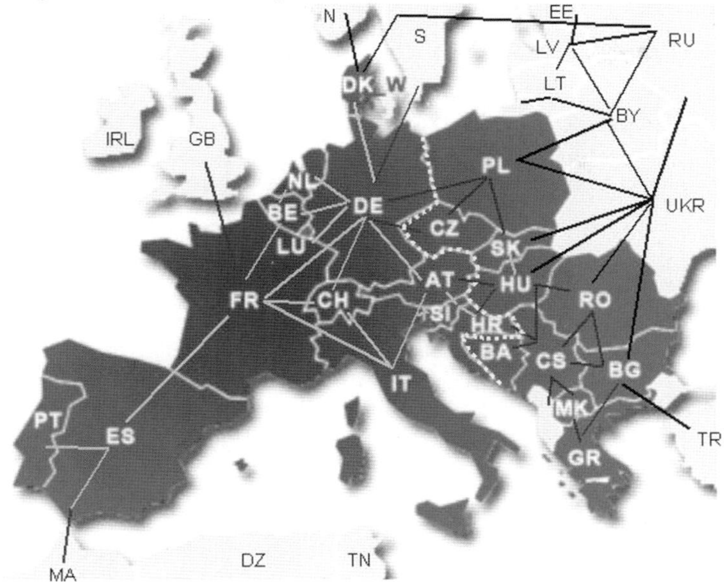

Bild 14-1 Europäisches Verbundnetz (entsoe, graue Linien) mit Verbindungen in Nachbarstaaten (schwarze Linien); dunkelgraue Fläche: erweiterter Netzverbund [1, 2]

In einzelnen Regionen Deutschlands ist dieser Anteil zeitweise noch höher, beispielsweise übersteigt bei kräftigen Windverhältnissen in manchen Netzgebieten Norddeutschlands die eingespeiste Windleistung bereits die Netzlast. In vier Bundesländern lag 2011 der Anteil des potenziellen Jahresenergieertrags aus Windenergie am Nettostromverbrauch über 45%. Bei weiterem Ausbau der Windenergie, der in Deutschland vorrangig offshore vorgesehen ist, müssen daher neue Leitungskapazitäten geschaffen werden. Eine Ertüchtigung des bestehenden Netzes ist aber, wie bereits erwähnt, ohnehin wegen der Umstellung auf ein *internationales Transportnetz* dringend erforderlich. Die Netzhöchstlast tritt in nördlichen Ländern meist im Winter auf, in südlichen Ländern aufgrund des steigenden Einsatzes von Klimaanlagen im Sommer [2].

Bild 14-3 verdeutlicht die *Spannungsebenen des Verbundnetzes* und die üblicherweise angeschlossenen Windkraftleistungen. Im Allgemeinen wird der Strom aus dem Übertragungsnetz (380 kV und 220 kV) über die Verteilnetze hinunter an die Verbraucher geliefert. Je größer die Windparks, desto wirtschaftlicher ist ein Anschluss an höhere Spannungsebenen. Der Betrieb des Netzes ist sowohl nach Spannungsebenen als auch regional getrennt. In anderen europäischen Ländern ist dies zum Teil nicht so der Fall.

Es gibt in Deutschland vier große Übertragungsnetzbetreiber und ca. 700 regionale und lokale Verteilnetzbetreiber.

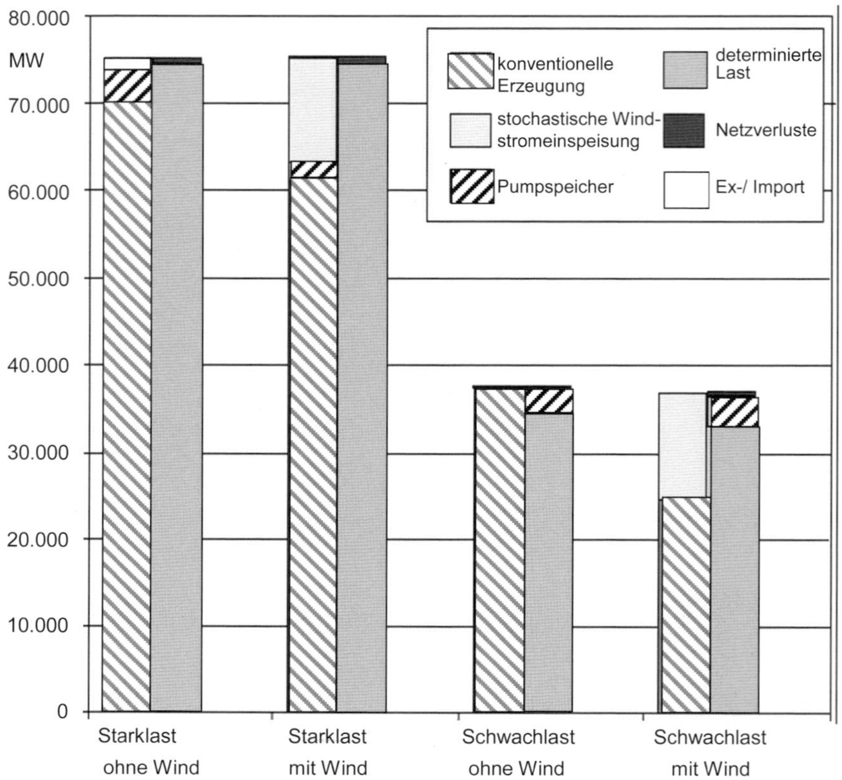

Bild 14-2 Gegenüberstellung von Erzeugung, Netzlast, Verlusten und sonstigen Austauschleistungen in 2003, ohne und mit Windstromeinspeisung, nach [3]

Gemäß der für die geplante installierte Windleistung erforderlichen Spannungsebene ist beim entsprechenden Netzbetreiber der Netzanschluss zu beantragen, s. Kap. 15. Bild 14-4 links zeigt die regionale Zuständigkeit der vier Übertragungsnetzbetreiber und deren Netze von Hochspannungsleitungen. Da in den Regelzonen von Tennet (ehemaliges Netz von E.ON) und 50Hertz (ehemalige Vattenfall-Tochter) eine höhere Windstromproduktion bezogen auf den Anteil am Endverbrauch stattfindet als beispielsweise bei EnBW, wird häufig Windstrom dorthin exportiert. Aufgrund der großen installierten Windkraftanlagenleistung in den nördlichen Gebieten (Bild 14-4 rechts, weiße Fläche) ist die Windstromproduktion gemessen am lokalen Stromverbrauch dort besonders hoch.

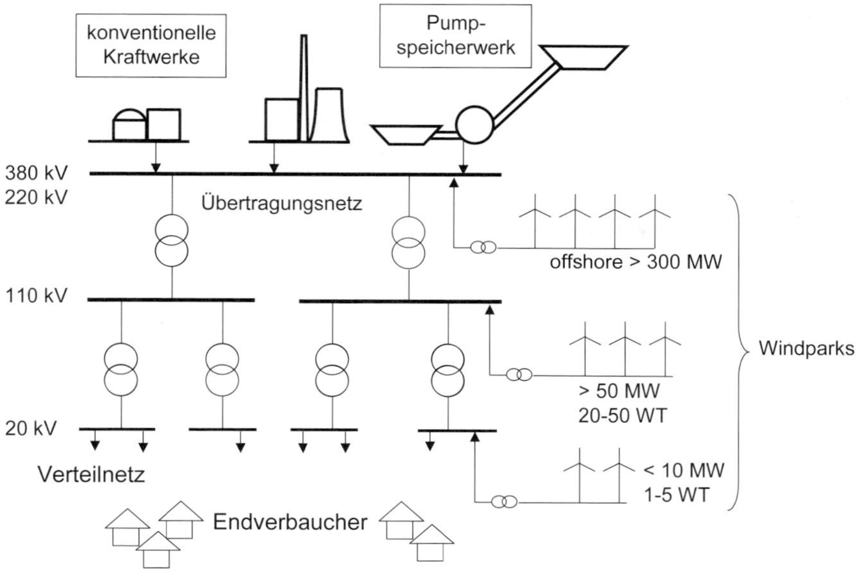

Bild 14-3 Spannungsebenen des Verbundnetzes in Deutschland

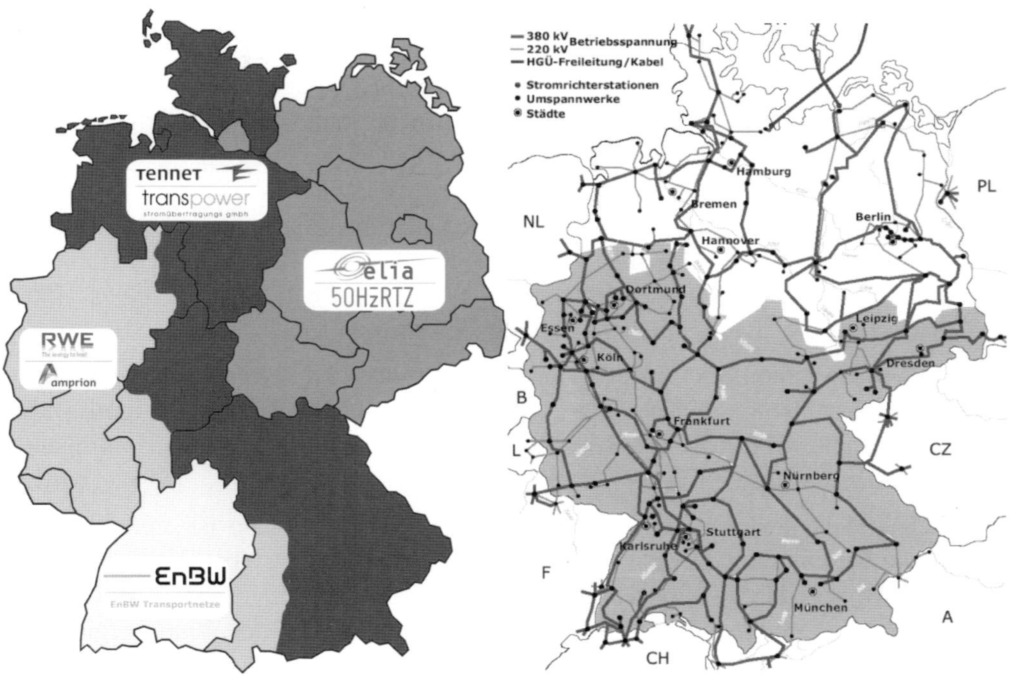

Bild 14-4 Regelzonen der vier Übertragungsnetzbetreiber (links) und Höchstspannungsnetz in Deutschland (rechts) [2, 4]

14.1.2 Netzbetrieb

Der Betrieb der elektrischen Netze der einzelnen Regelzonen von deren Leitwarten aus orientiert sich in erster Linie an einem *permanenten Anpassen der eingespeisten Erzeugungsleistung an die schwankende Last*. Die Regelzonen entsprechen den Netzgebieten der vier Übertragungsnetzbetreiber. Aus vertraglichen Regelungen und Erfahrungswerten werden auf der Ebene der Verteilnetze Fahrpläne erstellt und an den vorgelagerten Übertragungsnetzbetreiber gemeldet. Dieser erstellt hieraus eine Prognose für den kommenden Tag. Leistungserzeugung sowie Stromeinkäufe werden schon sehr viel langfristiger im Voraus geplant. Bild 14-5 zeigt zwei typische Lastprofile einer Regelzone für einen Werktag und einen Tag am Wochenende mit Windstromeinspeisung.

Aufgabe der Leitwarte ist es, das sogenannte Randintegral der Regelzone auf Null zu regeln, d.h. die Differenz zwischen Verbrauch inkl. Export einerseits und Stromproduktion inkl. Import andererseits auf Null zu halten. Dies geschieht durch Zu- und Abschalten von Erzeugungskapazitäten oder von Lasten in Form von Pumpen der Pumpspeicherwerke. Hierzu wird zuvor gebuchte *Reserveleistung* benötigt, die aus Kostengründen möglichst klein gehalten wird. Da jedoch immer Abweichungen zwischen Prognose und realer Last entstehen, ist für den Momentanabgleich immer *Regelleistung* erforderlich. Nach Bild 14-6 wird der benötigte Ausgleich nach seiner zeitlichen Größe in Primär- und Sekundärregelung unterteilt. Die Primärregelung geschieht zunächst aus den Massenträgheiten der rotierenden Massen des Stromerzeugungssystems heraus: Generatoren und Turbinen reagieren mit geringfügigen Drehzahlschwankungen (d.h. Freisetzen oder Aufnehmen von kinetischer Energie), um von der Last aufgeprägte Änderungen der Frequenz zu kompensieren (Leistungs-Frequenz-Regelung, P-f-Regelung). Die Sekundärregelung hat die gleiche Aufgabe, jedoch im Minutenbereich. In Bild 14-7 ist zu erkennen, dass bei einem Lastanstieg um dP die Frequenz um df sinkt. Bei Erreichen der unteren Frequenztoleranz muss durch schnell regelbare Kraftwerke, z.B. Gasturbinen oder Wasserturbinen (Pumpspeicherwerke) die erzeugte Leistung angehoben werden.

Der im Voraus kalkulierte Regelleistungsbedarf wird heutzutage im Internet ausgeschrieben. Innerhalb der Regelzonen gibt es sogenannte Bilanzkreise (z.T. aus mehreren Stromhändlern), für die der Bilanzkreisverantwortliche (BKV) im 15-Min.-Mittel ebenfalls für eine ausgeglichene Leistungsbilanz zu sorgen hat.

Die Genauigkeit der *Vorhersage der benötigten Reserveleistung* ist einerseits durch die Liberalisierung des Stromhandels, und damit für den Netzbetreiber unbekannte Transportströme durch sein Netz, sowie die fluktuierende Einspeiseleistung aus Windenergie erheblich gesunken. Kurzzeitige Schwankungen der Windenergie stellen für die Primärregelung technisch kein prinzipielles Problem dar, denn viele Effekte im Sekunden- und Minutenbereich gleichen sich durch die dezentrale, flächige Aufstellung der Windkraftanlagen aus. Jahreszeitliche Effekte, wie in Bild 14-8 durch den

Verlauf der Volllastäquivalenz (Kapazitätsfaktor) dargestellt, sind bekannt. Kommt es jedoch aufgrund der Witterungsbedingungen in einer gesamten Region zu großen Gradienten in der aktuell eingespeisten Windleistung (Bild 14-9), kann dies zu Stabilitätsproblemen im Netz führen. Derartige Ereignisse können durch heranziehende Wetterfronten oder durch plötzliche Sturmabschaltungen hervorgerufen werden.

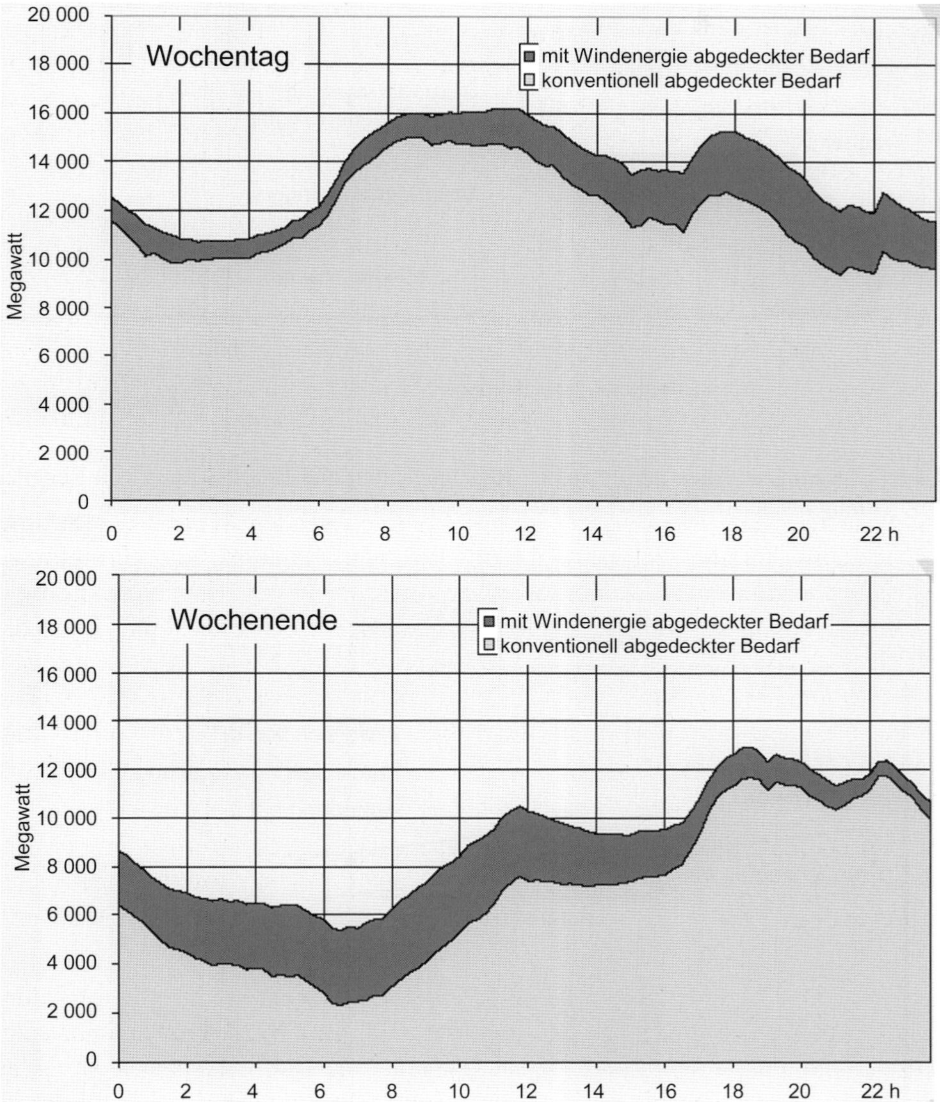

Bild 14-5 Typische Tagesgänge der elektrischen Last (Wochentag und Wochenende im Netzgebiet E.ON Netz), [5]

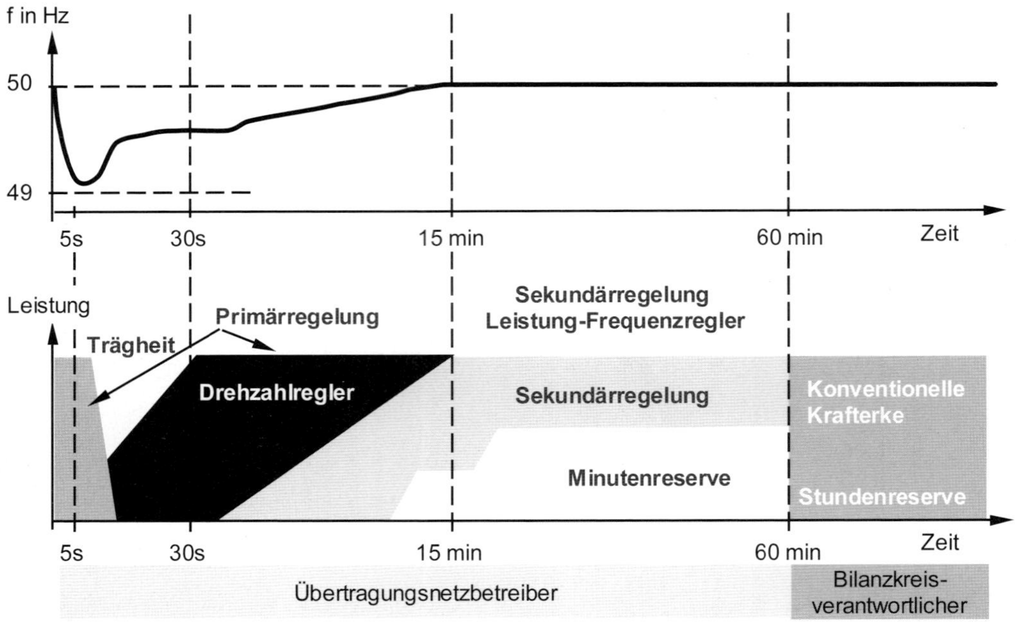

Bild 14-6 Zusammenwirken der einzelnen Regelungsarten und Bereitstellung von Regelleistung, nach [6]

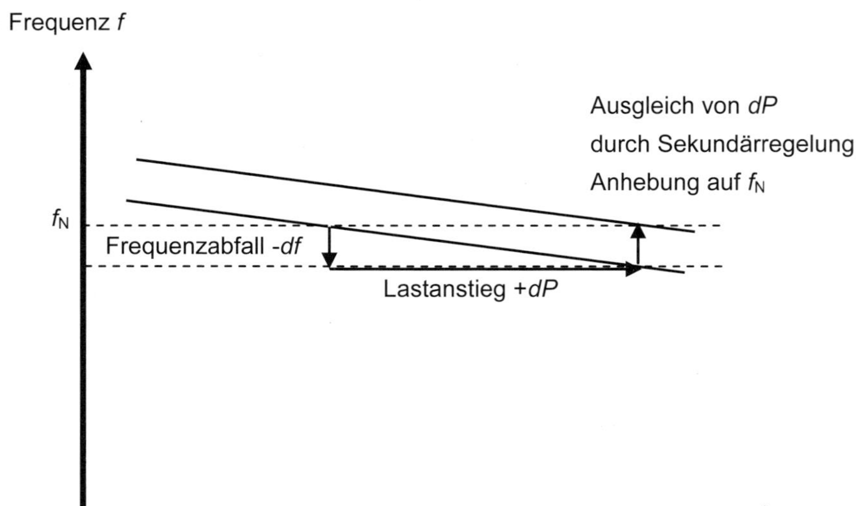

Bild 14-7 Erzeuger- und Verbraucherkennlinie eines Netzes, nach [7]

Die Netzbetreiber arbeiten daher inzwischen mit erprobten Prognoseverfahren, um den Verlauf der eingespeisten Windleistung besser vorhersagen zu können [8]. Bild 14-10 zeigt den Vergleich einer Prognose mit der tatsächlich aufgetretenen Windleistung. Die Abweichung zwischen Prognose (24 Stunden im voraus, D+1) und realer Windleistung liegt bei ca. ± 10%. Dies lässt sich durch kurzzeitige Prognose-Intervalle erheblich verbessern.

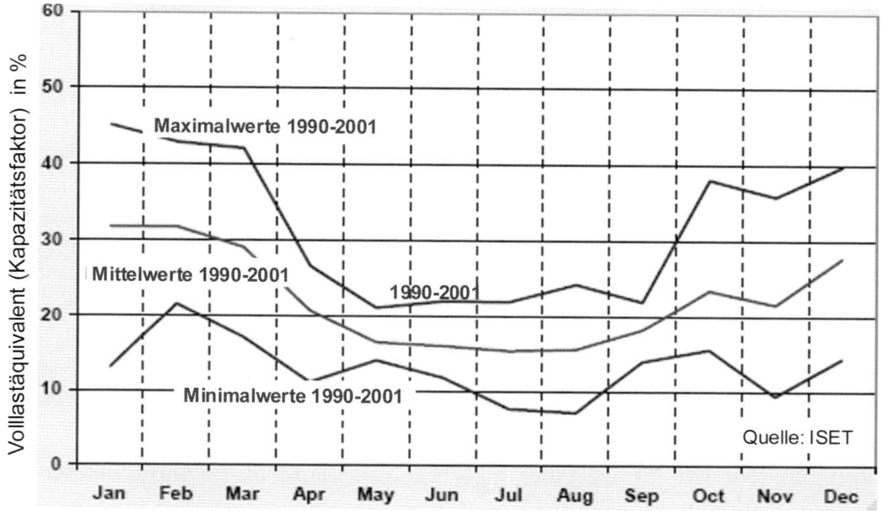

Bild 14-8 Jahreszeitlicher Verlauf der Windstromerzeugung [9]

Bild 14-9 Kritischer Abfall der eingespeisten Windleistung [10]

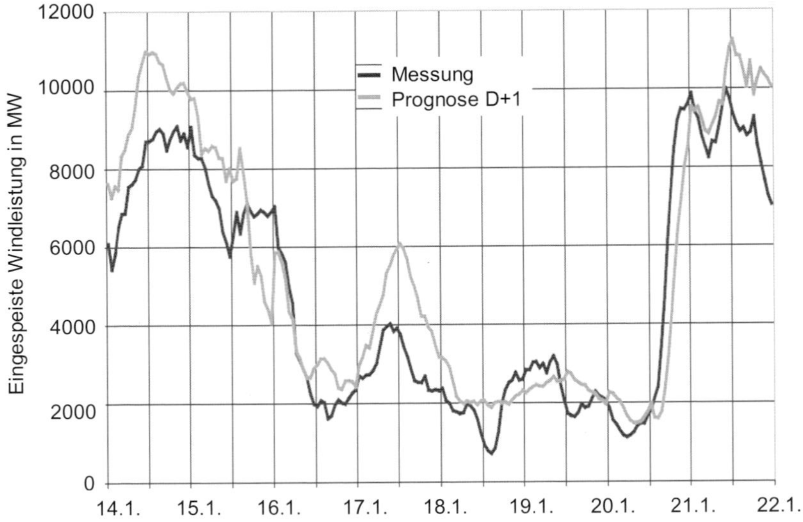

Bild 14-10 24h-Prognose der erzeugten Windleistung und reale Einspeisung [8]

Eine völlig andere Möglichkeit der Netzregelung kann durch die *Einbeziehung der Netzlast* in den Regelmechanismus erzielt werden. Um Lastspitzen im Netz zu verringern, könnten beispielsweise größere Verbraucher, wie z.B. Kühlhäuser, die zeitunkritisch arbeiten, durch zeitweises Abschalten positive Regelleistung erbringen.

Eine dritte Möglichkeit der Systemoptimierung besteht in der *Bereitstellung von Energiespeichern*, die zwischen Bedarf und Erzeugung glätten. Jahrzehntelang bewährt haben sich Pumpspeicherwerke, die Wasser mit preiswertem Nachtstrom in Reservoirs hoch pumpen, das tagsüber bei Lastspitzen mittels Wasserturbinen wieder in teure Regelleistung umgesetzt wird [12]. Im Bereich der Kurzzeitspeicher (Sekunden bis Minuten) befinden sich Schwungradspeicher und hochaufladbare Kondensatoren (Super Caps) sowie Wasserstoff-Anlagen in der Erprobung. Der erzeugte Wasserstoff kann in Biogasanlagen (Hybridkraftwerk Uckermark, ab 2011) zur Wieder-Verstromung oder auch dem Erdgas zugemischt werden. Hiermit könnte eine weitere Netzstabilisierung durch Glättung der Stromabgabe der Windparks erfolgen. Schwungradspeicher gibt es auch schon in einem angebotenen Hybrid-System [13], vgl. Bild 13-25. Bei den für das gesamte Netz relevanten Langzeitspeichern werden neben den bewährten Pumpspeicherwerken auch Druckluftspeicher in unterirdischen Kavernen als technische Lösung in Erwägung gezogen [12].

Um im bestehenden Stromnetz höhere Transportkapazitäten, auch für Windstrom, zu realisieren, wird derzeit die technisch einfach zu realisierende Temperaturüberwachung der Stromleitungen erprobt, denn die Leitungskapazität wird derzeit nach einem worst-case Szenario bei meteorologischen Extremwerten (Windstille und 30° C Umgebungstemperatur) festgelegt, also wenn kein Windstrom produziert wird.

Trotzdem entstehen bei hoher Windstromeinspeisung teilweise Überlastungen des Netzes. Der Netzbetreiber ist nach dem so genannten (n-1)-Fall verpflichtet auch bei Ausfall eines Betriebsmittels, z.B. einer Leitung oder eines Umspannwerkes, den sicheren Betrieb des Netzes zu gewährleisten. Somit ist der Netzbetreiber berechtigt bei windbedingter Netzüberlastung die Windleistungseinspeisung zu drosseln (Wirkleistungsdrosselung), um die Netzstabilität zu wahren. Diese Eingriffe müssen technisch begründet, nachgewiesen und im Internet veröffentlicht werden. Nach der Regelung aus dem EEG 2009 hat der Netzbetreiber die Ertragseinbuße von Einspeisern regenerativer Erzeugungseinheiten zu kompensieren.

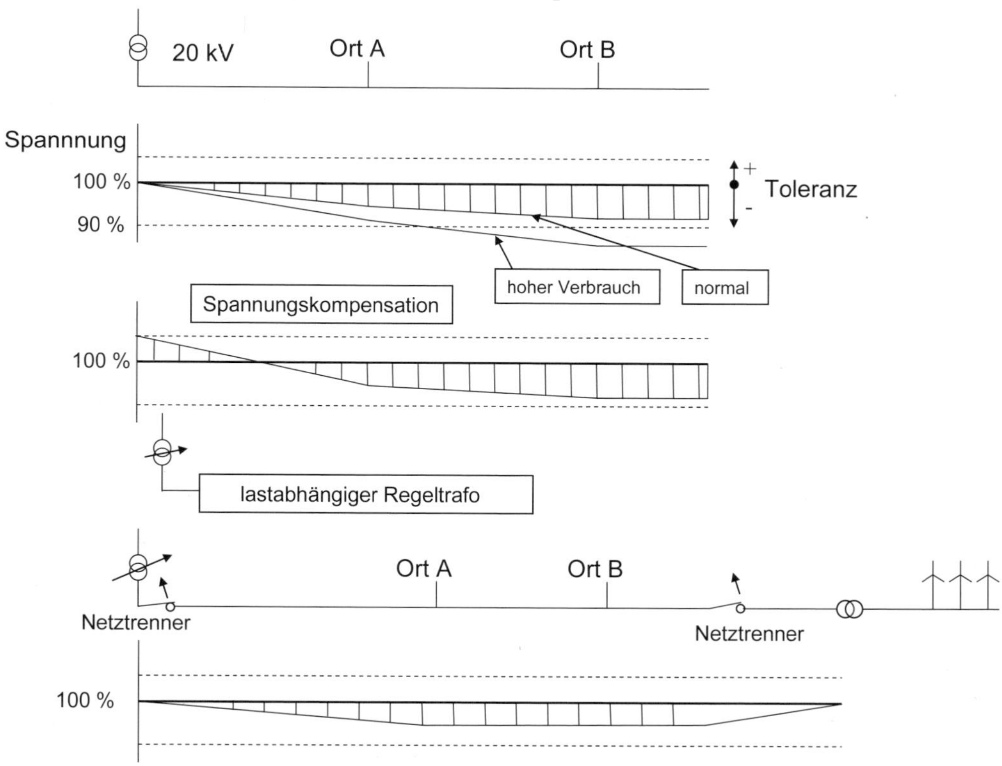

Bild 14-11 Spannungskompensation über die Trafospannungsänderung (keine Windkraftanlage, oben) und deren Wegfall bei Einspeisung von Windstrom (unten)

Die Aufgabe der Verteilnetzbetreiber ist, die Spannung in jedem Netzbereich innerhalb der zulässigen Toleranz konstant zu halten. Bei unzulässigem Spannungsabfall muss an den Umspannwerken nachgeregelt werden, s. Bild 14-11. Außerdem muss, je nach Lastsituation im Netz, die übertragbare Wirkleistung gewährleistet werden. Dies geschieht durch Einstellung des Wirkfaktors cos φ im Rahmen der Wirkleistungs-Blindleistungs-Regelung (P-Q-Regelung).

Bild 14-11 oben zeigt eine lokale Freileitung bei normaler und besonders hoher Belastung. Um die Spannung im zulässigen Toleranzband von -10% bis +5% der Nennspannung zu halten, kann es bei hoher Last notwendig werden zur *Spannungskompensation* die Einspeisespannung am Transformator anzuheben, Bild 14-11 Mitte. Wird jedoch durch einspeisende Windkraftanlagen zusätzliche Leistung zur Verfügung gestellt, ist das u. U. überflüssig, Bild 14-11 unten. Genaueres ist Bild 14-12 zu entnehmen, das die zulässige Spannungsänderung durch die Windkraftanlage aus Verbrauchersicht definiert.

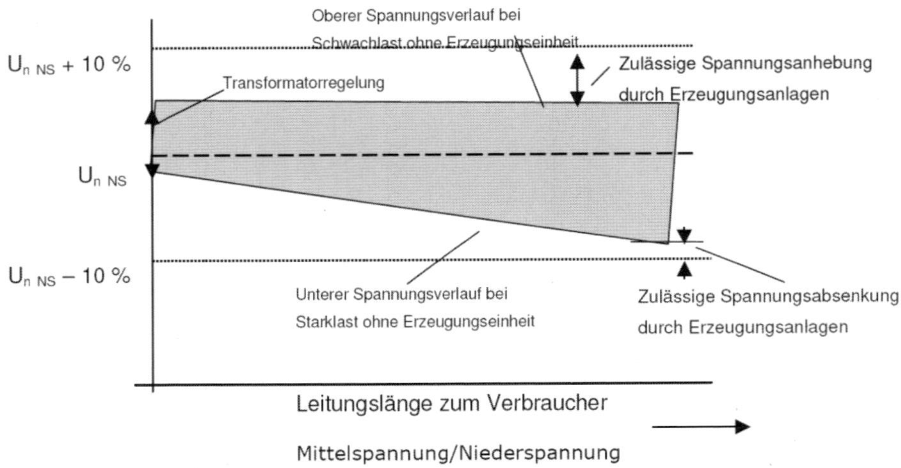

Bild 14-12 Schematische Darstellung der Spannungsverhältnisse für den Verbraucher im Niederspannungsnetz [13]

Nach der 2008 in Kraft gesetzten Mittelspannungsrichtlinie des Bundesverbands der Energie- und Wasserwirtschaft (BDEW) [13] müssen Windkraftanlagen einen Beitrag zur Spannungsregelung im Netz leisten. Hierzu muss der Netzbetreiber in die Lage versetzt werden, den Leistungsfaktor der Windkraftanlagen gemäß einer vorgegebenen Kennlinie, wie sie beispielhaft in Bild 14-13 dargestellt ist, zu verändern. Hierfür ist eine Fernsteuerung für den Zugriff durch den Netzbetreiber vorzusehen. Die Fernsteuerung (mittels Tonfrequenz-Rundsteueranlagen) übernimmt die Funktionen „Fern-Aus“ bei kritischen Netzzuständen, Begrenzung der Wirkleistung und Bereitstellung von Blindleistung. Für die Bereitstellung dieser Funktionen zur Netzregelung und die Erfüllung weiterer technischer Eigenschaften bekommt der Anlagenbetreiber nach EEG 2009 einen so genannten Systemdienstleistungsbonus vergütet.

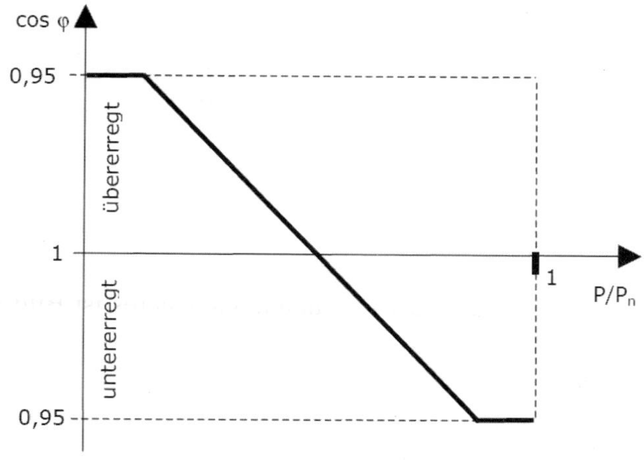

d

Bild 14-13 Beispiel für eine cos φ (P)-Kennlinie [13]

Je nach Anlagentyp bewegen sich die geforderten Kennlinien in dem in Bild 14-14 beispielhaft gekennzeichneten Bereich.

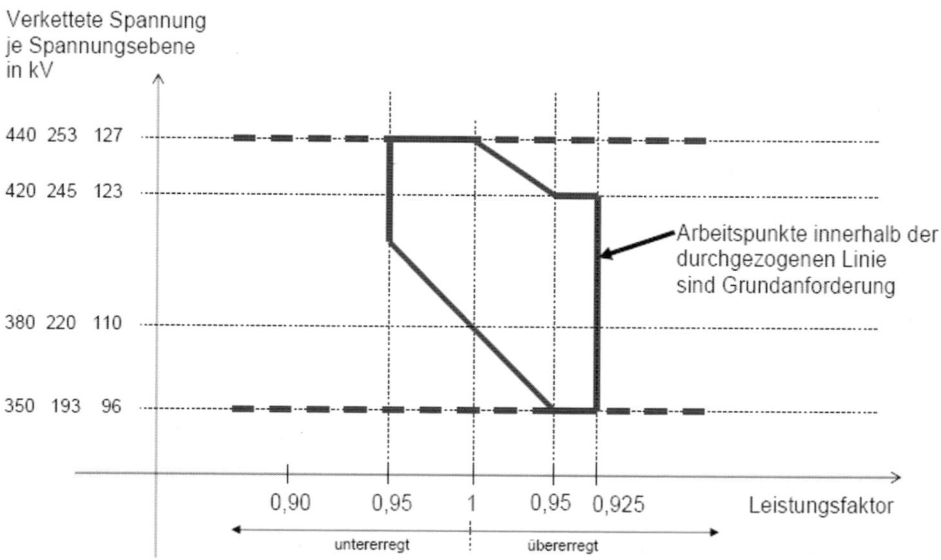

Bild 14-14 Geforderter Einstellbereich des Leistungsfaktors für den Betrieb der Windkraftanlage ohne Einschränkung der Wirkleistungsabgabe (Beispiel für Variante 2) [14]

14.2 Windkraftanlagen im elektrischen Verbundnetz

14.2.1 Technische Anforderungen an den Netzanschluss

Bild 14-15 zeigt das elektrische Ersatzschaltbild für einen typischen *Anschluss einer Windkraftanlage an das Mittelspannungsnetz*. Unterschieden wird zwischen der einzelnen Windkraftanlage, der *Erzeugungseinheit* (EZE) vor dem Netzanschlusspunkt, und der gesamten *Erzeugungsanlage* (EZA), die außerdem die Zuleitung zum Netzverknüpfungspunkt mit dem Transformator, der das Spannungsniveau anhebt, umfasst. Für die Bemessung der *Netzanschlussleistung* ist das Verhalten der EZA am Netzverknüpfungspunkt und der dort vorhandenen Netzkurzschlussleistung maßgeblich. Hierfür müssen Nachweise durch den WKA-Hersteller über die elektrischen Eigenschaften der EZE durch Messungen gemäß IEC 61400-21 [15, 16] und für die EZA durch darauf aufbauende Simulationsrechnungen erbracht werden. Hierbei ist nach den Technischen Richtlinien der Fördergesellschaft Windenergie (FGW) zu verfahren. Relevant sind die Richtlinien TR3, TR4 und TR8 [16, 17, 18] (s. Bild 14-16). Bild 14-15 stellt die relevanten Größen für die Ermittlung der Netzverknüpfungsleistung dar. Die zulässige maximale Einspeiseleistung am Netzverknüpfungspunkt im Mittelspannungsnetz (20 kV) beträgt in Deutschland 2% der Netzkurzschlussleistung S_k. Diese folgt als

$$P_{max} = 0{,}02 \cdot S_k$$

$$\text{mit} \quad S_k = U_N^2 / Z_k$$

$$\text{und} \quad Z_k = (R^2 + X^2)^{0{,}5}$$

aus der Nennspannung U_N und der Kurzschlussimpedanz Z_k zwischen der Quelle und dem betrachteten Verknüpfungspunkt des Netzes. Z_k ergibt sich aus dem Widerstand R und der Reaktanz $X = \omega L$ mit der Frequenz ω und der Induktivität L. In vielen Fällen sind größere Einspeiseleistungen als 2% möglich. Bei größeren Windparks, die über eigene Umspannwerke an das Hochspannungsnetz (110 kV oder 380 kV) angeschlossen sind, können Leistungen von 20% und mehr realisiert werden.

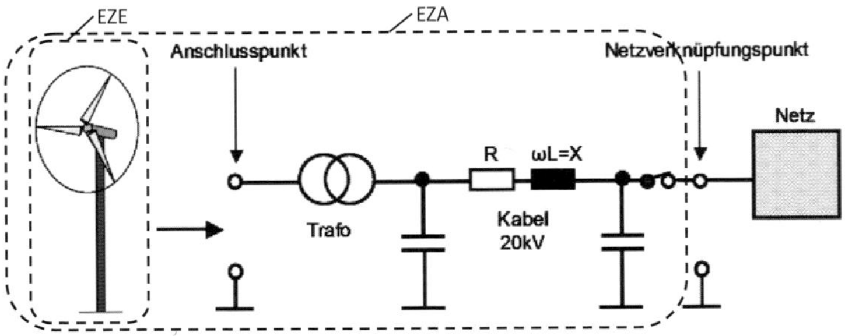

Bild 14-15 Ersatzschaltbild des Anschlusses einer Windkraftanlage an das Mittelspannungsnetz

Hierarchie	Beschreibung	Herausgeber
Mittelspannungs-richtlinie (MSR) MSR	Beschreibt Anforderungen für den Netzanschluss von WKA und Grundregeln für ein Zertifizierungsverfahren	Forum für Netztechnik / Netzbetrieb (FNN)
TR8	Konkretisierung des Zertifizierungsverfahrens gemäß MSR	Fördergesellschaft Windenergie (FGW)
TR4	Vorschrift für WKA-Modellierung und Validierung	
TR3	Mess- und Prüfvorschriften für elektrische Eigenschaften	
IEC 61400-21	Internationale Mess- und Prüfvorschriften für elektrische Eigenschaften	International Electrotechnical Commission (IEC)

Bild 14-16 Aufbau der für die Zertifizierung relevanten Richtlinien

Im Betrieb der Windkraftanlage, d.h. bei Einspeisung am Netzverknüpfungspunkt, ändert sich die Kurzschlussleistung und wird von der Windkraftanlage selbst, dem Transformator und den Eigenschaften der Zuleitung beeinflusst. Größere Leitungsquerschnitte und größere Transformatoren führen zu höheren zulässigen Einspeiseleistungen, verursachen jedoch auch höhere Kosten. Eine genaue Berechnung ermöglicht eine Optimierung der Netzanschlusseinrichtungen [7, 19].

Zu der technischen Ausstattung für den Netzanschluss gehört neben Mess- und Zähleinrichtungen und Filtern die Primärtechnik mit:

- Anschlussanlage (Übergabestation, Trafos)
- Übergabeschalteinrichtung
- Kuppelschalter mit Lastschaltvermögen (z.B. Leistungsschalter oder Sicherungslasttrennschalter)
- Verriegelungen (gegenseitige Verriegelungen von Schalteinrichtungen)

sowie die Bestandteile der Sekundärtechnik:

- Fernsteuerung
- Hilfsenergieversorgung
- Schutzeinrichtungen
- Prüfklemmenleiste

Die *zulässige Spannungsänderung* ist limitiert. Im ungestörten Betrieb des Netzes darf der Betrag der von allen Erzeugungsanlagen mit Anschlusspunkt in einem Mittelspannungsnetz verursachten Spannungsänderung an keinem Verknüpfungspunkt in diesem Netz einen Wert von 2% gegenüber der Spannung ohne Erzeugungsanlagen überschreiten [13].

14.2.2 Netzrückwirkungen

Netzrückwirkungen sind alle Einflüsse auf das Energieversorgungsnetz, die zu Abweichungen der vier *Kenngrößen* Spannungsamplitude, Spannungs- und Stromform sowie Frequenz führen. Die alleinige Änderung der Phasenverschiebung zwischen Strom und Spannung ist keine Netzrückwirkung, da sie nicht zu den fünf Kenngrößen zählt:

- schnelle Spannungsänderungen
- Langzeitflicker
- Oberschwingungen und Zwischenharmonische
- Kommutierungseinbrüche
- Tonfrequenz-Rundsteuerung

Abhängig von Frequenz und Dauer der Störung und den hervorgerufenen Effekten in Strom und Spannung werden die Netzrückwirkungen gemäß Tabelle 14.1 unterschieden.

Tabelle 14.1 Netzrückwirkungen, Frequenzbereich und Ursachen [20]

Parameter	*periodisch*	*nicht periodisch*	*Frequenzbereich*	*Ursache*
Harmonische	x		> 50 Hz	nichtlineare Verbraucher ,
Zwischenharmonische	x		0 Hz ...> 50 Hz	Schaltvorgänge
Subharmonische	x	x	< 50 Hz	
Spannungsschwankungen	x	x	< 0,01 Hz	Leistungsänderungen
Flicker	x	x	(0,005 – 35) Hz	
Transiente		x	> 50 Hz	Schaltvorgänge
Spannungseinbruch		x	< 50 Hz	Netzfehler
Spannungsausfall		x	< 50 Hz	
Spannungsunsymmetrie	-	-	-	Lastunsymmetrie

Die durch Zu- und Abschaltung von Generatoreinheiten oder Erzeugungseinheiten bedingten *schnellen Spannungsänderungen* am Verknüpfungspunkt führen nicht zu unzulässigen Netzrückwirkungen, wenn die maximale Spannungsänderung aufgrund der Schalthandlung an einer Erzeugungseinheit den Wert von 2% nicht überschreitet und dabei nicht häufiger als einmal in 3 Minuten geschaltet wird. Bei Abschaltung einer oder gleichzeitiger Abschaltung mehrerer Erzeugungsanlagen an einem Netzanschlusspunkt ist die zulässige Spannungsänderung an jedem Punkt im Netz auf 5% begrenzt [13].

Ein weiterer Aspekt für den Betrieb von Windkraftanlagen im elektrischen Verbundnetz sind so genannte *Flicker*. Durch niederfrequente Spannungsschwankungen kann es bei Glühlampen zu Schwankungen der Leuchtdichte kommen, die das menschliche Auge insbesondere im Bereich 8...9 Hz als störendes Flackern wahrnimmt, s. Bild 14-17. Für Windkraftanlagen wird im Rahmen der Netzverträglichkeitsmessung ein Flickerbeiwert *c* bestimmt, der zusammen mit den Anlagendaten anzugeben ist (Vergleiche verschiedener Anlagen z.B. in [21]). Bei Stall-Anlagen liegt er oftmals höher als bei Pitch-Anlagen und variiert zudem mit dem Phasenwinkel, wie in entsprechenden Prüfberichten dokumentiert wird.

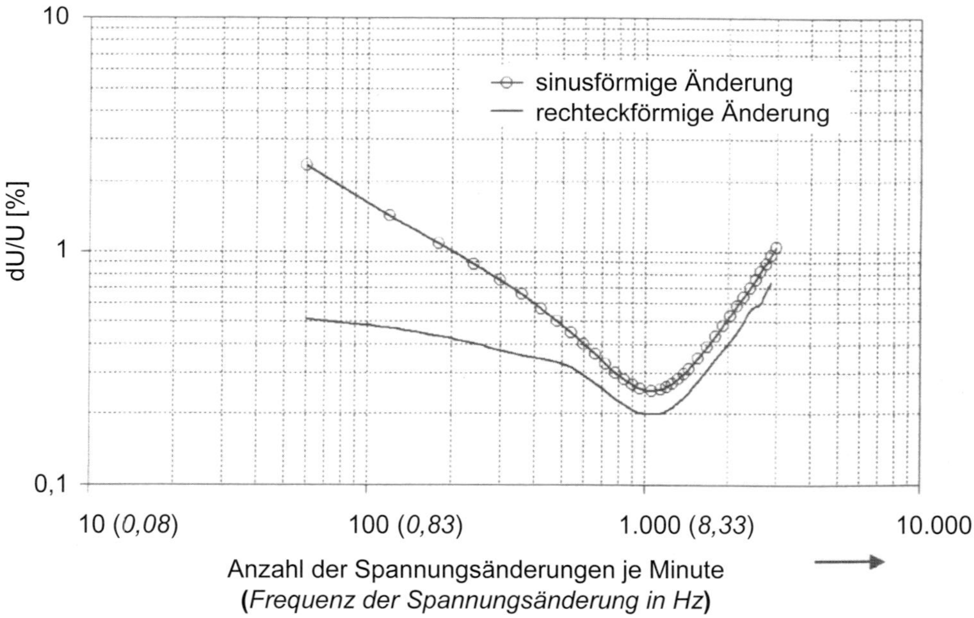

Bild 14-17 Verträglichkeitspegel für periodische rechteckige sowie sinusförmige Spannungsänderungen nach EN 61000-3 3 und IEC 1000-3-3, aus [22]

Oberschwingungen und Zwischenharmonische, sowie *Kommutierungseinbrüche* entstehen beim Betrieb von netzgeführten Umrichtern in Windkraftanlagen. Die zulässigen Grenzwerte sind in der Mittelspannungsrichtlinie definiert [13].

Tonfrequenz-Rundsteueranlagen werden üblicherweise mit Frequenzen zwischen ca. 100 und 1500 Hz betrieben. Grundsätzlich können Erzeugungsanlagen durch eine zusätzliche Belastung der Rundsteuersendeanlagen oder durch eine unzulässig starke Reduzierung des Steuerpegels im Netz des Netzbetreibers die Rundsteueranlagen unzulässig beeinflussen. Grenzwerte für die Pegelabsenkung und Störspannungen sind zu beachten [13].

14.2.3 Verhalten der Erzeugungsanlage am Netz

Seit 2003 gelten neue *Netzanschlussregeln*, die im Gegensatz zu den vorhergehenden Regeln nicht von einem Abschalten der WKA bei Netzfehlern ausgehen, sondern von den WKA eine netzstützende Wirkung bei Netzfehlern verlangen [11, 13, 14]. Hierbei wird nur das Verhalten des gesamten Windparks (EZA) am Netzanschlusspunkt betrachtet, nicht das der Einzelanlage (EZE), so dass unterschiedliche Realisierungen möglich sind.

Im Einzelnen sind geregelt:

- Einschalten des Windparks
- Blindleistungsabgabe/-aufnahme (statische Spannungshaltung)
- Wirkleistungsabgabe
- Verhalten bei Störungen im Netz (dynamische Netzstützung)

Für das *Einschalten* ist festgelegt, dass der Einschaltstrom des Windparks nicht größer als das 1,2-fache des Stroms ist, welcher der Netzanschlusskapazität entspricht, u.U. werden die Anlagen nacheinander aufs Netz geschaltet.

Für die *Blindleistung* gilt, wie bereits in Abschnitt 14.1.2 (s.a. Bild 14-13) ausgeführt, dass der Leistungsfaktor der Windkraftanlagen bei Wirkleistungsabgabe zwischen 0,95 (induktiv) und 0,95 (kapazitiv) entsprechend der Netzsituation über ein Sollwertsignal des Netzbetreibers einstellbar sein muss. Hierbei sind die Windparkverkabelung und die Transformatoren mit zu berücksichtigen.

Für die *Wirkleistungsabgabe* gelten drei Forderungen:

- Der maximale Gradient der Wirkleistung nach Spannungslosigkeit beträgt 10% der Netzanschlusskapazität je Minute. Dies kann auch durch eine Einschaltverriegelung der einzelnen Windkraftanlagen eines Windparks gewährleistet werden.
- Vorübergehende Begrenzung oder Abschaltung der Leistung bei kritischen Lastzuständen des Netzes.

- Spannungs-Frequenzbereich gemäß Bild 14-18. Unterhalb und oberhalb der zulässigen Frequenzen (47,5 Hz und 51,5 Hz) muss der Windpark unverzögert abschalten. Im Frequenzbereich zwischen 50,25 Hz und 51,5 Hz ist die Wirkleistung des Windparks mit ansteigender Frequenz zu begrenzen.

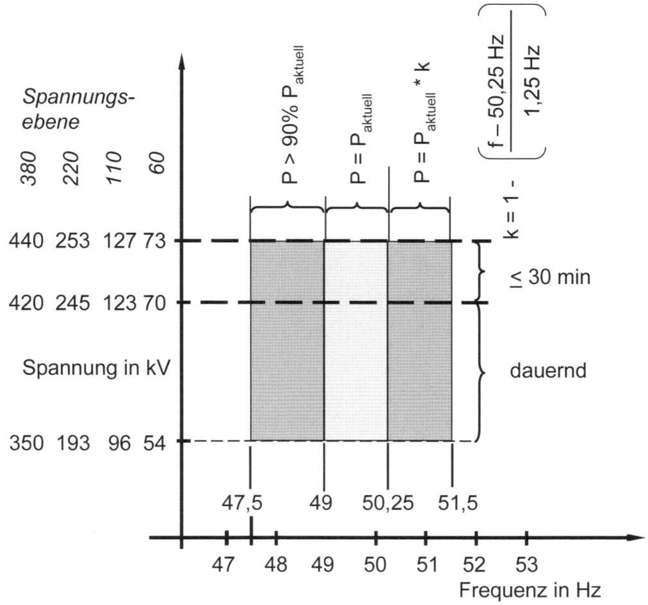

Bild 14-18 Geforderter Spannungs-Frequenzbereich, nach [11]

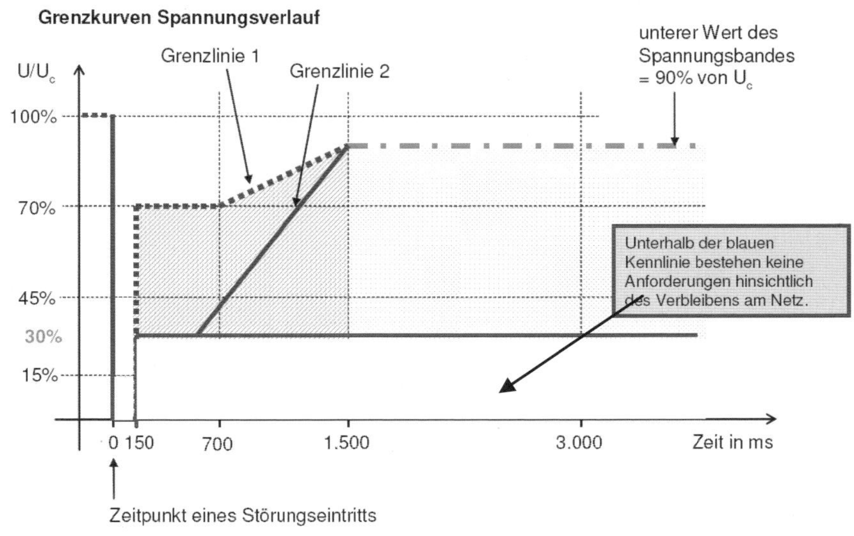

Bild 14-19 Verhalten der Windkraftanlage bei netzbedingtem Spannungseinbruch, nach [13]

Solange der Beitrag der Windkraftanlagen im Netz gering war, wurden sie bei einer *Netzstörung durch Kurzschluss* einfach abgeschaltet. Heute sind die Regeln dafür komplizierter, weil der Beitrag der Anlagen erheblich sein kann, siehe Bild 14-5. Windkraftanlagen, die über Umrichter angeschlossen werden, sind in der Lage, Leistung bei *Netzkurzschluss* zu liefern, was netzstützend wirkt. Stallgeregelte mit netzgeführtem Asynchrongenerator dagegen liefern keinen Kurzschlussstrom, da im Kurzschlussfall die Erregung des Generators zusammenbricht.

Kurzzeitige Kurzschlüsse treten im Netz relativ häufig an Freileitungen auf: Schnee überbrückt für einen Moment zwei übereinanderliegende Phasen, ein Vogel berührt zwei Leitungen, ein Ast fällt herab, überbrückt momentan und fällt weiter. In solchen Fällen reagiert die automatische Wiedereinschaltung, schaltet den Netzstrang ab, prüft aber nach ein bis zwei Sekunden, ob der Normalbetrieb nicht doch weitergehen kann, weil die Störung vorbei ist. Ist das der Fall, müssen auch die Windkraftanlagen sofort wieder leistungsbereit sein. Deshalb die folgenden *Regeln bei Störungen im Netz*:

- Während eines Kurzschlusses im Netz (Netzspannung > 60 kV) muss für dessen Dauer, jedoch maximal für 3 Sekunden, der größtmögliche Scheinstrom im Quadrant III geliefert werden. Spannungseinbrüche mit Werten oberhalb der Grenzlinie 1 in Bild 14-19 dürfen nicht zur Instabilität oder zum Trennen der Erzeugungsanlage vom Netz führen.
- Bei Spannungseinbrüchen mit Werten oberhalb Grenzlinie 2 und unterhalb der Grenzlinie 1 sollen Erzeugungsanlagen den Fehler durchfahren, ohne sich vom Netz zu trennen. Abweichungen hiervon können mit dem Netzbetreiber vereinbart werden.

14.2.4 Eigenschaften von Anlagen-Konzepten im Netzbetrieb

Die in Kapitel 13 vorgestellten Anlagenkonzepte weisen eine unterschiedlich gute Netzverträglichkeit auf. Ein Aspekt für die Frage, welche Auswirkungen der Betrieb der Windkraftanlage am Netz hat, ist der *Bedarf oder die Bereitstellung von Blindleistung*, der bereits erläutert wurde. Stallgeregelte Windkraftanlagen mit netzgeführten Asynchrongeneratoren haben grundsätzlich einen Blindleistungsbedarf, der aus dem elektrischen Netz gedeckt werden muss. Dieser lässt sich zwar durch Blindleistungskompensation mittels Kondensatorpaketen reduzieren (vgl. Kap. 13), jedoch nicht eliminieren. Sollen neue Windkraftanlagen angeschlossen werden, wird seitens der Netzbetreiber gefordert, je nach Lastsituation im jeweiligen Netzstrang den Leistungsfaktor der Windkraftanlagen, d.h. das Verhältnis von Blind- zu Wirkleistung variieren zu können (Bild 14-14). Moderne Windkraftanlagen mit Umrichter für die Netzaufschaltung erfüllen diese Auflage, für alte Anlagen mit netzgeführten Asynchrongeneratoren gibt es nachrüstbare Leistungsregler, die diese Aufgabe übernehmen können. Tabelle 14.2 fasst die wesentlichen Vor- und Nachteile der Anlagenkonzepte zusammen. Zum Thema der Oberwellen wird auf die Literatur verwiesen [7, 11, 13, 15, 22].

Tabelle 14.2 Bewertung von WKA Konzepten hinsichtlich der Netzverträglichkeit [20, 21]

Generatortyp	*Asynchron*	*Asynchron, variabler Schlupf*	*Asynchron, doppeltgespeist*	*Synchron*
Drehzahl	starr	weich	variabel	variabel
Netzaufschaltung	direkt	direkt	Umrichter	Umrichter
Blindleistung	Bedarf	Bedarf	einstellbar	einstellbar
Netzverknüpfungs-leistung $x{*}P_N$	ca. 1,30...1,50	ca. 1,05…1,10	ca. 1,05…1,10	ca. 1,00…1,05
Flicker	hoch	mittel	mittel	niedrig
Oberwellen	nicht relevant	vorhanden	z.T. vorhanden	nicht relevant

Abschließend lässt sich feststellen, dass moderne Windkraftanlagen die von Netzbetreibern gestellten Anforderungen erfüllen und trotz der Instationarität des Windes einen gut kalkulierbaren Beitrag zur Stromerzeugung liefern. Dies ist gerade auch im Hinblick auf die „Europäisierung" des Strommarktes wichtig. 2005 beispielsweise wurde Spanien von einer mehrmonatigen Dürre betroffen, die zu Strommangel wegen leerer Stauseen und mangels Kühlwasser abgeschalteten Kraftwerken führte. Strom aus Deutschland (vor allem aufgrund des vielen Regens aus Wasserkraft) und französischer Strom versorgte das Land Spanien in dieser Zeit trotz tausender Kilometer Netzleitungen zuverlässig und wirtschaftlich auch bei Lastspitzen. Es bestehen also schon Netzstrukturen innerhalb Europas, die einen großflächigen Stromtransport, auch solchen aus erneuerbaren Energien, realisieren können. Daher sind auch schon Untersuchungen über eine Einbindung von regenerativ erzeugtem Strom aus Nordafrika im Gange.

Literatur

[1] Union for the Coordination of Transmission of Electricity (UCTE), www.ucte.org, Brüssel, 2005

[2] Verband der Netzbetreiber VDN e.V. beim VDEW, www.vdn-berlin.de, Berlin, 2005

[3] Deutsche Energieagentur (dena): *Energiewirtschaftliche Planung für die Netzintegration von Windenergie in Deutschland an Land und Offshore bis zum Jahr 2020*, Berlin 2005

[4] Rohrig, K., et al.: *Online-Monitoring and prediction of wind power in german transmission system operator centres*, Proc. of EWEC, Madrid 2003

[5] Ensslin, C.: *Large-Scale Integration of Wind Power*, in "Grid-connected Wind Turbines", Post-Graduate Training Programme 2003, InWEnt gGmbH, Deutsche WindGuard Dynamics GmbH, ISET Kassel e.V.

[6] Beck, H.-P., Clemens, M.: *Konditionierung elektrischer Energie in dezentralen Netzabschnitten*, etz, 5/2004

[7] Heier, S.: *Windkraftanlagen - Systemauslegung, Integration, Regelung*, Teubner Verlag, 3. Auflage 2003

[8] Schlögl, F.: *Online-Erfassung und Prognose der Windenergie im praktischen Einsatz*, I/FS, Köln, Juli 2005, s.a. www.iset.uni-kassel.de/prognose

[9] Windenergie Report Deutschland 2002, Jahresauswertung des "Wissenschaftlichen Mess- und Evaluierungsprogramms" (WMEP) zum Breitentest "250 MW Wind", Institut für Solare Energieversorgungstechnik ISET e.V., Kassel 2002

[10] Burges K., Twele J.: (Ecofys GmbH): *Wind farms participating in TSO's Power System Management,* Deutsche Windenergie Konferenz (DEWEK), Wilhelmshaven, 2004

[11] Santjer, F., Klosse, R.: *Die neuen ergänzenden Netzanschlussregeln von E.ON Netz GmbH*, DEWI-Magazin Nr. 22, Februar 2003

[12] Franken, M.: *Sächsisches Wunderwerk*, Janzing, B.: *Schnell aufladen, schnell einspeisen*, Lönker, O.: *Zukunftsspeicher*, in: Neue Energie 04/2005

[13] Bundesverband der Energie- und Wasserwirtschaft e.V. (BDEW): *Technische Richtlinie – Erzeugungsanlagen am Mittelspannungsnetz*, BDEW,. Berlin, Juni 2008

[14] VDN: *Transmission Code 2007*, Stand August 2007, Berlin

[15] IEC 61400-21 ed. 2: *Wind turbine generator systems - Part 21: Measurement and assessment of power quality characteristics of grid connected wind turbines*, 2006

[16] Fördergesellschaft Windenergie e.V.: *Technische Richtlinie Teil 3 - Bestimmung der elektrischen Eigenschaften von Erzeugungseinheiten am Mittel-, Hoch- und Höchstspannungsnetz - Revision 19*, FGW, Kiel, 2009

[17] Fördergesellschaft Windenergie e.V.: *Technische Richtlinie Teil 4 - Anforderungen an die Modellierung und Validierung von Simulationsmodellen der elektrischen Eigenschaften von Erzeugungseinheiten und -anlagen - Revision 5*, FGW, Kiel, 2010

[18] Fördergesellschaft Windenergie e.V.: *Technische Richtlinie Teil 8 - Zertifizierung der elektrischen Eigenschaften von Erzeugungseinheiten und -anlagen am Mittel-, Hoch- und Höchstspannungsnetz - Revision 3*, FGW, Kiel, 2010

[19] Ackermann, T. (Ed.): *Wind Power in Power System*s, John Wiley & Sons, Ltd., Stockholm 2005

[20] Schulz, D: *Untersuchung der Netzrückwirkungen durch netzgekoppelte Photovoltaik- und Windkraftanlagen*, Dissertation an der Technischen Universität Berlin, 2002, VDE-Verlag GmbH 2002

[21] Bundesverband WindEnergie e.V., BWE Service GmbH (Hrsg.): *Windenergie 2005, Marktübersicht*

[22] Schulz, D.: *Netzrückwirkungen - Theorie, Simulation. Messung und Bewertung*, VDE-Schriftenreihe 115, 1. Auflage, VDE Verlag, Berlin 2004

15 Planung, Betrieb und Wirtschaftlichkeit von Windkraftanlagen

Die Darstellung in diesem Kapitel orientiert sich an dem zeitlichen Ablauf der einzelnen Arbeitsphasen eines Windkraftprojektes – Planung, Projektierung sowie Bau und Betrieb. Jede Phase gliedert sich weiter in folgende Gesichtspunkte:

- technische Aspekte
- genehmigungsrechtliche Aspekte
- wirtschaftliche Aspekte.

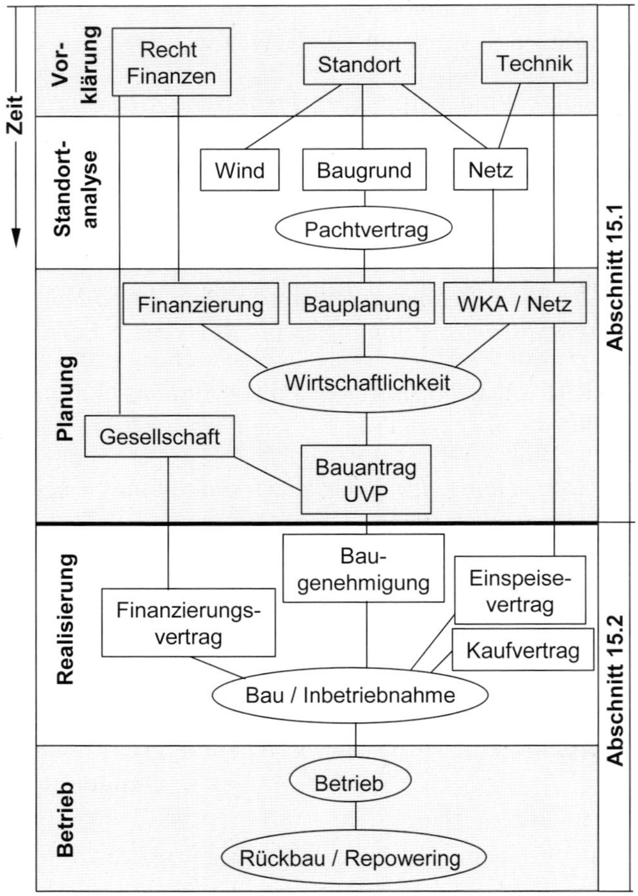

Bild 15-1 Flussdiagramm zum Projektablauf Windpark

15.1 Planung und Projektierung von Windparks

Bild 15-1 zeigt schematisch den zeitlichen *Ablauf eines Planungsverfahrens* bis zur Realisierung des Vorhabens sowie den Betrieb und den Rückbau nach üblicherweise 20 Jahren.

Im Rahmen der Vorklärung sollte die grundsätzliche Realisierbarkeit des Vorhabens am gewählten Standort geprüft werden, bevor mit formalen und kostenbehafteten Schritten begonnen wird. Hier werden erste fachliche Überlegungen zum Standort und zur Technik sowie eine erste Einschätzung der rechtlichen Rahmenbedingungen angestellt.

15.1.1 Technische Planungsaspekte

Abschätzung der Windverhältnisse

Besondere Bedeutung kommt bei der Standortauswahl der Einschätzung und Beurteilung der Windverhältnisse zu. Denn, wie mehrfach schon erwähnt wurde, bedeuten 10% weniger Windgeschwindigkeit im Jahresmittel einen Minderertrag von über 30%. Ein erster Schritt ist neben der Bewertung der aus allgemeinen meteorologischen Daten ermittelbaren Windgeschwindigkeitswerte eine Prüfung der Orographie des ausgewählten Standortes, der Geländestruktur, der Bodenrauigkeiten sowie der Art und Größe der Berandungen des Geländes. Ferner sind einzelne Hindernisse wie Baumreihen oder andere Windkraftanlagen genau zu registrieren. Schon hier ist die Heranziehung eines erfahrenen Fachberaters erforderlich, durch den dann auch die weitere Vorgehensweise und die Methodik zur genaueren Ermittlung des Windenergiepotenzials festgelegt werden sollte. In Kapitel 4 sind verschiedene Verfahren zur Standortbewertung dargestellt worden. In Abhängigkeit von den lokalen Bedingungen, aber auch von der Qualität eventuell regional verfügbarer Winddaten bzw. Messstationen, wird dann entschieden, welche Methode zum Einsatz kommt und inwieweit eigene Windmessungen erforderlich sind. Auf die Entscheidungskriterien hierzu wurde bereits in Kapitel 4.5 hingewiesen.

Erste Abschätzung der installierten Leistung und des Energieertrages

Für die erste Abschätzung der Frage wie viele Anlagen mit welcher Nennleistung zum Einsatz kommen sollen, ist neben der zur Verfügung stehenden Fläche vor allem der Netzzugang ein entscheidender Faktor. Es sollte daher möglichst frühzeitig durch eine Anfrage beim lokalen Netzbetreiber die mögliche Netzverknüpfungsleistung, die Entfernung zum nächstmöglichen Einspeisepunkt und das Spannungsniveau für den Netzanschluss geklärt werden (vgl. Kapitel 14). Bei größeren Windparkleistungen (> 20 MW) kann es sinnvoll oder auch notwendig sein, ein eigenes Umspannwerk zu bauen. Aus diesen beiden Randbedingungen (verfügbare Grundfläche und Netzkapazität) können Anzahl und Nennleistung der infrage kommenden Windkraftanlagen abgeschätzt werden. Dies ist die Grundlage für die erste Ertragsprognose.

In der Windparkplanung wird die Ertragsprognose mit Hilfe der für jeden Richtungssektor ermittelten Verteilungsfunktion der Windgeschwindigkeiten und der Leistungskennlinie der vorgesehenen Windkraftanlagen sektorenweise ermittelt (vgl. Bild 4-22). Dies ist erforderlich, um bei der Aufstellung der Einzelanlagen im Windpark im Hinblick auf den Gesamtenergieertrag die optimale Anordnung zu finden und die unvermeidlichen Wechselwirkungen der Anlagen untereinander zu minimieren. Dies geschieht im Windparklayout, wie in Bild 15-2 beispielhaft gezeigt.

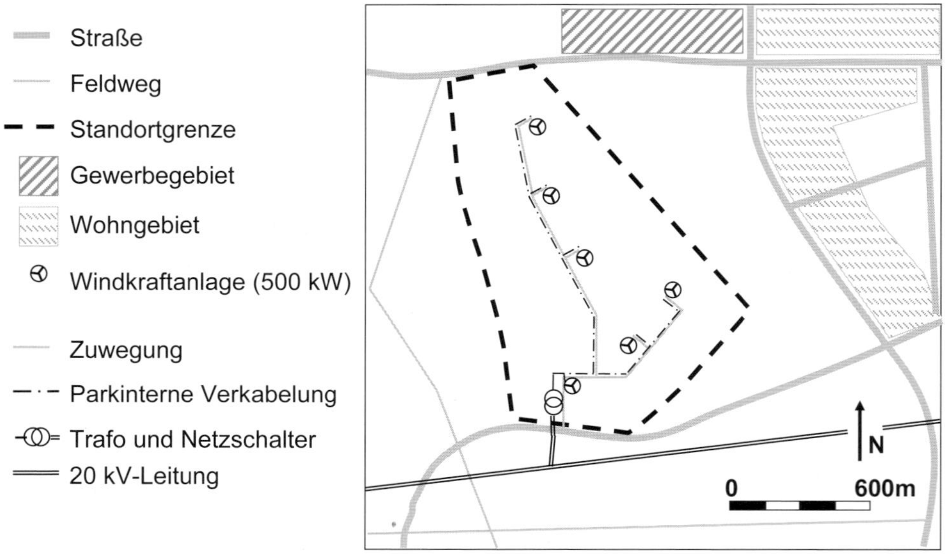

Bild 15- 2 Windparklayout mit geplanter Infrastruktur

Entwurf des Windparklayouts

Im Windparklayout wird die optimale Anordnung der Windkraftanlagen auf dem vorgesehenen Gelände ermittelt. Vorrangiges Kriterium ist die Erzielung eines möglichst hohen Energieertrages des gesamten Windparks. Aber auch die Leitungsführung von den Anlagen zu Trafo- und Übergabestationen und die Wegerschließung für Montage-, Wartungs- und Servicefahrzeuge haben Einfluss auf die Anordnung der Windkraftanlagen. Inzwischen existieren bewährte Planungsinstrumente, die effizient und rasch zu optimalen Windparkauslegungen führen (z.B.: WindPro, Windfarmer, etc.).

Einschränkungen im Windparklayout können durch andere Restriktionen vorgegeben sein, z.B. Abstände zu Bebauungen, Umweltschutz, etc. Weitere Vorgaben – z.B. die

maximale Bauhöhe – kommen ebenfalls nicht nur aus technischen Überlegungen, sondern aus Gesetzen oder Auflagen der Träger öffentlicher Belange (TöB).
Es ist günstig, vorab über solche Einschränkungen informiert zu sein, bevor Auflagen im Rahmen des Genehmigungsverfahrens eine geänderte Planung erforderlich machen.

Örtliche Rahmenbedingungen

Die Eigentumsverhältnisse der relevanten Flurstücke sind zu klären und üblicherweise durch Pachtverträge mit den Grundeigentümern oder zumindest Vorverträge zu sichern. Die Untersuchung der örtlichen Rahmenbedingungen geschieht in erster Linie, um die praktische Umsetzung des Projektes zu sichern. Ziel ist zu klären, ob die Anlagen standsicher errichtet werden können, das Gelände mit allen erforderlichen Geräten für Montage, Service, Wartung und eventuell Reparatur erreichbar ist und in welchem Umfang Übertragungsleitungen für die Netzeinspeisung zu errichten sind.

- Fundamentierungsmöglichkeiten:

  Für die Frage der Standsicherheit jeder Windkraftanlage ist ein eigenes Bodengutachten erforderlich, um die Mindesttragfähigkeit des Untergrunds für die Fundamentierung zu klären. Daraus ergibt sich die Bauform des Windkraftanlagen-Fundaments. Üblich sind Flachfundamente oder – falls erforderlich – Pfahlfundamente für zu weiche Böden.

- Erreichbarkeit und Transport zum Standort:

  Zuwegung und Transportmöglichkeiten für die Aufstellung sowie der Platz vor Ort für die Kranaufstellung sind zu prüfen. Den Transport der Komponenten wie Turmschüsse und Rotorblätter zur Baustelle werden eventuell behindert durch Bebauungen, Brückenhöhen, Freileitungen, Verkehrsschilder, Bahnlinien, Antennen, Gewässer und vieles mehr.

- Untersuchung der Netzzugangsmöglichkeiten und Netzanschluss:

  Der Ort und die Art (z.B. das Spannungsniveau) des Netzzuganges werden ermittelt. Im einfachen Fall wird eine kurze Stichleitung vom Windpark zum Einspeisepunkt gebaut. Gegebenenfalls wird die Stromleitung auch direkt bis zum nächsten Umspannwerk gelegt. Dort ist entweder noch entsprechende Netzkapazität verfügbar oder es wird eine eigene Zelle im Umspannwerk hinzugefügt. Sehr große Projekte verfügen oft über ein eigenes Umspannwerk, das die Einspeisung auch in höhere Spannungsebenen ermöglicht. Die Weglängen und die Art der Kabeltrasse sind unter technischen und wirtschaftlichen Gesichtspunkten zu prüfen. Bei sehr langen Kabeltrassen oder auch für Offshore-Windparks ist eventuell eine aufwändigere Planung mit eigener Umweltverträglichkeitsprüfung (s.u.) erforderlich.

15.1.2 Genehmigungsrechtliche Aspekte

Bei der Prüfung der genehmigungsrechtlichen Zulässigkeit eines Windparks oder einer einzelnen Windkraftanlage liegt die Zuständigkeit bei der Gemeinde, in der das Flurstück für die Errichtung liegt. Hierbei sind sowohl die relevanten bundeseinheitlichen Gesetze zu berücksichtigen als auch der von den Ländern gesteckte Rahmen. Bild 15-3 gibt einen Überblick der zu beachtenden Gesetze und anderen Regelwerke.

Bundesgesetzgebung

- Baugesetzbuch BauGB
- Luftverkehrsgesetz LuftVG
- Straßenrecht
- Bundesnaturschutzgesetz BNatSchG
- Bundesimmissionschutzgesetz BImSchG
- Umweltverträglichkeits-Prüfungs-Gesetz UVPG

Regelung der Bundesländer

- Landesbauordnung
- Höhenbegrenzung und Abstandsregelungen
- Raumordnung und Regionalplanung

Zuständigkeit der Gemeinde

- Ausweisung von Vorranggebieten
- Erstellung von Flächennutzungsplänen
- Prüfung der Zulässigkeit
- Erteilung der Baugenehmigung

Bild 15-3 Übersicht der zu berücksichtigenden Rahmenbedingungen für die Genehmigung von Windkraftanlagen und Windparks

Seit der Novellierung des *Baugesetzbuches* (BauGB) im Jahr 1998 ist nach § 35 die Errichtung von Windkraftanlagen im Außenbereich grundsätzlich ein privilegiertes Vorhaben. Seitdem sind in den meisten Gemeindegebieten so genannte Eignungsräume ausgewiesen worden, die auf ihre Genehmigungsfähigkeit mit allen Trägern öffentlicher Belange und der Raum- und Regionalplanung positiv geprüft wurden. Befinden sich die Flurstücke in einem ausgewiesenen Eignungsraum (oder Windvorranggebiet) steht einer baurechtlichen Genehmigung nichts im Wege. Genehmigungen außerhalb der Eignungsräume sind in der Regel ausgeschlossen.

Aus dem *Luftverkehrsgesetz* (LuftVG) können sich Beschränkungen ergeben. Die Zustimmung der Luftfahrtbehörde ist Voraussetzung für die Genehmigung im Bauschutzbereich von Flugplätzen und außerhalb, wenn eine bestimmte Bauwerkshöhe überschritten wird. In der Regel muss die Windkraftanlage ab einer Bauwerkshöhe (Nabenhöhe plus Rotorradius) von mehr als 100 m mit einer roten Hindernisbefeuerung versehen und die Rotorblätter farbig (rot-weiß-rot) gekennzeichnet werden. Die Nachtkennzeichnung der Windkraftanlagen ist durch rote Gefahrenfeuer auf den Maschinenhausdächern zu sichern, eine Tageskennzeichnung, wie sie z. B. in der Nähe von Flugfeldern gefordert wird, hat weiße Gefahrenfeuer und eine rote Kennzeichnung am Turm.

Das *Straßenrecht* regelt bestimmte Entfernungen zu Bundesautobahnen, Bundes-, Landes-, und Kreisstraßen, Anbauverbote und -beschränkungen. Im Bereich der so genannten Anbaubeschränkungen bedarf die Erteilung einer Genehmigung der Zustimmung der zuständigen Straßenbaubehörde, von Anbauverboten können im Einzelfall Ausnahmen erteilt werden.

Über die naturschutzrechtliche Zulässigkeit entscheidet die Genehmigungsbehörde gemäß *Bundesnaturschutzgesetz* (BNatG) unter Berücksichtigung der Belange des Naturschutzes und der Landschaftspflege. Da Windkraftanlagen baurechtlich privilegierte Vorhaben sind, ist lediglich das Projekt den für Naturschutz und Landschaftspflege zuständigen Behörden zur Genehmigung vorzulegen. Die zuständige Naturschutzbehörde ist im Verfahren zu beteiligen und ihre Stellungnahme einzuholen.

Die Errichtung von Windkraftanlagen stellt einen zulässigen Eingriff in Natur und Landschaft dar, wenn er:

- mit den Zielen der Raumordnung und Landesplanung vereinbar,
- hinsichtlich erheblicher Beeinträchtigungen unvermeidbar und
- durch geeignete Maßnahmen ausgleichbar ist.

Da nach dem Bundesnaturschutzgesetz Eingriffe in Natur und Landschaft also auszugleichen sind, ist ein Gutachten zur Bestimmung von Art und Umfang des Ausgleichs erforderlich, welcher „landschaftspflegerischer Begleitplan“ genannt wird.

Bei der Genehmigung von Windkraftanlagen handelt es sich um ein immissionsschutzrechtliches Verfahren nach dem *Bundesimmissionsschutzgesetz* (BImSchG). Die Verfahrensweise richtet sich nach der Anzahl der geplanten Anlagen, siehe Bild 15-4.

Besteht keine Pflicht zur Durchführung einer *Umweltverträglichkeitsprüfung (UVP)*, kann ein vereinfachtes Verfahren ohne Öffentlichkeitsbeteiligung durchlaufen werden. Bei UVP-Pflicht ist ein so genanntes förmliches Genehmigungsverfahren erforderlich. Das bedeutet, dass im Rahmen dieses Verfahrens die Antragsunterlagen unter Bekanntgabe in den örtlichen Tageszeitungen einen Monat öffentlich ausgelegt werden, jedermann bis 14 Tage nach Ende der Auslegung Einwendungen erheben darf und zu diesen Einwendungen ein Erörterungstermin stattfindet. Zur Vorbereitung dieses Termins holt die Genehmigungsbehörde Stellungnahmen der betroffenen Fachbehörden (Naturschutz, Wasser, Bauaufsicht) ein. Bei Erfüllung aller Zulässigkeitsvoraussetzungen wird eine immissionsschutzrechtliche Genehmigung erteilt, welche die erforderliche Baugenehmigung beinhaltet.

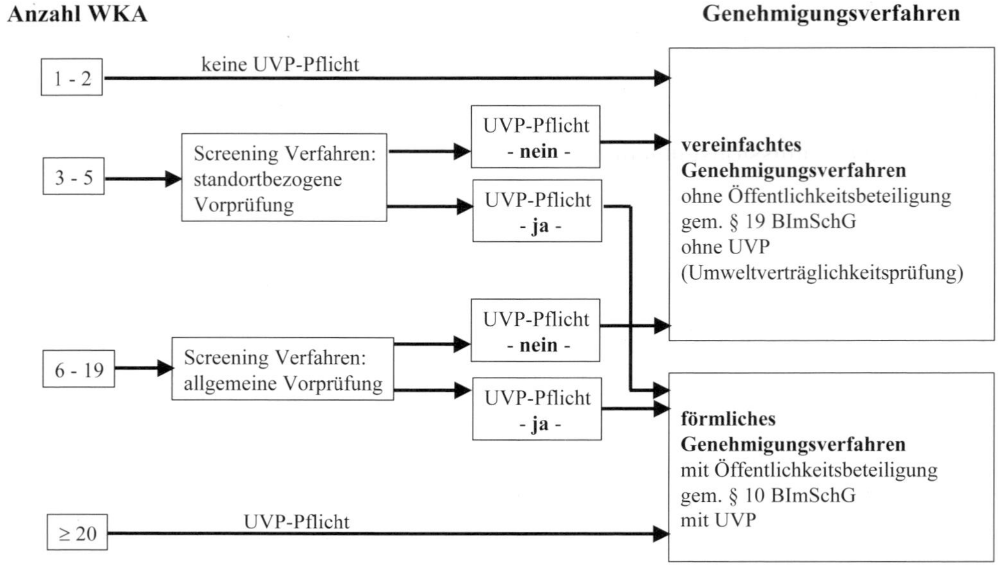

Bild 15-4 Genehmigungsverfahren von Windkraftanlagen mit mehr als 50 m Gesamthöhe nach dem Bundesimmissionsschutzgesetz (BImSchG)

Ökologische Auswirkungen von Windkraftanlagen

Es wird geprüft, ob die Störung durch die Errichtung und den Betrieb von Windkraftanlagen im Sinne des Naturschutzes hingenommen werden kann. Der Tier- und Pflanzenschutz wird gegebenenfalls durch weitere Gutachten geprüft. Hierzu zählen in erster Linie der Schutz von Nist-, Rast- und Ruheplätzen sowie Jagdreviere von Vögeln.

Für Windparks mit 3 bis 19 Windkraftanlagen ist eine Umweltverträglichkeitsprüfung (UVP) nicht zwingend vorgeschrieben. Vielmehr prüft zunächst die Behörde, ob unter Berücksichtigung der gesetzlichen Kriterien erhebliche nachteilige Umweltauswirkungen zu erwarten sind. Nur dann ist eine Umweltverträglichkeitsprüfung durchzuführen. Besteht eine Pflicht zur Umweltverträglichkeitsprüfung, so sind die Kartierungen von Biotopen, Pflanzen und Tierarten, wie z.B. Fledermäusen, Brut-, Rast- und Zugvögeln, sowie die Bewertung des Landschaftsbildes durchzuführen.

Allerdings kann auch eine nachträgliche Erhöhung der Anlagenanzahl zu einer UVP-Pflicht führen. Es ist also abzuwägen, ob für eine spätere Erweiterung des Windparks gleich eine Umweltverträglichkeitsprüfung sinnvoll ist.

Wesentliche Bestandteile der notwendigen Antragsunterlagen sind Nachweise über die Auswirkungen der Windkraftanlagen auf Mensch und Umwelt. Hierzu gehören:

- avifaunistische (vogelkundliche) Kartierung
- weitere Aspekte des Tier- und Pflanzenschutzes
- Schallimmissionsgutachten
- Schattenwurfgutachten
- Aspekte des Denkmalschutzes

Schallimmissionen von Windkraftanlagen

Die Schallimmissionen lassen sich aufgrund typenbezogener Messungen an der Anlage prognostizieren. Die Schallmessungen, üblicherweise nach der IEC 61400-11, ergeben für den jeweiligen Anlagentyp den Schallleistungspegel sowie eventuelle Zuschläge für Tonhaltigkeit (z.B. dominante Einzeltöne) und Impulshaltigkeit (eher niederfrequente rhythmische Geräusche). Die Schallimmission L_P an einem relevanten Immissionspunkt im Abstand R kann nach folgender Formel abgeschätzt werden [1]:

$$L_P = L_{WKA} - 10 \log_{10} (2 \cdot \pi \cdot R^2) - \alpha \cdot R + K \qquad (15.1)$$

mit:

L_{WKA}: Schallleistungspegel an der Quelle (Gondel der WKA) in dB(A)

R: Abstand zum Messpunkt (Immissionspunkt) in m

α: Absorptions-Koeffizient in dB(A)/m

K: Zuschläge für Ton- und / oder Impulshaltigkeit in dB(A)

Der Wertebereich für Absorptions-Koeffizienten liegt je nach Bodenbeschaffenheit zwischen 0 und 1. Die Zuschläge für Ton- oder Impulshaltigkeit werden nach Norm pauschal vergeben und liegen typischerweise bei 1 bis 2 dB(A).

Der Schallleistungspegel wird logarithmisch in Dezibel (dB(A)) angegeben. Eine Zunahme um 3,01 dB(A) wirkt sich als Verdopplung der wahrgenommenen Lautstärke aus. Tonhaltige oder impulshaltige Geräusche werden als besonders auffällig wahrgenommen und können in erster Linie vom Getriebe, dem Generator oder dem Umrichter verursacht werden. Sie werden ebenfalls bei den Messungen durch akkreditierte Institute ermittelt und – falls gegeben – als Zuschlag K ausgewiesen.

Mit Gleichung (15.1) lässt sich das Abklingen des Schallleistungspegels mit der Entfernung berechnen. Bild 15-5 zeigt ein Beispiel für eine 1,5 MW-Anlage mit einem typischen Gesamtschallleistungspegel an der Anlage in Nabenhöhe (Emissionspunkt) von 105 dB(A) inklusive Zuschläge.

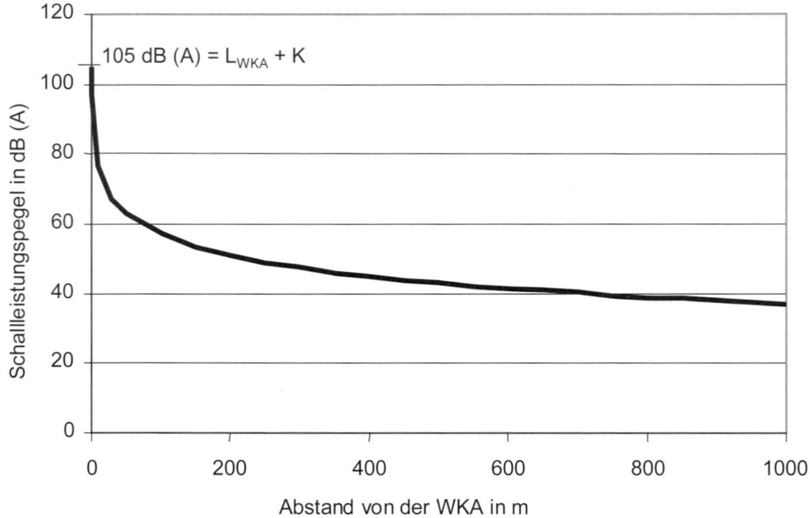

Bild 15-5 Abklingen des Schallleistungspegels $L_P = L_{WKA} + K$ mit der Entfernung zur Anlage

Die Schallabstrahlung einer Windkraftanlage ist nie konstant, sondern stark von der momentanen Leistung und somit von der Windgeschwindigkeit abhängig. Man rechnet überschlägig mit ca. 1 dB(A) Pegelzuwachs bei Zunahme der Windgeschwindigkeit um 1 m/s. Der immissionsrelevante Schallleistungspegel wird bei einer Windgeschwindigkeit von 10 m/s in 10 m Höhe bzw. bei 95 % der Nennleistung angegeben.

Die Schallabstrahlung ist nicht gleichartig für alle Richtungen, sondern unterscheidet sich vor, seitlich oder hinter dem Rotor der Windkraftanlage. Dies wird in den Messungen und auch in den Planungsprogrammen für Windparks berücksichtigt.

Der maximale Schallleistungspegel am relevanten Immissionspunkt darf gesetzlich zulässige Grenzwerte nicht überschreiten, vgl. Tabelle 15.1.

Im Rahmen der Projektierung werden Karten mit Isophonen, d.h. Linien gleichen Schallleistungspegels, für den geplanten Standort berechnet und gezeichnet. Die Überlagerung der Schallleistungspegel mehrerer Anlagen ergibt den Gesamtschallleistungspegel wie in Bild 15-6 beispielhaft gezeigt ist. Dabei können existierende Vorbelastungen berücksichtigt und die Einhaltung notwendiger Abstände zu den Immissionsrichtwerten, maximal zulässiger Zusatzbelastungen sowie räumlicher Mindestabstände geprüft werden. Auf diese Weise lassen sich schallkritische Gebiete analysieren und z.B. Änderungen in der Aufstellungsgeometrie oder Anlagenwahl vornehmen.

Tabelle 15.1 Zulässige Schallleistungspegel-Vorgaben der Technischen Anleitung zum Schutz vor Lärm (TA Lärm) nach BImSchG §48

	Tagsüber [dB(A)]	Nachts [dB(A)]
Industriegebiete	70	70
Gewerbegebiete	65	50
Kerngebiete, Dorfgebiete, Mischgebiete	60	45
Wohngebiete, Kleinsiedlungsgebiete	55	40
Reine Wohngebiete	50	35
Kurgebiete, Krankenhäuser Pflegeanstalten	45	35

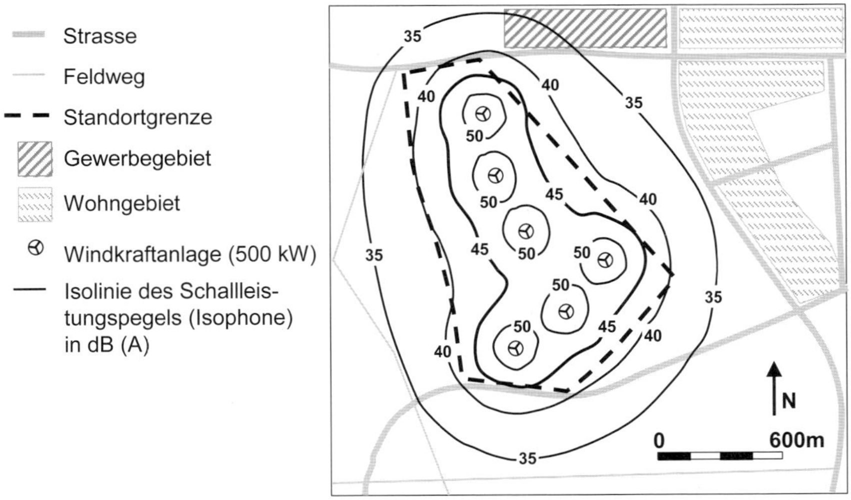

Bild 15-6 Windpark-Lageplan mit Isophonen aus der Schallprognose

Sollten die auftretenden Schallleistungspegel durch die betroffenen Anwohner angezweifelt werden, ist eine Nachmessung durch das Gewerbeaufsichtsamt erforderlich. Für den Betreiber der Windkraftanlagen gibt es notfalls die Möglichkeit eines schallreduzierten Betriebs mit geringerer Umfangsgeschwindigkeit, z.B. nachts bei bestimmten Windrichtungen, was bei drehzahlvariablen Anlagen möglich ist. Bei Stall-

Anlagen mit fester Drehzahl sind diese technischen Möglichkeiten nicht gegeben. Im Ernstfall droht dem Betreiber eine so genannte Nachtabschaltung, was bei längeren Zeiträumen zu erheblichen Ertragseinbußen führt. Auf eine vorsichtige Schallimmissionsprognose mit Sicherheitsabständen ist daher besonderes Augenmerk zu legen.

Schattenwurf von Windkraftanlagen

Ein weiterer genehmigungsrelevanter Aspekt ist das mögliche Auftreten von periodisch wechselndem Schlagschatten, der durch den drehenden Rotor verursacht werden kann. Auch dieser Punkt kann durch Berechnungen als „worst case", d.h. ohne Berücksichtigung von atmosphärischer Trübung und Wolken, prognostiziert werden. Die Berechnungen basieren auf den standortbezogenen Sonnenverlaufsbahnen, der Nabenhöhe und dem Rotordurchmesser der Anlagen. Bild 15-7 zeigt die grafische Darstellung einer solchen Prognose exemplarisch für zwei Windkraftanlagen eines Windparks. Im BImSchG §3 Abs.2 ist eine maximal zulässige Beschattungsdauer von 8 Stunden pro Jahr und maximal 30 Minuten am Tag für die betroffenen Anwohner festgelegt. Sollte dieser Grenzwert nicht eingehalten werden können, kann die Windkraftanlage mit einer speziellen Sensorik ausgestattet werden, die zu einer automatischen Abschaltung führt, wenn das Zusammentreffen der relevanten Betriebsbedingungen detektiert wird. Diese sind klarer Himmel, relevanter Sonnenstand, Windgeschwindigkeit mit Betrieb der Anlage und Auftreten der relevanten Windrichtung (Gondelausrichtung).

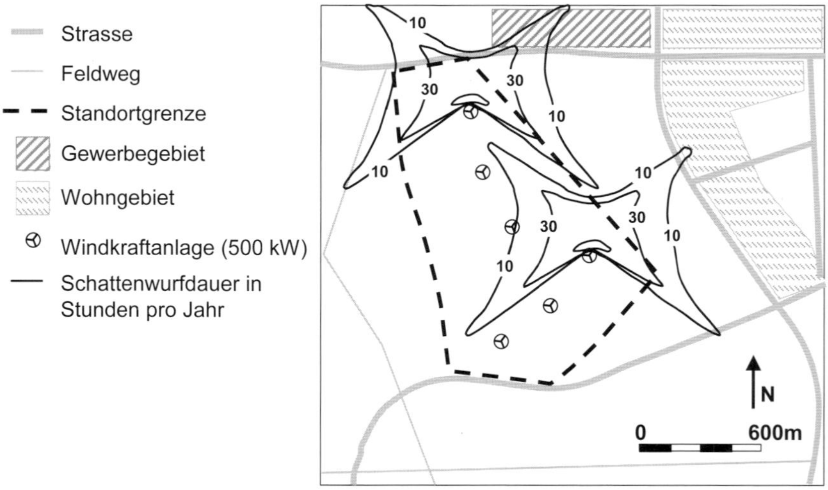

Bild 15-7 Windpark-Lageplan mit Isolinien der Schattenwurfdauer in Stunden pro Jahr

Sonstige Einschränkungen

Neben der beschriebenen bundeseinheitlichen Genehmigungspraxis in Deutschland gibt es unterschiedliche Ausgestaltungen in den Bundesländern durch separate Verordnungen und Erlasse. Exemplarisch seien hier die Regelungen aus Schleswig-Holstein angeführt. Die Landesregierung Schleswig-Holsteins hat mit dem Erlass vom 25.11.2003 die bisher geltenden Abstandsregelungen für neue Windkraftanlagen mit einer Gesamthöhe h (Nabenhöhe + Rotorradius) größer als 100 m erweitert. Diese Werte gelten als Mindestabstände und *sollten* von der Regionalplanung bei der Ausweisung von Gebieten nicht unterschritten werden. Auszüge aus den geltenden Abstandsregelungen inkl. des neuen Runderlasses vom 22.03.2011 sind in der folgenden Tabelle 15.2 zusammengestellt.

Tabelle 15.2 Auszug aus den Abstandsregelungen für Windkraftanlagen in Schleswig-Holstein [15]

	Abstände für WKA...		
Nutzungsart	mit Gesamthöhe $h < 100$ m (Runderlass 04.07.1995)	mit Gesamthöhe $h \geq 100$ m (Runderlass 25.11.2003)	(Runderlass 22.03.2011)
Einzelhäuser und Siedlungssplitter	300 m	3,5 x h	mind. 400 m
Ländliche Siedlungen	500 m	5 x h	mind. 800 m
Städtische Siedlungen, Ferienhausgebiete und Campingplätze	1000 m	10 x h	mind. 800 m
Bundesautobahnen, Bundes-, Landes- und Kreisstraßen sowie Schienenstrecken	ca. 50 m bis 100 m	i.d.R. 1 x h	mind. 1 x h
Nationalparks, Naturschutzgebiete usw. und sonstige Schutzgebiete	mind. 200 m, im Einzelfall bis 500 m	4 x h minus 200 m	300 m + R
Waldgebiete	200 m	i.d.R. 200 m	100 m + R
Gewässer 1. Ordnung und Gewässer mit Erholungsschutzstreifen	mind. 50 m	1 x h minus 50 m	50 m + R

Im Rahmen der Raumordnung stellt die *Regionalplanung* ein bauplanungsrechtliches Instrument dar, um den Ausbau der Windenergie zu regeln. Die regionalplanerische Steuerung kann darin bestehen, dass Vorrang- und Vorsorgegebiete ausgewiesen werden. Vorranggebiete für Windkraftanlagen schließen andere raumbedeutsame Nutzungen in diesem Gebiet aus, soweit sie mit der Nutzung der Windenergie nicht vereinbar sind.

Auf der Ebene der Gemeinden bietet der *Flächennutzungsplan* Möglichkeiten der Gestaltung. Die Gemeinde kann durch positive Standortzuweisungen den übrigen

Planungsraum von Windkraftanlagen freihalten, da der Errichtung derartiger Anlagen an anderen Standorten dann in der Regel öffentliche Belange entgegenstehen.

15.1.3 Abschätzung der Wirtschaftlichkeit

Im Rahmen der Planung und Projektierung (Planungsphase, s. Bild 15-1) ist bereits eine erste Prognose der Wirtschaftlichkeit des Vorhabens sinnvoll, um abzuschätzen, ob das Vorhaben aus wirtschaftlicher Sicht Erfolg verspricht. Anderenfalls sollte die Planung zur Vermeidung weiterer Kosten eingestellt werden. Wesentliche Ausgangsgröße für diese Bewertung sind die Windverhältnisse sowie die zu erwartenden *Investitionskosten*. Für eine grobe Abschätzung kann auf Durchschnittswerte aus der Literatur zurückgegriffen werden [2]. Die Zusammensetzung der Investitionskosten variiert leicht für jedes Projekt. Aus einer statistischen Auswertung von über 500 Projekten [2] ergibt sich folgende typische Aufteilung der Investitionskosten, s. Bild 15-8.

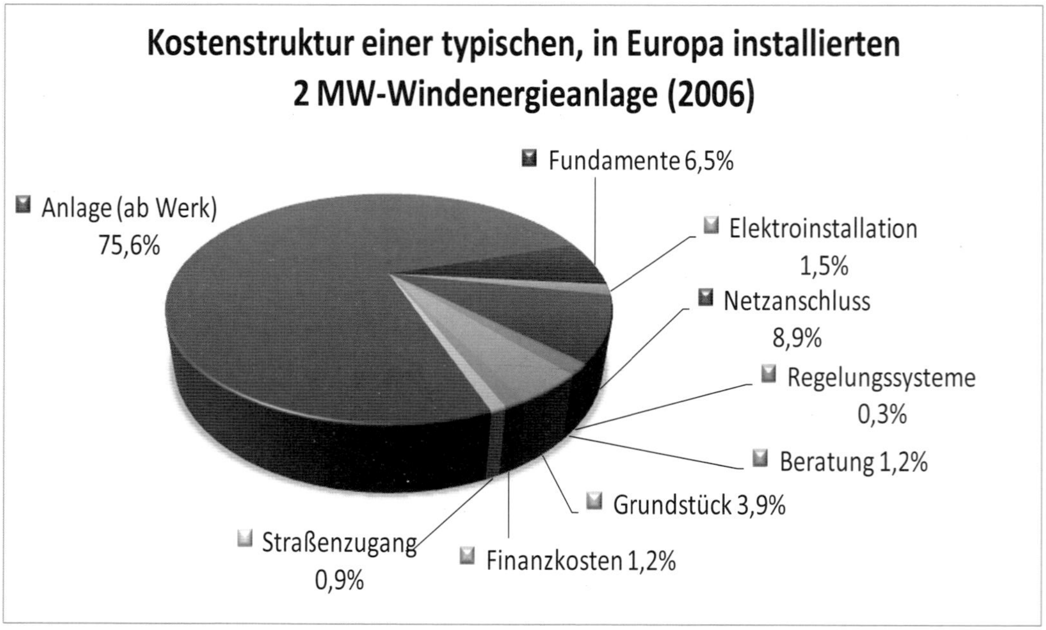

Bild 15-8 Typische Verteilung der Investitionskosten für ein Projekt mit einzelner Windkraftanlage in Deutschland

Den größten Anteil der Investitionskosten macht die Windkraftanlage selbst aus. Diese Kosten beinhalten in der Regel die Kosten für Transport und Montage, weil diese zum Leistungsumfang des Herstellers gehören. Die spezifischen Kosten der Windkraftanlagen je installiertem kW zeigt eine mit der Baugröße abnehmende Tendenz, Bild 15-9. Außerdem konnten bei den Baugrößen netzeinspeisender Windkraftanlagen im Laufe der Jahre im Maschinenbau übliche Kostenreduktionen erzielt werden. Die deutlichste Kostenreduktion geschah in der ersten Hälfte der 1990er Jahre beim Bau von 500 kW-Anlagen in großen Stückzahlen. Aufgrund des hohen Entwicklungstempos vor allem in der Anlagengröße (Bild 1-1) wurden bis 2001 trotz steigender jährlicher Aufstellungsleistungen keine derartig hohen Kostensenkungen realisiert. Der gesamte Effekt im Zeitraum von 1990 bis 2005 entspricht einer absoluten Reduktion der Maschinenkosten von ca. 50%.

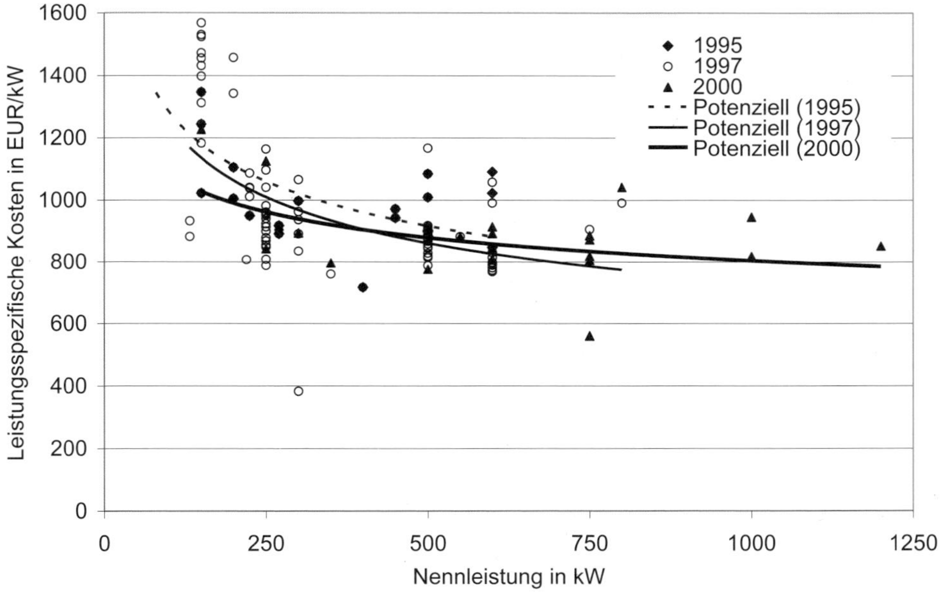

Bild 15-9 Spezifische Kosten von Windkraftanlagen je installiertem kW in Deutschland [3]

Die *Kostenstruktur in den Herstellungskosten* von Windkraftanlagen variiert leicht mit dem Anlagenkonzept (Stall- oder Pitch-Konzept) und mit der Baugröße. Tabelle 15.3 zeigt eine übliche Kostenverteilung. Generell lassen sich folgende Trends feststellen:

- Mit zunehmender Baugröße nimmt der Anteil der Kosten für den Rotor zu.
- Bei Pitch-Anlagen mit variabler Drehzahl steigt der Anteil der Kosten für Generator und Steuerung.

Der Preis der Windkraftanlage beinhaltet letztendlich noch zusätzlich einen Entwicklungskostenanteil, Gewinn, Kostenaufschläge für die Gewährleistung sowie Transport und Montage.

Alle anderen Bestandteile der in Bild 15-8 dargestellten Aufteilung der Investitionskosten unterliegen eher standortbezogenen Einflüssen: Größe des Projekts, Beschaffenheit des Baugrunds, Entfernung zum Netzverknüpfungspunkt sowie Einzelanlage oder Windpark führen zu einer Bandbreite von konkreten Projektdaten.

Tabelle 15.3 Kostenstruktur der Komponenten von Windkraftanlagen [4, 5]

Komponente	**600 kW**		**1200 kW**		**3000 kW**		**Kostenanteil allgemein in %**
	€	**Anteil in %**	**€**	**Anteil in %**	**€**	**Anteil in %**	
Getriebe mit Kupplung	80.400	21,8	115.000	18,1	164.400	9,2	0 - 25
Rotorblätter	63.800	17,3	150.000	23,6	380.000	21,2	15 - 25
Generator / Steuerung	43.800	11,9	65.000	10,2	184.500	10,3	10 - 20
Maschinenträger mit Azimutlager	31.600	8,6	35.000	5,5	60.200	3,4	3 - 10
Nabe und Hauptwelle	29.000	7,9	40.000	6,3	154.800	8,6	5 - 10
Gondelverkleidung	16.600	4,5	18.000	2,8	77.300	4,3	2 - 6
Kabel und Sensorik	13.400	3,6	18.000	2,8	15.800	0,9	1 - 5
Hydraulik	11.600	3,1	15.000	2,4	18.000	1,0	1 - 5
Azimutsystem	8.700	2,4	10.000	1,6	105.600	5,9	1 - 8
Zusammenbau	11.600	3,1	20.000	3,2	55.000	3,1	2 - 5
Turm (inkl. Anstrich)	58.000	15,7	150.000	23,6	574.000	32,1	12 - 35
Summe	**368.500**	**100,0**	**636.000**	**100,0**	**1.789.600**	**100,0**	
	614 €/kW		**530 €/kW**		**597 €/kW**		
Gesamtkosten zzgl. Entwicklung, Risiko, Gewährleistung, Transport, Montage und Gewinn							

Ein weiterer hoher Kostenfaktor sind neben den Fundamentkosten die *Netzanschlusskosten*. Diese variieren stark nach lokalen Bedingungen, d.h. Entfernung zum nächsten Netzverknüpfungspunkt, und zeigen deutliche Unterschiede je nach lokalem Netzbetreiber. Grundsätzlich muss hier unterschieden werden zwischen Netzanschlusskosten, die vom Betreiber der Windkraftanlagen zu tragen sind und Netzverstärkungskosten, die anfallen, wenn das Netz für die Windleistungseinspeisung zu schwach ist. Der Gesetzgeber hat in Deutschland im Rahmen des Erneuerbare-Energien-Gesetzes (EEG) diese Kostenaufteilung eindeutig definiert. Hiernach sind Netzverstärkungskosten vom Netzbetreiber aufzubringen. Dieser ist zur Abnahme des eingespeisten Windstroms verpflichtet. Somit sind Netzverstärkungskosten im Rahmen der Abschätzung der Investitionskosten nicht zu veranschlagen.

Für *Fundamentkosten* sind einschlägige Schätzkosten verfügbar. Diese bewegen sich für ein Flachfundament bei ca. 70 €/kW bis 100 €/kW (je kW installierter Leistung), abhängig von der Nabenhöhe der zu errichtenden Windkraftanlage. Ist laut Bodengutachten am geplanten Standort die Tragfähigkeit des Untergrunds nicht ausreichend, müssen Sondermaßnahmen (z.B. Pfahlgründung) ergriffen werden, welche die Kosten gegenüber denen eines Standard-Flachfundamentes erheblich erhöhen.

Die Kosten für die *Zuwegung* hängen wiederum stark von den örtlichen Gegebenheiten und von der optimierten Parkkonfiguration ab. Die erforderliche Tragfähigkeit der Zuwegung, und damit die spezifischen Kosten in €/m, werden hauptsächlich durch die Tonnage der für die Montage erforderlichen Kräne und somit mittelbar von der Windkraftanlagengröße bestimmt.

Zu unterscheiden ist der Aufwand in Zuwegung für den Aufbau sowie für die folgende Betriebszeit. Allerdings sollten die Anlagen auch später noch für etwaige Reparaturen durch Kräne erreichbar sein.

Kosten für *Planung*, *Genehmigung* und *Ausgleichsmaßnahmen* sowie sogenannte „weiche Kosten“ für Gründung und Organisation der Betreibergesellschaft und Finanzierungskosten können mit jeweils 3% bis 6% der Investitionskosten für ein Projekt in Deutschland abgeschätzt werden.

Als Vergleichsgröße für verschiedene Projekte wird einerseits der leistungsspezifische Investitionskostenindex

$$SIK_{\mathrm{L}} = \text{Gesamtinvestition / installierte Leistung} \quad \text{in €/kW} \tag{15.2}$$

ermittelt, der jedoch keinerlei Aussage über die Ertragskraft des Standortes macht.

Diese findet andererseits im ertragsspezifischen Investitionskostenindex Berücksichtigung:

$$SIK_{\mathrm{E}} = \text{Gesamtinvestition / Jahresenergieertrag} \quad \text{in €/kWh}_{\mathrm{a}} \tag{15.3}$$

Typische Werte für den leistungsspezifischen Investitionskostenindex liegen in Deutschland bei ca. SIK_{L} = 1.100 €/kW, für den ertragsspezifischen Investitionskostenindex im Bereich von SIK_{E} = 0,50...0,75 €/kWh$_{\mathrm{a}}$ [6].

Für eine Bewertung der Wirtschaftlichkeit ist auch die Frage der *Finanzierung* maßgeblich. Eine typische Finanzierung mit Kreditkonditionen von November 2012 für eine Windkraftanlage mit 1,5 MW Nennleistung zeigt Tabelle 15.4.

Den Bedarf an Eigenkapital setzt die finanzierende Bank fest, über welche auch die zinsvergünstigten Darlehen aus dem Programm „erneuerbare Energien" der Kreditanstalt für Wiederaufbau (KfW) beantragt werden. Je nach Standortqualität und Bonität des Investors können der Eigenkapitalanteil und die Kreditkonditionen der KfW leicht schwanken. Die Eigenkapitalquote steigt mit dem wirtschaftlichen Risiko, also bei schlechten Windverhältnissen und mangelnder Bonität.

Wird nun eine Berechnung der jährlichen Erlöse und Aufwendungen durchgeführt, so ergeben sich die erwarteten Umsatzerlöse durch Stromverkauf aus den prognostizierten Energieerträgen mit den Vergütungssätzen wie sie im Erneuerbaren-Energien-Gesetz (EEG) festgelegt sind. Ein Sicherheitsabschlag von 10-15% sollte vorgesehen werden, um einerseits Prognoseungenauigkeiten des Windgutachtens und andererseits Schwankungen der Windverhältnisse von Jahr zu Jahr abzudecken (vgl. Bild 4-17). Der Kapitaldienst folgt aus den Finanzierungskonditionen, weiterhin sind die jährlichen Betriebskosten abzuschätzen. Diese teilen sich in etwa wie in Bild 15-10 dargestellt auf.

Rückstellungen für den *Rückbau* der Anlagen werden in manchen Bundesländern bereits im Rahmen der Baugenehmigungen als Auflage erteilt.

Der Position *Reparaturen* und *Instandsetzungen* ist besondere Aufmerksamkeit zu schenken. Nach Erfahrungswerten [2, 6] sind hier in der ersten Betriebsdekade pro Jahr 2,5% des Anlagenwertes der Maschine und in der zweiten Betriebsdekade 4% pro Jahr anzusetzen. Diese Werte ergeben sich aus dem verschleißbedingten Austausch einzelner Komponenten (Bild 15-11). Inzwischen sind insbesondere für Neuanlagen mehrjährige Vollwartungsverträge (inkl. Verfügbarkeitsgarantie) mit dem Hersteller verbreitet, die zwar laufende Mehrkosten bedeuten, den Betreiber aber deutlich von technischen Risiken entlasten und von den Versicherungen teilweise honoriert werden [3].

Tabelle 15.4 Finanzierung Windprojekt: eine 2 MW Windkraftanlage; Konditionen: Stand November 2012

Finanzierung WEA 2MW				
Eigenkapital			720 T€	30%
KfW-Darlehen „Erneuerbare Energien – Standard“	Zinssatz Laufzeit Auszahlung Tilgungsfreijahre	1,45% 10 Jahre 100% 2 Jahre	1.680 T€	70%
Investition			2.400 T€	

Die gesamten leistungsspezifischen jährlichen Betriebskosten belaufen sich nach einer Auswertung des Wissenschaftlichen Mess- und Evaluierungsprogramms WMEP und des Reisi Mindmonitors auf 15-22 MW/kW p.a. oder bezogen auf den Jahresertrag zwischen 10€/MWh und 14€/MWh. [7].

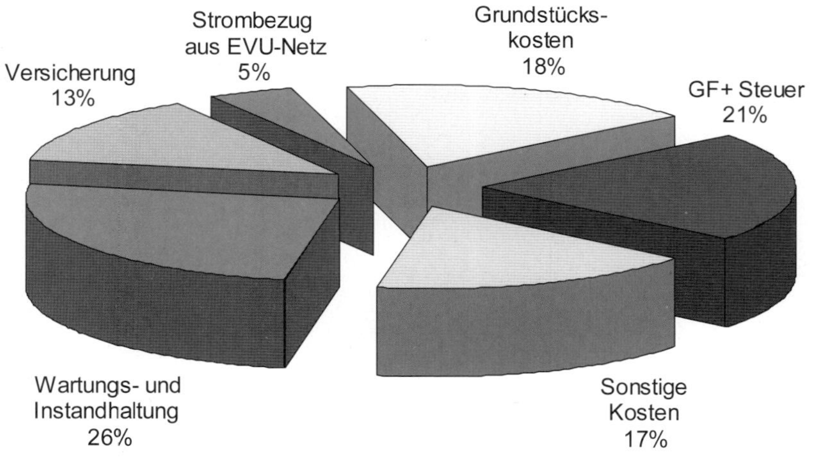

Bild 15-10 Aufteilung der Betriebskosten im Windparkprojekt (onshore und ohne Kapitaldienst) [2]

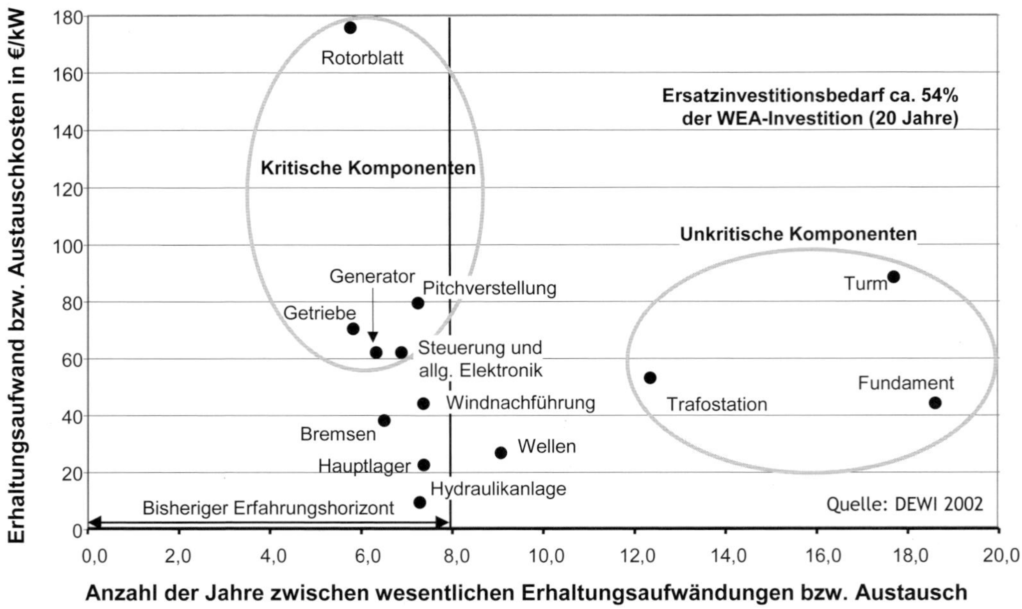

Bild 15-11 Geschätzter Aufwand für Instandhaltung nach [2]

Tabelle 15.5 Beispielhafte Kalkulation eines Projektes mit einer Windkraftanlage (1,5 MW) an einem Standort mit 6,4 m/s mittlerer Windgeschwindigkeit in Nabenhöhe und Errichtung im April 2009 (Kosten in Tausend €), Vergütung ohne Systemdienstleistungsbonus (SDL)

Investitionskosten					
WKA (inkl. Kran und Montage)		1.432	T€	82,1%	
Fundament		51	T€	2,9%	
Zuwegung	(400 m)	15	T€	0,9%	
Übergabestation		77	T€	4,4%	
Netzanbindung	(1000 m)	77	T€	4,4%	
Planung / Bauüberwachung		31	T€	1,8%	
Grundstück	(Pacht)	0	T€	0,0%	
Unvorhergesehenes		31	T€	1,8%	
Geschäftsbesorgung / Steuer-Rechtsberatung		31	T€	1,8%	
		1.744	**T€**	100,0%	
Finanzierung		siehe Tabelle 15.4			
jährliche Erlöse					
Windgeschwindigkeit in Nabenhöhe		6,37	m / s		
Jahresstromproduktion rechnerisch		3.074	MWh / a		
Maschinenverfügbarkeit		98%			
Jahresstromproduktion effektiv		3.013	MWh / a		
Referenzertrag		3.288	MWh / a	91,6%	Standort
Einspeisevergütung	bis März 2027	0,0920	€ / kWh	18,0	Jahre
Einspeisevergütung	Restlaufzeit	0,0502	€ / kWh	2,0	Jahre
Einspeisevergütung	Mittelwert	0,0878	€ / kWh	20,0	Jahre
jährliche Einspeiseerlöse	Mittelwert	264,6	**T€ / a**		
jährliche Kosten					
Kapitalkosten	(annuitätisch)	169,3	T€ / a	63,8%	
Wartungskosten		7,7	T€ / a	3,1%	
Versicherung	(Maschine, 0,6% WKA)	9,2	T€ / a	3,7%	
Versicherung	(BMU, 0,9% Jahresertrag)	2,6	T€ / a	1,0%	
Strombezug / Telekom		1,5	T€ / a	0,6%	
Pacht		7,7	T€ / a	3,1%	
Verwaltung	1,0% Invest	17,4	T€ / a	7,0%	
Rücklagen/Reparaturen	2,0% Invest	34,8	T€ / a	14,0%	
Unvorhergesehenes	0,5% Invest	8,7	T€ / a	3,5%	
		258,8	**T€ / a**	100,0%	
kalkulatorischer Jahresüberschuß					
jährliche Einspeiseerlöse	Mittelwert	264,6	T€ / a		
jährliche Kosten	kalkulatorisch	258,8	T€ / a		
Überschuß		**5,7**	**T€ / a**		

Tabelle 15.5 zeigt ein Beispiel für eine überschlägige Wirtschaftlichkeitsbetrachtung mit einem kalkulatorischen Jahresüberschuss vor Steuern bei annuitätischer Berechnung der Kapitalkosten während der ersten zehn Jahre. Ein zufriedenstellendes Ergebnis für den Investor ist Voraussetzung dafür, dass das Vorhaben weiterverfolgt wird und es zur Realisierung des Vorhabens, d. h. Bau und Inbetriebnahme der Anlagen, kommt (Bild 15-1).

15.2 Bau und Betrieb von Windkraftanlagen

In der Übersicht zum Projektablauf, vgl. Bild 15-1, befinden wir uns nun in der *Realisierungsphase.* Alle Planungsschritte sind abgeschlossen, die Genehmigungen sind, zumindest vorläufig, erteilt. Der Aufbau beginnt mit Wege- und Leitungsbau und dem Fundament. Der Hersteller wird gemäß Kaufvertrag die Windkraftanlage zum Standort transportieren und dort aufbauen. Nach den Anschlussarbeiten erfolgt die Inbetriebnahme und eine Testphase, anschließend geht die Anlage in den Dauerbetrieb. Die ersten beiden Jahre sind üblicherweise die Gewährleistungszeit, in der die Anlage vom Hersteller auf dessen Kosten gewartet und ggf. repariert wird.

Erst danach geht die Anlage vollständig und mit allen Verantwortlichkeiten an den Eigentümer über (so genannter Gefahrenübergang).

Nach Ende der vorgesehenen Betriebszeit von 20 Jahren wird die Windkraftanlage rückgebaut, außer der Betreiber hat rechtzeitig beim Bauamt einen Antrag auf Weiterbetrieb der Anlage gestellt, für den er nachweisen kann, dass eine Restnutzungsdauer vorhanden ist, weil die Windbedingungen am Standort deutlich schwächer waren als die dem Anlagenentwurf zugrundeliegende Windklasse. Der GL Wind hat 2009 eine Richtlinie veröffentlicht, in der allgemein beschrieben ist, wie geprüft werden sollte, ob eine gebrauchte Anlage noch ein solches Potential für den Weiterbetrieb über die 20 Jahre geplanter Betriebszeit hinaus hat [14].

Eine Alternative ist der vorzeitige Ersatz der Maschine durch einen moderneren Typ mit größerer Nennleistung und entsprechendem Mehrertrag im Rahmen des so genannten „Repowering".

Eng mit den technischen Aspekten verknüpft sind die rechtlichen und finanziellen Seiten des Windkraftprojektes. Es sind die Finanzmittel von den Investoren eingeworben und die gesamte Finanzierung mit den Banken verhandelt worden. Kapitaleinlagen und Rückflüsse sind in einer Betreibergesellschaft organisiert. Bei der Risikobewertung des Projektes für Banken und Versicherungen ist daher der Werterhalt der Windkraftanlage von Bedeutung und natürlich der Energieertrag, sprich der Erlös. Damit ergibt sich das oberste Ziel der Betriebsführung: sicherer und zuverlässiger Betrieb mit maximalen Erträgen.

15.2.1 Technische Aspekte von Aufbau und Betrieb von Windkraftanlagen

Der Anlagentyp und die Anordnung der einzelnen Windkraftanlagen im Windpark wurden in der Planungsphase bereits festgelegt (vgl. Bild 15-2). Damit sind auch die Vorgaben für die Bauplanung gegeben. Im Rahmen der vorbereitenden Bauarbeiten am Standort und des Aufbaus der Windkraftanlage beginnt nun die Arbeit des technischen Betriebsführers des Windparks, der später für alle technischen Aspekte des Windparks im Betrieb verantwortlich ist. Folgende vier Schritte sind für die Realisierung des gesamten Projektes notwendig:

- Transport und Aufbau
- Inbetriebnahme und Übergabe
- Anlagenbetrieb
- Rückbau oder Repowering

Transport und Aufbau der Windkraftanlage

Alle vereinbarten Leistungen der Bauplanung werden nun ausgeführt. Für ein Windkraftprojekt in Deutschland ist eine *Aufbauphase* von ca. drei bis sechs Monaten typisch.

Der Transport und auch die Montage in entlegenen Regionen der Erde stellen naturgemäß noch größere Herausforderungen dar. So kann für ein Projekt in Indien oder China die Krangröße oder die Tragfähigkeit der Straßen ein limitierender Faktor sein. Dies ist in der technischen und finanziellen Planung an derartigen Standorten schon vorab zu berücksichtigen.

Ist der *Wege- und Fundamentbau* abgeschlossen und die Baustelle mit den Kranbewegungsflächen eingerichtet, wird die Anlage angeliefert. Für die Logistik der Hersteller ist die zeitgenaue Anlieferung der benötigten Komponenten eine große Herausforderung. Der *Transport* führt normalerweise mit LKW über die Straße. Üblicherweise treffen Turm, Gondel und Rotorblätter nacheinander auf der Baustelle ein, da sie aus verschiedenen Werken und Zulieferfirmen stammen und in einer bestimmten Reihenfolge benötigt werden. Die dafür notwendigen Schwertransporte fahren vor allem nachts. Bei der Routenplanung werden Kurvenradien und Brückenhöhen sowie andere Engpässe vorab auf Passierbarkeit geprüft und vorbereitet.

Der Konstrukteur bemüht sich, die Massen der *Turmbauteile* nicht zu groß werden zu lassen. Dies betrifft vorrangig das unterste Turmsegment, da dieses den größten Durchmesser und die größte Wandstärke aufweist. Weiterhin sollten die Segmente möglichst nicht länger als 22 m sein, um den LKW noch manövrierfähig zu halten und keine Sondertransportgenehmigung mit Begleitfahrzeug sowie Straßensperrungen zu verursachen.

Für den *Transport der Rotorblätter* ist bei MW-Anlagen ebenfalls die Bauteillänge kritisch. Ortsdurchfahrten oder kurvige Strecken in deutschen Mittelgebirgen können zu einem Problem werden. Bei Blattlängen von ca. 35 m bis 40 m (Anlagen bis 2 MW) können meist noch alle drei Rotorblätter auf einem Spezialtransporter befördert werden. Bei noch größeren Rotorblättern geschieht dies einzeln, neben der Länge wird dann auch die maximale Blatttiefe zu einem kritischen Faktor. Überschreitet diese 3,5 m sind normale Brückendurchfahrten (Standard 4,0 m bis 4,2 m) mit hochkant verladenem Blatt nicht mehr möglich. Für den Transport z.B. der Rotorblätter der ENERCON E-112 (4,5 MW Nennleistung, max. Blatttiefe: 5,8 m) wurde daher eine spezielle Schwenkvorrichtung entwickelt, die es erlaubt, das Rotorblatt bei Brückendurchfahrten in die Horizontale zu schwenken (Bild 15-12).

Für den *Transport der Maschinengondel* sind eher die Tonnagen das Problem. Die Abmessungen der Gondeln hängen sehr von dem Aufbau des Triebstrangs ab (vgl. Abschnitt 3.2). Bei der 2 MW-Anlage Nordex N-80 liegen sie beispielsweise bei 10 x 3 x 3 m (Länge x Breite x Höhe).

Der gesamte Aufbau ist in seinem Fortschritt stark *wetterabhängig*. Wo sonst guter Wind wehen soll, hofft man beim Aufbau auf geringe Windgeschwindigkeiten, da eine Kollision von Bauteilen untereinander (z.B. Rotor mit Turm) als auch das Umkippen des Krans zu verhindern sind. Neben den Lasten aus dem Winddruck sind auch strömungstechnische Probleme wie periodische Wirbelablösung (Kármán-Wirbelstraße) am Turm (ohne Gondel) kritisch. Daher entsteht auch durch die erforderliche millimetergenaue Positionierung bei manchen Montageschritten enormer Zeitdruck.

Ebenfalls zeitkritisch, weil teuer, ist der *Kran*, der die Komponenten zusammensetzt. Hierbei kommen fast immer ein Hauptkran und ein deutlich kleinerer Hilfskran zum Einsatz, vgl. Bild 15-13 und Bild 3-57. Für eine übliche Anlage von 2 MW Nennleistung wird ein Kran benötigt, der 70 t auf 100 m heben kann. Die Nennlast eines solchen Krans beträgt wegen der notwendigen Ausschwenkung 500 t, siehe Tabelle 15.6.

Bei Anlagen im Leistungsbereich 3 MW bis 5 MW kommen allerdings sowohl LKW-Transport als auch Kapazitäten von Autokränen derzeit an ihre Grenzen. Der einzige Ausweg ist das Aufteilen der Gondel in Baugruppen, die einzeln angehoben und auf dem Turm zusammengefügt werden.

Bild 15-12 Drehbare Transportvorrichtungen für den Transport eines Rotorblattes mit Blatttiefe 6m (Windblatt 05/2002)

Tabelle 15.6 Für verschiedene Windkraftanlagen benötigte Mobilkräne mit abgespanntem Teleskopausleger und wippbarer Gitterspitze [10]

WKA -Baugröße	**300 kW**	**1.000 kW**	**1.500 kW**	**2.000 kW**	**5.000 kW**
Gondelmasse in t (ohne Rotor)	15 t	40 t	50 t	70 t	140 t)[1]
Nabenhöhe in m	50 m	80 m	90 m	100 m	120 m
Maximale Traglast bei Ausladung	18 t / 8 m	43 t / 18 m	65 t / 22 m	73 t / 20 m	142 t / 22 m
Max. Hakenhöhe in m (mit wippbarer Gitter-spitze)	56 m	84 m	94 m	104 m	132 m)[2]
Eigengewicht Mobilkran und Ballast in t	60 t 50 t	84 t 100 t	96 t 165 t	96 t 160 t)[3]	96 t 360 t)[3]
Anzahl der Kranachsen	5	7	8	8	8

[1] ohne Triebstrang [2] mit fester Spitze [3] Mobilkran nicht alleine fahrbar, Begleittransporter für Teleskopausleger und Ballast notwendig

Zuerst wird der Turm aufgebaut. Dies kann je nach Bauart unterschiedlich lange dauern. Ein Betonturm aus 100 Fertigsegmenten dauert mehrere Tage; beim Ort-Betonturm mit Kletterschalung dauert es sogar mehrere Wochen bis zur Fertigstellung (Bild 3-56). Ein konischer Stahlrohrturm mit drei bis fünf Segmenten kann an ein bis zwei Tagen aufgebaut werden.

Danach wird die Gondel auf den Turm gesetzt. Je nach Hersteller ist die Gondel mit Maschinenträger, Triebstrang und Gondelhaus als Ganzes oder in mehreren Teilen vom Kran zu heben. Als letztes wird der Rotorstern „gezogen“, d.h. die Rotorblätter am Boden an die Nabe montiert, der Rotor in einem Stück gehoben und an den Rotorflansch des Triebstrangs geschraubt. Eine andere Variante ist die Einzelmontage jedes Rotorblatts an die Rotornabe, die schon an die Gondel montiert wurde. Damit ist der Rohbau abgeschlossen und die Windkraftanlage scheint von außen fertig aufgebaut zu sein. Es folgen jedoch bis zum ersten Betrieb noch mehrere Tage für Ausrüstung und Anschluss.

Nach dem Erneuerbaren-Energien-Gesetz (EEG) geschieht die Festlegung des für diese Anlage gültigen Einspeisetarifs durch den Zeitpunkt der ersten Netzeinspeisung. Da jedes Jahr die Tarife sinken, kann es wichtig sein, im alten Jahr schon die Anlage in Betrieb zu nehmen, um sich den höheren Tarif des alten Jahres zu sichern. Dies erklärt auch die jeweils in der zweiten Jahreshälfte trotz schlechter Witterung höheren Aufstellungszahlen.

Bild 15-13 Rotormontage mit Hilfskran [9]

Inbetriebnahme und Übergabe

Zwischen der Produktion der ersten Kilowattstunde und der eigentlichen Übergabe an den Betreiber können noch einige Wochen vergehen. Der Betreiber oder zukünftige Betriebsführer der Windkraftanlage prüft oder lässt in dieser Zeit prüfen, ob die Anlage wie vereinbart geliefert und aufgebaut wurde und einwandfrei funktioniert. Dies geschieht durch folgende Schritte:

- Probebetrieb, durch den Hersteller beaufsichtigt, sowie Parametereinstellung zur Anpassung an den Standort
- Inspektion, Beseitigung von Mängeln durch den Hersteller
- Abnahme und Übergabe an den Betreiber bzw. Betriebsführer und damit Beginn der Gewährleistungszeit (Garantiezeit)

Nach dem Beseitigen der „Kinderkrankheiten“ (z.B. Rotorunwucht) und dem Anpassen der Steuerungsparameter an den Standort wird die Anlage offiziell in Betrieb genommen und an den Betreiber übergeben. Gewöhnlich lässt der Betreiber die Maschine von einem unabhängigen Gutachter überprüfen und klären, ob die vertraglich vereinbarten Spezifikationen eingehalten wurden. Dies gilt für den technischen Zustand der Anlage selbst, wie auch für Zusatzeinrichtungen, wie z.B. Flugsicherungsmarkierungen oder Befeuerungen, schallangepasste Betriebskurve etc. Ausschlaggebend sind hier die Auflagen aus der Baugenehmigung.

Anlagenbetrieb

Betrieb und Inspektionen

Die Windkraftanlage soll für mindestens 20 Jahre mit höchstmöglicher Verfügbarkeit im Produktionsbetrieb laufen. Der *Betriebsführer* überwacht hierbei alle technischen Aspekte des Projektes. Erst nach dem Übergang aus der Gewährleistungszeit trägt der Betreiber alle Risiken des Anlagenbetriebes allein, also auch die Kosten für Wartung und Reparatur, sofern er keinen Vollwartungsvertrag hat.

Der sichere Betrieb technischer Anlagen muss durch *regelmäßige Inspektionen* aller mechanischen und elektrischen Komponenten und deren Funktionsweise überprüft werden. Das betrifft außerdem die Sicherheitstechnik für den Aufstieg (Leiter, Gurtzeug, Aufzüge, Rettungsmittel, etc.), aber auch alle anderen Aspekte, durch die Gefährdungen ausgehen, wie Feuergefahr, umweltgefährdende Stoffe, Maschinenbruch, usw.

Für Windkraftanlagen ist es in Deutschland vorgeschrieben, die Anlage alle zwei bis vier Jahre durch einen *unabhängigen Gutachter* prüfen zu lassen. Dieses Intervall hängt von der Anlagengröße ab und ob es einen Wartungsvertrag für die Anlage gibt. Ziel ist es, die Gefährdung der Umwelt, vor allem von Menschen in und an der Anlage auszuschließen oder zumindest auf ein verantwortbares Maß zu minimieren.

Ob die Windkraftanlage eine *gute Verfügbarkeit und hohe Erträge* aufweist, ist hier nicht von Belang, für den Betreiber ist dies allerdings der wichtigste Punkt. Daher wird häufig die Windkraftanlage einer „zustandsorientierten Prüfung“ unterzogen. Die Anlage wird in allen Komponenten untersucht, ob Fehler, Mängel und Schäden vorhanden sind oder sich ankündigen. Dies betrifft vor allem die Wälzlager und das Hauptgetriebe. Abhängig von den Ergebnissen der Prüfung entscheidet der Betreiber auf Empfehlung des Gutachters, ob eine Wartung oder ein Austausch einer Komponente (z.B. ein Lager am Generator) notwendig ist.

Eine Alternative stellen die vom Hersteller angebotenen *Vollwartungsverträge* dar, bei der der Hersteller auch weiterhin Wartung und Reparatur der Windkraftanlage übernimmt. Aber auch in diesem Falle muss der technische Betriebsführer auf einen zuverlässigen Betrieb mit guten Verfügbarkeiten der Anlage und maximalen Energieerträgen achten. Folgende Überwachungen obliegen dem Betriebsführer:

- Produktionsbetrieb im Gewährleistungszeitraum
- Übergang aus der Gewährleistung wie im Kaufvertrag festgelegt (i. Allg. 2 oder 3 Jahre)
- Produktionsbetrieb nach Gewährleistungszeitraum
- Wartung und Reparatur
- Inspektionen und Kontrolle des Betriebes

Wartung und Service (Reparaturen)

Die notwendigen Arbeiten und Wartungsintervalle sind im Wartungspflichtenheft jeder Windkraftanlage festgelegt. Es werden alle Lager abgeschmiert und alle mechanischen Komponenten sowie ebenfalls die elektrischen Aggregate und die Steuerungen gewartet. Kleine Reparaturen werden sofort ausgeführt. Der Betriebsführer erhält ein Wartungsprotokoll.

Der Betreiber trägt zwar die Verantwortung für den erfolgreichen Betrieb. Die technischen Aufgaben werden dabei aber häufig vom separaten Technischen Betriebsführer wahrgenommen. Das erfordert neben der umfassenden technischen Kenntnis über die Anlage eine gute Kommunikation zur (wirtschaftlichen) Geschäftsführung sowie den externen Partnern wie Anlagenhersteller, Serviceunternehmen, Netzbetreiber, Gutachtern, Behörden, etc. Zu den Aufgaben gehören:

- Sammeln und Verwalten aller technischen Informationen (Verträge, Anleitungen, Schaltpläne,...)
- Überwachung des Anlagenbetriebs durch Fernüberwachung (Energieerträge am Stromzähler, Statusmeldungen und laufende Betriebsdaten)
- Regelmäßige Begehungen der Windkraftanlage bzw. des Windparks
- Organisation und Kontrolle von Wartungs- und Reparaturarbeiten
- Erstellung von regelmäßigen Berichten über den Erfolg des Betriebes (Energieerträge und Verfügbarkeit) und den technischen Zustand (Störungen und Reparaturen).
- Verbesserungen und Optimierungen des Anlagenbetriebs und damit der Verfügbarkeit und des Energieertrags

Betriebsdatenerfassung und Zustandsüberwachung

Windkraftanlagen arbeiten automatisch und werden durch die internen Regelungs- und Betriebsführungscomputer gesteuert. Kommunikation mit der Leitwarte des Windkraftanlagen-Herstellers oder des Technischen Betriebsführers findet nur im Falle einer Betriebsstörung statt. Dann wird von der Windkraftanlage eine Meldung per Fax oder SMS abgesetzt, auf die der Service reagiert.

Die Windkraftanlage speichert zusätzlich ihre *Betriebsdaten*. Das sind u. a. Windgeschwindigkeit, Windrichtung, Drehzahl, Leistung, diverse Temperaturen und weitere Betriebsparameter. Diese können über eine SCADA-Software (System Control And Data Acquisition) abgerufen werden und dienen so dem Technischen Betriebsführer als Datengrundlage für seine Einschätzung des Anlagenbetriebs und eventuell erforderlicher Maßnahmen.

Bild 15-14 zeigt *Ertragsdaten* und die auf der Gondel gemessenen Windgeschwindigkeiten aus sechs Monaten Betriebszeit. Die 10-Minuten-Mittelwerte der Leistung wurden der Windklasse zugeordnet und bilden so ein Energieertragskollektiv, d.h. zeigen den Energieertrag je Windklasse (vgl. Abschnitt 4.3). Zum Vergleich zu den realen Daten sind die Erträge gezeigt, die sich aus den realen Windgeschwindigkeiten kombiniert mit der Leistungskurve des Herstellers ergeben. Wie bei den Histogrammen ergeben sich auch beim Vergleich der theoretischen und ermittelten Leistungskurven Differenzen, die über die Güte des Standorts und des Anlagenbetriebs Auskunft geben.

Die *Analyse der Betriebsdaten* gibt Auskunft über die Effizienz. Störungsstatistiken und Trendanalysen geben Hinweise auf Problemstellen an bestimmten Komponenten. Eine Verbesserung der *Schadensprävention* kann durch den zusätzlichen Einbau einer Zustandsüberwachung, eines so genannten Condition-Monitoring-Systems, (CMS) erfolgen. Dabei wird v.a. für Lager und Getriebe laufend der Zustand durch Schwingungsmessung erfasst und bewertet, um einen Maschinenbruch mit weiteren Folgeschäden zu vermeiden und den richtigen Zeitpunkt für einen Austausch der betroffenen Komponente festlegen zu können (z.B. verbleibende Restlaufzeit oder sofortiger Austausch noch vor einer windreichen Saison). Dieses stellt die bessere Alternative zu einer regelmäßigen Kurzzeitmessung und Bewertung durch einen Gutachter dar.

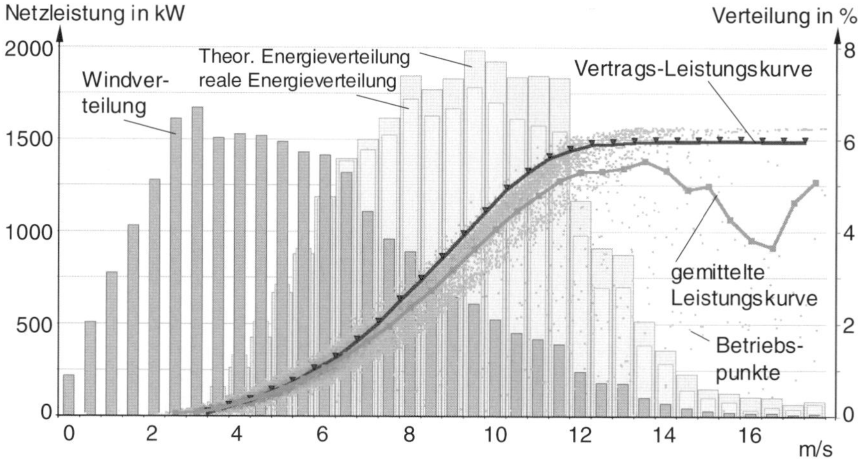

Bild 15-14 Darstellung von Betriebsdaten einer Windkraftanlage [11]

Versicherungen für Windkraftanlagen

Bei jeder Versicherung ist die wichtigste Frage die nach dem *Risiko* und wer es zu tragen hat. Vor dem Aufbau bzw. der Übergabe an den Betreiber trägt allein der Hersteller alle Risiken. Spätestens nach Ende der Gewährleitungszeit übernimmt der Betreiber die Risiken. Während aller Phasen des Windkraftprojektes – von der Herstellung über den Transport bis zum langjährigen Betrieb – besteht ein Risiko, dass der ordnungsgemäße Betrieb durch unvorhergesehene Vorfälle eingeschränkt oder unterbrochen wird. Windkraftanlagen werden während der Betriebszeit gegen Maschinenbruch und äußere Gefahren (Feuer, Blitz, etc.) versichert.

Zusätzlich empfiehlt sich eine *Betriebsunterbrechungsversicherung*, durch die der Ertragsausfall für die Ausfallzeit versichert ist. Dies wird auch zum Teil von den finanzierenden Banken gefordert, um eine Rückzahlung der Kredite zu sichern. In der Praxis hat sich gezeigt, dass vor allem zu lange Stillstandszeiten nach einem Versicherungsfall (z. B. Blitzeinschlag oder Generatorschaden) die Versicherungskosten in die Höhe treiben. Eine kleinere Schadensursache (z. B. heißlaufendes Lager), die nicht erkannt wurde, kann zu einem weitaus größeren Folgeschaden führen, z. B. Feuer in der Gondel.

Die dritte Art der Versicherung ist die *Haftpflichtversicherung*. Sie greift, wenn durch die Anlage jemand oder etwas zu Schaden kommt. Das kann auch Schäden durch ein herabfallendes Maschinenteil, ein Eisstück oder Feuer (Abbrennen des Feldes unter der Anlage) betreffen.

Nicht versicherte Risiken sind in jedem Fall Betriebsverschleiß, alle Beschädigungen von Dritten an der Windkraftanlage, die fahrlässige Installation von eigentlich reparaturbedürftigen Teilen sowie die Folgen von Krieg und Kernkraftwerksunfällen.

Rückbau oder Repowering von Windkraftanlagen

Nach Ende der Betriebszeit muss die Anlage zurückgebaut werden (s. Bild 15-1). Repowering, der Austausch vieler kleiner Anlagen durch wenige große, ist eine ökonomische Alternative gegenüber dem Rückbau. Da Rückbau oder Repowering möglichst schon am Anfang des Projekts in den Verträgen mit zu berücksichtigen sind, sollten die Optionen sorgfältig geprüft werden.

Da neue Windkraftanlagen größer, leiser und effizienter sind, bringt Repowering einen technischen Fortschritt und wirtschaftlichen Nutzen durch höhere Anlagenverfügbarkeit und Energieerträge der größeren Windkraftanlagen am selben Standort, sowie geminderte Servicekosten. Darüber hinaus entlasten wenige große Windkraftanlagen statt vieler kleiner das Landschaftsbild merklich. Es handelt sich beim Repowering in erster Linie um eine ökonomische Entscheidung, die oft erst nach 20 Jahren Anlagenbetrieb, gelegentlich aber auch deutlich früher, sinnvoll sein kann. In Deutschland haben bereits diverse Repowering-Projekte ihren positiven Effekt auf die Wirtschaftlichkeit und die Beeinträchtigung des Landschaftsbilds bewiesen.

15.2.2 Rechtliche Aspekte

Für die Realisierung des Windkraft-Vorhabens und den Betrieb der Windkraftanlage ist es notwendig, eine Gesellschaft zu gründen (vgl. Bild 15-1), denn der Betrieb einer Windkraftanlage stellt einen Gewerbebetrieb dar.

Bei kleinen Vorhaben mit wenigen Gesellschaftern kommt eine Personengesellschaft in Form einer *Gesellschaft bürgerlichen Rechts* (GbR) in Frage. Diese kann ohne viel Aufwand gegründet werden, da außer der steuerlichen Anmeldung keine Formalitäten (Mindestkapital, Handelsregistereintragung) verlangt werden. Nachteilig ist aber der Haftungsdurchgriff auf alle beteiligten Gesellschafter. Dies bedeutet, dass alle Gesellschafter mit ihrem gesamten Privatvermögen für die Gesellschaft haften. Alle Gewinne und Verluste werden mit den sonstigen Einkünften bei der Einkommenssteuererklärung verrechnet.

Da es sich bei den Investoren häufig um Privatpersonen handelt, die ihr Geld in dem Projekt anlegen, bietet sich als Rechtsform für die Betreibergesellschaft die reine GmbH nicht an. Üblich sind Betreibergesellschaften in der Form der *GmbH & Co KG.* Die GmbH übernimmt die kaufmännische und technische Geschäftsführung für den Betrieb, und die Privatinvestoren erwerben Anteile als Kommanditisten in der KG und stellen so das benötigte Eigenkapital bereit. Die Vorteile der jeweiligen Rechtsformen sind auf diese Weise kombiniert. Die Kommanditisten erhalten im Rahmen der gesonderten Feststellung ihren Anteil an Gewinnen und Verlusten jährlich zugewiesen, machen diesen steuerlich geltend und haften lediglich anteilig für das von ihnen eingelegte Kapital.

Wird das Vorhaben als lokale oder regionale Initiative gestartet, können die Investoren oft ohne große Werbeaktionen gefunden werden. Handelt es sich um Investitionen im mehrstelligen Millionenbereich, werden meist auch überregional Investoren gesucht. Hierfür wird in der Regel ein geschlossener Fond aufgelegt und mit einem Fondprospekt beworben. Dabei müssen rechtliche Rahmenbedingungen vor allem der Prospekthaftung beachtet werden. Die im Prospekt dargelegten Informationen sollten üblichen Standards folgen (z. B. IDW 4, Qualitätsstandard des Verbands der Wirtschaftsprüfer) und ein Testat eines Wirtschaftsprüfers tragen.

Alle weiteren rechtlichen Implikationen (Rechte und Pflichten des Komplementärs, Mitspracherechte der Kommanditisten, usw.) sind in den Gesellschaftsverträgen der Betreibergesellschaft zu regeln.

15.2.3 Wirtschaftlichkeit im Betrieb

Ist die Finanzierung des Vorhabens gesichert und das Vorhaben realisiert, ergeben sich die im Betrieb anfallenden Kosten (vgl. Abschnitt 15.1.3), die den Einnahmen aus den Stromverkäufen gegenüberstehen. Auf der Einnahmenseite besteht in Deutschland aufgrund der gesetzlichen Rahmenbedingungen des Erneuerbare-Energien-Gesetzes

(EEG) ein *Einspeisevertrag* mit einer Laufzeit von 20 Jahren, der die Vergütung je kWh festlegt [12]. Ohne eine feste Regelung der Einspeisetarife mit einer langen Laufzeit ist die Finanzierbarkeit eines Vorhabens mit solch hohen Investitionskosten schwierig. Die Gestaltung des Stromeinspeisegesetzes (StrEG, 1991 bis 2000) und der Folgeregelung des EEG seit April 2000 sind international beispielhaft für Rahmenbedingungen, die bei günstigen Standortbedingungen aus Windkraftprojekten eine rentable und sichere Kapitalanlage machen. Das EEG sieht hier eine Differenzierung nach der *Standortqualität* vor, um gute Küstenstandorte gegenüber windmäßig ungünstigeren Binnenlandstandorten nicht zu übervorteilen bzw. Binnenlandstandorte nicht zu benachteiligen. Für Einzelheiten zu den gesetzlichen Rahmenbedingungen wird auf die Literatur verwiesen [8, 12].

Für jedes Betriebsjahr wird ein für Unternehmen üblicher *Jahresabschluss* mit Bilanz und Gewinn- und Verlustrechnung (GuV) erstellt. Daneben ist für die wirtschaftliche Entwicklung des Vorhabens die Liquiditätsentwicklung von entscheidender Bedeutung, da hier im ungünstigsten Fall das Insolvenzrisiko lauert. Bei Illiquidität, d.h. Zahlungsunfähigkeit, ist das Projekt wirtschaftlich gescheitert. Während des Finanzierungszeitraums, in der Regel die ersten zehn Jahre, führt neben den anfallenden Betriebskosten (Abschnitt 15.1.3.) vor allem der Kapitaldienst (Zins und Tilgung) für den Fremdfinanzierungsanteil (ca. 75%) zu großen Zahlungsflüssen. Diese machen in den ersten Jahren ca. 2/3 der gesamten Auszahlungen aus.

Bild 15-15 zeigt den *Liquiditätsverlauf* (aktueller Stand der Barmittel) eines Vorhabens mit solider wirtschaftlicher Basis. Besonders hilfreich für den Aufbau einer Liquiditätsreserve sind meist zwei Tilgungsfreijahre zu Beginn der Finanzierungsperiode, wie sie bei den speziellen Kreditprogrammen (KfW) gewährt werden. So können auch windschwache Jahre mit eventuell negativen Jahresergebnissen überbrückt werden. Eine zu schnelle Entnahme (Ausschüttung an die Investoren) sollte vermieden werden, um ausreichend Rückstellungen für Reparaturen und den Rückbau am Ende des Projektes zu bilden. Kumulierte Ausschüttungen über 200% bis 300% während der 20-jährigen Betriebszeit sind dennoch übliche Werte für solide Projekte.

Für die steuerliche Bewertung des Jahresergebnisses ist die *Gewinn- und Verlustrechnung* maßgebend. Diese berücksichtigt im Gegensatz zur Liquiditätsbetrachtung nur den Zinsanteil aus dem Kapitaldienst, die Tilgung ist nicht relevant, jedoch hingegen die jährliche Abschreibung. Diese kann dazu führen, dass in den ersten Betriebsjahren Verluste ausgewiesen werden, die auf die Steuerlast des Investors angerechnet werden können.

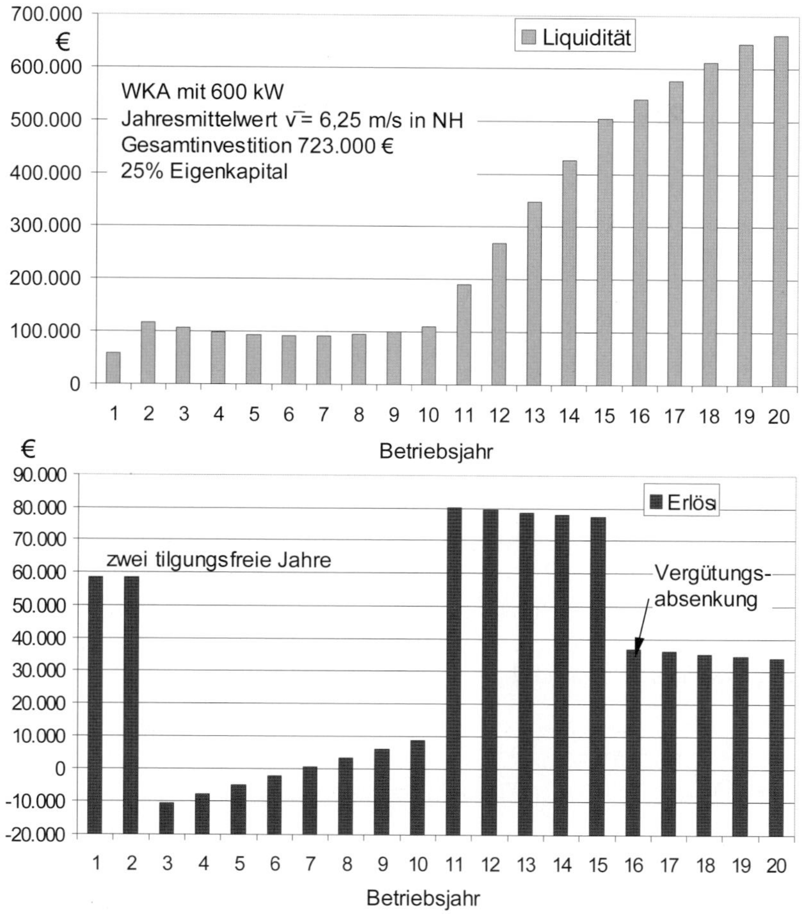

Bild 15-15 Liquiditätsentwicklung und jährlicher Cashflow eines Windprojekts mit einer 600 kW Windkraftanlage

Dieser Effekt ist allerdings bei den aktuell (2012) geltenden Abschreibungszeiten von 16 Jahren sehr gering.

Die *jährlichen Betriebskosten*, wie in Abschnitt 15.1.3 bereits dargestellt, ergeben sich hauptsächlich durch die Kosten für Reparatur, Instandsetzung, Wartung und Versicherung. Diese Kosten verändern sich im Laufe der Betriebsjahre (s. Bild 15-16) und sind in erster Linie abhängig von der Baugröße der Anlage.

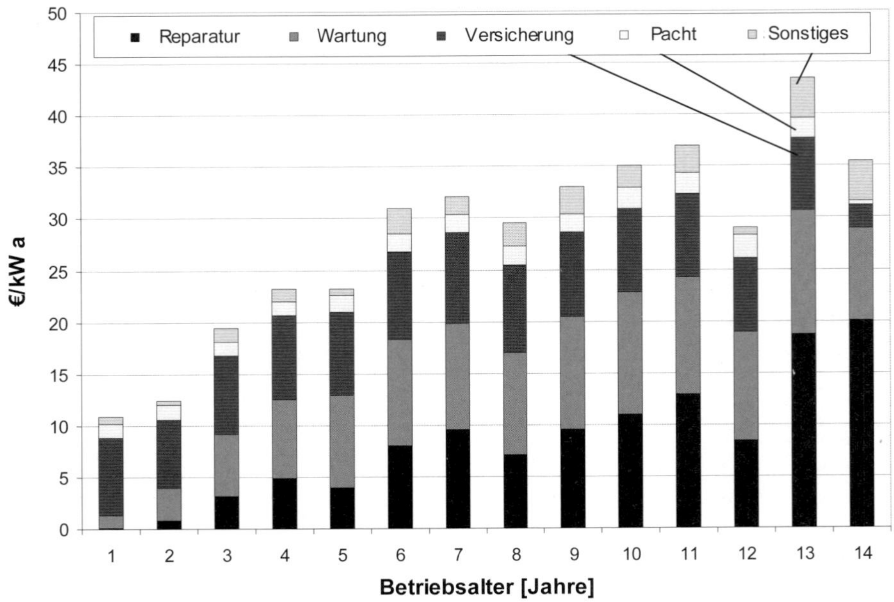

Bild 15-16 Entwicklung der Betriebskosten für WKA < 500 kW [7]

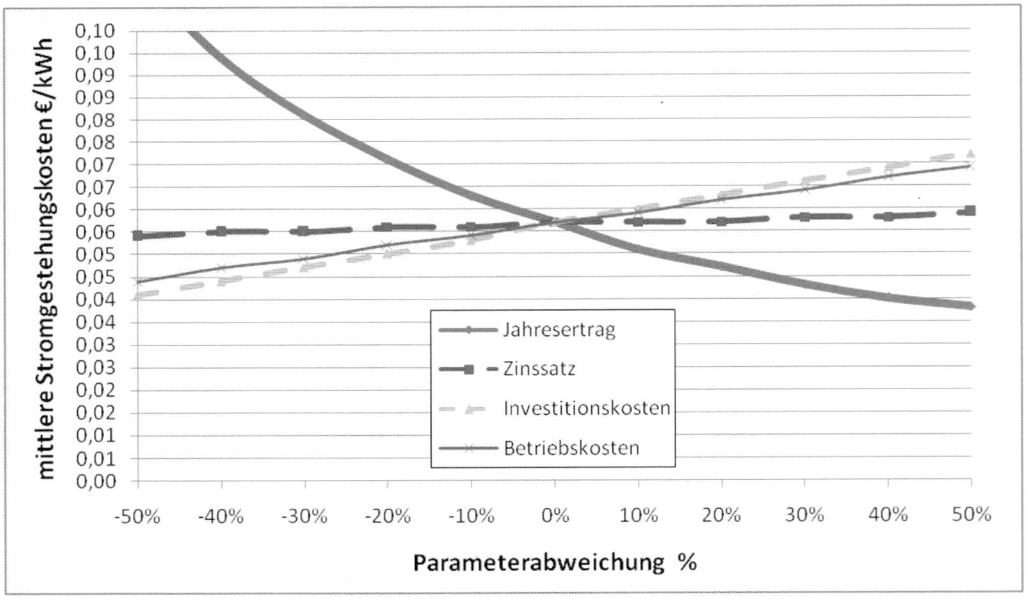

Bild 15-17 Sensitivität der Stromgestehungskosten gegenüber Änderungen der wichtigsten Parameter [13]

Für die zweite Betriebsdekade liegen derzeit noch kaum Erfahrungen vor, so dass hier eine vorsichtige Schätzung helfen muss [2]. Man kann von einer moderaten inflationsbedingten Steigerung der Betriebskosten ausgehen.

Bild 15-17 zeigt zusammenfassend die Einflüsse der wichtigsten Parameter auf das Ergebnis in Form der *Stromgestehungskosten*. Die Betriebskosten haben nur einen schwachen Einfluss auf das Ergebnis. Durch den hohen Fremdfinanzierungsanteil (75%) sind das Zinsniveau sowie die Höhe der Investitionskosten wichtige Faktoren. Den stärksten Einfluss hat jedoch zweifelsfrei der Wind. Die Jahresproduktion hängt von der dritten Potenz des Windes ab, so dass bereits 10% bessere Windverhältnisse eine 30% höhere Jahresproduktion ergeben und in dem Beispiel von Bild 15-17 die Stromgestehungskosten von 0,065 €/kWh auf 0,050 €/kWh sinken.

Um diesen Effekt ausnutzen zu können, muss der Windpark auch eine gute Verfügbarkeit haben, um überhaupt Energie erzeugen zu können. Daher können etwas höhere Aufwendungen in den Betriebskosten, z.B. durch verbesserte Wartung und Instandhaltung, insgesamt einen positiven Effekt auf die Wirtschaftlichkeit haben.

15.2.4 Einfluss von Nabenhöhe und Anlagenkonzept auf den Ertrag

Die *passende Windkraftanlage* sollte je nach lokalen Windverhältnissen gewählt werden, um auf einen möglichst hohen Jahresertrag zu kommen. In erster Linie muss bezogen auf das lokale vertikale Windgeschwindigkeitsprofil (Höhenprofil in Abhängigkeit von der Rauigkeitslänge z_0) die *wirtschaftlich optimale Nabenhöhe* gewählt werden. Bild 15-18 zeigt ein Beispiel für den Einfluss der Nabenhöhe auf den Energieertrag nach EEG-Referenzstandort für die 1,5 MW bis 2,5 MW-Klasse.

Jedoch auch die unterschiedlichen *Leistungskurven verschiedener Anlagen* haben Einfluss auf das Jahresergebnis. Dies soll folgender Vergleich deutlich machen. Hierfür werden vier Windkraftanlagen der 2 MW-Klasse gleicher Nabenhöhe mit den in Tabelle 15.7 genannten Kenndaten für verschiedene Windverhältnisse untersucht. Die Leistungskurven und den Verlauf der Leistungsbeiwerte $c_{P,WKA}$ (Anlagenwirkungsgrad) der vier Anlagen zeigen die Bilder 15-19 und 15-20. Deutlich wird, dass die REpower MM92 eine Schwachwindauslegung repräsentiert. Sie stellt mit ihrem großen Rotordurchmesser eine Binnenlandauslegung für moderate Windverhältnisse dar.

Bild 15-21 zeigt als Ergebnis der Ertragsberechnungen den flächenspezifischen Jahresertrag für unterschiedliche Windverhältnisse mit einer Raleigh-Verteilung (Weibull-Verteilung mit k=2).

Wie zu vermuten war, bringt die Starkwindauslegung der Enercon bei hohen mittleren Windgeschwindigkeiten das beste Ergebnis. Bei mäßigen Windverhältnissen ist ihre Auslegung mit niedrigem Leistungsbeiwert bei kleinen Windgeschwindigkeiten jedoch nicht vorteilhaft. Die REpower kann ihre Stärken vor allem bei niedrigen mittleren Windgeschwindigkeiten ausspielen.

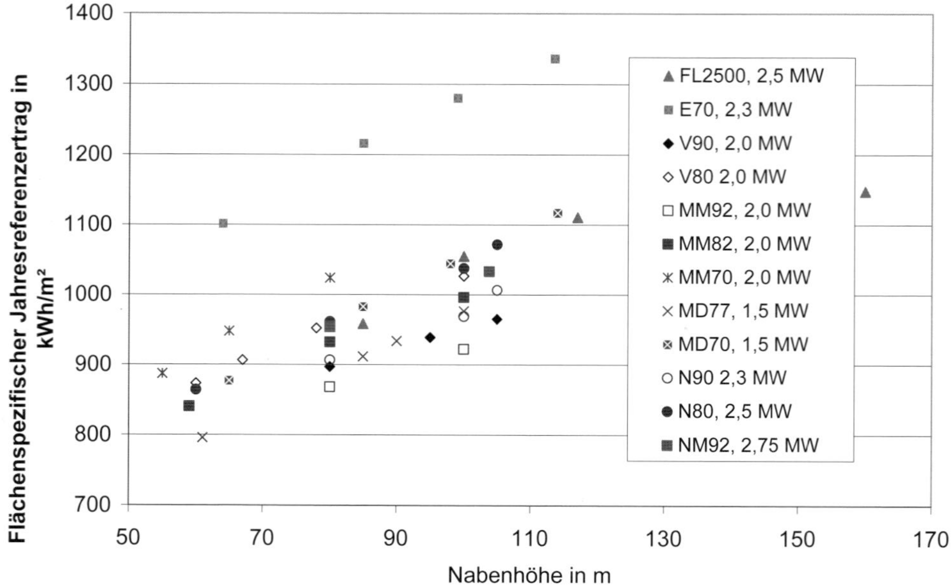

Bild 15-18 Energieertrag nach EEG Referenzstandort ($\bar{v}$ = 5,5 m/s in 30 m Höhe, k = 2,0 und z_0 = 0,1 m) für Anlagen der 1,5 bis 2,5 MW-Klasse [3]

Tabelle 15.7 Vergleich von 2 MW Windkraftanlagen [3]

WKA			Enercon E82	Gamesa G80	REpower MM92	Vestas V80
Nennleistung	P_N	kW	2000	2000	2050	2000
Leistungsbegrenzung		-	Pitch	Pitch	Pitch	Pitch
Rotordurchmesser	D	m	82,0	80,0	92,5	80,0
Nabenhöhe	H	m	78	78	80	78
Rotorfläche	A	m²	5.281	5.027	6720	5.027
Flächenleistung		W/m²	378,7	398	305	398
Nennwindgeschwindigkeit v_N		m/s	12,0	15,0	12,5	15,0
Auslegungswindgeschwindigkeit $v_{opt} = v\,(c_{P.WKA.max})$		m/s	10,0	8,0	8,0	7,0
v_N/v_{opt}		-	1,200	1,875	1,560	2,140

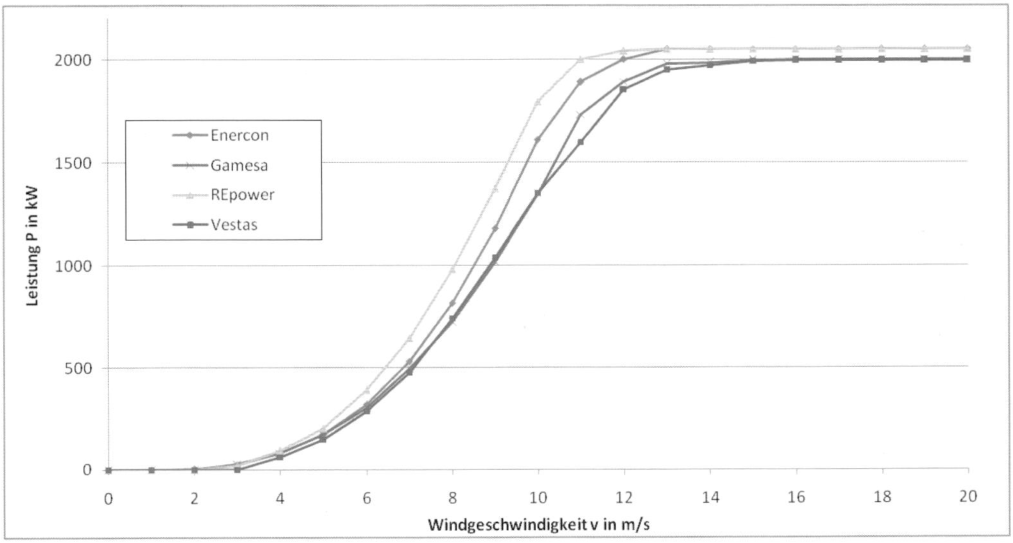

Bild 15-19 Leistungskurven für vier verschiedene Windkraftanlagen der 2 MW-Klasse

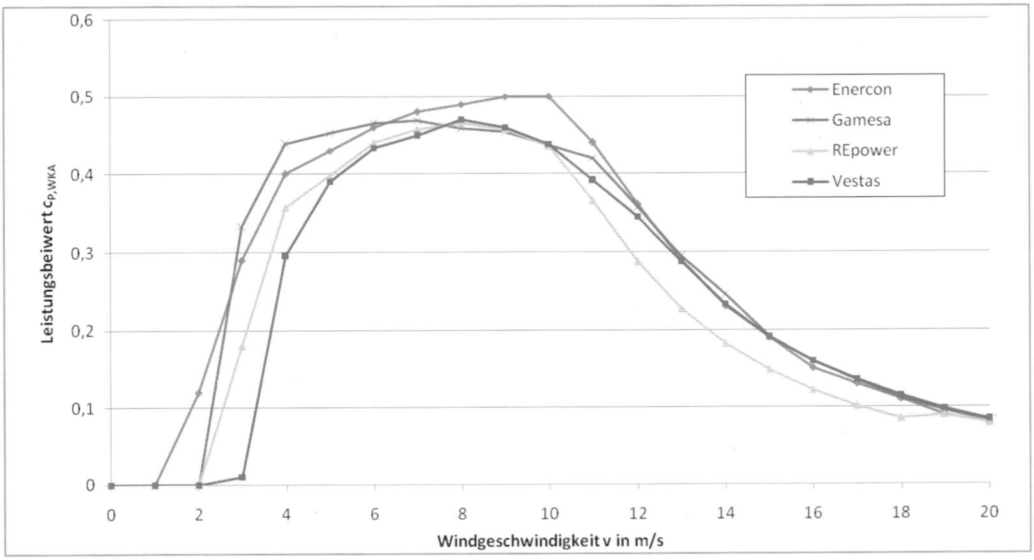

Bild 15-20 Kurven der Leistungsbeiwerte über der Windgeschwindigkeit für vier verschiedene Windkraftanlagen der 2 MW-Klasse

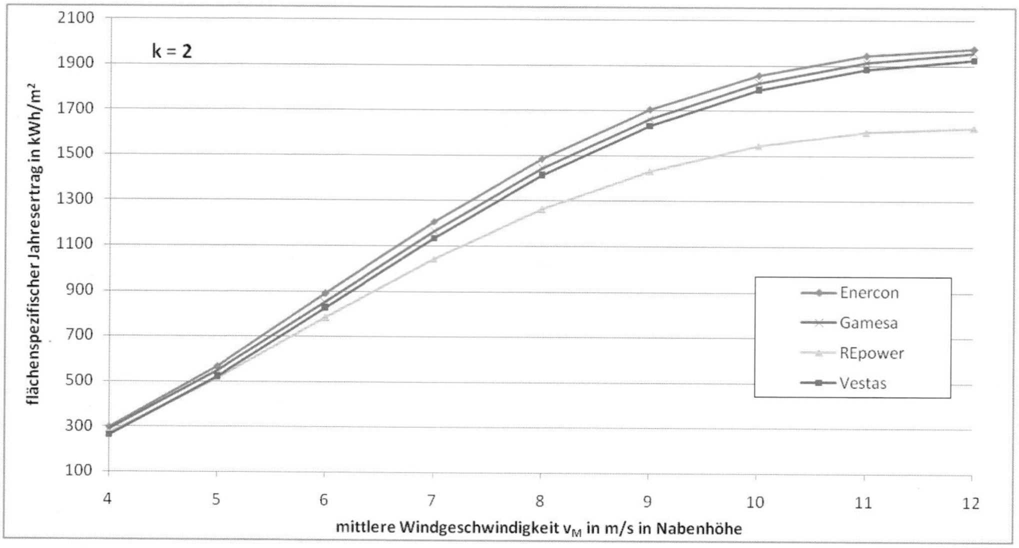

Bild 15-21 Flächenspezifischer Jahresertrag über der mittleren Windgeschwindigkeit in Nabenhöhe für vier verschiedene Windkraftanlagen und Formfaktor $k = 2{,}0$ der Weibull-Verteilung

Das Bild 15-22 zeigt die Flächenerträge für die Enercon E82 als Starkwindanlage und der REpower MM92 als Schwachwindanlage für drei Standort-Klassen, die durch die jeweiligen k-Faktoren der Weibullverteilung dargestellt sind. Es zeigt sich, dass gleichermaßen mit der Windhöffigkeit auch der spezifische Jahresertrag unabhängig der Auslegung ansteigt.

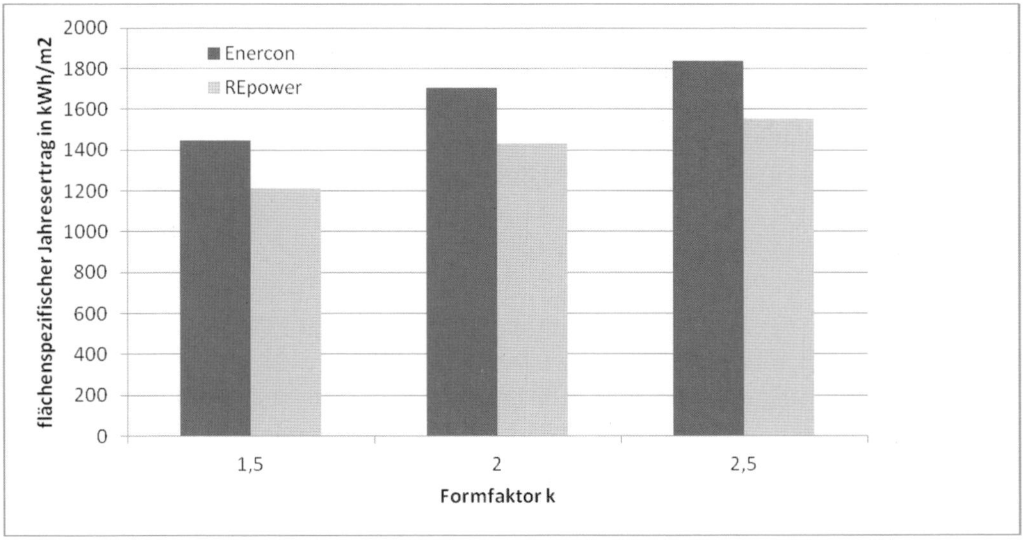

Bild 15-22 Flächenspezifischer Jahresertrag für verschiedene Formfaktoren k = 1,5 bis 2,5 der Weibull-Verteilung

15.2.5 Allgemeine Abschätzung des Jahresertrags mit idealisierter Anlage

Für eine *Abschätzung der Jahresstromproduktion* ohne bekannte Leistungskurve einer vermessenen Windkraftanlage kann folgender theoretischer Ansatz eine erste Abschätzung liefern. Wir nehmen vereinfachend an, dass sich die Windverhältnisse am Standort durch eine Rayleigh-Verteilung beschreiben lassen, vgl. Abschnitt 4.2.4. Sie trifft auf die Flachlandverhältnisse in Norddeutschland, aber auch auf Patagonien in Südamerika recht gut zu. Sie stellt den Sonderfall der Weibull-Verteilung (Gl. (4.13) und Bild 4-21a) mit $k = 2{,}0$ dar. Explizit lautet die Rayleigh-Verteilung:

$$h(v) = \frac{\pi}{2} \cdot \frac{v}{\bar{v}^2} \cdot \exp\left(-\frac{\pi}{4} \left(\frac{v}{\bar{v}} \right)^2 \right) \tag{15.4}$$

Die Rayleigh-Verteilung hängt in ihrem Wert nur von dem Jahresmittel der Windgeschwindigkeit $\bar{v}$ ab, wobei wir annehmen, dass $\bar{v}$ schon auf Nabenhöhe der Maschine hochgerechnet wurde.

Die Windkraftanlage modellieren wir als „verlustbehaftete Betz-Konstant-Anlage" (s. Skizze in Bild 15-23). Das heißt, sie fährt drehzahlvariabel von der Einschaltwindgeschwindigkeit $v_{ein} = 0{,}25 \cdot v_N$ immer mit λ_{opt} (d.h. bei bestem Wirkungsgrad) bis zum Erreichen der Generatorvolllast bei $v = v_N$ (s.a. Kapitel 13). Als Gesamtleistungsbeiwert setzen wir für diesen Bereich $c_P = c_{P.WKA} = 0{,}41$ an. Damit sind pauschal alle Verluste, auch die von Getriebe, Generator und Umrichter, abgedeckt.

Bei $v = v_N$ liegt der Knick in der Leistungskurve bei $P = P(v)$. Von v_N bis zur Abschaltwindgeschwindigkeit $v_{aus} = 2 \cdot v_N$ wird die Windkraftanlage mit konstanter Nennleistung P_N betrieben. Wendet man nun das Integral für den Ertrag, Gl. (4.20),

$$E = T \int_0^\infty h(v,\bar{v}) \cdot P(v)\, dv \tag{15.5}$$

auf den Zeitraum $T = 8.760$ h eines Jahres an und setzt als Fläche zur Leistungsberechnung einen Quadratmeter ein, führt das zum in Bild 15-23 dargestellten spezifischen Jahresertrag E_a der Anlage in Abhängigkeit von Nennwindgeschwindigkeit v_N (Maschine) und mittlerer Jahreswindgeschwindigkeit $\bar{v}$ (Standort).

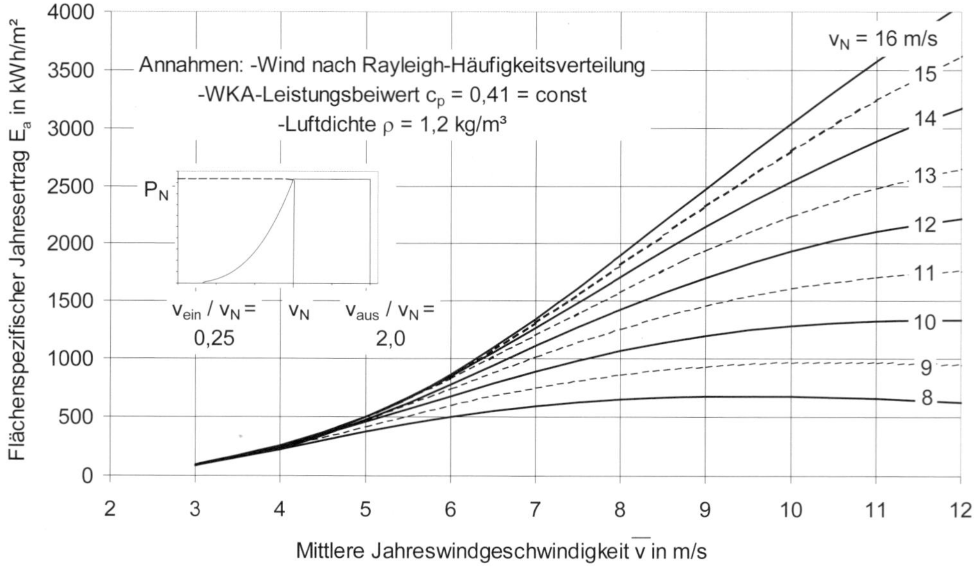

Bild 15-23 Flächenspezifischer Jahresertrag in Abhängigkeit von der mittleren Windgeschwindigkeit in Nabenhöhe

Hier wird deutlich, dass vernünftige Auslegungen etwa bei $v_N = 2\,\bar{v}$ liegen werden, also bei doppelter Jahresmittelwindgeschwindigkeit (üblicher Bereich in der Praxis: $v_N = 11...15$ m/s). Legt man den „Knick" bei v_N höher, d.h. baut man einen größeren Generator ein, bringt der nur noch wenig mehr an Jahresertrag.

Noch deutlicher wird das in Bild 15-24, in dem der Jahresertrag – der ja viele Teillaststunden beinhaltet – auf *äquivalente Volllaststunden* umgerechnet wurde. Das Volllastäquivalent (load capacity factor) ist das Verhältnis des Jahresertrags E_a zum Produkt aus Nennleistung und Jahresstunden: $E_{a.v.N} = P_N \cdot 8.760$ h. Es ist über dem Verhältnis $v_N / \bar{v}$ von Nenn- zur Jahresmittelwindgeschwindigkeit dargestellt.

Ein klein ausgelegter Generator mit Knick in der Leistungskurve bei $v_N = 1{,}5\ \bar{v}$ würde zwar ein Volllastäquivalent von etwa 40% bringen, aber aufgrund seiner geringen Nennleistung bei höheren Windgeschwindigkeiten nicht mehr der Kurve $P \sim v^3$ folgen, d.h. Leistung verschenken. Ein, wie in der Praxis eher üblich, mit $v_N = 2\ \bar{v}$ ausgelegtes System verschenkt vom prinzipiell möglichen Ertrag nur noch wenig, da höhere Windgeschwindigkeiten eine relativ niedrige Häufigkeit haben. Allerdings sinkt das Volllaststundenäquivalent auf gut 20%, da der Generator häufig in Teillast läuft.

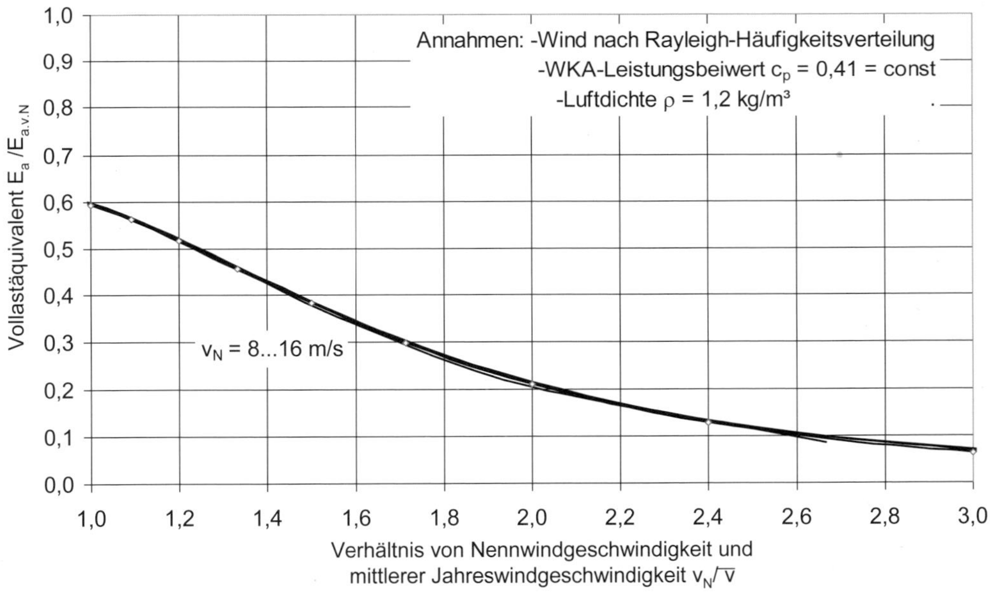

Bild 15-24 Volllaststundenäquivalent in Abhängigkeit von der Anlagenauslegung

Literatur

[1] Cremer C., Möser M.: *Technische Akustik*, 5. Auflage Springer Verlag, 2003

[2] Deutsches Windenergie-Institut (DEWI): *Studie zur aktuellen Kostensituation 2002 der Windenergienutzung in Deutschland*, Wilhelmshaven 2002

[3] Bundesverband Windenergie e.V.: *Windenergie 2004 bis 2012, Marktübersicht*

[4] BTM Consult: *International Wind Energy Development*, World Market Update, BTM, March, 2012

[5] Firmenangaben

[6] Bundesverband WindEnergie e.V. (BWE): *Mit einer grünen Geldanlage schwarze Zahlen schreiben*, Osnabrück, 2002

[7] WMEP /Reisi Windmonitor (2012)
Fraunhofer IWES: *Zuverlässigkeit, Wartung und Betriebskosten von Windkraftanlagen – Auswertungen des wissenschaftlichen Mess- und Evaluierungsprogramms (WMEP)*, Kassel, 2003-2012

[8] Bundesverband WindEnergie (BWE), www.wind-energie.de, 2012

[9] Hadel, J.: Montage der WEA Multibrid M5000, www.hadel.net, 2009

[10] Liebherr: Firmenangaben, www.liebherr.com, 2005

[11] Deutsche WindGuard Dynamics: Firmenangaben, 2005

[12] *Gesetz für den Vorrang Erneuerbarer Energien (Erneuerbares-Energien-Gesetz-EEG),* BGBl. Nr. 13 zu Bonn 31.3.2000, neueste Revision von 2012

[13] Key Wind Energy GmbH, Tagungsunterlagen "Grid Connected Wind Turbines“, GIZ GmbH, 2011

[14] Germanischer Lloyd Industrial Services GmbH: Richtlinie für den Weiterbetrieb von Windenergieanlagen, Hamburg 2009

[15] Grundsätze zur Planung von Windkraftanlagen – Gemeinsame Runderlässe des Innenministeriums, des Ministeriums für Landwirtschaft, Umwelt und ländliche Räume und des Ministeriums für Wissenschaft, Wirtschaft und Verkehr, Schleswig-Holstein, 04.07.1995 / 25.11.2003 / 22.03.2011

16 Offshore-Windparks

Mit zunehmenden Energieverbrauch, steigenden Energiekosten aufgrund der Ausbeutung natürlicher Ressourcen und der erforderlichen Reduktion des Kohlendioxidausstoßes wird die Windenergie unter den erneuerbaren Energien eine zentrale Rolle im zukünftigen Energiemix spielen. Einschränkungen bei der Flächennutzung lassen in Gebieten mit hoher Bevölkerungsdichte den weiteren Ausbau der Windenergie an Land ins Stocken geraten. Offshore sind demgegenüber enorme Windressourcen vorhanden. Das große Raumangebot verbunden mit den hohen Windgeschwindigkeiten macht diese Standorte für die Windenergienutzung attraktiv. Bereits in einer Studie aus dem Jahr 1995 wurde gezeigt, dass die europäischen Offshore-Windressourcen den Gesamtverbrauch an Elektrizität in Europa theoretisch übersteigen (Bild 16-1).

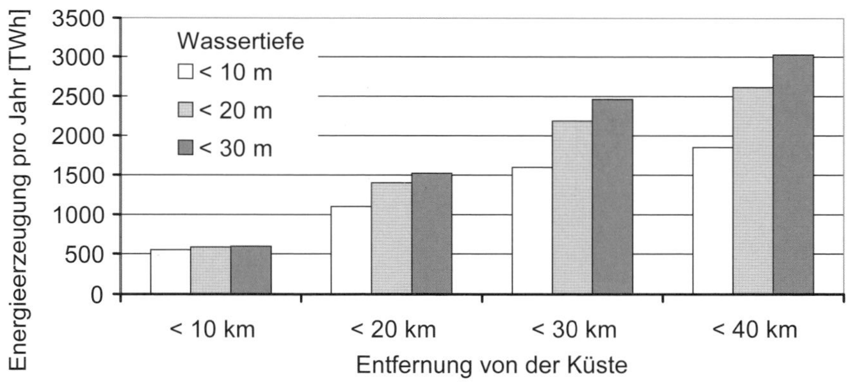

Bild 16-1 Geschätztes Potenzial für Offshore-Windenergie in der EU [1] (2005 belief sich der Elektrizitätsverbrauch in den EU 27-Mitgliedstaaten auf 2756 TWh)

Schon in den 1970er-Jahren wurden Offshore-Windprojekte konzipiert. Doch die ersten Offshore-Windenergieanlagen und die ersten kleineren Windparks entstanden erst zwischen 1990 und 1997 in Schweden, Dänemark und den Niederlanden. Da sie als Demonstrationsprojekte geplant waren, wurden sie in relativ geschützten Gewässern installiert. Erst im Jahr 2000 begann die kommerzielle Nutzung der Offshore-Windenergie. Es wurden erste Windparks auf See unter Verwendung von Windenergieanlagen der 1,5- und 2-MW-Klasse in Wassertiefen von bis zu 10 m errichtet. Bald folgten in Dänemark die beiden ersten großen Offshore-Windparks mit einer Leistung von jeweils etwa 160 MW. Bis Oktober 2010 wurden ca. 1.200 Offshore-Anlagen mit einer Gesamtkapazität von 3.160 MW errichtet. Das entsprach 1,7 % der damaligen weltweit installierten Gesamtleistung. Das erste „echte“ Offshore-Projekt in Deutschland ist das Offshore-Testfeld „alpha ventus“ mit 12 Anlagen der 5MW-Klasse, welches 45 km nördlich von Borkum im Jahr 2010 fertig gestellt wurde. Für die Zukunft sind bereits Windparks mit Gigawatt-Kapazitäten und Multi-Megawatt-Anlagen geplant, die bis zu 100 km von der Küste entfernt und in Wassertiefen von 30 m und mehr installiert werden sollen. Insbesondere in Nordsee und Atlantik werden sich durch die dort vorherrschenden Bedingungen neue Herausforderungen ergeben. Am Ende dieser Entwicklung soll in einigen Ländern die auf See installierte Leistung erheblich größer als an Land sein.

Die oben erwähnten Demonstrationsprojekte beweisen die technische Machbarkeit von Offshore-Windparks, machen jedoch auch die damit verbundenen wirtschaftlichen Herausforderungen deutlich. Erfahrungen aus der Offshore-Öl- und Gasindustrie belegen, dass Arbeiten auf See fünf- bis zehnmal so hohe Kosten verursachen wie an Land. Die Behandlung von Offshore-Windparks als ein System anstatt als Kombination von getrennten Gewerken (Teillieferungen) sowie Bau- und Betriebsphasen ermöglicht eine wirtschaftlichere und risikoärmere Realisierung (Bild 16-2).

In analoger Weise versucht dieses Kapitel sämtliche wesentliche Teilsysteme und technisch-wirtschaftliche Aspekte zu behandeln, um so einen Überblick über Offshore-Windparks zu geben. Für weitere Informationen s. [2, 3, 4].

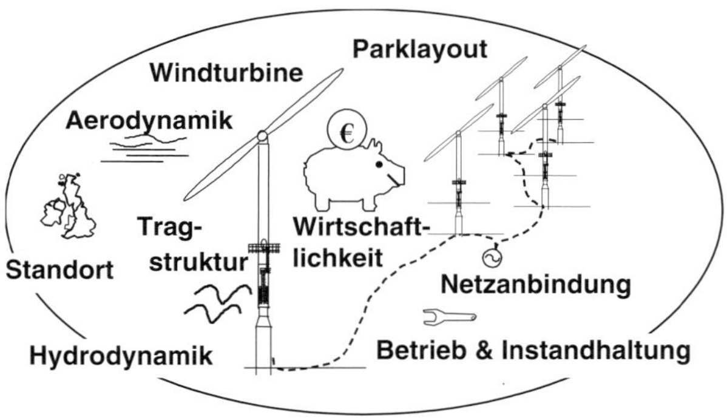

Bild 16-2 Integrierter Entwurf eines Offshore-Windparks unter Berücksichtigung aller Teilsysteme sowie der ökonomisch-technischen Aspekte

16.1 Umweltbedingungen auf See

Verschiedene natürliche und anthropogene Umweltbedingungen beeinflussen einen Offshore-Windpark in teils förderlicher, teils herausfordernder Weise (Bild 16-3). Windparks offshore sind attraktiv, weil im Jahresdurchschnitt die Windgeschwindigkeiten auf See erheblich höher sind als an den meisten Standorten an Land (s. Kap. 4 und Bild 1-7) und die geringere Oberflächenrauheit auf See eine geringere Turbulenz bedingt. Für große Offshore-Windparks wird der letztgenannte Vorteil jedoch zumindest teilweise durch den Strömungsnachlauf von Nachbaranlagen und die durch den Windpark selbst verursachte Hintergrundturbulenz aufgehoben. Während das vergleichsweise hohe Windaufkommen den Betrieb von Windenergieanlagen begünstigt, sind die Umweltbedingungen auf See problematisch für die technische Umsetzung. Wellen, Strömungen und Eis (soweit vorhanden) sind die wichtigsten hydrodynamischen Lasten. Der Wasserpegel variiert nach Gezeiten, atmosphärischen Bedingungen oder langfristigen Trends. Das Verhalten von Fundamenten ist auf See aus vielerlei Gründen komplexer als an Land. Sowohl praktisch als auch theoretisch ist es sehr viel schwieriger verlässliche Daten zur Bodenbeschaffenheit zu erhalten, diese sind jedoch unabdingbar für den Entwurf. Außerdem können Wellen und Strömungen den Boden in der Umgebung des Fundaments erodieren (engl. scour) oder sogar den Meeresboden mobilisieren. Die hohe Luftfeuchtigkeit und der Salzgehalt der Luft verstärken die Korrosion von Maschinenteilen und strukturellen Teilen der Anlage.

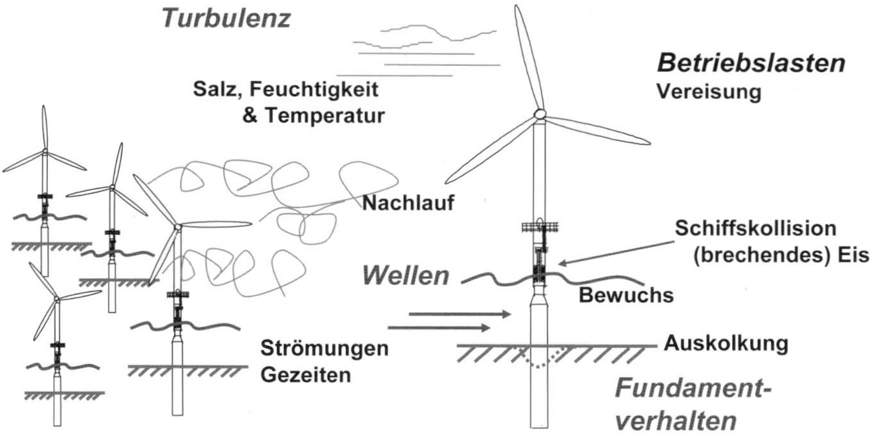

Bild 16-3 Umwelteinflüsse auf einen Offshore-Windpark

Die vielleicht wichtigste Folge der rauen Bedingungen auf See sind die hohen Qualitätsanforderungen. Windenergieanlagen müssen über lange Amortisationszeiträume (bis zu 20 Jahre) an abgelegenen, für Wartungspersonal schwer erreichbaren Standorten, zuverlässig funktionieren.

Anhand eines Beispiels wollen wir einige grundlegende Fakten zur windinduzierten Wellenbelastung darstellen. Durch Winde lokal generierte Seegänge, die Windsee, sind von der Dünung zu unterscheiden, die aus einem anderen Seegebiet in größerer Distanz herrührt. Die Topographie der Nordsee und der Ostsee z.B. bedingen eine nur mäßige Dünung. Das Profil der Wasseroberfläche einer Windsee ist regellos. Für Konstruktionsberechnungen wird dieser Seegangszustand in eine große Anzahl elementarer, regelmäßiger Wellen zerlegt. Zur Betrachtung extremer Belastungen wird häufig hieraus eine einzelne regelmäßige, dominante Welle, eine so genannte Entwurfswelle, abgeleitet.

Die Schwingungsperiode energiereicher Wellen variiert zwischen 2 und 20 s. Die Energie eines Seegangs ist zum Quadrat der signifikanten Wellenhöhe proportional. Entwurfswellen haben lange Perioden, die normalerweise zwischen 7 und 13 s variieren. Trotzdem spielen Wellen mäßiger Höhe und kürzerer Periode die größte Rolle für *dynamische* Wellenlasten und die damit verbundene Ermüdung. Solche Wellen treten sehr häufig – ein bis fünf Millionen Mal pro Jahr – auf und ihr energiereicher Frequenzbereich liegt in der Nähe der Grundeigenfrequenz der Struktur.

Wenn man von einer Wellenhöhe H ausgeht, die im Vergleich zur Wassertiefe d klein ist, beschreibt die lineare Airy-Theorie die Wasserspiegelauslenkung η an einem Raumpunkt, z.B. dem Fundamentpfahl, hinreichend genau als eine sinusförmige Funktion der Wellenkreisfrequenz ω und der Zeit t (Bild 16-4). Hierbei ist es zweckmäßiger, die Wellen(kreis)frequenz $\omega = 2 \cdot \pi / T$ anstatt der Wellenperiode T zu verwenden.

$$\eta(t) = \frac{H}{2} \cdot \cos\left(-\omega \cdot t\right) \tag{16.1}$$

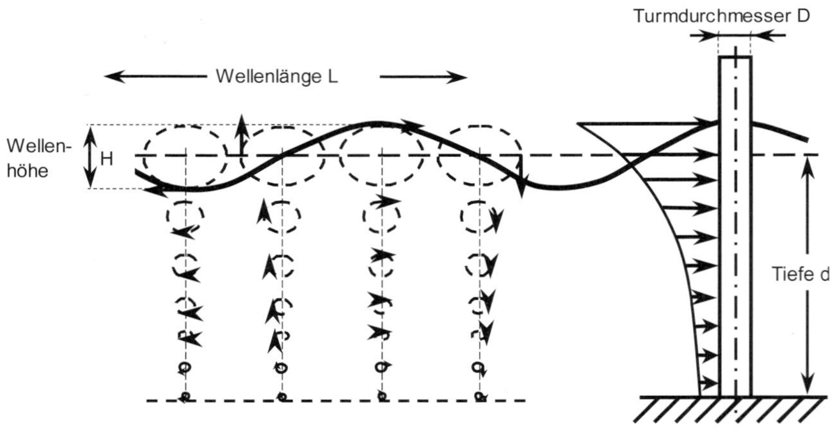

Bild 16-4 Oberflächenprofil und Wasserpartikelgeschwindigkeiten einer Welle mit kleiner Amplitude sowie Wellenlast an einem schlanken, vertikalen Pfahl

Analog zur Wellen(kreis)frequenz ω ist die so genannte „Wellenzahl“ k mit Bezug auf die Wellenlänge L definiert.

$$\omega = 2 \cdot \pi / T \qquad k = 2 \cdot \pi / L \tag{16.2}$$

Die Ausbreitung des Wellenprofils resultiert aus den Bewegungen von Wasserpartikeln auf stationären, elliptischen Bahnen. Die Ausdehnung der Pfade und die damit verbundenen Partikelgeschwindigkeiten, -beschleunigungen und -kräfte nehmen mit zunehmender Tiefe exponentiell ab (Bild 16-4).

Wellen, die sich dem Ufer nähern, werden steiler, da die Wellenhöhe zu- und die Wellenlänge abnimmt. Unter Idealbedingungen eines ebenen, glatten Seebodens „fühlt" die Welle den Untergrund und bricht, wenn ihre Höhe 78 % der Wassertiefe erreicht. Die (transzendentale) Dispersionsgleichung beschreibt die Beziehung zwischen der Wellenlänge, ausgedrückt über die Wellenzahl k, und der Wellenfrequenz ω für eine bestimmte Wassertiefe d. Die Wellenzahl kann in einem iterativen Prozess ausgehend von der Tiefwasserbedingung $k = \omega^2 / g$ bestimmt werden, wobei g für die Erdbeschleunigung steht.

$$\omega^2 = g \cdot k \cdot \tanh(k \cdot d) \tag{16.3}$$

Die hydrodynamische Belastung einer Struktur setzt sich zusammen aus:

- der *Widerstandskraft*. Sie wird durch Wirbel verursacht, die durch die an dem Hindernis vorbeifließende Strömung erzeugt werden. Die daraus resultierenden Kräfte sind dem Quadrat der relativen Partikelgeschwindigkeit aufgrund von gleichmäßigen Strömungen oder Wellen proportional.
- der *Trägheitskraft*. Sie wird durch den Druckgradienten in einer beschleunigten, um ein Bauteil strömenden Flüssigkeit erzeugt. Die Trägheitskraft ist der Beschleunigung der Wasserpartikel proportional.
- der *Diffraktionskraft*. Sie wirkt als Teil der Trägheitskraft auf Strukturen, welche so groß sind, dass sie die Wellenbewegung erheblich verändern. Dies ist relevant, wenn der Bauteildurchmesser D größer als ein Fünftel der Wellenlänge L ist.
- der *mitschwingenden Wassermasse*. Diese Trägheitskraft wirkt auf ein Bauteil ein, welches relativ zum Wasser beschleunigt wird.
- dem horizontalen oder vertikalen *Wellenschlag*. Diese Trägheitskraft ist dem Quadrat der relativen Geschwindigkeit proportional, mit dem die Wasseroberfläche an einem Bauteil durchschnitten wird, z.B. aufgrund einer brechenden Welle oder eines plötzlich steigenden Wasserspiegels.

Für die meisten Strukturen mit Ausnahme von großvolumigen Schwerkraftgründungen ist die Diffraktionskraft von geringer Bedeutung und die Morison-Formel (siehe [15]) mit empirischen Widerstands- und Trägheitsbeiwerten – typische Werte sind $C_D \approx 0{,}7$ bzw. $C_M \approx 2{,}0$ – kann verwendet werden [5]. Unter Annahme der linearen Wellentheorie und der Morison-Formel lassen sich einfache Beziehungen ableiten. Für einen zylindrischen, vertikalen Pfahl mit dem Durchmesser D können die Amplituden der Wellenwiderstands- und Wellenträgheitskräfte analytisch über die Wassertiefe, also vom Meeresboden bis zur Ruhewasserlinie integriert werden [6]. Die resultierende Kraft greift etwa 10 bis 25 % unterhalb des Ruhewasserspiegels an.

$$\hat{F}_{\mathrm{D}} = \frac{C_{\mathrm{D}} \cdot \rho \cdot D \cdot H^2 \cdot \omega^2}{16 \cdot k} \cdot \frac{\sinh(2 \cdot k \cdot d) + 2 \cdot k \cdot d}{\cosh(2 \cdot k \cdot d) - 1} \tag{16.4}$$

$$\hat{F}_{\mathrm{M}} = \frac{\pi \cdot C_{\mathrm{M}} \cdot \rho \cdot D^2 \cdot H \cdot \omega^2}{8 \cdot k} \tag{16.5}$$

Die Variable ρ beschreibt hier die Wasserdichte, typischerweise ist $\rho \approx 1024$ kg/m^3 für Meerwasser. Die Widerstandskraft schwankt mit einem $\cos^2$-Verlauf, während die Trägheitskraft eine sinusförmige Beziehung zur Zeit hat. Das Maximum der gesamten horizontalen Wellenkräfte kann durch eine numerische Auswertung in dem Viertel der Wellenperiode ermittelt werden, in dem beide Komponenten ihre Höchstwerte erreichen.

$$\hat{F} = \max_{-T/4 \leq t \leq 0} \left\{ \hat{F}_{\mathrm{D}} \left|\cos(-\omega \cdot t)\right| \cos(-\omega \cdot t) + \hat{F}_{\mathrm{M}} \sin(-\omega \cdot t) \right\} \tag{16.6}$$

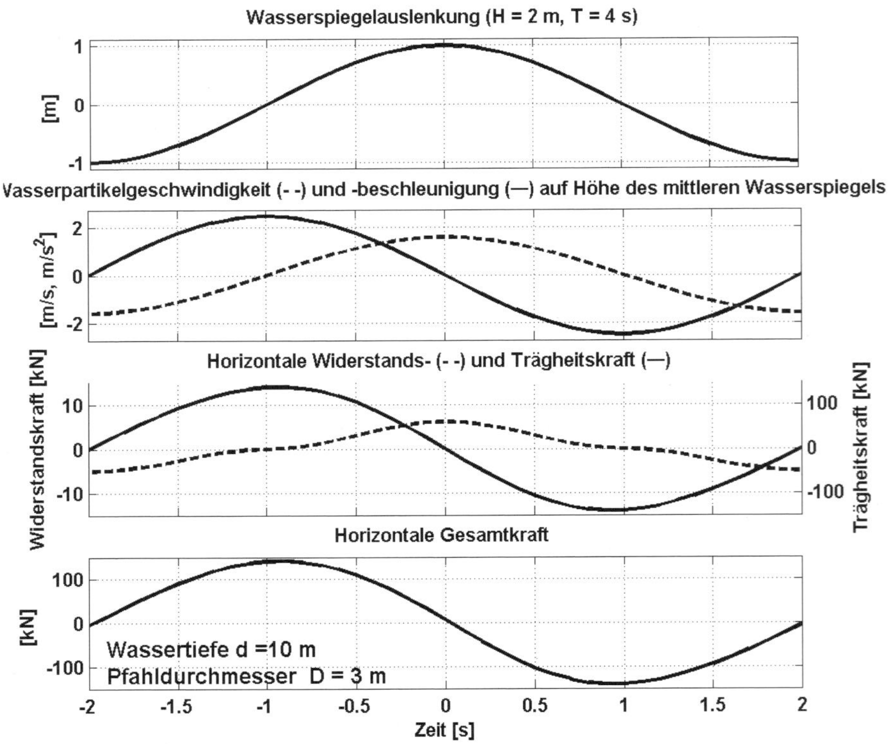

Bild 16-5 Kinematik und Kräfte einer für die Betriebsfestigkeitsauslegung relevanten, durch die Trägheitskraft dominierten Welle berechnet mit der linearen (Airy-)Wellentheorie

Die Partikelbewegungen und die damit verbundenen Kräfte werden für zwei Wellen im Hinblick auf einen Monopile mit 3 m Durchmesser dargestellt, der in einer Wassertiefe von 10 m aufgestellt ist. Für eine typische ermüdungsrelevante Welle mit einer Höhe von 2 m dominiert die Trägheitskraft und das Verhalten ist linear (Bild 16-5).

Demgegenüber verhalten sich sowohl die Partikelbewegungen als auch die Last unter extremen Bedingungen nichtlinear. Bild 16-6 zeigt die Bewegungen und Lasten für eine Welle mit einer Höhe *H* von 6,4 m, die unter Zugrundelegung einer nichtlinearen Wellentheorie berechnet wurden. Der Wellenkamm ist mit 4,95 m mehr als dreimal so hoch wie das Wellental. Dies führt zu hohen Partikelgeschwindigkeiten im Wellenkamm und einer Widerstandskraft, die beinahe so groß ist wie die Trägheitskraft. Die resultierende Kraft der maximalen horizontalen Wellenbelastung greift in etwa auf Höhe des Ruhewasserspiegels an und besitzt daher einen Hebelarm, der ungefähr gleich der Wassertiefe ist. Das Kippmoment auf Höhe des Meeresbodens beinhaltet verschiedene, höhere harmonische Anteile mit beträchtlicher Anregungsenergie.

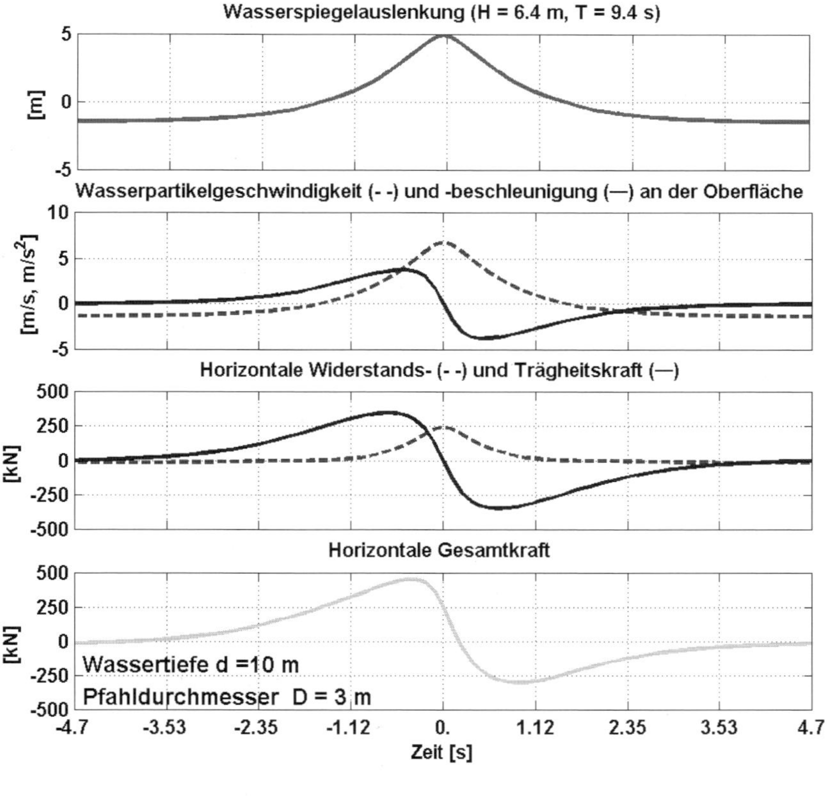

Bild 16-6 Kinematik und Kräfte einer extremen Entwurfswelle in flachem Gewässer, berechnet mit der nichtlinearen Stromfunktionstheorie 10. Ordnung

16.2 Entwurfsanforderungen für Offshore-Anlagen

Es wird oftmals angegeben, dass die Wirtschaftlichkeit von Offshore-Projekten von der Verwendung sehr großer (z.B. 5 MW und mehr) Anlagen abhängt. Besonders gilt dies an Standorten mit einer Wassertiefe von mehr als 25 m und großer Entfernung zum Netzanschluss, wie sie typisch für deutsche Verhältnisse sind. Die Reduzierung des mit $R^{2,5}$ bis R^3 (siehe Tabelle 7.1) überproportional zunehmenden Gewichts der Anlage wird leicht zum dimensionierungsbestimmenden Faktor bei der Konstruktion. Sie erfordert häufig den Einsatz neuer Regelungs- und Triebstrangkonzepte sowie innovativer Materialien. Aufgrund hoher Festkosten, z.B. für den Netzanschluss an das Höchstspannungsnetz, ergibt sich oft eine minimale wirtschaftliche Projektgröße von Hundert Megawatt und mehr.

Bevor große Projekte mit großen Anlagen tatsächlich realisiert werden können, sind zu allererst die hohen Qualitätsanforderungen an Offshore-Windenergieanlagen zu erfüllen. Daher integriert man häufig offshore-spezifische Konstruktionsanforderungen in eher konventionelle Anlagenkonzepte. Ein solcher Ansatz zielt auf Reduzierung von Betriebs- und Wartungskosten, Risikosteuerung und Optimierung der Investitionskosten im gesamten Windpark.

Folgende – eher qualitative als quantitative – Anforderungen an Offshore-Windenergieanlagen kann man formulieren:

- Integrierter Entwurf von Offshore-Windparks
  Ein kostensparender und zuverlässiger Entwurf kann durch einen integrierten bzw. ganzheitlichen Ansatz erreicht werden, bei dem der gesamte Offshore-Windpark als ein System gesehen wird (Bild 16-2). Anders als bei einer Anlage an Land sind bei einer optimierten Offshore-Anlage die Investitionen unterschiedlich auf die einzelnen Untersysteme verteilt (Tabelle 16.2) und die Betriebs- und Wartungskosten höher. Die Gesamtdynamik und die Tragstruktur müssen den besonderen Standortbedingungen und dem Typ der jeweiligen Windenergieanlage angepasst sein.

- Zuverlässigkeit, Verfügbarkeit, Reparaturfähigkeit und Wartungsfreundlichkeit
  Schwer zugängliche Standorte und schlechte Witterungsverhältnisse können zu Verzögerungen bei der Wartung von Anlagen führen, was wiederum längere Stillstandszeiten und größere Produktionsausfälle mit sich bringt. Aus diesem Grunde müssen an die Zuverlässigkeit von Offshore-Windenergieanlagen noch höhere Anforderungen gestellt werden als onshore. Eine hohe Zuverlässigkeit der Anlage in Kombination mit einer hochwertigen und hinreichend erprobten Konstruktion sowie umfassenden Strategien für Betrieb und Wartung und spezielle Techniken für Zugang und Reparaturen führen dann zu akzeptabler Verfügbarkeit und angemessenen Betriebskosten.

- Netzintegration und Regelung
  In der Zukunft werden große Offshore-Windparks wie Kraftwerke als Teil nationaler, möglicherweise sogar internationaler Energiesysteme betrieben. Offshore-Windparks müssen daher gut ins Netz integriert sein und die einzelnen Windenergieanlagen müssen sowohl unter normalen Betriebsbedingungen als auch im Falle von Störungen schnell regelbar sein. In Verbindung mit weiteren Einflüssen wie z.B. dynamischen Lasten führen diese Erfordernisse zum Ausschluss der traditionellen, robusten stallgeregelten Systeme. Zu bevorzugen sind hier die drehzahlvariablen, pitchgeregelten Anlagenkonzepte.
- Optimierte Logistik und Offshore-Installation
  Angesichts der hohen Kosten der Installation von Windparks auf See ergibt sich ein großes Optimierungspotential. Herstellung, Transport und Aufstellung können optimiert werden, wenn die Zahl der Huboperationen reduziert und möglichst viele Baugruppen schon im Hafen vormontiert und getestet werden.

16.3 Windenergieanlagen im Offshore-Einsatz

Durch die Bedingungen auf See werden Anforderungen gestellt, die in dieser Art nicht für Anlagen an Land existieren. Trotzdem unterscheiden sich Offshore-Windenergieanlagen derzeit meistens nicht gravierend von Onshore-Turbinen – abgesehen davon, dass die Auswirkungen der maritimen Umgebung bei der Konstruktion berücksichtigt werden müssen und generell die größten verfügbaren und bereits erprobten Typen eingesetzt werden. Bei der Entwicklung von Offshore-Anlagen ab 1,5 MW Nennleistung wurden zwei unterschiedliche technische Ansätze verfolgt: die Marinisierung von robusten und onshore erprobten Anlagen oder Konzepten auf der einen Seite, und die Integration offshore-spezifischer Konzepte in gänzlich neue Anlagenentwürfe auf der anderen Seite.

Im Verlauf des Marinisierungsprozesses werden Onshore-Konzepte graduell für den Einsatz auf See modifiziert: Dieses Vorgehen beurteilen viele Hersteller als vorteilhaft, da hierdurch ein bestimmter Anlagentyp mit kleinen Modifikationen sowohl offshore als auch für spezielle Märkte an Land geeignet ist. Offshore kommen Wartungshilfsmittel, welche die Reparaturen oder den Austausch von Bauteilen vor Ort ermöglichen, hinzu. Wärmetauscher für die Getriebe- und Generatorkühlung vermindern den Luftdurchsatz in der Gondel, der Korrosionsschutz wird verbessert. Häufig wird auch das spezifische Rating erhöht, d.h. das Verhältnis von Nennleistung zur überstrichenen Rotorfläche und die Regelungsmöglichkeiten erweitert. Eine luftdicht abgeschlossene Gondel wird bisweilen vorgeschlagen. Hierbei benötigt man neben aufwendigen Dichtungen ein teures und energieintensives Kühlsystem zur Abfuhr der Strahlungswärme der kleineren Aggregate. Stattdessen wird meistens auf einen hohen

Korrosionsschutzstandard sowie auf die Kapselung der elektrischen und elektronischen Bauteile gesetzt. Die im Jahre 2004 erstmals gebaute *REpower 5M* ist ein Beispiel eines marinisierten, konventionellen Konzepts in der 5 MW-Klasse (Bild 16-7) [7]. Die Anlagenkonzepte *Siemens SWT-3.6-107* und *Bard VM* sind ähnlich einzuordnen.

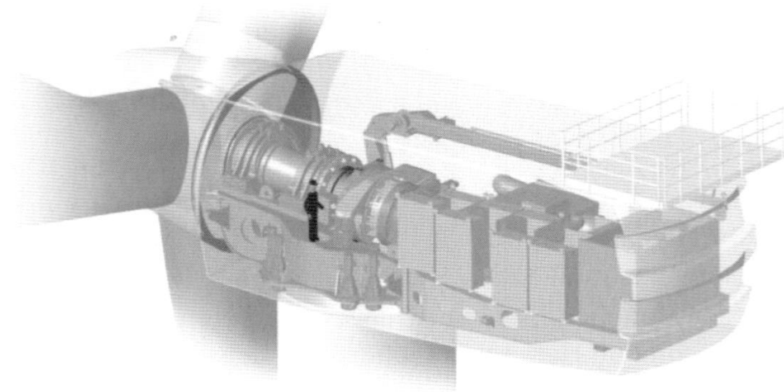

Bild 16-7 Beispiel einer Offshore-Anlage mit konventionellem Konzept: *REpower 5M* - Nennleistung 5 MW, Rotordurchmesser 126 m, Turmkopfmasse ca. 410 t, aufgelöster Triebstrangaufbau, elektrisches System im Maschinenhaus, Servicekran, Helikopter-Hebe-Plattform [7] (Gondel- und Nabenlänge 23 m, Breite 6 m, Höhe 6,3 m)

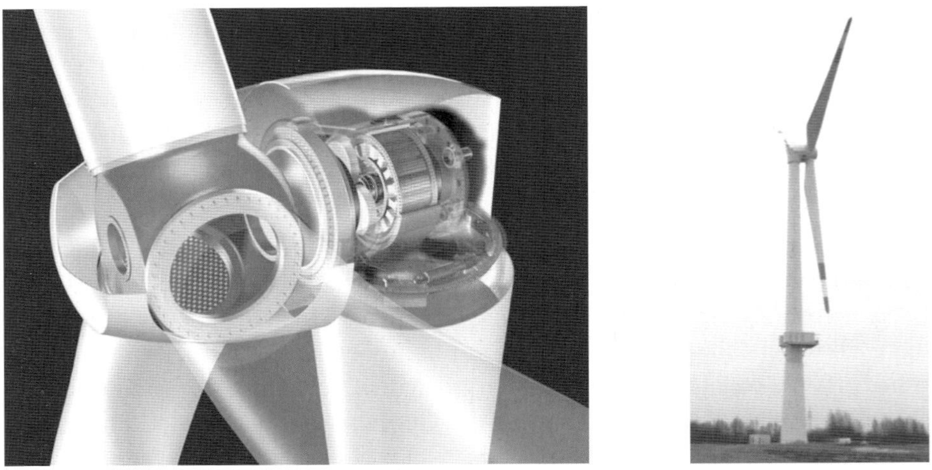

Bild 16-8 Beispiel einer Offshore-Anlage mit innovativem Konzept: *AREVA Wind M5000* - Nennleistung 5 MW, Rotordurchmesser 116 m, Turmkopfmasse ca. 302 t, integrierter Triebstrangaufbau, einstufiges Planetengetriebe mit Stufenplaneten und gekapselte Gondel [8]. (Gondel- und Nabenlänge 11,2 m, Breite 6,5 m, Höhe 5,9 m)

Aus der Integration von Offshore-Anforderungen ergeben sich zwei Trends: einerseits die Betonung der Zuverlässigkeit sowie Wartungsfreundlichkeit und andererseits die Entwicklung von Entwürfen mit hohen Blattspitzengeschwindigkeiten korrespondierend mit einem geringen spezifischen Rotor- und Gondelgewicht. Beispiele für neue Konzepte von Offshore-Windturbinen stellen die *AREVA Wind M5000* (Bild 16-8), die Entwicklung der zweiblättrigen 5 MW Anlage von *2-B-Energy* sowie die direktgetriebenen neuen Anlagenkonzepte von *GE* und *Siemens* dar. Bei der 2004 erstmals errichteten *AREVA Wind M5000* ist das Gewicht der Gondel durch Einsatz eines hochgradig integrierten Triebstrangs reduziert. Als Besonderheit werden schnelle Getriebestufen vermieden, da ein eineinhalbstufiges Planetengetriebe mit einem mittelschnelllaufenden Synchrongenerator mit Permanentmagneten kombiniert wird. Die Maschine ist gegenüber maritimen Umwelteinflüssen gekapselt und wird über Wärmetauscher gekühlt [8].

Die anhaltende Zunahme der Anlagengröße und die Notwendigkeit auf der Grundlage erprobter Technologien zu produzieren begünstigt dreiblättrige Luv-Läufer mit horizontaler Achse, wie sie auch onshore eingesetzt werden. Obwohl momentan praktisch nur Turbinen mit drei Rotorblättern zu finden sind, wird es möglicherweise zu einem späteren Zeitpunkt, bei fortgeschrittener Entwicklung, auch wieder Zweiblattanlagen offshore geben (s. Entwicklung von *2-B-Energy*). Die zweiblättrigen Anlagen haben hier gegenüber denen mit drei Rotorblättern verschiedene Vorteile. Die weniger strikten Lärmschutzauflagen auf See machen höhere Drehzahlen möglich, was sowohl das dimensionierende Drehmoment für den Triebstrang als auch das Übersetzungsverhältnis des Getriebes reduziert. Für die sich ergebende höhere Auslegungsschnelllaufzahl ist eine geringere Rotorblatttiefe optimal, die z.B. durch das Weglassen des dritten Rotorblattes erreicht werden könnte. Zusätzlich sind Anlagen mit zwei Rotorblättern vergleichsweise weniger aufwändig zu installieren und auszutauschen. Trotz dieser Vorteile stellen das komplizierte dynamische Verhalten und hohe Wechsellasten enorme Herausforderungen und Entwicklungsrisiken dar. Außerdem müsste der Offshore-Markt zum Zeitpunkt der Marktreife der Anlage so groß sein, dass sich die Entwicklung eines rein offshore einsetzbaren Produktes lohnt.

16.4 Tragstruktur und Installation auf See

Der deutlichste Unterschied zwischen Windenergieanlagen auf See und an Land zeigt sich in den Tragstrukturen der Anlage, d.h. im Turm und der Gründung auf dem Meeresgrund. Auf dem Meeresboden stehende Tragstrukturen können gemäß dreier grundlegender Eigenschaften klassifiziert werden: geometrische Konfiguration (Strukturkonzept), Gründungstyp und Installationsprinzip [9]. Jedes Strukturkonzept einer Windenergieanlage – Rohrturm (engl. monopile, monotower), abgesteifter Turm (engl. tripod, quadropod) und Fachwerk (engl. lattice structure, jacket) – kann sinnvoll mit einer Pfahl- oder auch einer Schwerkraftgründung kombiniert werden. Für

Pfahlstrukturen eignet sich jedoch eine Installationstechnik mit Kränen besser, während Schwerkraftgründungen gut zu einem schwimmenden Transport und Aufbau passen (Bild 16-9).

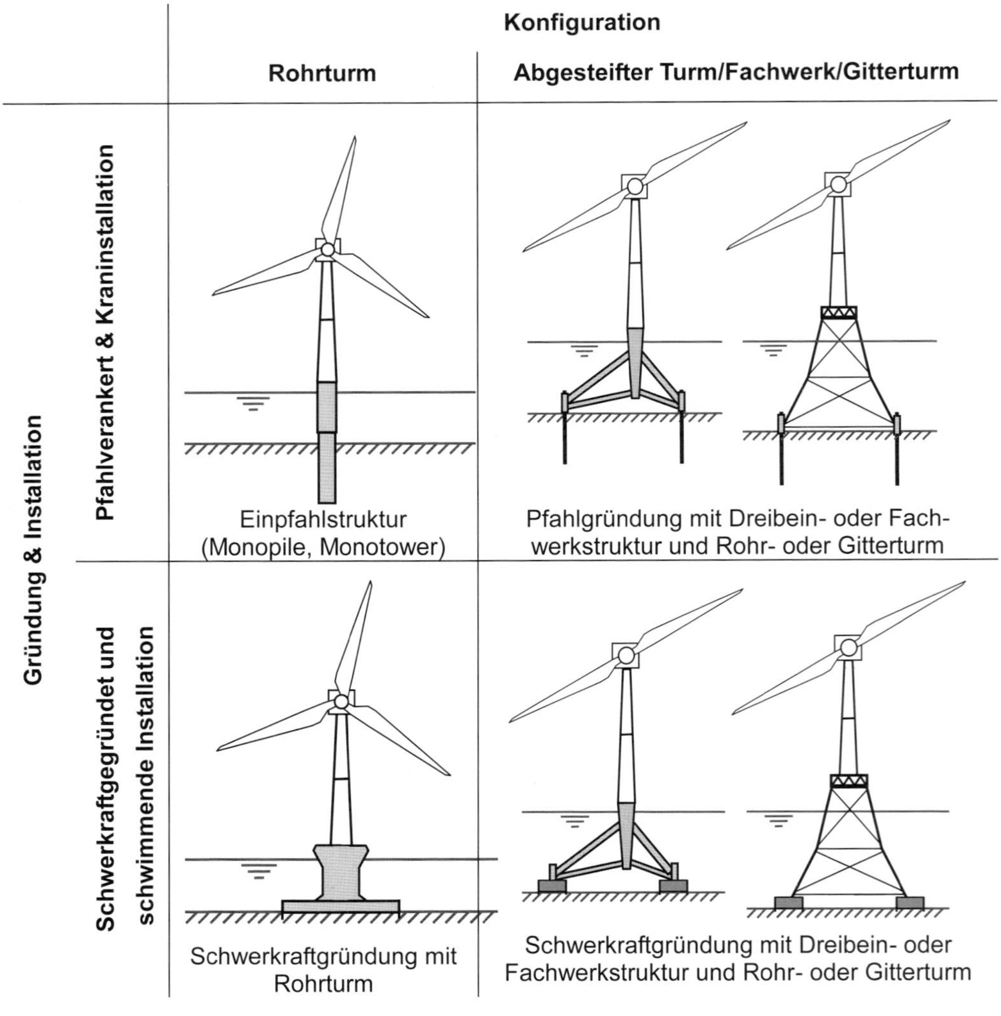

Bild 16-9 Klassifizierung auf dem Meeresgrund feststehender Tragstrukturen nach geometrischer Konfiguration, Gründungstyp und Installationsprinzip [9]

Derzeit werden in den Meeresgrund gerammte oder gebohrte Monopile-Konstruktionen aus Stahl bevorzugt. Ihre Wirtschaftlichkeit beim Einsatz für die 2 - 3 MW-Klasse in Wassertiefen bis ca. 20 m und für 3 - 5 MW-Anlagen bis zu 15 m macht sie hier besonders attraktiv. Für größere Wassertiefen werden Tripod- oder Fachwerkkonstruktionen erforderlich. Ein erstes Jacket wurde bereits im Jahre 2006 in 45 m Tiefe errichtet. Schwerkraftgründungen (engl. gravity foundations) wurden bisher vor allem in flachen dänischen Gewässern eingesetzt, wo die Belastungen durch Eisgang hoch sind und besondere Bodenbedingungen vorliegen. Der gestiegene Stahlpreis, die Aussicht, die gesamte Offshore-Windenergieanlage schwimmend zu installieren und konsequente Serienfertigung führen zu Weiterentwicklungen des Konzepts für größere Wassertiefen. Der Abbau und die Entsorgung der Schwerkraftgründungen schränkt möglicherweise ihre weitere zukünftige Verwendung ein; dies haben Erfahrungen aus der Öl- und Gasindustrie gezeigt. Im Bereich der Forschung und Erprobung befinden sich Gründungen nach dem Sauganker-Prinzip (engl. suction caisson), deren Gründungkörper durch eine tief in den Meeresboden eingepresste umlaufende Schürze auch Zugkräfte aufnehmen kann.

Für größere Wassertiefen werden schwimmende Anlagen entwickelt, die über vertikale Seile am Meeresboden verankert sind (engl. tension leg platform, TLP) oder deren flaschenförmiger Auftriebskörper durch schlaff durchhängende Ankerketten (engl. spar buoy) gehalten wird. Obwohl bereits ein erster Prototyp existiert, ist die Wirtschaftlichkeit kritisch zu bewerten, da die Kosten extrem hoch sind. Die Verankerung und das komplexe dynamische Verhalten stellen zusätzliche Probleme dar.

Um die hohen Kosten zu reduzieren, muss die Auslegung der gesamten Konstruktion hinsichtlich des Typs der Windenergieanlage, den Bedingungen am Aufstellungsort, Serienfertigung und den Besonderheiten der Offshore-Windenergie optimiert werden. Die dynamischen Eigenschaften der Tragstruktur sind in diesem Zusammenhang besonders wichtig. Daher muss ein Kompromiss zwischen den teilweise gegensätzlichen Anforderungen der Bereiche Windenergienutzung und Offshore-Öl- und Gastechnik gefunden werden. Türme von Windenergieanlagen ab der Megawatt-Klasse sind schlanke und flexible Strukturen mit einer Grundeigenfrequenz unter 0,45 Hz. Im Gegensatz dazu weisen die in der Offshore-Ölindustrie gebräuchlichen Strukturen (z.B. Jacket-Tragstrukturen) deutlich höhere Eigenfrequenzen auf, da die dynamischen Wellenlasten bei Frequenzen über etwa 0,4 Hz stark reduziert sind. Viele der Konstruktionen für Multi-Megawatt-Anlagen sind weniger durch hydrodynamische Beanspruchungen allein dimensioniert als vielmehr durch Ermüdung aus aerodynamischen Lasten oder einer Kombination von aerodynamischen und hydrodynamischen Lasten. Für die Konstruktion werden daher differenzierte und technisch gut durchdachte Ansätze benötigt, die sowohl die Erfahrungen der Offshore-Öl- und Gasindustrie als auch die Erfahrungen der Windenergiebranche einbeziehen [2].

Bild 16-10 Einsatz eines speziell modifizierten Schiffes zur Turbineninstallation (Vordergrund) und einer Jack-up Plattform an der Umspannstation (Hintergrund) des Windparks Horns Rev (Foto: Uffe Kongsted)

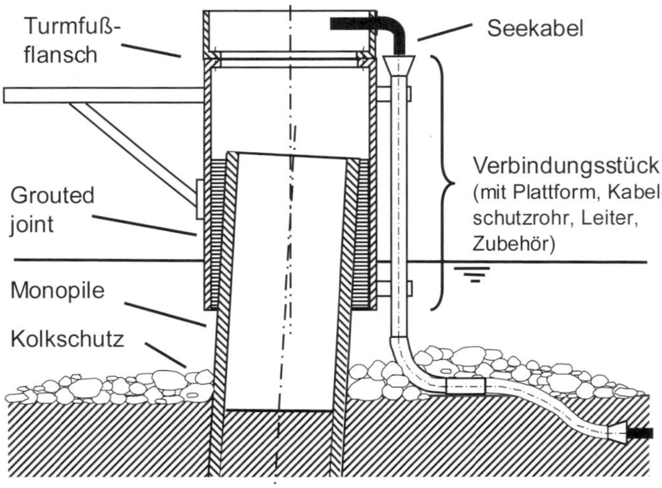

Bild 16-11 Monopile-Gründung mit Grouted Joint (Stahl-Mörtel-Stahl Hybridverbindung) zwischen Übergangsstück und Pfahl als ausgleichende Verbindung

Eingeschränkte Verfügbarkeit von schwerem Gerät, hohe Mobilisierungskosten, Verzögerungen aufgrund von ungünstigen Witterungsbedingungen und Sicherheitsanforderungen führen dazu, dass jede Arbeit auf See sehr teuer und in logistischer Hinsicht anspruchsvoll ist. Spezielle Installationsschiffe (Bild 16-10), die vorgefertigte Module in kürzerer Zeit transportieren und montieren können, sind bereits im Einsatz. Eine Installationstechnik, die in Bild 16-11 dargestellt ist, umfasst eine Mörtelverbindung (engl. grouted joint) zwischen dem gerammten Monopile und dem ebenfalls rohrförmigen Zwischenstück (engl. transition piece), welches den Turmfußflansch, eine Wartungsplattform und weitere Einrichtungen wie Bootsanleger und Kabelschutzrohre (engl. j-tubes) kombiniert. Durch diese Konstruktion können durch das Rammen entstehende Schäden am Pfahlkopf sowie Pfahlneigungen schnell kompensiert werden.

16.5 Netzintegration und Layout von Windparks

Die geplante Integration von mehreren tausend Megawatt (Offshore-)Windenergie in das Elektrizitätssystem stellt eine große Herausforderung für das Verbundnetz dar. In vielen Ländern dominieren bei der Stromerzeugung immer noch große zentrale Kraftwerke. Der massive Ausbau der Offshore-Windenergie könnte zukünftig regelmäßig zu einem beträchtlichen Ungleichgewicht zwischen Stromerzeugung und -verbrauch führen. In summa muss jedoch ständig ein Gleichgewicht zwischen Stromerzeugung, -export und -import sowie Verbrauch bestehen. Das bedeutet, dass andere Einheiten im System die Kapazitätsschwankungen ausgleichen müssen. Dies ermöglichen Pumpspeicherkraftwerke, schnell regelbare Kraftwerke wie Gasturbinen oder teilweise abgeregelte Windparks. Einige Windparks werden dann nur noch der Nachfrage entsprechend Strom zu variablen Einspeisevergütungen produzieren. Verlässliche Voraussagen über die Produktion von Windenergie innerhalb eines Zeitfensters von einigen Stunden bis zu einigen Tagen werden daher immer wichtiger, da der Betrieb anderer Kraftwerke optimiert wird und in Zeiten großer Elektrizitätsnachfrage Windstrom zu höheren Preisen an der Strombörse verkauft werden kann.

Technisch weniger kompliziert ist die Sammlung der elektrischen Energie, deren Übertragung an die Küste und die Netzanbindung. Bild 16-12 zeigt die verschiedenen Optionen. Grundsätzlich besteht für die Anbindung an das Verbundnetz die Möglichkeit der Übertragung als Drehstrom (~) oder Gleichstrom (–). Drehstromübertragung bedeutet jedoch hohe Blindleistungsverluste, da das Isolationsmaterial als Kondensator fungiert, der 50mal pro Sekunde geladen und entladen werden muss. Diese Verluste durch die Isolierung sind der Kabellänge und der elektrischen Spannung proportional, während die ohmschen Widerstandsverluste im Kupfer- oder Aluminiumleiter linear von der Länge und quadratisch von der Stromstärke abhängen. Auf der anderen Seite werden für die Hochspannungsgleichstromübertragung (HGÜ) teure Konverterstationen off- und onshore benötigt. Für kurze Distanzen ist die Übertragung von

Drehstrom wirtschaftlicher. Die Verwendung von Gleichstrom hängt von den Kosten der Komponenten ab und wird typischerweise ab Distanzen von ca. 60 km günstiger.

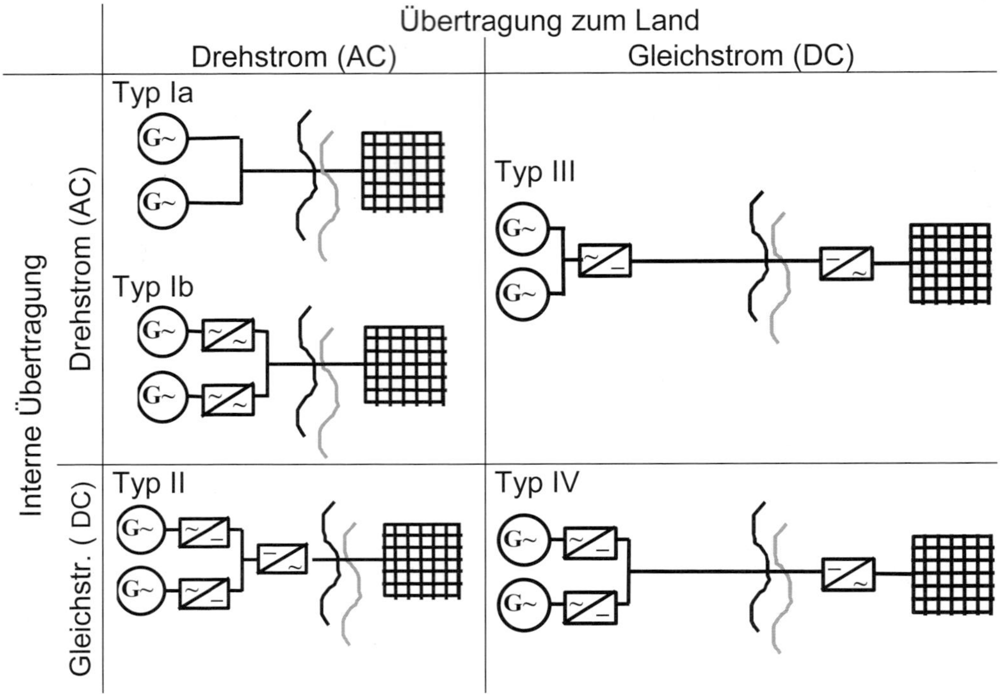

Bild 16-12 Grundlegende Optionen für den Einsatz von Drehstrom und Gleichstrom bei der Netzanbindung [9]

Übertragungssysteme für Hochspannungsgleichstrom unterliegen einer ständigen Weiterentwicklung und wurden in den vergangenen Jahren zunehmend für den Transport von Elektrizität von entlegenen Energiequellen zum Verteilungsnetz eingesetzt.

Im Hinblick auf die Anbindung der einzelnen Turbinen im Windpark stehen wiederum Drehstrom oder Gleichstrom zur Wahl. Dabei ist der Wechsel von Hoch- zu Mittelspannung zu beachten: Aufgrund der Größe der zu übertragenden Leistung und zur Reduktion der Verluste erfolgt bei Windparks ab ca. 30 MW der Transport der Energie ans Land auf Hochspannungsebene ab 110 kV. Innerhalb des Windparks wird die Energie jedoch auf Mittelspannungsniveau (20 - 30 kV) zur Umspannstation geleitet. Die beiden ersten Optionen in Bild 16-12 (Ia und Ib) sind sowohl für Onshore- als auch für Offshore-Windparks am weitesten verbreitet. Alternative II kommt nur selten und bisher nur an Land zum Einsatz. Option III, bei der eine Drehstromverbindung der Windenergieanlagen mit einer Gleichstromübertragung zum Land kombiniert ist, kann Stabilitätsprobleme in der „Drehstrominsel“ verursachen. Das reine Gleichstromsystem der Alternative IV stellt zwar eine elegante Lösung dar, wird aber erst praktisch umsetzbar sein, wenn die Ausrüstung für direkte Gleichspannungsumwandlung zu angemessenen Preisen erhältlich ist.

Obwohl das Meer anscheinend genügend Platz bietet, muss das Layout von Windparks sorgfältig geplant werden. Schifffahrtsrouten, Naturschutzgebiete, Pipelines und Seekabel, der visuelle Eindruck sowie die lokalen Unterschiede in der Wassertiefe z.B. durch Sandbänke begrenzen die Fläche, die tatsächlich zur Verfügung steht. Berücksichtigt man nur die mit der Entfernung zwischen den Anlagen abnehmenden Nachlaufverluste und die mit dem Anlagenabstand zunehmenden Kosten der Seekabel, so ist eine Aufstellung der Anlagen in einem Abstand von mehr als 10 Rotordurchmessern D optimal. In der Praxis werden die Abstände im Vergleich zu den Abständen an Land jedoch nur geringfügig erhöht: 6 bis 8 D bei Aufstellung in der Hauptwindrichtung und 4 bis 6 D quer zur Hauptwindrichtung sind üblich. Aufgrund der niedrigeren Umgebungsturbulenz und der größeren Häufigkeit von stabilen atmosphärischen Schichtungen ist die Durchmischung der Nachlaufströmung mit der ungestörten Windströmung außerhalb der Nachläufe auf See viel geringer als an Land. Außerdem sind offshore sehr viel größere Windparks mit entsprechend höheren Nachlaufverlusten als an Land geplant. Diese Faktoren müssen sorgfältig bei der Planung des Windparklayouts und der Abschätzung des erzielbaren Windparkertrags berücksichtigt werden.

16.6 Betrieb und Wartung

Die Betriebs- und Wartungsanforderungen sind für die Rentabilität der Offshore-Windenergie von großer Bedeutung. Drei entscheidende Faktoren, die Offshore- von Onshore-Projekten unterscheiden, sind die eingeschränkte Zugänglichkeit bei schlechtem Wetter (ungünstige Wind- und Wellenverhältnisse, schlechte Sicht und Eisgang), erhöhte Kosten für Transport und Kranarbeiten sowie besondere Maßnahmen der Arbeitssicherheit.

Die Demonstrationsprojekte der 1990er Jahre in geschützten Gewässern erreichen Werte für die Verfügbarkeit, die an jene von Onshore-Windparks heranreichen. Leider sind diese positiven Daten für reale Offshore-Bedingungen nicht repräsentativ. Daher wurden im Rahmen des europäischen Opti-OWECS-Projektes die Betriebs- und Wartungsszenarien für große Windparks an entlegenen Offshore-Standorten durch Monte-Carlo-Simulationen analysiert, die auch zufällige Ausfälle und Wetterbedingungen berücksichtigten [9, 10]. Obwohl die Untersuchung schon einige Jahre zurückliegt, werden ihre Ergebnisse zumindest qualitativ durch die Erfahrungen mit den ersten großen Offshore-Windparks bestätigt.

In Bild 16-13 ist die Zugänglichkeit des Windparks auf der vertikalen Achse als Funktion des Prozentsatzes der Zeit dargestellt, während der die Anlagen zugänglich sind. Kurven sind für drei Zuverlässigkeitsgrade gegeben. Zuverlässigkeit ist hier als der mittlere Zeitraum zwischen zwei Ausfällen definiert. Die Zuverlässigkeitsdaten für die Kurven stammen aus einer großen Datenbasis von Statistiken über Windenergieanlagen der 500/600 kW-Klasse. Das verbesserte Zuverlässigkeitsniveau kann durch vorhandene Technologie erreicht werden, aber zusätzliche Kosten werden durch hochwertigere Spezifikation, redundante Bauteile und geeignete Strategien für Betrieb und Wartung entstehen. Eine stark verbesserte Zuverlässigkeit kann erst in einigen Jahren durch Entwicklung und Erprobung innovativer Technologien erreicht werden.

An einem Standort ohne Zugangseinschränkungen (d.h. onshore) erreicht man für eine moderne Anlage eine Verfügbarkeit von mindestens 97 %. Dieser Wert steigt auf bis zu 99 % für eine extrem zuverlässige Anlage mit einer entsprechenden Wartungsstrategie. Wegen des erschwerten Zugangs auf hoher See könnte die Verfügbarkeit in Abhängigkeit von der Ausfallrate und der Wartungsstrategie auf inakzeptabel schlechte Werte unter 80 % fallen.

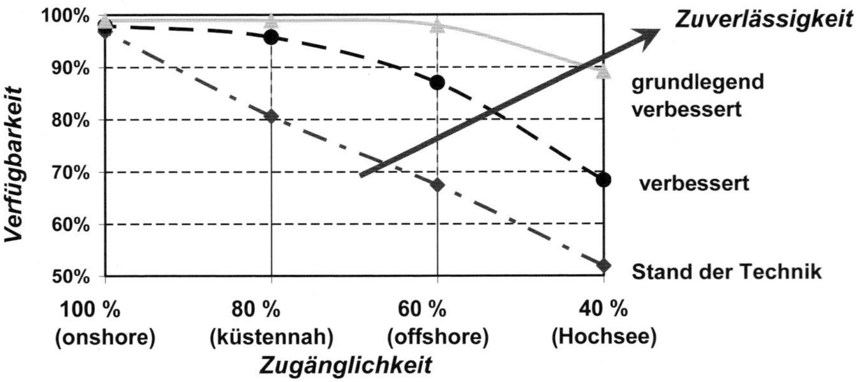

Bild 16-13 Technische Verfügbarkeit von Offshore-Windparks als Funktion der Anlagenzuverlässigkeit für Standorte mit unterschiedlicher Zugänglichkeit [2]

Tatsächlich ist eines der nicht gelösten Problemfelder der Offshore-Windenergienutzung die Entwicklung von Zugangssystemen, die dem Servicepersonal eine sichere Erreichbarkeit der Anlagen während des größten Teils des Jahres ermöglichen. Trotz verschiedener bereits erprobter und diverser in der Entwicklung befindlicher Systeme hat sich noch keine allgemein überzeugende Lösung herauskristallisiert. Vielmehr ist deutlich geworden, dass das Verfahren jeweils projektspezifisch auf die konkreten Umweltbedingungen, Windpark- und Anlagengrößen sowie rechtlichen Rahmenbedingungen angepasst werden muss.

Das derzeit nahezu ausnahmslos genutzte Standardverfahren ist das Übersetzen von Personal von einem relativ kleinen Serviceboot (Länge ca. 10 - 18 m) auf eine Leiter an der Tragstruktur (Bild 16-14). In der Regel erfolgt das „Anlegen“ des Bootes dadurch, dass der mit Gummipuffern verstärkte Bug des Bootes zwischen zwei vertikale Rohre des Bootsanlegers gepresst wird. Dabei hält der Steuermann die Schiffsmaschine weiter im Vorwärtsschub. Durch dieses Anpressen wird einerseits verhindert, dass das Boot wieder von der Struktur weggetrieben wird, andererseits werden Reibungskräfte zwischen dem Bootsbug und dem Anleger erzeugt, die die Relativbewegung des Bugs gegenüber der Tragstruktur stark dämpfen. Die Bewegung des Boots wird weitgehend auf eine Nickbewegung um den Andockpunkt und eine langsame Auf- und Abwärtsbewegung reduziert.

Bild 16-14 wurde während der Anlageninstallation aufgenommen. Im Vordergrund sieht man noch eine auf dem Seeboden stehende Hubinsel, von der aus ein einfacher Zugang zur Anlage über eine Brücke möglich ist. Ebenfalls ist zu erkennen, dass das Serviceboot über ein Bugstrahlruder (zweiter schwenkbarer Antrieb im Bug des Schiffs) zur besseren Manövrierbarkeit verfügt.

Bild 16-14 Bootsanleger und Serviceboot als Standardverfahren für den Zugang zu Offshore Windenergieanlagen (www.bowind.co.uk)

Das beschriebene derzeitige Standardzugangsverfahren ist nur bis zu einer signifikanten Wellenhöhe von ca. 1 m, in Ausnahmefällen bis ca. 1,5 m, möglich und ist auch bei so geringen Wellenhöhen nicht frei von Risiken. An echten Offshore-Standorten ist aufgrund der Wellenhöhenbeschränkung nicht häufig genug ein Zugang möglich. Zur Verbesserung der Situation werden derzeit unterschiedliche Lösungen erprobt, z.B.:

- Abseilplattform (engl. helicopter hoisting platform, heli hoist) auf dem Heck des Maschinenhauses, auf die Personal, Werkzeuge und Geräte mit einer Winde aus dem Hubschrauber abgeseilt oder aufgenommen werden (Bild 16-15)
- Spezialboote, die unempfindlicher gegen Seegang sind z.B. Katamaran oder Doppelrumpfboot mit kleiner Wasserlinienfläche (Lotsenboot SWATH® Small Waterplane Area Twin Hull)
- Übergangsplattform und Laufsteg, die mittels einer dynamischen Positionierung des Bootes und einer hydraulischen Seegangsausgleichssteuerung einen sichereren Übergang ermöglichen (Ampelmann-System).

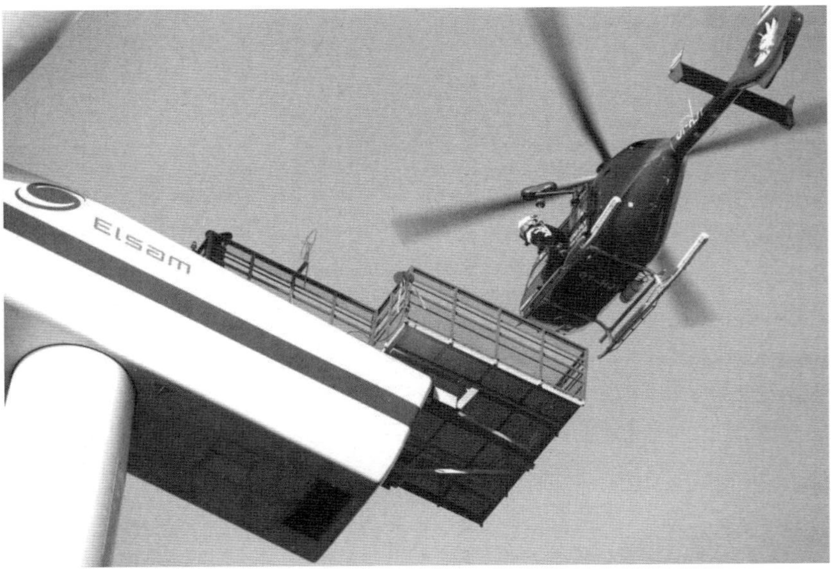

Bild 16-15 Abseilen eines Servicemonteurs auf eine Helicopter-Hoisting-Plattform (Elsam A/S)

16.7 Wirtschaftlichkeit

Realisierte Projekte und laufende Planungen scheinen dem Ausbau der Offshore-Windenergie eine viel versprechende Zukunft zu verheißen. Die Euphorie, die zu Beginn des 21. Jahrhunderts herrschte, wurde jedoch deutlich gedämpft durch die Erkenntnis, dass die Kosten für Offshore-Windenergie deutlich über denen von Onshore-Projekten liegen und auch zumindest mittelfristig weiterhin liegen werden. Trotz dieser Einschränkung scheinen große Offshore-Windfarmen bei deutlich besseren Windbedingungen weiterhin eine interessante Option. Typische Werte der durchschnittlichen Auslastung – d.h. Betrieb mit Nennleistung – liegen offshore im Bereich von 30 % bis 40 %, während an Land durchschnittlich nur etwa 25 % erreicht werden [11].

Die tatsächlichen Kosten bei kommerziellen Offshore-Projekten unterliegen derzeit noch erheblichen Unsicherheiten. Tabelle 16.1 vergleicht für bereits realisierte Windparks die spezifischen Investitionskosten in €/kW und die spezifischen Energiekosten in €/kWh, das heißt das Verhältnis zwischen Gesamtinvestition und Jahresenergieertrag.

Tabelle 16.1 Kostenvergleich existierender Offshore-Windparks [12]

Projekt, Standort und Land	Jahr der Fertigstellung	Leistung [MW]	Investitions-kosten [M€]	Jahresenergieertrag [GWh]	Spez. Investitions-kosten [€/kW]	Spez. Energiekos-ten [€/kWh/a]
Vindeby, Baltic, DK	1991	4.95	10	11.2	2,020	0.89
Tuno Knob, Baltic, DK	1995	5	10	15	2,000	0.67
Middelgrunden, Baltic, DK	2000	40	50	99	1,250	0.51
Horns Rev, DK	2002	160	270	600	1,688	0.45
Samsø, Ostsee, DK	2002	23	32	80	1,391	0.40
Nysted, Baltic, DK	2003	165.6	250	480	1,510	0.52
Arklow Bank, IRL	2003	25.2	50	k.A.	1,984	k.A.
North Hoyle, UK	2003	60	110	200	1,833	0.55
Kentish Flats, UK	2005	90	156	285	1,733	0.55
Burbo Bank, UK	2007	90	150	315	1,667	0.48
Lillgrund, SE	2007	110.4	167	300	1,513	0.56
Q7, NL	2007/2008	120	383	435	3,192	0.88

Zwar sind im Vergleich zu den ersten Pilotprojekten Anfang der 1990er Jahre die Kosten gesunken, jedoch wurden diese Einsparungen durch die Nutzung küstenfernerer Standorte mit größeren Wassertiefen teilweise wieder kompensiert. Projekte in der Ostsee wie zum Beispiel Middelgrunden, Nysted und Lillgrund verursachen im Vergleich zu Nordseestandorten geringere Kosten. Die nutzbaren Standorte in der deutschen Nord- und Ostsee weisen deutlich größere Wassertiefen und Entfernungen zur Küste auf, als dies in Dänemark oder Großbritannien der Fall ist. Dadurch sind hier die Kosten im Vergleich erheblich höher.

Die typischen anteiligen Kosten eines Offshore-Windparks mit 5 MW-Anlagen sind in Tabelle 16.2 aufgeführt. Die absoluten Kosten der Rotor-Gondel-Einheit und des Turms werden durch die jeweiligen Standortbedingungen kaum beeinflusst und bewegen sich zwischen einem Drittel und der Hälfte der gesamten Projektaufwendungen. Der Anteil von Fundament und Netzanschluss zuzüglich der „weichen“ Kosten für Projektplanung und -durchführung kann damit bis zum Doppelten der Anlage selbst betragen. Bei Onshore-Projekten betragen die Infrastruktur- und Planungskosten (Projektnebenkosten) nur 25-30 % der Anlagenkosten ab Werk (engl. turbine ex works cost). Im Beispiel in Tabelle 16.2 zeigen die Kosten für das Fundament eine vergleichsweise geringe Variationsbreite, da hier nur ein einziger Typ bei großen Wassertiefen betrachtet wird. Die Kosten des Netzanschlusses variieren verhältnismäßig stark und werden vor allem durch die Entfernung zum Netzanschlusspunkt auf dem Festland beeinflusst.

Tabelle 16.2 Typische Kosten eines Offshore-Windparks mit 5 MW Anlagen [13]

Komponenten	Kostenanteil
Rotor und Gondel, einschl. Transformator und Schaltanlage	33-50% *)
Turm	5%
Fundament (Tripod)	15-18%
Tiefgründungspfähle (stark bodenabhängig)	2-6%
Offshore-Installation (einschl. Wetterrisiko)	5-7%
Mittelspannungsseekabel (parkintern)	2%
Hochspannungsseekabel (Landanbindung)	2 - 20%
Umspannwerk (offshore)	4-10%
Onshore-Netzanbindung	4-10%
Planung, Zertifizierung, Bauüberwachung	4-7%
Finanzierung einschl. Zwischenfinanzierung	3-6%

*) Anteil abhängig von den Projektgesamtkosten

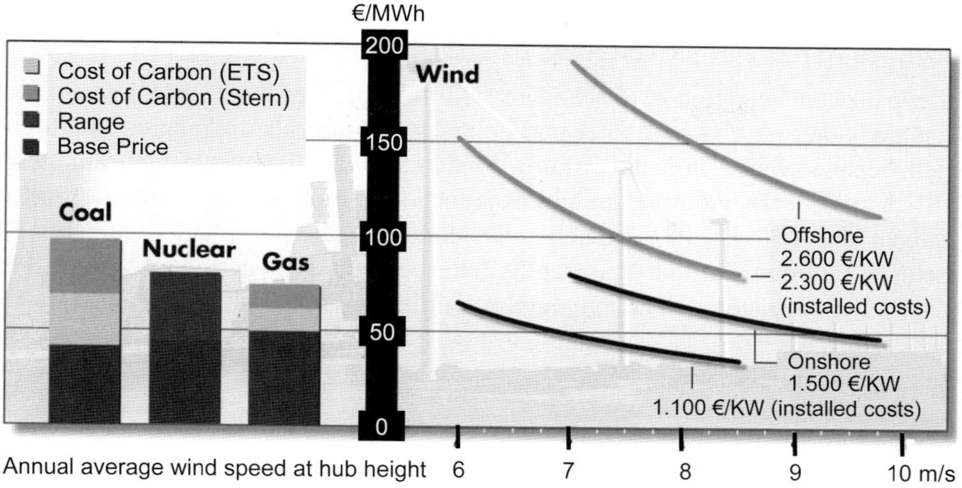

Bild 16-16 Vergleich der Energiegestehungskosten für On- und Offshore-Windparks mit verschiedenen konventionellen Energieträgern [Windpower Monthly 1/2008]

Die Energiegestehungskosten für unterschiedliche Energiequellen einschließlich Kapitalkosten und Betriebsführung sind in Bild 16-16 dargestellt. Preissteigerungen bei Rohstoffen wie Stahl und Kupfer und die hohe Nachfrage nach Windenergieanlagen haben in den letzten Jahren die Kosten für Windparks um 30 % steigen lassen. Sogar unter Berücksichtigung dieser ungünstigen Bedingungen ist Windenergie an guten Standorten onshore bereits wettbewerbsfähig mit Energie aus neu gebauten konventionellen Kraftwerken. Offshore liegen die spezifischen Investitionskosten in €/kW noch etwa doppelt so hoch wie onshore. Daraus resultieren offshore Gestehungskosten, die derzeit beim eineinhalb- bis zweifachen der entsprechenden Kosten onshore liegen. Damit kann jedoch der höhere Energieertrag fernab der Küste diese höheren Investitions- und Betriebskosten bisher nicht ausgleichen. Das bedeutet, dass für eine langfristige ökonomische Überlebensfähigkeit weitere technologische Entwicklungen sowie Rationalisierungseffekte unabdingbar sind.

Trotz dieser unangenehmen ökonomischen Tatsachen schafft die Notwendigkeit, Treibhausgasemissionen und die Abhängigkeit von fossilen und nuklearen Energieträgern zu reduzieren, politische Anreize zu großtechnischer Nutzung der Offshore-Windressourcen. Das deutsche Erneuerbare-Energien-Gesetz (EEG) sieht seit 2009 für Offshore-Anlagen einen Einspeisetarif vor, der nahezu das Doppelte der Onshore-Vergütung beträgt. Abhängig von der Wassertiefe und der Entfernung zum Festland liegt der Tarif bei Inbetriebnahme vor dem Ende 2015 bei bis zu 15 ct/kWh. Die relativ hohen Netzanschlusskosten müssen dabei vom Netzbetreiber getragen werden, wenn die Bauphase ebenfalls vor Ende 2015 begonnen wurde. Dies bedeutet einen zusätzlichen Anreiz in Höhe von etwa 30 % der Energiegestehungskosten.

Im europäischen Vergleich unterscheiden sich die Anreizsysteme vor allem aufgrund unterschiedlicher gesellschaftlicher und politischer Rahmenbedingungen. In Großbritannien beispielsweise stoßen Onshore-Windparks vor allem im Süden auf gesellschaftlichen Widerstand. Offshore gibt es jedoch sehr weitreichende und großflächige Planungen aufgrund der im Vergleich zu anderen europäischen Ländern höheren Einspeisetarife und den deutlich besseren Standortbedingungen (geringere Wassertiefen, kürzere Küstenabstände und höhere durchschnittliche Windgeschwindigkeiten) [14].

Tabelle 16.3 Realisierte Offshore-Windparkleistung in MW

	Vereinigtes Königreich	**Dänemark**	**Niederlande**	**Deutschland**	**China**	**Schweden**	**Andere**
2010	652	207	0	40	136	30	181
2009	90	258	0	60	0	0	2
2008	194	0	120	0	0	0	45
2007	100	0	0	0	2	110	15
2000-2006	304	417	108	0	0	21	36
vor 2000	0	10	19	0	0	0	0
Gesamt	**1340**	**892**	**247**	**100**	**138**	**161**	**279**
	3157						

Literatur

[1] Matthies, H., et al.: *Study on Offshore Wind Energy in the EC (JOUR 0072)*, Verlag Natürliche Energien, Brekendorf, 1995

[2] Kühn, M.: *Dynamics and Design Optimisation of Offshore Wind Energy Conversion Systems*, Doctoral Thesis, Delft Univ. of Technology, 2001

[3] Henderson, A., et al.: *Offshore Wind Energy - Ready to Power a Sustainable Europe*, Final Report: Concerted Action on Offshore Wind Energy in Europe, Delft Univ. of Technology, Duwind 2001.006, 2001

[4] EWEA, *Delivering Offshore Windpower in Europe*, European Wind Energy Association (EWEA), Dec. 2007

[5] Barltrop, N.D.P., Adams, A.J.: *Dynamics of Fixed Marine Structures*, 3rd ed., Butterworh-Heinemann Ltd., Oxford, 1991

[6] Hapel, H.-K.: *Festigkeitsanalyse dynamisch beanspruchter Offshore-Konstruktionen*, Vieweg, 1990

[7] Gösswein, J.: *Installation and First Operational Results of the World's Largest Wind Energy Converter REpower 5M*, DEWEK 2004

[8] Erdmann, N.: *Die Offshore-Windenergieanlage Multibrid M5000*, Erneuerbare Energien, Okt. 2004, 32 – 34

[9] Ferguson, M.C. (ed.), Kühn, M., et al.: Opti-OWECS Final Report Vol. 4: *A Typical Design Solution for an Offshore Wind Energy Conversion System*, Delft Univ. of Technology, 1998

[10] van Bussel, G.J.W.: *Development of an Expert System for the Determination of Availability and O&M Costs for Offshore Wind Farms*, EWEC 1999, 402 – 405

[11] EWEA: *Wind Energy - The Facts*, European Commission, 2004

[12] www.offshorecenter.dk/offshorewindfarms.asp. Internetzugriff, 9. 5. 2009

[13] de Buhr, I., *Darstellung der Kostenblöcke bei Offshore-Windenergieprojekten*, Vortrag Husum Wind 2007

[14] KPMG, *Offshore-Windparks in Europa – Marktstudie*, 2007, www.offshore-wind.de

[15] Achmus, M., Abdel-Rahman, K, Peralta, P.:*Untersuchungen zum Tragverhalten von Monopiles für die Gründung von Offshore-Windenergieanlagen*, Institut für Grundbau, Bodenmechanik und Energiewasserbau, Universität Hannover, 2006

Stichwortverzeichnis

A

B

F

G

H

I

J

Z